Springer-Lehrbuch

Springer-Verlag Berlin Heidelberg GmbH

Winfried Stier

Methoden der Zeitreihenanalyse

Mit 237 Abbildungen
und 6 Tabellen

 Springer

Prof. Dr. Winfried Stier
Universität St. Gallen
Varnbüelstraße 14
9000 St. Gallen
Schweiz

ISBN 978-3-540-41700-2

Die Deutsche Bibliothek – CIP-Einheitsaufnahme
Stier, Winfried: Methoden der Zeitreihenanalyse / Winfried Stier. – Berlin;
Heidelberg; New York; Barcelona; Hongkong; London; Mailand; Paris; Singa-
pur; Tokio: Springer, 2001
    (Springer-Lehrbuch)
    ISBN 978-3-540-41700-2   ISBN 978-3-642-56709-4 (eBook)
    DOI 10.1007/978-3-642-56709-4

© Springer-Verlag Berlin Heidelberg 2001
Ursprünglich erschienen bei Springer-Verlag Berlin Heidelberg New York 2001

SPIN 10798671   42/2202-5 4 3 2 1 0 – Gedruckt auf säurefreiem Papier

Vorwort

Analysen von Zeitreihendaten spielen heute in fast allen Wissensgebieten eine wichtige Rolle. Kaum verwunderlich ist deshalb, daß die Anzahl der einschlägigen Methoden in den letzten Jahrzehnten nahezu ins Uferlose gewachsen ist. Soll ein Lehrbuch auf dem Gebiet der Zeitreihenanalyse noch einigermaßen überblickbar sein, ist eine selektive Vorgehensweise unvermeidlich.

Auswahlen sind jedoch immer mehr oder weniger subjektiv motiviert. Neben den unverzichtbaren Grundlagen wurden hier im wesentlichen solche Gebiete der Zeitreihenanalyse ausgewählt, die für den Anwender (wohl hauptsächlich, aber nicht ausschließlich, im Bereich der Wirtschaftswissenschaften) von Relevanz sein dürften.

In Kap. I.-III. sind grundlegende elementare Methoden der Zeitreihenanalyse und in Kap. IV. einfache Prognoseverfahren (Exponential-Smoothing) dargestellt. Ab Kap. V. werden zeitreihenanalytische Methoden auf der Basis der Theorie stochastischer Prozesse besprochen. Hierbei stehen (univariate) AR-, MA-, ARMA- und (saisonale bzw. nicht-saisonale) ARIMA-Prozesse im Vordergrund. Kap. VI. ist den entsprechenden vektoriellen Prozessen gewidmet, wobei hauptsächlich VAR-Prozesse im Mittelpunkt stehen. Aspekte der Parameterschätzung für die in Kap. V. und VI. dargelegten Prozeßtypen sind in Kap. VII. zu finden. Auf Probleme der Modellidentifikation und Modelldiagnose dieser Prozesse wird in den Kap. VIII. und IX. eingegangen. Prognosen mit ARMA- bzw. ARIMA-Modellen sind in Kap. XI. zu finden, nachdem in Kap. X. auf das Problem evtl. Ausreißer im praktisch zur Verfügung stehenden Datenmaterial eingegangen wurde. Eine Erweiterung des ursprünglichen ARMA- bzw. ARIMA-Ansatzes stellen die Transferfunktionen-Modelle in Kap. XII dar. Als Alternative zum ARMA-/ARIMA-Ansatz werden die Strukturellen Komponentenmodelle in Kap. XIII. behandelt. Die Grundzüge der Spektralanalyse sind in Kap. XIV. zu finden, wobei eine vorwiegend "graphische" Darstellungsform gewählt wurde. Dem praktisch bedeutsamen Problemkreis der Saisonbereinigung ist das relativ breite Kap. XV. gewidmet. Einen ebenfalls relativ breiten Raum nehmen die "Filter-kapitel" XVI. und XVII. ein, die sich neben den Grundzügen digitaler Filter mit entsprechenden Konstruktionsmethoden auseinandersetzen. Eine angesichts ihrer Bedeutung in den Wirtschaftswissenschaften ausführliche Darstellung erfahren auch Unit-roots und Kointegration in Kap. XVIII. und XIX. Das abschließende Kap. XX. ist nicht-linearen Zeitreihenmodellen gewidmet. Neben den z.B. für Finance bedeutsamen ARCH-GARCH-Modellen werden auch neuere Entwicklungen auf diesem Gebiet berücksichtigt.

Das vorliegende Lehrbuch ist weitgehend anwendungsorientiert geschrieben. Aus diesem Grund wurde – von wenigen Ausnahmen abgesehen – auf Beweise und Ableitungen verzichtet. Die formalen Anforderungen an den Leser sind je nach Kapitel ganz verschieden. Während zum Beispiel die ersten vier Kapitel formal völlig anspruchslos sind, trifft dies auf andere Kapitel nicht zu (z.B. Kap. XVI., XVII., XVIII., XIX., XX.). Die jeweils beigefügten Beispiele und Graphiken dürften jedoch das Verständnis für das Wesentliche auch dem formal weniger versierten bzw. interessierten Leser erleichtern.

Herrn Dr. Marc Wildi danke ich für sorgfältiges Korrekturlesen sowie für sein Engagement bei der Abfassung des zweiten Teils von Kap. XX. Einen ganz besonderen Dank schulde ich Herrn Dr. Klaus Edel für seine wertvolle und unverzichtbare (und häufig mühsame) Arbeit am Layout dieses Buches.

St. Gallen, im April 2001   Winfried Stier

Inhaltsverzeichnis

I.	Elementare Zeitreihenanalyse	1
I.1.	Definitionen, Grundkonzepte, Beispiele	1
I.2.	Das traditionelle Zeitreihen-Komponentenmodell	8
II.	Einfache Saisonbereinigungsverfahren	11
II.1.	Saisonbereinigung im additiven Komponentenmodell bei konstanter Saisonfigur	11
II.2.	Saisonbereinigung im additiven Komponentenmodell bei variabler Saisonfigur	14
II.3.	Einige praktische Probleme der Saisonbereinigung	15
III.	Elementare Filter-Operationen	19
IV.	Prognosen auf der Basis von Exponential-Smoothing-Ansätzen	23
IV.1.	Vorbemerkungen	23
IV.2.	Einfaches Exponential-Smoothing	24
IV.3.	Exponential-Smoothing nach Holt	27
IV.4.	Exponential-Smoothing nach Winters	28
IV.5.	Ergänzende Bemerkungen zum Exponential-Smoothing	32
V.	Grundzüge der Theorie der stochastischen Prozesse	37
V.1.	Zufallsvariable und Zufallsvektoren	37
V.2.	Stochastische Prozesse	40
V.3.	Stationäre Stochastische Prozesse	42
V.4.	Spezielle stationäre Prozesse	43
V.4.1.	Weißes Rauschen	43
V.4.2.	Autoregressive Prozesse	44
V.4.3.	Moving-Average-Prozesse	52
V.4.4.	ARMA-Prozesse	55
V.4.5.	ARIMA-Prozesse	56
V.4.5.1.	Nicht-saisonale ARIMA-Prozesse	57
V.4.5.2.	Saisonale ARIMA-Prozesse	57
V.4.5.3	Exkurs: Ein alternativer saisonaler ARIMA-Prozeß	60
V.4.5.4	Exponential Smoothing-Modelle und ARIMA-Modelle	62
VI.	Vektorielle stochastische Prozesse	65
VI.1.	Grundlagen	65
VI.2.	VAR-Prozesse	72
VI.2.1.	Exkurs: Kronecker-Produkt und vec-Operator	74
VI.3.	Impuls-Antwortfunktionen	77
VI.3.1.	Impuls-Antwortfunktionen bei unkorrelierten Innovationen	77
VI.3.2.	Exkurs: Dekomposition der Matrix Σ	78

VI.3.3.	Impuls-Antwortfunktionen bei korrelierten Innovationen	79
VI.3.4.	Varianz-Zerlegung	82
VI.3.5	Granger-Kausalität	83
VII.	Schätzprobleme bei stochastischen Prozessen	87
VII.1.	Schätzen von Parametern und Momentfunktionen univariater Prozesse	87
VII.1.1.	Grundlagen	87
VII.1.2.	Parameterschätzungen bei ARMA-Prozessen	91
VII.2.	Parameterschätzung vektorieller Prozesse	99
VIII.	Identifikation stochastischer Prozesse	105
VIII.1.	Identifikation univariater ARMA- und ARIMA-Prozesse	105
VIII.2.	Identifikation vektorieller ARMA- und ARIMA-Prozesse	113
IX.	Modelldiagnose	117
IX.1.	Modelldiagnose bei univariaten ARMA- und ARIMA-Modellen	117
IX.2.	Modelldiagnose bei vektoriellen ARMA- und ARIMA-Prozessen	118
X.	Ausreißer-Analyse	121
X.1.	Grundlagen und Beispiele	121
X.2.	Additive und innovative Ausreißer und ihre Bestimmung	125
X.2.1.	Beispiele	129
XI.	Prognosen mit ARMA- und ARIMA-Modellen	131
XI.1.	Prognosen mit univariaten ARMA- und ARIMA-Modellen	131
XI.2.	Prognosen mit vektoriellen ARMA- und ARIMA-Prozessen	136
XII.	Transferfunktionen (ARMAX)–Modelle	139
XII.1.	Transferfunktionen-Modelle mit einer Input-Variablen	139
XII.1.1.	Grundlagen und Definitionen	139
XII.1.2.	Kreuzkorrelationsfunktion und Transferfunktionen-Modelle	142
XII.1.3.	Identifikation von Transferfunktionen-Modellen	144
XII.1.4.	Parameterschätzungen bei Transferfunktionen-Modellen	145
XII.1.5.	Diagnose von Transferfunktionen-Modellen	146
XII.1.6.	Prognose mit Transferfunktionen-Modellen	147
XII.1.7.	Beispiele	149
XII.2.	Transferfunktionen mit mehreren Inputs	153
XIII.	Strukturelle Komponentenmodelle	161
XIII.1.	Einleitung	161
XIII.2.	Modellierung der Komponenten	161
XIII.2.1.	Trendkomponente	161
XIII.2.2.	Zyklus-Komponente	162
XIII.2.3.	Saisonkomponente	163
XIII.3.	Das "Basic Structural Model" nach Harvey	164

XIII.4.   Strukturelle Komponentenmodelle und ARIMA-Modelle 164
XIII.5.   Parameterschätzung bei strukturellen Komponentenmodellen . . 167
XIII.5.1.   Zustandsraummodelle 167
XIII.5.2.   Kalman-Filter 169
XIII.5.3.   Maximum-Likelihood-Schätzungen 171
XIII.6.   Beispiel 172
XIII.7.   Abschließende Bemerkungen 177

XIV.   Grundzüge der Spektralanalyse 179
XIV.1.   Vorbemerkungen 179
XIV.2.   Spektren stationärer Prozesse 180
XIV.3.   Schätzung eines Spektrums 183
XIV.4.   Spektralanalyse und Saisonalität 186

XV.   Saisonbereinigungsverfahren und Probleme der
             Saisonbereinigung 195
XV.1.   Einleitung 195
XV.2.   Bemerkungen zu einfachen Saisonbereinigungsverfahren und
             einigen Grundproblemen der Saisonbereinigung 195
XV.3.   Spezielle Saisonbereinigungsverfahren 197
XV.3.1.   Verfahren auf der Basis von Ratio-to-Moving-Average-Methoden 197
XV.3.1.1.   Verfahren des Bureau of the Census: Census X-11 197
XV.3.1.2.   Theoretische Überlegungen zum Census X-11-Verfahren 201
XV.3.1.3.   Census X-11-ARIMA 202
XV.3.1.4.   Verfahren des Bureau of the Census: Census X-12-ARIMA 202
XV.3.1.5.   Eine robuste Version von Census X-11: SABL 203
XV.3.2.   Verfahren auf der Basis von Regressionsmodellen 205
XV.3.2.1.   Berliner Verfahren (BV I – BV IV) 205
XV.3.2.2.   Das ASA-II-Verfahren 209
XV.4.   Ein Verfahren auf der Basis von ARIMA-Modellen: SEATS 209
XV.5.   Weitere Verfahren 217
XV.6.   Saisonbereinigung als Filter-Design-Problem 219
XV.6.1.   Die Lösung des Design-Problems nach O'Gorman 220
XV.6.2.   Die Lösung des Design-Problems nach Stier 220
XV.7.   Zum Vergleich von Saisonbereinigungsverfahren 222
XV.7.1.   Über numerische Vergleiche alternativ saisonbereinigter
             Zeitreihen 222
XV.7.2.   Zum Problem der Zielsetzungen bei Saisonbereinigungsverfahren
             und der Interpretation bereinigter Reihen 225
XV.7.3.   Zum Problem von Güte- und Vergleichskriterien 226
XV.7.4.   Über globale Verfahrensvergleiche im Frequenzbereich 227
XV.7.5.   Methodologische Überlegungen zur Güte und zum
             Vergleich von Saisonbereinigungsverfahren 230

XVI.   Grundzüge der Theorie digitaler Filter 235
XVI.1.   Grundlagen 235

XVI.2.   Elemente der z-Transformation 236
XVI.3.   Grundbegriffe der Filtertheorie 237

XVII.   Konstruktionsmethoden für digitale Filter 245
XVII.1.   Konstruktionsmethoden für FIR-Filter 245
XVII.1.1.   Einfache FIR-Filter 245
XVII.2.   FIR-Fenster-Filter 250
XVII.3.   Modifizierte FIR-Fenster-Filter 254
XVII.4.   Optimale FIR-Filter 256
XVII.5.   Konstruktion von IIR-Filtern 258
XVII.5.1.   Einfache IIR-Filter 259
XVII.5.2.   IIR-Filter-Design durch Platzierung von Null- und Polstellen
            in der z-Ebene 266
XVII.6.   Filtern im Frequenzbereich 275

XVIII.   Unit-roots und Unit-root-Tests 281
XVIII.1.   Vorbemerkungen 281
XVIII.2.   Differenzen-Stationäre versus Trend-Stationäre Prozesse 281
XVIII.3.   Trendbereinigung bei DS- und TS-Prozessen 284
XVIII.4.   Unit-root-Tests 286
XVIII.4.1. Grundlagen 286
XVIII.4.1.1. Brownscher Bewegungsprozeß 288
XVIII.4.1.2. Verteilungseigenschaften des Brownschen Prozesses 289
XVIII.4.2. Unit-root-Tests ohne Autokorrelation 291
XVIII.4.3. Unit-root-Tests mit Autokorrelation 294
XVIII.4.3.1. Phillips-Perron-Test 294
XVIII.4.3.2. Augmented Dickey-Fuller-Test 296
XVIII.4.4. Weitere unit-root-Tests 301
XVIII.4.4.1. Einige praktische Beispiele 305
XVIII.4.5. Kritische Würdigung der unit-root-Tests 307

XIX.   Kointegration 315
XIX.1.   Grundlagen 315
XIX.1.1.   Eigenschaften kointegrierter Prozesse 317
XIX.1.1.1. Einführende Beispiele 317
XIX.1.1.2. Darstellungsformen kointegrierter Prozesse 321
XIX.1.2.   Kointegrationstests und Schätzung von Kointegrationsvektoren 324
XIX.1.3.   Testen und Schätzen im Fehler-Korrektur-Modell mit
            Kointegrationsrang Eins 327
XIX.2.   Full-Information Maximum-Likelihood-Analyse
            kointegrierter Systeme 329
XIX.2.1.   Einführung 329
XIX.2.2.   Kanonische Korrelation 329
XIX.2.3.   Maximum-Likelihood-Schätzungen 331
XIX.2.4.   Likelihood-Quotienten-Tests 333
XIX.2.5.   Beispiele 336

XIX.2.6.   Spurious Regression 342

XX.   Nicht-lineare Zeitreihenmodelle 349
XX.1.   Modellierung von Heteroskedastizität (ARCH-GARCH-Modelle) . 349
XX.1.1.   Vorbemerkungen 349
XX.1.2.   ARCH-Modelle 350
XX.1.3.   Parameterschätzungen in ARCH-Modellen 352
XX.1.4.   Ein einfacher ARCH-Test 353
XX.1.5.   GARCH-Modelle 353
XX.1.6.   EGARCH-Modelle 355
XX.1.7.   TARCH-Modell 358
XX.1.8.   Prognosen mit heteroskedastischen Modellen 358
XX.1.9.   Beispiele 359
XX.2.   Bilineare Prozesse 362
XX.3.   Random Coefficient Autoregressive Modelle 366
XX.4.   TARMA-Modelle 367
XX.5.   CTARMA-Modelle 371

XXI.   Literatur 377

XXII.   Index: 393

I. Elementare Zeitreihenanalyse

In diesem Abschnitt sollen grundlegende Konzepte, Begriffe und Modellvorstellungen der Zeitreihenanalyse besprochen werden. Dabei wollen wir uns zunächst auf die *deskriptive* Zeitreihenanalyse beschränken, wahrscheinlichkeitstheoretische Überlegungen und Zeitreihenmodelle, die auf der Theorie der *stochastischen Prozesse* beruhen, bleiben vorerst außer Betracht.

I.1. Definitionen, Grundkonzepte, Beispiele

Unter einer *Zeitreihe* sei eine Folge von *zeitlich geordneten* Beobachtungswerten eines mindestens auf Intervallskalenniveau gemessenen Merkmals verstanden. In der Regel wird angenommen, daß diese Beobachtungswerte *diskret* und *äquidistant* sind, also in gleichen zeitlichen Abständen vorliegen. In der Praxis sind die meisten Zeitreihen, insbesondere ökonomische, Jahres-, Vierteljahres-, Monats-, Wochen- oder Tagesreihen. Beispiele für solche Zeitreihen sind etwa:
a) die Wohnbevölkerung eines Landes, z.B. jeweils zum 31. Dezember eines Jahres
b) das Bruttosozialprodukt eines Landes pro Jahr oder Vierteljahr
c) die monatlichen Umsätze einer Firma (Monate ungefähr gleich lang)
d) die Preise eines Gutes, wie sie auf einem Wochenmarkt registriert werden
e) die börsentäglichen Notierungen eines Wertpapiers (mit fehlenden Beobachtungen an Sonn- und Feiertagen)
Die Werte einer Zeitreihe seien im folgenden mit $x_1, x_2, ..., x_T$ bezeichnet, wobei sich die Indizes auf Zeitpunkte bzw. Zeitintervalle (wie z.B. Monate) beziehen. Mit T wird die *Länge* einer Zeitreihe bezeichnet.

Alle konkreten Zeitreihen sind natürlich von *endlicher* Länge. Es sei aber hier schon darauf hingewiesen, daß es für theoretische Ableitungen und Überlegungen häufig zweckmäßig ist, von *unendlich* langen Reihen auszugehen.

Im Gegensatz zu Beobachtungswerten, die nicht zeitlich indiziert sind (sogenannte *Querschnittsdaten*), spielt bei Zeitreihen die Abfolge der Werte eine entscheidende Rolle. Während man Querschnittsdaten beliebig anordnen kann, ist dies bei Zeitreihenwerten nicht mehr möglich. Vielmehr ist ihre chronologische Abfolge geradezu charakteristisch für eine konkrete Reihe. Deswegen können graphische Darstellungen von Zeitreihen Informationen sowohl über gewisse grundlegende Eigenschaften von Reihen als auch über die Art der zu verwendenden Analyseinstrumente liefern. Nachstehend seien deshalb *Plots* ausgewählter Reihen wiedergegeben, an Hand derer grundlegende Zusammenhänge illustriert werden sollen, um gleichzeitig in die Problematik von Zeitreihenprognosen einzuführen.

Beispiel 1:
Die *Diskontsätze* (Jahresschlußwerte) in der Schweiz zeigen für die Jahre 1960– 1988 den Verlauf in Abb. 1.1 (Quelle: Intern. Financial Statistics, Yearbook 1989, S.146). Diese Reihe kann dahingehend charakterisiert werden, daß ihre Werte offensichtlich um einen konstanten Wert schwanken. Abweichungen nach *oben*

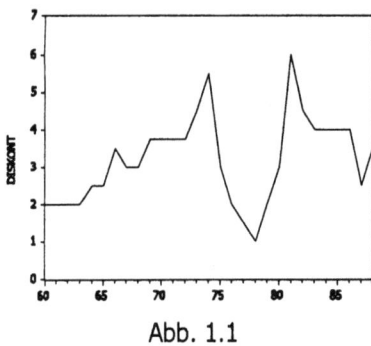

Abb. 1.1

oder *unten* sind nur vorübergehender Natur, d.h. die Reihenwerte werden im Zeitablauf weder tendenziell größer noch tendenziell kleiner. Mit anderen Worten, die Reihe weist keinen *Trend* auf. Wäre man etwa vor die Aufgabe gestellt, den Reihenwert für das Jahr 1989 zu prognostizieren (sogenannte *Ein-Schritt-Prognose)*, dann würde man vielleicht auf die Idee kommen, dafür das arithmetische Mittel 3.19 aus allen verfügbaren Reihenwerten zu nehmen. Man könnte aber auch an andere Möglichkeiten denken, etwa daran, ein gewogenes arithmetisches Mittel aus allen Reihenwerten als Ein-Schritt-Prognose-Wert zu verwenden, wobei die Gewichte monoton abnehmen, aber ihre Summe gleich Eins ist. Dieser Prognosewert würde also nach der Formel berechnet:

$$x_{T+1} = \sum_{t=1}^{T} g_t x_t \quad \text{mit} \quad g_T > g_{T-1} > ... > g_1 \quad \text{und} \quad \sum_{t=1}^{T} g_t = 1$$

Dabei würden die sogenannten *aktuellen* Reihenwerte (also etwa die Werte x_T, x_{T-1}, x_{T-2}) am stärksten gewichtet, was plausibel erscheint, da im allgemeinen davon auszugehen ist, daß ein Reihenwert um so weniger zur Prognose beiträgt, je *älter* er ist. Dies spricht für rasch abfallende Gewichte. Wir werden später sehen, daß die sogenannten *Exponential Smoothing*-Prognose-Verfahren auf dieser Idee beruhen.

Anstatt alle zurückliegenden Reihenwerte zur Prognose heranzuziehen, könnte man aber auch ein gewogenes Mittel aus einer (kleinen) Anzahl von zurückliegenden Reihenwerten bilden. Dabei hätte man wiederum die Wahlmöglichkeit, diese Werte mit gleichen oder mit ungleichen Gewichten zu versehen. Entscheidet man sich für ungleiche (aber monoton rasch abfallende) Gewichte, dann ist das Resultat hier nicht sehr verschieden vom obigen Ansatz, der alle Reihenwerte einbezieht. Berücksichtigt man z.B. 5 Reihenwerte und verwendet die Gewichte 0.6, 0.15, 0.1, 0.08, 0.07, so ergibt sich als Prognosewert: $x_{1989} = 3.48$.

Offensichtlich stellen alle diese Prognosen ad hoc Lösungen des Prognoseproblems dar, d.h. sie sind nicht theoretisch fundiert. Deshalb kann auch nicht davon gesprochen werden, daß sie gewissen *Optimalitätskriterien* genügen. Auch kann nicht a priori entschieden werden, welcher dieser Ansätze nun vergleichsweise eine bessere (oder gar beste) Prognose liefert.

Beispiel 2:
Die Entwicklung des *Fahrzeugbestandes (Leichte Motorwagen)* im Kanton Basel-Landschaft (BL) stellt sich für die Jahre 1970 – 1988 gemäß Abb. 1.2 dar (Quelle: Statistisches Jahrbuch BL 1989, S.138).

Beispiel 3:
Der *Preisindex für die Erstellung von Wohnbauten* in Zürich zeigt für die Jahre 1970 – 1987 (Basis 1980=100) den Verlauf in Abb. 1.3 (Quelle: Statistisches Jahrbuch der Schweiz 1989, S.125).

Im Gegensatz zu Beispiel 1 werden die Reihenwerte in den beiden letzten Beispielen im Zeitablauf tendenziell immer größer. Diese Reihen weisen einen *positiven Trend* auf. Dies ist bei den meisten ökonomischen Reihen der Fall, sowohl bei mikroökonomischen (z.B. bei Umsatzreihen, Preisreihen usw.) als auch bei makroökonomischen (z.B. Bruttosozialprodukt, Bruttoinvestitionen, Konsum usw.). Natürlich gibt es auch ökonomische Reihen mit einem *negativen Trend*. Auch nicht-ökonomische Reihen können einen negativen Trend aufweisen, wie das Beispiel 4 zeigt.

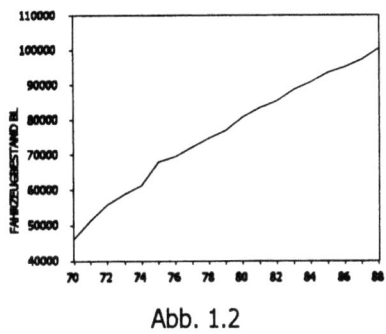

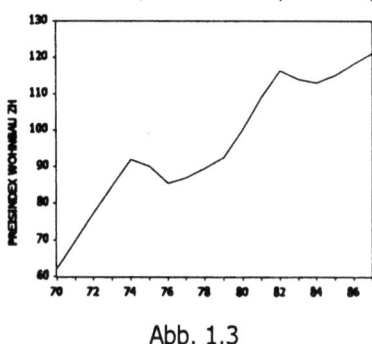

Abb. 1.2   Abb. 1.3

Beispiel 4:
Die Reihe *Verletzte Fußgänger in Zürich* (1960 – 1988) weist gemäß Abb. 1.4 einen (erfreulicherweise) negativen Trend auf (Quelle: Statistisches Jahrbuch der Stadt Zürich 1988 und 1989, S.247 und S.204).

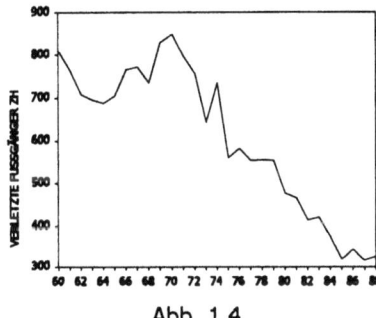

Abb. 1.4

Wollte man bei diesen Reihen zukünftige Reihenwerte prognostizieren, dann läge der Versuch nahe, den Trend durch eine *Funktion der Zeit* zu *modellieren*. Dabei könnte man den Funktionstyp (linear, quadratisch usw.) *optisch* bestimmen. Für die Beispiele 2 und 3 etwa läge ein linearer Trendverlauf nahe. Deshalb könnte für den Trend T folgende Funktion angesetzt werden

$$T_t = a + bt, \quad t=1,2,...,T$$

und die unbekannten Koeffizienten (oder Parameter) mit Hilfe der Methode der kleinsten Quadrate geschätzt werden. Als einzige *erklärende Variable* tritt hier die *Zeit* auf. Für die Beispiele 2 und 3 ergeben sich die Schätzwerte (in Klammer die jeweiligen Bestimmtheitsmaße):

$\hat{a} = 47\,483.2$ $\hat{b} = 2\,886.5$ ($R^2 = 0.99$)   bzw.

$\hat{a} = 66.4$ $\hat{b} = 3.2$ ($R^2 = 0.92$)

Als Prognosewert für t=20 (d.h. das Jahr 1989) bzw. für t=19 (d.h. das Jahr 1988) erhält man die Werte 105213 bzw. 126.5. Prognosewerte für weitere zukünftige Zeitpunkte lassen sich ebenso leicht aus den beiden geschätzten Trendgleichungen bestimmen. Zu beachten ist aber, daß Prognosen mit zunehmendem *Prognosehorizont* immer unsicherer werden.

Diese Prognosen stellen eigentlich nichts anderes dar als *Trendextrapolationen*. Nicht erfaßt (und deshalb auch nicht prognostiziert) wurden dabei etwaige Abweichungen von dieser Trendentwicklung. Solche sind natürlich praktisch fast stets vorhanden. Schon daraus wird ersichtlich, daß diese Vorgehensweise als eine recht grobe zu charakterisieren ist. Außerdem können reine Trendextrapolationen aus anderen Gründen *sehr problematisch* sein. Dies vor allem bei *Langfristprognosen*. Unter solchen seien hier Prognosen verstanden, bei denen der Prognosehorizont relativ lang ist (d.h. relativ zur Länge der gegebenen Reihe). Eine Fortschreibung einer starren Trendfunktion – sozusagen *in alle Zukunft* – kann nämlich zu ganz unsinnigen Resultaten führen. Würde man etwa in Beispiel 4 ebenfalls eine lineare Trendfunktion postulieren, so erhielte man:

$$T = 876.7 - 18.2t, \quad (R^2 = 0.80)$$

Würde man diese langfristig fortschreiben, erhielte man schließlich negative Werte (ab t=49), d.h. ein Prognosehorizont von 20 und mehr Jahren würde zu unsinnigen Prognosewerten führen. Natürlich wären auch schon Prognosewerte bei einem Horizont von z.B. 15 Jahren recht unglaubwürdig (dafür ergäbe sich ein Prognosewert von nur etwa 76 Verletzten).

Anstatt der rigiden linearen Funktion könnte man natürlich auch eine etwas *flexiblere* Trendfunktion ansetzen, z.B. eine Exponentialfunktion. Dies hätte zumindest den Vorteil, daß keine negativen Prognosewerte auftreten können. Für unser Beispiel erhielte man:

$$T = 957.3 \, e^{-0.0339t}, \quad (R^2 = 0.70)$$

Für t=49 ergäbe sich ein Prognosewert von rund 182 Verletzten, ein Wert, der immerhin als *plausibel* erscheint.

Diese Überlegungen zeigen, daß Langfristprognosen, die auf reinen Trendextrapolationen beruhen, entscheidend von der Wahl des Funktionstyps abhängen. Diese Wahl sollte möglichst gemäß *substanzwissenschaftlichen* Überlegungen, also *theoriegeleitet*, erfolgen. Eine mehr oder weniger willkürliche Festlegung eines Trend-Funktionstyps wird in der Regel langfristig zu unsinnigen Resultaten führen. Langfristprognosen sollen im weiteren hier außer Betracht bleiben.

Beispiel 5:

In einer Stadt wurden die *monatlichen Durchschnittstemperaturen* (in Fahrenheit) über 20 Jahre aufgezeichnet. Dies ergab die Reihe in Abbildung 1.5 (Quelle: Anderson, O.D., Time Series Analysis and Forecasting, 1976).

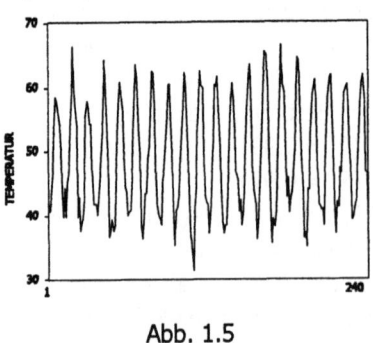

Diese Reihe hat offensichtlich keinen Trend, vielmehr oszilliert sie mit großer Regelmäßigkeit um einen konstanten Wert. Wie man leicht sieht, variieren die Werte mit der Jahreszeit. Mit anderen Worten: Diese Reihe weist eine *saisonale* Bewegung auf, die außerdem sehr regelmäßig ist. Saisonale Bewegungsabläufe sind dadurch gekennzeichnet, daß sie sich innerhalb eines Jahres jeweils in mehr oder weniger ähnlicher Form wiederholen. Solche Abläufe gibt es also nur für *unterjährige* Reihen, also etwa für Monats-, Quartals-, oder Halbjahresreihen. Diese Periodisierungen treten in der Praxis weitaus am häufigsten auf.

Abb. 1.5

Eine Prognose der Durchschnittstemperaturen für die nächsten 12 Monate scheint auf Grund der beträchtlichen Regelmäßigkeit dieser Saisonfigur relativ einfach zu sein. Allerdings wären dazu Durchschnitte ein untaugliches Mittel, denn diese würden zu Prognosewerten führen, die praktisch kaum oszillierten, d.h. die für die Reihe typischen saisonalen *Hochs* und *Tiefs* könnten damit nicht prognostiziert werden (Durchschnitte weisen generell eine *Glättungseigenschaft* auf, d.h. stark fluktuierende Werte zeigen nach der Durchschnittsbildung einen wesentlich *ruhigeren* Verlauf). Statt dessen könnte man an eine Prognose mit Hilfe eines Regressionsmodells denken. Dabei käme allerdings keiner der oben erwähnten einfachen Ansätze in Frage. Vielmehr müßte man wohl als erklärende Variable eine Größe wählen, die selbst im Zeitablauf *zyklisch* verläuft, etwa eine Sinusfunktion, d.h. also sin($2\pi/12$t), da die Periodizität der Saisonfigur 12 Monate beträgt. Die Werte dieser Funktion lassen sich für alle 240 Zeitpunkte bestimmen und damit könnten die Koeffizienten des Regressionsmodells

$$x_t = a + b\sin(2\pi/12t) + \varepsilon_t, \quad t=1,2,\ldots,T$$

geschätzt werden. Die Prognosewerte für die nächsten 12 Monate würden sich dann daraus für t=241,242,...,252 ergeben. Dies soll im einzelnen aber hier nicht ausgeführt werden. Kritisch zu dieser Vorgehensweise wäre anzumerken, daß die vorgeschlagene *Prognosefunktion* streng periodisch ist, obwohl die vorliegende Reihe dies nicht ist. Sie verläuft zwar ziemlich regelmäßig, aber von einer strengen Periodizität kann keine Rede sein. Deshalb dürfte dieser Prognoseansatz zu *starr* sein mit der Konsequenz relativ großer *Prognosefehler.* Nur beiläufig sei auf ein weiteres Problem hingewiesen: Die üblicherweise zur Koeffizientenschätzung verwendete Kleinst-Quadrat-Methode setzt voraus, daß die ε_t *unkorreliert* sind, eine Annahme, die hier besonders problematisch sein dürfte.

Beispiel 6:
Das Beispiel in Abb. 1.6 zeigt die *monatlichen Umsätze eines Einzelhandelsunternehmens* (Quelle: Bell, W., A Computer Program for Detecting Outliers in Time Series, in: American Statistical Ass., Proc. of the Business Econ. Stat. Section, Toronto 1983). Charakteristisch für diese Reihe ist, daß der Dezember-Wert jedes Jahres *"einsame Spitze"* ist. Dies ist natürlich auf das Weihnachtsgeschäft zurückzuführen. Auch hier ist eine ausgeprägte und sehr regelmäßige Saisonkomponente vorhanden. Außerdem scheint für die ersten 9 Jahre ein leicht positiver Trend vorzuliegen, der aber im 10. Jahr einbricht. Eine Prognose weiterer Umsätze erscheint mit den bisher diskutierten Ansätzen unmöglich zu sein: Weder gleitende Durchschnitte irgendwelcher Bauart, noch einfache Regressionsmodelle scheinen eine *Modellierung* eines derartigen Verlaufsmusters zu erlauben.

Häufig sind bei Reihen saisonale Bewegungen zu beobachten, die sehr viel unregelmäßiger verlaufen, als dies bei den bisherigen Beispielen der Fall war.

Beispiel 7:
Für die Anzahl der *monatlichen Verkehrsunfälle in Ontario* ergab sich die Entwicklung gemäß Abb. 1.7 (Quelle: Abraham, B., Ledolter, J. Statistical Methods for Forecasting, 1983):

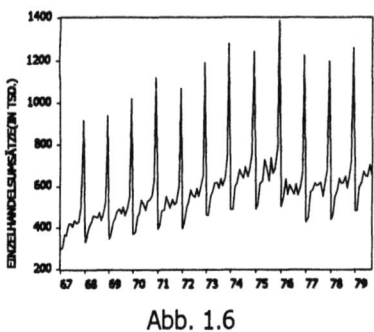 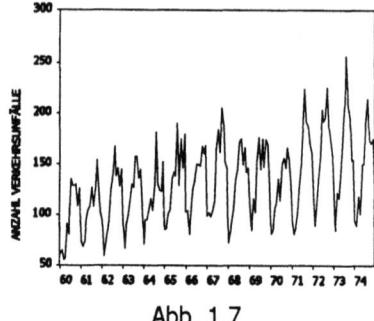

Abb. 1.6

Abb. 1.7

Neben einem leichten Trend weist die Reihe eine ausgeprägte Saisonkomponente auf mit einem offensichtlich ziemlich unregelmäßigen Verlaufsmuster.

Beispiel 8:

In diesem Beispiel ist ein stark negativer Trend gekoppelt mit einer sehr unregelmä-ßigen Saisonfigur. Es handelt sich um die monatliche Reihe *Zigarren-Konsum* (1969 – 1976) gemäß Abb. 1.8 (Quelle: Pankratz, A., Forecasting with Univariate Box-Jenkins-Models, 1983). Diese Beispiele legen folgende Vermutung nahe: Reihen, die relativ regelmäßige Verlaufsmuster aufweisen (z.B. *eindeutige* Trends und/oder *sta-bile* Saisonfiguren) sind leichter und mit größerer Genauigkeit zu modellieren und zu prognostizieren als Reihen, die stark *verschmutzt* sind, d.h. bei denen *Unregel-mäßigkeiten* dominieren. Letztere werden auch als *Rauschen* (*noise*) bezeichnet, während man die Reihenanteile, die einem erkennbaren Verlaufsmuster folgen, als *Signale* bezeichnet. Denkt man sich die Varianz einer Reihe in zwei Varianzanteile zerlegt, die auf die Signale und auf das Rauschen entfallen, dann ist das Verhältnis dieser beiden Varianzanteile offenbar ein Gütemaß für die Beurteilung einer konkre-ten Prognosesituation: Je größer diese *signal-to-noise ratio* ist, um so günstiger ist diese einzuschätzen. Dies ist allerdings nicht gleichbedeutend damit, daß in solchen Fällen generell mit einer einfach abzuleitenden Prognosefunktion zu rechnen wäre.

Beispiel 9:

Daß dies keineswegs der Fall sein muß, zeigt die berühmte Reihe *Anzahl der Sonnenflecken* (Jahreswerte) nach Wölfer in Abb. 1.9 (Quelle: Box, G.E.P., Jenkins, G.M., Time Series Analysis, Forecasting and Control, 1976).

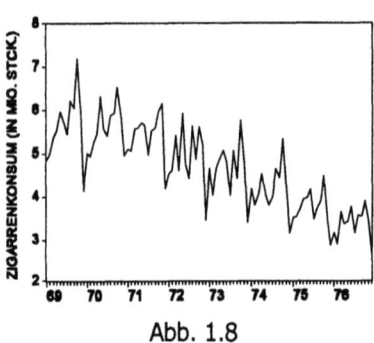 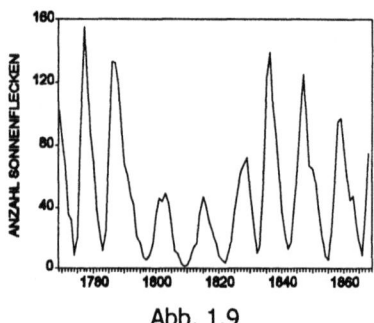

Abb. 1.8

Abb. 1.9

Offensichtlich liegt ein klares Signal vor. Der noise-Anteil ist außerordentlich gering. Problematisch für eine Prognose sind aber wohl die stark schwankenden Amplituden dieser Reihe. Diese Reihe kann mit elementaren Methoden weder modelliert noch prognostiziert werden. Mit Hilfe der bisherigen Beispiele sollten die grundlegenden Konzepte *Trend, Saison* und *Rauschen* mindestens intuitiv verständlich geworden sein. Zum Abschluß dieses Abschnittes sei noch auf einige Besonderheiten von Reihen eingegangen, wie sie bei den folgenden Beispielen auftreten.

Beispiel 10:
Die Entwicklung der Anzahl der *Flugpassagiere im internationalen Luftverkehr* (monatlich) zeigt über 12 Jahre hinweg Abb. 1.10 (Quelle: Box, G.E.P., Jenkins, G.-M., Time Series Analysis, Forecasting and Control, 1976). Neben einer starken Trendbewegung liegt eine ausgeprägte saisonale Bewegung vor. Dabei ist auffallend, daß die saisonalen *Ausschläge* (um den Trend) mit zunehmendem Trend immer größer werden. Anders ausgedrückt: Die Varianz der Reihe ist nicht konstant, sondern wächst im Zeitablauf. Viele ökonomische Reihen zeigen ein derartiges Verhalten. Eine nicht-konstante Reihenvarianz kann aber evtl. zu Problemen sowohl bei der Modellierung als auch bei der Prognose führen. In solchen Fällen kann es ratsam sein, nach Möglichkeiten zu suchen, eine Reihe durch eine *geschickte* Operation so zu transformieren, daß die Varianz (wenigstens annähernd) konstant wird. Bildet man im vorliegenden Fall z.B. die Logarithmen der Reihenwerte, dann ergibt sich das Bild in Abb. 1.10a.

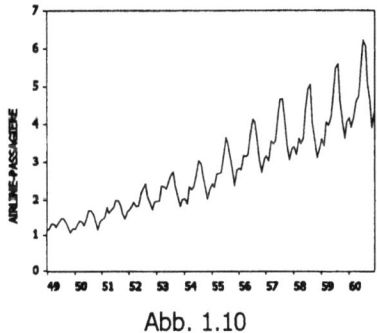

Abb. 1.10

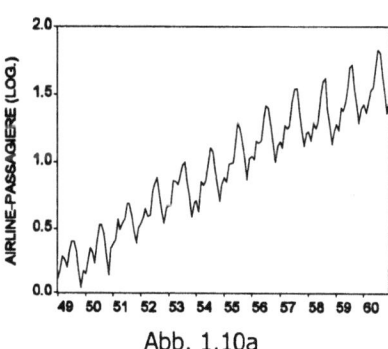

Abb. 1.10a

Offenbar streuen die Werte jetzt ziemlich gleichmäßig um einen steigenden Trend. Statt der Originalwerte könnte man die logarithmierten Werte prognostizieren, die sich leicht rücktransformieren lassen. Die Logarithmus-Transformation ist ein Spezialfall der *BOX-COX*-Transformationen, auf die in Kap. V.4.5.2. eingegangen wird.

Beispiel 11:
Die Abbildung 1.11 enthält die Reihe *Anzahl der wegen Trunkenheit Arrestierten in Minneapolis* (monatlich) (Quelle: McCleary, R., Hay, R., Applied Time Series Analysis for the Social Sciences, 1980). Offensichtlich weist diese Reihe einen *Bruch* auf. Bis kurz vor etwa Reihenmitte oszilliert die Reihe um den Wert 6.0 und nachher etwa um den Wert 2.0. Das Niveau der Reihe verändert sich also schlagartig. Eine

starke Veränderung ist aber auch bei den saisonalen Bewegungen zu beobachten. Derartige Reihen implizieren spezielle Probleme sowohl für die Modellierung als auch für die Prognose. Deshalb wurden dafür auch spezielle Werkzeuge geschaffen, die es erlauben sollen, solche *Brüche* (hier insbesondere in Form von starken Niveauverschiebungen) möglichst bei der Modellierung explizit zu berücksichtigen. Im Rahmen der sogenannten *Interventions-* bzw. *Ausreißeranalyse* werden wir uns damit beschäftigen (vgl. Kap. X.).

Beispiel 12:

Die *Börsenkurse von IBM* zeigten an 255 aufeinander folgenden Börsentagen folgendes Bild in Abb. 1.12 (Quelle: Box, G.E.P., Jenkins, G.M., Time Series Analysis, Forecasting and Control, 1976):

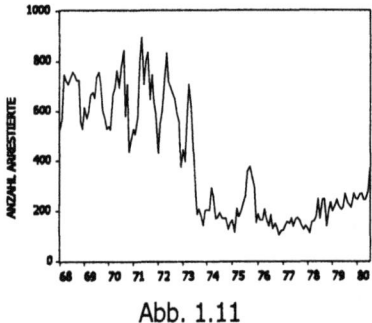

Abb. 1.11

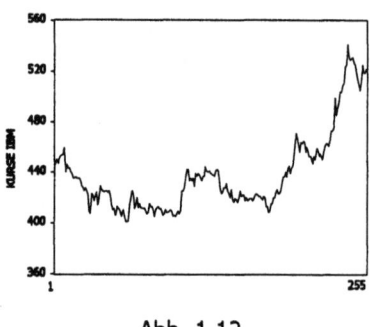

Abb. 1.12

Auffallend an dieser Reihe ist, daß von einer generellen Trendrichtung nicht gesprochen werden kann. Vielmehr kann man mehrere *lokale* Trends unterscheiden, z.B. fallen die Kurse am Anfang tendenziell, dann gibt es Stagnationsphasen, Niveausprünge, starke Aufwärtsbewegungen gefolgt von Kurseinbrüchen, usw. Deswegen wird häufig davon gesprochen, daß Börsenkurse einem *stochastischen Trend* folgten. Eine Prognose nur auf Grund ihrer eigenen Vergangenheit scheint deshalb nicht sehr erfolgversprechend zu sein.

I.2.   Das traditionelle Zeitreihen-Komponentenmodell

Die bisherigen Ausführungen legen die Auffassung nahe, daß man sich eine ökonomische Zeitreihe aus mehreren *Bewegungskomponenten* zusammengesetzt denken kann. Traditionellerweise geht man bei *unterjährigen Daten* von den folgenden *vier* Komponenten aus:

a)   einer *Trendkomponente* T_t, deren Verlauf als durch langfristig wirkende Ursachen bedingt angesehen wird. Oft wird unterstellt, daß sie monoton wächst (z.B. auf Grund des technischen Fortschrittes) oder monoton fällt (z.B. als Folge eines Bevölkerungsrückganges).

b)   einer *zyklischen* Komponente Z_t, deren Verlauf den Konjunkturzyklus reflektiert und für die deshalb eine *"wellenförmige"* Bewegung postuliert wird.

c)   einer *Saisonkomponente* S_t, deren Verlauf auf jahreszeitliche und institutionelle Ursachen zurückgeführt wird. Für sie wird ebenfalls ein *"wellenförmiger"* Verlauf angenommen.

d)   und schließlich einer *irregulären* Komponente U_t, deren Verlauf nicht auf die
       bei den anderen Komponenten aufgeführten Ursachenkomplexe zurück-
       geführt werden kann. Es wird angenommen, daß die U_t-Werte relativ (d.h.
       im Vergleich zu den Werten von T_t, Z_t und S_t) klein sind und quasi "regellos"
       um den Wert Null schwanken. Die U_t sind *Residualgrößen*, die den Charakter
       von *Zufallsschwankungen* aufweisen sollen. Im letzten Abschnitt wurden sie
       als *Rauschen* bezeichnet.

Häufig werden die Komponenten T_t und Z_t nicht getrennt betrachtet, sondern zur
sogenannten *glatten Komponente* G_t zusammengefaßt. Dies hängt nicht zuletzt
damit zusammen, daß eine Trennung dieser beiden Komponenten mit traditionellen
zeitreihenanalytischen Werkzeugen als problematisch anzusehen ist.

    Die eben skizzierte inhaltliche Deutung der einzelnen Zeitreihen-Komponenten
reicht aber für Zeitreihenanalysen nicht aus. Dazu ist mindestens eine Vorstellung
darüber erforderlich, wie die einzelnen Komponenten im Zeitablauf zusammen-
wirken. Das einfachste Modell postuliert eine *additive* Überlagerung dieser Komponenten. Für eine unterjährige Zeitreihe x_t gilt mit diesem Postulat somit:

$$x_t = T_t + Z_t + S_t + U_t, \qquad t=1,2,...,T$$
$$= G_t + S_t + U_t$$

Wäre x_t eine Jahresreihe (oder auch Zweijahres-, Fünfjahres-, usw. Reihe), dann
hätte es natürlich keinen Sinn, eine saisonale Komponente S_t zu berücksichtigen.

    Anstelle einer additiven könnte man aber auch an eine *multiplikative* Verknüp-
fung der einzelnen Komponenten denken. Dann ergäbe sich:

$$x_t = T_t \cdot Z_t \cdot S_t \cdot U_t, \qquad t=1,2,...,T$$
$$= G_t \cdot S_t \cdot U_t$$

Bei dieser Verknüpfung muß allerdings angenommen werden, daß die U_t regellos
um den Wert Eins schwanken. Formal kann dieses Modell durch Logarithmierung jedoch auf ein Modell mit additiver Verknüpfung zurückgeführt werden.

    Neben diesen *reinen* Typen sind auch *Mischformen* denkbar, also Modelle, in
denen sowohl additive als auch multiplikative Verknüpfungen vorkommen, also z.B.:

$$x_t = (T_t + Z_t) \cdot S_t + U_t, \qquad t=1,2,...,T$$

II. Einfache Saisonbereinigungsverfahren

Mit Hilfe des traditionellen Komponentenmodells läßt sich auf einfache Weise eine Reihe von Fragestellungen und Problemen diskutieren, die prinzipiell auch bei komplizierteren Zeitreihenansätzen auftreten. Ein wichtiges praktisches Problem ist die sogenannte *Saisonbereinigung* von Zeitreihen. Dabei geht es im wesentlichen darum, die Komponente S_t zu identifizieren und zu eliminieren. Es ist unmittelbar einleuchtend, daß saisonbereinigte Reihen in der Praxis eine wichtige Rolle spielen. Ist z.B. eine Zunahme der Anzahl der Arbeitslosen ein Indiz für einen sich verschlechternden Arbeitsmarkt oder ist diese nur jahreszeitlich bedingt, also kurzfristiger Natur? Ist ein Umsatzrückgang nur *saisonal* bedingt oder muß angenommen werden, daß sich die Marktposition des Unternehmens verschlechtert hat? Um diese und ähnliche Fragen beantworten zu können, muß eine (unterjährige) Reihe *bereinigt* werden. Mit Hilfe von bereinigten Reihen kann man dann versuchen, die Frage zu beantworten, wie die Entwicklung verlaufen wäre, wenn keine jahreszeitlichen Einflüsse wirksam gewesen wären.

Nachfolgend seien nun zwei elementare Bereinigungsverfahren besprochen, die zwar heute keine praktische Bedeutung mehr haben (heutige Verfahren sind wesentlich komplizierter, vgl. dazu die Ausführungen in Kap. XV.3.), an denen man aber wichtige praktische Probleme der Saisonbereinigung auf relativ einfache Weise studieren kann.

II.1. Saisonbereinigung im additiven Komponentenmodell bei konstanter Saisonfigur

Ausgegangen wird vom traditionellen Komponentenmodell in der additiven Version. Ohne Beschränkung der Allgemeinheit wollen wir von Monatsreihen ausgehen. Das Komponentenmodell allein reicht jedoch nicht aus, um eine Saisonbereinigung durchzuführen. Vielmehr ist es erforderlich, für die einzelnen Komponenten spezielle *Verlaufshypothesen* einzuführen. Im einzelnen sei angenommen:

a) die Saisonkomponente sei für alle *gleichnamigen* Monate gleich, d.h.
$$S_t = S_{t+12}, \quad t = 1,2,\ldots,T$$
Anders ausgedrückt: Es wird eine streng periodische Saisonfigur unterstellt. Als *Saisonfigur* werde das 12-Tupel $(S_1,S_2,\ldots,S_{12})$ bezeichnet. Dieses Postulat besagt, daß der jahreszeitliche Einfluß auf eine Reihe jeweils für alle Januar-, für alle Februar-,... sowie für alle Dezemberwerte gleich ist.

b) die glatte Komponente G_t kann innerhalb eines Zeitraumes von 13 Monaten durch eine lineare Funktion der Zeit *hinreichend genau* approximiert werden.

Unter diesen beiden Voraussetzungen und der weiteren Voraussetzung, daß die Saisonfigur auch auf die Summe Null normiert wird, d.h. es soll gelten: $S_1+S_2+\ldots+S_{12}=0$, kann die glatte Komponente mit Hilfe eines sogenannten *gleitenden symmetrischen 12-Monats-Durchschnitts* geschätzt werden. Somit ist

$$\hat{G}_t = \frac{1}{12}\left[\frac{1}{2}x_{t-6} + \sum_{i=t-5}^{t+5} x_i + \frac{1}{2}x_{t+6}\right]$$

wobei $\hat{G}_t$ die geschätzte glatte Komponente bezeichnet.

Dieser Durchschnitt ist eine Variante eines *gleitenden symmetrischen Durchschnitts der Ordnung* (2k+1). Ein solcher ist für eine beliebige Reihe definiert durch:

$$\hat{G}_t = \frac{1}{2k+1}\sum_{i=t-k}^{t+k} x_i, \quad t=k+1,\ldots,T-k$$

Es wird also jeweils das arithmetische Mittel aus dem Zeitreihenwert x_t sowie aus den k vorangehenden und k nachfolgenden Reihenwerten gebildet. Da $\hat{G}_t$ für die ersten und letzten k Zeitperioden nicht definiert ist, erhält man durch diese Mittelung eine um 2k Werte *verkürzte* Reihe.

Für den gleitenden Durchschnitt wurde eben eine ungerade Ordnung gewählt. Man könnte natürlich auch eine gerade Ordnung wählen. Dies wäre allerdings mit einem speziellen Nachteil verbunden: Eine genaue Zuordnung der gemittelten Werte zu den einzelnen Zeitpunkten (bzw. Zeitperioden) wäre nicht mehr möglich. Vielmehr müßte man eine Zuordnung *zwischen* diesen vornehmen, was natürlich aus praktischen Gründen ungeschickt wäre. Da aber andererseits die Saisonfigur zweckmäßigerweise auf die Summe Null normiert wird, läge es eigentlich nahe, zur Bestimmung von G_t allgemein einen gleitenden Durchschnitt *gerader* Ordnung zu wählen. Einen solchen könnte man dadurch bestimmen, daß man die gleichen (2k+1) Werte wie oben verwendet, jedoch den ersten und den letzten Wert nur mit halbem Gewicht berücksichtigt:

$$\hat{G}_t = \frac{1}{2k}\left[\frac{1}{2}x_{t-k} + \sum_{i=t-(k-1)}^{t+(k-1)} x_i + \frac{1}{2}x_{t+k}\right]$$

Für k=6 ergibt sich daraus der obige gleitende 12-er Durchschnitt. Zuordnungsprobleme ergeben sich dabei nicht. Der erste gemittelte Wert ist dem Monat Juli zuzuordnen, falls eine Reihe im Januar beginnt.

Eine Normierung der Saisonfigur auf die Summe Null bedeutet keine Einschränkung der Allgemeinheit des obigen Modellansatzes, da ja im Fall einer von Null verschiedenen Summe eine Konstante von den S-Werten subtrahiert und der glatten Komponente zugeschlagen werden könnte. Erst diese Normierung macht die Saisonkomponente *identifizierbar*.

Schließlich sei als dritte Hypothese angenommen, daß

c) die Summe oder ein gewogenes arithmetisches Mittel über die Werte der irregulären Komponente ungefähr den Wert Null ergibt.

Da der gleitende 12-Monats-Durchschnitt $\hat{G}_t$ als Schätzung für die glatte Komponente betrachtet werden kann, stellen die Differenzen X_t-$\hat{G}_t$ die um die (geschätzte) glatte Komponente *bereinigte* Reihe dar. Auf Grund der Additivität des Zeitreihenmodells kann deshalb geschrieben werden:

$$x_t - \hat{G}_t \approx S_t + U_t$$

Das Weitere beruht nun im wesentlichen darauf, daß die um die glatte Komponente bereinigten Werte für *gleichnamige* Monate gemittelt werden. Zur Darstellung dieser Operation ist es zweckmäßig, wenn die Reihenwerte nicht wie bisher einfach durchnummeriert werden, sondern eine *Doppelindizierung* eingeführt wird: Mit x_{ij} sei der Zeitreihenwert für den j-ten Monat (j=1,2,...,12) des i-ten Jahres (i=1,2,..., T) bezeichnet. Wegen der angenommenen Konstanz der Saisonfigur gilt:

$$S_{ij} = S_j, \quad i=1,2,...,T$$

Eine Mittelung über m_j gleichnamige Monate ergibt

$$\tilde{S}_j = \frac{1}{m_j}\sum_{i=1}^{m_j}(x_{ij}-\hat{G}_{ij}) \approx \frac{1}{m_j}\sum_{i=1}^{m_j}(S_{ij}+U_{ij}) = \frac{1}{m_j}\sum_{i=1}^{m_j}S_{ij} + \frac{1}{m_j}\sum_{i=1}^{m_j}U_{ij} \approx S_j$$

da nach Postulat c) für das arithmetische Mittel der U_{ij} der Wert Null gesetzt werden kann. m_j bezeichnet die Anzahl der Jahre, für welche diese Mittelbildung für den Monat j vorgenommen werden kann (da bei der Schätzung von G infolge der gleitenden Durchschnitte Reihenwerte sowohl am Anfang als auch am Ende verloren gehen, ist diese Anzahl nicht für alle Monate gleich).

Mit der Bestimmung von $\tilde{S}_1, \tilde{S}_2,...,\tilde{S}_{12}$ ist die Hauptarbeit praktisch schon getan. Die geforderte Normierung läßt sich dadurch durchführen, daß das arithmetische Mittel

$$\bar{S} = \frac{1}{12}\sum_{j=1}^{12}\tilde{S}_j$$

von jedem $\tilde{S}_j$ subtrahiert wird. Das ergibt die sogenannten *Saisonveränderungszahlen* (oder *Saisonindizes*):

$$\hat{S}_j = \tilde{S}_j - \bar{S}$$

Die *saisonbereinigte* Reihe ist schließlich durch die Differenzen $x_{ij}-\hat{S}_j$ gegeben.

Beispiel 13:
Für die Reihe *Einzelhandelsumsätze* von Beispiel 6, Kap. I. scheint die Voraussetzung einer konstanten Saisonfigur einigermaßen erfüllt zu sein. Es ergeben sich die folgenden Saisonindizes:

$$
\begin{array}{ll}
\hat{S}_1 = -0.171 & \hat{S}_7 = -0.047 \\
\hat{S}_2 = -0.157 & \hat{S}_8 = -0.007 \\
\hat{S}_3 = -0.070 & \hat{S}_9 = -0.048 \\
\hat{S}_4 = -0.057 & \hat{S}_{10} = -0.016 \\
\hat{S}_5 = -0.008 & \hat{S}_{11} = 0.051 \\
\hat{S}_6 = -0.025 & \hat{S}_{12} = 0.556
\end{array}
$$

Die Saisonindizes reflektieren offensichtlich die saisonalen Bewegungen der Zeitreihe. Die beiden nachfolgenden Graphiken zeigen die saisonbereinigte Reihe allein (Abb. 2.1) und zusammen mit der Originalreihe (Abb. 2.2).

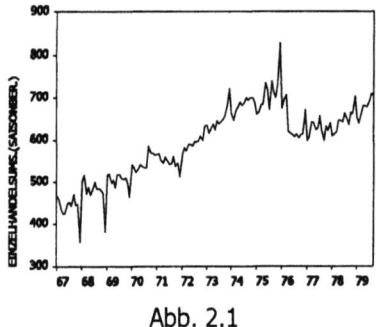

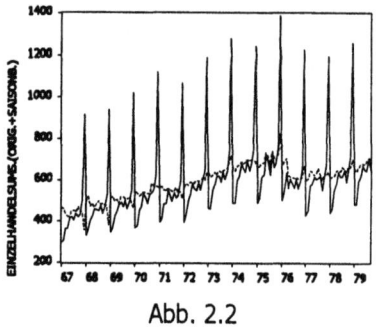

Abb. 2.1   Abb. 2.2

II. 2. Saisonbereinigung im additiven Komponentenmodell bei variabler Saisonfigur

Die Annahme einer exakt periodischen Saisonfigur ist strenggenommen praktisch nie gerechtfertigt. Allenfalls ist diese bei gewissen Reihen, wie bei der obigen Umsatzreihe, als erste Approximation zu vertreten. Häufig verändern sich Saisonfiguren im Zeitablauf ziemlich rasch (vgl. z.B. die Reihe *Zigarren-Konsum* im obigen Beispiel 8). Hier wollen wir nur den *einfachsten* Fall einer sich verändernden Saisonfigur betrachten und uns überlegen, wie dabei eine Saisonbereinigung vorgenommen werden könnte.

Bei der Reihe *Flugpassagiere* in Beispiel 10, Kap. I, haben wir gesehen, daß sich die saisonalen Bewegungen proportional zum ansteigenden Trend *verstärken*. Anders ausgedrückt: Die Saisonausschläge korrelieren positiv mit dem Trend der Reihe. Für derartige Reihen liegt es deshalb nahe, von folgendem Postulat auszugehen:

$$S_{ij} = a_j G_{ij} \,, \quad j=1,2,\ldots,12$$

Hier wird nicht mehr die absolute Größe der Saisonausschläge, sondern die *relative* (bezogen auf die glatte Komponente) als konstant angenommen. Dieses Postulat ersetzt die Annahme a) in Kap. II.1. Behalten wir aber alle anderen sonstigen Postulate aus dem vorherigen Abschnitt bei, dann kann für eine Saisonbereinigung ähnlich wie oben vorgegangen werden. Aus

$$x_{ij} = G_{ij} + S_{ij} + U_{ij}$$

folgt mit dieser Verlaufshypothese

$$x_{ij} = G_{ij} + a_j G_{ij} + U_{ij} = (1 + a_j) G_{ij} + U_{ij} = I_j G_{ij} + U_{ij}$$

wobei $I_j = (1+a_j)$ bzw. $100\ I_j$ als *Saisonindexziffer* bezeichnet werden. Diese gibt an, um wie viel Prozent die unbereinigten Werte von der glatten Komponente abweichen, wenn wir von der irregulären Komponente einmal absehen.

Schätzt man die glatte Komponente wieder mit einem gleitenden 12-Monatsdurchschnitt, dann erhalten wir durch Division die um die glatte Komponente bereinigte Reihe:

$$\frac{x_{ij}}{\hat{G}_{ij}} \approx I_j + \frac{U_{ij}}{\hat{G}_{ij}}$$

Summiert man diese Quotienten und mittelt sie über alle verfügbaren Jahre aus (wie im Fall der konstanten Saisonfigur), dann ergibt sich

$$\tilde{I}_j \approx \frac{1}{m_j} \sum_{i=1}^{m_j} \frac{x_{ij}}{\hat{G}_{ij}}$$

wobei m_j wiederum die Anzahl der Jahre bezeichnet, für welche diese Mittelbildung für den Monat j möglich ist. Auch hier ist wieder eine Normierung angezeigt. Sollen im Durchschnitt 100 Indexpunkte auf den Monat j entfallen, so daß sich also für alle Monate zusammen 1200 Indexpunkte ergeben, dann läßt sich eine solche Normierung durch Multiplikation mit dem Faktor

$$1200 / \sum_{j=1}^{12} \tilde{I}_j$$

durchführen. Somit ergibt sich schließlich:

$$\hat{I}_j = \tilde{I}_j \cdot 1200 / \sum_{j=1}^{12} \tilde{I}_j , \quad j=1,2,\dots,12$$

Die saisonbereinigte Reihe schließlich erhalten wir durch die Division:

$$x_{ij}/\hat{I}_j$$

Beispiel 14:

Für die Reihe *Flugpassagiere* aus Beispiel 10 erhält man die Saisonindizes:

$\hat{S}_1$	= 91.077	$\hat{S}_7$	= 122.636
$\hat{S}_2$	= 88.133	$\hat{S}_8$	= 121.652
$\hat{S}_3$	= 100.825	$\hat{S}_9$	= 105.997
$\hat{S}_4$	= 97.321	$\hat{S}_{10}$	= 92.200
$\hat{S}_5$	= 98.305	$\hat{S}_{11}$	= 80.397
$\hat{S}_6$	= 111.296	$\hat{S}_{12}$	= 90.164

Danach waren die Monate Juni, Juli, August und September jahreszeitlich die *umsatzstärksten* Monate, während der November der *umsatzschwächste* Monat im Jahr war. Die beiden nächsten Graphiken zeigen (in Einheiten von 10^4) die saisonbereinigte Reihe allein (Abb. 2.3) und zusammen mit der Originalreihe (Abb. 2.4):

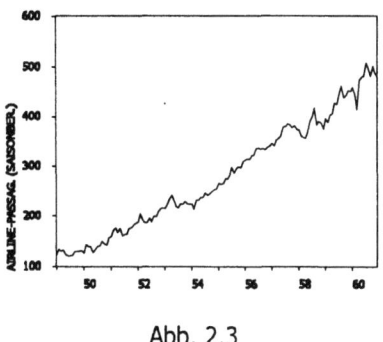

Abb. 2.3

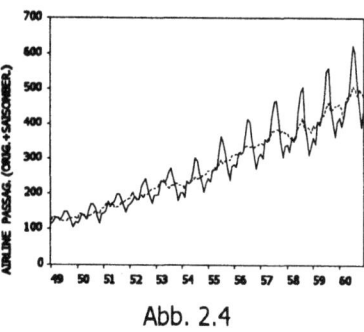

Abb. 2.4

II.3. Einige praktische Probleme der Saisonbereinigung

Obwohl, wie schon eingangs bemerkt, die beiden oben skizzierten Verfahren heute keine praktische Bedeutung mehr haben, lassen sich mit ihrer Hilfe einige Aspekte der Saisonbereinigung studieren, die auch bei wesentlich komplizierteren Bereinigungsverfahren in der Regel als problematisch bezeichnet werden müssen.

Zunächst sei festgehalten, daß alle Bereinigungsverfahren, die auf dem traditionellen Komponentenmodell beruhen, stets spezielle *Verlaufsannahmen* hinsichtlich der einzelnen Komponenten treffen müssen. Die obigen Annahmen, nämlich Linearität der glatten Komponente innerhalb einer Zeitspanne von 13 Monaten, eine streng periodische Saisonfigur oder eine Saisonfigur, die sich streng proportional zur glatten Komponente entwickelt, sind nur die denkbar einfachsten Verlaufsannahmen. Kompliziertere Bereinigungsverfahren arbeiten mit komplexeren Verlaufsannahmen. Hier sei lediglich angemerkt, daß alle diese Verlaufshypothesen *empirisch nicht testbar* sind, wenigstens nicht direkt, da für die einzelnen Reihenkomponenten keine Beobachtungswerte vorliegen. Es sind allerdings auch Bereinigungsverfahren entwickelt worden, die nicht auf dem traditionellen Komponentenmodell beruhen und die deshalb ohne derartige Verlaufshypothesen auskommen (vgl. dazu die Ausführungen in Kap. XV.6.2.).

Häufig ist man weniger an der saisonbereinigten Reihe als an der glatten Komponente interessiert. Beide unterscheiden sich dadurch, daß die saisonbereinigte Reihe noch die irreguläre Komponente enthält, deshalb also in der Regel wesentlich *unruhiger* verläuft als die glatte Komponente. Dies kann für eine *Diagnose* störend sein, insbesondere am sogenannten *aktuellen Rand*. Darunter sind die *jüngsten* Reihenwerte zu verstehen, also etwa die letzten 4 oder 5 Werte. Bei der Diagnose will man häufig nur wissen, ob die weitere Entwicklung nach *oben* oder nach *unten* geht, oder ob sie etwa auf dem letzten Niveau verharren wird. Für eine derartige Diagnose ist nun die glatte Komponente wegen ihres ruhigeren Verlaufs im allgemeinen geeigneter als die saisonbereinigte Reihe (vgl. dazu jedoch dazu die Ausführungen in Kap. XV.7.2). Bei den beiden obigen Verfahren kann die glatte Komponente jedoch nicht bis zum aktuellen Rand bestimmt werden, da diese in beiden Fällen mit Hilfe eines gleitenden 12-Monats-Durchschnitts ermittelt wurde. Dadurch gehen an beiden *Reihenrändern* jeweils 6 Reihenwerte verloren. Für den *linken* Reihenrand (d.h. für den Reihenanfang) ist dies in der Regel unproblematisch, jedoch nicht für den *rechten*, d.h. den *aktuellen Rand:* Eine Diagnose für die glatte Komponente ist dort nicht mehr möglich.

In der Graphik Abb. 2.5 ist die glatte Komponente der Reihe *"Flugpassagiere"* zusammen mit ihrer Originalreihe dargestellt. Es ist deutlich sichtbar, daß die glatte Komponente wesentlich ruhiger verläuft als die saisonbereinigte Reihe, aber auch, daß diese Komponente gegenüber der Originalreihe an beiden Reihenrändern verkürzt ist. Diese Verkürzung tritt immer ein, wenn die glatte Komponente mit Hilfe von (symmetrischen) gleitenden Durchschnitten bestimmt wird, also auch bei Verfahren, die gleitende Durchschnitte von wesentlich komplizierterer Bauart als oben einsetzen, wie z.B. das weit verbreitete CENSUS-X11 bzw. X12-Verfahren oder das Berliner Verfahren (siehe Kapitel XV.3).

Bei all diesen Verfahren ist also stets ein *Randausgleichsproblem* zu lösen. Solche Lösungen sind immer mit einer Einführung *zusätzlicher* Verlaufshypothesen verbunden.

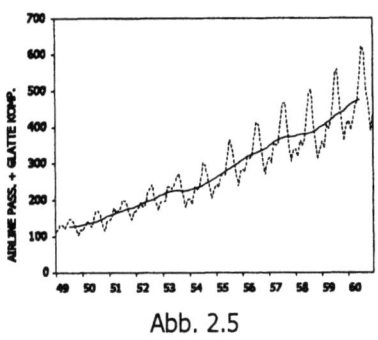

Abb. 2.5

Ein weiteres Problem, das wir noch betrachten wollen, bezieht sich auf die sogenannte *Randstabilität* von Saisonbereinigungsverfahren. Wird eine Reihe *aktualisiert*, d.h. wird ein neuer Reihenwert hinzugefügt, dann stellt sich die Frage, ob die bisher bereinigten Werte, insbesondere am aktuellen Rand, unverändert bleiben. Dies ist in der Regel nicht der Fall. Je nachdem, inwieweit Änderungen eintreten, spricht man von einem mehr oder weniger *randstabilen* Verfahren.

Wir können die Randstabilität des zuletzt besprochenen Verfahrens (mit variabler Saisonfigur) durch *Simulation* überprüfen. Dazu nehmen wir an, daß die Reihe anfänglich nur 140 Werte umfaßt. Sukzessive wird dann jeweils 1 Wert hinzugefügt und die Reihe neu bereinigt. In der nachfolgenden Tabelle sind jeweils die bereinigten Reihenwerte ab dem 130. Wert nebeneinander gestellt:

	140	141	142	143	144
130	441.702	441.552	441.308	441.357	441.434
131	450.540	450.387	450.139	450.188	450.267
132	449.455	449.303	449.055	449.104	449.182
133	458.134	457.978	457.726	457.776	457.856
134	441.875	443.769	443.524	443.572	443.650
135	413.113	412.973	415.455	415.501	415.573
136	474.618	474.457	474.195	473.608	473.691
137	481.461	481.297	481.032	481.085	480.139
138	480.991	479.177	480.563	480.615	480.699
139	507.501	507.329	507.049	507.105	507.194
140	498.443	498.274	497.999	498.053	498.140
141		479.389	479.125	479.177	479.261
142			499.860	499.915	500.003
143				485.009	485.094
144					479.128

Vergleicht man die bereinigten Werte *zeilenweise*, dann erkennt man, daß sie sich *verändern*, wenn auch im allgemeinen nur geringfügig. Die größten Veränderungen sind wohl für den 135. Reihenwert zu beobachten. Das Verfahren liefert zwar nicht perfekt, wohl aber hochgradig randstabile saisonbereinigte Reihenwerte. Dies ist natürlich eine Folge der Verfahrenskonstruktion: Die für alle Jahre gleichbleibenden Saisonindexziffern ändern sich nur geringfügig beim Hinzukommen neuer Reihenwerte. Die hohe Randstabilität bei diesem Verfahren ist also auf die dem Verfahren immanenten *rigiden* Postulate zurückzuführen. Daraus folgt, daß eine hohe Randstabilität *allein* noch kein *Gütekriterium* für ein Saisonbereinigungsverfahren darstellt. Es sei hier noch angemerkt, daß es durchaus möglich ist, Verfahren mit *perfekter* Randstabilität zu konstruieren, ohne daß deshalb rigide Verlaufspostulate eingeführt werden müssen (vgl. dazu auch Kap. XV.6.2.).

Abschließend sei noch darauf hingewiesen, daß das Problem der Randstabilität natürlich auch für die glatte Komponente besteht, wenn diese durch spezielle Ausgleichsverfahren bis zum aktuellen Rand weitergeführt wird. Im allgemeinen dürfte aber die glatte Komponente weniger randstabil sein als die saisonbereinigte Reihe, da die Bestimmung dieser Komponente am aktuellen Rand im allgemeinen ein schwierigeres Problem darstellt als die Bereitstellung (nur) saisonbereinigter Werte für diesen Reihenabschnitt, da dafür neben der Saison auch die Noise-Komponente eliminiert werden muß.

III. Elementare Filter-Operationen

Bei der Saisonbereinigung wurden Reihenkomponenten mit Hilfe gewisser *Techniken*, wie z.B. gleitender Durchschnitte, bestimmt oder *isoliert*. Häufig ist man jedoch nicht unbedingt an einer Reihenkomponente selbst interessiert (zumindest nicht in erster Linie), sondern an der Ursprungsreihe, die aber diese Komponente nicht enthalten soll. Statt an einer Isolation einer Komponente ist man also an ihrer *Elimination* interessiert. So kann man z.B. die Trendkomponente einer Reihe eliminieren oder *ausfiltern* wollen, was zu einer *trendfreien* Reihe führt. Werkzeuge, mit deren Hilfe solche (und ähnliche) Operationen möglich sind, werden generell als *Filter* bezeichnet. Die *Filtertheorie* ist ein eigenständiges Spezialgebiet der Zeitreihenanalyse. Hier sollen nur einige elementare Filter besprochen werden, die auch bei gewissen Prognoseverfahren, wie z.B. dem Box/Jenkins-Ansatz, verwendet werden (für eine weiterführende Darstellung vergleiche Kap. XVI.).

Einfache Filter zur Trendelimination sind die sogenannten *DifferenzenFilter*. Diese beruhen auf einer sukzessiven Differenzenbildung von Zeitreihenwerten. Ein Differenzenfilter 1. Grades (oder 1. Ordnung) ist definiert durch:

$$\Delta x_t := x_t - x_{t-1}$$

Wendet man diesen etwa auf die Reihe *Fahrzeugbestand* an (vgl. Beispiel 2, Kap. I.), dann erhält man das Resultat in Abb. 3.1. Offensichtlich hat dieser Filter den Trend *praktisch* eliminiert. Allerdings ist auch zu beobachten, daß bei der gefilterten Reihe die kurzfristigen Oszillationen viel stärker in Erscheinung treten als bei der Ausgangsreihe.

Die Differenzenbildung kann iterativ angewendet werden. Bildet man 1. Differenzen von 1. Differenzen, dann erhält man *insgesamt* Differenzen 2. Grades (Abb. 3.2). Davon wieder 1. Differenzen ergeben *insgesamt* Differenzen 3. Grades (Abb. 3.3), usw. Die Abbildungen legen den Eindruck nahe, daß die kurzfristigen Oszillationen durch zunehmende Differenzenbildung immer mehr akzentuiert werden. Tatsächlich beträgt die Standardabweichung der 1. Differenzen $s_1 = 1290$, der 2. Differenzen $s_2 = 1906$ und der 3. Differenzen $s_3 = 3494$.

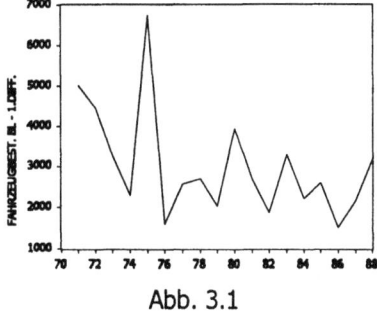 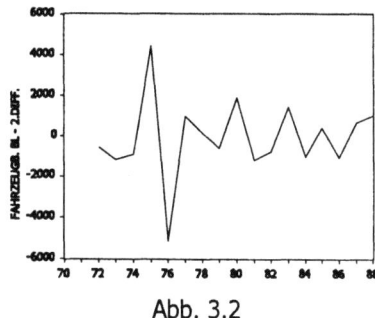

Abb. 3.1   Abb. 3.2

Differenzenfilter haben generell die Eigenschaft, daß sie mit zunehmendem Differenzierungsgrad eine Reihe immer mehr *aufrauhen* (siehe die vergleichende Darstellung in Abb. 3.4). Dies hängt damit zusammen, daß solche Filter sogenannte

Hochpaßfilter sind, die *langsame* Reihenbewegungen mehr oder weniger eliminieren, aber *schnelle* Bewegungen (mindestens) konservieren. Allerdings sind Differenzenfilter von einem streng filtertheoretischen Standpunkt aus als *schlechte* Hochpaß-Filter zu bezeichnen, da sie die *schnellen* Reihenbewegungen nicht nur konservieren (was erwünscht ist), sondern zusätzlich noch verstärken (was unerwünscht ist).

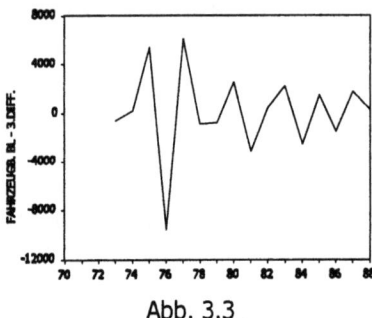

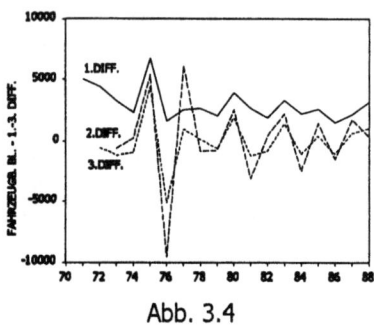

Abb. 3.3   Abb. 3.4

Betrachtet man die Trendelimination in obigem Beispiel etwas genauer, dann stellt man fest, daß die Bildung 1. Differenzen hinsichtlich der Trendelimination – strenggenommen – nicht zu einem völlig befriedigenden Resultat führt. Rein optisch hat man den Eindruck, daß die Reihe eine, wenn auch leichte, Abwärtsbewegung vollzieht. Schätzt man etwa einen linearen Trend nach der Methode der kleinsten Quadrate, dann erhält man:

$$\Delta x_t = 4451.17 - 145.17t \ , \quad (R^2 = 0.29)$$

Obwohl dieser Trend nur 29% der Varianz der 1. Differenzen erklärt, zeigt es sich, daß der Regressionskoeffizient *signifikant* von Null verschieden ist, (eine evtl. Autokorrelation der Residuen sei hier vernachlässigt), d.h. der optische Eindruck wird durch diese Schätzung gestützt. Für praktische Zwecke jedoch kann eine solche *unvollständige* Trendbereinigung durchaus hinreichend sein.

Bei der Verwendung von Differenzenfiltern ist zu beachten, daß mit jeder Differenzenbildung eine Reihe jeweils um einen Wert *verkürzt* wird. Da, wie eben dargelegt wurde, Differenzenfilter wegen des Aufrauhungseffektes als schlechte Hochpaßfilter bezeichnet werden müssen und eine vollständige Trendelimination offensichtlich nicht immer garantiert werden kann, stellt sich die Frage, unter welchen Bedingungen Differenzenfilter eine *perfekte* Trendelimination gewährleisten. Diese Frage kann eindeutig dahingehend beantwortet werden, daß dies der Fall ist, wenn ein Trend allgemein als ein Polynom n-ten Grades der Zeit darstellbar ist. Ein solches Polynom hat die Gestalt:

$$T_t = a + bt + ct^2 + \ldots + mt^n$$

Angenommen, es sei n=1, d.h. der Trend sei durch ein Polynom 1. Grades, also eine lineare Funktion, darstellbar. Aus $T_t = a+bt$ folgt durch 1. Differenzenbildung

$$\Delta T_t = a + bt - [a + b(t-1)] = b = \text{constant}$$

d.h. die 1. Differenz der Reihenwerte eliminiert den linearen Trend vollständig. Für n=2, also den quadratischen Trend

$$T_t = a + bt + ct^2$$

ergeben 1. Differenzen

$$\Delta T_t = a + bt + ct^2 - [a + b(t-1) + c(t-1)^2] = b - c + 2ct$$

und 2. Differenzen

$$\Delta^2 T_t = b + 2ct - c - [b + 2c(t-1) - c] = 2c = \text{const.}$$

d.h. eine zweimalige Differenzenbildung eliminiert ein Polynom 2. Grades vollständig.

Allgemein gilt: Ist die Trendkomponente einer Zeitreihe exakt durch ein Polynom n-ten Grades der Zeit darstellbar, dann wird diese durch einen n-fachen Differenzen-Filter ausgefiltert. Liegt dagegen ein anderer Funktionstyp vor, dann führt eine Differenzenbildung nicht unbedingt zur gewünschten Trendelimination. Folgt ein Trend zum Beispiel einer Exponentialfunktion $T_t = Ae^{\alpha t}$, dann ergeben 1. Differenzen $\Delta T_t = A(1 - e^{-\alpha})e^{\alpha t}$, d.h. der Trend bleibt (abgesehen von einer veränderten multiplikativen Konstanten) in seiner ursprünglichen Form erhalten. Wie man sich leicht überlegt, würden daran auch weitere Differenzenbildungen nichts ändern. Allerdings könnte man sich in diesem Fall dadurch behelfen, daß man nicht die Originalwerte, sondern ihre (natürlichen) Logarithmen, verwendet. Damit ergäbe sich für den Trend $\ln T_t = \ln A + \alpha t$, also ein Polynom 1. Grades. Diese Transformation ist schon oben als Spezialfall der *BOX-COX*-Transformationen eingeführt worden.

Natürlich kann man auch Trendfunktionen angeben, die nicht durch eine Transformation in ein Polynom überführbar sind. Allerdings zeigt die Praxis, daß man etwa bei der Modellierung und Prognose von Zeitreihen nach Box/Jenkins, die bei vielen Reihen Trendeliminationen notwendig machen, in der Regel mit Differenzenfiltern durchaus befriedigende Resultate erzielt. Dies trifft insbesondere auf ökonomische Reihen zu.

Neben Differenzenfiltern zur Trendelimination gibt es auch solche zur Elimination von Saisonkomponenten, sogenannte *saisonale Differenzenfilter*. Bei Monatsreihen verwendet man dazu 12. Differenzen: $X_t - X_{t-12}$ (bei Quartalswerten würde man 4. und bei Halbjahreswerten 2. Differenzen verwenden).

Wendet man einen saisonalen Differenzenfilter etwa auf die Reihe *Einzelhandelsumsätze* (vgl. Beispiel 6, Kap. I.) an, erhält man das Resultat in Abb. 3.5. Dieser Filter hat offensichtlich die sehr regelmäßige Saisonkomponente eliminiert, was zu einer ziemlich erratisch verlaufenden Reihe führt. Allerdings wurde die Saisonkomponente nicht vollständig eliminiert, wie das nach dem optischen Eindruck scheinbar der Fall ist. Es wird sich später zeigen, daß bei einer ARIMA-Modellierung dieser Reihe trotz vorheriger saisonaler Differenzenfilterung noch Saisonanteile modellmäßig erfaßt werden müssen. Saisonale Differenzenfilter sind also nur sehr grobe Saisonfilter.

Filtert man die Reihe *Flugpassagiere* (Beispiel 10, Kap. I.) mit einem saisonalen Differenzenfilter, dann ergibt sich die Reihe in Abb. 3.6. Hierbei ist auffallend, daß nicht nur die saisonale, sondern auch die Trendkomponente (mindestens teilweise) eliminiert wurde. Der Anstieg dieser Reihe fällt aber wesentlich geringer aus als bei der Originalreihe.

Natürlich kann man eine Reihe sowohl saison- als auch trendfiltern, d.h. beide Filter nacheinander anwenden. Für die Passagier-Reihe ergibt sich dabei Abb. 3.7. Für diese (doppelt) gefilterte Reihe lassen sich optisch kaum mehr *Verlaufsmuster* erkennen. Man gewinnt eher den Eindruck, daß die Reihenwerte *regellos* um ein konstantes Niveau schwanken, also so etwas wie eine *Zufallsreihe* darstellen. Ob dieser Eindruck korrekt ist, läßt sich jedoch nur mit Hilfe spezieller Testverfahren entscheiden (dazu sei auf die Ausführungen in Kap. VIII. verwiesen).

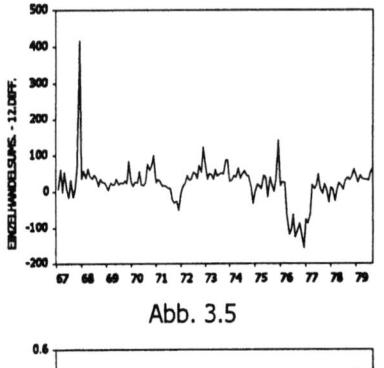

Abb. 3.5

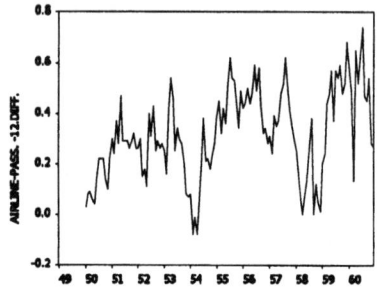

Abb. 3.6

Das Filterresultat ist von der Reihenfolge der eingesetzten Filter unabhängig, d.h. ob zuerst ein Differenzenfilter 1. Grades und dann ein solcher 12. Grades verwendet wird oder umgekehrt, ist gleichgültig.

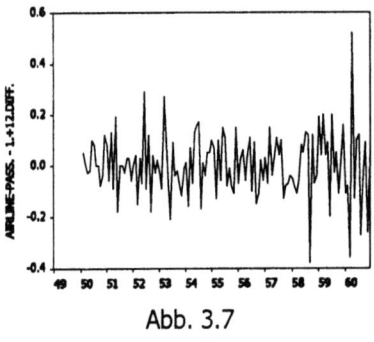

Abb. 3.7

Schließlich sei noch erwähnt, daß trendbereinigte Reihen Verlaufsmuster kurzfristiger Schwingungen häufig klarer erkennen lassen als dies in der Originalreihe der Fall ist. Für die Reihe *Flugpassagiere* ergibt sich nach 1. Differenzenbildung das Bild in Abb.

3.8 (in Mio.). Die zunehmenden Saisonausschläge sind jetzt noch deutlicher wahrzunehmen als in der Originalreihe, allerdings auch der durch die Differenzenbildung verstärkte *noise* der Reihe. Mit einem exakten Hochpaßfilter, dessen Konstruktion in Kapitel XVII.6. beschrieben wird, erhält man die gefilterte Reihe in Abb. 3.9 (in 10^4). Ein Vergleich mit der Originalreihe zeigt, daß dieser Filter die *feinen* Bewegungen der Reihe sehr genau reproduziert, also den *noise* nicht verstärkt, aber den Trend völlig eliminiert. Ein direkter Vergleich der beiden gefilterten Reihen unterstreicht diesen Sachverhalt. Es sei noch dazu vermerkt, daß bei diesem Filter – im Gegensatz zum Differenzenfilter – keine Reihenwerte verloren gehen.

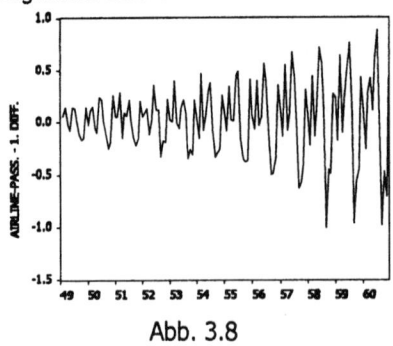

Abb. 3.8

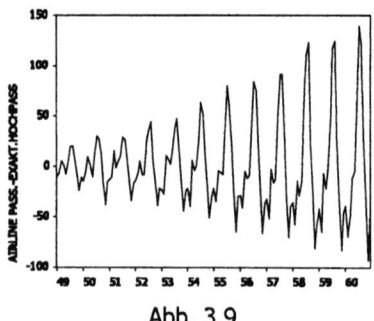

Abb. 3.9

IV. Prognosen auf der Basis von Exponential-Smoothing-Ansätzen

IV.1. Vorbemerkungen

Eine Klassifikation von Prognosemodellen könnte etwa folgendermaßen aussehen:

a) *Qualitative / quantitative* Prognosemodelle:

Qualitative Modelle sind dadurch gekennzeichnet, daß relevante Größen (*Variablen*) *verbalargumentativ* miteinander verknüpft werden. Solche Prognoseansätze werden z.B. zur Vorhersage von politischen Entwicklungstendenzen verwendet. Allgemein werden sie auch als *heuristische* Prognoseverfahren bezeichnet (z.B. Szenarien, Delphi-Methode). Im Gegensatz dazu verknüpfen *quantitative* Modelle die Variablen durch *mathematische Operationen*. Hier werden ausschließlich derartige Prognosemodelle behandelt.

b) *Univariate / multivariate* Prognosemodelle:

Bei *univariaten* Modellen werden einzelne Zeitreihen für sich *allein* betrachtet und aus ihrem bisherigen zeitlichen Verlauf prognostiziert. Der einzige *erklärende* Faktor ist dabei die Zeit.

Bei *multivariaten* Modellen wird eine Reihe mit Hilfe anderer Reihen prognostiziert. Diese dienen sozusagen als *kausale* Variablen, d.h. im Gegensatz zum univariaten Ansatz werden *echte* erklärende Variablen als *Modell-Input* verwendet. Diese sollten möglichst nach substanzwissenschaftlichen Gesichtspunkten ausgewählt werden.

c) *Kurz- / mittel- / langfristige* Prognosemodelle:

Das Kriterium zur Unterscheidung dieser Modelle ist der *Prognosezeitraum* (oder *Prognosehorizont*). Allerdings ist die Abgrenzung der Fristen nicht eindeutig. Für ökonomische Reihen sind etwa folgende Abgrenzungen gebräuchlich:

kurzfristig: bis etwa 3 Monate
mittelfristig: über 3 Monate bis etwa 2 Jahre
langfristig: über 2 Jahre.

Diese Abgrenzungen sind natürlich reine Konventionen. Außerdem sind die Grenzen fließend. Es ist dabei zu beachten, daß im konkreten Fall bei einer solchen Abgrenzung – soll sie sinnvoll sein – die Periodizität einer Reihe beachtet werden muß. Angenommen, eine Reihe sei auf der Basis von Tageswerten (wie z.B. Börsenkurse) gegeben, dann muß ein Prognosehorizont von z.B. 2 Monaten schon als langfristig bezeichnet werden.

Außerdem ist der *Charakter* der Reihe selbst zu berücksichtigen, wie z.B. bei demographischen Reihen. Liegt etwa die Weltbevölkerung auf Jahresbasis vor, dann wäre bei einem Prognosehorizont von z.B. 4 Jahren durchaus von einer kurzfristigen Prognose zu sprechen. Von einer Langfristprognose würde man wohl erst bei einem Horizont von etwa 40 – 50 Jahren sprechen. Es ist einleuchtend, daß in diesem Fall kurzfristige Prognosen in der Regel von relativ geringem Interesse sein dürften.

Zunächst wollen wir uns mit sogenannten *Exponential Smoothing*-Prognosen (im weiteren häufig kurz als *ES-Prognosen* bezeichnet) beschäftigen. Dabei handelt es sich um univariate Prognosen für kurz- bis höchstens mittelfristige Horizonte. ES-Prognosen sind in der Praxis weit verbreitet. Ihre Popularität beruht einmal darauf, daß sie relativ einfach zu verstehen und zu handhaben sind, aber auch darauf, daß sie nicht selten beim Vergleich mit den Resultaten wesentlich komplizierterer Prognoseverfahren gut abschneiden. Sie gelten als *robust* in dem Sinn, daß sie z.B. auch für sehr kurze Reihen verwendbar sind. Bei Prognosemodellen, die im Gegensatz zu ES-Modellen auf einer explizit formulierten und ausgearbeiteten theoretischen Basis beruhen, müssen in der Regel Parameter geschätzt werden, was eine *hinreichende* Zeitreihenlänge voraussetzt. Da solche Schätzungen bei den ES-Modellen entfallen, sind damit auch relativ kurze Reihen einer Prognose zugänglich. Außerdem ist entsprechende Software weit verbreitet bzw. in gängigen Softwarepaketen enthalten (wie z.B. in SYSTAT, SPSS, EVIEWS usw.).

Grundsätzlich können Exponential-Smoothing-Modelle danach unterschieden werden, welche Komponenten jeweils in einer Reihe vorhanden sind. ES-Modelle sind demnach verschieden für Reihen mit bzw. ohne Trendkomponente, mit bzw. ohne Saisonkomponente, sowie schließlich für Reihen, die sowohl eine Trend- als auch eine Saisonkomponente enthalten. Außerdem sind die Modelle verschieden, je nachdem, ob diese beiden Komponenten *additiv* oder *multiplikativ* miteinander verknüpft sind. Dementsprechend existiert eine beträchtliche Modellvielfalt. Hier werden wir uns nur mit den für die Praxis wichtigsten Modellen beschäftigen, dem einfachen ES sowie den ES-Modellen nach Holt und Winters.

IV.2. Einfaches Exponential-Smoothing

Das einfachste ES-Modell ist für Zeitreihen gedacht, die weder eine Trend- noch eine Saisonkomponente enthalten, also für Reihen, die lediglich um ein konstantes Niveau (oder einen konstanten *Level*) schwanken, wie etwa die Zeitreihe in Bsp. 1, Kap. I.

Für den *geglätteten Level* einer solchen Reihe gilt dabei die *rekursive* Beziehung:

$$L_t = \alpha x_t + (1-\alpha)L_{t-1}$$

Diese zeigt, wie der Level L_t einer Reihe durch einen neu hinzukommenden Reihenwert *aktualisiert* wird. α wird als *Glättungsparameter* bezeichnet, $0 < \alpha < 1$. Die *m-Schritt-Prognose* zum Zeitpunkt t, die alle bis dahin verfügbaren Reihenwerte miteinbezieht, ist gegeben durch

$$\hat{x}_t(m) = L_t, \quad m = 1,2,\ldots$$

d.h. der *letzte* Level-Wert wird für *alle* zukünftigen Zeitpunkte *fortgeschrieben*. Die 2- und Mehr-Schrittprognosen sind somit identisch mit der 1-Schritt-Prognose. Dies zeigt, daß dieses einfachste Modell nicht geeignet ist für Reihen, die einen Trend aufweisen.

Für obige Rekursionsbeziehung ist offensichtlich ein *Startwert* erforderlich: Für t=1 muß L_0 bekannt sein. Für dieses Startwertproblem existieren in der Praxis verschiedene Lösungen. Die wohl einfachste Lösung ist die, daß $L_0 = x_1$, also gleich dem 1. Reihenwert, gesetzt wird. Eine andere ad hoc Lösung wäre etwa die, für L_0 das arithmetische Mittel aller Reihenwerte zu verwenden. In den verschiedenen Software-Paketen sind solche nebst weiteren mehr oder weniger komplizierten Startwertprozeduren anzutreffen. Zu den letzteren zählt etwa das sogenannte *backcasting*. Dabei wird eine Reihe einfach *umgedreht*, d.h. der letzte Reihenwert wird zum ersten, der zweitletzte zum zweiten usw. und schließlich der erste zum letzten Wert. Den benötigten Startwert erhält man dann durch eine 1-Schritt-Prognose der umgedrehten Reihe, also durch eine Art *Rückwärtsprognose*. Es sei gleich hier darauf hingewiesen, daß bei *allen* ES-Modellen Startwertprobleme auftreten.

Das einfachste ES-Modell verfügt über einen einzigen Parameter, den Glättungsparameter α. Dieser muß *vorgegeben* werden. Man sieht nun leicht ein, daß die Prognosen in der Regel sensitiv sind gegenüber verschiedenen Werten des Glättungsparameters. Dies kann man erkennen, wenn man sich an den *Extremwerten* orientiert. Für $\alpha = 1$ erhält man $L_t = x_t$, d.h. für diesen Parameterwert hat das Modell kein *Gedächtnis:* Die m-Schritt-Prognosewerte sind gleich dem letzten Reihenwert. Alle früheren Reihenwerte sind dafür irrelevant. Für Parameterwerte in der Nähe von Null besitzt das Modell ein *langes Gedächtnis:* Auf die Prognosewerte haben auch *weit* zurückliegende Reihenwerte einen Einfluß. Das Modell ist im Hinblick auf die Intensität der Veränderungen von Reihenwerten um so *adaptiver*, je größer der Glättungsparameter ist. Diese Zusammenhänge sollen an Hand der Reihe von Beispiel 1, Kap. I. illustriert werden.

Wählt man ein sehr kleines α, z.B. $\alpha = 0.01$, dann erhält man die in Abb. 4.1 dargestellte Prognose. Offensichtlich reagiert das Modell auf die starken Veränderungen der Reihe so gut wie gar nicht, d.h. die sogenannten *ex-post*-Prognosen sind als sehr schlecht zu bezeichnen. Für $\alpha = 0.3$ ergibt sich Abb. 4.2. Hier sind schon Reaktionen der ex-post-Prognosen auf die Reihenveränderungen festzustellen. Auffallend ist, daß die Veränderungen der Prognosewerte den Veränderungen der Originalwerte *nachhinken*.

Für $\alpha = 0.5$ erhält man den Verlauf in Abb. 4.3. Hier wird die Originalreihe im ex-post-Bereich relativ gut nachgezeichnet, wenngleich das oben erwähnte *Nachhinken* auch hier festzustellen ist. Für $\alpha = 0.9$ ergibt sich schließlich der Verlauf in Abb. 4.4. Die Nachzeichnung der Originalreihe ist jetzt fast als *sehr gut* zu bezeichnen, wenn man die klar erkennbare *Phasenverschiebung* zwischen Originalreihe und ex-post-Prognosereihe einmal außer Betracht läßt.

Vergleicht man die *echten* Prognosewerte (d.h. also die m-Schritt-Prognosewerte) bei diesen vier verschiedenen Glättungsparametern, so ergibt sich:

α	m-Schritt-Prognosewerte
0. 01	3.18
0. 3	3.51
0. 5	3.38
0. 9	3.42

Vergleicht man diese mit unterschiedlichem α erzielten Echt-Prognosen (auch *ex-ante-Prognosen* genannt), dann stellt man fest, daß diese sehr viel weniger divergieren als die mit denselben unterschiedlichen Glättungsparametern α erzielten ex-post-Prognosen, für die sich im ex-post-Bereich erhebliche Differenzen feststellen lassen (vgl. z.B. Abb. 4.2 und Abb. 4.4). Nehmen wir einmal an, der wahre Wert für 1989 sei 3.3. Dann ergebe sich aus obiger Tabelle ein gleicher (absoluter) Prognosefehler von 0.12 für die schlechteste und die beste ex-post-Prognose. Dieses Resultat mag konstruiert erscheinen. Generell zeigt aber die Erfahrung, daß "gute" ex-post-Prognosen noch keinerlei Garantie sind für "gute" ex-ante-Prognosen.

Obwohl in diesem Beispiel die Echt-Prognosen nur moderat sensitiv sind gegenüber verschiedenen Werten des Glättungsparameters, muß dies bei anderen Reihen natürlich nicht der Fall sein. Deshalb stellt sich die Frage, ob es irgendwelche Kriterien für eine *objektive* Festlegung dieses Parameters gibt.

Zunächst sei nun festgehalten, daß dabei keine Kriterien aus der statistischen Schätztheorie gemeint sind, etwa der Art, diesen Parameter so festzulegen, daß die Echt-Prognosen bestimmten theoretischen Anforderungen genügen, wie z.B. der Minimierung des Erwartungswertes eines irgendwie definierten Prognosefehlers. Vielmehr ist hier an ein *pragmatischeres* Kriterium gedacht. Als solches ist z.B. die Minimierung des *ex-post-Prognosefehlers* anzusehen, das häufig verwendet wird. Dabei werden im ex-post-Bereich die 1-Schritt-Prognosen – bei einem vorgegebenen Glättungsparameter α – mit den jeweils *zugehörigen* Reihenwerten verglichen. Ihre Differenzen sind die ex-post-Prognosefehler. Diese werden quadriert und aufsummiert, was zur Summe der quadratischen ex-post-Prognosefehler führt. Diese Prozedur kann für verschiedene vorgegebene α-Werte durchgeführt werden, wobei man z.B. mit α=0.01 beginnt und dann diesen Wert sukzessive um den gleichen Betrag ("Schrittweite", z.B. jeweils 0.01) vergrößert, bis schließlich etwa α=0.99. Für jedes α im *Gitter* [0.01,0.99] wird der quadratische ex-post-Prognosefehler berechnet. Als *optimales* α wird dasjenige angesehen, bei dem dieser Fehler *minimal* wird.

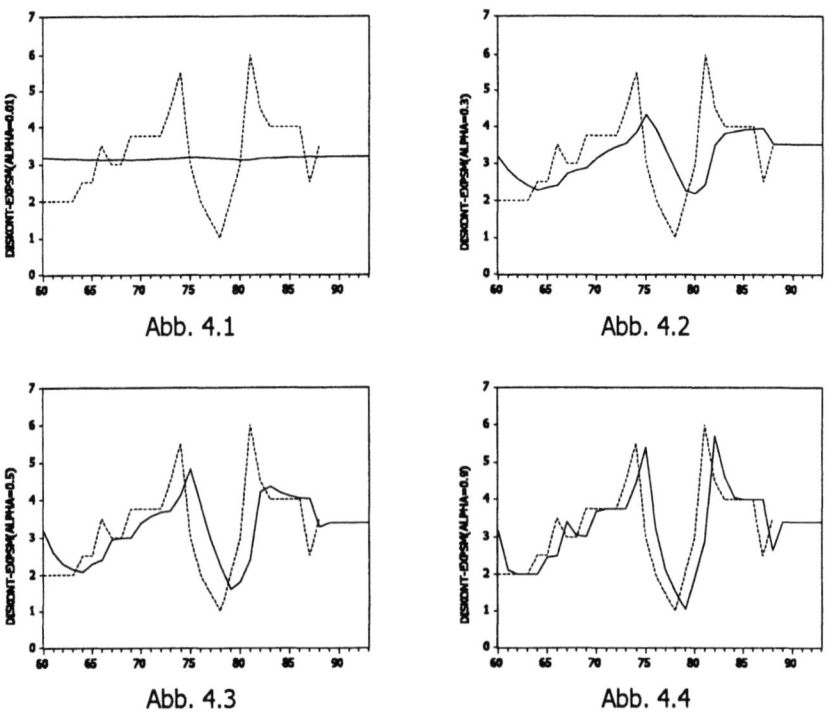

Abb. 4.1   Abb. 4.2

Abb. 4.3   Abb. 4.4

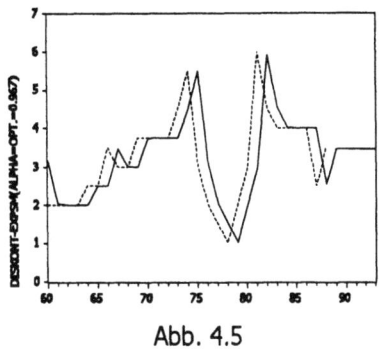

Abb. 4.5

Für obiges Beispiel erhält man ein *optimales* $\alpha = 0.967$, was zu einer fast perfekten Nachzeichnung der Originalreihe führt, wiederum abgesehen von der schon erwähnten Phasenverschiebung (vgl. Abb. 4.5). Der m-Schritt-Prognosewert ist hierbei 3.47, der sich natürlich nur wenig vom Prognosewert des *nicht-optimalen* $\alpha = 0.9$ unterscheidet.

Obige Rekursionsbeziehung für das einfache ES-Modell kann durch sukzessives Einsetzen in folgende Form überführt werden:

$$L_t = \alpha x_t + \alpha(1-\alpha)x_{t-1} + \alpha(1-\alpha)^2 x_{t-2} + \ldots$$

Diese Beziehung zeigt, daß der *geglättete* Level zum Zeitpunkt t nichts anderes ist als ein gewogener Durchschnitt aus dem aktuellen Reihenwert und früheren Reihenwerten (theoretisch: unendlich vielen früheren Werten), wobei die Gewichte monoton (genauer: exponentiell) abnehmen. Letzteres erklärt die Bezeichnung "exponential smoothing".

Für spätere Überlegungen ist eine weitere Darstellungsform der obigen grundlegenden Rekursion nützlich. Der 1-Schritt-Prognosewert für den Zeitpunkt t (prognostiziert im Zeitpunkt t-1) ist:

$$\hat{x}_{t-1}(1) = L_{t-1}$$

Somit kann für den 1-Schritt-Prognosefehler geschrieben werden:

$$e_t = x_t - L_{t-1}$$

Daraus folgt dann durch Einsetzen in die Definition von L_t der Ausdruck $L_t = L_{t-1} + \alpha e_t$, was als *Fehler-Korrektur*-Form bezeichnet wird. Sie zeigt, daß der Level von Zeitpunkt t-1 im Prinzip fortgeschrieben wird, wobei nun der 1-Schritt-Prognosefehler als Korrekturgröße berücksichtigt wird. Mit Hilfe der Fehler-Korrektur-Form kann für das einfache ES-Modell schließlich geschrieben werden:

$$x_t - x_{t-1} = e_t - (1 - \alpha)e_{t-1}$$

Mit Hilfe dieses Ausdrucks kann gezeigt werden, daß sich das einfache ES-Modell – unter noch näher zu spezifizierenden Voraussetzungen – als Spezialfall einer viel umfassenderen Zeitreihen-Modellklasse (nämlich der ARIMA-Modelle) begreifen läßt (dazu sei auf Kap. V.4.5. verwiesen).

IV.3. Exponential-Smoothing nach Holt

Bei diesem ES-Modell wird vorausgesetzt, daß eine Reihe eine *Trendkomponente* besitzt, aber keine Saisonkomponente. Im gebräuchlichsten Fall wird unterstellt, daß diese Trendfunktion *lokal-linear* ist, d.h. es wird nicht angenommen, daß die Parameter dieser Trendfunktion unveränderlich sind, wie z.B. bei der oben beschriebenen linearen Trendextrapolation. Beim ES-Modell nach *Holt* handelt es sich also nicht um eine einfache Trendextrapolation, vielmehr werden die beiden Trendparameter als zeitlich veränderlich angesehen. Beide werden durch exponentielle Glättung *fortgeschrieben*. Deshalb wird dieses ES-Modell auch als *doppeltes* Exponential Smoothing-Modell bezeichnet.

Die Prognosefunktion ist linear und lautet:

$$\hat{x}_t(m) = L_t + mT_t, \quad m=1,2,\ldots$$

Dabei wird der Level L_t und der Trend T_t gemäß folgenden rekursiven Beziehungen fortlaufend *aktualisiert:*

$$L_t = \alpha x_t + (1 - \alpha)(L_{t-1} + T_{t-1})$$
$$T_t = \beta(L_t - L_{t-1}) + (1 - \beta)T_{t-1}$$

Ist der letzte Reihenwert erreicht, dann kann sich L_t und T_t nicht mehr verändern, d.h. alle ex-ante-Prognosewerte sind durch diejenige Gerade gegeben, die durch den *letzten* L_t bzw. T_t-Wert bestimmt ist.

Dieses ES-Modell verfügt über zwei Glättungsparameter. Auch hier sind wiederum Startwerte notwendig: Sowohl L_0 als auch T_0 müssen irgendwie bestimmt werden. Für den ersten Startwert kann z.B. wie oben der erste Reihenwert verwendet werden und für den zweiten etwa der erste Wert einer linearen Regression, die entweder alle Reihenwerte oder nur einen Teil von ihnen (am Reihenanfang), verwendet. Andere Lösungen, wie z.B. das schon erwähnte *backcasting*, sind ebenfalls gebräuchlich.

Die Fehlerkorrekturformeln für L_t und T_t lauten hier

$$L_t = L_{t-1} + T_{t-1} + \alpha e_t \quad \text{bzw.} \quad T_t = T_{t-1} + \alpha\beta e_t$$

die ähnlich wie beim einfachen ES-Modell zu interpretieren sind.

Die beiden Glättungsparameter können auf die gleiche Weise wie beim einfachen ES-Modell *optimiert* werden: Für eine Folge von Wertekombinationen in einem zweidimensionalen *Gitter* wird diejenige Kombination als *optimal* angesehen, welche die Summe der quadrierten ex-post-Prognosefehler minimiert. Für das nachfolgende Beispiel wurden die beiden jeweils verwendeten Glättungsparameter auf diese Weise bestimmt.

Für die Reihe Fahrzeugbestand von Bsp. 2, Kap. I. ergeben sich mit $\alpha=0.59$ und $\beta=0.44$ für die Jahre 1989-1993 die Prognosewerte 102'410, 104'755, 107'100, 109'445 und 117'799 (auf ganze Werte gerundet). Wie aus Abb. 4.6 ersichtlich ist, liegen diese exakt auf einer Geraden, da sich die lokal-lineare Trendfunktion nach dem letzten Reihenwert im Jahre 1989 nicht mehr ändern kann.

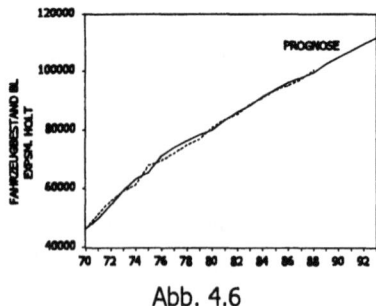

Abb. 4.6

IV.4. Exponential-Smoothing nach Winters

Dieses ES-Modell ist für Reihen gedacht, die sowohl eine *Trend-* als auch eine *Saison-Komponente* besitzen. Dabei wird davon ausgegangen, daß der nicht-saisonale Teil einer Reihe nach dem Holt-Modell erfaßbar ist (was somit eine lokal-lineare Trendfunktion impliziert), während die Saisonalität durch Saisonindizes berücksichtigt wird, die wiederum fortgeschrieben werden. Die zusätzliche Berücksichtigung der Saisonkomponente erfordert einen weiteren Glättungsparameter. Das Winters-Modell (in der Literatur auch als Holt-Winter-Modell bezeichnet) verfügt also insgesamt über drei Glättungsparameter.

Man unterscheidet ein *additives* und ein *multiplikatives* Winters-Modell, je nachdem, ob man eine additive oder eine multiplikative Verknüpfung von Trend- und Saisonkomponente postuliert. Beim *additiven* Modell lautet die Prognosefunktion:

$$\hat{x}_t(m) = L_t + mT_t + S_t(m)$$
$$L_t = \alpha(x_t - S_{t-s}) + (1 - \alpha)(L_{t-1} + T_{t-1}) , \quad m=1,2,...$$
$$T_t = \beta(L_t - L_{t-1}) + (1 - \beta)T_{t-1}$$
$$S_t = \gamma(x_t - L_t) + (1 - \gamma)S_{t-s}$$

Dabei ist γ der Glättungsparameter für die Saisonindizes, s die Periodizität der Reihe (also z.B. s=12 für Monatsreihen) und S_t der Saisonindex zum Zeitpunkt t.

Für das *multiplikative* Modell lauten die entsprechenden Gleichungen:

$$\hat{x}_t(m) = (L_t + mT_t)S_t(m)$$
$$L_t = \alpha\frac{x_t}{S_{t-s}} + (1 - \alpha)(L_{t-1} + T_{t-1})$$
$$T_t = \beta(L_t - L_{t-1}) + (1 - \beta)T_{t-1}$$
$$S_t = \gamma\frac{x_t}{L_t} + (1 - \gamma)S_{t-s}$$

Für die drei Glättungsparameter α, β und γ kann man wieder optimale Werte in derselben Weise wie oben finden: Man sieht wieder diejenige Wertekombination aus einem dreidimensionalen *Parameterraum* als optimal an, welche die Summe der quadrierten ex-post-Prognosefehler minimiert.

Für die Reihe monatliche *Verkehrsunfälle* in Ontario aus Bsp. 7, Kap. I., erhält man mit dem additiven Ansatz ($\alpha=0.1917$, $\beta=0.0069$, $\gamma=0.2353$), dem multiplikativen Ansatz ($\alpha=0.2581$, $\beta=0.0194$, $\gamma=0.21$) und einem Prognosehorizont von 12 Monaten folgende Resultate (ganzzahlig gerundet):

Jahr	ES-Winters additiv	ES-Winters multipl.
1975-1	108	103
1975-2	99	93
1975-3	110	105
1975-4	118	114
1975-5	143	141
1975-6	157	156
1975-7	175	177
1975-8	192	195
1975-9	176	178
1975-10	181	184
1975-11	164	166
1975-12	158	160

Ein Vergleich der prognostizierten Werte zeigt gewisse Nieveauunterschiede. Allerdings verändern sich diese Prognosewerte praktisch völlig gleichförmig, ihre Korrelation beträgt 0.99.

Hier stellt sich natürlich die Frage, welcher der beiden Ansätze vorzuziehen ist. Diese *Frage* scheint rein theoretisch nicht entscheidbar zu sein. Aber möglicherweise helfen hier empirische Untersuchungen weiter. Man kann z.B. versuchen, zur Lösung dieses Problems eine *Prognosesimulation* durchzuführen. Dies kann in der Weise geschehen, daß z.B. die letzten 12 Reihenwerte nicht zur Bestimmung von α, β und γ verwendet werden. Prognostiziert man dann die *verkürzte* Reihe, dann kann man die Prognosewerte mit den tatsächlichen Werten vergleichen und die Prognosequalität beurteilen. Für die prognostizierten Werte für die 12 Monate im Jahr 1974 ergibt sich:

Jahr	ES-Winters additiv	ES-Winters multipl.	tatsächl. Werte
1974-1	129	115	94
1974-2	119	104	89
1974-3	129	116	118
1974-4	138	128	101
1974-5	161	157	150
1974-6	177	174	150
1974-7	193	197	191
1974-8	210	216	214
1974-9	196	199	173
1974-10	201	206	170
1974-11	183	184	175
1974-12	180	181	123

In der Abb. 4.7 sind beide Prognosen zusammen mit den tatsächlichen Werten dargestellt. Beide Prognosen verlaufen zueinander weitgehend parallel – mit einer Korrelation von 0.99 wie bei der ex-ante-Prognose – wobei die additive Version Werte liefert, die insbesondere für die ersten vier Monate deutlich über denjenigen der - multiplikativen Version liegen und damit die tatsächliche Entwicklung merklich überschätzen. Ab Juli kehrt sich diese Tendenz um, jetzt liegen die Prognosewerte der multiplikativen Version höher als die der additiven Version, allerdings vergleichsweise in wesentlich geringerem Ausmaß. Insgesamt könnte man deshalb dem multiplikativen Ansatz eine gewisse Überlegenheit zubilligen. Aber auch er überschätzt durchweg die tatsächliche Entwicklung. Dies ist insbesondere beim Dezemberwert 1974 der Fall, der in diesem Jahr extrem tief liegt (entweder war der Dezemberwert in allen vorangegangenen Jahren höher als der Novemberwert oder er lag nur wenig darunter). Der Dezemberwert 1974 ist somit als *Ausreißer* zu bezeichnen und dementsprechend schwierig zu prognostizieren. Legt man aber weniger Wert auf die Prognosewerte selbst, ist man also nur an der *Tendenz* des Unfallgeschehens interessiert, dann ergeben beide Ansätze durchaus zutreffende Informationen: Tiefpunkt im Februar, Zunahme der Unfallzahlen bis zum Maximum im August, ab September tendenziell rückläufige Entwicklung. Solche Tendenzaussagen sind in der Praxis nicht selten wichtiger als genaue numerische Prognosen. Hierbei kommt es vor allem auf eine möglichst genaue Prognose der sog. *Wendepunkte* an. Darunter versteht man die (lokalen) Minima und Maxima einer Reihe. Offensichtlich schneiden beide Ansätze diesbezüglich in diesem Beispiel (abgesehen vom Dezember 1974) recht brauchbar ab.

Als nächstes Beispiel wollen wir die Reihe *Flugpassagiere* aus Beispiel 10, Kap. I., betrachten. Für den additiven bzw. multiplikativen Ansatz ergeben sich jeweils die Parameter: $\alpha = 0.2577$, $\beta = 0.0344$, $\gamma = 0.9996$ bzw.

$$\alpha = 0.2651, \quad \beta = 0.0205, \quad \gamma = 0.7929$$

Die Prognosewerte beider Ansätze für 1961 zeigen folgenden Verlauf in Abb. 4.8:

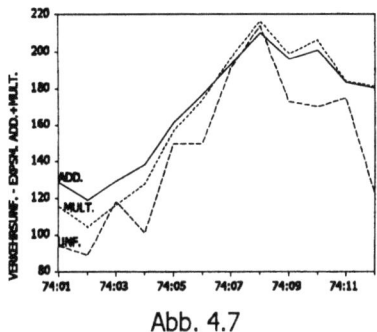
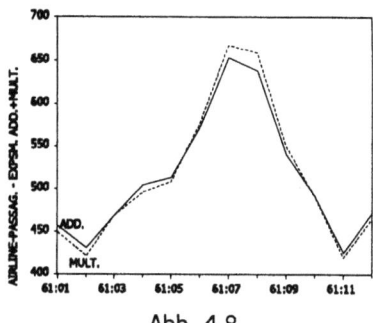

Abb. 4.7   Abb. 4.8

Es zeigen sich auch hier (nur geringe) Unterschiede zwischen beiden Ansätzen, beide Prognosereihen entwickeln sich wieder wie vorher in hohem Maße gleichförmig. Ein wertender Vergleich im Sinne von *besser/schlechter* ist hier nicht möglich. Eine Entscheidungshilfe bietet hier vielleicht wieder eine Prognosesimulation. Dazu sollen die Reihenwerte für 1960 alternativ prognostiziert und mit den tatsächlichen Werten verglichen werden.

Die optimalen Parameter beim additiven bzw. multiplikativen Ansatz lauten:

$$\alpha = 0.2172, \quad \beta = 0.1120, \quad \gamma = 0.9973 \text{ bzw.}$$

$$\alpha = 0.3201, \quad \beta = 0.0250, \quad \gamma = 0.9176$$

Bei beiden Ansätzen sind relativ große Veränderungen bei den Parameterwerten festzustellen. Die Originalwerte für 1960 und die prognostizierten Werte für dieses Jahr sind zusammen in Abb. 4.9 dargestellt.

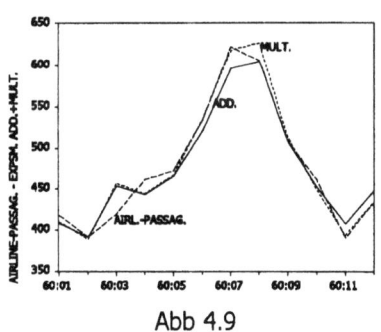

Abb 4.9

Auch hier ist ein wertender Vergleich auf rein optischem Weg nur schwer möglich. Auffallend bei beiden Varianten ist aber, daß sie das Maximum nicht für den Monat Juli, sondern für den Monat August prognostizieren, also einen Monat zu spät.

Anstatt einen Vergleich auf optischer Basis durchzuführen, kann man aber auch *Fehlermaße* berechnen. Dies ist natürlich generell vorzuziehen, da optische Vergleiche möglicherweise stark subjektiv beeinflußt bzw. bei geringen Unterschieden praktisch kaum möglich sind. Als Fehlermaße kommen etwa der *mittlere quadratische Prognosefehler* oder der *mittlere absolute Prognosefehler* in Betracht. Diese sind wie folgt definiert

$$MQP = \frac{1}{m} \sum_{t=T+1}^{T+m} (\hat{x}_t - x_t)^2 \quad \text{bzw.} \quad MAP = \frac{1}{m} \sum_{t=T+1}^{T+m} |\hat{x}_t - x_t|$$

wobei $\hat{x}_t$ der prognostizierte und x_t der tatsächliche Reihenwert ist und m die Anzahl der prognostizierten Werte (Diese beiden Maße lassen sich natürlich auch für den

ex-post-Prognosebereich berechnen). Statt MQP wird häufig auch das Fehlermaß
RMS (*Root Mean Square Error*) verwendet, das einfach gleich der Quadratwurzel
aus MQP ist. Für den zuletzt betrachteten Fall erhält man für die additive Version
einen RMS von 14.85 und für die multiplikative Version einen RMS von 11.0. Nach
diesen Fehlerkriterien ist somit der multiplikativen Variante der Vorzug zu geben.
Dies ist auch der Fall, wenn wir den RMS für den ex-post-Prognosebereich berechnen. Der MAP führt zur selben Bewertung.

Bei derartigen empirischen Vergleichen darf allerdings nicht vergessen werden,
daß sie streng genommen niemals eine *generelle* Überlegenheit einer Modellvari-
ante beweisen können. Man kann z.B. solche Vergleiche für eine größere Anzahl
von Reihen durchführen und dabei stets die Überlegenheit einer Variante feststellen. Daraus kann natürlich nicht geschlossen werden, daß dies bei anderen Reihen
ebenfalls so sein muß. Abgesehen davon spielen bei solchen Vergleichen die verwendeten Vergleichskriterien eine entscheidende Rolle: Neben den eben genannten
Kriterien gibt es viele andere, die auf andere Aspekte der Prognosequalität abstellen. Hier stellt sich natürlich die Frage nach deren Zweckmäßigkeit und Aussagekraft. Hinzu kommt, daß es bei Verwendung mehrerer Vergleichskriterien durchaus
vorkommen kann, daß nach den einen etwa die additive und nach anderen die
multiplikative Variante vorzuziehen wäre. Alle diese Probleme können hier nicht
weiter diskutiert werden. Es sollte aber klar geworden sein, daß wertende Vergleiche auf rein empirischer Basis, wie sie oben angestellt wurden, eine nicht geringe
Anzahl von Schwierigkeiten implizieren.

Zu den beiden Winters-Ansätzen sei abschließend bemerkt, daß ein Vergleich
beider Modellvarianten im langjährigen Vergleich überwiegend für die *multiplikative*
Version spricht. Dies gilt sowohl für ex-post als auch für ex-ante Prognosen. Deshalb wird in vielen Software-Paketen unter *ES-Winters* per se das multiplikative
Modell verstanden.

IV.5. Ergänzende Bemerkungen zum Exponential-Smoothing

Die bisher besprochenen ES-Verfahren sind die in der Praxis weitaus am häufigsten
eingesetzten. Es gibt jedoch immer wieder Reihen, auf welche die den bisher besprochenen ES-Ansätzen zugrundeliegenden *Komponenten-Kombinationen* (weder
Trend noch Saison, Trend ohne Saison, sowohl Trend als auch Saison) nicht zutreffen. Dies ist etwa der Fall, wenn eine unterjährige Reihe um ein konstantes Niveau
schwankt und saisonale Bewegungen aufweist.

Möglich ist aber auch, daß die bisher postulierte lokale Linearität des Trends für
manche Reihen als ungeeignet erscheinen mag. Im letzteren Fall käme z.B. eine
(lokale) quadratische Trendfunktion in Betracht. Zur Fortschreibung der drei Parameter eines solchen Trends wäre ein dreifaches Exponential-Smoothing notwendig,
d.h. drei Glättungsparameter müßten bestimmt werden (wenn wir einmal von einer
Saisonkomponente absehen). Offensichtlich lassen sich diese Überlegungen verallgemeinern: Für eine Trendfunktion n-ten Grades müssen n+1 Glättungsparameter
bestimmt werden. Schon daraus folgt, daß solche Modelle rasch sehr kompliziert
werden.

In der Praxis werden allerdings Trendfunktionen höheren als zweiten Grades so gut wie nie verwendet. Schon quadratische Funktionen sind sehr selten anzutreffen. Die meisten Software-Pakete beschränken sich auf eine lineare Trendfunktion. Dafür lassen sich allerdings nicht nur praktische, sondern auch gute theoretische Gründe anführen: Es kann nämlich gezeigt werden, daß die Verwendung von ES-Modellen mit einem polynomialen Trend der Ordnung n *gleichbedeutend* ist mit einer (n+1)-fachen Differenzenbildung bei der zugrundeliegenden Reihe. Auf die speziellen Nachteile einer derartigen Differenzenbildung – in erster Linie die Verstärkung der noise-Komponente (vor allem bei Differenzen höheren Grades) – wurde schon oben hingewiesen. Deshalb ist es kaum überraschend, daß solche ES-Modelle im Vergleich mit den einfacheren ES-Ansätzen erfahrungsgemäß meistens zu unbefriedigenderen Prognoseresultaten führen.

Gelegentlich ist in manchen Software-Paketen die Möglichkeit gegeben, eine Trendfunktion zu verwenden, die monoton ansteigend gegen einen konstanten Wert – sozusagen ein *Sättigungsniveau* – strebt. Die Postulierung eines derartigen Trendverlaufs kann für Reihen adäquat sein, für welche die Annahme eines Sättigungsniveaus aus z.B. ökonomischen oder technischen Gründen für sinnvoll erachtet wird. Darauf soll hier nicht weiter eingegangen werden.

Abschließend wollen wir aber noch den eingangs erwähnten Fall einer Reihe mit *Niveaukonstanz* und saisonaler Komponente betrachten. Eine solche ist die *Temperaturreihe* aus Beispiel 5, Kap. I. Man könnte nun für diese Reihe einfach den Winters-Ansatz verwenden, also eine Trendkomponente berücksichtigen. Man würde dann einen Trend-Glättungsparameter erwarten, der bei Null liegt. Tatsächlich erhält man für den multiplikativen Ansatz: $\alpha=0.0832$, $\beta=0.01256$, $\gamma=0.1313$. Die entsprechenden Werte für den additiven Ansatz sind identisch, was für eine Reihe mit konstantem Niveau zu erwarten ist. Man kann man aber auch *direkt* ein ES-Modell *ohne* Trendkomponente formulieren. Hierfür ergeben sich nun die Werte $\alpha=0.0160$, $\gamma=0.1334$ für das multiplikative und für das additive Modell $\alpha=0.014$, $\gamma=0.1360$. Etwas überraschend ist hier, daß die Glättungsparameter in beiden Fällen nicht völlig gleich sind. Für die ex-ante Prognosen erhält man für die nächsten 12 Monate mit beiden Ansätzen die in der Tabelle der nächsten Seite wiedergegebenen Werte. Die Unterschiede sind aber offensichtlich marginal.

Monat	ES-Winters	ES-Niv.+Sais.mult.	ES-Niv.+Sais.add.
1	40.0	39.9	40.0
2	39.7	39.6	39.7
3	42.7	42.7	42.7
4	46.8	46.8	46.8
5	52.9	52.8	52.7
6	58.8	58.7	58.7
7	62.2	62.1	62.0
8	61.6	61.5	61.4
9	57.4	57.3	57.3
10	49.7	49.6	49.5
11	43.8	43.8	43.8
12	39.5	39.4	39.4

Betrachten wir abschließend die monatliche Reihe *Übernachtungen in der Schweiz* (Januar 1975 – Dezember 1987, Quelle: Statistisches Jahrbuch der Schweiz, 1987/ 88, S.217 bzw. S.201) in Abb. 4.10:

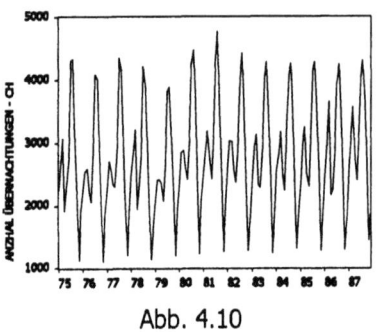

Abb. 4.10

Für das multiplikative bzw. additive Winters-Modell ergeben sich die Glättungsparameter $\alpha=0.2283$, $\beta=0.0011$ und $\gamma=0.5575$ mit RMS=151.0 bzw. $\alpha=0.2270$, $\beta=0.00002$ und $\gamma=0.5151$ mit RMS=159.1. In beiden Fällen ist der Trendparameter praktisch gleich Null. Allerdings ist die ex-post Prognosequalität des additiven Ansatzes schlechter. Rein theoretisch müßte man eigentlich identische erwarten dürfen. Verwendet man wieder wie oben ein Modell ohne Trendkomponente, dann erhält man für den multiplikativen Ansatz die Parameterwerte $\alpha=0.2288$, $\gamma=0.5589$ mit RMS=151.1 und für den additiven die Werte $\alpha=0.2273$, $\gamma=0.4901$ mit RMS=159.0. Offensichtlich stimmen die Parameter beider multiplikativer Ansätze in hohem Maße überein, was beim additiven Ansatz für γ nicht der Fall ist. Stellt man die ex-ante-Prognosen für die nächsten 12 Monate gegenüber, so ergibt sich:

Monat	ES-Winters mult.	ES-Niv.+Sais.m.	ES-Winters add.	ES-Niv.+
1	2635	2636	2610	2610
2	3173	3174	3121	3118
3	3603	3604	3526	3515
4	2565	2566	2533	2530
5	2381	2382	2357	2358
6	3082	3084	3046	3047
7	4157	4159	4095	4100
8	4442	4444	4362	4366
9	3771	3774	3705	3706
10	2738	2741	2702	2696
11	1390	1392	1400	1397
12	1888	1890	1901	1905

Abgesehen davon, daß sich die multiplikativen und additiven Ansätze niveaumäßig ersichtlich unterscheiden – wenn auch die jahreszeitliche Entwicklung in allen Fällen nahezu gleichförmig verläuft – ist festzustellen, daß sich die Prognosewerte bei den multiplikativen Modellen fast gar nicht unterscheiden, während bei den additiven größere Divergenzen zu beobachten sind. Berechnet man nun die mittlere quadratische Abweichung zwischen den jeweiligen alternativen *multiplikativen* bzw. *additiven* Prognosewerten, so erhält man für die ersteren den Wert 3.6 und für die letzteren einen solchen von 20.3. Derartige Unterschiede gab es im vorigen Beispiel nicht. Bei den additiven Modellen ist somit eine gewisse Prognose-*Inkonsistenz* zu konstatieren.

Wie sind nun die unterschiedlichen Resultate bei diesen beiden Reihen zu erklären? Betrachtet man die Reihen genau, so stellt man einen kleinen, aber für den vorliegenden Zusammenhang wesentlichen, Unterschied fest. Während man bei der *Temperatur*-Reihe in der Tat davon ausgehen kann, daß sie um ein konstantes Niveau oszilliert, ist dies bei der Reihe *Übernachtungen* – genau genommen – nicht der Fall (vgl. Abb. 4.10). Vielmehr sind – lokal – gewisse, wenn auch geringe Niveauverschiebungen zu beobachten. In der bisherigen Darstellung des einfachen ES-Modells wurde von einer *absoluten* Niveaukonstanz für die ganze Reihe ausgegangen. Dieses Postulat ist jedoch in dieser Strenge dem Verfahren nicht adäquat. Vielmehr genügt das flexiblere Postulat einer *lokalen* Konstanz, d.h. *langsame* Niveauveränderungen sind durchaus zulässig und mit dem Modell vereinbar. Sind solche Veränderungen in einer Reihe gegeben – und dies ist bei Reihe der *Übernachtungen* im Gegensatz zur *Temperatur*-Reihe der Fall – dann *reagieren* die Glättungsparameter darauf. Deshalb erhält man unterschiedliche optimale Parameter. Die erwähnte Prognose-Inkonsistenz, die für die additiven Modelle auftrat, spricht dafür, auch bei Reihen mit (relativ) konstantem Niveau und saisonaler Komponente den multiplikativen Ansatz zu wählen.

Eine informative überblicksartige Darstellung verschiedener ES-Modelle ist bei Gardner 1985 zu finden.

V. Grundzüge der Theorie der stochastischen Prozesse

V.1. Zufallsvariable und Zufallsvektoren

Anschaulich gesprochen kann man mit *Zufallsvariablen* Größen beschreiben, die keine fest determinierten Werte annehmen, sondern nur bestimmte Werte mit bestimmten Wahrscheinlichkeiten. So läßt sich etwa die Augenzahl beim Würfelwurf durch eine Zufallsvariable beschreiben, welche die Werte 1 oder 2 ... oder 6 mit einer Wahrscheinlichkeit von je 1/6 annimmt. Diese Werte werden auch als *Elementarereignisse* bezeichnet. Zweckmäßigerweise faßt man diese zur Menge $\Omega=\{1,2,3,4,5,6\}$ der Elementarereignisse zusammen.

Formal gesehen ist eine Zufallsvariable eine Abbildung X von der Menge Ω der Elementarereignisse in die Menge $\mathbb{R}$ der reellen Zahlen, $X: \Omega \rightarrow \mathbb{R}$. Dabei ist auf einer Menge $\mathcal{A}$ von Ereignissen $A \subseteq \Omega$ ein Wahrscheinlichkeitsmaß P so definiert, daß die Wahrscheinlichkeit von Ereignissen wie z.B. $[X(\omega) \leq 3.1 | \omega \in \Omega]$ festgelegt ist. Das Tripel $(\Omega, \mathcal{A}, P)$ wird als *Wahrscheinlichkeitsraum* bezeichnet (Eine streng mathematische Behandlung der Wahrscheinlichkeitstheorie würde Kenntnisse aus der sogenannten *Maßtheorie* erfordern, wie sie etwa bei Loève 1963 vermittelt werden. Hier sollen jedoch keine maßtheoretischen Begriffe vorausgesetzt werden).

In der Praxis ist allerdings dieser abstrakte Wahrscheinlichkeitsraum von geringer Bedeutung, da lediglich die Werte (oder Realisationen) von X beobachtbar sind. Wichtig ist jedoch die *Wahrscheinlichkeitsverteilung* von X, welche durch die Funktion $F(x)=P(X \leq x), x \in \mathbb{R}$ definiert ist. F(x) heißt *Verteilungsfunktion* der Zufallsvariablen X. Sie gibt die Wahrscheinlichkeit an, daß X einen Wert kleiner oder gleich x annimmt. Daraus läßt sich die Wahrscheinlichkeit bestimmen, daß X Werte aus einem beliebigen (reellen) Intervall annimmt. Die Verteilungsfunktion ist eine monoton wachsende rechtsstetige Funktion, $0 \leq F(x) \leq 1$. Nimmt die Zufallsvariable X nur eine *diskrete* Menge von Werten an mit

$$p_j := P(X=x_j) , \quad \sum_{j \in \mathbb{N}} p_j = 1$$

so ist die zugehörige Verteilungsfunktion eine *Treppenfunktion*, sie weist an den Stellen x_j Sprünge der Höhe p_j auf und ist sonst konstant.

Eine andere Klasse von Zufallsvariablen bilden die *kontinuierlichen* Zufallsvariablen, deren Verteilungsfunktion eine *Wahrscheinlichkeitsdichte* f(x) mit

$$f(x) = \frac{d}{dx}F(x) , \quad F(x) = \int_{-\infty}^{x} f(u) du$$

besitzt. Das bekannteste Beispiel für eine solche Zufallsvariable ist die *Normalverteilung*.

Zur Charakterisierung von Zufallsvariablen werden häufig der *Erwartungswert* und die *Varianz* herangezogen. Dabei ist der Erwartungswert im diskreten Fall definiert durch

$$\mu: = E(X) = \sum_{j \in N} x_j p_j$$

und im kontinuierlichen Fall durch:

$$\mu: = E(X) = \int_{-\infty}^{\infty} x f(x) \, dx$$

Der Erwartungswert wird häufig auch als *Mittelwert* bezeichnet. Er ist derjenige Wert, für welchen $E[(X - \mu)^2]$ minimal wird. Dabei ist letzterer Ausdruck gerade als die Varianz von X definiert, d.h. es ist:

$$VAR(X) := E(X - \mu)^2$$

Für den diskreten Fall wird die Varianz durch

$$\sum_{j \in N} (x_j - \mu)^2 p_j$$

und für den kontinuierlichen Fall durch

$$\int_{-\infty}^{\infty} (x - \mu)^2 f(x) \, dx$$

bestimmt.

Allgemein können Zufallsvariablen durch ihre *k-ten Momente* charakterisiert werden. Diese sind definiert durch

$$m_k := E(X^k) = \sum_{j \in N} x_j^k p_j \ , \ k = 1, 2, \dots$$

im diskreten Fall und durch

$$m_k := E(X^k) = \int_{-\infty}^{\infty} x^k f(x) \, dx \ , \ k = 1, 2, \dots$$

im kontinuierlichen Fall. Neben diesen (gewöhnlichen) Momenten oder Momenten um Null sind die *zentralen Momente* durch

$$\mu_k: = E(X - \mu)^k \ , \ k = 1, 2, \dots$$

definiert. Offensichtlich ist m_1 gleich dem Erwartungswert μ und μ_2 gleich der Varianz von X. Allerdings ist zu beachten, daß diese Momente nicht immer existieren oder endlich sein müssen. Für die hier betrachteten Zufallsvariablen soll vorausgesetzt werden, daß μ_2 existiert. Solche Zufallsvariablen werden als *quadratisch integrierbar* bezeichnet.

In diesem Zusammenhang sei der folgende Konvergenzbegriff erwähnt: Eine Folge $(X_n)_{n \in N}$ von quadratisch integrierbaren Zufallsvariablen konvergiert im *quadratischen Mittel* gegen die Zufallsvariable X, falls gilt:

$$\lim_{n \to \infty} E[(X_n - X)]^2 = 0$$

X ist dann ebenfalls quadratisch integrierbar.

In gewissen Situationen ist die Betrachtung *komplexer* Zufallsvariablen notwendig. Diese sind durch $Z := X + iY$ definiert, wobei X und Y reelle Zufallsvariablen sind und i die imaginäre Einheit. Es ist:

$$E(Z) = E(X) + iE(Y)$$

$$Var(Z) = E[(Z - E(Z))(\bar{Z} - E(\bar{Z}))] = Var(X) + Var(Y)$$

Sämtliche Eigenschaften von komplexen Zufallsvariablen können auf die Eigenschaften von reellen Zufallsvariablen zurückgeführt werden, wobei die Rechenregeln für komplexe Zahlen berücksichtigt werden müssen. Es sei noch erwähnt, daß hier Zufallsvariablen konsequent mit großen Buchstaben bezeichnet werden, ihre Realisationen jedoch mit kleinen. Für das Verständnis ist es unerläßlich, Zufallsvariable und ihre Realisationen streng zu unterscheiden.

Ein Zufallsvektor $\mathbf{x}' = (X_1, X_2, \ldots, X_n)$ ist ein Vektor, dessen Komponenten Zufallsvariablen sind. Der Zufallsvektor $\mathbf{x}'$ wird durch eine n-dimensionale Verteilungsfunktion

$$F(x_1, x_2, \ldots, x_n) = P(X_1 \leq x_1, X_2 \leq x_2, \ldots, X_n \leq x_n), \quad x_1, x_2, \ldots, x_n \in \mathbb{R}$$

beschrieben.

Damit ist auch die Verteilung eines beliebigen Teilvektors gegeben, zum Beispiel ist die Verteilungsfunktion eines beliebigen zweidimensionalen Vektors (X_i, X_j) für $i \neq j$ durch $F(x_i, x_j) = P(X_i \leq x_i, X_j \leq x_j, X_k \leq \infty), k \neq i, j$ gegeben. Die Verteilungsfunktionen derartiger Teilvektoren heißen *Randverteilungen*.

Falls $F(x_1, x_2, \ldots, x_n) = F_1(x_1)F_2(x_2) \cdots F_n(x_n)$ gilt – wobei die $F_i(x_i)$ jeweils die Verteilungsfunktionen der $X_i, i = 1, 2, \ldots, n$ sind –, heißen die Zufallsvariablen X_i (stochastisch) unabhängig. Für die n-dimensionale Dichtefunktion $f(x_1, x_2, \ldots, x_n)$ von $\mathbf{x}'$ gilt in diesem Fall

$$f(x_1, x_2, \ldots, x_n) = f_1(x_1)f_2(x_2) \ldots f_n(x_n)$$

wobei die $f_i(x_i)$ jeweils die Dichtefunktionen der Zufallsvariablen X_i sind. Der Vektor

$$\boldsymbol{\mu}' = E(\mathbf{x}') = (\mu_1, \mu_2, \ldots, \mu_n)$$

dessen Komponenten die Erwartungswerte der Zufallsvariablen $X_1, X_2, \ldots, X_n$ bilden, ist der Erwartungswert des Zufallsvektors $\mathbf{x}'$.

Bei Zufallsvektoren spielen die Beziehungen zwischen den im Vektor $\mathbf{x}'$ enthaltenen Zufallsvariablen eine Rolle. Wichtig sind dabei die *Kovarianzen bzw. Korrelationen*, die lineare Abhängigkeiten zum Ausdruck bringen. Dabei ist

$$\text{Cov}(X_i, X_j) = \sigma_{ij} := E[(X_i - \mu_i)(X_j - \mu_j)]$$

die Kovarianz zwischen X_i und X_j. Häufig erscheint es als zweckmäßig, diese Kovarianzen in einer *Varianz-Kovarianzmatrix* zusammenzufassen, wobei auf der Hauptdiagonalen (also für i=j) die Varianzen der Zufallsvariablen $X_1, \ldots, X_n$ stehen und auf den Nebendiagonalplätzen ihre Kovarianzen.

Für n=4 beispielsweise könnte eine derartige Matrix wie folgt aussehen:

$$\mathbf{C} = \begin{pmatrix} 1 & 2 & -1 & 3 \\ 2 & 9 & 3 & 2 \\ -1 & 3 & 4 & 2 \\ 3 & 2 & 2 & 16 \end{pmatrix}$$

Hier ist $\text{Cov}(X_1, X_2) = 2, \text{Cov}(X_1, X_3) = -1$ usw., während die Varianzen der 4 Zufallsvariablen 1, 9, 4 und 16 betragen. Varianz-Kovarianzmatrizen sind immer *symmetrisch*.

Da Kovarianzen (ebenso wie Varianzen) von den zugrundeliegenden Maßeinheiten abhängig sind, betrachtet man an ihrer Stelle häufig *Korrelationen*. Sie ergeben sich aus den Kovarianzen durch eine einfache Division:

$$\text{Cor}(X_i, X_j) = \rho_{ij} := \frac{\text{Cov}(X_i, X_j)}{[\text{Var}(X_i)\text{Var}(X_j)]^{1/2}}$$

Es ist stets $-1 \leq \text{Cor}(X_i, X_j) \leq +1$.

Analog zur Kovarianzmatrix läßt sich eine *Korrelationsmatrix* definieren. Für das obige Beispiel ergibt sich:

$$\mathbf{R} = \begin{pmatrix} 1 & 0.67 & -0.5 & 0.75 \\ 0.67 & 1 & 0.5 & 0.17 \\ -0.5 & 0.5 & 1 & 0.25 \\ 0.75 & 0.17 & 0.25 & 1 \end{pmatrix}$$

Falls X_i und X_j stochastisch unabhängig sind, ist $Cor(X_i, X_j) = 0$. Die Umkehrung gilt jedoch nicht. Zufallsvariablen mit verschwindender Korrelation werden als *unkorreliert* bezeichnet.

V.2. Stochastische Prozesse

Unter einem *stochastischen Prozeß* (kurz: Prozeß) ist eine Menge von Zufallsvariablen $\{X_t | t \in T\}$ zu verstehen, die von einer Indexmenge T abhängt, welche als *Parameterraum* des Prozesses bezeichnet wird. In der Zeitreihenanalyse bedeutet T immer eine Menge von Zeitpunkten. Dabei müssen grundsätzlich zwei verschiedene Fälle unterschieden werden. Im ersten Fall ist T ein Intervall in $\mathbb{R}$ und T wird als *kontinuierlicher Parameterraum* bezeichnet. Im zweiten Fall ist T entweder eine endliche Menge von reellen Zahlen oder T enthält abzählbar viele Zahlen. Beispiele für den letzten Fall sind $T = \{0,1,2,...\} := \mathbb{N}$ oder $T = \{0, \pm1, \pm2,...\} := \mathbb{Z}$. T heißt *diskreter Parameterraum*. Ist insbesondere T endlich, dann wird $\{X_t | t \in T\}$ als *endlicher* stochastischer Prozeß bezeichnet. Hier wird davon ausgegangen, daß T durchweg diskret ist. Dieser Fall ist besonders wichtig, da Daten in der Praxis meistens in diskreter Form vorliegen, bei ökonomischen Daten ist dies ausschließlich der Fall.

Da jede der Zufallsvariablen X_t eines stochastischen Prozesses formal eine Funktion auf der Menge Ω der Elementarereignisse ist, wird der Prozeß auch häufig als $\{X_t | t \in T, \omega \in \Omega\}$ geschrieben. Das Symbol $X_t(\omega)$ läßt dabei vier verschiedene Interpretationen zu, die sorgfältig zu unterscheiden sind:

1. Ist sowohl t als auch ω fest, dann ist $X_t(\omega)$ eine feste Zahl.
2. Ist t fest und ω variabel, dann ist $X_t(\omega)$ eine Zufallsvariable.
3. Ist t variabel und ω fest, dann ist $X_t(\omega)$ eine Funktion auf T oder kurz eine Funktion der Zeit. Diese wird auch als *(eine) Realisierung* des Prozesses X_t bezeichnet. Diese Interpretation ist bedeutsam, wenn konkrete Zeitreihen mit Hilfe der Theorie stochastischer Prozesse *modelliert* werden sollen. Man faßt dann eine vorliegende Zeitreihe als *eine* mögliche endliche Realisation eines unbekannten stochastischen Prozesses auf und versucht von dieser Datenbasis aus auf die Eigenschaften dieses Prozesses zu schließen.
4. Wenn sowohl t als auch ω variabel sind, dann bedeutet $X_t(\omega)$ eine Menge von Zeitfunktionen, also eine Menge von Realisationen des Prozesses.

Betrachten wir dazu beispielhaft einen ganz einfachen (endlichen) Prozeß auf $T = \{1,2,...,10\}$ mit nur zwei möglichen Realisationen, der durch das Zufallsexperiment "Münzwurf" veranschaulicht werden soll. Es ist also hierbei $\Omega = \{\omega_1, \omega_2\} = \{$Kopf, Zahl$\}$. Wenn von einer fairen Münze ausgegangen wird, sind die folgenden Wahrscheinlichkeiten definiert: $P\{$Kopf$\} = P\{$Zahl$\} = 0.5$. $X_t(\omega)$ sei der stochastische Prozeß mit den beiden Realisationen

$$X_t(\omega_1) = 5t^2, \qquad t=1,2,\ldots,10$$
$$X_t(\omega_2) = -20t+1, \qquad t=1,2,\ldots,10$$

d.h. die beiden Realisationen sind (5,20,45,...,500) bzw. (-19,-39,-59,...,-199). Wenn im Münzexperiment "Kopf" fällt, dann "läuft" sozusagen die erste Realisation ab, bei "Zahl" hingegen die zweite.

Für festes t ist $X_t(\omega)$ eine Zufallsvariable. Man prüft unschwer nach, daß z.B. für t=2 eine Zufallsvariable definiert ist, welche nur die Werte 20 und -39 annimmt mit den Wahrscheinlichkeiten von je 0.5. Ist z.B. t=2 und ω=Kopf, dann ist $X_t(\omega)=20$, also eine feste Zahl. In der Regel vermeidet man die etwas umständliche Schreibweise $\{X_t | t \in T, \omega \in \Omega\}$ und notiert einen stochastischen Prozeß kurz als X_t oder gelegentlich als $\{X_t | t \in T\}$. Diese Bezeichnungen werden im folgenden stets verwendet.

Endliche stochastische Prozesse, wie etwa der eben betrachtete Prozeß "Münzwurf Kopf/Zahl" mit zehn Würfen, können durch ihre n-dimensionale Verteilungsfunktion $F(x_1, x_2, \ldots, x_n; t_1, t_2, \ldots, t_n)$ beschrieben werden, in dem nun der Vektor $(X_{t_1}, X_{t_2}, \ldots, X_{t_n})$ als Zufallsvektor aufgefaßt wird. Zu beachten ist hier, daß diese Verteilungsfunktionen prinzipiell zeitabhängig sind. Erheblich schwieriger gestaltet sich der Fall eines stochastischen Prozesses mit *unendlichem* Parameterraum, da hier *eine* endlich-dimensionale Verteilungsfunktion zur Prozeßcharakterisierung nicht ausreichend ist; vielmehr ist von einer Familie von endlich-dimensionalen Verteilungsfunktionen auszugehen. Diese können aber nicht beliebig gewählt werden, sondern müssen der Bedingung der *Konsistenz* genügen. Diese impliziert vor allem die *Verträglichkeitsbedingung*, welche aussagt, daß m-dimensionale Verteilungsfunktionen (m≤n) als Randverteilungen n-dimensionaler Verteilungsfunktionen ableitbar sein müssen.

Wie gewöhnliche Zufallsvariablen können auch stochastische Prozesse durch ihre Momente charakterisiert werden. Es ist jedoch zweckmäßig, hier allgemeiner von *Momentfunktionen* zu sprechen, da die Momente stochastischer Prozesse grundsätzlich vom Parameter t∈T abhängig sind.

Der Ausdruck $\mu_t := E(X_t)$ heißt *Erwartungswertfunktion* (oder *Mittelwertfunktion*) und $\sigma_t^2 := Var(X_t)$ *Varianzfunktion* des stochastischen Prozesses X_t. Seine *Kovarianzfunktion* ist definiert durch

$$Cov(X_s, X_t) = \gamma(s,t) := E[(X_s - \mu_s)(X_t - \mu_t)], \quad s,t \in T$$

und seine *Korrelationsfunktion* durch:

$$Cor(X_s, X_t) = \rho(s,t) := \frac{Cov(X_s, X_t)}{[Var(X_s)Var(X_t)]^{1/2}}$$

Gelegentlich ist die Betrachtung *komplexer* stochastischer Prozesse zweckmäßig: Falls $\{X_t | t \in T\}$ und $\{Y_t | t \in T\}$ (reelle) stochastische Prozesse sind, heißt $\{Z_t | t \in T\}$ mit $\{Z_t = X_t + iY_t\}$ komplexer stochastischer Prozeß.

Solche Prozesse sind vor allem geeignet, harmonische Schwingungen darzustellen. Sei etwa $Z_t = Ae^{i\lambda t} = A(\cos\lambda t + i\sin\lambda t)$, wobei $\lambda \in \mathbb{R}$ und A eine reelle Zufallsvariable mit Erwartungswert Null und Varianz σ_A^2 bezeichnet. Für die Momentfunktionen dieses Prozesses erhält man:

$$\mu_t = E[A]\cos\lambda t + i\, E[A]\sin\lambda t = 0$$

$$\sigma_t^2 = E[A^2|e^{i\lambda t}|^2] = E[A^2] = \sigma_A^2$$

$$\gamma(s,t) = E[Ae^{i\lambda s}Ae^{-i\lambda t}] = E[A^2 e^{i\lambda(s-t)}] = \sigma_A^2\, e^{i\lambda(s-t)} = \overline{\gamma(t,s)}$$

$$\rho(s,t) = \frac{\gamma(s,t)}{\sigma_s\sigma_t} = \overline{\rho(t,s)}$$

(Ein Strich über einer Funktion bezeichnet die entsprechende konjugiert-komplexe Funktion). Offensichtlich ist sowohl die Erwartungswert- als auch die Varianzfunktion zeitunabhängig, während die Kovarianz- (bzw. Korrelations-)funktion von der Länge des Zeitintervalls s-t abhängt.

V.3. Stationäre Stochastische Prozesse

Eine für die Zeitreihenanalyse wichtige Klasse von stochastischen Prozessen bilden die *stationären Prozesse* und innerhalb dieser wiederum die schwach stationären Prozesse. Ein stochastischer Prozeß heißt *streng stationär*, falls für seine Verteilungsfunktion gilt

$$F(x_1,x_2,...,x_n;t_1,t_2,...,t_n) = F(x_1,x_2,...,x_n;t_1+h,t_2+h,...,t_n+h)$$

für alle $n\in\mathbb{N}$, alle n-Tupel $(t_1,t_2,...,t_n)\in T^n$ und für jedes h, für welches das Tupel $(t_1+h,t_2+h,...,t_n+h)$ wieder in T^n liegt.

Dies bedeutet, daß die Verteilung der n Zufallsvariablen $X_1,X_2,...,X_n$ in den Zeitpunkten $t_1,t_2,...,t_n$ und $t_1+h,t_2+h,...,t_n+h$ gleich ist. Streng stationäre Prozesse sind somit invariant gegenüber Verschiebungen des Beobachtungszeitpunktes, d.h. sie sind *zeittranslationsinvariant*. Für einen solchen Prozeß folgt daraus, daß sowohl die Erwartungswertfunktion als auch die Varianzfunktion zeitunabhängig, also konstant, sind. Jedoch gilt

$$F(x_1,x_2;t_1,t_2) = F(x_1,x_2;t_2-t_1)$$

d.h. die Verteilungsfunktion *2.Ordnung* (d.h. also für n=2) hängt (nur) von der *Zeitdifferenz* t_2-t_1 ab. Dies impliziert, daß auch die Kovarianz- und die Korrelationsfunktion eines streng stationären Prozesses (nur) von der Zeitdifferenz abhängen. Für die praktische Zeitreihenanalyse ist die Postulierung der strengen Stationarität in der Regel zu einschränkend. Ausreichend ist meistens die *schwache Stationarität*, für die gilt:

$$\mu_t = \text{const.}$$
$$\sigma_t^2 = \text{const.}$$
$$\gamma(s,t) = \gamma(t-s)$$
$$\rho(s,t) = \rho(t-s)$$

Für schwach stationäre Prozesse sind auch die Bezeichnungen *stationär im weiteren Sinne*, *Kovarianz-stationär* oder einfach *stationär* gebräuchlich. Hier soll konsequent unter *stationär* immer *schwach stationär* verstanden werden. Ohne Beschränkung der Allgemeinheit kann angenommen werden, daß grundsätzlich $\mu_t=0$ ist, da dies durch Subtraktion einer Konstanten vom Prozeß immer erreicht werden kann. Dadurch werden viele Ausdrücke wesentlich einfacher. Offensichtlich ist der in Kap. V.2. betrachtete komplexe Prozeß schwach stationär.

Bei schwach stationären Prozessen interessiert man sich sozusagen nur für die Momentfunktionen bis zur 2.Ordnung, alle höheren Momente bleiben außer Betracht. Streng stationäre Prozesse sind immer auch schwach stationär, die Umkehrung gilt nur in einem speziellen Fall, nämlich beim Gauß-Prozeß.

Ein *Gauß-Prozeß* – das ist ein Prozeß, dessen sämtliche n-dimensionalen Verteilungen (n=1,2,...) eine multivariate (n-dimensionale) Normalverteilung aufweisen – ist nicht nur schwach, sondern auch streng stationär, weil diese Verteilungen durch Erwartungswerte, Varianzen und Kovarianzen eindeutig bestimmt sind. Dies ist in Analogie zu einer (univariaten) normalverteilten Zufallsvariablen zu sehen, deren Verteilung und damit alle Momente durch Erwartungswert und Varianz eindeutig festgelegt sind.

V.4.   Spezielle stationäre Prozesse

Hier sollen einige grundlegende Typen von stationären Prozessen, die für die Zeitreihenanalyse wichtig sind, in ihren wesentlichen Aspekten dargestellt werden.

V.4.1.   Weißes Rauschen

Der einfachste stationäre Prozeß $\{\varepsilon_t | t \in T\}$ ist dadurch charakterisiert, daß die Zufallsvariablen ε_t paarweise unkorreliert sind, den Erwartungswert Null und die Varianz σ^2 haben. Es gilt also:

$$\mu_t = 0$$
$$\sigma_t^2 = \sigma^2$$
$$\gamma_\varepsilon(h) = \begin{cases} \sigma^2 & , \ h=0 \\ 0 & , \ h\neq0 \end{cases}$$
$$\rho_\varepsilon(h) = \begin{cases} 1 & , \ h=0 \\ 0 & , \ h\neq0 \end{cases}$$

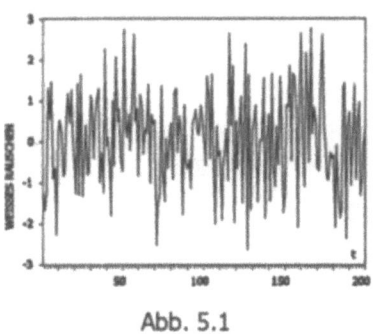

Abb. 5.1

Ein solcher Prozeß wird als *weißes Rauschen (white-noise)* bezeichnet. In der Abbildung links ist eine Realisation eines derartigen Prozesses mit $\sigma^2=1$ der Länge T=200 dargestellt. Unterstellt man zusätzlich zur Unkorreliertheit eine bestimmte Verteilung für die ε_t, dann erhält man einen speziellen white-noise-Prozeß. Wählt man dafür eine Normalverteilung, dann erhält man einen *Gaußschen* white-noise. Abb. 5.1 stellt eine einzelne (endliche) Realisation eines Gauß-

schen weißen Rauschens dar. *Strenges (striktes)* weißes Rauschen liegt dann vor, wenn die ε_t nicht nur unkorreliert, sondern auch *stochastisch unabhängig* sind. Gaußsches weißes Rauschen stellt sowohl "gewöhnliches" als auch striktes weißes Rauschen dar, da bei Vorliegen der Normalverteilung aus der Unkorreliertheit stets die stochastische Unabhängigkeit folgt. Für andere Verteilungen gilt dies nicht.

V.4.2.   Autoregressive Prozesse

Der Prozeß
$$X_t = c + \varphi X_{t-1} + \varepsilon_t$$

wird *autoregressiver Prozeß 1.Ordnung* genannt, wobei ε_t weißes Rauschen bezeichne und c eine Konstante. Diese Bezeichnung erklärt sich dadurch, daß der Prozeß in jedem Zeitpunkt t sozusagen auf sich selbst "zurückgreift", wobei der time-lag eine Zeiteinheit beträgt. Formal kann die Prozeßgleichung als Regressionsgleichung interpretiert werden.

Wenn dieser Prozeß stationär ist (was vom *Prozeßparameter* φ abhängt), dann hat er zu den Zeitpunkten t und t-1 den selben (konstanten) Erwartungswert μ. Dann kann geschrieben werden

$$\mu = c + \varphi\mu \quad \text{d.h.} \quad \mu = \frac{c}{1 - \varphi}$$

und damit:
$$X_t - \mu = \varphi(X_{t-1} - \mu) + \varepsilon_t$$

Es vereinfacht die Darstellung insbesondere komplizierterer Prozesse und bedeutet keine Einschränkung der Allgemeinheit, wenn man $\mu = 0$ setzt. Die Prozeßgleichung lautet dann einfach:
$$X_t = \varphi X_{t-1} + \varepsilon_t$$

Autoregressive Prozesse 1.Ordnung werden kurz als *AR(1)*-Prozesse bezeichnet.

Bei der formalen Behandlung stochastischer Prozesse erweist sich die Verwendung des *Rückwärtsverschiebungs-Operators* (oder *backward-shift* bzw. kurz: *backshift*)-Operators B als sehr zweckmäßig. Er ist folgendermaßen definiert
$$B^j(X_t): = X_{t-j} , \; j=1,2,...$$
wobei für eine Konstante c gelten soll: $B^j(c)=c$, $j=1,2,...$ Mit Hilfe dieses Operators kann ein AR(1)-Prozeß dargestellt werden als:
$$(1 - \varphi B)X_t = \varepsilon_t$$

Betrachtet man nun im Ausdruck $(1-\varphi B)$ den Verschiebungsoperator B als Variable, dann läßt sich die letzte Gleichung formal nach X_t "auflösen" und es ergibt sich
$$X_t = (1 - \varphi B)^{-1}\varepsilon_t = (1 + \varphi B + \varphi^2 B^2 + ...)\varepsilon_t$$
$$= \varepsilon_t + \varphi\varepsilon_{t-1} + \varphi^2\varepsilon_{t-2} + ... = \sum_{j=0}^{\infty} \psi_j\varepsilon_{t-j}$$

mit den *Psi-Gewichten* $\psi_0=1, \psi_1=\varphi, \psi_2=\varphi^2,...$

Offensichtlich muß $|\varphi|<1$ sein, damit diese unendliche Summe konvergiert. Diese Bedingung wird als *Stationaritätsbedingung* eines AR(1)-Prozesses bezeichnet. Wie dieser einfachste autoregressive Prozeß zeigt, sind autoregressive Prozesse offensichtlich nicht per se stationär, vielmehr müssen ihre Koeffizienten gewissen Restriktionen genügen (beim AR(1) ist es nur eine), um Stationarität sicherzustellen.

Die eben betrachtete Restriktion läßt sich in anderer Weise formulieren, die insbesondere für autoregressive Prozesse *höherer Ordnung* von Bedeutung ist. Dazu gehen wir nun von der Gleichung $(1-\varphi z)=0$ aus, die als *charakteristische Gleichung* des AR(1)-Prozesses bezeichnet wird und offensichtlich analog zum *Lag-Polynom*

$(1-\varphi B)$ gebildet wird. Die einzige Nullstelle dieser Gleichung ist $z=1/\varphi$. Die Stationaritätsbedingung $|\varphi|<1$ ist somit gleichbedeutend damit, daß die Wurzel (Nullstelle) der charakteristischen Gleichung $(1-\varphi z)=0$ betragsmäßig größer als Eins ist. Dieses Resultat läßt sich verallgemeinern auf autoregressive Prozesse höherer Ordnung, wie sie anschließend betrachtet werden. Allerdings spricht man bei diesen Prozessen dann davon, daß die Nullstellen (oder Wurzeln) der jeweiligen charakteristischen Gleichung außerhalb des *Einheitskreises* in der komplexen Ebene liegen müssen, sollen sie stationär sein. Dies hängt damit zusammen, daß charakteristische Gleichungen der Ordnung ≥ 2 auch komplexe Wurzeln aufweisen können.

Die Momentfunktionen eines AR(1)-Prozesses lauten:

$$\mu_t = 0$$

$$\sigma_t^2 = \frac{\sigma_\varepsilon^2}{1-\varphi^2}$$

$$\gamma(h) = \left[\frac{\sigma_\varepsilon^2}{1-\varphi^2}\right]\varphi^h \ , \ h=0,1,2,\ldots$$

$$\rho(h) = \varphi^h \ , \qquad h=0,1,2,\ldots$$

Die Ableitung dieser Momentfunktionen ist einfach. Die Varianzfunktion ergibt sich aus folgenden Überlegungen. Da der Prozeß stationär ist, gilt

$$\sigma_t^2 = E(X_t^2) = E(X_{t-1}^2)$$

und somit ist

$$\sigma_t^2 = \varphi_t^2 \sigma_t^2 + \sigma_\varepsilon^2 \ , \ \text{d.h.} \ \sigma_t^2 = \frac{\sigma_\varepsilon^2}{1-\varphi^2}$$

da X_{t-1} und ε_t unkorreliert sind. Letzteres folgt daraus, daß zwar X_{t-1} von ε_{t-1} abhängt, aber da die ε_t unkorreliert sind, sind X_{t-1} und ε_t ebenfalls unkorreliert. Deshalb können die Varianzen von X_{t-1} und von ε_t addiert werden.

Zur Ableitung der Kovarianzfunktion multipliziert man die Prozeßgleichung mit $X_{t-h}(h>0)$ und bildet auf beiden Seiten den Erwartungswert:

$$E(X_t X_{t-h}) = \varphi E(X_{t-1} X_{t-h}) + E(\varepsilon_t X_{t-h})$$

Da bei einem stationären Prozeß die Kovarianzfunktion nur von der Zeitdifferenz abhängt, ist $E(X_t X_{t-h})=\gamma(h)$ und $E(X_{t-1}X_{t-h})=\gamma(h-1)$. Da $E(\varepsilon_t X_{t-h})=0$ ist für alle $h>0$ (vgl. obige Argumentation für $h=1$), ergibt sich schließlich $\gamma(h)=\varphi\gamma(h-1)$, d.h. die Kovarianzfunktion folgt einer homogenen Differenzengleichung 1.Ordnung mit der Lösung $\gamma(h)=\gamma(0)\varphi^h$, wobei der Anfangswert $\gamma(0)$ nichts anderes ist als die Varianz des Prozesses, da ja eine Kovarianzfunktion für lag $h=0$ identisch ist mit der Varianzfunktion. Durch Einsetzen der Varianzfunktion ergibt sich unmittelbar die oben dargestellte Kovarianzfunktion. Die Korrelationsfunktion schließlich folgt aus der Kovarianzfunktion durch Division mit dem Produkt der Standardabweichungen von X_t und X_{t-h}, welches auf Grund der Stationarität gleich der Varianz von X_t ist.

Die Kovarianz- bzw. Korrelationsfunktion verläuft ganz unterschiedlich, je nachdem, ob φ positiv oder negativ ist. Für positives φ ergibt sich eine monotone, exponentiell abklingende Verlaufsform, während für negatives φ ein alternierender Verlauf festzustellen ist, der aber (absolut gesehen) ebenfalls exponentiell abklingt. Die beiden folgenden Abbildungen zeigen die Korrelationsfunktion für $\varphi=0.9$ (Abb. 5.2) und für $\varphi=-0.9$ (Abb. 5.3) bis zum lag $h=10$:

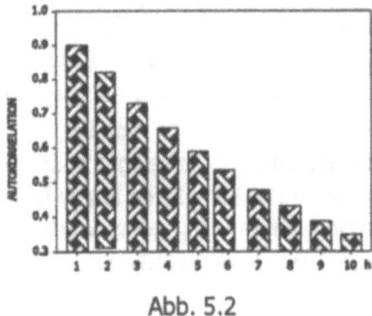

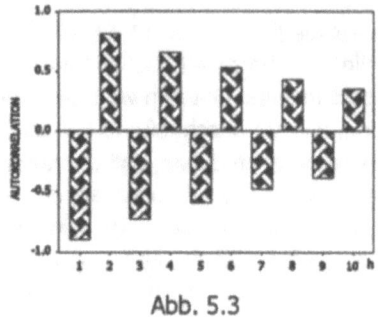

Abb. 5.2   Abb. 5.3

Die Verlaufsformen der beiden Korrelationsfunktionen widerspiegeln das optische Erscheinungsbild der jeweiligen Prozeßrealisationen: Für positives φ resultieren relativ "ruhige" Reihen, während sich für negatives φ ziemlich "hektische" Reihen ergeben, und dies in beiden Fällen umso ausgeprägter, je größer (absolut) der Prozeßparameter φ ist. Realisationen der Länge T=200 sind für die beiden Parameterwerte $\varphi=0.9$ und $\varphi=-0.9$ in den Abb. 5.4 und 5.5 wiedergegeben.

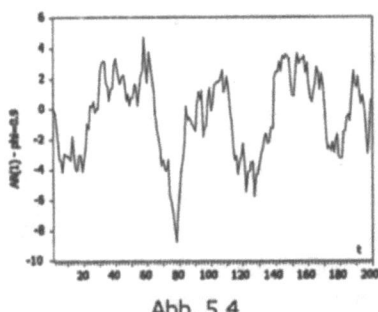

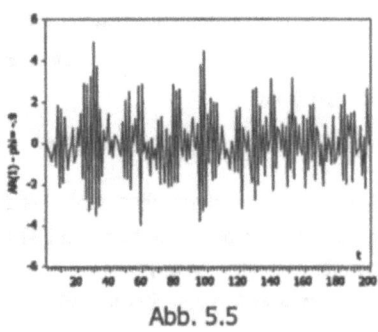

Abb. 5.4   Abb. 5.5

Offensichtlich kann man also hier von der Korrelationsfunktion auf den Prozeßtyp schließen. Derartige Überlegungen werden uns später wieder bei der *Identifikation* von Prozessen begegnen.

Wie oben dargelegt wurde, ist ein AR(1)-Prozeß nur dann stationär, wenn $|\varphi|<1$ ist. Für $|\varphi|>1$ ergibt sich ein Prozeß, der sozusagen "explodiert", wie man sich leicht an Hand eines einfachen numerischen Beispiels klarmacht. Offensichtlich ist in diesem Fall auch der obige Ausdruck für die Varianzfunktion (und damit auch für die Kovarianz- und Korrelationsfunktion) sinnlos, da ja diese keine negativen Werte annehmen kann. Ein spezieller und auch praktisch interessanterer Fall von Nicht-Stationarität ergibt sich für $\varphi=1$. Die charakteristische Gleichung lautet hier: 1-z=0, d.h. ihre Wurzel liegt *auf* dem Einheitskreis (es ist also z=1). Man drückt diesen Sachverhalt auch so aus, daß man sagt, der Prozeß besitze eine *Einheitswurzel (unit-root)*. Die Gleichung für diesen nicht-stationären AR(1)-Prozeß lautet somit:

$$X_t = X_{t-1} + \varepsilon_t$$

Er wird auch als *random-walk* bezeichnet. Um Erwartungswert- und Varianzfunktion eines random-walks abzuleiten, geht man zweckmäßigerweise so vor, daß man die Prozeßgleichung *rekursiv* auflöst, wobei unterstellt werden soll, daß der Prozeß in t=0 beginnt und in diesem Zeitpunkt den *Startwert* X_0=m annimmt. Man erhält dann:

$$X_1 = X_0 + \varepsilon_1 = m + \varepsilon_1$$
$$X_2 = m + \varepsilon_1 + \varepsilon_2$$

.

.

.

$$X_t = m + \sum_{j=1}^{t} \varepsilon_j$$

Daraus folgt

$$E(X_t) = m \ , \ \sigma_t^2 = \sum_{j=1}^{t} \sigma_\varepsilon^2 = t\sigma_\varepsilon^2$$

d.h. die Varianz eines random-walk strebt gegen Unendlich für t→∞.

In Abb. 5.6 ist ein random-walk der Länge T=200 mit σ_ε^2 = 1 wiedergegeben. Bildet man die 1. Differenz eines random-walks, also $Y_t := X_t - X_{t-1}$, dann ergibt sich $Y_t = \varepsilon_t$, d.h. die 1. Differenz ist ein stationärer Prozeß (hier: weißes Rauschen).

Der eben diskutierte Prozeß ist der einfachste random-walk. Eine Erweiterung kann dadurch erfolgen, daß in die Prozeßgleichung eine Konstante d aufgenommen wird, die als *Drift-Konstante* bezeichnet wird:

$$X_t = X_{t-1} + d + \varepsilon_t$$

Geht man zur Ableitung der Erwartungswert- und Varianzfunktion in der gleichen Weise wie beim einfachen random-walk vor, so erhält man

$$E[X_t] = m + dt \quad \text{und} \quad \sigma_t^2 = t\sigma_\varepsilon^2$$

d.h. der Erwartungswert ist eine lineare Funktion der Zeit, während die Varianz wiederum gegen Unendlich geht für t→∞. Auch dieser Prozeß ergibt nach Bildung 1. Differenzen einen stationären Prozeß. Es ist:

$$Y_t = d + \varepsilon_t$$

Random-walks mit Drift werden z.B. bei den *strukturellen Komponenten-Modellen* zur Modellierung von *stochastischen Trends* herangezogen (vgl. Kap. XIII.). Die Abbildung 5.7 zeigt einen random-walk mit der Drift-Konstanten d=0.8 und σ_ε^2=1.

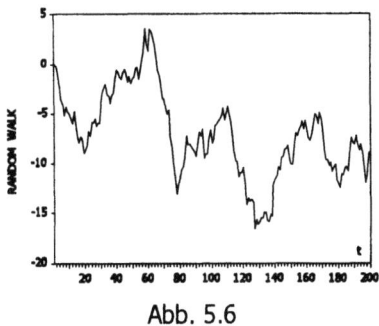

Abb. 5.6

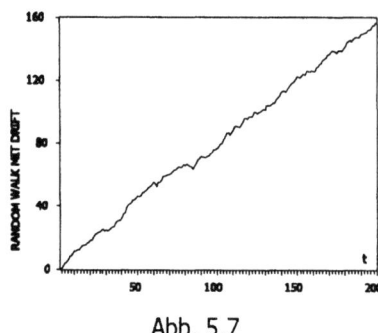

Abb. 5.7

Der Prozeß

$$X_t = c + \varphi_1 X_{t-1} + \varphi_2 X_{t-2} + \varepsilon_t$$

heißt *autoregressiver Prozeß 2.Ordnung (kurz: AR(2)-Prozeß)*, wobei c wieder wie oben eine Konstante bezeichnet. Ist der Prozeß stationär mit E(X)=μ, dann kann geschrieben werden

$$X_t - \mu = \varphi_1(X_{t-1} - \mu) + \varphi_2(X_{t-2} - \mu) + \varepsilon_t$$

mit

$$\mu = \frac{c}{1 - \varphi_1 - \varphi_2}$$

Im folgenden soll der Einfachheit halber wieder $\mu = 0$ gesetzt werden. Mit Hilfe des backshift-Operators kann für diesen Prozeß geschrieben werden

$$(1 - \varphi_1 B - \varphi_2 B^2)X_t = \varepsilon_t$$

mit dem lag-Polynom $\varphi(B): = 1 - \varphi_1 B - \varphi_2 B^2$. Wiederum können die beiden Prozeß-parameter φ_1 und φ_2 nicht beliebig gewählt werden, soll ein AR(2)-Prozeß stationär sein. Stationarität ist nur dann gewährleistet, wenn *beide* Wurzeln der zugehörigen charakteristischen Gleichung *außerhalb* des Einheitskreises liegen. Beispielsweise hat diese für den Prozeß

$$X_t = 1.3X_{t-1} - 0.4X_{t-2} + \varepsilon_t$$

die beiden *reellen* Wurzeln $z_1 = 2$ und $z_2 = 1.25$, d.h. dieser Prozeß ist stationär. Dagegen ergeben sich für den Prozeß

$$X_t = 0.6X_{t-1} - 0.25X_{t-2} + \varepsilon_t$$

die beiden *konjugiert-komplexen* Wurzeln $z_1 = 1.2 + 1.6i$ und $z_2 = 1.2 - 1.6i$ mit $|z_1| = |z_2| = (1.2^2 + 1.6^2)^{1/2} = 2$, d.h. beide Wurzeln liegen außerhalb des Einheitskreises und der Prozeß ist somit ebenfalls stationär. Hingegen erhält man für den Prozeß

$$X_t = 1.5X_{t-1} + X_{t-2} + \varepsilon_t$$

die beiden reellen Wurzeln $z_1 = 2$ und $z_2 = 0.5$. Da $|z_2| < 1$ ist, liegt ein *nicht-stationärer* Prozeß vor.

Es sei hier angefügt, daß die Stationaritätsbedingung in der Literatur manchmal "konträr" zur hier gewählten Darstellung formuliert wird, was möglicherweise verwirrend ist. Danach müssen zur Sicherstellung der Stationarität die Wurzeln der charakteristischen Gleichung nicht außerhalb, sondern *innerhalb* des Einheitskreises liegen. Man sieht aber leicht ein, daß dies kein Widerspruch zur hier formulierten Stationaritätsbedingung ist. Vielmehr ist diese alternative Bedingung lediglich darauf zurückzuführen, daß die zur Bestimmung der Nullstellen verwendete algebraische Gleichung, die ja analog zum Lag-Polynom gebildet wird, nur in anderer Weise formuliert wird.

Betrachten wir z.B. den ersten Prozeß, der auf die Gleichung

$$1 - 1.3z + 0.4z^2 = 0$$

führt. Dividiert man durch z^2, dann erhält man $z^{-2} - 1.3z^{-1} + 0.4 = 0$. Mit der Substitution $w := z^{-1}$ ergibt sich $w^2 - 1.3w + 0.4 = 0$ mit den beiden Wurzeln (Nullstellen) $w_1 = 0.5$ und $w_2 = 0.8$, d.h. beide Wurzeln liegen jetzt *innerhalb* des Einheitskreises. Offensichtlich ist $w_1 = 1/z_1$ und $w_2 = 1/z_2$. Hier soll im weiteren ausschließlich das Kriterium "außerhalb des Einheitskreises" verwendet werden.

Die Varianz eines AR(2)-Prozesses lautet:

$$\sigma^2 = \frac{(1 - \varphi_2)\sigma_\varepsilon^2}{(1 + \varphi_2)(1 - \varphi_1 - \varphi_2)(1 + \varphi_1 - \varphi_2)}$$

Multiplikation der Prozeßgleichung mit X_{t-h} und Bildung des Erwartungswertes führt zu:

$$E(X_t X_{t-h}) = \varphi_1 E(X_{t-1} X_{t-h}) + \varphi_2 E(X_{t-2} X_{t-h}) + E(\varepsilon_t X_{t-h})$$

Daraus folgt

$$\gamma(h) = \varphi_1\gamma(h-1) + \varphi_2\gamma(h-2)$$
$$\text{bzw. } \rho(h) = \varphi_1\rho(h-1) + \varphi_2\rho(h-2)$$

d.h. die Kovarianz- bzw. die Korrelationsfunktion eines AR(2)-Prozesses folgt einer *homogenen Differenzengleichung 2.Ordnung.* Der Verlauf dieser beiden Funktionen wird von den beiden Prozeßparametern φ_1 und φ_2 bestimmt. Allgemein kann man zeigen, daß für die homogene Differenzengleichung 2.Ordnung die folgenden drei Lösungen möglich sind, die für die *Korrelationsfunktion* aufgeführt seien:

a) $\rho(h) = c_1(x_1^h) + c_2(x_2^h)$

b) $\rho(h) = r^h[c_1\cos(h\lambda) + c_2\sin(h\lambda)]$

c) $\rho(h) = x_1^h[c_1+c_2h]$

Dabei sind c_1 und c_2 Konstanten, die sich aus den *Anfangsbedingungen* für die Korrelationsfunktion ergeben. Lösung a) erhält man dann, wenn die beiden Wurzeln x_1 und x_2 der *charakteristischen Gleichung der Korrelations-Differenzengleichung* reell und voneinander verschieden sind, während sich Lösung c) dann ergibt, wenn diese Wurzeln reell, aber gleich sind (d.h. eine Doppelwurzel vorliegt). Lösung b) schließlich resultiert dann, wenn die beiden Wurzeln konjugiert-komplex sind. Die zur obigen Differenzengleichung 2.Ordnung gehörende charakteristische Gleichung lautet:

$$x^2 - \varphi_1 x - \varphi_2 = 0$$

Für den ersten der oben aufgeführten Prozesse ergibt sich also:

$$x^2 - 1.3x + 0.4 = 0$$

mit den beiden Wurzeln $x_1=0.8$, $x_2=0.5$, welche natürlich reziprok sind zu den Wurzeln der charakteristischen Gleichung des Prozesses. Die beiden Konstanten ergeben sich aus folgenden Überlegungen. Es ist:

$$\rho(0) = 1 = c_1 + c_2 \quad \text{und} \quad \rho(1) = 0.8c_1 + 0.5c_2$$

Aus der Differenzengleichung folgt aber für $\rho(1)$ die Beziehung

$$\rho(1) = \varphi_1 + \varphi_2\rho(-1) = 1.3 - 0.4\rho(1)$$

da $\rho(-1)=\rho(1)$ ist. Daraus folgt $\rho(1)=1.3/1.4=0.93$. Damit ergeben sich die beiden Gleichungen $c_1+c_2 = 1$ und $0.8c_1+0.5c_2=0.93$, woraus für die beiden Konstanten $c_1= 1.43$ und $c_2=-0.43$ folgt. Somit lautet also die Korrelationsfunktion:

$$\rho(h) = 1.43(0.8)^h - 0.43(0.5)^h \quad \text{mit } \lim_{h\to\infty}\rho(h) = 0$$

In Abbildung 5.8 ist diese Funktion (bis $h=10$) dargestellt, wobei der Graph wegen $\rho(h)=\rho(-h)$ auf positive lags beschränkt werden kann.

Für den AR(2)-Prozeß

$$X_t = X_{t-1} - 0.25X_{t-2} + \varepsilon_t$$

lautet die zugehörige charakteristische Gleichung der Korrelations-Differenzengleichung $x^2-x+0.25=0$, mit der Doppelwurzel $x_1=x_2=0.5$. Folglich ergibt sich für die Korrelationsfunktion: $\rho(h)=0.5^h[c_1+c_2h]$. Die Konstanten c_1 und c_2 können analog zum vorigen Fall ermittelt werden. Es ist somit $\rho(0)=1=c_1$ und $\rho(1)=0.5[1+c_2]$. Da $\rho(1)=\varphi_1/(1-\varphi_2)=1/1.25=0.8$ ist, folgt $c_2=0.6$ und somit ist $\rho(h)=0.5^h[1+0.6h]$. Auch diese Korrelationsfunktion geht asymptotisch gegen Null.

Betrachten wir schließlich noch die Korrelationsfunktion für den obigen AR(2)-Prozeß mit den beiden konjugiert-komplexen Wurzeln $z_1=1.2+1.6i$ und $z_2=1.2-1.6i$. Die charakteristische Gleichung der Korrelationsdifferenzengleichung ist

$$x^2 - 0.6x + 0.25 = 0 \text{ mit den beiden Wurzeln } x_1 = 0.3+0.4i \text{ und } x_2 = 0.3-0.4i. \text{ Es ist}$$

$$r = |x_1| = |x_2| = [0.3^2 + 0.4^2]^{1/2} = 0.5$$

und

$$tg(\lambda) = \frac{Im(x_1)}{Re(x_1)} = \frac{Im(x_2)}{Re(x_2)} = \frac{0.4}{0.3} = 1.33$$

wobei $Im(\cdot)$ bzw. $Re(\cdot)$ Imaginär- bzw. Realteil einer komplexen Zahl bedeuten. Es ist $\lambda = tg^{-1}(1.33) = 0.93$ [rad] = 53°. Die zugehörige Korrelationsfunktion lautet somit $\rho(h) = 0.5^h[c_1\cos(0.93h) + c_2\sin(0.93h)]$. Für $h = 0$ folgt daraus $c_1 = 1$. Da jedoch $\rho(1) = 0.6/1.25 = 0.48$ ist, läßt sich die zweite Konstante ebenso aus der Beziehung $\rho(1) = 0.5[\cos(0.93) + c_2\sin(0.93)]$ als $c_2 = 0.18$ bestimmen. Schließlich resultiert die Korrelationsfunktion $\rho(h) = 0.5^h[\cos(0.93h) + 0.18\sin(0.93h)]$, die ebenfalls asymptotisch gegen Null geht und gemäß Abb. 5.9 verläuft.

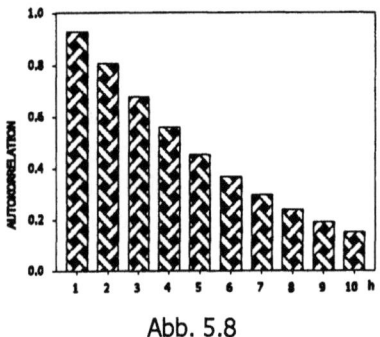

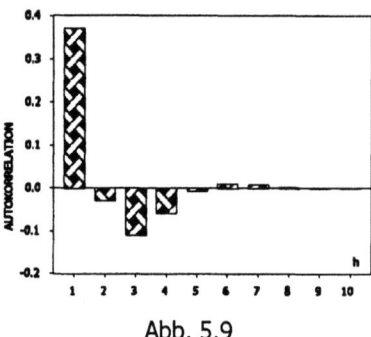

Abb. 5.8   Abb. 5.9

Diese Korrelationsfunktion ist offensichtlich eine periodische Funktion von h mit einer Periode von ca. 7 Zeiteinheiten (aus $\lambda = 2\pi f$ folgt für die Frequenz $f = \lambda/2\pi = 0.93/2\pi = 0.148$, was eine Periode von $T = 1/f = 1/0.148 = 6.8$ Zeiteinheiten ergibt). Allgemein weisen AR(2)-Prozesse, deren Polynom-Wurzeln (oder deren Wurzeln der charakteristischen Gleichung) konjugiert-komplex sind, quasi-periodische Oszillationen auf mit der Frequenz

$$f = \frac{1}{2\pi} \arccos\left[\frac{|\varphi_1|}{2(-\varphi_2)^{1/2}}\right]$$

wobei f als *Anzahl Zyklen pro Zeiteinheit* zu interpretieren ist (vgl. Box/Jenkins 1976, S.60).

Spezielle nicht-stationäre AR(2)-Prozesse ergeben sich, wenn mindestens eine der beiden Wurzeln des Lag-Polynoms *auf* dem Einheitskreis liegt. Dies ist beispielsweise der Fall beim Prozeß

$$X_t = 1.5X_{t-1} - 0.5X_{t-2} + \varepsilon_t$$

denn es ist $1 - 1.5z + 0.5z^2 = (1-z)(1-0.5z)$, d.h. $z_1 = 1$ und $z_2 = 2$. Der Prozeß läßt sich also folgendermaßen schreiben:

$$(1 - 0.5B)(1 - B)X_t = \varepsilon_t$$

Mit $Y_t := (1 - B)X_t = X_t - X_{t-1}$ folgt die Darstellung $Y_t = 0.5Y_t + \varepsilon_t$, d.h. die 1. Differenz *des nicht-stationären* AR(2)-Prozesses ist ein stationärer AR(1)-Prozeß. Anders ausgedrückt: Der nicht-stationäre AR-Prozeß kann durch Differenzenbildung in einen stationären Prozeß transformiert werden. Prozesse, für welche das möglich ist, werden als *integrierte Prozesse* bezeichnet. Solche Prozesse werden wir in Kap. V.4.5. ausführlicher betrachten.

Allgemein ist ein *autoregressiver Prozeß p-ter Ordnung (kurz: AR(p)-Prozeß)* definiert durch

$$X_t = c + \varphi_1 X_{t-1} + \varphi_2 X_{t-2} + \dots + \varphi_p X_{t-p} + \varepsilon_t, \quad \varphi_p \neq 0$$

wobei c wieder eine Konstante ist. Ist er stationär mit $E(X_t) = \mu$, dann kann dieser Prozeß in der Form

$$X_t - \mu = \varphi_1 (X_{t-1} - \mu) + \varphi_2 (X_{t-2} - \mu) + \dots + \varphi_p (X_{t-p} - \mu) + \varepsilon_t$$

geschrieben werden mit:

$$\mu = \frac{c}{1 - \varphi_1 - \varphi_2 - \dots - \varphi_p}$$

Liegen *alle* Wurzeln des Polynoms $1 - \varphi_1 z - \varphi_2 z^2 - \dots - \varphi_p z^p$ außerhalb des Einheitskreises, dann ist der Prozeß stationär.

Für die Kovarianz- bzw. Korrelationsfunktion ergeben sich die homogenen Differenzengleichungen p-ter Ordnung (für h>0)

$$\gamma(h) = \varphi_1 \gamma(h-1) + \varphi_2 \gamma(h-2) + \dots + \varphi_p \gamma(h-p)$$

bzw.

$$\rho(h) = \varphi_1 \rho(h-1) + \varphi_2 \rho(h-2) + \dots + \varphi_p \rho(h-p)$$

Diese Differenzengleichungen werden als *Yule-Walker*-Gleichungen bezeichnet. Mit ihrer Hilfe läßt sich die Autokovarianz- bzw. Autokorrelationsfunktion *rekursiv* dadurch berechnen, daß die Lösungen dieser Gleichungen die Werte $\gamma(1), \dots, \gamma(p)$ bzw. $\rho(1), \dots, \rho(p)$ liefern, woraus sich dann die folgenden $\gamma(h)$ bzw. $\rho(h)$ für h>p ergeben. Dazu ist folgende Matrizenschreibweise zweckmäßig, die hier für die Korrelationen aufgeführt sei. Unter Beachtung von $\rho(h) = \rho(-h)$ kann man schreiben:

$$\begin{pmatrix} \rho(1) \\ \rho(2) \\ \dots \\ \rho(p) \end{pmatrix} = \begin{pmatrix} 1 & \rho(1) & \dots & \rho(p-1) \\ \rho(1) & 1 & \dots & \rho(p-2) \\ . & . & \dots & . \\ \rho(p-1) & \rho(p-2) & \dots & 1 \end{pmatrix} \begin{pmatrix} \varphi_1 \\ \varphi_2 \\ \dots \\ \varphi_p \end{pmatrix}$$

Für p=2 z.B. ergibt sich

$$\begin{pmatrix} \rho(1) \\ \rho(2) \end{pmatrix} = \begin{pmatrix} 1 & \rho(1) \\ \rho(1) & 1 \end{pmatrix} \begin{pmatrix} \varphi_1 \\ \varphi_2 \end{pmatrix}$$

woraus folgt

$$\rho(1) = \varphi_1 + \varphi_2 \rho(1)$$
$$\rho(2) = \varphi_1 \rho(1) + \varphi_2$$

d.h.:

$$\rho(1) = \frac{\varphi_1}{1 - \varphi_2}, \quad \rho(2) = \frac{\varphi_1^2}{1 - \varphi_2} + \varphi_2$$

Damit können alle weiteren Korrelationen berechnet werden. Es ist

$$\rho(3) = \varphi_1 \rho(2) + \varphi_2 \rho(1), \quad \rho(4) = \varphi_1 \rho(3) + \varphi_2 \rho(2)$$

usw. Umgekehrt können die Yule-Walker-Gleichungen auch dazu benützt werden, um die Prozeßparameter $\varphi_1, \dots, \varphi_p$ zu bestimmen, falls die Korrelationen vorgegeben sind.

Bezeichnet man im obigen Gleichungssystem mit $\boldsymbol{\rho}$ den Spaltenvektor mit den Korrelationen $\rho(1), \rho(2), \dots, \rho(p)$, mit $\mathbf{R}$ die entsprechende Korrelationsmatrix und mit $\boldsymbol{\varphi}$ den Spaltenvektor mit den Prozeßparametern $\varphi_1, \varphi_2, \dots, \varphi_p$, so kann das Gleichungssystem kurz so geschrieben werden: $\boldsymbol{\rho} = \mathbf{R}\boldsymbol{\varphi}$, das sich nach dem Vektor $\boldsymbol{\varphi}$ auflösen läßt (Existenz der Inversen von $\mathbf{R}$ vorausgesetzt): $\boldsymbol{\varphi} = \mathbf{R}^{-1}\boldsymbol{\rho}$. Diese Sichtweise erweist sich bei der Schätzung der *Prozeßparameter* als nützlich (vgl. dazu Kap. VII.1.2.).

Der Verlauf der Kovarianz- bzw. Korrelationsfunktion eines AR(p)-Prozesses ist ganz verschieden, je nachdem, ob die Wurzeln der zugehörigen charakteristischen Gleichung (einfach) reell, m-fach reell oder einfach bzw. m-fach konjugiert-komplex sind. Nur bei komplexen Wurzeln resultieren *sinusoidale* Verläufe. Asymptotisch gehen Kovarianz- bzw. Korrelationsfunktionen für alle Prozeßordnungen gegen Null. Es ergibt sich hier nichts grundsätzlich Neues zu den oben diskutierten AR(2)-Prozessen, so daß auf weitere Details verzichtet werden kann.

AR(p)-Prozesse können nicht-stationär sein, indem sie eine oder mehrere Einheitswurzeln aufweisen. So hat beispielsweise der AR(4)-Prozeß

$$X_t = 2.7X_{t-1} - 2.5X_{t-2} + 0.9X_{t-3} - 0.1X_{t-4} + \varepsilon_t$$

eine doppelte Einheitswurzel, denn es ist:

$$1 - 2.7B + 2.5B^2 - 0.9B^3 + 0.1B^4 = (1 - B)^2(1 - 0.5B)(1 - 0.2B)$$

Deshalb kann dieser Prozeß auch so dargestellt werden

$$(1 - 0.5B)(1 - 0.2B)Y_t = \varepsilon_t \ , \ Y_t := (1 - B)^2 X_t = X_t - 2X_{t-1} + X_{t-2}$$

d.h. durch Bildung der 2. Differenz wird aus dem nicht-stationären AR(4)-Prozeß ein stationärer AR(2)-Prozeß, so daß es sich bei diesem Prozeß um einen *(doppelt) integrierten AR(2)-Prozeß* handelt.

Abschließend sei noch erwähnt, daß man einen AR(p)-Prozeß formal als einen *vektoriellen* AR(1)-Prozeß darstellen kann. Mit den Vektoren $\mathbf{y}_t$, $\mathbf{v}_t$ und der Matrix $\mathbf{F}$

$$\mathbf{y}_{t'} := \begin{pmatrix} X_t \\ X_{t-1} \\ X_{t-2} \\ . \\ . \\ . \\ X_{t-p+1} \end{pmatrix} , \ \mathbf{F} := \begin{pmatrix} \varphi_1 & \varphi_2 & \cdots & \varphi_{p-1} & \varphi_p \\ 1 & 0 & \cdots & 0 & 0 \\ 0 & 1 & \cdots & 0 & 0 \\ . & . & . & . & . \\ . & . & . & . & . \\ . & . & . & . & . \\ 0 & 0 & \cdots & 1 & 0 \end{pmatrix} , \ \mathbf{v}_t := \begin{pmatrix} \varepsilon_t \\ 0 \\ . \\ . \\ . \\ 0 \end{pmatrix}$$

kann geschrieben werden:

$$\mathbf{y}_t = \mathbf{F}\mathbf{y}_{t-1} + \mathbf{v}_t$$

Wie man leicht nachprüfen kann, folgt daraus:

$$X_t = \varphi_1 X_{t-1} + \varphi_2 X_{t-2} + \ldots + \varphi_p X_{t-p} + \varepsilon_t$$
$$X_{t-1} = X_{t-1}, \ X_{t-2} = X_{t-2}, \ldots, \ X_{t-p+1} = X_{t-p+1}$$

V.4.3.   Moving-Average-Prozesse

Der Prozeß

$$X_t = \mu + \varepsilon_t + \theta_1 \varepsilon_{t-1} + \ldots + \theta_q \varepsilon_{t-q}$$

heißt *Moving-Average-Prozeß der Ordnung q* (kurz: MA(q)-Prozeß) mit den *Prozeßparametern* $\theta_0 = 1$, $\theta_1, \ldots, \theta_q$ ($\theta_q \neq 0$), wobei ε_t weißes Rauschen bezeichnet und $E(X_t) = \mu$ ist. Auch hier kann ohne Beschränkung der Allgemeinheit $\mu = 0$ gesetzt werden. Üblich ist auch die Bezeichnung *Gleitender-Durchschnitts-Prozeß*. MA-Prozesse sind im Grunde nichts anderes als gewogene Mittel aus unkorrelierten Zufallsvariablen, wobei jedoch die Summe der Gewichte im allgemeinen nicht gleich Eins ist. Offensichtlich sind MA-Prozesse stationär für beliebige Parameter. Für einen MA(1)-Prozeß

$$X_t = \varepsilon_t + \theta\varepsilon_{t-1}$$

ergibt sich für die Erwartungswert- und Varianzfunktion

$$E(X_t) = E(\varepsilon_t) + \theta E(\varepsilon_{t-1}) = 0$$

$$Var(X_t) = Var(\varepsilon_t) + \theta^2 Var(\varepsilon_{t-1}) = \sigma_\varepsilon^2 + \theta^2\sigma_\varepsilon^2 = \sigma_\varepsilon^2(1 + \theta^2)$$

und für die Autokovarianz- bzw. Autokorrelationsfunktion:

$$\gamma(1) = E[(\varepsilon_t + \theta\varepsilon_{t-1})(\varepsilon_{t-1} + \theta\varepsilon_{t-2})] = \theta E(\varepsilon_{t-1}^2) = \theta\sigma_\varepsilon^2$$
$$\gamma(h) = 0 \quad \text{für } h \ge 2$$

$$\rho(h) = \begin{cases} \dfrac{\theta}{1 + \theta^2}, & h=1 \\ 0, & h \ge 2 \end{cases}$$

Im Gegensatz zu einem AR(1)-Prozeß ist die Autokovarianz- bzw. Autokorrelationsfunktion eines MA(1)-Prozesses für h>1, d.h. für lags, die größer als die Prozeßordnung sind, gleich Null. Während also ein AR(1)-Prozeß eine *unendlich lange* Autokovarianz- bzw. Autokorrelationsfunktion besitzt, weist ein MA(1)-Prozeß nur eine *endlich lange* Autokovarianz- bzw. Autokorrelationsfunktion auf. Allgemein gilt für einen MA(q)-Prozeß:

$$E(X_t) = 0$$

$$Var(X_t) = \sigma_\varepsilon^2 \sum_{j=0}^{q} \theta_j^2, \quad \theta_0 = 1$$

$$\gamma(h) = \begin{cases} \sigma_\varepsilon^2 \sum_{j=0}^{q-h} \theta_j \theta_{j+h} \\ 0 \quad \text{für } h>q \end{cases}$$

$$\rho(h) = \begin{cases} \sum_{j=0}^{q-h} \theta_j \theta_{j+h} \Big/ \sum_{j=0}^{q} \theta_j^2 \\ 0 \quad \text{für } h>q \end{cases}$$

In Abbildung 5.10 ist die Autokorrelationsfunktion (ACF) des MA(2)-Prozesses $X_t = \varepsilon_t + 0.2\varepsilon_{t-1} + 0.4\varepsilon_{t-2}$ und in Abb. 5.11 eine Realisation dieses Prozesses der Länge T=200 dargestellt:

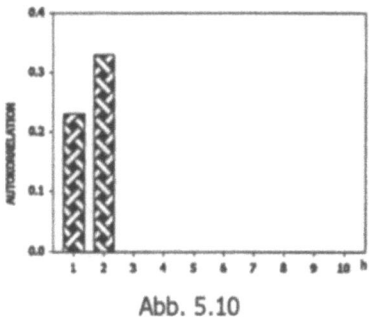

Abb. 5.10

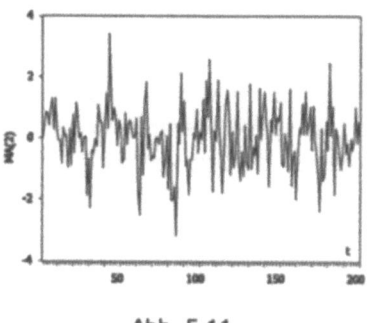

Abb. 5.11

Bisher wurde davon ausgegangen, daß die Prozeßordnung q *endlich* ist. MA-Prozesse können aber auch für eine nicht-endliche Ordnung definiert werden. Es lassen sich dann die für endliche Prozesse erzielten Resultate auf MA(∞)-Prozesse verallgemeinern. Allerdings sind dabei einige *Konvergenzbedingungen* zu berücksichtigen, die hier nicht betrachtet werden sollen (Der interessierte Leser sei etwa auf

Fuller 1976, Kap.2, verwiesen). Für ein Beispiel eines MA(∞)-Prozesses sei auf den in Kap. V.4.2. betrachteten AR(1)-Prozeß hingewiesen, der offensichtlich in einen MA(∞)-Prozeß transformiert werden konnte.

Wie oben schon erwähnt wurde, sind MA(q)-Prozesse für beliebige Werte der Prozeßparameter $\theta_1, \theta_2, ..., \theta_q$ stationär. Wie in Kap. V.4.2. am Beispiel eines AR(1)-Prozesses gezeigt wurde, können stationäre AR-Prozesse als MA(∞)-Prozesse darge-stellt werden. Hier stellt sich nun die *umgekehrte Frage*, nämlich, ob MA(q)-Prozes-se als AR-Prozesse darstellbar sind. Es kann nun gezeigt werden, daß die Stationari-tät der MA-Prozesse dies nicht automatisch garantiert. Vielmehr ist dies nur dann möglich, wenn MA-Prozesse die *Invertierbarkeitsbedingung* erfüllen. Ein MA(q)-Pro-zeß heißt *invertierbar*, wenn alle Wurzeln des Polynoms $1 + \theta_1 z + \theta_2 z^2 + ... + \theta_q z^q$ *außer-halb* des Einheitskreises liegen. Für einen MA(1)-Prozeß z.B. impliziert das, daß der Prozeßparameter (absolut) kleiner als Eins sein muß, denn für diesen Prozeß ist

$$X_t = \varepsilon_t + \theta \varepsilon_{t-1} = (1 + \theta B)\varepsilon_t$$

d.h. die Wurzel des Polynoms $1 + \theta z$ liegt nur dann außerhalb des Einheitskreises, wenn $|\theta| < 1$ ist. Dann ist:

$$\varepsilon_t = (1 + \theta B)^{-1} X_t = \pi(B) X_t , \quad \pi(B) =: 1 + \pi_1 B + \pi_2 B^2 + ...$$

Da der Prozeß invertierbar sein soll, also $|\theta| < 1$ ist, kann geschrieben werden

$$(1 + \theta B)^{-1} = 1 - \theta B + \theta^2 B^2 - \theta^3 B^3 ...$$

und durch *Koeffizientenvergleich* findet man $\pi_1 = -\theta$, $\pi_2 = \theta^2$, $\pi_3 = -\theta^3$ d.h. allgemein $\pi_j = (-1)^j \theta^j$ (j=1,2,...). Somit kann ein MA(1)-Prozeß mit $|\theta| < 1$ als stationärer un-endlicher AR-Prozeß

$$\varepsilon_t = X_t - \theta X_{t-1} + \theta^2 X_{t-2} - \theta^3 X_{t-3} + ...$$

dargestellt werden. Die Eigenschaft der Invertierbarkeit ist aber noch in anderer Hinsicht von Bedeutung. Betrachten wir dazu nochmals die Autokorrelationsfunktion für den eingangs dieses Kapitel dargestellten MA(1)-Prozeß. Es ist

$$\rho(1) = \frac{\theta}{1 + \theta^2} = \frac{1/\theta}{1 + (1/\theta)^2}$$

d.h. sind zwei MA(1)-Prozesse mit dem Parameter θ, für den gilt: $|\theta| < 1$ bzw. $1/|\theta|$ gegeben, dann haben beide die *gleiche* Autokorrelationsfunktion, aber offensichtlich ist nur der Prozeß mit $\theta < 1$ invertierbar, besitzt also eine AR-Darstellung. Ein Schluß von der Autokorrelationsfunktion auf den erzeugenden Prozeß ist also nur dann ein-deutig möglich, wenn man sich auf invertierbare Prozesse beschränkt. Diese Über-legungen gelten generell für alle MA(q)-Prozesse. Während bei invertierbaren MA-Prozessen die *Innovationen* ε_t von *vergangenen* X-Werten abhängen (vgl. obige AR(∞)-Darstellung eines MA(1)-Prozesses), hängen diese bei nicht-invertierbaren MA-Prozessen von *zukünftigen* X-Werten ab (vgl. dazu Hamilton 1994, S.67).

Abschließend sei noch auf einen Sachverhalt hingewiesen, der für die *Parame-terschätzung* von Bedeutung ist. Betrachtet man etwa die Autokorrelationsfunktion eines MA(1)-Prozesses, so sieht man, daß zwischen dem Prozeßparameter θ und der Korrelation $\rho(1)$ ein *nicht-linearer* Zusammenhang besteht. Dieser Sachverhalt gilt generell für alle MA(q)-Prozesse, wie man auch der oben wiedergegebenen Autokorrelationsfunktion für MA(q)-Prozesse entnehmen kann, im Gegensatz zu den AR-Prozessen, bei denen via Yule-Walker-Gleichungen eine *lineare* Beziehung be-steht.

V.4.4.   ARMA-Prozesse

Wie wir oben gesehen haben, kann ein stationärer und invertierbarer Prozeß entweder als MA-Prozeß oder als AR-Prozeß dargestellt werden. Diese alternativen Darstellungsformen können allerdings den Nachteil haben, daß sie *zu viele* Parameter enthalten, wenn konkrete Zeitreihen damit *modelliert* werden sollen. Zu bedenken ist ja dabei insbesondere, daß bei diesem Modellierungsprozeß die Parameter unbekannt sind und deshalb geschätzt werden müssen. Dafür steht aber in der Praxis immer nur *eine* Zeitreihe zur Verfügung, die nicht selten ziemlich kurz ist. Je mehr Parameter nun geschätzt werden müssen auf der Basis der gleichen Daten, umso ungenauer fallen diese Schätzungen aus, d.h. umso größer sind die Varianzen der geschätzten Parameter. Man versucht deshalb möglichst *sparsame* Modelle zu bauen, d.h. Modelle, die möglichst wenig Parameter enthalten (*Prinzip der "parsimony"*). Um dieses *Sparsamkeitsprinzip* zu realisieren, kann es sich als zweckmäßig erweisen, keine reinen Prozeßtypen (also nur AR- oder nur MA-Prozesse) zu verwenden, sondern diese zu kombinieren. Diese Idee führt auf die ARMA-Prozesse.

Ein ARMA-Prozeß der Ordnung(p,q) (kurz: ARMA(p,q)-Prozeß) ist definiert durch: $X_t = \varphi_1 X_{t-1} + ... + \varphi_p X_{t-p} + \varepsilon_t + \theta_1 \varepsilon_{t-1} + ... + \theta_q \varepsilon_{t-q}$
Kürzer kann der Prozeß in der Form $\varphi(B)X_t = \theta(B)\varepsilon_t$ geschrieben werden, mit den beiden lag-Polynomen:

$$\varphi(B) = 1 - \varphi_1 B - ... - \varphi_p B^p$$
$$\theta(B) = 1 + \theta_1 B + ... + \theta_q B^q$$

Dabei wurde wieder der Einfachheit halber $E(X_t)=0$ vorausgesetzt. ARMA-Prozesse bilden gewissermaßen eine *Obermenge* der reinen AR-bzw. MA-Prozesse, diese können als ARMA(p,0)- bzw. ARMA(0,q)-Prozesse aufgefaßt werden.

Soll ein ARMA(p,q)-Prozeß invertierbar sein, müssen die Wurzeln von $\theta(z)$ außerhalb des Einheitskreises liegen; soll er stationär sein, müssen die Wurzeln von $\varphi(z)$ außerhalb des Einheitskreises liegen. Es sei hier außerdem vorausgesetzt, daß die beiden Polynome keine gemeinsamen Wurzeln haben.

Zur Bestimmung der Autokorrelationsfunktion eines ARMA(p,q)-Prozesses werden beide Seiten der obigen Definitionsgleichung mit X_{t-h} multipliziert und der Erwartungswert gebildet. Das ergibt:

$$\gamma(h) = \varphi_1\gamma(h-1) + ... + \varphi_p\gamma(h-p) + E(\varepsilon_t X_{t-h}) + \theta_1 E(\varepsilon_{t-1} X_{t-h}) + ... + \theta_q E(\varepsilon_{t-q} X_{t-h})$$

Weil aber $E(\varepsilon_{t-i} X_{t-h})=0$ ist für h>i, folgt für die Autokovarianzfunktion

$$\gamma(h) = \varphi_1\gamma(h-1) + ... + \varphi_p\gamma(h-p) , \ h \geq q+1$$

bzw. für die Autokorrelationsfunktion

$$\rho(h) = \varphi_1\rho(h-1) + ... + \varphi_p\rho(h-p) , \ h \geq q+1$$

d.h. ein ARMA(p,q)-Prozeß gehorcht den schon oben erwähnten Yule-Walker-Gleichungen, falls $h \geq q+1$ ist. Deshalb geht die Autokorrelationsfunktion asymptotisch in der gleichen Weise gegen Null (also exponentiell oder sinusoidal) wie bei den AR-Prozessen. Nur die Autokorrelationen $\rho(1),...,\rho(q)$ werden vom MA-Teil des Prozesses beeinflußt. Dies ist unmittelbar einsichtig, wenn man berücksichtigt, daß die Autokorrelationsfunktion eines MA(q)-Prozesses endlich ist, d.h. beim lag h=q abbricht, während sie für einen AR-Prozeß unendlich lang ist.

Als Beispiel für einen ARMA-Prozeß wollen wir den einfachsten Vertreter dieser Modellklasse betrachten, einen ARMA(1,1)-Prozeß:

$$X_t = \varphi X_{t-1} + \varepsilon_t + \theta \varepsilon_{t-1} \text{ oder } (1 - \varphi B)X_t = (1 + \theta B)\varepsilon_t$$

Damit dieser Prozeß stationär *und* invertierbar ist, muß $|\varphi| < 1$ und $|\theta| < 1$ sein. Seine Varianz ist:

$$Var(X_t) = \frac{1 + \theta^2 + 2\varphi\theta}{1 - \varphi^2}\sigma_\varepsilon^2$$

Die Autokorrelationsfunktion dieses Prozesses gehorcht der Differenzengleichung $\rho(h) = \varphi\rho(h-1)$ für $h \geq 2$ mit der Lösung $\rho(h) = \varphi^{h-1}\rho(1)$, $h \geq 2$. Die gesamte Autokorrelationsfunktion des ARMA(1,1)-Prozesses lautet:

$$\rho(h) = \begin{cases} 1 & \text{für } h=0 \\ \dfrac{(\varphi+\theta)(1+\varphi\theta)}{1+\theta^2+2\varphi\theta} & \text{für } h=1 \\ \varphi^{h-1}\rho(1) & \text{für } h \geq 2 \end{cases}$$

Generell ist die Ableitung der Autokorrelationsfunktion für ARMA-Prozesse höherer Ordnung relativ kompliziert. Deswegen sei auf weitere Beispiele hier verzichtet.

Gelegentlich taucht die Frage auf, welcher Prozeßtyp resultiert, wenn einzelne ARMA-Prozesse *überlagert*, d.h. addiert, werden. Man kann zeigen, daß für die Summe $Z_t := X_t + Y_t$ – wobei X_t ein ARMA(p_1, q_1)- und Y_t ein ARMA(p_2, q_2)-Prozeß ist, die voneinander unabhängig sind – gilt: Z_t ist wieder ein ARMA-Prozeß der Ordnung (p,q) mit $p \leq p_1 + p_2$ und $q \leq \max(p_1 + q_2, p_2 + q_1)$ (vgl. Granger/Newbold 1977, S.28). Beispielsweise erhält man für die Summe aus einem AR(p)-Prozeß und weißem Rauschen einen ARMA(p,p)-Prozeß.

Normalerweise gilt in beiden obigen Abschätzungen das Gleichheitszeichen, es sei denn, die lag-Polynome beider Prozesse enthalten gemeinsame Wurzeln (zu solchen Fällen vergleiche die Ausführungen und Beispiele bei Granger/Newbold 1977, S.29 f.).

Für gewisse Überlegungen kann es zweckmäßig sein, den zum ARMA-Prozeß $\varphi(B)X_t = \theta(B)\varepsilon_t$ *dualen* Prozeß $\theta(B)X_t = \varphi(B)\varepsilon_t$ zu betrachten. Die Autokorrelationsfunktion dieses Prozesses wird als *inverse Autokorrelationsfunktion* bezeichnet. Für einen AR(p)-Prozeß bricht die inverse Autokorrelationsfunktion nach dem lag h=p ab (für Einzelheiten siehe Mohr 1984).

V.4.5.   ARIMA-Prozesse

Charakteristisch für die bisher betrachteten Prozeßtypen – stationäre AR- und MA- bzw. generell ARMA-Prozesse – ist, daß sie einen zeitunabhängigen Erwartungswert aufweisen. Derartige Prozesse sind somit für eine Modellierung *trendbehafteter* Zeitreihen, wie sie in der Praxis beinahe die Regel sind, nicht brauchbar. Dieselbe Feststellung trifft auch auf *saisonale* Reihen zu. Eine Modellierung trend- und/oder saisonbehafteter Zeitreihen verlangt deshalb eine breitere Modellbasis, d.h. das enge Stationaritätskonzept muß verlassen werden, was gleichbedeutend damit ist, daß in irgendeiner Form auch *nicht-stationäre* Prozesse zugelassen werden. Wir wollen uns zunächst mit trendbehafteten Prozessen beschäftigen, um anschließend auf saisonale ARIMA-Modelle einzugehen.

V.4.5.1. Nicht-saisonale ARIMA-Prozesse

Die den nicht-saisonalen ARIMA-Prozessen zugrundeliegende Idee ist einfach. Sie besteht in dem Postulat, daß vorhandene Trends durch *Differenzenbildung* eliminiert werden können und zwar so, daß nach Differenzenbildung ein Prozeß resultiert, der stationär ist. Das bedeutet, daß grundsätzlich von einer ganz bestimmten *Klasse von nicht-stationären* Prozessen ausgegangen wird, die dadurch charakterisiert werden kann, daß *nach Differenzenbildung* Stationarität vorliegt und damit die bisher betrachteten ARMA-Prozesse zur Modellierung herangezogen werden können.

ARIMA-Modelle werden in folgender Form notiert: Sei X_t der nicht-stationäre Prozeß, der sich nach d-facher Differenzenbildung in Stationarität transformieren läßt, d.h. es sei $Y_t = (1 - B)^d X_t$, $d = 1,2,...$ mit $\varphi(B)Y_t = \theta(B)\varepsilon_t$, dann kann für X_t geschrieben werden: $\varphi(B)(1 - B)^d X_t = \theta(B)\varepsilon_t$, wobei $\varphi(B)$ und $\theta(B)$ wiederum lag-Polynome des Grades p bzw. q sind. Ein derartiger Prozeß wird nach Box/Jenkins 1976 als *ARIMA(p,d,q)-Prozeß (**A**uto**R**egressive-**I**ntegrated-**M**oving-**A**verage-Prozeß)* bezeichnet. An Stelle von *Integration* wäre allerdings der Ausdruck *Summation* sachlich gerechtfertigter, da durch Summation die Differenzenbildung wieder rückgängig gemacht werden kann. Dieser Schritt ist z.B. erforderlich, wenn man mit ARIMA-Modellen prognostiziert, da man ja bei Prognosen wieder auf das *Niveau* des Prozesses kommen muß. Prozesse, die nach Differenzenbildung stationär sind, werden allgemein als *integrierte Prozesse* bezeichnet. Durch das Tripel (p,d,q) ist ein ARIMA-Prozeß vollständig charakterisiert. Integrierte Prozesse sind durch *homogene Nicht-Stationarität* ausgezeichnet und besitzen grundsätzlich d unit-roots.

Ein einfacher random-walk-Prozeß ist offensichtlich ein ARIMA(0,1,0)-Prozeß, und der Prozeß $(1 - \varphi B)(1 - B)X_t = (1 + \theta B)\varepsilon_t$ mit den Parametern $|\varphi| < 1$ und $|\theta| < 1$ ist ein ARIMA(1,1,1)-Prozeß, d.h. $Y_t : = X_t - X_{t-1}$ ist ein stationärer und invertierbarer ARMA(1,1)-Prozeß.

V.4.5.2. Saisonale ARIMA-Prozesse

Bekanntlich weisen *unterjährige* Zeitreihen, insbesondere ökonomische, häufig neben einem Trend auch saisonale Bewegungen auf (vgl. dazu die Ausführungen in Kap. I. und Kap. II.). Zur Modellierung solcher Reihen reichen deshalb die eben betrachteten ARIMA-Prozesse nicht aus. Dazu sind Prozesse erforderlich, die zusätzlich zum Trend eine Modellierung der Saisonalität erlauben. Für diesen Zweck wurden von Box/Jenkins *saisonale ARIMA-Modelle* entwickelt. Grundlegend für saisonale ARIMA-Modelle ist die Vorstellung, daß im Prinzip die Saisonalität durch einen *saisonalen ARIMA*-Prozeß erfaßbar ist.

Um die Notwendigkeit saisonaler ARIMA-Prozesse einzusehen, sei zunächst von der Vorstellung ausgegangen, daß eine saisonale Reihe durch einen ARIMA-Prozeß modelliert worden sei, d.h. die Saisonalität sei unberücksichtigt geblieben. Für das ARIMA-Modell kann in diesem Fall geschrieben werden: $\varphi(B)(1 - B)^d X_t = \theta(B)u_t$, wobei jetzt nicht das Symbol ε_t, sondern u_t verwendet wurde, um zu betonen, daß hier kein weißes Rauschen vorliegt, vielmehr ein autokorrelierter (genauer: saisonal autokorrelierter) Prozeß. Letzteres aus dem Grund, weil z.B. bei Prozessen auf Monatsbasis etwa der Novemberwert 1999 mit den Novemberwerten 1998, 1997 usw. korreliert ist. Analoges gilt für alle anderen Monate. Generell muß man also bei saisonalen Prozessen Abhängigkeiten *innerhalb* einer Periode (z.B. *innerhalb* eines Jahres) und Abhängigkeiten *zwischen* den Perioden (etwa eines bestimmten Monates in verschiedenen Jahren) unterscheiden (vgl. dazu auch die instruktive Darstellung bei Box/Jenkins 1976, S.323). Letztere sollen als *saisonale Korrelation* bezeichnet werden, die somit nur definiert ist für die Zeitpunkte t=jS, j=1,2,..., wobei S die Periode der Saison (S=12 bzw. 4 für Monats- bzw. Quartalsreihen und S=2 für Halbjahresreihen) bezeichnet.

Ein *saisonaler ARIMA-Prozeß* hat die Gestalt

$$\Phi_p(B^S)(1 - B^S)^D u_t = \Theta_Q(B^S)\varepsilon_t$$

mit den *saisonalen lag-Polynomen:*

$$\Phi_p(B^S) := 1 - \Phi_1 B^S - \Phi_2 B^{2S} - ... - \Phi_p B^{PS}$$

$$\Theta_Q(B^S) := 1 + \Theta_1 B^S + \Theta_2 B^{2S} + ... + \Theta_Q B^{QS}$$

Dabei bezeichnet P bzw. Q die Ordnung des saisonalen AR- bzw. MA-Prozesses und D (D=0,1,2,...) die Ordnung des *saisonalen Differenzenfilters,* ε_t bezeichnet wiederum weißes Rauschen. Für S=12 und D=1 z.B. besteht dieser Differenzenfilter in der Bildung 12. Differenzen: $X_t - X_{t-12}$.

Wie bei den nicht-saisonalen ARMA-Prozessen sei auch hier Stationarität und Invertierbarkeit vorausgesetzt, d.h. die Wurzeln der beiden charakteristischen Gleichungen

$$\Phi_p(z^S) := 1 - \Phi_1 z^S - \Phi_2 z^{2S} - ... - \Phi_p z^{PS}$$

$$\Theta_Q(z^S) := 1 + \Theta_1 z^S + \Theta_2 z^{2S} + ... + \Theta_Q z^{QS}$$

sollen außerhalb des Einheitskreises liegen.

Betrachten wir kurz beispielhaft das Autokorrelationsverhalten zweier sehr einfacher saisonaler ARIMA-Prozesse. Für den ersten Prozeß sei D=0, S=12, P=1, Q=0. Dann ist:

$$(1 - \Phi B^{12})u_t = \varepsilon_t \text{ , d.h. } u_t = \Phi u_{t-12} + \varepsilon_t \text{ , } Var(u_t) = \frac{\sigma_\varepsilon^2}{1 - \Phi^2}$$

und:

$$E(u_t u_{t-12}) = \Phi E(u_{t-12}^2) + E(\varepsilon_t u_{t-12}) \text{ , d.h. } \gamma(12) = \frac{\Phi}{1 - \Phi^2} \sigma_\varepsilon^2 \text{ , } \rho(12) = \Phi$$

Auf die gleiche Weise findet man $\rho(24)=\Phi^2$ und allgemein:

$$\rho(jS) = \Phi^j, \quad j = 1, 2, ...,$$

Die Autokorrelationsfunktion dieses (rein) saisonalen AR(1)-Prozesses ist also wie bei den nicht-saisonalen AR-Prozessen unendlich lang, ist aber nur definiert für die lags S, 2S, 3S usw. Dies gilt generell für saisonale AR(P)-Prozesse.

Für den zweiten Prozeß gelte D=0, S=12, P=0, Q=1, d.h. der Prozeß lautet:

$$u_t = (1 + \Theta B^{12})\varepsilon_t = \varepsilon_t + \Theta\varepsilon_{t-12}$$

Für diesen Prozesses erhält man:

$$\text{Var}(u_t) = (1 + \Theta^2)\sigma_\varepsilon^2$$

$$\gamma(12) = E[(\varepsilon_t + \Theta\varepsilon_{t-12})(\varepsilon_{t-12} + \Theta\varepsilon_{t-24})] = \Theta E(\varepsilon_{t-12}^2) = \Theta\sigma_\varepsilon^2$$

$$\rho(12) = \frac{\Theta}{1 + \Theta^2}$$

Man sieht leicht, daß alle weiteren Korrelationen für h=24, 36 etc. gleich Null sind. Wie bei den nicht-saisonalen MA-Prozessen ist also die Autokorrelationsfunktion endlich, aber dieser (rein) saisonale MA(1)-Prozeß nimmt nur *einen* von Null verschiedenen Wert an beim lag h=S=12. Allgemein gilt: Bei saisonalen MA(Q)-Prozessen ist die Autokorrelationsfunktion *von Null verschieden* für die lags h=S,2S,3S,..., QS und *gleich Null* für h>QS (Beispiele für Autokovarianzfunktionen komplizierterer, insbesondere nicht reiner saisonaler ARIMA-Modelle finden sich z.B. bei Box/Jenkins 1976, S.329 ff.).

Kombiniert man nun den eingangs dargestellten nicht-saisonalen ARIMA-(p,d, q)-Prozeß mit dem saisonalen ARIMA(P,D,Q)-Prozeß, dann erhält man einen *multiplikativen saisonalen ARIMA-Prozeß*, der üblicherweise in folgender Schreibweise dargestellt wird

$$\Phi_P(B^S)\varphi_p(B)(1 - B)^d(1 - B^S)^D X_t = \Theta_Q(B^S)\theta_q(B)\varepsilon_t$$

wobei die Indizes bei den saisonalen und nicht-saisonalen lag-Polynomen die jeweiligen Prozeßordnungen anzeigen. Ein derartiger Prozeß wird kurz als *ARIMA(p,d, q)×(P,D,Q)$_S$*-Prozeß bezeichnet. Das Suffix S bezeichnet dabei die Länge der saisonalen Periode.

Als Beispiel eines einfachen saisonalen ARIMA-Prozesses sei der ARIMA-Prozeß $(0,1,1)×(0,1,1)_{12}$ betrachtet, also der Prozeß:

$$(1 - B)(1 - B^{12})X_t = (1 + \theta B)(1 + \Theta B^{12})\varepsilon_t$$

Dieser Prozeß wurde zuerst von Box/Jenkins zur Modellierung der (logarithmierten) Reihe *Passagiere im internationalen Luftverkehr* verwendet (siehe Beispiel 10 von Kap. I.). Seither wird er in der Literatur als *Airline-Modell* bezeichnet. Neben einem Trend weist die Passagier-Reihe eine ausgeprägte Saisonalität auf. Die Gründe, die für die Wahl dieses Prozeßtyps sprechen, lassen sich etwa so formulieren: Die beiden hauptsächlichen Ursachen für die Nicht-Stationarität dieser Reihe sind im Trend und in der Saisonalität zu suchen. Die beiden Differenzen (1-te und 12-te) versuchen demnach sowohl den Trend als auch die Saison auszufiltern. Letzteres gelingt allerdings nicht ganz, was daran liegt, daß 12-te Differenzen relativ grobe Saisonfilter darstellen. Deswegen werden die verbleibenden saisonalen Bewegungen der Reihe durch einen saisonalen MA-Teil erfaßt. Es stellt sich hier allerdings die Frage, ob diese Reihe auch anders modelliert werden kann. Darauf werden wir noch zurückkommen.

Für den zweifach differenzierten Prozeß $Y_t := (1 - B)(1 - B^{12})X_t$ findet man (vgl. dazu etwa Abraham/Ledolter 1983, S.286):

$$\gamma(0) = (1+\theta^2)(1+\Theta^2)\sigma_\varepsilon^2 \quad \text{sowie}$$

$$\rho(1) = \frac{\theta}{1+\theta^2}$$

$$\rho(11) = \frac{\theta\Theta}{(1+\theta^2)(1+\Theta^2)}$$

$$\rho(12) = \frac{\Theta}{1+\Theta^2}$$

$$\rho(13) = \rho(11)$$

$$\rho(h) = 0 \quad \text{sonst}$$

Abschließend sei noch einmal kurz daran erinnert, daß eine grundlegende Voraussetzung bei ARMA-und ARIMA-Modellen die *zeitliche Konstanz* (oder *Homogenität*) der Varianz des Störterms ε_t ist. Nicht selten hat man es in der Praxis jedoch mit Zeitreihen zu tun, deren optisches Erscheinungsbild z.B. eine ARIMA-Modellierung mit konstanter Varianz des Störterms als zweifelhaft erscheinen lassen. Eine nicht-konstante Varianz des Störterms führt zu nicht-stationären ARMA-Prozessen mit zeitabhängiger Varianz bzw. zu ARIMA-Prozessen mit variierender Volatilität. Grundsätzlich sind verschiedene Formen von *Varianzheterogenität* denkbar. Bei ARIMA-Prozessen handelt es sich im einfachsten Fall um Reihen, deren Varianz *trendabhängig* ist. Diese Form der Varianzheterogenität ist nicht selten bei ökonomischen Reihen anzutreffen, meistens derart, daß die Reihenvarianz mit steigendem Trend ebenfalls größer wird. Ein typisches Beispiel dafür ist die Reihe *Passagiere* aus Kap. I., Beispiel 10. Für solche Reihen werden in der Literatur *BOX-COX-Transformationen* empfohlen. Sie sind *varianzstabilisierende* Transformationen für *positive* Reihenwerte und lauten:

$$Y_t: = \begin{cases} \dfrac{X_t^\lambda - 1}{\lambda} & , \quad 0 < \lambda \le 1 \\ \ln X_t & , \quad \lambda = 0 \end{cases}$$

Für die Reihe *Passagiere* führt die Logarithmus-Transformation zu einer Reihe mit annähernd homogener Varianz (vgl. Abb. 1.10 und 1.10a). Generell sind diese Transformationen in der Datenanalyse für Zufallsvariablen gedacht, deren Varianzen *funktional* vom Erwartungswert abhängen. Überträgt man diesen Gedanken auf die Zeitreihenanalyse, dann erscheinen sie für solche Reihen geeignet, deren Varianz mit dem Trend korreliert ist. Es sei allerdings hinzugefügt, daß der generelle praktische Nutzen der BOX-COX-Transformationen nicht ganz unumstritten ist (vgl. Mohr 1984, S.119 ff.).

Einen Zugang zur Behandlung von (*bedingter*) Varianzheterogenität erlauben die in Kap. XX. dargestellten ARCH/GARCH-Modelle, die nicht nur eine Modellierung zeitlich variierender (bedingter) Varianzen erlauben, sondern auch ihre Prognose.

V.4.5.3 Exkurs: Ein alternativer saisonaler ARIMA-Prozeß

Das im letzten Abschnitt dargestellte multiplikative saisonale ARIMA-Modell wurde von Franses einer Kritik unterzogen (vgl. Franses 1991). "A phenomenon which is sometimes encountered in practice is that its forecasts may all be too low or too high - see e.g. the example of forecasting the number of airline passengers in Box and Jenkins 1970, where all 36 monthly forecasts are too high" (Franses 1991, S. 200). Dies ist nach Franses durch eine mögliche *Fehlspezifikation* des saisonalen ARIMA-Modells bedingt, die auf eine *Überdifferenzierung* zurückzuführen sei. Eine solche sei gegeben, wenn z.B. eine saisonale Differenzenbildung nicht erforderlich ist, was der Fall sei, wenn keine *stochastische* Saisonalität vorliege. Das von Franses vorgeschlagene alternative saisonale Modell unterscheidet sich vom Box/Jenkins-Ansatz darin, daß Franses eine *deterministische* Saisonfigur unterstellt, die mit Hilfe von Dummy-Variablen modelliert wird. Damit ergibt sich folgendes Modell (für monatliche Daten und d=1):

$$\varphi_p(B)(1 - B)X_t = \alpha_0 + \sum_{i=1}^{11} \alpha_i D_{it} + \theta_q(B)\varepsilon_t$$

Dabei bezeichnen D_{it} saisonale Dummy-Variablen, welche den Wert 1 annehmen, falls ein Beobachtungswert im betrachteten Monat liegt und sonst den Wert 0. Beispielsweise steht D_{1t} für den Monat Januar, D_{2t} für den Monat Februar usw. In diesem Modell genügt die einfache Differenzenbildung zur Transformation auf Stationarität. Dieses Modell soll hier als *Franses-Modell* bezeichnet werden. Nach Franses liegt die oben erwähnte Fehlspezifikation dann vor, wenn fälschlicherweise eine stochastische anstelle einer deterministischen Saisonalität postuliert wird. Dies ist gleichbedeutend mit einer Überdifferenzierung, weil in diesem Fall die Bildung der saisonalen Differenzen $(1 - B^{12})X_t$ überflüssig ist. Für die praktische Modellierung saisonaler Reihen stellt sich deshalb die Frage, wie zwischen beiden Modellansätzen diskriminiert werden kann.

Eine saisonale Filterung einer Reihe impliziert die Existenz von 12 Einheitswurzeln, denn das Polynom $1 - B^{12}$ hat 12 Wurzeln w_k, die (im Abstand von je 30°) auf dem Einheitskreis liegen. Es ist:

$$w_k = \cos\left(\frac{2k\pi}{12}\right) + i \sin\left(\frac{2k\pi}{12}\right) \quad , \quad k = 0,1,2,\ldots,11$$

Daraus folgt $|w_k| = 1 \; \forall k$, $w_0 = 1$, $w_6 = -1$, $w_3 = i$, $w_9 = -i$, $w_{11} = \overline{w}_1$, $w_{10} = \overline{w}_2$ usw. Insgesamt kann man schreiben:

$$\begin{aligned}
1 - B^{12} = {} & (1 - B)(1 + B)(1 - iB)(1 + iB) \\
& \times[1 - 0.5(\sqrt{3} + i)B][1 - 0.5(\sqrt{3} - i)B] \\
& \times[1 - 0.5(i\sqrt{3} + 1)B][1 - 0.5(-i\sqrt{3} + 1)B] \\
& \times[1 + 0.5(-i\sqrt{3} + 1)B][1 + 0.5(i\sqrt{3} + 1)B] \\
& \times[1 + 0.5(\sqrt{3} - i)B][1 + 0.5(\sqrt{3} + i)B]
\end{aligned}$$

Außer w_0 sind alle Wurzeln *saisonale* Einheitswurzeln. Ein stochastischer Saisonprozeß liegt somit dann vor, wenn 11 saisonale Einheitswurzeln nachgewiesen werden können. Wie Franses gezeigt hat, ist ein Test auf die Existenz von 11 saisonalen Einheitswurzeln äquivalent einem Signifikanztest der Parameter der folgenden Regressionsgleichung:

$$\varphi^*(B)X_{8,t} = \pi_1 X_{1,t-1} + \pi_2 X_{2,t-1} + \pi_3 X_{3,t-1}$$
$$\pi_4 X_{3,t-2} + \pi_5 X_{4,t-1} + \pi_6 X_{4,t-2}$$
$$\pi_7 X_{5,t-1} + \pi_8 X_{5,t-2} + \pi_9 X_{6,t-1}$$
$$\pi_{10} X_{6,t-2} + \pi_{11} X_{7,t-1} + \pi_{12} X_{7,t-2}$$
$$+ \mu_t + \varepsilon_t$$

Dabei bezeichnet $\varphi^*(B)$ ein Polynom in B und:

$$X_{1,t} = (1 + B)(1 + B^2)(1 + B^4 + B^8)X_t$$
$$X_{2,t} = -(1 - B)(1 + B^2)(1 + B^4 + B^8)X_t$$
$$X_{3,t} = -(1 - B^2)(1 + B^4 + B^8)X_t$$
$$X_{4,t} = -(1 - B^4)(1 - \sqrt{3}B + B^2)(1 + B^2 + B^4)X_t$$
$$X_{5,t} = -(1 - B^4)(1 + \sqrt{3}B + B^2)(1 + B^2 + B^4)X_t$$
$$X_{6,t} = -(1 - B^4)(1 - B^2 + B^4)(1 - B + B^2)X_t$$
$$X_{7,t} = -(1 - B^4)(1 - B^2 + B^4)(1 + B + B^2)X_t$$
$$X_{8,t} = (1 - B^{12})X_t$$

μ_t steht für Konstante und Saisondummies. μ_t könnte aber auch z.B. eine Trend-variable enthalten, wenn diese im Alternativmodell vorgesehen wäre. Falls die Parameter $\pi_2, \pi_3, ..., \pi_{12}$ von Null verschieden sind, dann weist der betrachtete Prozeß keine saisonale Einheitswurzeln auf. In diesem Fall sollte keine saisonale Differenzenbildung vorgenommen werden. Wenn $\pi_1 = 0$, $\pi_2 = \neq 0$, $\pi_3 \neq 0, ..., \pi_{12} \neq 0$ ist und sich die Saisonalität mittels Dummyvariablen modellieren läßt, dann sollte das Franses-Modell einem ARIMA-Modell mit stochastischer Saisonalität vorgezogen werden. Ist dagegen $\pi_i = 0$, $i = 1, ..., 12$, dann liegen saisonale Einheitswurzeln vor und die Verwendung des Filters $(1 - B^{12})X_t$ ist angezeigt.

In der Praxis sind allerdings die π-Koeffizienten nicht bekannt. Sie können aber im obigen Regressionsmodell mit KQ geschätzt werden. Eine Entscheidung darüber, ob sie von Null verschieden bzw. nicht verschieden sind, kann mit Hilfe von Signifikanztests durchgeführt werden. Dafür wurden von Franses kritische Werte für verschiedene Tests auf der Basis von Simulationen berechnet (vgl. Franses 1990). Diese Tests unterscheiden sich danach, ob einzelne oder Paare von π-Koeffizienten oder ob mehrere Koeffizienten gemeinsam überprüft werden sollen. Eine paarweise Überprüfung ist deswegen erforderlich, weil z.B. die Wurzeln bei i und -i nur dann vorhanden sind, wenn sowohl π_3 als auch π_4 gleich Null sind (zum Franses-Modell für die Airline-Reihe siehe Kap. VIII.1.).

V.4.5.4   Exponential Smoothing-Modelle und ARIMA-Modelle

In Kap. IV wurde bei der Darstellung des einfachen Exponential Smoothing-Modells darauf hingewiesen, daß sich dieses Modell als Spezialfall eines ARIMA-Modells interpretieren läßt. Es wurde dort gezeigt, daß sich das einfache ES-Modell

$$L_t = \alpha x_t + (1-\alpha)L_{t-1}$$

mit Hilfe des Prognosefehlers

$$e_t = x_t - L_{t-1}$$

in der Form

$$x_t - x_{t-1} = e_t - (1-\alpha)e_{t-1}$$

darstellen läßt. Interpretiert man den Prognosefehler als white noise, d.h. setzt man $e_t = \varepsilon_t$, was für "optimale" Prognosen adäquat ist, dann erhält man den Prozeß

$$X_t - X_{t-1} = \varepsilon_t - (1-\alpha)\varepsilon_{t-1}$$

d.h. als datenerzeugender Prozeß des einfachen ES-Modells kann ein ARIMA(0,1,1)-Prozeß mit $\theta = \alpha-1$ unterstellt werden (vgl. Muth 1960).

Wesentlich komplizierter verläuft der Nachweis entsprechender Korrespondenzen für andere ES-Modelle. So kann für das ES-Modell nach Holt gezeigt werden, daß dieses optimale Prognosen liefert für Daten, deren erzeugender Prozeß ein ARIMA(0,2,2)-Prozeß ist (vgl. dazu Harrison 1967). Das Holt-Winters-Modell mit additiver Saison liefert optimale Prognosen für Reihen des erzeugenden Prozesses

$$(1-B)^2(1-B^s)X_t = (1+\theta_1 B + \theta_2 B^2 + \theta_s B^s + \theta_{s+1}B^{s+1} + \theta_{s+2}B^{s+2})\varepsilon_t$$

d.h. eines ARIMA(0,2,s+2)×(0,1,0)$_s$-Prozesses mit $\theta_3 = \theta_4 = ... = \theta_{s-1} = 0$ (vgl. Granger/Newbold 1977, S.170-172). Für das Holt-Winters-Modell mit multiplikative Saison existiert kein korrespondierendes ARIMA-Modell, was natürlich nicht erstaunlich ist, da es sich bei diesem um einen nicht-linearen Ansatz handelt.

VI. Vektorielle stochastische Prozesse

VI.1. Grundlagen

Bisher haben wir *univariate* stochastische Prozesse betrachtet, d.h. sowohl bei den ARMA- als auch den ARIMA-Prozessen stand die Betrachtung und Analyse *einzelner* stochastischer Prozesse im Vordergrund. Für viele Fragestellungen reicht jedoch dieser theoretische Ansatz nicht aus. Dies ist z.B. dann der Fall, wenn *Abhängigkeiten* zwischen *mehreren* Variablen modelliert und untersucht werden sollen. Praktisch bedeutsam ist etwa der Fall, daß Zeitreihendaten für mehrere Variable gegeben sind und die Frage interessiert, ob und gegebenenfalls welche *Beziehungen* zwischen diesen Variablen vorliegen. Diese können vielfältiger Art sein: Neben *einseitigen ("kausalen")* Beziehungen können solche auftreten, bei denen mehr oder weniger komplizierte *Rückkopplungen (feedbacks)* zu berücksichtigen sind.

Vektorielle (oder multivariate) ARMA- und ARIMA-Modelle ergeben sich durch *direkte Verallgemeinerungen* der bisher betrachteten univariaten Modelle. An Stelle von einzelnen stochastischen Prozessen treten *vektorielle Prozesse*, an Stelle von (skalaren) Parametern treten *Parametermatrizen* usw. Wir wollen nun im folgenden nach Einführung grundlegender Konzepte Grundzüge vektorieller AR-, MA-, ARMA- sowie ARIMA-Prozesse betrachten, wobei AR-Prozesse ausführlicher im nächsten Abschnitt dargestellt werden sollen, was im Hinblick auf ihre große Bedeutung z.B. in der Ökonometrie als zweckmäßig erscheint.

Ein *n-dimensionaler Vektor- oder ein multivariater Prozeß* ist definiert durch den Vektor $\mathbf{x}_t = (X_{1t}, X_{2t}, \ldots, X_{nt})'$, wobei die X_{it}, $i = 1, 2, \ldots, n$; $t = 1, 2, \ldots$ stochastische Prozesse bezeichnen. Die *Erwartungswertfunktion* dieses Prozesses ist

$$\boldsymbol{\mu}_t \colon = \begin{pmatrix} E[X_{1t}] \\ E[X_{2t}] \\ \cdot \\ \cdot \\ \cdot \\ E[X_{nt}] \end{pmatrix} = \begin{pmatrix} \mu_{1t} \\ \mu_{2t} \\ \cdot \\ \cdot \\ \cdot \\ \mu_{nt} \end{pmatrix}$$

wobei die $E[X_{it}] = \mu_{it}$, $i = 1, 2, \ldots, n$ die Erwartungswertfunktionen der *Komponentenprozesse* (oder *skalaren Prozesse*) $X_{1t}, X_{2t}, \ldots, X_{nt}$ sind.

Bei den univariaten Prozessen wurden die zeitlichen Abhängigkeiten eines Prozesses X_t durch ihre Autokovarianz- bzw. Autokorrelationsfunktion beschrieben. Bei multivariaten Prozessen spielen aber nicht nur diese Abhängigkeiten – sozusagen die *"inneren"* – eine Rolle, sondern auch die Abhängigkeiten oder Interaktionen *zwischen* den einzelnen Komponentenprozessen. Diese werden durch die *Kreuzkovarianz- bzw. Kreuzkorrelationsfunktionen* erfaßt. Dabei ist die *Kreuzkovarianzfunktion* zwischen den (skalaren) Prozessen X_{it} und X_{jt} definiert durch

$$\gamma_{ij}(t, t-h) = E(X_{it} X_{j,t-h}), \quad i, j = 1, 2, \ldots, n$$

wenn wir der Einfachheit voraussetzen, daß $E(X_{it}) = 0$ ist für $i = 1, 2, \ldots n$, d.h. $\boldsymbol{\mu}_t = \mathbf{0}$, wobei $\mathbf{0}$ einen $(n \times 1)$-Null-Spaltenvektor bezeichnet. Würde man $E(X_{it}) = \mu_i \neq 0$ und

$E(X_{jt}) = \mu_j \neq 0$ für mindestens ein i bzw. j postulieren, dann wäre

zu schreiben. $\qquad \gamma_{ij}(t,t-h) = E[(X_{it} - \mu_i)(X_{j,t-h} - \mu_j)]$

Für i=j ist die Kreuzkovarianz- bzw. Korrelationsfunktion identisch mit der (gewöhnlichen) Autokovarianz- bzw. Autokorrelationsfunktion. Die Kreuzkovarianzfunktionen eines multivariaten Prozeß $\mathbf{x}_t$ lassen sich in einer Matrix anordnen:

$$\mathbf{\Gamma}(t,t-h): = E[\mathbf{x}_t\mathbf{x}'_{t-h}] = \begin{pmatrix} \gamma_{11}(t,t-h) & \cdots & \gamma_{1n}(t,t-h) \\ . & \cdots & . \\ \gamma_{n1}(t,t-h) & \cdots & \gamma_{nn}(t,t-h) \end{pmatrix}, \quad h = 0,1,2,\ldots$$

Diese Matrix wird als *Kovarianzmatrixfunktion oder Kreuzkovarianzmatrixfunktion* von $\mathbf{x}_t$ bezeichnet. Auf der Hauptdiagonalen stehen offensichtlich die Autokovarianzfunktionen der einzelnen Komponentenprozesse und auf den Nebendiagonalplätzen die Kreuzkovarianzfunktionen dieser Prozesse.

Der Prozeß $\mathbf{x}_t$ ist ein vektorieller oder n-dimensionaler *stationärer* stochastischer Prozeß falls gilt

$$E(\mathbf{x}_t) = \mathbf{\mu}_t: = (\mu_1, \mu_2, \ldots, \mu_n)' = \mathbf{\mu}$$

d.h. der Erwartungswertvektor ist ein Vektor von Konstanten (was schon oben unterstellt wurde, indem dafür ein Nullvektor angenommen wurde) und für die Kovarianzmatrix geschrieben werden kann:

$$\mathbf{\Gamma}(t,t-h) = \mathbf{\Gamma}(h) = \begin{pmatrix} \gamma_{11}(h) & \cdots & \gamma_{1n}(h) \\ . & \cdots & . \\ \gamma_{n1}(h) & \cdots & \gamma_{nn}(h) \end{pmatrix}$$

Offensichtlich sind bei einem vektoriellen stationären Prozeß alle (univariaten) Komponentenprozesse stationär. Allerdings gilt nicht, daß ein Vektor von univariaten stationären Prozessen schon multivariat-stationär ist, denn die Kreuzkovarianzen könnten noch von t abhängen.

Die Kovarianzmatrixfunktion eines vektoriellen Prozesses ist *nicht* symmetrisch. Vielmehr ist $\mathbf{\Gamma}(h) = \mathbf{\Gamma}'(-h)$, weil $\gamma_{ij}(h) = \gamma_{ji}(-h)$ gilt, denn es ist:

$$\gamma_{ij}(h) = E[X_{it}X_{j,t-h}] = E[X_{j,t-h}X_{it}] = \gamma_{ji}(-h)$$

Der Prozeß

$$\mathbf{\varepsilon}_t = \begin{pmatrix} \varepsilon_{1t} \\ \varepsilon_{2t} \\ . \\ . \\ . \\ \varepsilon_{nt} \end{pmatrix} \quad \text{mit} \quad E(\mathbf{\varepsilon}_t) = \begin{pmatrix} 0 \\ 0 \\ . \\ . \\ . \\ 0 \end{pmatrix} \quad \text{und}$$

der Kovarianzmatrixfunktion

$$E[\mathbf{\varepsilon}_t\mathbf{\varepsilon}'_{t-h}] = \begin{cases} \mathbf{\Sigma} & \text{für } h = 0 \\ \mathbf{0} & \text{für } h \neq 0 \end{cases}$$

wird als *vektorielles Rauschen* bezeichnet. Aus dieser Kovarianzmatrix folgt, daß die white-noise-Prozesse ε_{it}, i=1,2,...,n *kontemporär* (also zu *gleichen* Zeitpunkten) *korreliert* sein können, während sie zu *verschiedenen* Zeitpunkten *unkorreliert* sind. Dies ist sofort einsichtig, wenn wir diese Matrix im Detail betrachten. Für h=0 ist

$$E(\varepsilon_t \varepsilon_t') = \Sigma = \begin{pmatrix} E(\varepsilon_{1t}^2) & \cdots & E(\varepsilon_{1t}\varepsilon_{nt}) \\ E(\varepsilon_{2t}\varepsilon_{1t}) & \cdots & E(\varepsilon_{2t}\varepsilon_{nt}) \\ \cdot & \cdots & \cdot \\ E(\varepsilon_{nt}\varepsilon_{1t}) & \cdots & E(\varepsilon_{nt}^2) \end{pmatrix} = \begin{pmatrix} \sigma_{11} & \cdots & \sigma_{1n} \\ \sigma_{21} & \cdots & \sigma_{2n} \\ \cdot & \cdots & \cdot \\ \sigma_{n1} & \cdots & \sigma_{nn} \end{pmatrix}$$

wobei die $\sigma_{ii}(i=1,2,...,n)$ die Varianzen der white-noise-Prozesse $\varepsilon_{it}(i=1,2,...,n)$ und die $\sigma_{ij}(i,j=1,2,...,n)$ die (*kontemporären* oder *synchronen*) Kovarianzen dieser Prozesse bedeuten. Für $h \neq 0$ ergibt sich jedoch

$$E(\varepsilon_t \varepsilon_{t-h}') = \begin{pmatrix} E[\varepsilon_{1t}\varepsilon_{1,t-h}] & \cdots & E[\varepsilon_{1t}\varepsilon_{n,t-h}] \\ E[\varepsilon_{2t}\varepsilon_{1,t-h}] & \cdots & E[\varepsilon_{2t}\varepsilon_{n,t-h}] \\ \cdot & \cdots & \cdot \\ E[\varepsilon_{nt}\varepsilon_{1,t-h}] & \cdots & E[(\varepsilon_{nt}\varepsilon_{n,t-h}] \end{pmatrix} = \begin{pmatrix} \gamma_{11}(h) & \cdots & \gamma_{1n}(h) \\ \gamma_{21}(h) & \cdots & \gamma_{2n}(h) \\ \cdot & \cdots & \cdot \\ \gamma_{n1}(h) & \cdots & \gamma_{nn}(h) \end{pmatrix} = \begin{pmatrix} 0 & \cdots & 0 \\ 0 & \cdots & 0 \\ \cdot & \cdots & \cdot \\ 0 & \cdots & 0 \end{pmatrix} = \mathbf{0}$$

da auf der Hauptdiagonale die Autokovarianzen der white-noise-Prozesse $\varepsilon_{it}(i=1,2,...,n)$ stehen, die ja gleich Null sind für $h \neq 0$, und auf den Nebendiagonalplätzen die (*asynchronen*) Kreuzkovarianzen dieser Prozesse, die voraussetzungsgemäß ebenfalls gleich Null sind. Σ ist eine symmetrische, positiv definite Matrix.

Ein *vektorieller (n-dimensionaler) autoregressiver Prozeß der Ordnung p (kurz: VAR(p)-Prozeß)* ist definiert durch

$$\mathbf{x}_t = \mathbf{c} + \mathbf{\Phi}_1 \mathbf{x}_{t-1} + \mathbf{\Phi}_2 \mathbf{x}_{t-2} + ... + \mathbf{\Phi}_p \mathbf{x}_{t-p} + \varepsilon_t$$

wobei $\mathbf{\Phi}_i(i=1,2,...,p)$ (n×n)-Parametermatrizen sind mit $\mathbf{\Phi}_p \neq \mathbf{0}$, $\mathbf{c}$ ein Vektor von Konstanten (der ohne Beschränkung der Allgemeinheit häufig gleich einem Null-Vektor gesetzt wird) und ε_t (vektorielles) weißes Rauschen.

Ein VAR(p)-Prozeß kann analog zu einem univariaten AR(p)-Prozeß in der Form

$$\mathbf{\Phi}(B)\mathbf{x}_t = \mathbf{c} + \varepsilon_t$$

geschrieben werden mit dem *Matrix-Lag-Polynom*

$$\mathbf{\Phi}(B): = \mathbf{I}_n - \mathbf{\Phi}_1 B - \mathbf{\Phi}_2 B^2 - ... - \mathbf{\Phi}_p B^p$$

wobei $\mathbf{I}_n$ die (n×n)-Einheitsmatrix bezeichnet.

Betrachten wir hier kurz den einfachsten Fall, einen AR(1)-Prozeß der Dimension $n=2$:

$$\mathbf{x}_t = \mathbf{c} + \mathbf{\Phi}\mathbf{x}_{t-1} + \varepsilon_t \quad \text{bzw.} \quad (\mathbf{I}_2 - \mathbf{\Phi}B)\mathbf{x}_t = \mathbf{c} + \varepsilon_t$$

wobei der Einfachheit halber auf das Suffix 1 bei der (2×2)-Parametermatrix $\mathbf{\Phi}$ verzichtet wurde. Ausführlich geschrieben lautet dieser Prozeß

$$\begin{pmatrix} X_{1t} \\ X_{2t} \end{pmatrix} = \begin{pmatrix} c_1 \\ c_2 \end{pmatrix} + \begin{pmatrix} \varphi_{11} & \varphi_{12} \\ \varphi_{21} & \varphi_{22} \end{pmatrix} \begin{pmatrix} X_{1,t-1} \\ X_{2,t-1} \end{pmatrix} + \begin{pmatrix} \varepsilon_{1t} \\ \varepsilon_{2t} \end{pmatrix}$$

d.h.

$$X_{1t} = c_1 + \varphi_{11}X_{1,t-1} + \varphi_{12}X_{2,t-1} + \varepsilon_{1t}$$
$$X_{2t} = c_2 + \varphi_{21}X_{1,t-1} + \varphi_{22}X_{2,t-1} + \varepsilon_{2t}$$

Je nachdem, wie die $\mathbf{\Phi}$-Matrix gestaltet ist, d.h. je nachdem welche Koeffizienten gleich Null oder von Null verschieden sind, ergeben sich verschiedene zeitliche Beziehungen zwischen X_{1t} und X_{2t}. Betrachten wir dazu folgende Spezialfälle:

a) $\mathbf{\Phi} = \mathbf{0}$, d.h. alle φ_{ij} sind gleich Null. Dies ist gleichbedeutend damit, daß $\mathbf{x}_t$ ein white-noise-Prozeß ist.

b) $\mathbf{\Phi}$ ist eine Diagonalmatrix, d.h. $\varphi_{12} = \varphi_{21} = 0$ mit φ_{11} und $\varphi_{22} \neq 0$. Hier ist:

$$\begin{pmatrix} X_{1t} \\ X_{2t} \end{pmatrix} = \begin{pmatrix} \varphi_{11} & 0 \\ 0 & \varphi_{22} \end{pmatrix} \begin{pmatrix} X_{1,t-1} \\ X_{2,t-1} \end{pmatrix} + \begin{pmatrix} \varepsilon_{1t} \\ \varepsilon_{2t} \end{pmatrix}$$

Somit liegen zwei univariate AR(1)-Prozesse vor, die keine asynchronen Beziehungen aufweisen. Jedoch sind X_{1t} und X_{2t} zum Zeitpunkt t (also kontemporär) korreliert, falls die Kovarianzmatrix von ε_t keine Diagonalgestalt aufweist, d.h. falls ε_{1t} und ε_{2t} korreliert sind.

c) Φ ist eine *obere* Dreiecksmatrix. In diesem Fall ist:

$$\begin{pmatrix} X_{1t} \\ X_{2t} \end{pmatrix} = \begin{pmatrix} \varphi_{11} & \varphi_{12} \\ 0 & \varphi_{22} \end{pmatrix} \begin{pmatrix} X_{1,t-1} \\ X_{2,t-1} \end{pmatrix} + \begin{pmatrix} \varepsilon_{1t} \\ \varepsilon_{2t} \end{pmatrix}$$

X_{1t} wird auch von $X_{2,t-1}$ beeinflußt. X_{2t} hängt jedoch nur von sich selbst ab. Es liegt also eine einseitige (oder *kausale*) Abhängigkeit vor. Der Prozeß X_{2t} kann als *Input* und der Prozeß X_{1t} als *Output* interpretiert werden.

d) Φ ist eine *untere* Dreiecksmatrix. Hier ist $\varphi_{12}=0$ und $\varphi_{21} \neq 0$. Es liegt demnach genau der umgekehrte Fall zu c) vor. Bei diesem Modell kann X_{1t} als Input und X_{2t} als Output interpretiert werden.

e) Φ hat eine vollständige Nebendiagonale, d.h. sowohl φ_{12} als auch φ_{21} sind von Null verschieden und die Diagonalelemente können beliebig sein. In diesem Fall liegt zwischen X_{1t} und X_{2t} eine *Rückkopplung* (*feedback*) vor.

Ein VAR(p)-Prozeß ist *stationär*, wenn alle Wurzeln von

$$\left| \mathbf{I}_n - \Phi_1 z - \Phi_2 z^2 - \ldots - \Phi_p z^p \right|$$

außerhalb des Einheitskreises liegen. Dabei bezeichnet $|\mathbf{A}|$ die Determinante der Matrix $\mathbf{A}$ und $\mathbf{I}_n$ die (n×n)-Einheitsmatrix.

Betrachten wir dazu folgendes Beispiel:

$$X_{1t} = -0.5 X_{1,t-1} - X_{2,t-1} + \varepsilon_{1t}$$
$$X_{2t} = 0.1 X_{1,t-1} + 0.4 X_{2,t-1} + \varepsilon_{2t}$$

Hier ist

$$\mathbf{I}_2 - \Phi z = \begin{pmatrix} 1 & 0 \\ 0 & 1 \end{pmatrix} - \begin{pmatrix} -0.5 & -1.0 \\ 0.1 & 0.4 \end{pmatrix} z = \begin{pmatrix} 1+0.5z & z \\ -0.1z & 1-0.4z \end{pmatrix}$$

und damit ergibt sich für die Determinante dieser Matrix

$$\left| \mathbf{I}_2 - \Phi z \right| = (1 + 0.5z)(1 - 0.4z) + 0.1z^2$$

woraus die quadratische Gleichung $z^2 - z - 10 = 0$ folgt mit den beiden Wurzeln $z_1 = 3.7$ und $z_2 = -2.7$, die beide außerhalb des Einheitskreises liegen. Somit ist dieser (bivariate) AR(1)-Prozeß stationär. Die in Abb. 6.1 zusammen wiedergegebenen beiden Reihen sind *eine* Realisation dieses Prozesses der Länge T=200, wobei für den white-noise-Prozeß angenommen wurde

Abb. 6.1

$$\Sigma = \begin{pmatrix} 0.10 & 0.12 \\ 0.12 & 0.20 \end{pmatrix}$$

d.h. die Korrelation zwischen ε_{1t} und ε_{2t} beträgt $0.12/(0.10 \cdot 0.20)^{1/2} \approx 0.85$.

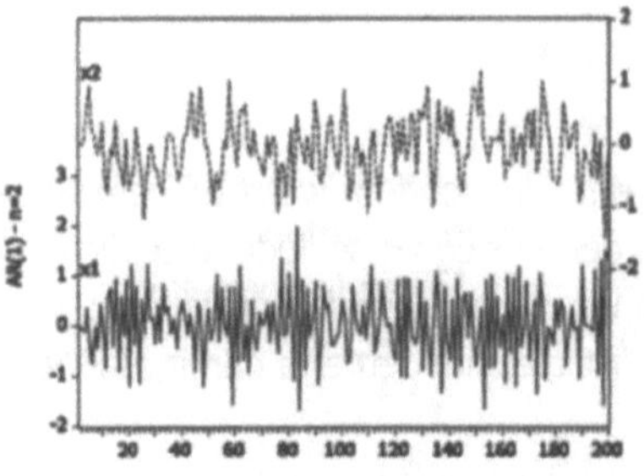

Ein *vektorieller (n-dimensionaler) Moving-Average-Prozeß der Ordnung q* ist definiert durch

$$\mathbf{X}_t = \mu + \varepsilon_t + \Theta_1 \varepsilon_{t-1} + \Theta_2 \varepsilon_{t-2} + \ldots + \Theta_q \varepsilon_{t-q}$$

wobei $\Theta_i(i=1,2,...,q)$ $(n\times n)$-Parametermatrizen sind mit $\Theta_q\neq\mathbf{0}$, und ε_t (vektorielles) weißes Rauschen sowie μ der $(n\times 1)$-Vektor der Erwartungswerte der Zufallsvariablen $X_1, X_2,..., X_n$. Mit dem *Matrix-lag-Polynom*

$$\Theta(B) = \mathbf{I}_n + \Theta_1 B + \Theta_2 B^2 + ... + \Theta_q B^q$$

kann geschrieben werden $\mathbf{x}_t = \Theta(B)\varepsilon_t$.

$\mathbf{x}_t$ ist dann *invertierbar*, wenn alle Wurzeln von $|\Theta(z)|$ *außerhalb* des Einheitskreises liegen. Dann kann dieser Prozeß in einen AR-Prozeß transformiert werden:

$$\varepsilon_t = \Pi(B)\mathbf{x}_t \quad \text{mit} \quad \Pi(B) = (\mathbf{I}_n - \Pi_1 B - \Pi_2 B^2 - ...) = [\Theta(B)]^{-1}$$

Dabei ergeben sich die Matrizen Π_j durch Koeffizientenvergleich in $\Pi(B)\Theta(B) = \mathbf{I}_n$ d.h. ausführlich in

$$(\mathbf{I}_n - \Pi_1 B - \Pi_2 B^2 - ...)(\mathbf{I}_n + \Theta_1 B + \Theta_2 B^2 + ... + \Theta_q B^q) = \mathbf{I}_n$$

Die Matrizen Π_j lassen sich *rekursiv* aus der Beziehung

$$\Pi_j = \Theta_j - \sum_{i=1}^{j-1}\Pi_{j-i}\Theta_i, \quad j=2,3,...$$

mit $\Pi_1 = \Theta_1$ und $\Theta_i = \mathbf{0}$ für $i>q$ bestimmen (vgl. Lütkepohl 1991, S.219).

Die Kovarianzmatrixfunktion für einen MA(q)-Prozeß ergibt sich durch folgende Schritte. Aus

$$\mathbf{x}_t = \sum_{j=0}^{q}\Theta_j\varepsilon_{t-j} \quad \text{mit} \quad \Theta_0 = \mathbf{I}_n$$

folgt durch Rechtsmultiplikation mit $\mathbf{x}'_{t-h}$ und Erwartungswertbildung:

$$E(\mathbf{x}_t\mathbf{x}'_{t-h}) = E[\sum_{j=0}^{q}\Theta_j\varepsilon_{t-j}\sum_{i=0}^{q}\varepsilon'_{t-h-i}\Theta'_i] = \sum_{i,j}\Theta_j E(\varepsilon_{t-j}\varepsilon'_{t-h-i})\Theta'_i$$

Der Erwartungswert in der Klammer ergibt nur für jeweils *gleiche* Zeitpunkte eine von Null verschiedene Matrix, d.h. also für t-j=t-h-i. Daraus folgt j=i+h und der Erwartungswert ist dann gleich Σ. Deshalb ist:

$$\Gamma(h) = \begin{cases} \sum_{i=0}^{q-h}\Theta_{i+h}\Sigma\Theta'_i, & h=0,1,2,...,q \\ \mathbf{0} & , \quad h>q \end{cases}$$

Die Kovarianzmatrixfunktion eines vektoriellen MA(q)-Prozesses bricht offensichtlich nach dem lag h=q ab, verhält sich demnach analog zur Kovarianzfunktion eines univariaten MA(q)-Prozesses.

Der einfachste vektorielle MA-Prozeß ist der bivariate MA(1)-Prozeß

$$\mathbf{x}_t = (\mathbf{I}_n + \Theta B)\varepsilon_t$$

oder ausführlich geschrieben

$$\begin{pmatrix} X_{1t} \\ X_{2t} \end{pmatrix} = \begin{pmatrix} 1 & 0 \\ 0 & 1 \end{pmatrix}\begin{pmatrix} \varepsilon_{1t} \\ \varepsilon_{2t} \end{pmatrix} + \begin{pmatrix} \theta_{11} & \theta_{12} \\ \theta_{21} & \theta_{22} \end{pmatrix}\begin{pmatrix} \varepsilon_{1,t-1} \\ \varepsilon_{2,t-1} \end{pmatrix}$$

mit

$$\Gamma(h) = \begin{cases} \Sigma + \Theta\Sigma\Theta' , & h=0 \\ \Theta\Sigma & , \quad h=1 \\ \Sigma\Theta' & , \quad h=-1 \\ \mathbf{0} & , \quad |h|>1 \end{cases}$$

wobei $\Gamma(-1)=\Gamma'(1)$ ist.

In Abb. 6.2 ist eine Realisation dieses bivariaten Prozesses mit den Koeffizienten $\theta_{11}=0.4$, $\theta_{12}=-0.5$, $\theta_{21}=0.6$, $\theta_{22}=0.8$ dargestellt, wobei für ε_{1t} und ε_{2t} die gleiche Kovarianzmatrix wie beim obigen AR(1) unterstellt wurde.

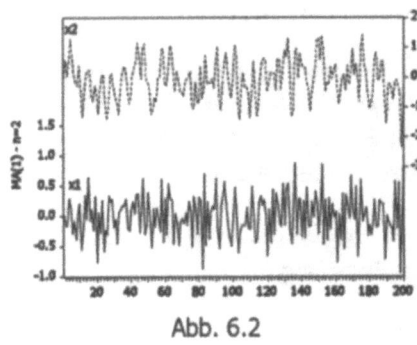

Abb. 6.2

Aus $\Gamma(0) = \Sigma + \Theta\Sigma\Theta'$ ergibt sich $\Sigma=\Gamma(0)-\Theta\Gamma'(1)$ und $\Theta\Sigma=\Theta\Gamma(0)-\Theta^2\Gamma'(1)$ und daraus schließlich

$$\Theta^2\Gamma'(1) - \Theta\Gamma(0) + \Gamma(1) = \mathbf{0}$$

Zwischen der Parametermatrix und der Kovarianzmatrixfunktion eines vektoriellen MA(1)-Prozesses besteht somit ein *nicht-linearer* Zusammenhang. Ein analoger Zusammenhang war auch schon beim univariaten MA(1)-Prozeß festzustellen. Entsprechende nicht-lineare Beziehungen bestehen natürlich auch für alle vektoriellen MA-Prozesse höherer Ordnung.

Ein *vektorieller (n-dimensionaler) ARMA(p,q)-Prozeß* (kurz: *VARMA-Prozeß*) ist definiert durch

$$\Phi(B)\mathbf{x}_t = \Theta(B)\varepsilon_t$$

mit den lag-Matrizen-Polynomen

$$\Phi(B) = \mathbf{I}_n - \Phi_1 B - \Phi_2 B^2 - \ldots - \Phi_p B^p$$
$$\Theta(B) = \mathbf{I}_n + \Theta_1 B + \Theta_2 B^2 + \ldots + \Theta_q B^q$$

Stationär und *invertierbar* ist dieser Prozeß dann, wenn *alle* Wurzeln von $|\Phi(z)|$ und $|\Theta(z)|$ *außerhalb* des Einheitskreises liegen. Ein stationärer VARMA(p,q)-Prozeß läßt sich als reiner MA(∞)-Prozeß schreiben

$$\mathbf{x}_t = \Phi^{-1}(B)\Theta(B)\varepsilon_t = \sum_{j=0} \Psi_j \varepsilon_{t-j}$$

mit

$$\Psi_j = \Theta_j + \sum_{i=1}^{j} \Phi_i \Psi_{j-i}, \quad j=1,2,\ldots, \Psi_0=\mathbf{I}, \Phi_i=\mathbf{0}, i>p$$

Diese Darstellung wird auch als *kanonische oder prediction-error MA-Darstellung* eines ARMA(p,q)-Prozesses bezeichnet.

Ist die Invertierbarkeitsbedingung erfüllt, dann läßt sich ein VARMA(p,q)-Prozeß als reiner AR(∞)-Prozeß darstellen (vgl. Lütkepohl 1991, S.222)

$$\Theta^{-1}(B)\Phi(B)\mathbf{x}_t = \varepsilon_t, \text{ d.h.}$$

$$\sum_{j=0}^{\infty} \Pi_j \mathbf{x}_{t-j} = \varepsilon_t \text{ mit } \Pi_0 = \mathbf{I}, \Pi_j = \Phi_j + \Theta_j - \sum_{i=1}^{j-1} \Theta_{j-i}\Pi_i$$

Der einfachste Fall eines VARMA-Prozesses ist ein VARMA(1,1)-Prozeß:

$$(\mathbf{I} - \Phi B)\mathbf{x}_t = (\mathbf{I} + \Theta B)\varepsilon_t$$

Dafür erhält man (vgl. Lütkepohl 1991, S.222 f.):

$$\Psi_j = \Phi^{j-1}(\Theta + \Phi), j=1,2,\ldots \text{ und } \Pi_j = (-1)^{j-1}\Theta^{j-1}(\Phi + \Theta), j=1,2,\ldots$$

Es kann gezeigt werden, daß für einen allgemeinen VARMA(p,q)-Prozeß für die Kovarianz-Matrixfunktion für $h>q$ die Beziehung gilt:

$$\Gamma(h) = \Phi_1\Gamma(h-1) + \Phi_2\Gamma(h-2) + \ldots + \Phi_p\Gamma(h-p)$$

Falls $p>q$ ist und die *"Startmatrizen"* $\Gamma(0),\ldots,\Gamma(p-1)$ bekannt sind, können daraus die Kovarianzmatrizen für $h=p,p+1,\ldots$ bestimmt werden. Zur relativ komplizierten Bestimmung dieser Matrizen und zum Fall $p<q$ vergleiche Lütkepohl 1991, S.227.

Auf eine Besonderheit *vektorieller* ARMA-Prozesse im Vergleich zu *univariaten* ARMA-Prozessen sei hier noch kurz hingewiesen: Während *invertierbare* univariate ARMA-Modelle *eindeutig* sind in dem Sinne, daß einer gegebenen Autokovarianz- bzw. Korrelationsfunktion nur genau *ein* ARMA(p,q)-Prozeß entspricht, ist dies bei invertierbaren vektoriellen ARMA-Prozessen nicht mehr der Fall. Multipliziert man zum Beispiel $\Phi(B)\mathbf{x}_t=\Theta(B)\varepsilon_t$ von links mit einer beliebigen *nicht-singulären* Matrix oder einem Matrix-Polynom in B, dann erhält man eine Klasse von *äquivalenten* Modellen, die *identische* Kovarianzmatrizen aufweisen. Man könnte meinen, daß dieses Problem vermeidbar ist, wenn man sich grundsätzlich auf vektorielle Prozesse in *Standardform* beschränkt. Bei dieser Form steht links vor $\mathbf{x}_t$ und ε_t stets eine *Einheitsmatrix*, während vor $\mathbf{x}_{t-1}, \mathbf{x}_{t-2},...,\mathbf{x}_{t-p}$ die Matrizen $\Phi_1,\Phi_2,...,\Phi_p$ und vor $\varepsilon_{t-1},\varepsilon_{t-2}, ...,\varepsilon_{t-q}$ die Matrizen $\Theta_1,\Theta_2,...,\Theta_q$ stehen. In dieser Form wurden ja auch oben VAR-MA(p,q)-Prozesse eingeführt. Leider kann aber auch bei Beschränkung auf die Standardform die Eindeutigkeit nicht gewährleistet werden (für instruktive Beispiele vgl. Lütkepohl 1991, S.243 ff.). Es liegt somit ein *Identifikationsproblem* vor, das vergleichbar ist mit dem aus der Ökonometrie bekannten Identifikationsproblem bei simultanen Gleichungssystemen. Um Mißverständnisse, vor allem im Hinblick auf spätere Darlegungen, zu vermeiden, sei hinsichtlich des Begriffes *"Identifikation"* auf eine von Granger/Newbold eingeführte nützliche Unterscheidung zwischen *"E-Identifikation"* und *"TS-Identification"* hingewiesen. Bei der TS (Time-Series)-Identifikation handelt es sich im wesentlichen darum, auf der Basis von Daten auf den zugrundeliegenden stochastischen Prozeß zu schließen, d.h. also z.B. die Ordnung p und q eines (uni- oder multivariaten) ARMA-Prozesses festzulegen. Dieses Identifikationsproblem und dafür geeignete Werkzeuge werden wir später behandeln. Bei der E (Econometric)-Identification geht es dagegen um die *Eindeutigkeit* eines Modells, hier: eines Zeitreihenmodells (vgl. dazu Granger/Newbold 1977, S.219).

Es kann nun gezeigt werden, daß es *eindeutige* Formen von vektoriellen AR-MA(p,q)-Prozessen gibt. Eine davon ist die *finale* Form. Diese ist dann gegeben, wenn vor ε_t eine Einheitsmatrix steht und für $\Phi(B)$ geschrieben werden kann: $\Phi(B)=\alpha(B)\mathbf{I}$, wobei $\alpha(B)=1-\alpha_1 B-\alpha_2 B^2-...-\alpha_p B^p$ mit $\alpha_p \neq 0$ ein *skalarer* Operator ist (vgl. Lütkepohl 1991, S.246). Man kann diese Form folgendermaßen erhalten. Da aber

$$\Phi(B)\cdot\text{Adj}[\Phi(B)] = |\Phi(B)|\mathbf{I}$$

ist – wobei Adj($\mathbf{A}$) die Adjungierte der Matrix $\mathbf{A}$ bezeichnet –, ergibt sich aus der Standardform

$$|\Phi(B)|\mathbf{x}_t = \text{Adj}[\Phi(B)]\Theta(B)\varepsilon_t$$

d.h. es ist

$$\alpha(B) = |\Phi(B)|$$

Schreibt man die finale Form *komponentenweise*, dann erhält man

$$|\Phi(B)|X_{it} = \beta_i'\varepsilon_t \,,\, i=1,2,...,n$$

wobei β_i' die i-te Zeile von Adj$[\Phi(B)]\Theta(B)$ ist. Jede Gleichung der finalen Form weist somit einen *identischen AR-Operator* auf, d.h. sowohl Ordnung als auch Parameter des AR-Teils der Komponentenprozesse X_{it} sind identisch. Beispielsweise erhält man für den Prozeß von Kap. VI.1. (Abb. 6.1)

$$\Phi(B) = \begin{pmatrix} 1+0.5B & B \\ -0.1B & 1-0.4B \end{pmatrix} , \text{Adj}[\Phi(B)] = \begin{pmatrix} 1-0.4B & -B \\ 0.1B & 1+0.5B \end{pmatrix}$$

das Lag-Polynom $\alpha(B) = |\mathbf{\Phi}(B)| = 1 + 0.1B - 0.1B^2$. Somit ist

$$(1+0.1B-0.1B^2)\mathbf{x}_t = \begin{pmatrix} 1-0.4B & -B \\ 0.1B & 1+0.5B \end{pmatrix}\varepsilon_t$$

d.h. die finale Form dieses Prozesses lautet:

$$X_{1t} + 0.1X_{1,t-1} - 0.1X_{1,t-2} = \varepsilon_{1t} - 0.4\varepsilon_{1,t-1} - \varepsilon_{2,t-1}$$
$$X_{2t} + 0.1X_{2,t-1} - 0.1X_{2,t-2} = \varepsilon_{2t} + 0.1\varepsilon_{1,t-1} + 0.5\varepsilon_{2,t-1}$$

Eine andere eindeutige Form ist die *Echelon(Staffel)-Form*, die eine wesentlich komplizertere Darstellung als die finale Form aufweist, aber vergleichsweise praktische Vorzüge aufweist (zu dieser Form nebst Beispielen und Literaturhinweisen zu anderen Formen siehe Lütkepohl 1991, S.246 ff.).

Analog zu univariaten ARIMA-Modellen lassen sich auch vektorielle ARIMA-Modelle definieren durch

$$\mathbf{\Phi}(B)(1 - B)^d\mathbf{x}_t = \mathbf{\Theta}(B)\varepsilon_t \, , \, d=1,2,\dots$$

d.h. jeder der Komponentenprozesse ist integriert vom Grad d.

VI.2. VAR-Prozesse

Ist ein *VAR(p)-Prozeß*

$$\mathbf{x}_t = \mathbf{c} + \mathbf{\Phi}_1\mathbf{x}_{t-1} + \mathbf{\Phi}_2\mathbf{x}_{t-2} + \dots + \mathbf{\Phi}_p\mathbf{x}_{t-p} + \varepsilon_t$$

mit

$$E(\varepsilon_t\varepsilon'_{t-h}) = \begin{cases} \mathbf{\Sigma} & , \quad h=0 \\ \mathbf{0} & , \quad h\neq0 \end{cases}$$

stationär, dann ist

$$E(\mathbf{x}_t) = \mu = \mathbf{c} + \mathbf{\Phi}_1\mu + \mathbf{\Phi}_2\mu + \dots + \mathbf{\Phi}_p\mu$$

d.h. es ist

$$\mu = [\mathbf{I}_n - \mathbf{\Phi}_1 - \mathbf{\Phi}_2 - \dots - \mathbf{\Phi}_p]^{-1}\mathbf{c}$$

und der Prozeß kann in der Form

$$\mathbf{x}_t - \mu = \mathbf{\Phi}_1(\mathbf{x}_{t-1} - \mu) + \dots + \mathbf{\Phi}_p(\mathbf{x}_{t-p} - \mu) + \varepsilon_t$$

geschrieben werden. Wie bei univariaten AR-Prozessen wird der Einfachheit halber häufig $\mu=\mathbf{0}$ gesetzt. Mit dem Matrix-Lag-Polynom:

$$\mathbf{\Phi}(B): = \mathbf{I}_n - \mathbf{\Phi}_1B - \mathbf{\Phi}_2B^2 - \dots - \mathbf{\Phi}_pB^p$$

kann geschrieben werden

$$\mathbf{\Phi}(B)\mathbf{x}_t = \mathbf{c} + \varepsilon_t$$

In Zeile i und Spalte j der $(n\times n)$-Matrix $\mathbf{\Phi}(B)$ steht das lag-Polynom

$$\delta_{ij} - \varphi_{ij,1}B - \varphi_{ij,2}B^2 - \dots - \varphi_{ij,p}B^p$$

mit

$$\delta_{ij} = \begin{cases} 1 & \text{für } i=j \\ 0 & \text{sonst} \end{cases}$$

Sei z.B. $n=2$, $p=2$ und $\mathbf{c}=\mathbf{0}$, dann ist

$$\mathbf{\Phi}_1: = \begin{pmatrix} \varphi_{11,1} & \varphi_{12,1} \\ \varphi_{21,1} & \varphi_{22,1} \end{pmatrix} \, , \, \mathbf{\Phi}_2: = \begin{pmatrix} \varphi_{11,2} & \varphi_{12,2} \\ \varphi_{21,2} & \varphi_{22,2} \end{pmatrix}$$

und

$$X_{1t} = \varphi_{11,1}X_{1,t-1} + \varphi_{12,1}X_{2,t-1} + \varphi_{11,2}X_{1,t-2} + \varphi_{12,2}X_{2,t-2} + \varepsilon_{1t}$$
$$X_{2t} = \varphi_{21,1}X_{1,t-1} + \varphi_{22,1}X_{2,t-1} + \varphi_{21,2}X_{1,t-2} + \varphi_{22,2}X_{2,t-2} + \varepsilon_{2t}$$

Somit ergibt sich für die lag-Matrix

$$\Phi(B) = \begin{pmatrix} 1-\varphi_{11,1}B-\varphi_{11,2}B^2 & -\varphi_{12,1}B-\varphi_{12,2}B^2 \\ -\varphi_{21,1}B-\varphi_{21,2}B^2 & 1-\varphi_{22,1}B-\varphi_{22,2}B^2 \end{pmatrix}$$

Ebenso wie univariate AR(p)-Prozesse als vektorielle AR(1)-Prozesse geschrieben werden können, lassen sich auch VAR(p)-Prozesse als VAR(1)-Prozesse darstellen. Mit $E(\mathbf{x}_t)=\mathbf{0}$, den beiden $(np \times 1)$-Vektoren

$$\mathbf{y}_t^{\cdot} = \begin{pmatrix} \mathbf{x}_t \\ \mathbf{x}_{t-1} \\ \cdot \\ \cdot \\ \cdot \\ \mathbf{x}_{t-p+1} \end{pmatrix} \quad , \quad \mathbf{v}_t^{\cdot} = \begin{pmatrix} \boldsymbol{\varepsilon}_t \\ \mathbf{0} \\ \cdot \\ \cdot \\ \cdot \\ \mathbf{0} \end{pmatrix}$$

und der $(np \times np)$-Matrix

$$\mathbf{F} := \begin{pmatrix} \boldsymbol{\Phi}_1 & \boldsymbol{\Phi}_2 & \cdots & \boldsymbol{\Phi}_{p-1} & \boldsymbol{\Phi}_p \\ \mathbf{I}_n & \mathbf{0} & \cdots & \mathbf{0} & \mathbf{0} \\ \mathbf{0} & \mathbf{I}_n & \cdots & \mathbf{0} & \mathbf{0} \\ \cdot & \cdot & \cdot \cdot & \cdot & \cdot \\ \cdot & \cdot & \cdot \cdot & \cdot & \cdot \\ \cdot & \cdot & \cdot \cdot & \cdot & \cdot \\ \mathbf{0} & \mathbf{0} & \cdots & \mathbf{I}_n & \mathbf{0} \end{pmatrix}$$

wobei $\mathbf{I}_n$ die $(n \times n)$-Einheitsmatrix ist, kann geschrieben werden

$$\mathbf{y}_t = \mathbf{F}\mathbf{y}_{t-1} + \mathbf{v}_t$$

mit

$$E(\mathbf{v}_t\mathbf{v}_{t-h}') = \begin{cases} \mathbf{Q} & , h=0 \\ \mathbf{0} & , h \neq 0 \end{cases}$$

wobei die $(np \times np)$-Matrix $\mathbf{Q}$ definiert ist durch

$$\mathbf{Q} := \begin{pmatrix} \boldsymbol{\Sigma} & \mathbf{0} & \cdots & \mathbf{0} \\ \mathbf{0} & \mathbf{0} & \cdots & \mathbf{0} \\ \cdot & \cdot & \cdot \cdot & \cdot \\ \cdot & \cdot & \cdot \cdot & \cdot \\ \cdot & \cdot & \cdot \cdot & \cdot \\ \mathbf{0} & \mathbf{0} & \cdots & \mathbf{0} \end{pmatrix}$$

Den einfachsten VAR-Prozeß erhält man für $p=1$. Multipliziert man den VAR(1)-Prozeß $\mathbf{x}_t = \boldsymbol{\Phi}\mathbf{x}_{t-1} + \boldsymbol{\varepsilon}_t$ mit $\mathbf{x}_{t-h}'$ und bildet Erwartungswerte, dann ergibt sich

$$E(\mathbf{x}_t\mathbf{x}_{t-h}') = \boldsymbol{\Phi}E(\mathbf{x}_{t-1}\mathbf{x}_{t-h}') + E(\boldsymbol{\varepsilon}_t\mathbf{x}_{t-h}')$$

d.h.

$$\boldsymbol{\Gamma}(h) = \boldsymbol{\Phi}\boldsymbol{\Gamma}(h-1)$$

da

$$E(\boldsymbol{\varepsilon}_t\mathbf{x}_{t-h}') = \mathbf{0}$$

ist für $h \geq 1$, wobei die Begründung für diese Nullkovarianzen wie beim entsprechenden univariaten Fall verläuft. Somit ergibt sich:

$$\boldsymbol{\Gamma}(h) = \boldsymbol{\Phi}^h\boldsymbol{\Gamma}(0) \, , h \geq 1$$

Weiterhin ist:

$$\Gamma(0) = E(\mathbf{x}_t\mathbf{x}_t') = E[(\Phi\mathbf{x}_{t-1} + \varepsilon_t)(\mathbf{x}_{t-1}'\Phi' + \varepsilon_t')]$$
$$= \Phi\Gamma(0)\Phi' + \Sigma$$

Insgesamt ergibt sich somit für die Kovarianzmatrixfunktion des vektoriellen AR(1)-Prozesses:

$$\Gamma(h) = \begin{cases} \Phi\Gamma(0)\Phi' + \Sigma \ , \ h=0 \\ \Phi^h\Gamma(0) \qquad \ , \ h \geq 1 \end{cases}$$

Allerdings läßt sich der Startwert $\Gamma(0)$ nicht unmittelbar aus der obigen Beziehung $\Gamma(0)=\Phi\Gamma(0)\Phi'+\Sigma$ ableiten. Dazu ist das *Kronecker-Produkt* $\otimes$ sowie der *vec-Operator* erforderlich.

VI.2.1.   Exkurs: Kronecker-Produkt und vec-Operator

1) Kronecker-Produkt

Seien $\mathbf{A}(a_{ij})$ und $\mathbf{B}(b_{ij})$ $(m \times n)$ bzw. $(p \times q)$-Matrizen, dann ist das Kronecker-Produkt dieser beiden Matrizen definiert durch die $(mp \times nq)$-Matrix

$$\mathbf{A} \otimes \mathbf{B} = \begin{pmatrix} a_{11}\mathbf{B} & a_{12}\mathbf{B} & \cdots & a_{1n}\mathbf{B} \\ a_{21}\mathbf{B} & a_{22}\mathbf{B} & \cdots & a_{2n}\mathbf{B} \\ \cdot & \cdot & \cdots & \cdot \\ \cdot & \cdot & \cdots & \cdot \\ \cdot & \cdot & \cdots & \cdot \\ a_{m1}\mathbf{B} & a_{m2}\mathbf{B} & \cdots & a_{mn}\mathbf{B} \end{pmatrix}$$

Beispiel: Mit den beiden Matrizen

$$\mathbf{A} = \begin{pmatrix} 2 & 3 & 1 \\ 1 & 0 & 4 \end{pmatrix} \ , \ \mathbf{B} = \begin{pmatrix} 2 & 0 \\ -1 & 2 \end{pmatrix}$$

erhält man

$$\mathbf{A} \otimes \mathbf{B} = \begin{pmatrix} 4 & 0 & 6 & 0 & 2 & 0 \\ -2 & 4 & -3 & 6 & -1 & 2 \\ 2 & 0 & 0 & 0 & 8 & 0 \\ -1 & 2 & 0 & 0 & -4 & 8 \end{pmatrix}$$

2) vec-Operator

Sei $\mathbf{A}=(\mathbf{a}_1,\mathbf{a}_2,...,\mathbf{a}_n)$ eine $(m \times n)$-Matrix mit den Spaltenvektoren $(\mathbf{a}_i)$. Der *vec-Operator* transformiert diese Matrix in einen $(mn \times 1)$-Spaltenvektor, indem diese Spaltenvektoren untereinander gestapelt werden. Für die obige Matrix $\mathbf{A}$ z.B. ergibt sich

$$\text{vec}(\mathbf{A}) = \begin{pmatrix} 2 \\ 1 \\ 3 \\ 0 \\ 1 \\ 4 \end{pmatrix}$$

Es gilt u.a. die Regel: $\text{vec}(\mathbf{ABC}) = (\mathbf{C}' \otimes \mathbf{A})\text{vec}(\mathbf{B})$

Ende Exkurs

Aus der obigen Beziehung $\Gamma(0) = \Phi\Gamma(0)\Phi' + \Sigma$ zur Herleitung für die Kovarianzfunktion $\Gamma(0)$ folgt somit

$$\text{vec}\,\Gamma(0) = (\Phi\otimes\Phi)\text{vec}\,\Gamma(0) + \text{vec}\,\Sigma \quad \text{d.h.} \quad [\mathbf{I}_{n^2} - (\Phi\otimes\Phi)]\text{vec}\,\Gamma(0) = \text{vec}\,\Sigma$$

woraus sich für die gesuchte Matrix $\Gamma(0)$ ergibt

$$\text{vec}\,\Gamma(0) = [\mathbf{I}_{n^2} - (\Phi\otimes\Phi)]^{-1}\text{vec}\,\Sigma$$

(zur Existenz dieser Inversen siehe Lütkepohl 1991, S.22).

Die *Korrelationsmatrixfunktion* $P(h)$ eines vektoriellen Prozesses folgt aus seiner Kovarianzmatrix durch Links- bzw. Rechtsmultiplikation mit derselben Matrix $\mathbf{D}^{-1/2}$:

$$P(h) = \mathbf{D}^{-1/2}\,\Gamma(h)\,\mathbf{D}^{-1/2}$$

Dabei ist

$$\mathbf{D} = \begin{pmatrix} \gamma_{11}(0) & 0 & \ldots & 0 \\ 0 & \gamma_{22}(0) & \ldots & 0 \\ . & . & \ldots & . \\ 0 & 0 & \ldots & \gamma_{nn}(0) \end{pmatrix}$$

eine Diagonalmatrix, welche die Varianzen der einzelnen Komponentenprozesse enthält. $\mathbf{D}^{-1/2}$ ist eine Matrix mit den Hauptdiagonalelementen $1/[\gamma_{ii}(0)]^{1/2}$, $i=1,2,\ldots,$ n. Somit enthält $P(h)$ als i-tes Hauptdiagonalelement die Autokorrelationsfunktion $\rho_{ii}(h)$ des Komponentenprozesses X_{it}, $i=1,2,\ldots,n$, während das (i,j)-te Nebendiagonalelement die *Kreuzkorrelationsfunktion*

$$\rho_{ij}(h) = \frac{\gamma_{ij}(h)}{[\gamma_{ii}(0)\gamma_{jj}(0)]^{1/2}}, \quad i \ne j$$

zwischen den Prozessen X_{it} und X_{jt} bezeichnet. Da $\Gamma(h)$ bzw. $P(h)$ für beliebige lags h existieren, zeigen diese Funktionen ein zu univariaten AR-Prozessen analoges Verhalten.

Bei univariaten AR(p)-Prozessen bestehen lineare Beziehungen zwischen den Prozeßparametern und den Autokovarianzen- bzw. -korrelationen, die als *Yule-Walker-Gleichungen* bezeichnet werden. Analoge Zusammenhänge gibt es für multivariate AR(p)-Prozesse. Zunächst seien die Autokovarianzmatrizen für einen VAR(p)-Prozeß abgeleitet. Es ist

$$\Gamma(h) = \Phi_1 E(\mathbf{x}_{t-1}\mathbf{x}'_{t-h}) + \ldots + \Phi_p E(\mathbf{x}_{t-p}\mathbf{x}'_{t-h}) + E(\varepsilon_t\mathbf{x}'_{t-h})$$

Daraus ergibt sich für die lags

h=0: $\qquad \Gamma(0) = \Phi_1\Gamma(-1) + \Phi_2\Gamma(-2) + \ldots + \Phi_p\Gamma(-p) + \Sigma$

$\qquad\qquad\quad = \Phi_1\Gamma'(1) + \Phi_2\Gamma'(2) + \ldots + \Phi_p\Gamma'(p) + \Sigma$

h=1: $\qquad \Gamma(1) = \Phi_1\Gamma(0) + \Phi_2\Gamma(-1) + \ldots + \Phi_p\Gamma(1-p)$

$\qquad\qquad\quad = \Phi_1\Gamma'(0) + \Phi_2\Gamma'(1) + \ldots + \Phi_p\Gamma'(p-1)$

h=2: $\qquad \Gamma(2) = \Phi_1\Gamma(1) + \Phi_2\Gamma(0) + \ldots + \Phi_p\Gamma'(p-2)$

... $\qquad\qquad$ ... $\qquad$ ... $\qquad$ ... $\qquad\qquad$ ...

h=p: $\qquad \Gamma(p) = \Phi_1\Gamma(p-1) + \Phi_2\Gamma(p-2) + \ldots + \Phi_p\Gamma(0)$

h≥p: $\qquad \Gamma(h) = \Phi_1\Gamma(h-1) + \Phi_2\Gamma(h-2) + \ldots + \Phi_p\Gamma(h-p)$

Für $h=1,2,\ldots,p$ erhält man die *verallgemeinerten Yule-Walker*-Gleichungen, die sich matriziell darstellen lassen:

$$(\Phi_1, \Phi_2, ..., \Phi_p) \begin{pmatrix} \Gamma(0) & \Gamma(1) & ... & \Gamma(p-1) \\ \Gamma'(1) & \Gamma(0) & ... & \Gamma(p-2) \\ . & . & ... & . \\ \Gamma'(p-1) & \Gamma'(p-2) & ... & \Gamma(0) \end{pmatrix} = (\Gamma(1), \Gamma(2), ..., \Gamma(p))$$

Nach Transponierung dieser Matrizengleichungen läßt sich schließlich für die Yule-Walker-Gleichungen schreiben (vgl. Wei 1990, S.343):

$$\begin{pmatrix} \Gamma(0) & \Gamma(1) & ... & \Gamma(p-1) \\ \Gamma'(1) & \Gamma(0) & ... & \Gamma(p-2) \\ . & . & ... & . \\ \Gamma'(p-1) & \Gamma'(p-2) & ... & \Gamma(0) \end{pmatrix} \begin{pmatrix} \Phi'_1 \\ \Phi'_2 \\ . \\ \Phi'_p \end{pmatrix} = \begin{pmatrix} \Gamma'(1) \\ \Gamma'(2) \\ . \\ \Gamma'(p) \end{pmatrix}$$

Ist der VAR-Prozeß x_t stationär, dann kann er wie im univariaten Fall als *unendlicher MA-Prozeß* dargestellt werden

$$x_t = [\Phi(B)]^{-1} \varepsilon_t = \Psi(B) \varepsilon_t = \sum_{j=0}^{\infty} \Psi_j \varepsilon_{t-j} \; , \; \Psi_0 = I_n$$

mit

$$\Psi(B) = I_n + \Psi_1 B + \Psi_2 B^2 + ...$$

wobei die Ψ-Gewichte jetzt Matrizen sind. Es ist

$$\Psi(B) = [\Phi(B)]^{-1}$$

d.h.

$$[I_n - \Phi_1 B - \Phi_2 B^2 - ... - \Phi_p B^p][I_n + \Psi_1 B + \Psi_2 B^2 + ...] = I_n$$

Daraus folgt

$$I_n + \Psi_1 B + \Psi_2 B^2 + ...$$
$$- \Phi_1 B - \Phi_1 \Psi_1 B^2 - \Phi_1 \Psi_2 B^3 - ...$$
$$- \Phi_2 B^2 - \Phi_2 \Psi_1 B^3 - \Phi_2 \Psi_2 B^4 - ... = I_n$$

und durch Koeffizientenvergleich

$$(\Psi_1 - \Phi_1) B = 0$$
$$(\Psi_2 - \Phi_1 \Psi_1 - \Phi_2) B^2 = 0 \text{ usw.}$$

Daraus ergibt sich

$$\Psi_1 = \Phi_1 \; , \; \Psi_2 = \Phi_1 \Psi_1 + \Phi_2 = \Phi_1^2 + \Phi_2 \text{ usw.}$$

und allgemein (vgl. Wei 1990, S.343):

$$\Psi_j = \Phi_1 \Psi_{j-1} + \Phi_2 \Psi_{j-2} + ... + \Phi_p \Psi_{j-p} \; , \; j=1,2,..., \Psi_j = 0 \text{ für } j<0$$

An dieser Stelle ist jedoch auf einen grundsätzlichen Unterschied zu univariaten AR-Prozessen hinzuweisen: Aus *endlichen univariaten* AR(p)-Prozessen resultieren *stets* MA-Prozesse *unendlicher* Ordnung (sofern für die lag-Polynome gilt: $\varphi(B) \neq 1$ und $\theta(B) \neq 1$, diese also nicht degeneriert sind). Dies muß bei VAR-Prozessen nicht unbedingt der Fall sein. Dies kann zwei Gründe haben. Der erste ist darin zu sehen, daß für die Inverse von $\Phi(B)$ geschrieben werden kann:

$$[\Phi(B)]^{-1} = \frac{\text{Adj}[\Phi(B)]}{|\Phi(B)|}$$

Die Ordnung dieser adjungierten Matrix ist für einen *endlichen* VAR(p)-Prozeß *endlich*. Wenn nun die Determinante von $\Phi(B)$ *konstant* ist, d.h. also weder von B noch von Potenzen von B abhängt, dann weist $[\Phi(B)]^{-1}$ eine *endliche* Ordnung auf und dasselbe gilt dann für den resultierenden MA-Prozeß (für ein Beispiel siehe Wei

1990, S.348). Ein zweiter Grund liegt darin, daß die Matrizen Ψ_j ab einem bestimmten Index j gleich einer Null-Matrix sein können (für ein Beispiel siehe Lütkepohl 1991, S.19).

VI.3.   Impuls-Antwortfunktionen

VI.3.1.   Impuls-Antwortfunktionen bei unkorrelierten Innovationen

Sei

$$\mathbf{X}_t = \boldsymbol{\Phi}_1 \mathbf{X}_{t-1} + \dots + \boldsymbol{\Phi}_p \mathbf{X}_{t-p} + \boldsymbol{\varepsilon}_t$$

ein stationärer VAR(p)-Prozeß mit *kontemporär unkorrelierten* Störvariablen (oder Innovationen), d.h. die Varianz-Kovarianzmatrix Σ der ε_t habe *Diagonalgestalt*. Die MA-Darstellung eines VAR-Prozesses für den Zeitpunkt t+s lautet

$$\mathbf{X}_{t+s} = \boldsymbol{\varepsilon}_{t+s} + \boldsymbol{\Psi}_1 \boldsymbol{\varepsilon}_{t+s-1} + \boldsymbol{\Psi}_2 \boldsymbol{\varepsilon}_{t+s-2} + \dots + \boldsymbol{\Psi}_s \boldsymbol{\varepsilon}_t + \dots$$

woraus folgt

$$\frac{\partial \mathbf{X}_{t+s}}{\partial \boldsymbol{\varepsilon}_t'} = \boldsymbol{\Psi}_s$$

Zeile i und *Spalte j* der Matrix $\boldsymbol{\Psi}_s$ enthält das Element

$$\frac{\partial X_{i,t+s}}{\partial \varepsilon_{jt}}$$

das zeigt, wie sich eine Veränderung von Variable X_j im Zeitpunkt t ausgelöst durch einen *Impuls* (d.h. durch eine *einmalige* Veränderung der Innovation ε_j im Zeitpunkt t um eine Einheit bei Konstanz aller anderen Innovationen) auf Variable X_i im Zeitpunkt t+s auswirkt. Diese Ableitung wird deshalb als *Impulsantwortfunktion* bezeichnet (vgl. Hamilton 1994, S.319). Die i-te Zeile von $\boldsymbol{\Psi}_s$ enthält die Werte *aller* Impulsantwortfunktionen von X_i für den Zeitpunkt t+s (d.h. die Reaktionen von X_i im Zeitpunkt t+s auf Impulse der Innovationen ε_j, $j\neq i$ und $j=i$). Impulsantwortfunktionen sind (theoretisch) unendlich lang, konvergieren aber aufgrund der Stationaritätseigenschaft des VAR-Prozesses gegen Null. Betrachten wir dazu ein einfaches Beispiel. Gegeben sei der VAR(1)-Prozeß mit diagonaler Matrix Σ:

$$\begin{pmatrix} X_{1t} \\ X_{2t} \end{pmatrix} = \begin{pmatrix} 0.5 & 0.1 \\ 0.4 & 0.5 \end{pmatrix} \begin{pmatrix} X_{1,t-1} \\ X_{2,t-1} \end{pmatrix} + \begin{pmatrix} \varepsilon_{1t} \\ \varepsilon_{2t} \end{pmatrix} \text{, also } \boldsymbol{\Phi} = \begin{pmatrix} 0.5 & 0.1 \\ 0.4 & 0.5 \end{pmatrix}$$

Die Wurzeln des Polynoms $0.21z^2-z+1=0$ sind $z_1=1.429$ und $z_2=3.333$, der Prozeß ist also stationär. Hier ist $\boldsymbol{\Psi}_1=\boldsymbol{\Phi}$, $\boldsymbol{\Psi}_2=\boldsymbol{\Phi}^2,\dots,\boldsymbol{\Psi}_s=\boldsymbol{\Phi}^s$. Somit erhält man:

$$\boldsymbol{\Psi}_0 = \begin{pmatrix} 1 & 0 \\ 0 & 1 \end{pmatrix} \text{, } \boldsymbol{\Psi}_1 = \begin{pmatrix} 0.5 & 0.1 \\ 0.4 & 0.5 \end{pmatrix} \text{, } \boldsymbol{\Psi}_2 = \begin{pmatrix} 0.29 & 0.10 \\ 0.4 & 0.29 \end{pmatrix}$$

$$\boldsymbol{\Psi}_3 = \begin{pmatrix} 0.185 & 0.079 \\ 0.316 & 0.185 \end{pmatrix} \text{, } \boldsymbol{\Psi}_4 = \begin{pmatrix} 0.124 & 0.058 \\ 0.232 & 0.124 \end{pmatrix} \text{, } \dots$$

Die vier Impulsantwortfunktionen lauten also:

$\Delta X_{1t} \rightarrow \Delta X_{1t}, \Delta X_{1,t+1}, \Delta X_{1,t+2}, \Delta X_{1,t+3}, \Delta X_{1,t+4}, \dots$:   1,0.5,0.29,0.185,0.124,...

$\Delta X_{1t} \rightarrow \Delta X_{2,t}, \Delta X_{2,t+1}, \Delta X_{2,t+2}, \Delta X_{2,t+3}, \Delta X_{2,t+4}, \dots$:   0,0.4,0.4,0.316,0.232,...

$\Delta X_{2t} \rightarrow \Delta X_{1t}, \Delta X_{1,t+1}, \Delta X_{1,t+2}, \Delta X_{1,t+3}, \Delta X_{1,t+4}, \dots$:   0,0.1,0.1,0.079,0.058,...

$\Delta X_{2t} \rightarrow \Delta X_{2,t}, \Delta X_{2,t+1}, \Delta X_{2,t+2}, \Delta X_{2,t+3}, \Delta X_{2,t+4}, \dots$:   1,0.5,0.29,0.185,0.124,...

Diese können auch ohne Verwendung der MA-Darstellung des VAR(1)-Prozesses durch Simulation abgeleitet werden. Aus

$$X_{1t} = 0.5X_{1,t-1} + 0.1X_{2,t-1} + \varepsilon_{1t}$$
$$X_{2t} = 0.4X_{1,t-1} + 0.5X_{2,t-1} + \varepsilon_{2t}$$

folgt $\Delta X_{1t} = \Delta \varepsilon_{1t} = 1$ und $\Delta X_{2t} = 0$, da $\Delta \varepsilon_{2t} = 0$ ist. Deshalb ist

$$
\begin{aligned}
\Delta X_{1,t+1} &= 0.5\Delta X_{1,t} &+ 0.1\Delta X_{2,t} &+ 0 &= 0.5 \\
\Delta X_{2,t+1} &= 0.4\Delta X_{1,t} &+ 0.5\Delta X_{2,t} &+ 0 &= 0.4 \\
\Delta X_{1,t+2} &= 0.5 \cdot 0.5 &+ 0.1 \cdot 0.4 & &= 0.29 \\
\Delta X_{2,t+2} &= 0.4 \cdot 0.5 &+ 0.5 \cdot 0.4 & &= 0.40 \\
\Delta X_{1,t+3} &= 0.5 \cdot 0.29 &+ 0.1 \cdot 0.4 & &= 0.185 \\
\Delta X_{2,t+3} &= 0.4 \cdot 0.29 &+ 0.5 \cdot 0.4 & &= 0.316 \\
\Delta X_{1,t+4} &= 0.5 \cdot 0.185 &+ 0.1 \cdot 0.316 & &= 0.124 \\
\Delta X_{2,t+4} &= 0.4 \cdot 0.185 &+ 0.5 \cdot 0.316 & &= 0.232
\end{aligned}
$$

usw. Ist umgekehrt $\Delta X_{2,t} = \Delta \varepsilon_{2t} = 1$ und $\Delta X_{1,t} = 0$, da $\Delta \varepsilon_{1t} = 0$ ist, dann ergibt sich

$$
\begin{aligned}
\Delta X_{1,t+1} &= 0.5\Delta X_{1,t} &+ 0.1\Delta X_{2,t} &+ 0 &= 0.1 \\
\Delta X_{2,t+1} &= 0.4\Delta X_{1,t} &+ 0.5\Delta X_{2,t} &+ 0 &= 0.5 \\
\Delta X_{1,t+2} &= 0.5 \cdot 0.1 &+ 0.1 \cdot 0.5 & &= 0.10 \\
\Delta X_{2,t+2} &= 0.4 \cdot 0.1 &+ 0.5 \cdot 0.5 & &= 0.29 \\
\Delta X_{1,t+3} &= 0.5 \cdot 0.1 &+ 0.1 \cdot 0.29 & &= 0.079 \\
\Delta X_{2,t+3} &= 0.4 \cdot 0.1 &+ 0.5 \cdot 0.29 & &= 0.185 \\
\Delta X_{1,t+4} &= 0.5 \cdot 0.079 &+ 0.1 \cdot 0.185 & &= 0.058 \\
\Delta X_{2,t+4} &= 0.4 \cdot 0.079 &+ 0.5 \cdot 0.185 & &= 0.124
\end{aligned}
$$

usw. Mit Impulsantwortfunktionen lassen sich somit *Sensitivitätsanalysen* durchführen: Wie reagieren die Variablen eines VAR-Prozesses, wenn ein *isolierter* Impuls, d.h. ein Impuls bei nur *einer* Variablen auftritt? Diese Fragestellung ist jedoch in der Praxis kaum von Bedeutung. Isolierte Impulse dürften selten auftreten, d.h. die Annahme einer diagonalen Varianz-Kovarianzmatrix Σ dürfte in der Regel nicht sehr realistisch sein. Sind z.B. in einem VAR-Modell die Variablen Zinssätze verschiedener Fristigkeiten, dann ist damit zu rechnen, daß ein Impuls bei *einem* Zinssatz mit Impulsen bei den übrigen Zinssätzen einhergeht, d.h. die ε_t sind (kontemporär) korreliert und Σ ist nicht diagonal. Dann ist die bisherige Fragestellung aber nicht sinnvoll. Mit *korrelierten* Impulsen lassen sich die obigen Impulsantwortfunktionen nicht mehr ableiten. Dies wird erst wieder möglich durch den *Kunstgriff* einer *Orthogonalisierung* der Störvariablen $\varepsilon_{1t}, \ldots, \varepsilon_{nt}$. Eine solche kann via spezieller *Dekompositionen* der Matrix Σ erfolgen. Darauf sei zunächst in einem kurzen Exkurs eingegangen. Allerdings ist diese Orthogonalisierung keine harmlose Operation, sie ist mit bestimmten Konsequenzen verknüpft, die bei einer Interpretation von Impulsantwortfunktionen unbedingt beachtet werden müssen.

VI.3.2.   Exkurs: Dekomposition der Matrix Σ

Die symmetrische, positiv-definite $(n \times n)$-Matrix Σ kann (eindeutig) wie folgt zerlegt werden:

$$\Sigma = \mathbf{ADA'}$$

Dabei ist **A** eine *untere (n×n)-Dreiecksmatrix* und **D** eine *(n×n)-Diagonalmatrix*

$$
\mathbf{A}: = \begin{pmatrix} 1 & 0 & . & . & . & . & 0 \\ a_{21} & 1 & 0 & . & . & . & 0 \\ a_{31} & a_{32} & 1 & 0 & . & . & 0 \\ . & . & . & 1 & 0 & . & 0 \\ . & . & . & . & 1 & 0 & 0 \\ . & . & . & . & . & 1 & 0 \\ a_{n1} & a_{n2} & . & . & . & a_{n,n-1} & 1 \end{pmatrix} , \quad \mathbf{D}: = \begin{pmatrix} d_{11} & 0 & . & . & . & . & 0 \\ 0 & d_{22} & 0 & . & . & . & 0 \\ 0 & 0 & d_{33} & 0 & . & . & 0 \\ . & . & . & . & . & . & . \\ . & . & . & . & . & . & . \\ . & . & . & . & . & . & . \\ 0 & 0 & 0 & . & . & . & d_{nn} \end{pmatrix}
$$

mit $d_{ii} > 0$. Diese Zerlegung wird als *trianguläre Faktorisierung* der Matrix Σ bezeichnet.

Die Diagonalmatrix **D** kann als Produkt geschrieben werden:

$$
\mathbf{D} = \mathbf{D}^{1/2}\mathbf{D}^{1/2} = \begin{pmatrix} \sqrt{d_{11}} & 0 & . & . & . & 0 \\ 0 & \sqrt{d_{22}} & 0. & . & . & 0 \\ . & . & . & . & . & . \\ . & . & . & . & . & . \\ . & . & . & . & . & . \\ 0 & 0 & 0 & . & . & \sqrt{d_{nn}} \end{pmatrix} \begin{pmatrix} \sqrt{d_{11}} & 0 & . & . & . & 0 \\ 0 & \sqrt{d_{22}} & 0. & . & . & 0 \\ . & . & . & . & . & . \\ . & . & . & . & . & . \\ . & . & . & . & . & . \\ 0 & 0 & 0 & . & . & \sqrt{d_{nn}} \end{pmatrix}
$$

Deshalb ist:

$$\Sigma = \mathbf{A}\mathbf{D}^{1/2}\mathbf{D}^{1/2}\mathbf{A}' = \mathbf{P}\mathbf{P}' \text{ mit } \mathbf{P}: = \mathbf{A}\mathbf{D}^{1/2}$$

Diese Zerlegung wird als *Cholesky-Zerlegung* bezeichnet. Beispielsweise ist

$$
\Sigma = \begin{pmatrix} 3 & 6 & 12 \\ 6 & 17 & 39 \\ 12 & 39 & 100 \end{pmatrix} = \begin{pmatrix} 1 & 0 & 0 \\ 2 & 1 & 0 \\ 4 & 3 & 1 \end{pmatrix} \begin{pmatrix} 3 & 0 & 0 \\ 0 & 5 & 0 \\ 0 & 0 & 7 \end{pmatrix} \begin{pmatrix} 1 & 2 & 4 \\ 0 & 1 & 3 \\ 0 & 0 & 1 \end{pmatrix}
$$

und

$$
\mathbf{P} = \begin{pmatrix} 1 & 0 & 0 \\ 2 & 1 & 0 \\ 4 & 3 & 1 \end{pmatrix} \begin{pmatrix} \sqrt{3} & 0 & 0 \\ 0 & \sqrt{5} & 0 \\ 0 & 0 & \sqrt{7} \end{pmatrix} = \begin{pmatrix} \sqrt{3} & 0 & 0 \\ 2\sqrt{3} & \sqrt{5} & 0 \\ 4\sqrt{3} & 3\sqrt{5} & \sqrt{7} \end{pmatrix}
$$

VI.3.3.   Impuls-Antwortfunktionen bei korrelierten Innovationen

Im *VAR(p)-Prozeß*

$$\mathbf{x}_t = \mathbf{\Phi}_1\mathbf{x}_{t-1} + \mathbf{\Phi}_2\mathbf{x}_{t-2} + \ldots + \mathbf{\Phi}_p\mathbf{x}_{t-p} + \varepsilon_t$$

mit

$$E(\varepsilon_t\varepsilon_t') = \Sigma , \quad \Sigma = \mathbf{A}\mathbf{D}\mathbf{A}'$$

sei

$$\mathbf{u}_t: = \mathbf{A}^{-1}\varepsilon_t$$

Für die so transformierten Störterme $\mathbf{u}_t$ gilt dann

$$E(\mathbf{u}_t\mathbf{u}_t') = E(\mathbf{A}^{-1}\varepsilon_t\varepsilon_t'(\mathbf{A}^{-1})') = \mathbf{A}^{-1}\Sigma(\mathbf{A}')^{-1}$$
$$= \mathbf{A}^{-1}\mathbf{A}\mathbf{D}\mathbf{A}'(\mathbf{A}')^{-1} = \mathbf{D}$$

d.h. die $u_{1t},\ldots,u_{nt}$ sind *unkorreliert*, können aber verschiedene Varianzen aufweisen, die in der Diagonale der Matrix **D** stehen. Diese Orthogonalisierung der $\varepsilon_{1t},\ldots,\varepsilon_{nt}$ *verändert* jedoch den VAR-Prozeß. Es ist:

$$\mathbf{A}^{-1}\mathbf{x}_t = \mathbf{A}^{-1}\mathbf{\Phi}_1\mathbf{x}_{t-1} + \mathbf{A}^{-1}\mathbf{\Phi}_2\mathbf{x}_{t-2} + \ldots + \mathbf{A}^{-1}\mathbf{\Phi}_p\mathbf{x}_{t-p} + \mathbf{A}^{-1}\mathbf{\varepsilon}_t$$

$$= \mathbf{B}_1\mathbf{x}_{t-1} + \mathbf{B}_2\mathbf{x}_{t-2} + \ldots + \mathbf{B}_p\mathbf{x}_{t-p} + \mathbf{u}_t \; , \; \mathbf{B}_i := \mathbf{A}^{-1}\mathbf{\Phi}_i, i=1,2,\ldots,p$$

Addiert man auf beiden Seiten den Vektor $\mathbf{B}_0\mathbf{x}_t$ mit $\mathbf{B}_0 := \mathbf{I}_n - \mathbf{A}^{-1}$, dann erhält man:

$$\mathbf{x}_t = \mathbf{B}_0\mathbf{x}_t + \mathbf{B}_1\mathbf{x}_{t-1} + \ldots + \mathbf{B}_p\mathbf{x}_{t-p} + \mathbf{u}_t$$

$\mathbf{A}^{-1}$ ist eine untere Dreiecksmatrix mit einer Einser-Diagonalen, weil $\mathbf{A}$ eine untere Dreiecksmatrix ist. Deshalb ist:

$$\mathbf{B}_0 = \mathbf{I}_n - \mathbf{A}^{-1} = \begin{pmatrix} 0 & 0 & . & . & . & . & 0 \\ \beta_{21} & 0 & . & . & . & . & 0 \\ \beta_{31} & \beta_{32} & . & . & . & . & 0 \\ . & . & . & . & . & . & . \\ . & . & . & . & . & . & . \\ . & . & . & . & . & . & . \\ \beta_{n1} & \beta_{n2} & . & . & . & \beta_{n,n-1} & 0 \end{pmatrix}$$

Daraus folgt für den Ausdruck $\mathbf{B}_0\mathbf{x}_t$ im obigen VAR-Prozeß

$$\mathbf{B}_0 \begin{pmatrix} X_{1t} \\ X_{2t} \\ . \\ . \\ . \\ X_{nt} \end{pmatrix} = \begin{pmatrix} 0 & 0 & . & . & . & . & 0 \\ \beta_{21} & 0 & . & . & . & . & 0 \\ \beta_{31} & \beta_{32} & 0 & . & . & . & 0 \\ . & . & . & . & . & . & . \\ . & . & . & . & . & . & . \\ . & . & . & . & . & . & . \\ \beta_{n1} & \beta_{n2} & . & . & \beta_{n,n-1} & 0 \end{pmatrix} \begin{pmatrix} X_{1t} \\ X_{2t} \\ . \\ . \\ . \\ X_{nt} \end{pmatrix}$$

oder – ausführlich für den gesamten Prozeß – wobei $f_i(\cdot)$ Funktionen bezeichnen, die nur von den *verzögerten* Variablen $X_{i,t-j}$, $i=1,2,\ldots n$, $j=1,2,\ldots,p$ abhängen:

$$X_{1t} = f_1(X_{1,t-1},\ldots,X_{n,t-1},\ldots,X_{1,t-p},\ldots,X_{n,t-p}) + u_{1t}$$

$$X_{2t} = \beta_{21}X_{1t} + f_2(X_{1,t-1},\ldots,X_{n,t-1},\ldots,X_{1,t-p},\ldots,X_{n,t-p}) + u_{2t}$$

$$X_{3t} = \beta_{31}X_{1t} + \beta_{32}X_{2t} + f_3(X_{1,t-1},\ldots,X_{n,t-1},\ldots,X_{1,t-p},\ldots,X_{n,t-p}) + u_{3t}$$

$$X_{nt} = \beta_{n1}X_{1t} + \ldots + \beta_{n,n-1}X_{n-1,t} + f_n(X_{1,t-1},\ldots,X_{n,t-1},\ldots,X_{1,t-p},\ldots,X_{n,t-p}) + u_{nt}$$

d.h. X_{1t} hängt *nur* von $X_{1,t-1},\ldots,X_{n,t-p}$ ab, während X_{2t} zusätzlich noch von X_{1t} abhängt, X_{3t} auch noch von X_{1t} und X_{2t} ... und schließlich X_{nt} zusätzlich noch von $X_{1t},X_{2t},\ldots,X_{n-1,t}$. In der Ökonometrie ist ein derartiges Gleichungssystem als *rekursives System* und diese (kontemporäre) Abhängigkeit der Variablen als *Wold-Kausalität* bekannt (vgl. Lütkepohl 1991, S.51 f.). Die Orthogonalisierung der Innovationen führt also zu einer *Abhängigkeitsstruktur* der Variablen $X_1,\ldots,X_n$, die im ursprünglichen VAR-Modell im allgemeinen nicht vorhanden ist.

Die Innovationen können auch via Cholesky-Zerlegung der Matrix Σ orthogonalisiert werden. Mit

$$\mathbf{v}_t := \mathbf{P}^{-1}\mathbf{\varepsilon}_t$$

erhält man:

$$E(\mathbf{v}_t\mathbf{v}_t') = \mathbf{P}^{-1}E(\mathbf{\varepsilon}_t\mathbf{\varepsilon}_t')(\mathbf{P}^{-1})' = \mathbf{P}^{-1}\mathbf{\Sigma}(\mathbf{P}^{-1})' = \mathbf{I}_n \; , \; \text{da } \mathbf{\Sigma} = \mathbf{PP}' \text{ ist.}$$

Diese Orthogonalisierung führt demnach zu Innovationen, die alle die gleichen Varianzen bzw. Standardabweichungen (=1) besitzen. Die auf diesen Innovationen basierenden Impulsantwortfunktionen zeigen somit die Auswirkungen eines "standardisierten" Schocks bei einer Variablen (d.h. einer Veränderung einer Innovation um eine Standardabweichung) auf alle anderen Prozeßvariablen. In Software-Paketen wird die Orthogonalisierung häufig via Cholesky-Zerlegung vorgenommen, z.B. in EVIEWS. Auch diese Orthogonalisierung führt auf ein rekursives System.

Die Impulsantwortfunktionen der orthogonalisierten Innovationen ergeben sich aus der MA-Darstellung eines VAR-Prozesses durch Multiplikation der Matrizen Ψ_j mit der Matrix $\mathbf{A}$ bzw. $\mathbf{P}$. Aus

$$\mathbf{x}_{t+s} = \sum_{j=0}^{\infty} \Psi_j \varepsilon_{t+s-j} \, , \, \Psi_0 = \mathbf{I}_n$$

folgt mit der triangulären Faktorisation von Σ

$$\mathbf{x}_{t+s} = \sum_{j=0}^{\infty} \Psi_j \mathbf{A}\mathbf{A}^{-1}\varepsilon_{t+s-j} = \sum_{j=0}^{\infty} \Theta_j \mathbf{u}_{t+s-j} \, , \, \mathbf{u}_{t}: = \mathbf{A}^{-1}\varepsilon_t$$

$$\text{d.h. } \Theta_j: = \Psi_j \mathbf{A} \, , \, \Theta_0 = \mathbf{A}$$

bzw. mit der Cholesky-Zerlegung von Σ:

$$\mathbf{x}_{t+s} = \sum_{j=0}^{\infty} \Psi_j \mathbf{P}\mathbf{P}^{-1}\varepsilon_{t+s-j} = \sum_{j=0}^{\infty} \Theta_j \mathbf{v}_{t+s-j} \, , \, \mathbf{v}_{t}: = \mathbf{P}^{-1}\varepsilon_t$$

$$\text{d.h. } \Theta_j: = \Psi_j \mathbf{P} \, , \, \Theta_0 = \mathbf{P}$$

Es ist aber außerdem zu beachten, daß die Impulsantwortfunktionen *korrelierter* Innovationen von der *Reihenfolge der Gleichungen* abhängen. Hätte man oben z.B. die zweite Gleichung an die erste Stelle gesetzt, dann wäre X_{2t} nur von verzögerten Variablen abhängig, X_{1t} wäre aber jetzt von X_{2t} abhängig, d.h. die *Kausalbeziehung zwischen diesen beiden Variablen hätte sich umgekehrt*. Ein kleines Beispiel soll diesen Sachverhalt veranschaulichen. Dazu sei auf den bivariaten VAR(1)-Prozeß von Kap. VI.1. zurückgegriffen

$$X_{1t} = -0.5X_{1,t-1} - X_{2,t-1} + \varepsilon_{1t}$$
$$X_{2t} = 0.1X_{1,t-1} + 0.4X_{2,t-1} + \varepsilon_{2t}$$

wobei jetzt für die Varianz-Kovarianzmatrix der Innovationen postuliert werde:

$$\Sigma = \begin{pmatrix} 4 & 8 \\ 8 & 25 \end{pmatrix}$$

d.h. die Korrelation zwischen ε_{1t} und ε_{2t} beträgt $8/(2 \cdot 5) = 0.8$. Hier ist

$$\Sigma = \mathbf{A}\mathbf{D}\mathbf{A}' = \begin{pmatrix} 1 & 0 \\ 2 & 1 \end{pmatrix} \begin{pmatrix} 4 & 0 \\ 0 & 9 \end{pmatrix} \begin{pmatrix} 1 & 2 \\ 0 & 1 \end{pmatrix} \, , \, \mathbf{A}^{-1} = \begin{pmatrix} 1 & 0 \\ -2 & 1 \end{pmatrix}$$

$$\mathbf{B}_0 = \begin{pmatrix} 0 & 0 \\ 2 & 0 \end{pmatrix} \, , \, \mathbf{B}_1 = \mathbf{A}^{-1}\Phi = \begin{pmatrix} -0.5 & -1 \\ 1.1 & 2.4 \end{pmatrix}$$

und somit:

$$X_{1t} = -0.5X_{1,t-1} - X_{2,t-1} + u_{1t}$$
$$X_{2t} = 2.0X_{1,t} + 1.1X_{1,t-1} + 2.4X_{2,t-1} + u_{2t}$$

Würde man diesen VAR-Prozeß in anderer Reihenfolge schreiben

$$X_{2t} = 0.1X_{1,t-1} + 0.4X_{2,t-1} + \varepsilon_{2t}$$
$$X_{1t} = -0.5X_{1,t-1} - X_{2,t-1} + \varepsilon_{1t}$$

dann erhielte man:

$$\Sigma = \begin{pmatrix} 25 & 8 \\ 8 & 4 \end{pmatrix} = \begin{pmatrix} 1 & 0 \\ 8/25 & 1 \end{pmatrix} \begin{pmatrix} 25 & 0 \\ 0 & 36/25 \end{pmatrix} \begin{pmatrix} 1 & 8/25 \\ 0 & 1 \end{pmatrix} , \ \mathbf{A}^{-1} = \begin{pmatrix} 1 & 0 \\ -8/25 & 1 \end{pmatrix}$$

$$\mathbf{B}_0 = \begin{pmatrix} 0 & 0 \\ 8/25 & 0 \end{pmatrix} , \ \mathbf{B}_1 = \begin{pmatrix} 0.1 & 0.4 \\ -133/250 & -282/250 \end{pmatrix}$$

und:

$$X_{2t} = 0.10X_{2,t-1} + 0.40X_{1,t-1} + u_{2t}$$
$$X_{1t} = 0.532X_{2t} - 0.82X_{2,t-1} - 1.128X_{1,t-1} + u_{1t}$$

Jetzt hängt X_{1t} offensichtlich von X_{2t} ab. Die Abhängigkeit der Kausalkette von der Reihenfolge der Gleichungen und damit auch die Abhängigkeit der Impulsantwortfunktionen von dieser Abfolge gilt natürlich für beliebige VAR-Prozesse mit korrelierten Innovationen. Deshalb muß die Reihenfolge der Gleichungen nach *substanzwissenschaftlichen* Überlegungen vorgenommen werden, sollen auch sinnvoll interpretierbare Impulsantwortfunktionen resultieren. Nur wenn die Innovationen unkorreliert sind, spielt diese Reihenfolge für die resultierenden Impulsantwortfunktionen keine Rolle. Wie man sich leicht überlegt, ist bei diagonaler Matrix Σ die Matrix **A** eine Einheitsmatrix. Deshalb verändern sich die Parametermatrizen Φ_i nicht. Wird eine Cholesky-Zerlegung vorgenommen, dann ist:

$$\mathbf{P}^{-1} = \Sigma^{-1/2}$$

d.h. die i-te Gleichung wird lediglich mit $1/\sigma_i$ multipliziert. In beiden Fällen wird der VAR-Prozeß somit nicht verändert.

In der Praxis können die Impulsantwortfunktionen nicht wie oben direkt abgeleitet werden, da ja in der Regel die Prozeßparameter unbekannt sind und deshalb geschätzt werden müssen. Darauf, sowie auf Beispiele, sei auf Kap. VII. verwiesen.

VI.3.4. Varianz-Zerlegung

Bei der sogenannten *Varianz-Zerlegung* eines VAR-Prozesses geht es um die Bestimmung des Beitrags einer einzelnen *orthogonalisierten* Störvariablen zum MSE (*Mean Square Error*), also dem *mittleren quadratischen Prognosefehler* von $\mathbf{x}_t$. Bezeichne $\hat{\mathbf{x}}_{t+s|t}$ die Prognose von $\mathbf{x}_t$ für den Zeitpunkt t+s auf der Basis von $\mathbf{x}_t, \mathbf{x}_{t-1}, \ldots$ dann läßt sich für den *Prognosefehler* schreiben (vgl. Hamilton 1994, S.323):

$$\mathbf{x}_{t+s} - \hat{\mathbf{x}}_{t+s|t} = \varepsilon_{t+s} + \Psi_1 \varepsilon_{t+s-1} + \Psi_2 \varepsilon_{t+s-2} + \ldots + \Psi_{s-1} \varepsilon_{t+1}$$

Der MSE dieses Prognosefehlers ist:

$$MSE(\hat{\mathbf{x}}_{t+s|t}): = E[(\mathbf{x}_{t+s} - \hat{\mathbf{x}}_{t+s|t})(\mathbf{x}_{t+s} - \hat{\mathbf{x}}_{t+s|t})']$$
$$= E[(\varepsilon_{t+s} + \Psi_1 \varepsilon_{t+s-1} + \ldots + \Psi_{s-1} \varepsilon_{t+1})(\varepsilon_{t+s}' + \varepsilon_{t+s-1}' \Psi_1' + \ldots + \varepsilon_{t+1}' \Psi_{s-1}')]$$
$$= \Sigma + \Psi_1 \Sigma \Psi_1' + \ldots + \Psi_{s-1} \Sigma \Psi_{s-1}' , \ \Sigma: = E(\varepsilon_t \varepsilon_t')$$

Für $\mathbf{u}_t = \mathbf{A}^{-1} \varepsilon_t$, d.h. $\varepsilon_t = \mathbf{A}\mathbf{u}_t$, kann geschrieben werden

$$\varepsilon_t = (\mathbf{a}_1, \mathbf{a}_2, \ldots, \mathbf{a}_n)\mathbf{u}_t = \mathbf{a}_1 u_{1t} + \mathbf{a}_2 u_{2t} + \ldots + \mathbf{a}_n u_{nt}$$

wobei die Vektoren $\mathbf{a}_j$, j=1,2,…, n die Spalten der Matrix **A** aus der triangulären Faktorisation $\Sigma = \mathbf{ADA}'$ bezeichnen. Somit ist:

$$\Sigma = E(\varepsilon_t \varepsilon_t') = \sum_{j=1}^{n} \mathbf{a}_j \mathbf{a}_j' Var(u_{jt})$$

wobei die Var(u_t) wieder wie oben in der Diagonalmatrix **D** stehen. Deshalb ergibt sich für den MSE:

$$MSE(\hat{\mathbf{x}}_{t+s|t}) = \sum_{j=1}^{n} [\, Var(u_{jt})(\mathbf{a}_j\mathbf{a}_j' + \mathbf{\Psi}_1\mathbf{a}_j\mathbf{a}_j'\mathbf{\Psi}_1' + \mathbf{\Psi}_2\mathbf{a}_j\mathbf{a}_j'\mathbf{\Psi}_2' + ... + \mathbf{\Psi}_{s-1}\mathbf{a}_j\mathbf{a}_j'\mathbf{\Psi}_{s-1}'\,]$$

d.h. der Beitrag der j-ten orthogonalisierten Störvariablen zum MSE ist:

$$Var(u_{jt})[\mathbf{a}_j\mathbf{a}_j' + \mathbf{\Psi}_1\mathbf{a}_j\mathbf{a}_j'\mathbf{\Psi}_1' + \mathbf{\Psi}_2\mathbf{a}_j\mathbf{a}_j'\mathbf{\Psi}_2' + ... + \mathbf{\Psi}_{s-1}\mathbf{a}_j\mathbf{a}_j'\mathbf{\Psi}_{s-1}']$$

Würde man die Orthogonalisierung mittels der Cholesky-Zerlegung von Σ durchführen, ergäbe sich analog (vgl. Hamilton 1994, S.324):

$$MSE(\hat{\mathbf{x}}_{t+s|t}) = \sum_{j=1}^{n} [\mathbf{p}_j\mathbf{p}_j' + \mathbf{\Psi}_1\mathbf{p}_j\mathbf{p}_j'\mathbf{\Psi}_1' + \mathbf{\Psi}_2\mathbf{p}_j\mathbf{p}_j'\mathbf{\Psi}_2' + ... + \mathbf{\Psi}_{s-1}\mathbf{p}_j\mathbf{p}_j'\mathbf{\Psi}_{s-1}']$$

wobei die Vektoren $\mathbf{p}_j$ die Spalten der Matrix **P** aus der Cholesky-Zerlegung bezeichnen.

VI.3.5   Granger-Kausalität

Daß Korrelation zwischen zwei Variablen nicht als Kausalität, d.h. als Ursache-Effekt-Beziehung, interpretiert werden darf, ist common sense. Weniger Konsens herrscht jedoch darüber, was unter Kausalität verstanden werden soll, wenn man es mit Variablen bzw. Daten zu tun hat, die nicht im Rahmen eines kontrollierten Experimentes betrachtet bzw. erhoben werden, wie dies z.B. in den Wirtschaftswissenschaften die Regel ist. Die sogenannte *Granger-Kausalität* beruht auf der (einfachen) Idee, daß die Ursache zeitlich dem Effekt nicht nachgelagert sein kann. Wenn also die Variable Y kausal für die Variable X sein soll, dann müßte zu erwarten sein, daß X "genauer" prognostiziert werden kann, wenn bei dieser Prognose die Variable Y mitberücksichtigt wird, als wenn X auf der Basis seiner eigenen Vergangenheit allein prognostiziert würde. In diesem Kontext wird also das philosophisch vieldeutige (und auch umstrittene) Konzept der "Kausalität" schlicht auf "Prognostizierbarkeit" reduziert.

Da der Begriff der "Prognosegenauigkeit" vieldeutig ist, stellt sich zunächst die Frage, wie dieser bei der Granger-Kausalität definiert ist. Als Gütemaß für die Präzision der Prognose wird der mittlere quadratische Fehler (Mean Square Error, MSE) verwendet. Bezeichne Ω_t diejenige Menge, die alle "im Universum" bis zum (aber *ausschließlich von*) Zeitpunkt t verfügbaren Informationen enthält, dann wird Y *Granger-kausal zu* X genannt, wenn gilt:

$$MSE_X(s|\Omega_t) < MSE_X(s|\Omega_t \setminus \{Y_h, h<t\})$$

für mindestens ein s=1,2,..., wobei s den Prognosehorizont bezeichnet und postuliert wird, daß für X eine optimale Prognose (d.h. mit minimalem MSE) vorliegt. Y ist also dann Granger-kausal zu X, wenn unter Berücksichtigung der Informationsmenge Ω_t der mittlere quadratische Prognosefehler von X für mindestens einen der Prognoseschritte s=1,2, ... kleiner ist als wenn bei der Prognose von X die Historie von Y, nämlich $\{Y_h, h<t\}$, in der Informationsmenge Ω_t nicht enthalten ist. Liegt dieser Fall vor, dann führt also eine Berücksichtigung von Y zu einer präziseren Prognose von X als wenn diese Variable ohne die Y-Information prognostiziert würde. Gilt dagegen

$$\overline{} \qquad MSE_X(s|\overline{\Omega}_t) < MSE_X(s|\overline{\Omega}_t\backslash\{Y_h,h\leq t\})$$

wobei $\overline{\Omega}_t$ die Informationsmenge "im Universum" bis *einschließlich* Zeitpunkt t bezeichnet, dann liegt *instantane* Granger-Kausalität vor (vgl. Harvey 1990, S.304). Da aber zwischen Ursache und Effekt nach obiger Überlegung ein time-lag anzunehmen ist, scheint das Konzept der instantanen Kausalität nicht sinnvoll zu sein. Allerdings ist praktisch zu berücksichtigen, daß auf Grund von unvollständiger Dateninformation instantane Kausalität nicht a priori als unsinnig auszuschließen ist. Beträgt beispielsweise der time-lag zwischen Ursache und Effekt ein Monat und stehen nur Quartalsdaten zur Verfügung, dann ist diese Art von Granger-Kausalität sehr wohl denkbar (vgl. Newbold/Granger 1977, S.225). Sieht man aber von diesem Fall einmal ab, dann bedeutet instantane Kausalität eigentlich nichts anderes als eine von Null verschiedene Korrelation zwischen zwei Variablen (vgl. dazu - Lütkepohl 1991, S.41), die natürlich weniger interessant ist als die erstgenannte Variante der Granger-Kausalität.

Mit der obigen Definition der Granger-Kausalität kann empirisch nicht gearbeitet werden. Das wird erst möglich durch gewisse Vereinfachungen bzw. Spezifikationen, die für Ω_t sowie für die optimale Prognose vorzunehmen sind: Die "allumfassende" Informationsmenge Ω_t wird ersetzt durch eine "relevante" Information, d.h. konkret durch eine Zeitreihe Y, von der man vermuten darf, daß sie zusätzlich zur bekannten Historie der Variablen X "informativ" ist für die zukünftige Entwicklung von X. Somit wird die universelle Informationsmenge Ω_t ersetzt durch die Menge $\{X_h,Y_h|h\leq t\}$, welche dann in praxi die "relevante" Information darstellt. Daraus folgt, daß Granger-Kausalität nicht auf rein statistischem Weg "entdeckt" werden kann, die Festlegung der konkreten "relevanten" Information erfordert offensichtlich substanzwissenschaftlich fundierte Überlegungen. Schließlich wird die oben genannte "optimale Prognose" praktisch durch eine optimale *lineare* Prognose realisiert.

Die bisherigen Überlegungen lassen sich im Rahmen einen bivariaten VAR-Prozesses formalisieren. Negativ ausgedrückt liegt Granger-Kausalität dann nicht vor, wenn dieser Prozeß die folgende Gestalt aufweist

$$\begin{pmatrix} X_t \\ Y_t \end{pmatrix} = \begin{pmatrix} c_1 \\ c_2 \end{pmatrix} + \begin{pmatrix} \varphi_{11,1} & 0 \\ \varphi_{21,1} & \varphi_{22,1} \end{pmatrix}\begin{pmatrix} X_{t-1} \\ Y_{t-1} \end{pmatrix} + \begin{pmatrix} \varphi_{11,2} & 0 \\ \varphi_{21,2} & \varphi_{22,2} \end{pmatrix}\begin{pmatrix} X_{t-2} \\ Y_{t-2} \end{pmatrix} + \dots$$

$$+ \begin{pmatrix} \varphi_{11,p} & 0 \\ \varphi_{21,p} & \varphi_{22,p} \end{pmatrix}\begin{pmatrix} X_{t-p} \\ Y_{t-p} \end{pmatrix} + \begin{pmatrix} \varepsilon_{1t} \\ \varepsilon_{2t} \end{pmatrix}$$

d.h. wenn die Koeffizienten-Matrizen Φ_i, i=1,2,...,p untere Dreiecksform aufweisen. Die lineare MSE-Prognose von X_t für den Prognosehorizont s=1 lautet hier:

$$E(X_{t+1}|X_t,X_{t-1},\dots,Y_t,Y_{t-1}\dots) = c_1 + \varphi_{11,1}X_t + \varphi_{11,2}X_{t-1} + \dots + \varphi_{11,p}X_{t-p+1}$$

d.h. diese hängt nur ab von $(X_t,X_{t-1},\dots,X_{t-p+1})$, aber nicht von $(Y_t,Y_{t-1},\dots)$. Analoges gilt für die Prognosehorizonte s=2,3... In diesem Fall leistet also die Variable Y_t keinen Beitrag zu einer präziseren Prognose (im Sinne eines kleineren MSE) der Variable X_t, d.h. Y_t ist nicht Granger-kausal für X_t (vgl. dazu auch Lütkepohl 1991, S.39, Corollary 2.2.1).

Liegt keine Granger-Kausalität vor, dann darf daraus allerdings nicht geschlossen werden, daß Y_t keinen Einfluß auf X_t habe. Sei beispielsweise der VAR(1)-Prozeß

$$\begin{pmatrix} X_t \\ Y_t \end{pmatrix} = \begin{pmatrix} \varphi_{11} & 0 \\ \varphi_{21} & \varphi_{22} \end{pmatrix} \begin{pmatrix} X_{t-1} \\ Y_{t-1} \end{pmatrix} + \begin{pmatrix} \varepsilon_{1t} \\ \varepsilon_{2t} \end{pmatrix}$$

gegeben. Hier ist Y_t nicht Granger-kausal zu X_t. Wird nun dieses Gleichungssystem mit der nicht-singulären Matrix

$$\begin{pmatrix} 1 & \alpha \\ 0 & 1 \end{pmatrix}$$

multipliziert, dann erhält man die äquivalente Darstellung

$$\begin{pmatrix} X_t + \alpha Y_t \\ Y_t \end{pmatrix} = \begin{pmatrix} \varphi_{11} + \alpha\varphi_{21} & \alpha\varphi_{22} \\ \varphi_{21} & \varphi_{22} \end{pmatrix} \begin{pmatrix} X_{t-1} \\ Y_{t-1} \end{pmatrix} + \begin{pmatrix} \varepsilon_{1t} + \alpha\varepsilon_{2t} \\ \varepsilon_{2t} \end{pmatrix}$$

d.h.:

$$\begin{pmatrix} X_t \\ Y_t \end{pmatrix} = \begin{pmatrix} 0 & -\alpha \\ 0 & 0 \end{pmatrix} \begin{pmatrix} 0 \\ Y_t \end{pmatrix} + \begin{pmatrix} \varphi_{11} + \alpha\varphi_{21} & \alpha\varphi_{22} \\ \varphi_{21} & \varphi_{22} \end{pmatrix} \begin{pmatrix} X_{t-1} \\ Y_{t-1} \end{pmatrix} + \begin{pmatrix} \varepsilon_{1t} + \alpha\varepsilon_{2t} \\ \varepsilon_{2t} \end{pmatrix}$$

Somit hat Y_t einen Einfluß auf X_t. Obwohl also äquivalente VAR-Prozesse vorliegen, sind sie in ihrer "Mechanik" als verschieden anzusehen (vgl. Lütkepohl 1991, S.42).

Um praktisch überprüfen zu können ob Granger-Kausalität vorliegt, sind verschiedene Testverfahren entwickelt worden. Beim einfachsten und praktisch wichtigsten Test schätzt man die Koeffizienten der Regression

$$X_t = c_1 + a_1 X_{t-1} + a_2 X_{t-2} + \ldots + a_p X_{t-p} + b_1 Y_{t-1} + b_2 Y_{t-2} + \ldots + b_p Y_{t-p} + \varepsilon_t$$

für einen vorzugebenden maximalen lag p mittels OLS und testet die Nullhypothese $b_1 = b_2 = \ldots = b_p = 0$ (es ist allerdings nicht zwingend erforderlich, daß für die beiden maximalen lags der verzögerten X- und Y-Variablen derselbe Wert gewählt wird). Kann diese abgelehnt werden, dann ist Y_t Granger-kausal für X_t. (Zur Überprüfung der umgekehrten Granger-Kausalität, d.h. die Variable X_t ist kausal für die Variable Y_t, braucht man in obiger Regressionsgleichung nur die beiden Variablen zu vertauschen). Praktisch kann die Nullhypothese mit Hilfe einer zweistufigen Prozedur überprüft werden. In der ersten Stufe schätzt man die Koeffizienten der obigen Regression wodurch man die Residuenquadratsumme RSS_1 erhält. In der zweiten Stufe entfernt man die verzögerten Y_t- Regressoren aus dieser Regressionsgleichung, schätzt also lediglich die Koeffizienten der univariaten Autoregression für X_t, was zur Residuenquadratsumme RSS_0 führt. Als Teststatistik für die obige Nullhypothese verwendet man entweder

$$\frac{(RSS_0 - RSS_1)/p}{RSS_1/(T - 2p - 1)}$$

oder (asymptotisch dazu äquivalent) $T(RSS_0 - RSS_1)/RSS_1$ wobei T den Stichprobenumfang bezeichnet. Nach den von Geweke/Meese/Dent 1983 durchgeführten Monte Carlo-Studien dürfte der letztere Test zu präferieren sein. Für weitere Tests vgl. die bei Hamilton 1994, S.305 zitierte Literatur.

Die "relevante" Informationsmenge wurde bisher durch eine einzige Zeitreihe Y_t repräsentiert. Das ist jedoch nicht zwingend, vielmehr kann es sich als erforderlich erweisen, in dieser Informationsmenge mehr als eine Zeitreihe zu berücksichtigen, die dann in obiger Regression als weitere verzögerte Variablen mitberücksichtigt werden können (für weitere Einzelheiten dazu vgl. Kirchgässner 1981, S.52ff.). In der Praxis dürfen bei Resultaten von Granger-Kausalitätstests einige u.U. kritische Punkte nicht übersehen werden: sie können sensitiv sein gegenüber der Wahl des maximalen lags p in obiger Regressionsgleichung, differierende Resultate liefern, je nachdem ob für die involvierten Variablen alternativ Reihen unterschiedlicher Perio-dizität (z.B. Monats- an Stelle von Quartalswerten oder vice versa) verwendet wer-den oder ob saisonbereinigte oder Originalreihen analysiert werden usw. (vgl. dazu Lütkepohl 1991, S.42 f.). "The previous critical remarks are meant to caution the reader and multiple analyst against overinterpreting the evidence from a VAR mo-del. Still, causality analyses are useful tools in practice if these critical points are kept in mind. At the very least a Granger-causality analysis tells the analyst whet-her a set of variables contains useful information for improving the predictions of another set of variables" (Lütkepohl 1991, S.43).

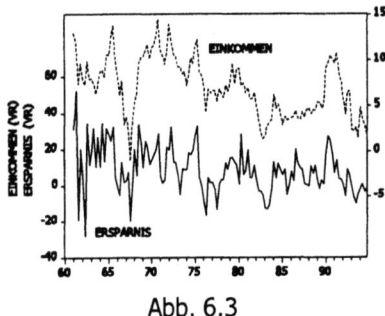

Abb. 6.3

Betrachten wir z.B. die Veränderungsra-ten der beiden Quartalsreihen "Verfüg-bares Einkommen der privaten Haushalte in der BRD (1960/1-1994/4)" und "Er-sparnis der privaten Haushalte in der BRD (1960/1-1994/4)" (Quelle: Deutsche Bundesbank - 50 Jahre Deutsche Mark, Monetäre Statistiken 1948-1997), wobei die Veränderungen jeweils auf das ent-sprechende Vorjahresquartal bezogen sind (Abb. 6.3). (Für die Veränderungs-raten der Reihe "Einkommen" kann die Hypothese einer unit-root bei einem Signifikanzniveau von 1% mit Hilfe des Phillips-Perron-Tests knapp verworfen werden, für die Reihe "Ersparnis" mit Hilfe desselben Tests auf diesem Niveau jedoch sehr deutlich, d.h. beide Reihen können als Reali-sationen stationärer Prozesse interpretiert werden. Zu unit-root-Tests vgl. Kap. XVIII.)

Mit dem Programm EVIEWS erhält man mit p=1 für die Nullhypothese "Erspar-nis"→"Einkommen" einen F-Wert von 3.52 mit einem empirischen Signifikanzniveau von 0.063 und für die Nullhypothese "Einkommen" → "Ersparnis" einen F-Wert von 14.07 mit einem Signifikanzniveau von 0.00026. Für p=2 ergeben sich die Werte F=2.75 (0.07) bzw. 11.53 (2.5×10^{-5}) und für p=3 die Werte F=1.26 (0.29) bzw. 6.16 (0.00061). Legt man die üblichen Signifikanzniveaus von 1% oder 5% zu-grunde, dann muß die Nullhypothese "Ersparnis"→"Einkommen" abgelehnt werden, nicht dagegen die Hypothese "Einkommen"→ "Ersparnis", d.h. die Veränderungsra-ten der Variable "Einkommen" können als Granger-kausal für die Veränderungsra-ten der Variable "Ersparnis" angesehen werden. Neben der ökonomischen Plausibili-tät spricht dafür auch eine Stabilität in den Testresultaten, die unverändert bleiben bis zum lag p=7 (ab p=5 sind die Residuen gemäß dem Ljung-Box-Test unkorre-liert), d.h. "Einkommen" erweist sich stets als Granger-kausal für "Ersparnis", das Umgekehrte gilt jedoch nicht. (Für höhere lags (p>7), die aber wohl kaum als sinn-voll zu bezeichnen sind, könnten beide Hypothesen nicht verworfen werden).

VII. Schätzprobleme bei stochastischen Prozessen

VII.1. Schätzen von Parametern und Momentfunktionen univariater Prozesse

VII.1.1. Grundlagen

Bei den bisherigen Darstellungen und Ableitungen wurde quasi stillschweigend davon ausgegangen, daß sowohl die Parameter der betrachteten Prozesse als auch ihre Momentfunktionen (Erwartungswerte, Varianzen, Kovarianzen bzw. Korrelationen) bekannt sind. Davon kann natürlich in der Praxis keine Rede sein. Vielmehr muß realistischerweise davon ausgegangen werden, daß im allgemeinen weder Prozeß-Parameter noch Momentfunktionen bekannt sind. Somit müssen diese Größen auf der Basis von vorliegenden Daten, d.h. einer oder mehrerer Zeitreihen, *geschätzt* werden. Solche Schätzungen sind allerdings nicht ohne einige grundlegende Voraussetzungen möglich.

Wird eine konkrete Zeitreihe, z.B. eine ökonomische, als Datenbasis verwendet, dann wird damit implizit die *Hypothese* akzeptiert, daß diese Reihe als *eine* Realisation eines unbekannten stochastischen Prozesses interpretiert werden kann. Bevor man nun schätzen kann, ist es notwendig, diesen Prozeßtyp festzulegen oder zu *identifizieren*. Dabei ist der Begriff *Identifikation* in der Terminologie von Granger als TS-Identifikation zu verstehen, wie er in Kap. VI. diskutiert wurde. Zur Identifikation von Prozessen wurden im Laufe der Zeit verschiedene Werkzeuge entwickelt, auf die wir erst im nächsten Kapitel (teilweise) eingehen wollen. Deshalb sei hier zunächst vorausgesetzt, daß bei den zu betrachtenden Schätzproblemen die Identifikationsphase schon abgeschlossen ist. Es sei also bekannt, welchem Prozeßtyp (z.B. einem AR(2) oder einem ARIMA(1,1,2)-Prozeß usw.) eine gegebene Zeitreihe "zugeordnet" werden kann (Wir werden später sehen, daß in der Praxis Identifikation und Schätzung nicht als streng nacheinander ablaufende, sondern als im allgemeinen simultan ablaufende Prozeduren anzusehen sind). Die eben formulierte Hypothese kann also dahingehend präzisiert werden, daß eine konkrete Zeitreihe als *eine endliche Zufallsstichprobe* aus einem Ensemble von (theoretisch) unendlich vielen derartigen Realisationen des identifizierten stochastischen Prozesses aufgefaßt wird (vgl. die Interpretation 3 eines stochastischen Prozesses in Kap. V.2.).

Wie wir gesehen haben, wird bei der Theorie der stochastischen Prozesse prinzipiell und zweckmäßigerweise von einem *unendlichen* Zeithorizont ausgegangen. Eine derartige Sichtweise erscheint nun zunächst bei Schätzproblemen grundsätzlich nicht möglich zu sein, weil alle konkreten Zeitreihen stets endlich sind. Eine Konsequenz dieses Sachverhalts ist darin zu sehen, daß die theoretische Verteilung von Schätzfunktionen (kurz: Schätzern) bei endlichem Stichprobenumfang häufig gar nicht oder nur sehr schwer, d.h. mit erheblichem mathematischem Aufwand, bestimmbar ist.

Nicht selten sind jedoch *asymptotische* Verteilungen von Schätzern ableitbar. Dabei wird von der Vorstellung ausgegangen, daß sich der Stichprobenumfang, also die Länge einer Zeitreihe (gedanklich) sukzessive beliebig vergrößern läßt, bis "schließlich" eine "unendlich lange" Reihe vorliegt. Aber auch asymptotische Resultate sind häufig nur unter beträchtlichen mathematischen Schwierigkeiten ableitbar. Der Nutzen derart erzielter Ergebnisse ist darin zu sehen, daß sie in der Praxis oft auch für endliche Zeitreihen (wenigstens approximativ) anwendbar sind, falls diese "hinreichend lang" sind.

Ein weiterer Aspekt, der bei der praktischen Schätzung von Modellparametern beachtet werden muß, ist der *numerische*. Schätzprozeduren führen z.B. nicht selten auf *nicht-lineare* Gleichungssysteme, deren Lösungen nur mit Hilfe spezieller, meist komplizierter *Algorithmen* möglich ist.

Eine einigermaßen *detaillierte* Behandlung der Schätzproblematik stochastischer Prozesse verlangt deshalb sowohl die Darstellung relativ komplizierter mathematisch-statistischer Zusammenhänge als auch der entsprechenden numerischen Algorithmen. Beides würde jedoch den Rahmen dieses Buches sprengen. Deshalb werden im folgenden nur die grundlegenden schätztheoretischen Aspekte (in der Regel ohne Beweis) dargestellt und auf die Erörterung numerischer Aspekte ganz verzichtet (für eine ausführlichere Darstellung dieser Materie sei etwa auf Schlittgen/Streitberg 1994, Kapitel 5 und 6 verwiesen). Diese Vorgehensweise erscheint nicht zuletzt auch deswegen gerechtfertigt, weil für die Modellierung z.B. von (univariaten oder vektoriellen) ARIMA-Prozessen heute leicht zugängliche Software zur Verfügung steht, bei der mindestens die Schätzphase automatisiert ist, so daß sich der Anwender um technische Details, seien sie schätztheoretischer oder numerischer Natur, in der Regel nicht zu kümmern braucht. Daß es auch Ausnahmen gibt, zeigt eine Untersuchung, die nicht unerhebliche Differenzen − vor allem für MA-Parameterschätzungen − bei unterschiedlichen Softwarepaketen feststellt (vgl. Newbold et al. 1994, S.573 ff.).

Bei *schwach-stationären* Prozessen sind die wichtigsten Momentfunktionen die Erwartungswert-, die Varianz- und die Kovarianz- bzw. Korrelationsfunktion. Bei der Schätzung von Erwartungswerten, Varianzen, Kovarianzen bzw. Korrelationen werden in der Statistik üblicherweise *unabhängige* Beobachtungswerte vorausgesetzt, d.h. man geht von *unabhängigen* und *identisch* verteilten Zufallsvariablen aus. Dann kann man zeigen, daß unter gewissen, recht allgemeinen Voraussetzungen, die *empirischen* Momente (also Stichproben-Mittelwert, Stichproben-Varianz usw.) *konsistente* Schätzer für die entsprechenden Parameter sind, d.h. mit zunehmendem Stichprobenumfang "konvergieren" diese Schätzer gegen diese Parameter (eine formale Präzisierung von "Konvergenz" soll hier unterbleiben). Oder anders ausgedrückt: Die Wahrscheinlichkeit dafür, daß der Schätzer um mehr als einen vorgegebenen Betrag vom Parameter abweicht, wird beliebig klein, wenn nur der Stichprobenumfang "genügend" groß wird. In der Zeitreihenanalyse dagegen liegt eine andere Situation vor: Die Zeitreihenwerte $x_1, x_2, ..., x_T$ werden nach den obigen Ausführungen als Realisationen der *Zufallsvariablen* $X_1, X_2, ..., X_T$ aufgefaßt, die grundsätzlich *abhängig* sind. Außerdem ist zu beachten, daß der (zeitinvariante) Erwartungswert μ eines stationären Prozesses als $E(X_t)$ definiert ist, d.h. als *Mittel über alle Prozeß-Realisationen,* also als *Ensemble-Mittel.* Dieses kann natürlich nicht gebildet werden, da dafür *alle* Realisationen vorliegen müßten. Würden mehrere Realisationen zur Verfügung stehen, dann könnte eine Schätzung des Erwartungswertes über eine *Ensemble-Stichprobe* versucht werden. Da aber nur eine einzige (endliche) Realisation zur Verfügung steht, ist eine solche *Querschnittsschätzung* nicht möglich. Möglich erscheint nur eine *Längsschnittschätzung,* d.h. in diesem Fall eine Schätzung von μ über das *zeitliche* Mittel:

$$\bar{X}_T = \frac{1}{T}\sum_{t=1}^{T} X_t$$

Hier stellt sich natürlich die Frage, ob und falls ja, unter welchen Bedingungen, zeitliche Mittel gegen Ensemble-Mittel konvergieren. Generell stellt sich in diesem Zusammenhang die Frage, ob man mit Statistiken, die auf einer einzigen Realisation eines stochastischen Prozesses beruhen, in der Lage ist, Prozeß-Parameter *konsistent* zu schätzen. Es kann nun gezeigt werden, daß diese Frage *bejaht* werden kann, falls die postulierten stochastischen Prozesse *ergodisch* sind. Dabei heißt ein stationärer Prozeß *Mittelwert-ergodisch,* falls gilt

$$\lim_{T\to\infty} E[(\bar{X}_T-\mu)^2] = 0$$

und *Kovarianz-ergodisch,* falls gilt:

$$\lim_{T\to\infty} E[\frac{1}{T}\sum_{t=h+1}^{T} (X_t - \mu)(X_{t-h} - \mu) - \gamma(h)]^2 = 0$$

Mittelwert-Ergodizität ist gegeben, wenn γ(h) "genügend schnell" gegen Null geht. Es kann gezeigt werden, daß aus $\lim_{h\to\infty} \gamma(h) = 0$ Mittelwert-Ergodizität folgt (vgl. Fuller 1976, S.232).

Anschaulich gesprochen bedeutet das, daß ergodische Prozesse ein *endliches* "Gedächtnis" haben, d.h. zeitlich "genügend weit" auseinander liegende Ereignisse sind praktisch *unkorreliert.* Diese Annahme dürfte z.B. für (stationäre) ökonomische Reihen unproblematisch sein.

Die Bedingungen für die Kovarianz-Ergodizität sind komplizierter. Beschränkt man sich jedoch auf *normalverteilte* stationäre Prozesse, dann kann gezeigt werden, daß solche Prozesse *Kovarianz-ergodisch* sind, falls ihre Autokovarianzfunktionen *absolut summierbar* sind, d.h. also wenn

$$\sum_{h} |\gamma(h)| < \infty$$

ist. Insbesondere sind ARMA(p,q)-Prozesse mit normalverteilten ε_t sowohl Mittelwert- als auch Kovarianz-ergodisch.

Für den oben definierten zeitlichen Mittelwert ergibt sich unmittelbar

$$E[\bar{X}_T] = \mu$$

mit der Varianz:

$$Var(\bar{X}_T) = \frac{1}{T}[\gamma(0) + 2\sum_{h=1}^{T-1} \frac{T-h}{T}\gamma(h)]$$

Setzt man γ(h) als absolut summierbar voraus, dann läßt sich zeigen, daß für diese Varianz folgt:

$$\lim_{T \to \infty} \text{Var}(\overline{X}_T) = 0$$

Somit ist $\overline{X}_T$ eine *konsistente* Schätzfunktion für μ.

Zur Schätzung der Autokovarianz- bzw. Autokorrelationsfunktion können verschiedene Ansätze verwendet werden. Ein naheliegender Schätzer ist

$$\hat{\gamma}_T(h) = \frac{1}{T} \sum_{t=1}^{T-h} (X_t - \overline{X}_T)(X_{t+h} - \overline{X}_T)$$

bzw. äquivalent dazu

$$\hat{\gamma}_T(h) = \frac{1}{T} \sum_{t=h+1}^{T} (X_t - \overline{X}_T)(X_{t-h} - \overline{X}_T)$$

wobei

$$\hat{\gamma}_T(0) = \frac{1}{T} \sum_{t=1}^{T} (X_t - \overline{X}_T)^2$$

ein Schätzer ist für die Varianz des Prozesses. Damit kann die Autokorrelationsfunktion geschätzt werden durch:

$$\hat{\rho}_T(h) = \frac{\hat{\gamma}_T(h)}{\hat{\gamma}_T(0)}$$

Man kann nun zeigen, daß der Schätzer $\hat{\gamma}(h)$ einen *bias* besitzt, insbesondere werden positive Autokovarianzen *unterschätzt*. Jedoch ist er *asymptotisch* unverzerrt.

Der *alternative* Schätzer

$$\tilde{\gamma}_T(h) = \frac{1}{T-h} \sum_{t=h+1}^{T} (X_t - \overline{X}_T)(X_{t-h} - \overline{X}_T)$$

hat zwar im allgemeinen einen *geringeren* bias als $\hat{\gamma}_T(h)$, dafür aber in der Regel eine *größere* Varianz, so daß dieser Schätzer in der Praxis weniger zu empfehlen ist (hinzu kommt, daß $\hat{\gamma}_T(h)$ *positiv definit* ist – wie die theoretische Autokorrelationsfunktion $\gamma(h)$ – im Gegensatz zu $\tilde{\gamma}_T(h)$, vgl. Fuller 1976 S. 236).

Für praktische Zwecke muß die *Präzision* von $\hat{\gamma}(h)$ bzw. $\hat{\rho}(h)$ bekannt sein, wenigstens approximativ, d.h. die *Varianz* dieser Schätzer ist zu bestimmen. Dafür können relativ komplizierte Ausdrücke abgeleitet werden, die sich allerdings vereinfachen lassen, falls davon ausgegangen werden kann, daß $\gamma(h)$ bzw. $\rho(h)=0$ ist für $h>m$. Für diesen Fall hat Bartlett gezeigt, daß dann näherungsweise für $\hat{\rho}(h)$ gilt:

$$\text{Var}[\hat{\rho}_T(h)] \approx \frac{1}{T}[1 + 2\rho^2(1) + 2\rho^2(2) + \dots + 2\rho^2(m)]$$

Ersetzt man die unbekannten $\rho(h)$ durch die $\hat{\rho}(h)$, dann erhält man eine Approximation für die *geschätzte* Varianz von $\hat{\rho}_T(h)$:

$$\hat{\text{Var}}[\hat{\rho}_T(h)] \approx \frac{1}{T}[1 + 2\sum_{h=1}^{m} \hat{\rho}^2(h)]$$

Dieser Ausdruck ist praktisch besonders bedeutsam für eine spezielle Fragestellung, nämlich, ob eine vorliegende Reihe als Realisation von weißem Rauschen angesehen werden kann. Für einen white-noise Prozeß reduziert er sich auf:

$$\hat{\text{Var}}[\hat{\rho}_T(h)] \approx 1/T$$

Da außerdem für diesen Prozeß gilt

$$E[\hat{\rho}_T(h)] \approx 1/T$$

kann z.B. mit Hilfe der *Konfidenzgrenzen* ±1.96/$\sqrt{T}$ ein *Konfidenzintervall* (1/T ±1.96/$\sqrt{T}$) gebildet werden, wobei ein *Konfidenzniveau* von 95% angenommen wurde. Dabei ist 1.96 der entsprechende Perzentilpunkt der Standard-Normalverteilung, der deshalb Verwendung finden kann, weil gezeigt werden kann, daß die $\hat{\rho}_T$(h) asymptotisch normalverteilt sind.

Damit ergibt sich nun ein leicht durchzuführender (approximativer) Signifikanztest auf weißes Rauschen, wobei man meist in der Praxis – bei großem T – die $\hat{\rho}_T$(h) der Einfachheit halber mit ±2/$\sqrt{T}$ vergleicht: Alle $\hat{\rho}_T$(h), die *innerhalb* dieser Konfidenzgrenzen liegen, werden als *nicht signifikant* von Null verschieden angesehen. Liegt eine Realisation von weißem Rauschen vor, dann müßten eigentlich *alle* $\hat{\rho}_T$(h) innerhalb der Grenzen liegen. Es ist aber zu beachten, daß bei einem Signifikanztest das Signifikanzniveau – also eine Irrtumswahrscheinlichkeit – zu berücksichtigen ist. Da diese hier 5 Prozent beträgt, ist damit zu rechnen, daß 5 Prozent der geschätzten $\hat{\rho}_T$(h) *außerhalb* dieser Grenzen liegen, obwohl die Nullhypothese zutrifft, d.h. die Reihe eine Realisation eines white-noise-Prozesses ist. Ein *unregelmäßiger* Verlauf der geschätzten Autokorrelationsfunktion ist zudem ein weiteres Indiz für einen white-noise-Prozeß. Nachstehend ist die geschätzte Autokorrelationsfunktion für einen white-noise-Prozeß der Länge T=200 wiedergegeben, wobei die Schätzung für 20 lags durchgeführt und ein Signifikanzniveau von 5% zugrundegelegt wurde. Wie aus Abb. 7.1 zu sehen ist, liegt genau *ein* $\hat{\rho}_T$(h) (für h=14) außerhalb des approximativen Konfidenzbandes von ±0.14. Offensichtlich verläuft in diesem Beispiel die geschätzte Funktion unregelmäßig.

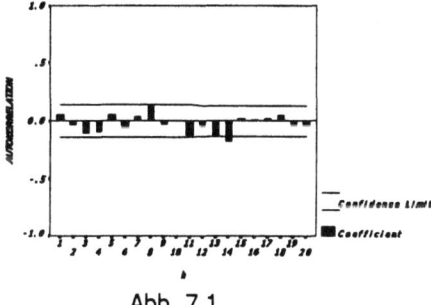

Abb. 7.1

VII.1.2. Parameterschätzungen bei ARMA-Prozessen

Neben den Momentfunktionen müssen in der praktischen Zeitreihenanalyse die Prozeß-Parameter geschätzt werden. Für diesen Zweck existiert eine Reihe von Schätzverfahren, die unterschiedlich komplex sind. Der Komplexitätsgrad einer Schätzprozedur hängt einmal vom Modelltyp ab, aber auch von statistischen Überlegungen, sowie von numerischen Aspekten.

Am einfachsten lassen sich Schätzverfahren für die Parameter von AR-Prozessen angeben. Ausgangspunkt sei also ein AR(p)-Prozeß:

$$X_t - \mu = \varphi_1(X_{t-1} - \mu) + \varphi_2(X_{t-2} - \mu) + \ldots + \varphi_p(X_{t-p} - \mu) + \varepsilon_t$$

Als konsistenten Schätzer für μ haben wir oben das zeitliche Mittel $\bar{X}_T$ kennen gelernt. In einem ersten Schritt wird dieser Mittelwert von den gegebenen Reihenwerten subtrahiert, so daß für alle weiteren Schritte von *mittelwertbereinigten* Daten ausgegangen wird. Für diese müßte man eigentlich ein spezielles Symbol einführen, worauf hier aber verzichtet werden soll. Es dürfte jeweils aus dem Zusammenhang heraus klar sein, ob von Original- oder von mittelwertbereinigten Daten ausgegangen wird.

Schätzungen für die Prozeß-Parameter $\varphi_1, \varphi_2, ..., \varphi_p$ lassen sich aus den in Kap. V.4.2. betrachteten Yule-Walker-Gleichungen gewinnen, wenn dort die theoretischen Autokorrelationen durch ihre entsprechenden empirischen, d.h. geschätzten Autokorrelationen, ersetzt werden. Das lineare Gleichungssystem lautet dann: $\hat{\rho} = \hat{R}\hat{\varphi}$, das leicht nach $\hat{\varphi}_1, ..., \hat{\varphi}_p$ aufgelöst werden kann. Für p=1 ergibt sich z.B. $\hat{\varphi}_1 = \hat{\rho}_1$ und für p=2 folgt:

$$\hat{\varphi}_1 = \hat{\rho}(1)\frac{1 - \hat{\rho}(1)}{1 - [\hat{\rho}(1)]^2}, \quad \hat{\varphi}_2 = 1 - \frac{1 - \hat{\rho}(2)}{1 - [\hat{\rho}(1)]^2}$$

Als einzig noch unbekannter Parameter verbleibt σ_ε^2. Aus der leicht ableitbaren Beziehung

$$\sigma_\varepsilon^2 = \gamma(0) - \varphi_1\gamma_1 - ... - \varphi_p\gamma_p = \gamma(0)[1 - \varphi_1\rho(1) - ... - \varphi_p\rho(p)]$$

läßt sich ein Schätzer $\hat{\sigma}_\varepsilon^2$ für σ_ε^2 gewinnen, wenn die unbekannten φ-Parameter und Autokorrelationen durch ihre Schätzer ersetzt werden. Beispielsweise folgt für p=1 bzw. p=2:

$$\hat{\sigma}_\varepsilon^2 = \hat{\gamma}(0)[1 - \hat{\varphi}_1\hat{\rho}(1)] \quad \text{bzw.} \quad \hat{\sigma}_\varepsilon^2 = \hat{\gamma}(0)[1 - \hat{\varphi}_1\hat{\rho}(1) - \hat{\varphi}_2\hat{\rho}(2)]$$

Yule-Walker-Schätzer sind *konsistent* und *effizient*, d.h. es existieren keine Schätzer mit kleinerer *asymptotischer* Varianz. Für *kurze* Reihen erhält man allerdings in der Regel bessere Schätzer, wenn sie nur als *Startwerte* für die (noch zu besprechenden) Maximum-Likelihood-Verfahren verwendet werden (vgl. Schlittgen/ Streitberg 1994, S.258).

Für MA-Prozesse besteht jedoch *kein* linearer Zusammenhang zwischen der Autokorrelationsfunktion und den Prozeß-Parametern. Beispielsweise gilt für den MA(1)-Prozeß

$$X_t = \mu + \varepsilon_t + \theta\varepsilon_{t-1}$$

die Beziehung

$$\rho(1) = \theta/(1 + \theta^2)$$

woraus der Schätzer

$$\hat{\theta} = \frac{1 \pm [1 - 4\hat{\rho}^2(1)]^{1/2}}{2\hat{\rho}(1)}$$

folgt (μ wird hier wie bei den AR-Prozessen geschätzt). Für $\hat{\rho}(1) = \pm 0.5$ ergibt sich die eindeutige Lösung $\hat{\theta} = \pm 1$, die jedoch zu einem nicht-invertierbaren MA-Prozeß führt. Für $|\hat{\rho}(1)| > 0.5$ existiert kein reelles θ, was natürlich nicht erstaunlich ist, da für einen MA(1)-Prozeß *stets* $|\rho(1)| \leq 0.5$ ist. Für den Fall $|\hat{\rho}(1)| < 0.5$ gibt es zwei verschiedene reelle Lösungen, wobei nur eine zu einem invertierbaren Modell führt.

Für MA-Prozesse höherer Ordnung sind die Zusammenhänge zwischen Parameter und Autokorrelationen wesentlich komplizierter. Von Wilson 1969 stammt ein Algorithmus zur Bestimmung der Parameter mit Hilfe der geschätzten Autokovarianzen (für Details siehe Schlittgen/Streitberg 1994, S.120 f.).

Entsprechend dem in Kap. V.4.3. dargestellten Zusammenhang zwischen der Varianz σ_ε^2 von ε_t, $\gamma(0)$ und θ kann diese wie folgt geschätzt werden:

$$\hat{\sigma}_\varepsilon^2 = \frac{\hat{\gamma}(0)}{1 + \hat{\theta}^2}$$

Die bislang betrachteten Schätzverfahren können als *Momentenschätzer* bezeichnet werden, da sie im Kern darin bestehen, daß die Beziehungen zwischen den theoretischen Momenten und den Parametern ausgenutzt werden, wobei diese durch ihre entsprechenden empirischen Momente ersetzt werden. Für MA- und ARMA-Prozesse sind sie ziemlich kompliziert und implizieren außerdem einige numerische Probleme: Sie sind empfindlich gegenüber Rundungsfehlern und sollten nicht verwendet werden bei Prozessen, die nahe an der Grenze zur Nicht-Stationarität bzw. Nicht-Invertierbarkeit liegen, d.h. deren Polynomwurzeln dicht am Einheitskreis liegen (vgl. Wei 1990, S.137).

Praktisch am wichtigsten sind *Maximum-Likelihood*-Schätzverfahren (kurz: ML-Schätzer). Wir wollen die grundlegenden Aspekte dieser Schätzmethode zunächst am einfachsten Fall illustrieren, nämlich am AR(1)-Prozeß

$$X_t = c + \varphi X_{t-1} + \varepsilon_t$$

wobei angenommen werden soll, daß $\varepsilon_t \sim N(0;\sigma^2)$-verteilt ist (vergleiche Hamilton 1994, S.118 f.). Die zu schätzenden Parameter seien im Vektor $\boldsymbol{\theta}:=(c,\varphi,\sigma^2)\,'$ zusammengefaßt und es sei angenommen, daß die Beobachtungswerte $x_1, x_2, ..., x_T$ vorliegen.

Der erste Beobachtungswert x_1 ist eine Realisation der Zufallsvariablen X_1, die normalverteilt ist, weil ε_t normalverteilt ist, mit:

$$E(X_1) = \mu = c/(1 - \varphi) \, , \, Var(X_1) = \sigma^2/(1 - \varphi^2)$$

Folglich lautet die Dichtefunktion der Zufallsvariablen X_1:

$$f_{X_1}(x_1;\, \boldsymbol{\theta}) = \frac{1}{\sqrt{2\pi}\sqrt{\sigma^2/(1-\varphi^2)}} \exp\left[-\frac{(x_1 - c/(1-\varphi))^2}{2\sigma^2/(1-\varphi^2)}\right]$$

Bei der Bestimmung der Dichtefunktion von X_2 ist zu beachten, daß gilt:

$$X_2 = c + \varphi X_1 + \varepsilon_2$$

Für X_2 muß deshalb die *bedingte* Dichte abgeleitet werden, also die Dichtefunktion von X_2 unter der Bedingung, daß X_1 einen bestimmten Wert annimmt, d.h. daß $X_1 = x_1$ ist. Deshalb ist

$$(X_2 | X_1 = x_1) \sim N(c + \varphi x_1 ; \sigma^2)$$

und die *bedingte* Dichte von X_2 ist somit:

$$f_{X_2|X_1}(x_2 | x_1;\, \boldsymbol{\theta}) = \frac{1}{\sqrt{2\pi\sigma^2}} \exp\left[-\frac{(x_2 - c - \varphi x_1)^2}{2\sigma^2}\right]$$

Die *gemeinsame* Dichtefunktion von X_1 und X_2 ist dann:

$$f_{X_2,X_1}(x_2,x_1;\, \boldsymbol{\theta}) = f_{X_2|X_1}(x_2 | x_1;\, \boldsymbol{\theta}) f_{X_1}(x_1;\, \boldsymbol{\theta})$$

Entsprechend lautet die Dichte von X_3 unter den *Bedingungen* $X_2 = x_2$ und $X_1 = x_1$

$$f_{X_3|X_2,X_1}(x_3 | x_2,x_1;\, \boldsymbol{\theta}) = \frac{1}{\sqrt{2\pi\sigma^2}} \exp\left[-\frac{(x_3 - c - \varphi x_2)^2}{2\sigma^2}\right]$$

und die *gemeinsame* Dichte von X_3, X_2, X_1 ist:

$$f_{X_3,X_2,X_1}(x_3,x_2,x_1;\, \boldsymbol{\theta}) = f_{X_3|X_2,X_1}(x_3 | x_2,x_1;\, \boldsymbol{\theta}) \, f_{X_2|X_1}(x_2 | x_1;\, \boldsymbol{\theta}) \, f_{X_1}(x_1;\, \boldsymbol{\theta})$$

Da bei einem AR(1)-Prozeß X_t nur von X_{t-1} abhängt, hängt auch die bedingte Dichte von X_t nur von X_{t-1} ab, d.h. es ist allgemein:

$$f_{X_t|X_{t-1},X_{t-2},\ldots,X_1}(x_t|x_{t-1},x_{t-2},\ldots,x_1;\theta) = f_{X_t|X_{t-1}}(x_t|x_{t-1};\theta)$$

$$= \frac{1}{\sqrt{2\pi\sigma^2}}\exp\left[\frac{-(x_t - c - \varphi x_{t-1})^2}{2\sigma^2}\right]$$

Die *gemeinsame* Dichtefunktion für $X_1, X_2, \ldots, X_T$ lautet deshalb:

$$f_{X_T,X_{T-1},\ldots,X_1}(x_T,x_{T-1},\ldots,x_1);\theta) = f_{X_1}(x_1;\theta)\prod_{t=2}^{T}f_{X_t|X_{t-1}}(x_t|x_{t-1};\theta)$$

Betrachtet man diese als Funktion von θ, d.h. die vorliegenden Zeitreihenwerte $x_1, x_2, \ldots, x_T$ als feste Größen, dann wird aus der Dichtefunktion eine *Likelihood-funktion*. Das Maximum-Likelihood-Schätzprinzip besteht nun darin, θ so zu wählen, daß diese Funktion *maximal* wird. Grob gesprochen, ist dies gleichbedeutend damit, die unbekannten Parameter so festzulegen, daß den vorliegenden Beobachtungs-werten eine maximale Wahrscheinlichkeit zukommt (diese Formulierung ist deshalb nicht ganz korrekt, weil bei einer kontinuierlichen Verteilung – im Gegensatz zu einer diskreten – die Wahrscheinlichkeit für eine bestimmte Stichprobenrealisation stets gleich Null ist. Deshalb wird bei diesem Schätzprinzip allgemein von *likelihood* und nicht von *probability* gesprochen). Die Bestimmung des Maximums gestaltet sich in der Regel technisch einfacher, wenn die Likelihoodfunktion *logarithmiert* wird. Die *log-Likelihoodfunktion* $L(\theta)$ lautet im vorliegenden Fall:

$$L(\theta): = \log f_{X_1}(x_1;\theta) + \sum_{t=2}^{T}\log f_{X_t|X_{t-1}}(x_t|x_{t-1};\theta)$$

Setzt man die entsprechenden obigen Ausdrücke ein, dann erhält man:

$$L(\theta) = -\frac{1}{2}\log(2\pi) - \frac{1}{2}\log[\sigma^2/(1 - \varphi^2)]$$

$$- \frac{[x_1 - c/(1 - \varphi)]^2}{2\sigma^2/(1 - \varphi^2)} - \frac{1}{2}(T-1)\log(2\pi)$$

$$- \frac{1}{2}(T-1)\log(\sigma^2) - \sum_{t=2}^{T}\frac{(x_t - c - \varphi x_{t-1})^2}{2\sigma^2}$$

Diese Likelihoodfunktion (bzw. ihr Logarithmus) wird als *exakte* Likelihoodfunktion bezeichnet. Wie man sich leicht überlegt, führt eine Maximierung dieser Funktion (durch Nullsetzen ihrer ersten Ableitungen nach den unbekannten Parametern c, φ und σ^2) zu einem *nicht-linearen Gleichungssystem,* zu dessen Lösung spezielle nu-merische Prozeduren herangezogen werden müssen. Diese Nichtlinearität läßt sich allerdings vermeiden, wenn anstelle der exakten, die sogenannte *bedingte* Likeli-hoodfunktion verwendet wird, die sich dann ergibt, wenn man den ersten Beob-achtungswert, also x_1, nicht als Realisation der Zufallsvariablen X_1 auffaßt, son-dern als eine *deterministische* Größe. Dann vereinfacht sich die Likelihood- bzw. log-Likelihoodfunktion, da in diesem Fall gilt

$$f_{X_T,X_{T-1},\ldots,X_1}(x_T,x_{T-1},\ldots,x_2|x_1;\theta) = \prod_{t=2}^{T}f_{X_t|X_{t-1}}(x_t|x_{t-1};\theta)$$

und deshalb folgt:

$$L(\theta) = -\frac{1}{2}(T-1)\log(2\pi) - \frac{1}{2}(T-1)\log(\sigma^2) - \sum_{t=2}^{T}\frac{(x_t - c - \varphi x_{t-1})^2}{2\sigma^2}$$

Eine Maximierung dieser (bedingten) log-Likelihoodfunktion bezüglich c und φ ist gleichbedeutend mit einer *Minimierung* der Quadratsumme

$$\sum_{t=2}^{T} (x_t - c - \varphi x_{t-1})^2$$

die sich auch ergibt, wenn x_t auf eine Konstante und x_{t-1} regressiert wird. Somit ist die bedingte Likelihoodschätzung äquivalent zu einer *Kleinst-Quadrate-(oder OLS-) Schätzung*. Die bedingten Maximum-Likelihoodschätzungen für c und φ sind deshalb:

$$\begin{pmatrix} \hat{c} \\ \hat{\varphi} \end{pmatrix} = \begin{pmatrix} T-1 & \sum_{t=2}^{T} x_{t-1} \\ \sum_{t=2}^{T} x_{t-1} & \sum_{t=2}^{T} x_{t-1}^2 \end{pmatrix}^{-1} \begin{pmatrix} \sum_{t=2}^{T} x_t \\ \sum_{t=2}^{T} x_t x_{t-1} \end{pmatrix}$$

(Bekanntlich gilt im Regressionsmodell $y = X\beta + \varepsilon$ für die OLS-Schätzung von β: $\hat{\beta} = (X'X)^{-1}X'y$. Hier ist $y = (x_1, x_2, \ldots, x_T)'$ und $\beta = (c, \varphi)'$, die $(T-1) \times 2$-Matrix X enthält die $(T-1) \times 1$-Vektoren $(1, \ldots, 1)'$ und $(x_1, x_2, \ldots, x_{T-1})'$.)

Die Ableitung der bedingten Likelihoodfunktion $L(\theta)$ nach σ^2 führt auf

$$\frac{-(T-1)}{2\sigma^2} + \frac{1}{2\sigma^4} \sum_{t=2}^{T} [(x_t - c - \varphi x_{t-1})^2 = 0$$

woraus sich ergibt (vgl. Hamilton 1994, S.122 f.):

$$\hat{\sigma}^2 = \sum_{t=2}^{T} \frac{\hat{\varepsilon}_t^2}{T-1} \;, \; \hat{\varepsilon}_t^2 := x_t - \hat{c} - \hat{\varphi} x_{t-1}$$

Im Unterschied zum exakten ML-Schätzer ist der bedingte ML-Schätzer somit einfach durchzuführen. Wenn der Stichprobenumfang T hinreichend groß ist, trägt die erste Beobachtung kaum etwas zur totalen Likelihood bei. Beide Likelihoodansätze haben die gleichen Verteilungseigenschaften bei großen Stichproben falls $|\varphi| < 1$ ist. Und selbst für $|\varphi| > 1$ ist der bedingte ML-Schätzer noch *konsistent*, was auf den exakten nicht zutrifft (vgl. dazu Hamilton 1994, S.123).

Die obigen Resultate lassen sich nun unmittelbar auf die Parameterschätzung von AR(p)-Prozessen (p>1) erweitern. Die exakte logarithmierte Likelihoodfunktion eines AR(p)-Prozesses lautet:

$$L(\theta) = -\frac{T}{2}\log(2\pi) - \frac{T}{2}\log(2\sigma^2) + \frac{1}{2}\log|\Sigma_p^{-1}|$$
$$- \frac{1}{2\sigma^2}(x_p - \mu_p)'\Sigma_p^{-1}(x_p - \mu_p)$$
$$- \sum_{t=p+1}^{T} \frac{(x_t - c - \varphi_1 x_{t-1} - \varphi_2 x_{t-2} - \ldots - \varphi_p x_{t-p})^2}{2\sigma^2}$$

wobei die *ersten p* im Zeilenvektor x_p' zusammengefaßten Beobachtungen, Realisationen der Zufallsvariablen $X_1, X_2, \ldots, X_p$ sind, die multivariat normalverteilt sind mit dem Erwartungswertvektor μ_p und der Varianz-Kovarianzmatrix Σ_p: $x_p \sim N(\mu_p, \Sigma_p)$ (vgl. Hamilton 1994, S.124). Wie beim AR(1)-Prozeß führt die Maximierung dieser Funktion bezüglich der unbekannten Parameter $\varphi_1, \varphi_2, \ldots, \varphi_p$ und σ^2 zu einem nichtlinearen Gleichungssystem. Behandelt man die ersten p Beobachtungen als deterministische Größen, dann erhält man die bedingte (logarithmierte) Likelihood-funktion

$$L(\theta) = -\frac{(T - p)}{2}\log(2\pi) - \frac{(T - p)}{2}\log(\sigma^2)$$

$$-\sum_{t=p+1}^{T} \frac{(x_t - c - \varphi_1 x_{t-1} - \varphi_2 x_{t-2} - \ldots - \varphi_p x_{t-p})^2}{2\sigma^2}$$

d.h. die Maximierung $L(\theta)$ ist gleichbedeutend mit der Minimierung von:

$$\sum_{t=p+1}^{T} (x_t - c - \varphi_1 x_{t-1} - \varphi_2 x_{t-2} - \ldots - \varphi_p x_{t-p})^2$$

Somit ergibt sich auch für den allgemeinen Fall das Resultat, daß sich der bedingte ML-Schätzer als OLS-Regressionsschätzer erweist. (Im Regressionsmodell $y = X\beta + \varepsilon$ ist dabei: $y = (x_{p+1}, x_{p+2}, \ldots, x_T)$, $\beta = (\varphi_1, \varphi_2, \ldots, \varphi_p)$ und die $(T-p) \times (p+1)$-Matrix X enthält die $(T-p) \times 1$-Vektoren:

$$(1, 1, \ldots, 1)', (x_p, x_{p+1}, \ldots, x_{T-1})', \ldots, (x_1, x_2, \ldots, x_{T-p})'$$

Für die Varianz σ^2 folgt aus der bedingten logarithmierten Likelihoodfunktion der Schätzer:

$$\hat{\sigma}^2 = \frac{1}{T - p}\sum_{t=p+1}^{T} \hat{\varepsilon}_t^2 \quad \text{mit} \quad \hat{\varepsilon}_t = x_t - \hat{c} - \hat{\varphi}_1 x_{t-1} - \hat{\varphi}_2 x_{t-2} - \ldots - \hat{\varphi}_p x_{t-p}$$

Die Einfachheit der bedingten ML-Schätzer lassen es verständlich erscheinen, warum diese in der Regel für die Parameterschätzung von AR(p)-Prozessen den exakten ML-Schätzern vorgezogen werden.

Bei der Ableitung sowohl des exakten als auch des bedingten ML-Schätzers wurden *Gauß-Prozesse* vorausgesetzt. Liegen nun AR-Prozesse vor, die nicht normalverteilt sind, dann sind die obigen – *fehlspezifizierten* – ML-Schätzer immerhin noch *konsistent*. Sie werden als *quasi-Maximum-Likelihood*-Schätzer bezeichnet (vgl. Hamilton 1994, S.126).

Wie für AR-Prozesse gestaltet sich auch für MA-Prozesse die bedingte Likelihoodfunktion einfacher als die exakte Likelihoodfunktion. Sei der MA(1)-Prozeß $X_t = \mu + \varepsilon_t + \theta\varepsilon_{t-1}$ gegeben mit $\varepsilon_t \sim N(0; \sigma^2)$ und $\theta = (\mu, \theta, \sigma^2)'$. Wenn ε_{t-1} bekannt ist, dann ist $X_t | \varepsilon_{t-1} \sim N(\mu + \theta\varepsilon_{t-1}, \sigma^2)$, d.h. die bedingte Dichtefunktion von X_t lautet:

$$f_{X_t | \varepsilon_{t-1}}(x_t | \varepsilon_{t-1}; \theta) = \frac{1}{\sqrt{2\pi\sigma^2}}\exp\left[\frac{-(x_t - \mu - \theta\varepsilon_{t-1})^2}{2\sigma^2}\right]$$

Setzt man $\varepsilon_0 = 0$, dann ist $X_1 | \varepsilon_0 \sim N(\mu, \sigma^2)$ und $\varepsilon_1 = x_1 - \mu$, d.h. es ist:

$$f_{X_2 | X_1, \varepsilon_0 = 0}(x_2 | x_1, \varepsilon_0 = 0; \theta) = \frac{1}{\sqrt{2\pi\sigma^2}}\exp\left[\frac{-(x_2 - \mu - \theta\varepsilon_1)^2}{2\sigma^2}\right]$$

Allgemein läßt sich mit dem *Startwert* ε_0 und den Beobachtungswerten $(x_1, x_2, \ldots, x_T)$ die Folge $\varepsilon_1, \varepsilon_2, \ldots, \varepsilon_T$ rekursiv aus der Beziehung

$$\varepsilon_t = x_t - \mu - \theta\varepsilon_{t-1}, \quad t = 1, 2, \ldots, T$$

bestimmen. Deshalb ist die bedingte Dichte von X_t gegeben durch:

$$f_{X_t | X_{t-1}, X_{t-2}, \ldots, X_1, \varepsilon_0 = 0}(x_t | x_{t-1}, x_{t-2}, \ldots, x_1, \varepsilon_0 = 0; \theta) = f_{X_t | \varepsilon_{t-1}}(x_t | \varepsilon_{t-1}; \theta)$$

$$= \frac{1}{\sqrt{2\pi\sigma^2}}\exp\left[\frac{-\varepsilon_t^2}{2\sigma^2}\right]$$

Für die gesamte Stichprobe erhält man die gemeinsame Dichte durch Multiplikation der einzelnen Dichten von X_t, t=1,2,...,T:

$$f_{X_1, \varepsilon_0 = 0}(x_1 \mid, \varepsilon_0 = 0; \boldsymbol{\theta}) \prod_{t=2}^{T} f_{X_t \mid X_{t-1}, X_{t-2}, ..., X_1, \varepsilon_0 = 0}(x_t \mid x_{t-1}, x_{t-2}, ..., x_1, \varepsilon_0 = 0; \boldsymbol{\theta})$$

Daraus resultiert die bedingte log-Likelihoodfunktion:

$$L(\boldsymbol{\theta}) = -\frac{T}{2}\log(2\pi) - \frac{T}{2}\log(\sigma^2) - \sum_{t=1}^{T} \frac{\varepsilon_t^2}{2\sigma^2}$$

Da $\varepsilon_t = X_t - \mu - \theta\varepsilon_{t-1}$ ist, hängt $L(\boldsymbol{\theta})$ offensichtlich in *nicht-linearer* Weise von μ und θ ab. Im Gegensatz zu einem AR(1)-Prozeß läßt sich also für einen MA(1)-Prozeß kein einfacher geschlossener Ausdruck für die bedingte Likelihoodfunktion angeben, was zur Folge hat, daß das Maximum dieser Funktion durch ein numerisches Optimierungsverfahren bestimmt werden muß, worauf hier aber nicht näher eingegangen werden soll. Dazu sei z.B. auf Hamilton 1994, S.133 ff. verwiesen.

Man erhält nun die selbe bedingte Likelihoodfunktion auch für einen MA(q)-Prozeß (q>1) mit $\boldsymbol{\theta} = (\mu, \theta_1, \theta_2, ..., \theta_q, \sigma^2)$, wobei jetzt analog zum MA(1)-Prozeß als Startwerte $\varepsilon_0 = \varepsilon_{-1} = ... = \varepsilon_{1-q} = 0$ gewählt und die ε_t aus der Rekursion

$$\varepsilon_t = X_t - \mu - \theta_1\varepsilon_{t-1} - \theta_2\varepsilon_{t-2} - ... - \theta_q\varepsilon_{t-q}$$

bestimmt werden können. Allgemein ist dabei allerdings zu beachten, daß Startwertvorgaben zu Problemen führen können, was man am einfachsten an einem MA(1)-Prozeß einsehen kann. Setzen wir der Einfachheit halber $\mu=0$, dann folgt durch Iteration aus $\varepsilon_t = x_t - \theta\varepsilon_{t-1}$ (vgl. dazu Hamilton 1994, S.128):

$$\varepsilon_t = x_t - \theta x_{t-1} + \theta^2 x_{t-2} - ... + (-1)^{t-1}\theta^{t-1}x_1 + (-1)^t\theta^t\varepsilon_0$$

Wählt man für ε_0 den (willkürlichen) Wert Null, dann wird diese Beziehung praktisch sicher nicht erfüllt sein (was natürlich auch für jeden anderen beliebig gewählten Wert der Fall wäre), da die Wahrscheinlichkeit, daß die kontinuierliche Zufallsvariable ε_0 den Wert Null annimmt, gleich Null ist. Oder anders ausgedrückt: Da ε_0 von den (nicht beobachtbaren) Werten $x_0, x_{-1}, x_{-2}, ...$ abhängt, läßt diese Beziehung erkennen, daß die Invertierung des MA(1)-Prozesses in einen unendlich AR-Prozeß durch die Vorgabe eines Startwertes quasi "abgebrochen" wird. Ist nun $|\theta|$ wesentlich kleiner als Eins, dann wird der Effekt dieses Startwertes schnell abklingen und die bedingte Likelihoodschätzung stellt – bei nicht "zu kurzen" Zeitreihen – eine gute Approximation der unbedingten Likelihoodschätzung dar. Ist jedoch $|\theta|>1$, dann kumuliert der Startwerteffekt mit zunehmendem t, d.h. für einen nicht-invertierbaren MA(1)-Prozeß ist eine bedingte Likelihoodschätzung nicht sinnvoll (Da Gauß-Prozesse durch ihre ersten beiden Momente vollständig bestimmt sind, spielt diese Überlegung für solche Prozesse streng genommen keine Rolle, da man die im Einheitskreis liegenden Wurzeln am Kreis "nach außen" spiegeln kann, ohne die Verteilung der Prozesse zu verändern). Problematisch ist diese Schätzprozedur auch dann, wenn zwar $|\theta|<1$ ist, aber in der "Nähe" von Eins liegt, da in diesem Fall der Startwerteffekt nur langsam abklingt. Allgemein ist für einen MA(q)-Prozeß die bedingte Likelihoodschätzung nur dann sinnvoll, wenn alle Wurzeln von $1+\theta_1z+\theta_2z^2+...+\theta_qz^q=0$ außerhalb des Einheitskreises liegen (vgl. Hamilton 1994, S.128).

Auch für (Gaußsche) MA-Prozesse können exakte Likelihoodfunktionen abgeleitet werden, entweder auf der Basis des Kalman-Filters (vergleiche Kap. XIII.5.2.)

oder einer triangulären Faktorisation der Kovarianzmatrix von $X_1, X_2, ..., X_T$. Darauf soll hier jedoch nicht weiter eingegangen werden (vgl. Hamilton 1994, S.128 f.).

Bei einem ARMA(p,q)-Prozeß

$$X_t = c + \varphi_1 X_{t-1} + \varphi_2 X_{t-2} + ... + \varphi_p X_{t-p} + \varepsilon_t + \theta_1 \varepsilon_{t-1} + \theta_2 \varepsilon_{t-2} + ... + \theta_q \varepsilon_{t-q}$$

mit $\varepsilon_t \sim N(0;\sigma^2)$ lautet der zu schätzende Parametervektor $\boldsymbol{\theta} = (c, \varphi_1, \varphi_2, ..., \varphi_p, \theta_1, \theta_2, ..., \theta_q, \sigma^2)'$. Um nun die bedingte Likelihoodfunktion ableiten zu können, müssen Startwerte sowohl für die Beobachtungswerte x_t als auch für die ε_t vorgegeben werden. Diese seien in den Vektoren $\mathbf{x}_0 = (x_0, x_{-1}, ..., x_{1-p})'$ und $\boldsymbol{\varepsilon}_0 = (\varepsilon_0, \varepsilon_{-1}, ..., \varepsilon_{1-q})'$ zusammengefaßt. Dann kann die Folge $\varepsilon_1, \varepsilon_2, ..., \varepsilon_T$ iterativ aus

$$\varepsilon_t = X_t - c - \varphi_1 X_{t-1} - \varphi_2 X_{t-2} - ... - \varphi_p X_{t-p} - \theta_1 \varepsilon_{t-1} - \theta_2 \varepsilon_{t-2} - ... - \theta_q \varepsilon_{t-q}$$

berechnet werden für t=1,2,...,T. Die bedingte (logarithmierte) Likelihoodfunktion lautet dann (vgl. Hamilton 1994, S.132):

$$L(\boldsymbol{\theta}) = \log f_{X_T, X_{T-1}, ..., X_1 | \mathbf{x}_0, \boldsymbol{\varepsilon}_0}(x_T, x_{T-1}, ..., x_1 | \mathbf{x}_0, \boldsymbol{\varepsilon}_0; \boldsymbol{\theta})$$

$$= -\frac{T}{2}\log(2\pi) - \frac{T}{2}\log(\sigma^2) - \sum_{t=1}^{T} \frac{\varepsilon_t^2}{2\sigma^2}$$

Es stellt sich nun die Frage, wie die Startwerte festgelegt werden sollen. Eine naheliegende Möglichkeit ist die, sie analog zu einem reinen AR- bzw. einem reinen MA-Prozeß festzulegen: Man startet die obige Iteration beim Zeitpunkt t=p+1, d.h. man benützt die Zeitreihenwerte $x_1, x_2, ..., x_p$ als Startwerte für die Beobachtungswerte und setzt $\varepsilon_p = \varepsilon_{p-1} = ... = \varepsilon_{p-q+1} = 0$. Die bedingte Likelihoodfunktion lautet in diesem Fall:

$$\log f(x_T, ..., x_{p+1} | x_p, ..., x_1, \varepsilon_p = 0, ..., \varepsilon_{p-q+1} = 0)$$

$$= -\frac{T-p}{2}\log(2\pi) - \frac{T-p}{2}\log(\sigma^2) - \sum_{t=p+1}^{T} \frac{\varepsilon_t^2}{2\sigma^2}$$

Wie bei MA-Prozessen sollte die bedingte Likelihoodschätzung nur dann verwendet werden (vgl. aber dazu die Ausführungen auf der letzten Seite), wenn die Wurzeln von $1 + \theta_1 z + \theta_2 z^2 + ... + \theta_q z^q = 0$ außerhalb des Einheitskreises liegen (vgl. Hamilton 1994, S.132). Eine andere Möglichkeit besteht darin, die obige Iteration im Zeitpunkt t=1 zu starten und die Startwerte $\mathbf{x}_0$ "aus dem Modell heraus" zu bestimmen. Die dieser Bestimmung zugrundeliegende Idee ist einfach: Eine wichtige Funktion von Zeitreihenmodellen (vor allem in der Praxis) ist in der Prognose zukünftiger Reihenwerte zu sehen. Invertiert man nun eine Zeitreihe, dann läuft eine Prognose auf eine "Vorhersage" der unbekannten Werte in $\mathbf{x}_0$ hinaus. Diese Art von Prognose wurde von Box/Jenkins als *back-Forecasting* oder kurz als *backcasting* bezeichnet. An Stelle eines *"vorwärtslaufenden"* ARMA-Prozesses wird also zu diesem Zweck ein *"rückwärtslaufender"* ARMA-Prozeß betrachtet. Beide Prozesse haben auf Grund der Stationarität die gleiche Autokovarianz- bzw. Autokorrelationsstruktur. Mit Hilfe des rückwärtslaufenden Prozesses ist es möglich, gestützt auf die Werte $x_T, x_{T-1}, ..., x_1$ Reihenwerte x_t für $t \leq 0$ zu bestimmen. Für Einzelheiten sei auf Schlittgen/Streitberg 1994, S.282 verwiesen.

Bei hinreichend langen Reihen kann in allgemeinen davon ausgegangen werden, daß sich Schätzungen, die alternativ mit obigen Startwertfestlegungen arbeiten, nur geringfügig, wenn überhaupt, unterscheiden. In der folgenden Abbildung ist eine Realisation der Länge T=100 eines ARMA(1,1)-Prozesses mit den Parametern $\varphi = 0.9$ und $\theta = -0.7$ wiedergegeben:

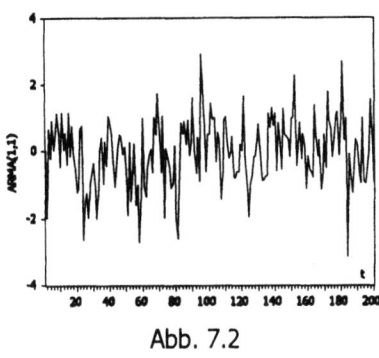

Abb. 7.2

Mit der ersten der beiden Schätzalternativen ergeben sich die Schätzwerte $\hat{\varphi} = 0.825$, $\hat{\theta} = -0.623$ und mit der zweiten $\hat{\varphi} = 0.824$, $\hat{\theta} = -0.624$, also praktisch identische Schätzungen. Verkürzt man die Reihe auf 30 Werte, dann erhält man $\hat{\varphi} = 0.887$ und $\hat{\theta} = -0.595$ bzw. $\hat{\varphi} = 0.892$ und $\hat{\theta} = -0.607$.

Für Likelihoodschätzer lassen sich Aussagen über die *Genauigkeit* der Schätzungen machen, d.h. über die (geschätzte) Varianz der geschätzten Parameter. Diese Informationen sind in der Hauptdiagonalen der *Varianz-Kovarianz-Matrix* der Schätzer enthalten. Auf eine explizite Darstellung dieser Matrix sei hier verzichtet (vgl. dazu Hamilton 1994, S.143). Mit Hilfe dieser Informationen können *Signifikanztests* durchgeführt werden, wobei die wichtigste Nullhypothese die Hypothese ist, daß ein Parameter gleich Null ist. Unter der Voraussetzung, daß die ε_t normalverteilt sind, ist der Quotient aus Schätzwert und seiner (geschätzten) Standardabweichung (=Wurzel aus der geschätzten Varianz) approximativ normalverteilt. Diese Quotienten werden in Programmpaketen in der Regel als t-Werte bezeichnet. Bei einem Signifikanzniveau von z.B. 5% ist der Wert $|t| = 2$ (*Faustregel*) der kritische Wert, d.h. ist der realisierte t-Wert (absolut) größer als 2, dann kann diese Nullhypothese verworfen werden. Im vorigen Beispiel sind die beiden t-Werte 15.05 (für $\hat{\varphi}$) und -7.54 (für $\hat{\theta}$) bzw. 14.94 und -7.95. Beide Prozeß-Parameter sind also auf Grund beider Schätzungen als signifikant von Null verschieden einzustufen.

Die bisher besprochenen Schätzprozeduren bezogen sich auf ARMA-Prozesse. Sie können jedoch auch bei *ARIMA*-Prozessen *nach* Differenzenbildung eingesetzt werden, da ja dabei davon ausgegangen wird, daß eine *differenzierte* Reihe als Realisation eines stationären Prozesses verstanden werden kann. Dabei ist nur zu beachten, daß sich der Stichprobenumfang von T auf T-d *verringert*, wobei d der Grad der Differenzenbildung ist.

VII.2. Parameterschätzung vektorieller Prozesse

Die Parameterschätzung *vektorieller* ARMA-Prozessen weist viele Parallelen zur Parameterschätzung univariater Prozesse auf. Am einfachsten gestalten sich die Parameterschätzungen bei VAR-Prozessen

$$\mathbf{x}_t = \mathbf{c} + \mathbf{\Phi}_1 \mathbf{x}_{t-1} + \mathbf{\Phi}_2 \mathbf{x}_{t-2} + \ldots + \mathbf{\Phi}_p \mathbf{x}_{t-p} + \mathbf{\varepsilon}_t$$

mit

$$E(\mathbf{\varepsilon}_t \mathbf{\varepsilon}'_{t-h}) = \begin{cases} \mathbf{\Sigma}, & h = 0 \\ \mathbf{0}, & h \neq 0 \end{cases}$$

Nebst dem Konstantenvektor $\mathbf{c}$ sind die Elemente der Matrizen $\mathbf{\Phi}_1, \mathbf{\Phi}_2, \ldots, \mathbf{\Phi}_p$ sowie der Kovarianzmatrix $\mathbf{\Sigma}$ zu schätzen. Wie beim univariaten AR(p)-Prozeß resultiert die einfachste Schätzprozedur aus einem bedingten Likelihood-Ansatz – multivariate Normalverteilung der ε_t vorausgesetzt – bei dem die $(n \times 1)$-Vektoren $\mathbf{x}_1, \mathbf{x}_2, \ldots, \mathbf{x}_p$ als nicht-stochastisch angesehen werden. Die Maximierung der sich aus diesem Ansatz ergebenden Likelihoodfunktion

$$L = - (Tn/2)\log(2\pi) + (T/2)\log|\Sigma^{-1}|$$
$$- (1/2) \sum_{t=p+1}^{T} (\mathbf{x}_t - \mathbf{\Pi}'\mathbf{x}_t)'\Sigma^{-1}(\mathbf{x}_t - \mathbf{\Pi}'\mathbf{x}_t)$$

mit der $[n\times(np+1)]$-Matrix

$$\mathbf{\Pi}' = [\mathbf{c}\ \mathbf{\Phi}_1\ \mathbf{\Phi}_2\ \dots\ \mathbf{\Phi}_p]$$

ist gleichbedeutend mit einer OLS-Schätzung jeder einzelnen Gleichung des VAR-Prozesses, d.h. X_{it} $(i=1,2,\dots,n)$ wird regressiert auf eine Konstante, auf $X_{i,t-1}, X_{i,t-2}, \dots, X_{i,t-p}$ und auf alle $X_{j,t-1}, X_{j,t-2}, \dots, X_{j,t-p}$, $j\neq i$ (vgl. dazu Hamilton 1994, S.292 f.). Für die Matrix Σ ergibt sich aus der bedingten Likelihoodfunktion der Schätzer

$$\hat{\Sigma} = \frac{1}{T-p}\sum_{t=p+1}^{T}\hat{\varepsilon}_t\hat{\varepsilon}_t', \quad \text{mit}\quad \hat{\varepsilon}_t = \mathbf{x}_t - \hat{\mathbf{c}} - \hat{\mathbf{\Phi}}_1\mathbf{x}_{t-1} - \dots - \hat{\mathbf{\Phi}}_p\mathbf{x}_{t-p}$$

d.h. in der Hauptdiagonale dieser Matrix stehen die (gemittelten) quadrierten OLS-Residuen der einzelnen Gleichungen und in Zeile i, Spalte j die (gemittelten) Produkte der OLS-Residuen aus Gleichung i und Gleichung j (vgl. Hamilton 1994, S.296):

$$\hat{\sigma}_i^2 = \frac{1}{T-p}\sum_{t=p+1}^{T}\hat{\varepsilon}_{it}^2, \quad \hat{\sigma}_{ij} = \frac{1}{T-p}\sum_{t=p+1}^{T}\hat{\varepsilon}_{it}\hat{\varepsilon}_{jt}$$

Sind die Parametermatrizen $\mathbf{\Phi}_i$, $i=1,2,\dots,p$ eines VAR-Prozesses geschätzt, dann können die $\mathbf{\Psi}$-Matrizen für seine MA-Darstellung bestimmt werden, denn es ist (vgl. dazu die Ausführungen in Kap. VI.2.):

$$\mathbf{\Psi}_j = \mathbf{\Phi}_1\mathbf{\Psi}_{j-1} + \mathbf{\Phi}_2\mathbf{\Psi}_{j-2} + \dots + \mathbf{\Phi}_p\mathbf{\Psi}_{j-p}, \quad j=1,2,\dots, \quad \mathbf{\Psi}_j = \mathbf{0} \text{ für } j<0$$

Wenn die Kovarianzmatrix Σ geschätzt ist, kann sie trianguliär faktorisiert bzw. Cholesky-zerlegt werden. Somit können die *geschätzten* Impulsantwortfunktionen abgeleitet werden. Eine *analytische* Bestimmung der *Standardfehler* der geschätzten Impulsantwortfunktionen ist nur asymptotisch möglich und ziemlich kompliziert. Deshalb sei auf eine Darstellung hier verzichtet und auf Hamilton 1994, S.336 ff. verwiesen. Statt auf analytischem Weg können diese aber auch *experimentell*, d.h. durch *bootstrapping*, hergeleitet werden. Vorteilhaft ist dabei, daß dazu für die ε_t keine spezielle Verteilung postuliert werden muß. Die Vorgehensweise ist etwa folgende: Nach Schätzung eines VAR-Prozesses können nun die entsprechenden T-p Residuenvektoren $(\hat{\varepsilon}_{p+1}, \hat{\varepsilon}_{p+2}, \dots, \hat{\varepsilon}_T)$ berechnet werden. Daraus wird nun ein Residuenvektor zufällig ausgewählt (Auswahlwahrscheinlichkeit 1/(T-p) für jeden Vektor), der mit $\mathbf{v}_{p+1}^{(1)}$ bezeichnet werde. Damit werden künstliche Daten erzeugt mit Hilfe der geschätzten $\mathbf{\Phi}$-Matrizen gemäß:

$$\mathbf{x}_{p+1}^{(1)} = \hat{\mathbf{c}} + \hat{\mathbf{\Phi}}_1\mathbf{x}_p + \hat{\mathbf{\Phi}}_2\mathbf{x}_{p-1} + \dots + \hat{\mathbf{\Phi}}_p\mathbf{x}_1 + \mathbf{v}_{p+1}^{(1)}$$

Eine *zweite* Ziehung liefert den Residuenvektor $\mathbf{v}_{p+2}^{(2)}$, der mit dem erstgezogenen identisch sein kann (es wird also *mit Zurücklegen* gezogen). Damit werden künstliche Daten für den Zeitpunkt t=p+2 erzeugt:

$$\mathbf{x}_{p+2}^{(1)} = \hat{\mathbf{c}} + \hat{\mathbf{\Phi}}_1\mathbf{x}_{p+1}^{(1)} + \hat{\mathbf{\Phi}}_2\mathbf{x}_p + \dots + \hat{\mathbf{\Phi}}_p\mathbf{x}_2 + \mathbf{v}_{p+2}^{(2)}$$

Fährt man auf diese Weise fort, dann kann man insgesamt "Daten" für die Zeitpunkte t=p+1,p+2,...,T erzeugen. Schätzt man Hilfe dieser ein VAR-Modell, dann können aus den geschätzten $\mathbf{\Phi}$-Matrizen wie oben $\mathbf{\Psi}$-Matrizen bestimmt werden und daraus Impulsantwortfunktionen. Wiederholt man diese Prozedur sehr oft, z.B.

10 000 mal, dann kann man für die so gewonnenen Impulsantwortfunktionen Standardabweichungen und mit ihrer Hilfe Konfidenzintervalle berechnen. Das Programmpaket EVIEWS z.B. bietet diese Möglichkeit.

Für den in Kap. VI. betrachteten VAR-Prozeß

$$X_{1t} = -0.5X_{1,t-1} - X_{2,t-1} + \varepsilon_{1t}$$
$$X_{2t} = 0.1X_{1,t-1} + 0.4X_{2,t-1} + \varepsilon_{2t}$$

seien zunächst kontemporär *unkorrelierte* Störterme vorausgesetzt. Mit (hier nicht wiedergegebenen) Realisationen dieses VAR-Prozesses erhält man mit EVIEWS folgende Parameterschätzungen:

```
Standard errors & t-statistics in parantheses
              X1                  X2
X1(-1)  -0.565286            0.216695
         (0.05114)           (0.06073)
        (-11.0539)           (3.10782)


X2(-1)  -0.978444            0.374305
         (0.05275)           (0.07192)
        (-18.5503)           (5.20478)
```

Mit den in Kap. VI., Abb. 6.1 abgebildeten Realisationen dieses VAR-Prozesses (die Störterme sind dort *korreliert*) liefert EVIEWS die Parameterschätzungen:

```
Standard errors & t-statistics in parantheses
              X1                  X2
X1(-1)  -0.468885            0.115465
         (0.03354)           (0.03503)
        (-13.9784)           (3.29649)


X2(-1)  -0.935681            0.490088
         (0.04751)           (0.04961)
        (-19.6928)           (9.87785)
```

In beiden Fällen erweisen sich die geschätzten Parameter als signifikant von Null verschieden. Die geschätzten Impulsantwortfunktionen für den Fall unkorrelierter Störvariablen mit der Reihenfolge X_1, X_2 bzw. X_2, X_1 sind in den nachfolgenden Plots (jeweils mit zugehörigem 95%-Konfidenzintervall) wiedergegeben:

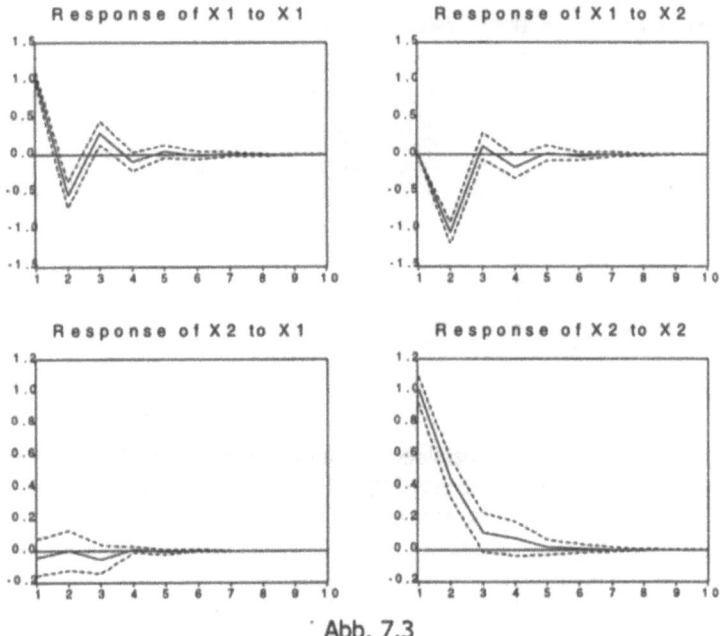

Abb. 7.3

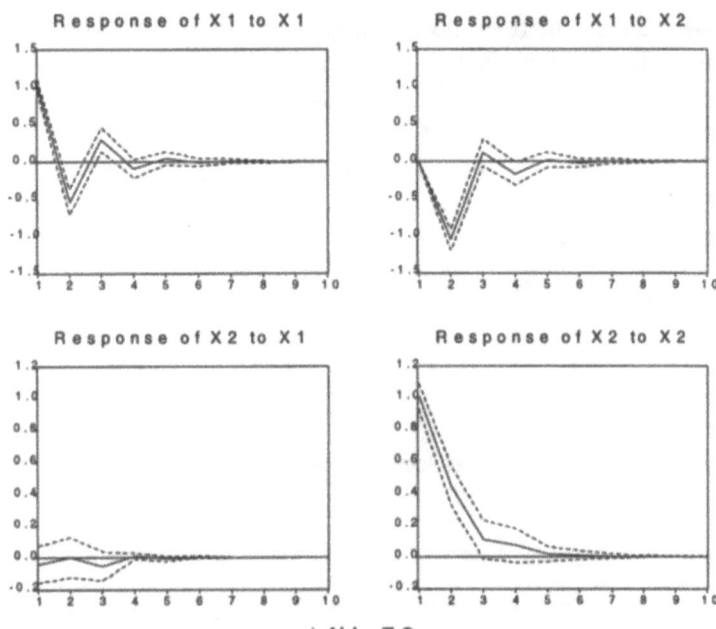

Abb. 7.3

Wie diese Graphiken zeigen, ist der Verlauf der geschätzten Impulsantwortfunktionen praktisch unabhängig von der Reihenfolge der Variablen. Daß sie nicht völlig identisch sind, hängt damit zusammen, daß nicht die theoretische Kovarianzmatrix der Störterme (also die Einheitsmatrix) faktorisiert wird, sondern eine geschätzte Kovarianzmatrix, die natürlich von der Einheitsmatrix etwas abweicht. Im Falle korrelierter Störterme zeigen sich dagegen deutlich unterschiedliche Verläufe der geschätzten Impulsantwortfunktionen in Abhängigkeit von der Reihenfolge der beiden Gleichungen, wie aus den folgenden Graphiken deutlich wird:

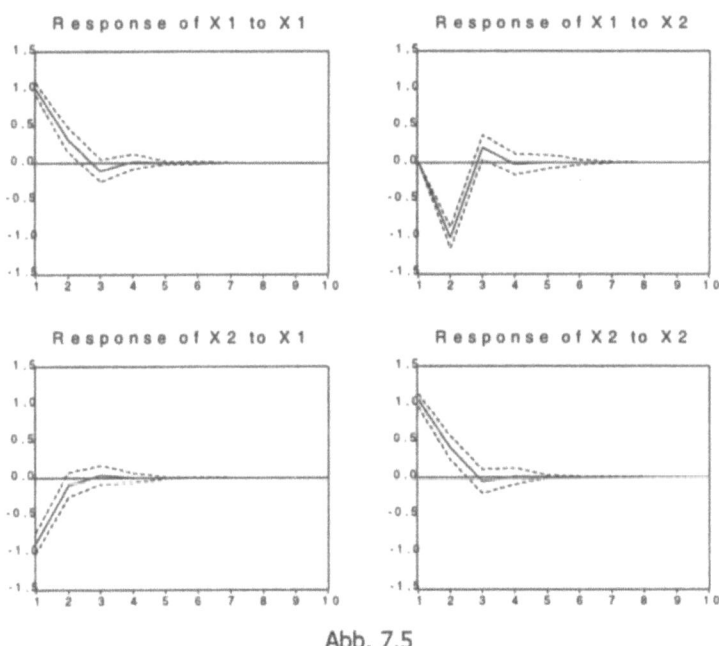

Abb. 7.5

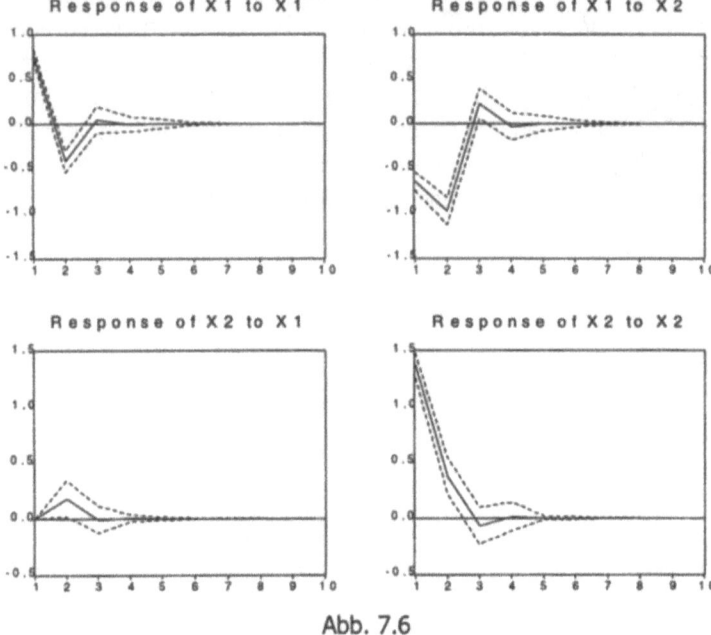

Abb. 7.6

VIII. Identifikation stochastischer Prozesse

Bei den bisherigen Ausführungen zu univariaten und multivariaten stochastischen Prozessen wurde davon ausgegangen, daß der *Prozeßtyp* jeweils bekannt war. Insbesondere wurden bei der Darstellung der Schätzprobleme die *Prozeßordnungen* p und q bzw. p,d,q als bekannt vorausgesetzt. Dies ist natürlich in der Praxis nicht der Fall. Deshalb sind Werkzeuge notwendig, mit Hilfe derer entschieden werden kann, von welchem Prozeßtyp und welcher Prozeßordnung im konkreten Fall auszugehen ist. Die Festlegung von Prozeßtyp und Prozeßordnung wird als *Identifikation* bezeichnet, wobei dieser Begriff hier als TS-Identifikation zu verstehen ist (zu diesem Begriff vgl. die Ausführungen in Kap. VI.1.). Im folgenden sollen nun die wichtigsten Identifikationswerkzeuge dargestellt werden.

VIII.1. Identifikation univariater ARMA- und ARIMA-Prozesse

Die Identifikation gestaltet sich am einfachsten, wenn "reine" Prozeßtypen vorliegen, also entweder AR(p) oder MA(q)-Prozesse. Diese Prozesse können an Hand ihrer Autokorrelationsfunktion voneinander unterschieden werden: Während diese bei AR-Prozessen unendlich lang ist, ist sie bei MA-Prozessen identisch gleich Null für alle lags, die größer sind als die Prozeßordnung q. Allerdings gilt dieser Unterschied nur für die (im allgemeinen unbekannte) *theoretische* Autokorrelationsfunktion. Für die *geschätzte* Autokorrelationsfunktion ist nicht zu erwarten, daß sie für alle lags h>q *exakt* gleich Null ist, wohl aber, daß sie für diese lags Werte aufweist, die "dicht" bei Null liegen, oder anders ausgedrückt, die sich nicht "signifikant" von Null unterscheiden. Die erforderlichen Signifikanztests können mit Hilfe der in Kap. VII.1.1. dargestellten Varianzapproximation nach Bartlett durchgeführt werden.

Betrachten wir dazu ein Beispiel, bei dem wir sowohl den Prozeßtyp als auch die Prozeßordnung kennen. Dazu wählen wir als Zeitreihe, die in Kap. V.4.3. (Abb. 5.11) dargestellte Realisation des MA(2)-Prozesses:

$$X_t = \varepsilon_t + 0.2\varepsilon_{t-1} + 0.4\varepsilon_{t-2}$$

Seine *theoretische* Autokorrelationsfunktion lautet: $\rho(1)=0.23$, $\rho(2)=0.33$ und $\rho(h)=0$ für h>2. Die *geschätzte* Autokorrelationsfunktion ist in Abb. 8.1 wiedergegeben. Es ist $\hat{\rho}(1)=0.289$, $\hat{\rho}(2)=0.347$, $\hat{\rho}(3)=0.100$ usw. Die beiden gestrichelt eingezeichneten Konfidenzgrenzen sind die Grenzen für ein Konfidenzniveau von 0.95 (oder ein Signifikanzniveau von 0.05), welche sich auf Grund der Bartlett-Approximation und der in Kap. VII.1.1. erwähnten approximativen Normalität der $\hat{\rho}(h)$ ergeben. Offensichtlich liegen nur $\hat{\rho}(1)$ und $\hat{\rho}(2)$ außerhalb der Konfidenzgrenzen, was ein Indiz für einen MA(2)-Prozeß darstellt. Schätzt man die beiden Koeffizienten dieses Prozesses, so erhält man die Schätzwerte $\hat{\theta}_1 = 0.202$ und $\hat{\theta}_2 = 0.398$ mit den t-Werten 3.07 und 6.05. Beide geschätzte Koeffizienten liegen dicht an den wahren Parameterwerten und sind natürlich signifikant von Null verschieden.

Da die theoretische Autokorrelationsfunktion eines AR-Prozesses unendlich lang ist und diese Eigenschaft ebenfalls auf die geschätzte Funktion "durchschlägt", eignet sich diese prinzipiell nicht zur Identifikation und Ordnungsbestimmung für AR-Prozesse, denn ein zur Ordnungsbestimmung geeignetes *Abbruchkriterium* läßt sich damit nicht formulieren. Dafür eignet sich jedoch eine andere Korrelationsfunktion, die wir bisher nicht betrachtet haben, nämlich die *partielle Autokorrelationsfunktion*, die auf Überlegungen beruht, wie sie auch sonst in der Statistik auftreten:

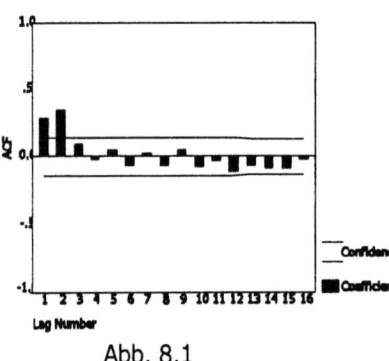
Abb. 8.1

Es seien beispielsweise X und Y Zufallsvariablen, die beide mit der Zufallsvariablen Z korrelieren. Um die Korrelation von X und Y bestimmen zu können, muß der Einfluß von Z auf X *und* Y eliminiert (*"auspartialisiert"*) werden. Dies leistet der *partielle Korrelationskoeffizient*:

$$\rho(X,Y|Z) = \frac{\rho(X,Y) - \rho(X,Z)\rho(Y,Z)}{[1-\rho^2(X,Z)]^{1/2}[1-\rho^2(Y,Z)]^{1/2}}$$

Überträgt man diese Idee auf die Zeitreihenanalyse, dann kann man sagen: Die Korrelation der Zufallsvariablen X_t und X_{t-h} hängt von der Korrelation dieser Variablen mit den Variablen $X_{t-1}, X_{t-2}, ..., X_{t-h+1}$ ab. Die *partielle* Korrelation zwischen X_t und X_{t-h} ist dann diejenige Korrelation, die sich ergibt, wenn der Einfluß dieser "dazwischen liegenden" Variablen auspartialisiert wird.

Betrachten wird dazu ein einfaches Beispiel. Um die partielle Korrelation zwischen X_t und X_{t-2} zu bestimmen, kann obige Formel benützt werden, wenn für X, Y und Z die Variablen X_t, X_{t-2} und X_{t-1} gesetzt werden. Dann ist

$$\rho(X,Y) = \rho(X_t, X_{t-2}) = \rho(2)$$
$$\rho(X,Z) = \rho(X_t, X_{t-1}) = \rho(1)$$
$$\rho(Y,Z) = \rho(X_{t-2}, X_{t-1}) = \rho(1)$$

und damit folgt für die partielle Autokorrelation zwischen X_t und X_{t-2} (d.h. lag 2):

$$\rho(X_t, X_{t-2}|X_{t-1}) = \frac{\rho(2) - \rho^2(1)}{1 - \rho^2(1)}$$

Die Partialautokorrelation läßt sich noch unter einem anderen Aspekt – nämlich unter dem eines Regressionsansatzes – verstehen, der für die Zeitreihenanalyse besonders bequem ist. Zunächst werde die Partialautokorrelation zum lag 1 betrachtet. Bekanntlich gilt im einfachen Regressionsmodell mit einer erklärenden Variablen X und einer abhängigen Variablen Y der folgende Zusammenhang zwischen dem Regressionsparameter b und der Korrelation $\rho(Y,X)$:

$$\rho(Y,X) = \frac{\sqrt{Var(X)}}{\sqrt{Var(Y)}} b$$

Für das Regressionsmodell $X_t = \pi X_{t-1} + a_t$, wobei a_t weißes Rauschen bezeichne, folgt analog

$$\rho(X_t, X_{t-1}) = \frac{\sqrt{Var(X_{t-1})}}{\sqrt{Var(X_t)}} \pi = \pi$$

da auf Grund der Stationarität die beiden Varianzen gleich sind. Die partielle Auto-korrelation zwischen X_t und X_{t-1}, die natürlich gleich der gewöhnlichen Autokorre-lation dieser beiden Variablen ist, da keine weiteren Zeitpunkte zwischen t und t-1 liegen, ist somit gleich dem Regressionsparameter π.

Diese eben eingeführte Regression kann dahingehend interpretiert werden, daß X_t mit Hilfe von X_{t-1} prognostiziert wird. Diese Idee läßt sich nun erweitern. Prognosti-ziert man X_t mit Hilfe von X_{t-1} und X_{t-2}, verwendet man also das Regressionsmo-dell $X_t = \pi_1 X_{t-1} + \pi_2 X_{t-2} + a_t$, dann kann für den Regressionsparameter π_2 geschrieben werden:

$$\pi_2 = \frac{\rho(X_{t-2}, X_t) - \rho(X_{t-1}, X_t)\rho(X_{t-1}, X_{t-2})}{1 - \rho^2(X_{t-1}, X_{t-2})}$$

$$= \frac{\rho(2) - \rho^2(1)}{1 - \rho^2(1)} = \rho(X_t, X_{t-2} | X_{t-1})$$

d.h. der (letzte) Regressionsparameter im Modell ist gleich der partiellen Autokor-relation zum lag 2, wie sie oben auf andere Weise abgeleitet wurde.

Dieser Ansatz läßt sich verallgemeinern. Dazu wird vom Regressionsmodell $X_t = \pi_1 X_{t-1} + \pi_2 X_{t-2} + ... + \pi_h X_{t-h} + a_t$ ausgegangen. Der (letzte) Regressionsparameter π_h ist gleich der partiellen Autokorrelation zwischen X_t und X_{t-h}. Allgemein erhält man die partiellen Autokorrelationen aus den Yule-Walker-Gleichungen:

$$\begin{pmatrix} \rho(1) \\ \rho(2) \\ \cdot \\ \rho(h) \end{pmatrix} = \begin{pmatrix} 1 & \rho(1) & ... & \rho(h-1) \\ \rho(1) & 1 & ... & \rho(h-2) \\ \cdot & \cdot & ... & \cdot \\ \rho(h-1) & \rho(h-2) & ... & 1 \end{pmatrix} \begin{pmatrix} \pi_1 \\ \pi_2 \\ \cdot \\ \pi_h \end{pmatrix}$$

Die Lösung für π_h ergibt die partielle Autokorrelation zum lag h. *Praktisch* kann π_h *rekursiv* aus π_{h-1} mit Hilfe der *Levinson-Durbin-Rekursion* berechnet werden (vgl. dazu Schlittgen/Streitberg 1994, S.196).

Für die Prozesse AR(1), AR(2) und AR(p) erhält man gemäß den obigen Über-legungen die folgenden partiellen Autokorrelationen:

AR(1): $\pi_1 = \rho(1)$, $\pi_h = 0$ für $h > 1$

AR(2): $\pi_1 = \rho(1)$, $\pi_2 = \dfrac{\rho(2) - \rho^2(1)}{1 - \rho^2(1)}$, $\pi_h = 0$ für $h > 2$

...

AR(p): $\pi_h = 0$ für $h > p$

Wichtig ist in vorliegendem Zusammenhang, daß die partielle Autokorrelations-funktion gleich Null ist für alle lags, welche die Prozeßordnung p übersteigen. Damit ist ein Identifikationskriterium für AR-Prozesse gegeben. Für MA-Prozesse ist die partielle Korrelationsfunktion unendlich lang. Dies ist leicht einsichtig, wenn man sich überlegt, daß ein (invertierbarer) MA-Prozeß in einen AR-Prozeß unendlicher Ordnung transformiert werden kann.

Praktisch ist die partielle Autokorrelationsfunktion eines AR-Prozesses unbe-kannt und muß deshalb geschätzt werden. Dies kann dadurch erfolgen, daß bei den Yule-Walker-Gleichungen die theoretischen (gewöhnlichen) Autokorrelationen durch ihre geschätzten ersetzt bzw. diese in den Levinson-Durbin-Rekursionen verwendet werden. Für die Varianz der geschätzten partiellen Autokorrelationen ergibt sich approximativ Var($\hat{\pi}_h$)=1/T für h>p. Ein approximatives 95%-Konfidenzintervall ist demnach durch $\pm 2/\sqrt{T}$ gegeben.

Für den AR(2)-Prozeß $X_t = 0.6X_{t-1} - 0.25X_{t-2} + \varepsilon_t$ aus Kap. V.4.2 und der in der Abbildung 8.2 dargestellten Realisierung (T=200) erhält man die geschätzte partielle Autokorrelationsfunktion in Abb. 8.3:

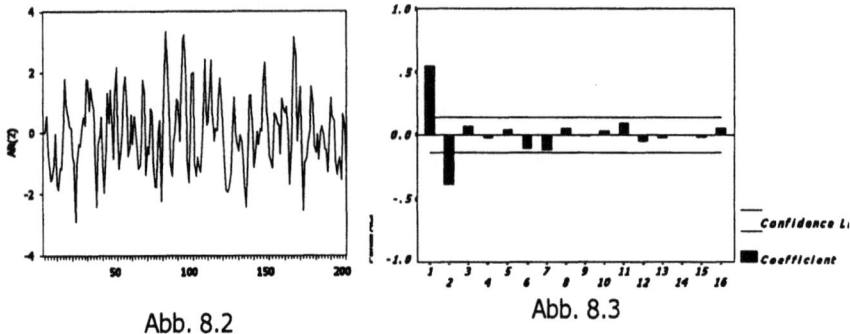

Abb. 8.2   Abb. 8.3

Die theoretischen partiellen Autokorrelationen betragen π_1=0.48, π_2=-0.25 und π_h=0 $\forall$ h>2. Für die geschätzten partiellen Autokorrelationen zum lag 1 und 2 ergeben sich die Werte $\hat{\pi}_1$=0.552 und $\hat{\pi}_2$=-0.393. Nur diese beiden Werte liegen deutlich außerhalb der Konfidenzgrenzen, was (richtigerweise) einen AR(2)-Prozeß indiziert.

Gewöhnliche und partielle (theoretische) Autokorrelationsfunktion verhalten sich hinsichtlich des Prozeßtyps (MA(q)- versus AR(p)-Prozeß) zueinander *dual:* Während die gewöhnliche Autokorrelationsfunktion bei einem MA-Prozeß *endlich* ist (also nach dem lag h=q abbricht), ist sie bei einem AR-Prozeß *unendlich* und verläuft exponentiell oder sinusoidal gedämpft. Hingegen ist die partielle Autokorrelationsfunktion *endlich* bei einem AR-Prozeß (bricht also nach dem lag h=p ab), während sie *unendlich* ist bei einem MA-Prozeß und gedämpft exponentiell oder sinusoidal verläuft. Diese Eigenschaften widerspiegeln prinzipiell die jeweiligen geschätzten Funktionen.

Im Gegensatz zu MA- und AR-Prozessen verläuft die Identifikation von ARMA-Prozessen wesentlich komplexer. Es ist leicht einzusehen, daß für diese Prozesse weder die gewöhnliche noch die partielle Autokorrelationsfunktion in der Regel zu derart eindeutigen Entscheidungskriterien führt, wie dies bei den reinen Prozeßtypen der Fall ist. Beide Korrelationsfunktionen sind nämlich bei ARMA-Prozessen unendlich lang: Die gewöhnliche Autokorrelationsfunktion auf Grund des AR-Anteils und die partielle auf Grund des MA-Anteils. Zwar verschwindet der Einfluß der beiden Anteile jeweils ab einem bestimmten lag: Für alle lags h>q bzw. h>p verläuft die gewöhnliche Autokorrelationsfunktion wie bei einem AR(p)-Prozeß bzw. die partielle wie bei einem MA(q)-Prozeß. Dies führt jedoch nicht unbedingt zu klar erkennbaren Verlaufsmustern, denn diese ergeben sich als Lösungen von Differenzengleichungen, die im allgemeinen Superpositionen von trigonometrischen, exponentiellen und polynomialen Funktionen sind. Weiter ist zu bedenken, daß in der Praxis nie die tatsächlichen Verläufe der beiden Korrelationsfunktionen bekannt

sind, sondern immer nur ihre geschätzten. Diese sind aber (Stichproben-)fehlerbe-
haftet und außerdem *korreliert*. Beides kann zu nicht unerheblichen Verzerrungen
führen, welche ihre theoretischen Verlaufsmuster mehr oder weniger verdecken
können.

Das Identifikationsproblem ist besonders gravierend bei ARMA-Prozessen
"höherer" Ordnung, weniger bei solchen "niedrigerer" Ordnung (d.h. $p \leq 2$, $q \leq 2$), wie
sie z.B. bei der Modellierung ökonomischer Reihen häufig auftreten. In diesen Fällen kann man die "wahre" Ordnung z.B. auch durch Probieren finden, indem man
die beiden Ordnungsparameter sukzessive variiert und das "beste" Modell auswählt.
Dazu sind Kriterien erforderlich, welche die *Modellgüte* beurteilen (z.B. das AIC-Kriterium, siehe weiter unten). Generelle Betrachtungen zur Modellgüte finden sich im
nächsten Kapitel.

Die geschilderte Problematik der Identifikation von ARMA-Prozessen mit Hilfe
der gewöhnlichen und partiellen Autokorrelationsfunktionen war Anlaß zur Entwicklung zusätzlicher Identifikationswerkzeuge, z.B. der *Corner(Ecken)-Methode* von
Beguin, Gourieroux und Montfort 1980. Sie ist eng verwandt mit der *Vektorautokor-*
relation, die auf Streitberg 1982 zurückgeht (siehe auch Schlittgen/Streitberg 1994,
S.311 ff.). Bei beiden sind zur Bestimmung der Ordnungsparameter p und q Muster
in Korrelationstafeln zu interpretieren (für Einzelheiten zu diesen und anderen Identifikationsprozeduren wie der *kleinsten kanonischen Korrelation, R-und S-Kenn-*
größen usw. sei auf Mohr 1984, Paparoditis 1990 und Choi 1996 verwiesen).

Weitere Identifikationsmöglichkeiten ergeben sich, wenn man nicht mehr auf
Korrelationsfunktionen abstellt, sondern auf *globale* Gütemaße, d.h. auf solche,
welche die *Anpassungsgüte (fit)* eines Modells an die Daten (genauer: der vom Modell vorhergesagten an die tatsächlichen Reihenwerte) beurteilen. Der Grundgedan-
ke dabei ist, daß der fit umso besser ist, je kleiner die geschätzte Residualvarianz $\hat{\sigma}_\varepsilon^2$
ist. Diese Residualvarianz hängt aber von der Anzahl der Modellparameter ab: Mit
zunehmender Anzahl von Parametern wird sie kleiner, oder bleibt mindestens
gleich. Würde man nun als alleiniges Selektionskriterium eine möglichst kleine Residualvarianz wählen, so würde man unter konkurrierenden Modellen stets dasjenige
mit der größten Anzahl von Parametern auswählen, was im Widerspruch zum oben
formulierten Sparsamkeitsprinzip stehen würde. Deshalb muß ein Selektionskriterium neben der Residualvarianz noch einen *Strafterm* für die Anzahl der Modellparameter enthalten. Dabei sind verschiedene Möglichkeiten denkbar und in der Tat
unterscheiden sich darin auch die verschiedenen Selektionskriterien. Die drei wichtigsten Kriterien sind das *AIC-Kriterium* (**A**kaikes **I**nformation **C**riterion, Akaike
1978), das *BIC-Kriterium* (**B**ayesian **I**nformation **C**riterion) oder *Schwarz-Kriterium*
(nach Schwarz 1978) sowie das *HQ- oder Hannan-Quinn-Kriterium* (nach Hannan-
Quinn 1979). Im einzelnen lauten diese Kriterien:

$$AIC(p,q): = \ln \hat{\sigma}^2_{\varepsilon(p,q)} + 2\frac{p+q}{T}$$

$$BIC(p,q): = \ln \hat{\sigma}^2_{\varepsilon(p,q)} + \frac{(p+q)\ln T}{T}$$

$$HQ(p,q): = \ln \hat{\sigma}^2_{\varepsilon(p,q)} + \frac{2(p+q)\ln(\ln T)}{T}$$

(Um die Abhängigkeit der geschätzten Residualvarianz von der Anzahl der Parameter zum Ausdruck zu bringen, wird diese zusätzlich mit (p,q) indiziert). Neben diesen Kriterien existiert noch eine Anzahl weiterer, die aber bisher praktisch weniger bedeutsam geworden sind (für entsprechende Literaturhinweise sei auf Schlittgen/Streitberg 1994, S.335 verwiesen).

Benützt man eines dieser Kriterien, dann wählt man diejenigen Modellordnungen p und q, für welche das gewählte Kriterium *minimal* wird.

Da a priori nicht anzunehmen ist, daß alle drei Kriterien im konkreten Fall zum gleichen Resultat führen, stellt sich die Frage, welches dieser Kriterien präferiert werden soll. Aus Simulationsstudien ist bekannt, daß AIC die Modellordnung eher *überschätzt*, also zu Modellen mit zu vielen Parametern führt (vgl. z.B. das Simulationsexperiment bei Schlittgen/Streitberg 1994, S.339). Dafür läßt sich auch eine theoretische Begründung geben: Es läßt sich zeigen, daß AIC nicht konsistent ist (weder schwach noch stark, zur Definition dieser Begriffe siehe Schlittgen/Streitberg 1994, S.340), aber sowohl BIC als auch HQ (stark) konsistent sind. Dies bedeutet inhaltlich, daß für hinreichend großes T diese beiden Selektionskriterien die wahre Modellordnung (p,q) praktisch sicher finden. Deshalb dürften BIC und HQ gegenüber AIC vorzuziehen sein.

Bei den bisherigen Ausführungen wurde stets von nicht-saisonalen Prozessen ausgegangen. Für (rein) saisonale AR- und MA-Prozesse gelten die obigen Überlegungen analog: Die geschätzte partielle Autokorrelationsfunktion weist auf einen saisonalen AR-Prozeß der Ordnung P hin, falls diese nur für die lags S,2S,...,PS signifikant von Null verschieden ist. Entsprechend indiziert eine geschätzte Autokorrelationsfunktion einen MA-Prozeß der Ordnung Q, falls diese nur für die lags S,2S,..., QS signifikant von Null verschieden ist.

Bei ARMA(p,q)×(P,Q)$_S$-Prozessen dagegen ist eine Identifikation wesentlich schwieriger. Insbesondere ergeben sich kompliziertere Verlaufsformen für beide Korrelationsfunktionen als bei den reinen Modelltypen, vor allem bei höheren Prozeßordnungen. Für Einzelheiten dazu siehe Granger/Newbold 1977, S.95 ff. sowie Box/Jenkins 1976, A9.1. Für einen Überblick über verschiedene Selektionstechniken siehe Shibata 1985.

Bei der Identifikation von ARIMA-Prozessen ergibt sich als zusätzlich neuer Gesichtspunkt nur die Festlegung des Grades d der Differenzenbildung. Erfahrungsgemäß kommt man z.B. bei ökonomischen Reihen in den weitaus meisten Fällen mit d=1, d.h. einer einfachen Differenzenbildung, aus. Bei saisonalen ARIMA-Prozessen ist außerdem D, d.h. der Grad der saisonalen Differenzenbildung, zu bestimmen. Auch hier zeigt die Erfahrung, daß in der Regel D=1 genügt. Im allgemeinen kann man sagen, daß ziemlich selten ein d>1 bzw. ein D>1 erforderlich sind.

Daß Differenzenbildung notwendig ist, kann man häufig schon aus dem Plot einer Zeitreihe ersehen, insbesondere bei ökonomischen Reihen, die ja meistens einen (positiven oder negativen) Trend aufweisen (für eine mehr formale Überprüfung der Hypothese, ob eine Zeitreihe integriert ist, mittels sogenannter *unit-root*-Tests sei auf Kap. XVIII. verwiesen). Bei unterjährigen Reihen zeigt der Plot eine vorhandene saisonale Komponente häufig so deutlich, daß eine saisonale Differenzenbildung naheliegt. Abgesehen von diesen "optischen Indikatoren", sind sehr langsam abklingende (geschätzte) Korrelationsfunktionen als Indiz für eine notwendige Differenzenbildung (einfacher und bzw. oder saisonaler Art) zu werten.

Schließlich sei noch angemerkt, daß *Überdifferenzierung*, d.h. Wahl zu hoher Differenzenordnungen, vermieden werden sollte. Zwar sind Differenzen von stationären Prozessen wiederum stationär, aber durch die Differenzenbildung könnten die Autokorrelationsstrukturen unnötigerweise verkompliziert werden. Das kann schon an einem ganz einfachen Beispiel gezeigt werden. Nehmen wir an, es sei $X_t = \varepsilon_t$, also weißes Rauschen, dann ergibt eine Differenzenbildung den Prozeß $Y_t = \varepsilon_t - \varepsilon_{t-1}$, d.h. einen MA(1)-Prozeß, der zudem nicht invertierbar ist. Außerdem führt diese unnötige Differenzenbildung auch noch zu einer zusätzlichen Varianzerhöhung: während $\mathrm{Var}(X_t) = \sigma_\varepsilon^2$ ist, ist $\mathrm{Var}(Y_t) = 2\sigma_\varepsilon^2$ (für weitere Beispiele siehe Abraham/Ledolter 1983, S.233 ff.).

Verglichen mit der Schätzphase ist die Identifikationsphase bei ARMA- und ARIMA-Prozessen als wesentlich schwieriger einzustufen. Neben Sachkenntnis und Erfahrung ist ein gewisses "Fingerspitzengefühl" erforderlich. Mindestens galt das uneingeschränkt bis vor einigen Jahren. Seither wurde eine Reihe von *automatischen* Identifikationsprozeduren entwickelt, statistische Expertensysteme, die den rationalen Prozeß der Identifikation durchlaufen, wobei die hier erwähnten Identifikationswerkzeuge (und evtl. noch weitere) in (meist) kombinierter Form verwendet werden. Über solche Expertensysteme verfügen z.B. die Programmpakete AIDA, AUTOBOX PLUS, FORECAST PRO, SCA, TRAMO. Die bisher gemachten Erfahrungen lassen den Schluß zu, daß im allgemeinen die automatische Identifikation mindestens so gute Resultate bringt, wie die bisherigen relativ zeitaufwendigen "von-Hand"-Identifikationen erfahrener Analytiker. Insbesondere, wenn innerhalb kurzer Zeit sehr viele Reihen zu identifizieren sind, ist der Einsatz automatischer Identifikationsprozeduren praktisch unverzichtbar (z.B. sind bei der Eidgenössischen Zollverwaltung/Oberzolldirektion in Bern monatlich ca. 14 000 Zeitreihen zu identifizieren und modellieren).

Zur Identifikation stochastischer Prozesse ist generell anzumerken, daß eigentlich alle dafür einsetzbaren Werkzeuge als Instrumente einer *explorativen Datenanalyse* zu verstehen sind, d.h. man gewinnt mit ihnen *Hypothesen* über die Ordnung der ARMA- bzw. ARIMA-Modelle. Nicht selten zeigt es sich dabei, daß für eine konkrete Zeitreihe durchaus *mehrere* Modellkandidaten in Betracht kommen. Möglicherweise gelingt es dann in der anschließenden Phase der *Modell-Diagnose* (siehe weiter unten) ein "bestes" Modell zu finden. Aber auch das ist nicht immer völlig sicher und konkurrierende Modelle können sich z.B. auch unter dem praktisch wichtigen Aspekt der Prognose als durchaus gleichwertig erweisen.

Betrachten wir nun einige Beispiele zur Identifikation, die alle *automatisch* mit Hilfe von AUTOBOX PLUS Version 4.0 erstellt wurden. Beginnen wir mit der Reihe *Passagiere* aus Kap. I., Beispiel 10. Nach Bildung 1. und 12. Differenzen ergibt sich rein optisch der Eindruck einer reinen Zufallsreihe, was allerdings nicht zutrifft, denn Box/Jenkins identifizierten für die (logarithmierte) Airline-Reihe ein $(0,1,1)$ $(0,1,1)_{12}$-Modell. Dagegen identifiziert das Programm AUTOBOX für die *Originalreihe* ein $(1,0,0) \times (0,1,0)_{12}$-Modell mit der geschätzten Modellgleichung:

$$(1 - 0.747B)(1 - B^{12})X_t = 2.0836 + \hat{\varepsilon}_t$$

Hier wird nur einmal - und zwar saisonal - differenziert. Hier sei noch angemerkt, daß AUTOBOX die Möglichkeit bietet, eine im Zeitablauf sich verändernde Varianz bei der Parameterschätzung zu berücksichtigen. Dabei wird Reihenwerten, die in Zeitintervallen mit "erhöhter" Varianz liegen, ein kleineres Gewicht zugeordnet als Reihenwerten aus Zeitintervallen mit "kleinerer" Varianz bzw. solchen aus Intervallen mit "normaler" Varianz. Auf Einzelheiten soll hier nicht eingegangen werden. Für die Reihe *Passagiere* erhält man mit dieser Option das geschätzte Modell:

$$(1 - 0.801B)(1 - B^{12})X_t = 1.246 + \hat{\varepsilon}_t$$

Wie in Kap. V.4.5.3 erwähnt wurde, votiert Franses für die (logarithmierte) Airline-Reihe auf Grund der Resultate von saisonalen unit-root-Tests für deterministische anstelle von stochastischer Saisonalität (vgl. Tabelle 7 in Franses 1991, S.205), was zu folgendem geschätzten Modell führt:

$$(1 + 0.273B)(1 - B)\ln(X_t) = 0.097 - 0.038D_1 - 0.092D_2 + 0.051D_3 - 0.088D_4$$
$$- 0.109D_5 + 0.032D_6 + 0.044D_7 - 0.697D_8 - 0.211D_9$$
$$- 0.260D_{10} - 0.263D_{11} + \hat{\varepsilon}_t$$

(vgl. Franses 1991, Tabelle 8, S.206) Für dieses Modell kann Franses eine gewisse, wenn auch nicht sehr ausgeprägte prognostische Überlegenheit gegenüber dem ursprünglichen $(0,1,1) \times (0,1,1)_{12}$-Box/Jenkins-Modell nachweisen (vgl. Franses 1991, Tabelle 10, S.207). Für die Reihe *Sonnenflecken* (Kap. I., Bsp. 9) erhält man den AR(3)-Prozeß

$$(1 - 1.6029B + 0.980B^2 - 0.192B^3)X_t = 7.6 + \hat{\varepsilon}_t$$

und für die Reihe *Temperaturen* (Kap. I., Beispiel 5) den $(2,0,0)(1,1,1)_{12}$-Prozeß:

$$(1 - 0.256B - 0.078B^2)(1 + 0.356B^{12})(1 - B^{12})X_t = (1 - 0.636B^{12})\hat{\varepsilon}_t$$

Offensichtlich dominieren hier die saisonalen Modellteile, was bei dieser Reihe natürlich nicht verwunderlich ist. Schließlich ergibt sich für die Reihe *Einzelhandelsumsätze* (Kap. I., Beispiel 6) ebenfalls ein relativ komplizierter Prozeß, nämlich ein $(5,0,0)(0,1,1)$-Prozeß:

$$(1 - 0.618B - 0.192B^2)(1 - 0.405B^3)(1 - B^{12})X_t = (1 - 0.355B^{12})\hat{\varepsilon}_t$$

Bei diesen Identifikationen und Parameterschätzungen ist aber zu beachten, daß dabei bewußt ein Aspekt vernachlässigt wurde, der praktisch jedoch sehr bedeutsam ist bzw. sein kann: Schätzungen von Korrelationsfunktionen und von Parametern können empfindlich sein gegenüber *Ausreißern* in den Daten. Deshalb empfiehlt es sich, schon in der Identifikationsphase nach solchen zu "suchen" und sie im Verlauf der weiteren Phasen "angemessen" zu berücksichtigen. Wir werden auf dieses Problem in Kap. X. ausführlicher eingehen. Es wird sich dann zeigen, daß eine Berücksichtigung der Ausreißerproblematik zu u.U. nicht unerheblichen Änderungen der ursprünglichen Identifikation bzw. Parameterschätzungen führen kann.

VIII.2.   Identifikation vektorieller ARMA- und ARIMA-Prozesse

Vieles was zur Identifikation univariater Prozesse ausgeführt wurde, kann auf vektorielle Prozesse übertragen werden. Es gibt jedoch auch einige Besonderheiten, die nur im multivariaten Fall auftreten.

Ein wichtiges Werkzeug zur Identifikation vektorieller Prozesse ist analog zum univariaten Fall die *geschätzte* oder *Stichproben*-Korrelations- (oder Kreuzkorrelations-)matrix. Sind T Beobachtungen $\mathbf{x}_1, \mathbf{x}_2, \ldots, \mathbf{x}_T$ gegeben, dann ist diese Funktion gegeben durch

$$\hat{\mathbf{P}}(h) = [\hat{\rho}_{ij}(h)], \quad \text{wobei} \quad \hat{\rho}_{ij}(h) = \frac{\displaystyle\sum_{t=h+1}^{T} (X_{it} - \bar{X}_i)(X_{j(t-h)} - \bar{X}_j)}{\left[\displaystyle\sum_{t=1}^{T} (X_{it} - \bar{X}_i)^2 \sum_{t=1}^{T} (X_{jt} - \bar{X}_j)^2\right]^{1/2}}$$

die geschätzte Kreuzkorrelation zwischen X_{it} und X_{jt} ist. Für i=j erhält man die geschätzte Autokorrelation von X_{it} bzw. X_{jt}. Die Varianzen für die $\hat{\rho}_{ij}(h)$ ergeben sich aus der oben angeführten Bartlett-Approximation, so daß sich Wiederholungen hier erübrigen.

Da die Korrelationsmatrix eines vektoriellen MA(q)-Prozesses gleich einer Null-Matrix ist für h>q, kann die geschätzte Funktion völlig analog zu univariaten MA(q)-Prozessen zur Identifikation herangezogen werden. Allerdings werden die Stichproben-Matrixfunktionen bei zunehmender Dimension des Vektor-Prozesses ziemlich unübersichtlich. Deshalb erweist sich in der Praxis eine auf Box/Tiao 1981 zurückgehende Symbolik für die Position (i,j) der Korrelationsmatrizen als hilfreich:

+ bezeichnet Werte, die *größer* sind als z.B. die zweifache (geschätzte) Standardabweichung (obere 95%-Konfidenzgrenze)
- bezeichnet Werte, die *kleiner* sind als die (negative) zweifache (geschätzte) Standardabweichung (untere 95%-Konfidenzgrenze)
. bezeichnet Werte, die *innerhalb* dieser Konfidenzgrenzen liegen.

Ein einfaches Beispiel soll die Vorgehensweise demonstrieren. Betrachten wir den zweidimensionalen MA(1)-Prozeß

$$\begin{pmatrix} X_{1t} \\ X_{2t} \end{pmatrix} = \begin{pmatrix} \varepsilon_{1t} \\ \varepsilon_{2t} \end{pmatrix} + \begin{pmatrix} 0.9 & -0.85 \\ 0.8 & 0.7 \end{pmatrix} \begin{pmatrix} \varepsilon_{1,t-1} \\ \varepsilon_{2,t-1} \end{pmatrix} \quad \text{mit} \quad \Sigma = \begin{pmatrix} 0.1 & 0.12 \\ 0.12 & 0.2 \end{pmatrix}$$

für den in der Abb. 8.4 eine Realisation der Länge T=200 wiedergegeben ist:

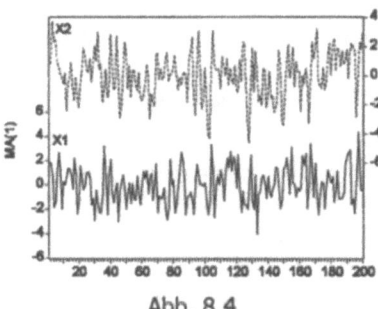

Abb. 8.4

Die mit Hilfe von MTS (AUTOMATIC FORECASTING SYSTEMS) geschätzte Korrelationsmatrixfunktion lautet bis zum lag h=3:

```
CROSS CORRELATION MATRICES     APPROXIMATE STANDARD ERROR =.071
  h=0                    1.00  .25 + +
                          .25 1.00 + +
  h=1                     .08  .29 . +
                         -.62 -.46 - -
LAG 1 CHI-SQUARE-TEST VALUE = 135. PROB.=   .000
  h=2                    -.06  .00 . .
                         -.02 -.03 . .
LAG 2 CHI-SQUARE-TEST VALUE = 1. PROB.=    .904
  h=3                    -.11 -.06 . .
                         -.01  .05 . .
LAG 3 CHI-SQUARE-TEST VALUE = 3. PROB.=    .495
```

Die approximative Standardabweichung ist $1/(200)^{1/2} \approx 0.071$. Alle Korrelationen, die größer bzw. kleiner sind als 0.141 (bzw. -0.141), sind signifikant von Null verschieden, werden also deshalb mit einem Plus- bzw. Minuszeichen rechts notiert, während die nicht-signifikanten mit einem Punkt symbolisiert sind. Außerdem ist für jede Matrix das empirische Signifikanzniveau (oder die Überschreitenswahrscheinlichkeit) eines χ^2-Tests angegeben, der die Hypothese testet, daß die *ganze* Korrelationsmatrix gleich einer Null-Matrix ist. Offensichtlich würde man hier auf einen MA(1)-Prozeß schließen.

Im univariaten Fall diente die partielle Autokorrelationsfunktion als Werkzeug zur Identifikation autoregressiver Prozesse, wobei sich die partiellen Korrelationskoeffizienten aus einem Regressionsansatz ergaben. In analoger Weise kann man im multivariaten Fall die Koeffizienten-Matrizen, die sich ergeben, wenn den Daten ein vektorieller autoregressiver Prozeß der Ordnung s angepaßt wird, zur Identifikation von vektoriellen AR-Prozessen heranziehen (Box/Tiao 1981). Diese Matrizen werden allerdings jetzt aus einem gleich einzusehenden Grund nicht als partielle Autokorrelationsmatrizen bezeichnet, sondern als *partielle autoregressive Matrizen.* Sie ergeben sich als Lösungen des Problems:

$$E[|\mathbf{x}_t - \boldsymbol{\Phi}_{s,1}\mathbf{x}_{t-1} - \boldsymbol{\Phi}_{s,2}\mathbf{x}_{t-2} - \dots - \boldsymbol{\Phi}_{s,s}\mathbf{x}_{t-s}|]^2 = \min.$$

Die Lösung kann analog zum univariaten Fall mit Hilfe der multivariaten Yule-Walker-Gleichungen gefunden werden. Auf eine explizite Darstellung der partiellen autoregressiven Matrizen sei hier aber verzichtet (siehe etwa Wei 1990, S.351 f.). Die Matrizen sind bei einem vektoriellen Prozeß der Ordnung p gleich einer Null-Matrix für s>p, d.h. sie haben die gleiche *cut-off*-Eigenschaft wie die partiellen Autokorrelationen im univariaten Fall. Allerdings enthalten die autoregressiven Matrizen keine Korrelationskoeffizienten, d.h. ihre Elemente sind *nicht normiert.* Aus diesem Grund werden sie nicht als partielle Autokorrelationsmatrizen bezeichnet.

Auf Heyes und Wei 1985 geht die Entwicklung von partiellen Korrelationsmatrizen zurück, die ebenfalls die erwünschte cut-off-Eigenschaft haben, aber im Gegensatz zu den partiellen autoregressiven Matrizen *Korrelationskoeffizienten* enthalten (für eine ausführliche Darstellung siehe Wei 1990, S.356 ff.). Diese partiellen Korrelationsmatrizen sind z.B. in MTS implementiert. Betrachten wir als Beispiel den folgenden AR(2)-Prozeß

$$\mathbf{x}_t = \boldsymbol{\Phi}_1\mathbf{x}_{t-1} + \boldsymbol{\Phi}_2\mathbf{x}_{t-2} + \boldsymbol{\varepsilon}_t$$

mit den Parametermatrizen

$$\Phi_1 = \begin{pmatrix} -0.9 & -0.3 \\ 0.2 & 0.4 \end{pmatrix}, \ \Phi_2 = \begin{pmatrix} 0.1 & 0.5 \\ -0.9 & -0.8 \end{pmatrix}$$

und der Varianz-Kovarianzmatrix:

$$\Sigma = \begin{pmatrix} 0.1 & 0.05 \\ 0.05 & 0.1 \end{pmatrix}$$

Eine Realisation der Länge T=200 ist in der folgenden Abbildung wiedergegeben:

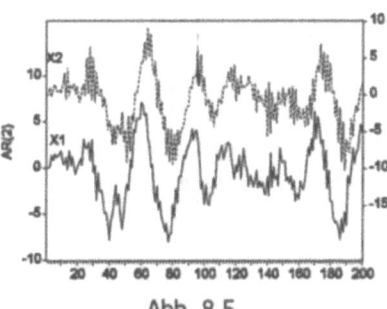

Abb. 8.5

Mit MTS erhält man folgende Schätzungen für die partiellen Autokorrelations-matrizen (nach Heyse und Wei):

```
              PARTIAL AUTOCORRELATION MATRICES
              APPROXIMATE STANDARD ERROR =.071
  h=0                   1.00 -.56 + -
                        -.56 1.00 - +
  h=1                   -.69  .68 - +
                         .05 -.26 . -
LAG 1 CHI-SQUARE-TEST VALUE =  202. PROB.=  .000
  h=2                   -.56 -.16 - -
                         .76 -.39 + -
LAG 2 CHI-SQUARE-TEST VALUE =  212. PROB.=  .000
  h=3                   -.00 -.08 . .
                        -.00 -.01 . .
LAG 3 CHI-SQUARE-TEST VALUE =    1. PROB.=  .858
  h=4                    .03 -.02 . .
                        -.01  .02 . .
LAG 4 CHI-SQUARE-TEST VALUE =    0. PROB.=  .985
  h= 5                   .00 -.06 . .
                         .06 -.02 . .
LAG 5 CHI-SQUARE-TEST VALUE =    1. PROB.=  .842 usw.
```

Diese Korrelationsmatrizen sind für lags h>2 nicht mehr signifikant verschieden von Null-Matrizen, was klar auf einen AR(2)-Prozeß hinweist. Hingegen ergibt sich für die gewöhnlichen Autokorrelationsmatrizen:

```
              CROSS CORRELATION MATRICES
              APPROXIMATE STANDARD ERROR =.071
  h=0                   1.00 -.56 + -
                        -.56 1.00 - +
  h=1                   -.69  .05 - .
                         .68 -.26 + -
LAG 1 CHI-SQUARE-TEST VALUE =  156. PROB.=  .000
  h=2                    .12  .51 + +
                        -.49 -.28 - -
LAG 2 CHI-SQUARE-TEST VALUE =  175. PROB.=  .000
  h=3                    .38 -.51 + -
                         .01  .16 . +
LAG 3 CHI-SQUARE-TEST VALUE =   69. PROB.=  .000
  h=4                   -.58  .26 - +
                         .35 -.38 + -
LAG 4 CHI-SQUARE-TEST VALUE =   87. PROB.=  .000
  h=5                    .40 -.01 + .
                        -.41  .29 - +
LAG 5 CHI-SQUARE-TEST VALUE =   71. PROB.=  .000
```

usw., d.h. diese Matrizen "klingen nur langsam ab", zeigen also ein Verhalten wie die Autokorrelationsfunktionen univariater AR-Prozesse.

Der Vollständigkeit halber seien noch die mit MTS geschätzten Parameter-Matrizen angegeben:

```
INNOVATION    COVARIANCE    MATRIX
              1.0763E-01   5.6439E-02
              5.6439E-02   1.1210E-01
       T-VALUES FOR AUTOREGRESSIVE PART OF MODEL

   LAG= 1        -26.64       -9.51
                   3.75        6.93

   LAG= 2           .00       16.18
                 -12.47      -14.40

  MARIMA   MODEL   IN DIFFERENCE EQUATION FORM

    Y(T)-A(1)Y(T-1)-...-A(P)Y(T-P)=
    CST+U(T)-B(1)U(T-1)-...-B(Q)U(T-Q)

AUTOREGRESSIVE MATRIX COEFFICIENTS:
    A(1) =      -.9000       -.3880
                 .1910        .3413

    A(2) =       .0000        .5482
                -.8461       -.7493
```

Die *Innovation-Covariance-Matrix* ist $\hat{\Sigma}$, also die *geschätzte* Varianz-Kovarianzmatrix von ε_t. A(1) und A(2) bezeichnen in unserer Terminologie $\hat{\Phi}_1$ und $\hat{\Phi}_2$. Die t-Werte der Elemente dieser Matrix sind ebenfalls ausgewiesen.

Zur Identifikation vektorieller ARMA-Prozesse können auch z.B. die oben dargestellten Selektionskriterien AIC, BIC und HQ nach geeigneter Erweiterung verwendet werden:

$$\text{AIC}(p,q): = \ln|\hat{\Sigma}_{p,q}| + \frac{2(p+q)n^2}{T}$$

$$\text{BIC}(p,q): = \ln|\hat{\Sigma}_{p,q}| + \frac{(p+q)n^2 \ln T}{T}$$

$$\text{HQ}(p,q): = \ln|\hat{\Sigma}_{p,q}| + \frac{2n^2(p+q)\ln(\ln T)}{T}$$

wobei n die Dimension des zu identifizierenden Prozesses bezeichnet. Bei vektoriellen ARIMA-Prozessen ist die Differenzierungsmatrix D(B) (vgl. dazu Kap. VI.1.) festzulegen. In den meisten Fällen genügt in der Praxis wohl $d_i \le 1, i=1,2,...,n$. Generell sollte bei vektoriellen Prozessen bei der Differenzierung eher vorsichtig vorgegangen werden, da die Gefahr besteht, daß Beziehungen, die zwischen den Komponentenprozessen bestehen, durch die Differenzenbildung verändert werden (vgl. dazu auch die Ausführungen in Kap. XIX. zur Kointegration).

IX. Modelldiagnose

Wie im letzten Kapitel schon ausgeführt wurde, sollten die Resultate der Identifikationsphase in einem explorativen Sinne verstanden werden, d.h. sie dienen eigentlich zur Generierung von Hypothesen hinsichtlich Modelltyp und Modellordnung. Aus diesem Grund braucht ein in dieser Phase gefundenes Modell noch nicht als definitiv betrachtet zu werden. Nicht selten kommt auch der Fall vor, daß sich in dieser Phase verschiedene Modelle als "ebenbürtig" erweisen. Ein vorgeschlagenes Modell bzw. vorgeschlagene konkurrierende Modelle braucht bzw. brauchen aber noch nicht automatisch "angemessen" zu sein.

IX.1. Modelldiagnose bei univariaten ARMA- und ARIMA-Modellen

Unter einem *"angemessenen"* oder *"richtig spezifizierten"* Modell sei zunächst ein solches verstanden, dessen *Residuen* als Realisation eines white-noise-Prozesses aufgefaßt werden können, da für ein ARMA-Modell geschrieben werden kann:

$$\varepsilon_t = X_t - \varphi_1 X_{t-1} - \dots - \varphi_p X_{t-p} - \theta_1 \varepsilon_{t-1} - \dots - \theta_q \varepsilon_{t-q}$$

Ersetzt man nun die Parameter $\varphi_1, \dots, \varphi_p$ und $\theta_1, \dots, \theta_q$ durch ihre Schätzwerte $\hat{\varphi}_1, \dots, \hat{\varphi}_p$ und $\hat{\theta}_1, \dots, \hat{\theta}_q$ dann müssen gemäß den Modellannahmen die *Residuen* (für ein zunächst versuchsweise festgelegtes p und q)

$$\hat{\varepsilon}_t = X_t - \hat{\varphi}_1 X_{t-1} - \dots - \hat{\varphi}_p X_{t-p} - \hat{\theta}_1 \varepsilon_{t-1} - \dots - \hat{\theta}_q \varepsilon_{t-q}$$

eine Realisation des white-noise-Prozesses ε_t sein (wir werden im nächsten Abschnitt sehen, daß diese Überlegung allerdings nur die "halbe Wahrheit" ist). Diese Hypothese kann überprüft werden mit Hilfe der für die Residuen geschätzten Autokorrelations- bzw. partiellen Autokorrelationsfunktion. *Theoretisch* müssen diese Korrelationen für *alle* lags gleich Null, also *praktisch* nicht signifikant von Null verschieden sein (vgl. die einschlägigen Ausführungen in Kap. VII.1.1.).

Anstatt die *einzelnen* Korrelationen der Residuen auf Signifikanz zu überprüfen, können auch die *ersten* M Korrelationen *zusammen* getestet werden. Als *"Portmanteau"*-Statistik wird die Größe:

$$Q: = T \sum_{h=1}^{M} \hat{\rho}_h^2$$

bezeichnet, für die Box/Pierce 1970 gezeigt haben, daß sie für "nicht zu kleines" M bei Gültigkeit der Nullhypothese *asymptotisch* χ^2-verteilt ist, wobei die Anzahl der Freiheitsgrade M minus Anzahl der geschätzten AR- und MA-Parameter (jeweils inklusive saisonaler und nicht-saisonaler Parameter) beträgt. Ein "großes" Q wird also gegen die Nullhypothese, d.h. daß die Residuen eine Realisation von whitenoise sind, sprechen. Für relativ kurze Reihen, also für kleine T, kann jedoch die Verteilung von Q erheblich von der asymptotischen χ^2-Verteilung abweichen. Aus diesem Grund wird in der Praxis meist die modifizierte Form:

$$Q^*: = T(T+2) \sum_{h=1}^{M} (T-h)^{-1} \hat{\rho}_h^2$$

nach Ljung/Box 1978 vorgezogen, welche die gleiche asymptotische Verteilung wie Q besitzt.

Erweist sich das in der Identifikationsphase vorgeschlagene Modell als nicht "angemessen", kann man versuchen, auf der Grundlage der Residualanalyse ein geeignet modifiziertes Modell zu konstruieren. Wurde zum Beispiel ein AR(2)-Modell $(1-\varphi_1 B-\varphi_2 B^2)X_t=\eta_t$ identifiziert und stellt sich heraus, daß die Residuen $\hat{\eta}_t$ eine signifikante Autokorrelation für das lag h=1 aufweisen, d.h. daß sie nicht als Realisation von einem white-noise Prozeß, sondern eher von einem MA(1)-Prozeß aufgefaßt werden können, dann liegt es nahe, von einem entsprechend geeignet modifiziertem Modell, beispielsweise der Form $(1-\varphi_1 B-\varphi_2 B^2)X_t=(1+\theta B)\varepsilon_t$, auszugehen, d.h. statt ein AR(2)-wird nun ein ARMA(2,1)-Prozeß unterstellt. Nach Koeffizientenschätzung werden die Residuen dieses Prozesses in der gleichen Weise analysiert wie beim Ausgangsmodell. Ergibt auch diese Analyse kein befriedigendes Resultat, wird dieses Modell erneut modifiziert usw. Die Konstruktion von Zeitreihenmodellen ist also ein *iterativer* Prozeß.

In der Diagnosephase ist häufig auch zu überprüfen, ob Differenzierung (oder zusätzliche Differenzierung) notwendig ist. Zum Beispiel kann in den Residuen *saisonale Korrelation* (also signifikante Korrelation bei h=12,24 usw. bei Monatsreihen) festgestellt werden trotz Berücksichtigung eines saisonalen AR- und/oder MA-Teils. Dies kann eine notwendige (oder zusätzlich notwendige) saisonale Differenzierung indizieren.

Ein weiteres Diagnoseinstrument, das in Kombination mit der Residualanalyse Verwendung findet, stellen Signifikanztests (t-Test) dar, die überprüfen, ob ein geschätzter Parameter von Null verschieden ist. Darauf wurde schon in Kap. VII.1. eingegangen, so daß sich Wiederholungen hier erübrigen. Ein "gutes" Modell kann etwa dahingehend charakterisiert werden, daß es möglichst wenige Parameter enthält, also dem Prinzip der *parsimony* gerecht wird, daß der AR- bzw. MA-Teil die Stationaritäts- bzw. Invertierbarkeitsbedingung erfüllt, daß die Korrelationen der *geschätzten* Parameter nicht "zu groß" sind (was auf *Parameterredundanz* hinweisen würde) und daß schließlich die Modell-Residuen als Realisation von white-noise interpretiert werden können.

IX.2. Modelldiagnose bei vektoriellen ARMA- und ARIMA-Prozessen

Die Ausführungen zur Modelldiagnose bei univariaten Modellen können im wesentlichen auf die Diagnose vektorieller Prozesse übertragen werden. Auch hier ist die Residualanalyse das wichtigste Diagnosewerkzeug. Der *Residuenvektor* ist dabei gegeben durch:

$$\hat{\varepsilon}_t = \hat{\Theta}^{-1}(B)\hat{\Phi}(B)\mathbf{x}_t$$

Dieser kann als Realisation eines vektoriellen white-noise-Prozesses aufgefaßt werden, falls die geschätzten Autokorrelationsmatrizen nicht signifikant verschieden sind von Null-Matrizen. Beispielsweise gibt MTS diese Matrizen routinemäßig bis zum lag h=23 aus. Für den in Kap. VIII.2. betrachteten vektoriellen AR(2)-Prozeß erhält man zum Beispiel:

```
THE RESIDUAL AUTOCORRELATION  ANALYSIS
(THE DIAGNOSTIC CHECK FOR SUFFICIENCY)
CROSS CORRELATION MATRICES
APPROXIMATE STANDARD ERROR =.071

h=0                           1.00  .50 + +
                               .50 1.00 + +
h=1                           -.02  .01 . .
                              -.03 -.04 . .
LAG 1 CHI-SQUARE-TEST VALUE =      1. PROB.=     .942
h=2                           -.03 -.00 . .
                              -.05  .00 . .
LAG 2 CHI-SQUARE-TEST VALUE =      1. PROB.=     .943
h=3                           -.03  .01 . .
                              -.04 -.12 . -
LAG 3 CHI-SQUARE-TEST VALUE =      5. PROB.=     .283
h=4                            .02 -.00 . .
                               .04 -.07 . .
LAG 4 CHI-SQUARE-TEST VALUE =      3. PROB.=     .595
h=5                            .11  .06 . .
                              -.04 -.00 . .
LAG 5 CHI-SQUARE-TEST VALUE =      5. PROB.=     .328
h=6                            .03  .07 . .
                               .05 -.03 . .
LAG 6 CHI-SQUARE-TEST VALUE =      4. PROB.=     .380
h=7                           -.04 -.05 . .
                              -.01  .08 . .
LAG 7 CHI-SQUARE-TEST VALUE =      4. PROB.=     .392
...
h=23                           .01  .09 . .
                              -.04  .05 . .
LAG23 CHI-SQUARE-TEST VALUE =      3. PROB.=     .616
```

Offensichtlich kann die Hypothese, daß der Residuenvektor Realisation eines vektoriellen white-noise-Prozesses ist, nicht abgelehnt werden: die Autokorrelationsmatrizen für h=1,2,... (auch die aus Platzgründen nicht wiedergegebenen) sind nicht signifikant verschieden von Null-Matrizen.

Auch hier spielen die oben erwähnten t-Test zur Überprüfung der Signifikanz von einzelnen Parametern eine wichtige Rolle. Nicht signifikant von Null verschiedene Parameter indizieren eine Modellmodifikation. Auf diese Tests wurde schon in Kap. VIII.2. eingegangen.

Alle weiteren im vorigen Abschnitt bei univariaten Prozessen angestellten Überlegungen hinsichtlich Differenzierung, parsimony, Stationaritäts- und Invertierbarkeitsbedingungen lassen sich auf vektorielle Prozesse übertragen.

X. Ausreißer-Analyse

X.1. Grundlagen und Beispiele

Zeitreihen, insbesondere ökonomische, reflektieren nicht selten die Einflüsse spezieller Ereignisse, die für gewisse Zeitpunkte zu Reihenwerten führen, die als *atypisch* bezeichnet werden müssen, da sie erheblich von den übrigen Werten abweichen, z.B. wesentlich kleiner oder größer als diese sind. Solche Einflüsse sind z.B. Streiks, wirtschaftspolitische und legislative Eingriffe, extreme Wetterbedingungen, welche die Saisonfigur eines bestimmten Jahres verändern können usw. Aber auch *Datenfehler* (wie z.B. Schreibfehler) sind hier zu nennen. Derart beeinflußte Reihenwerte werden als *Ausreißer* bezeichnet. Im vorhergehenden Abschnitt über Modell-Diagnose wurde dargelegt, daß die Nicht-Verwerfung der Nullhypothese, daß die Modell-Residuen Realisation von white-noise sind, als Indiz für eine korrekte Modell-Identifikation anzusehen sei. Es wurde aber dabei schon darauf hingewiesen, daß diese Schlußfolgerung strenggenommen im allgemeinen nur die "halbe Wahrheit" ist. Ist nämlich eine Reihe *ausreißerbehaftet*, dann kann dies erhebliche Auswirkungen auf die Identifikation und die Parameterschätzung haben (und damit natürlich auch auf die Prognose), ohne daß dies an den Residuen-Tests auf white-noise erkennbar wäre.

Abgesehen von diesem Aspekt, kann auch die Frage interessieren, ob nachgewiesen werden kann, daß gewisse Maßnahmen den Verlauf einer Zeitreihe beeinflussen. Kann z.B. die Wirkung eines neuen Gesetzes bezüglich des Schadstoffausstoßes von Kraftfahrzeugen in einer Zeitreihe nachgewiesen werden, welche die Schadstoffkonzentration in der Luft registriert? Derartige Fragestellungen, bei denen in der Regel der Zeitpunkt des als ursächlich angesehenen externen Ereignisses bekannt ist, können im Rahmen der sogenannten *Interventionsanalyse* untersucht werden. Allerdings ist der Unterschied zwischen Ausreißer- und Interventionsanalyse nur ein gradueller. Während bei der Ausreißeranalyse häufig die Zeitpunkte nicht bekannt sind, in denen Ausreißer auftreten, und die deshalb via einer Suchprozedur zu "entdecken" sind, sind diese, wie schon erwähnt wurde, bei der Interventionsanalyse in der Regel bekannt. Das statistische Instrumentarium ist aber in beiden Fällen praktisch dasselbe, so daß im weiteren nicht mehr zwischen Ausreißer- und Interventionsanalyse unterschieden werden soll. Beide Fälle lassen sich im Prinzip als spezielle Transferfunktionenmodelle begreifen, deren Inputs Dummy-Variablen sind (zu diesen Modellen vgl. Kap. XII.).

Betrachten wir dazu zwei einfache, konstruierte Beispiele. Die erste Reihe sei hier eine einzelne Realisation des AR(1)-Prozesses $X_t = 0.5 X_{t-1} + \varepsilon_t$ der Länge $T=100$, die in Abb.10.1 wiedergegeben ist. Eine einfache automatische Identifikationsprozedur, wie sie z.B. in MESOSAUR implementiert ist, findet einen AR(1)-Prozeß mit $\hat{\varphi}=0.6446$ (t=8.386). Diese Reihe werde nun an 3 willkürlich gewählten Zeitpunkten abgeändert. Für $t=15$ wird der Reihenwert auf -3.0 (original 0.0745) und für $t=40$ auf -2.5 (original 0.2821) gesetzt. Für $t=43$ wird der Wert 2 zum Originalwert

0.9551 addiert. Außerdem werden alle Reihenwerte von t=90 bis t=100 um den Wert 2 erhöht. Das ergibt die Reihe in Abbildung 10.2:

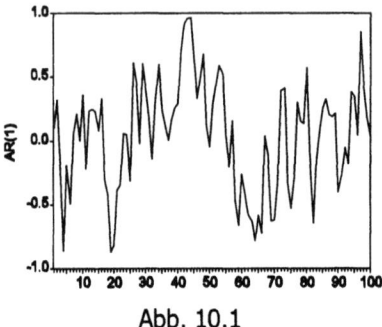

Abb. 10.1

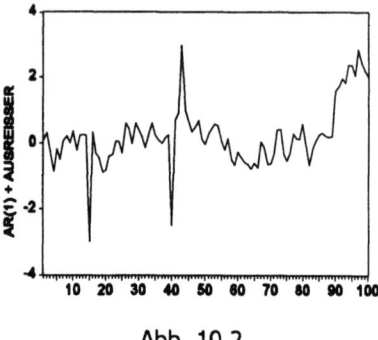

Abb. 10.2

Verwendet man wieder die automatische Identifikationsprozedur von MESO-SAUR, so ergibt sich für diese Reihe folgendes Resultat:

```
Model order:  p = 3,   d = 1,  q = 0
MODEL   COEFFICIENTS
Coefficient      Value      Std.error      t-value      Probability
CONSTANT          0.02348      0.03219       0.7294       0.4675
AR( 1 )          -0.5291       0.09717      -5.445        0.0000
AR( 2 )          -0.304        0.108        -2.815        0.0059
AR( 3 )          -0.331        0.09861      -3.356        0.0011
R-squared adj. for d.f.:   0.4499    R-squared:            0.4721
RESIDUAL   ANALYSIS
Residual Sum of Squares:   44.71
Residual mean:    -0.0035046
Residual std.error:    0.68602
Durbin-Watson statistic:   2.088 , Chi-Sq. White Noise test:11.81 with 22
d.f.P-value: 0.9612
```

MESOSAUR findet also einen ARIMA(3,1,0)-Prozeß, die Residuen sind gemäß dem White Noise-Test zweifellos als Realisation von white-noise zu interpretieren. Mit AUTOBOX ergibt sich dagegen

```
              THE ESTIMATED MODEL PARAMETERS
         Y(T) = + A(T) [(1- .9654B)]**-1 [(1- .5756B)
           DIAGNOSTIC CHECK #1:   THE NECESSITY TEST
         The Critical Value used for this test:1.96
              PARAMETER #     T-VALUE        TEST RESULT
                    1         16.71          Significant
                    2         4.881          Significant
For the NOISE model : ACF lags that are significant: NONE
Recommended Adjustment: The model is sufficient
```

d.h. ein ARMA(1,1)-Prozeß, also ein weniger "dramatisches" Resultat. Auch hier können die Residuen als Realisation von white-noise interpretiert werden. Bedient man sich jedoch der in AUTOBOX implementierten Ausreißer-Analyse (MESOSAUR bietet diese Möglichkeit nicht), dann erhält man folgenden Output (A(T) bezeichnet weißes Rauschen):

```
           DIAGNOSTIC CHECK #4:   THE OUTLIER TEST
        The Critical Value used for this test:   .05
      TYPE OF THE    PATTERN    TIME    DATE    REGRESSION   P VALUE
      INTERVENTION              (T)             WEIGHT
       (OUTLIER)
      Additive       Pulse      40      40      -3.1307      .0000
      Additive       Pulse      15      15      -3.0369      .0000
      Additive       Pulse      43      43      2.2685       .0000
      Additive       Step       90      90      1.6250       .0003
```

```
            THE ESTIMATED MODEL PARAMETERS
     Y(T) = + X1(T) [(- 2.9408)]
            + X2(T) [(- 3.2531)]
            + X3(T) [(+ 2.0968)]
            + X4(T) [(+ 1.8812)]
            + A(T) [(1- .6525B)]**-1
     DIAGNOSTIC CHECK #1:   THE NECESSITY TEST
     The Critical Value used for this test : 1.96
     PARAMETER #    T-VALUE        TEST RESULT
            1        8.428         Significant
            2       -10.62         Significant
            3       -11.74         Significant
            4        7.552         Significant
            5        8.335         Significant
     DIAGNOSTIC CHECK #3:   THE SUFFICIENCY TEST
     The Critical Value used for this test: 1.96
   For the NOISE model: ACF lags that are significant: NONE
     Recommended Adjustment: The model is sufficient
```

Für die Zeitpunkte t=15,40,43 wird richtigerweise ein (additiver) *Puls* diagnostiziert und ab t=90 eine *Niveauverschiebung* (oder *Step, level shift*). Berücksichtigt man diese Inputvariablen bei der Modellierung der Zeitreihe, was auf ein spezielles Transferfunktionen-Modell hinausläuft, dann erhält man offensichtlich die korrekte AR(1)-Identifikation mit dem Wert $\varphi=0.6525$ (t=8.3).

Bei der zweiten Reihe (Abb.10.3) liegt eine Realisation der Länge T=100 des MA(1)-Prozesses $X_t = \varepsilon_t + 0.7\varepsilon_{t-1}$ vor. Bei dieser Reihe wird ein Puls bei t=4 von -11 und bei t=100 von 3 addiert, was Abb.10.4 ergibt (beim Vergleich dieser Plots achte man auf die verschiedenen Skalierungen der Ordinaten):

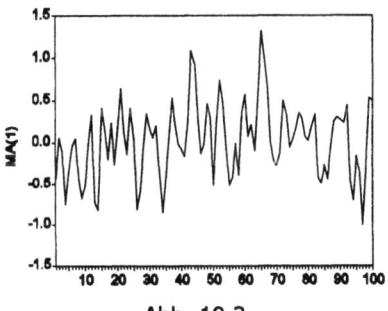

Abb. 10.3

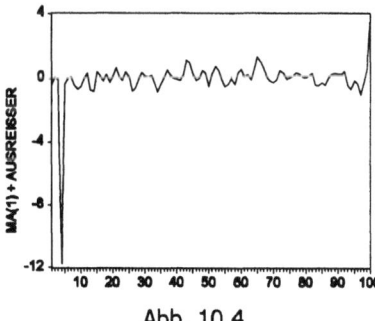

Abb. 10.4

Für die geschätzte Autokorrelations- bzw. partielle Autokorrelationsfunktion erhält man die Verläufe in den nachfolgenden beiden Abbildungen (Abb. 10.5 und 10.6):

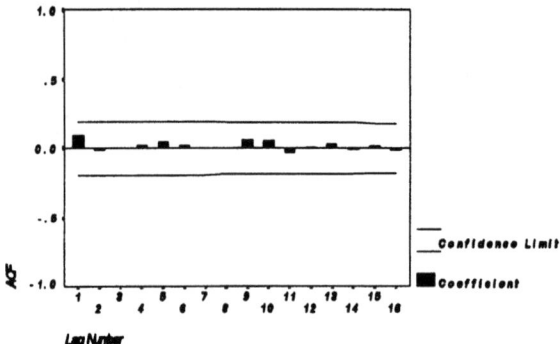

Abb. 10.5

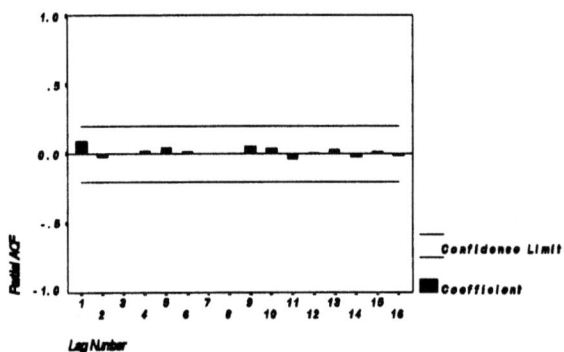

Abb. 10.6

Gemäß diesen beiden Funktionen würde man die Reihe zweifellos als Realisation von white-noise anzusehen haben. Mit AUTOBOX erhält man denn auch dieses Resultat:

```
              THE ESTIMATED MODEL PARAMETERS
                      Y(T) = + A(T)
       DIAGNOSTIC CHECK #3:   THE SUFFICIENCY TEST
       The Critical Value used for this test: 1.96
       For the NOISE model:
       ACF lags that are significant: NONE
       Recommended Adjustment: The model is sufficient
```

Die Ausreißer-Analyse in AUTOBOX liefert jedoch folgende Informationen:

```
         DIAGNOSTIC CHECK #4:   THE OUTLIER TEST
         The Critical Value used for this test: .05
TYPE OF THE      PATTERN    TIME     DATE      REGRESSION  P VALUE
INTERVENTION                (T)                WEIGHT
  (OUTLIER)
Additive         Pulse        4         4     -11.824       .0000
Additive         Pulse      100       100      3.4705       .0000
Additive         Pulse       65        65      1.2997       .0319
            THE ESTIMATED MODEL PARAMETERS
Y(T)=+X1(T)[(-11.7579)]+X2(T)[(+3.4959)]+X3(T)[(+1.3149)]+A(T)
DIAGNOSTIC CHECK #1:   THE NECESSITY TEST
The Critical Value used for this test : 1.96
         PARAMETER #      T-VALUE      TEST RESULT
               1          -28.60       Significant
               2            8.503      Significant
               3            3.198      Significant
         DIAGNOSTIC CHECK #3:   THE SUFFICIENCY TEST
         The Critical Value used for this test: 1.96
         For the NOISE model :
```

```
          ACF lags that are significant: 1
          Recommended Adjustment: Add parameters to the model
                   THE ESTIMATED MODEL PARAMETERS
      Y(T)=+X1(T)[(-11.2616)]+X2(T)[(+3.2521)]+
                X3(T)[(+.2331)]+A(T)[(1+ .7623B)]
          DIAGNOSTIC CHECK #1:  THE NECESSITY TEST
          The Critical Value used for this test : 1.96
          PARAMETER #      T-VALUE       TEST RESULT
               1           -10.95        Significant
               2           -49.74        Significant
               3            9.672        Significant
               4            1.052        Not Significant
     Estimation/Diagnostic Checking for Variable Y=MA1INT
     modeled as a function of the variable(s):
          X1 = I~AP0004MA1INT
          X2 = I~AP0100MA1INT
               THE ESTIMATED MODEL PARAMETERS
     Y(T)=+X1(T)[(-11.2438)]+X2(T)[(+3.2649)]+A(T)[(1+.7884B)]
          DIAGNOSTIC CHECK #1:  THE NECESSITY TEST
          The Critical Value used for this test: 1.96
          PARAMETER #      T-VALUE       TEST RESULT
               1           -12.74        Significant
               2           -51.85        Significant
               3            9.639        Significant
          DIAGNOSTIC CHECK #3:  THE SUFFICIENCY TEST
          The Critical Value used for this test: 1.96
          For the NOISE model :
          ACF lags that are significant: NONE
          Recommended Adjustment: The model is sufficient
```

Neben den (signifikanten) Pulsen bei t=4 und t=100 wird ein zusätzlicher signifikanter Puls bei t=65 ausgewiesen. Der SUFFICIENCY TEST zeigt, daß eine signifikante Autokorrelation bei h=1 vorliegt. Deshalb wird (richtigerweise) ein MA(1)-Teil in das Modell aufgenommen. Der Puls bei t=65 wird danach als nicht-signifikant aus dem Modell eliminiert. Damit ist die korrekte Identifikation erreicht mit $\hat{\theta} = 0.7884$ (t=9.639).

Diese Beispiele zeigen, daß sowohl in der Identifikations- als auch in der Schätzphase auf Ausreißer geachtet werden sollte. Auf eine genauere Charakterisierung sowie auf Möglichkeiten zur Entdeckung von Ausreißern und ihrer schätztechnischen Berücksichtigung wird deshalb im folgenden Abschnitt eingegangen.

X.2.   Additive und innovative Ausreißer und ihre Bestimmung

Im folgenden werde der *ausreißerfreie* Prozeß mit X_t bezeichnet und der *ausreißerbehaftete* mit Z_t. X_t sei der ARMA(p,q)-Prozeß $\varphi(B)X_t=\theta(B)\varepsilon_t$, mit den üblichen lag-Polynomen $\varphi(B)$ bzw. $\theta(B)$. Für ε_t sei eine $N(0,\sigma_\varepsilon^2)$-Verteilung postuliert. Mit T sei ein *beliebiger* Zeitpunkt bezeichnet.

Ein *additiver Ausreißer* oder *additiver Puls* (additive outlier, kurz: AO) ist folgendermaßen definiert:

$$Z_t = \begin{cases} X_t , & t \neq T \\ X_t + \omega = X_t + \omega I_t^{(T)} , & t=T \end{cases}$$

mit

$$I_t^{(T)} = \begin{cases} 1, & t=T \\ 0, & t \neq T \end{cases}$$

$I_t^{(T)}$ ist eine Indikator- oder Dummy-Variable, die nur die Werte Eins (für t=T) und Null (für t≠T) annimmt. Für Z_t kann damit geschrieben werden:

$$Z_t = \frac{\theta(B)}{\varphi(B)} \varepsilon_t + \omega I_t^{(T)}$$

Ein *innovativer Ausreißer* oder *innovativer Puls* (innovative outlier, kurz: IO) ist definiert durch

$$\frac{\theta(B)}{\varphi(B)} \omega I_t^{(T)}$$

so daß für Z_t geschrieben werden kann:

$$Z_t = \frac{\theta(B)}{\varphi(B)} (\varepsilon_t + \omega I_t^{(T)})$$

Ein AO beeinflußt somit nur die T-te Beobachtung, während ein IO auch die Beobachtungen in den Zeitpunkten T+1,T+2,... beeinflußt, bedingt durch das "Gedächtnis" $\theta(B)/\varphi(B)$ des Prozesses.

Allgemein kann ein Prozeß von k (AO und/oder IO)-Ausreißern beeinflußt sein, so daß gilt

$$Z_t = \sum_{i=1}^{k} \omega_i v_i(B) I_i^{(T_i)} + \frac{\theta(B)}{\varphi(B)} \varepsilon_t$$

wobei $v_i(B)=1$ ist für einen AO und $v_i(B)=\theta(B)/\varphi(B)$ für einen IO (vgl. Wei 1990, S.196). Neben dem additiven und multiplikativen Puls ist noch der *Step (Level-shift)*

$$S_t^{(T)} = \begin{cases} 1, & t \geq T \\ 0, & \text{sonst} \end{cases}$$

zu nennen, der im obigen AR(1)-Prozeß auftrat. Es ist:

$$(1-B)S_t^{(T)} = S_t^{(T)} - S_{t-1}^{(T)} = \begin{cases} 1 = I_t^{(T)} & \text{für } t = T \\ 0 & \text{sonst} \end{cases}$$

Ein AO bzw. IO ist dann bestimmt, wenn der Zeitpunkt T in dem er auftritt, und sein *Niveau*, also der Parameter ω, bekannt sind. Zunächst sei nun angenommen, daß T bekannt sei und außerdem auch die Prozeßparameter. Es wird also zunächst der Fall *eines* Ausreißers behandelt. Für diesen Fall läßt sich leicht zeigen, daß ω mit Hilfe einer Kleinst-Quadrate-Schätzung bestimmt werden kann. Für den ausreißerfreien ARMA(p,q)-Prozeß X_t kann geschrieben werden

$$\varepsilon_t = \frac{\varphi(B)}{\theta(B)} X_t = \pi(B) X_t = (1 + \pi_1 B + \pi_2 B^2 + ...) X_t$$

da ein stationärer ARMA(p,q)-Prozeß in einen *unendlichen* AR-Prozeß umgewandelt werden kann, wobei $\pi(B)$ das lag-Polynom der π-*Gewichte* ist. Zum Beispiel ergibt sich für den Prozeß $(1-0.8B)X_t = (1+0.4B)\varepsilon_t$ die Darstellung:

$$\varepsilon_t = \frac{1-0.8B}{1+0.4B} X_t = (1 - 1.2B + 0.48B^2 - 0.192B^3 + 0.0768B^4 - ...) X_t$$

Definieren wir nun den Prozeß $e_t := \pi(B)Z_t$, dann kann für den AO-ausreißerbehafteten Prozeß Z_t geschrieben werden

$$\frac{\varphi(B)}{\theta(B)} Z_t = \varepsilon_t + \frac{\varphi(B)}{\theta(B)} \omega I_t^{(T)}$$

oder

$$\pi(B)Z_t = \omega\pi(B)I_t^{(T)} + \varepsilon_t \quad \text{bzw.} \quad e_t = \omega\pi(B)I_t^{(T)} + \varepsilon_t$$

Für die Zeitpunkte $t \neq T$ ist $e_t = \varepsilon_t$, also gleich dem noise-Prozeß, nur für t=T ist dieser noise-Prozeß gestört. Analog erhält man für einen IO-Ausreißer zum Zeitpunkt t=T den Ausdruck:

$$e_t = \omega I_t^{(T)} + \varepsilon_t$$

Für den AO-Fall kann man schreiben:

$$e_t = \omega_A x_t + \varepsilon_t \text{ mit } x_t : = \pi(B) I_t^{(T)}$$

Damit ist eine Regressionsgleichung gegeben, mit Hilfe derer man den Parameter ω_A schätzen kann, wenn n Zeitreihenwerte vorliegen. Die KQ-Schätzung lautet:

$$\hat{\omega}_A = \sum_{t=1}^{n} e_t x_t / \sum_{t=1}^{n} x_t^2$$

Nun ist:

$$x_t = \pi(B) I_t^{(T)} = (\sum_{k=0}^{\infty} \pi_k B^k) I_t^{(T)} = \sum_{k=0}^{\infty} \pi_k I_{t-k}^{(T)} \text{ , } \pi_0 = 1$$

Da aber $I_{t-k}^{(T)}$ nur ungleich Null ist für t-k=T, d.h. für k=t-T, folgt $x_t = \pi_{t-T}$. Damit erhält man für den Zähler von $\hat{\omega}_A$

$$\sum_{t=1}^{n} e_t x_t = \sum_{t=1}^{n} e_t \pi_{t-T} = \sum_{k=0}^{n-T} e_{T+k} \pi_k = e_T - \sum_{k=1}^{n-T} e_{T+k} \pi_k$$

und für den Nenner von $\hat{\omega}_A$ ergibt sich:

$$\sum_{t=1}^{n} x_t^2 = \sum_{t=1}^{n} \pi_{t-T}^2 = \sum_{t=T}^{n} \pi_{t-T}^2 = \sum_{k=0}^{n-T} \pi_k^2$$

Somit lautet der Schätzer von ω_A:

$$\hat{\omega}_A = (e_T - \sum_{k=1}^{n-T} \pi_k e_{T+k}) / \sum_{k=0}^{n-T} \pi_k^2$$

Für die Varianz dieses Schätzers findet man:

$$Var(\hat{\omega}_A) = \frac{\sum_{k=0}^{n-T} \pi_k^2 Var(e_{T+k})}{\left[\sum_{k=0}^{n-T} \pi_k^2 \right]^2} = \frac{\sigma_\varepsilon^2}{\sum_{k=0}^{n-T} \pi_k^2}$$

Ganz analog findet man die entsprechenden Ausdrücke für einen IO-Ausreißer. Hier ist $\hat{\omega}_I = e_T$ mit $Var(\hat{\omega}_I) = \sigma_\varepsilon^2$. Offensichtlich ist $Var(\hat{\omega}_A) \leq Var(\hat{\omega}_I)$.

Ausreißer-Tests können als Signifikanztests formuliert werden mit der

Nullhypothese H_0: Z_T ist weder ein AO noch ein IO und den

Alternativhypothesen H_1: Z_T ist ein AO

                         H_2: Z_T ist ein IO

H_0 kann gegen H_1 getestet werden mit der *Likelihood-Quotienten-Statistik*

$$\lambda_A = \nu \frac{\hat{\omega}_A}{\sigma_\varepsilon} \text{ , } \nu = \left[\sum_{k=0}^{n-T} \pi_k^2 \right]^{1/2}$$

und gegen H_2 mit der Likelihood-Quotienten-Statistik

$$\lambda_I = \frac{\hat{\omega}_I}{\sigma_\varepsilon}$$

Bei Gültigkeit der Nullhypothese sind beide Teststatistiken N(0,1)-verteilt (vgl. z.B. Wei 1990, S.198). Wenn T *unbekannt* ist, können diese Tests für t=1,2,...,n durchgeführt werden. Allerdings ist dabei daran zu denken, daß dann ein *multiples Testproblem* mit *stochastisch abhängigen* Tests vorliegt mit der Konsequenz, daß das Signifikanzniveau für die *gesamte* Testprozedur wesentlich größer ist als für einen

Einzeltest. Somit besteht die Gefahr, daß die Nullhypothese fälschlicherweise *zu oft* abgelehnt wird. Man kann sich diesen Sachverhalt klar machen, wenn man der Einfachheit halber von einer Menge von *unabhängigen* Signifikanztests ausgeht. Führt man n Tests durch und beträgt das Signifikanzniveau (also die Wahrscheinlichkeit eines Fehlers 1.Art) bei jedem Test α, dann ist die Wahrscheinlichkeit, daß *mindestens* einmal die Nullhypothese fälschlicherweise abgelehnt wird, also mindestens ein signifikantes Resultat auftritt, gegeben durch:

$$P(s \geq 1) = \sum_{s=1}^{n} \binom{n}{s} \alpha^s (1-\alpha)^{n-s} = 1 - P(s=0) = 1 - \binom{n}{0} \alpha^0 (1-\alpha)^n = 1 - (1-\alpha)^n$$

Offensichtlich geht diese Wahrscheinlichkeit für zunehmendes n rasch gegen Eins.

Diese testtheoretischen Probleme lassen es verständlich erscheinen, warum bei der praktischen Ausreißeranalyse der für jeden Zeitpunkt realisierte (absolute) Testwert der obigen Teststatistiken nicht mit dem *kritischen Wert* C=2 (bei einem Signifikanzniveau von 0.05), sondern mit C=3 oder C=4 oder einem dazwischenliegenden Wert verglichen wird, denn für eine normalverteilte Zufallsvariable Y_t ist die Wahrscheinlichkeit $P(Y \geq 3) = 0.000135$ bzw. $P(Y \geq 4) = 0.0000317$

Dies läuft *tendenziell* darauf hinaus, daß bei der Testprozedur eine *Bonferroni-Adjustierung* vorgenommen wird, d.h. der *einzelne* Test wird auf dem Niveau α/n durchgeführt. Für n=100 und α=0.05 z.B. ist das adjustierte Signifikanzniveau des Einzeltests 0.05/100=0.0005, was ein *globales* Signifikanzniveau für alle 100 Tests *zusammen* von $1-(1-0.0005)^{100} = 0.048782$, also ca. 0.05, garantiert. Abgesehen von dieser Überlegung scheinen auch nach Tsay 1988 Simulationsstudien für einen kritischen Wert C im Bereich $3 \leq C \leq 4$ zu sprechen.

Praktisch sind jedoch nicht nur die Zeitpunkte unbekannt, in denen Ausreißer auftreten, sondern auch die Prozeßparameter. Auf Chang/Tiao 1983 geht ein *iteratives* Verfahren zurück, das sowohl die unbekannten Zeitpunkte als auch die unbekannten Parameter schätzt:

In *Schritt 1* wird zunächst unterstellt, der Prozeß enthalte keine Ausreißer. Die Residuen des (vorläufig) geschätzten Modells sind dann

$$\hat{e}_t = \hat{\pi}(B) Z_t = \frac{\hat{\varphi}(B)}{\hat{\theta}(B)} Z_t$$

mit

$$\hat{\pi}(B) = \frac{1 - \hat{\varphi}_1 B - \hat{\varphi}_2 B^2 - \ldots - \hat{\varphi}_p B^p}{1 + \hat{\theta}_1 B + \hat{\theta}_2 B^2 + \ldots + \hat{\theta}_q B^q}$$

und der geschätzten Varianz

$$\hat{\sigma}_\varepsilon^2 = \frac{1}{n} \sum_{t=\max(p,q)}^{n} \hat{e}_t^2$$

In *Schritt 2* werden die $\hat{\lambda}_{A,t}$ und $\hat{\lambda}_{I,t}$ für die Zeitpunkte t=1,2,...,n berechnet. Sei $\hat{\lambda}_T$ = $\max_t \max_i \{ |\hat{\lambda}_{i,t}| \}$ mit i=A oder i=I. T bezeichnet den Zeitpunkt, in dem das Maximum auftritt. Ist nun $\hat{\lambda}_T = |\hat{\lambda}_A| > C$, also größer als die oben diskutierte Konstante, dann liegt ein AO vor, dessen Effekt durch $\hat{\omega}_A$ geschätzt wird. Mit dieser Schätzung kann nun eine *Datenbereinigung* vorgenommen werden ($\tilde{Z}_t = Z_t - \hat{\omega}_A I_t^{(T)}$), was neue Residuen ergibt:

$$\tilde{e}_t := \hat{e}_t - \hat{\omega}_A \hat{\pi}(B) I_t(T)$$

Ist $\hat{\lambda}_T = |\hat{\lambda}_I| > C$, dann liegt ein IO vor mit dem geschätzten Effekt $\hat{\omega}_I$. Die bereinigten Daten ergeben sich in diesem Fall aus

$$\tilde{Z}_t := Z_t - \frac{\hat{\theta}(B)}{\hat{\varphi}(B)} \hat{\omega}_I I_t^{(T)}$$

mit den neuen Residuen $\tilde{e}_t := \hat{e}_t - \hat{\omega}_I I_t^{(T)}$. Auf der Basis der neuen Residuen wird eine neue Varianzschätzung $\tilde{\sigma}_\varepsilon^2$ durchgeführt.

In *Schritt 3* werden die beiden Teststatistiken $\hat{\lambda}_A$ und $\hat{\lambda}_I$ erneut berechnet, wobei die in Schritt 2 modifizierten Residuen und die modifizierte Varianzschätzung verwendet werden. Sodann wird Schritt 2 so lange wiederholt, bis alle Ausreißer gefunden sind. Dabei wird aber die ursprüngliche Parameterschätzung beibehalten.

Die mit Abschluß von Schritt 3 ermittelten k Ausreißer zu den Zeitpunkten $T_1, T_2,$ $..., T_k$ müssen deshalb als *vorläufig* identifizierte Ausreißer betrachtet werden. Betrachtet man nun diese Zeitpunkte als *bekannt*, dann können für das Modell

$$Z_t = \sum_{i=1}^{k} \omega_i v_i(B) I_t^{(T_i)} + \frac{\theta(B)}{\varphi(B)} \varepsilon_t$$

im *Schritt 4* die Ausreißer- und die Modellparameter *simultan* geschätzt werden, wobei $v_i(B) = 1$ ist für einen AO und $v_i = \theta(B)/\varphi(B)$ für einen IO zum Zeitpunkt $t = T_i$. Damit ergeben sich neue Residuen

$$\hat{e}_t^* := \hat{\pi}^*(B)[Z_t - \sum_{i=1}^{k} \hat{\omega}_i v_i(B) I_t^{(T_i)}]$$

die zur Schätzung einer revidierten Residualvarianz σ_ε^2 herangezogen werden können.

Die Schritte 2 - 4 werden solange *iteriert*, bis alle Ausreißer identifiziert und ihre Effekte simultan mit den Prozeßparametern geschätzt sind (vgl. dazu z.B. Abraham/ Ledolter 1983, S.358 oder Tiao 1985, S. 107 ff.).

Auf ähnliche Weise können *saisonale* Ausreißer (*saisonale Pulse*), die eine Reihe in *periodischen* Abständen, also z.B. in den Zeitpunkten $t = T$, $t = T+12$, $t = T+24$ usw. beeinflussen, sowie *level-shifts* ermittelt und berücksichtigt werden. Für weitere Informationen sei auf Tsay 1988 verwiesen.

X.2.1.   Beispiele

Modelliert man etwa die Reihe aus Beispiel 11 aus Kap. I.1 mit Hilfe von AUTOBOX, dann erhält man ohne Berücksichtigung eventueller Ausreißer folgendes Modell:

$$(1-B)X_t = [(1+0.226B)(1-0.258B^{12})]^{-1}(1-0.264B^4)\hat{\varepsilon}_t$$

Für die nächsten 12 Monate erhält man damit die folgenden Prognosewerte: 351, 352, 338, 331, 331, 329, 334, 335, 328, 329, 337, 362. Mit Berücksichtigung von Ausreißern erhält man aber:

$$X_t = -366.67 X_{1t} + [(1-0.7B)(1-0.231B^{12})]^{-1}\hat{\varepsilon}_t$$

Dabei bezeichnet X_{1t} eine Dummy-Variable, die für einen (negativen) level-shift steht, der sich im Zeitpunkt 1973/7 einstellt. Diese Niveauverschiebung ist ja auch unmittelbar im Zeitreihenplot erkennbar (vgl. dazu Abb. 1.11). Die Prognosewerte für die nächsten 12 Monate sind jetzt: 319, 286, 262, 260, 245, 236, 236, 233,

224, 223, 229, 250. Vergleicht man die beiden alternativen Prognosen, so sieht man, daß die ersteren systematisch zu hoch liegen, da das erste Modell die Niveauverschiebung im Jahre 1973 nicht explizit berücksichtigt, sondern versucht, diese durch Differenzenbildung "aufzufangen".

Man hätte natürlich in diesem Beispiel bei der ARIMA-Modellierung *a priori* "auf der rechten Seite" im Sinne der Interventionsanalyse eine *Interventions-Dummy-Variable* mit den Werten 0 bis 1973/6 und 1 ab 1973/7 berücksichtigen können und hätte dann einen signifikanten negativen Koeffizienten für diese Variable gefunden. Damit hätte man a priori ein Transferfunktionenmodell postuliert und die automatische Suchprozedur hätte sich erübrigt.

Für die Reihe aus Beispiel 8 in Kap.I.1 erhält man mit AUTOBOX ohne Berücksichtigung von Ausreißern das Modell:

$$(1 - B^{12})X_t = -0.33148 + (1 - 0.231B^3)^{-1}\hat{\varepsilon}_t$$

Mit Berücksichtigung von Ausreißern ergibt sich:

$$X_t = -4.5303 - 0.799X_{1t} + 1.1979X_{2t} - 0.914X_{3t} - 0.739X_{4t} - 0.812X_{5t}$$
$$+ (1 - 0.518B^3)^{-1}\hat{\varepsilon}_t$$

Dabei bezeichnen die Dummy-Variablen X_{1t} und X_{5t} level-shifts (in 1973/12 und in 1971/12) und die Dummies X_{2t}, X_{3t}, X_{4t} saisonale Pulse (1969/10, 1969/12, 1969/2). Wie man am Reihenplot nachprüfen kann, weist die Reihe in allen Jahren jeweils im Oktober eine Spitze auf (eine Ausnahme bildet das Jahr 1971, in dem diese im November liegt, außerdem ist im Jahr 1972 die Oktoberspitze nicht größer als der August-Wert). Minima weist die Reihe in allen Jahren jeweils im Dezember auf, was durch den zweiten saisonalen Puls ausgewiesen wird. Der dritte saisonale Puls schließlich weist auf eine gewisse Regelmäßigkeit für den Monat Februar hin. Mit gewissen Ausnahmen kann man bei genauer Inspektion der Reihe feststellen, daß jeweils der Februarwert ein lokales Minimum darstellt, so in den Jahren 1970, 1971, 1973, 1974 und 1976. Die beiden level-shifts modellieren offensichtlich den negativen Trend der Reihe.

XI. Prognosen mit ARMA- und ARIMA-Modellen

XI.1. Prognosen mit univariaten ARMA- und ARIMA-Modellen

Zeitreihen werden in der Praxis häufig deshalb mit Hilfe von ARMA- bzw. ARIMA-Prozessen modelliert, weil sich auf der Basis solcher Modelle relativ bequem *Prognosen* erstellen lassen. Insbesondere weisen diese Prognosen die Eigenschaft der *Rekursivität* auf, d.h. die I-Schritt-Prognose kann unmittelbar aus der (I-1)-Schritt-Prognose entwickelt werden.

Interpretiert man wie bisher eine konkrete Zeitreihe $x_1, x_2, \ldots, x_T$ als *eine* Realisation eines stochastischen Prozesses X_t, dann sei unter einer *Prognose* dieses Prozesses zunächst eine *Punkt-Schätzung* der Zufallsvariablen X_{T+I} verstanden, die mit $\hat{x}_{T,I}$ bezeichnet werde. I wird als *Prognosehorizont* (oder *lead-time*) bezeichnet. Diese Schreibweise soll andeuten, daß die Prognose auf der Basis der bis zum Zeitpunkt T verfügbaren Information über den Prozeß X_t vorgenommen wird, was gleichbedeutend damit ist, daß $\hat{x}_{T,I}$ als Realisation einer *Prognosefunktion* $\hat{X}_{T,I}(X_1, X_2, \ldots, X_T)$ aufgefaßt wird, d.h. $\hat{X}_{T,I}$ ist eine Zufallsvariable, deren Werte von den Realisationen $x_1, x_2, \ldots, x_T$ der Zufallsvariablen $X_1, X_2, \ldots, X_T$ abhängen.

Zur Beurteilung der *Güte* einer Prognosefunktion muß ein *Gütemaß* formuliert werden. Üblicherweise wird dafür der *mittlere quadratische Fehler* (*mean square error*, kurz: MSE) verwendet:

$$MSE(\hat{X}_{T,I}) = E(X_{T+I} - \hat{X}_{T,I})^2$$

Als *optimal* wird eine Prognosefunktion bezeichnet, welche den MSE *minimiert*. Es kann nun gezeigt werden, daß diese Prognosefunktion gegeben ist durch

$$\hat{X}_{T,I}(X_1, X_2, \ldots, X_T) = E(X_{T+I}|X_1, X_2, \ldots, X_T)$$

d.h. durch den *bedingten Erwartungswert* von X_t (vgl. z.B. Schlittgen/Streitberg 1994, S.192). Im allgemeinen ist $\hat{X}_{T,I}$ eine *nicht-lineare* Funktion von $X_1, X_2, \ldots, X_T$. Dieses Resultat ist jedoch *praktisch* nicht zu gebrauchen, da man zur Bestimmung von bedingten Erwartungswerten die Wahrscheinlichkeitsverteilung von X_t kennen müßte. Dies entfällt, wenn man sich grundsätzlich auf *lineare Prognosefunktionen*

$$\hat{X}_{T,I}(X_1, X_2, \ldots, X_T) = c_{T-1}X_1 + c_{T-2}X_2 + \ldots + c_0X_T$$

beschränkt. Optimal ist dann diejenige Prognosefunktion, deren Gewichte $c_0, \ldots, c_{T-1}$ so bestimmt werden, daß

$$E(X_{T+I} - \sum_{j=0}^{T-1} c_j X_{T-j})^2$$

minimal ist. Unterstellt man wie üblich, daß X_t normalverteilt ist, dann stellt die Verwendung ausschließlich linearer Prognosefunktionen keine Einschränkung dar, weil die oben genannten bedingten Erwartungswerte bei Normalprozessen ohnehin linear sind.

Man kann nun zeigen, daß sich für stationäre und invertierbare *ARMA*-Prozesse optimale *I-Schritt-Prognosen* (oder *"forecasts"*) leicht aus ihrer Definitionsgleichung bestimmen lassen, wenn wir diese für die Zeitpunkte T+I (I=1,2,...) schreiben, also in der Form

$$X_{T+l} = \varphi_1 X_{T+l-1} + \dots + \varphi_p X_{T+l-p} + \varepsilon_{T+l} + \theta_1 \varepsilon_{T+l-1} + \dots + \theta_q \varepsilon_{T+l-q}$$

und zunächst einmal annehmen, daß die Prozeßparameter bekannt seien. Dann erhält man die optimalen forecasts durch folgende Operationen:

a) Ersetze die unbekannten Werte X_{T+j} (j>0) durch ihre prognostizierten Werte $\hat{X}_{T,j}$ (j>0).

b) Als "prognostizierte" Werte von X_{T+j} (j≤0) verwende die bekannten Reihenwerte x_{T+j}.

c) Prognostiziere die ε_{T+j} (j>0) durch ihren Erwartungswert, der voraussetzungsgemäß immer gleich Null ist.

d) "Prognostiziere" die ε_{T+j} (j≤0) durch die bekannten ε_{T+j}, d.h. praktisch durch die entsprechenden Residuen.

Als Beispiel betrachten wir den ARMA(1,1)-Prozeß $X_t = \varphi X_{t-1} + \varepsilon_t + \theta \varepsilon_{t-1}$.

Aus $X_T = \varphi X_{T-1} + \varepsilon_T + \theta \varepsilon_{T-1}$ folgt für l=1 mit Hilfe der Operationen b) – d)

$$\hat{X}_{T,1} = \varphi X_T + \varepsilon_{T+1} + \theta \varepsilon_T = \varphi X_t + 0 + \theta \varepsilon_T$$

und für l=2

$$\hat{X}_{T,2} = \varphi X_{T+1} + \varepsilon_{T+2} + \theta \varepsilon_{T+1} = \varphi \hat{X}_{T,1} + 0 + 0$$

wobei gemäß a) X_{T+1} durch $\hat{X}_{T,1}$ ersetzt wurde. Allgemein erhält man für l≥2 die *rekursive* Beziehung:

$$\hat{X}_{T,l} = \varphi^{l-1} \hat{X}_{T,l-1}$$

Mit zunehmendem Prognosehorizont l konvergiert $\hat{X}_{T,l}$ offensichtlich gegen Null, also gegen den Erwartungswert dieses Prozesses, da aus Stationaritätsgründen $|\varphi| < 1$ ist. Diese Prognose-Konvergenz gegen den Erwartungswert gilt generell für stationäre Prozesse.

Offensichtlich hängen die Prognosen für l>1 nur noch vom AR-Teil des Prozesses ab. Dies gilt allgemein: Für ARMA(p,q)-Prozesse werden die Prognosegleichungen für alle Prognosehorizonte l>q vom AR-Teil bestimmt.

Ein Problem ergibt sich in diesem Beispiel noch für l=1 wegen des unbekannten ε_t. Gemäß d) ist diese Zufallsvariable durch das Residuum $\hat{\varepsilon}_t$ zu ersetzen. Dieses fällt aber bei der Schätzung der Modellparameter an, wenn man die unrealistische Voraussetzung bekannter Parameter aufgibt. $\hat{\varepsilon}_T$ ist dann einfach die Differenz zwischen X_T und $\hat{X}_T$, wobei letztere Größe der aus dem Modell "vorhergesagte" Reihenwert ist. Es sei hier angemerkt, daß zur Vermeidung von Mißverständnissen bei solchen und ähnlichen Formulierungen stets unterschieden werden muß, ob man auf der *Modellebene* oder auf der *Datenebene* argumentiert. Auf der *Modellebene* sind X_T, $\hat{X}_T$ und $\hat{\varepsilon}_t$ Zufallsvariablen, auf der *Datenebene* aber konkrete numerische Werte.

Auch für ARIMA-Prozesse lassen sich auf die gleiche Weise optimale Prognosen bestimmen. Zum Beispiel kann für einen ARIMA(2,1,1)-Prozeß

$$(1 - \varphi_1 B - \varphi_2 B^2)(1 - B)X_t = \varepsilon_t + \theta \varepsilon_{t-1}$$

für den Zeitpunkt t=T geschrieben werden:

$$X_T = (\varphi_1 + 1)X_{T-1} + (\varphi_2 - \varphi_1)X_{T-2} - \varphi_2 X_{T-3} + \varepsilon_T + \theta \varepsilon_{T-1}$$

Nach den obigen Regeln erhält man für:

$$l=1: \quad \hat{X}_{T,1} = (\varphi_1 + 1)X_T + (\varphi_2 - \varphi_1)X_{T-1} - \varphi_2 X_{T-2} + \theta\hat{\varepsilon}_T$$

$$l=2: \quad \hat{X}_{T,2} = (\varphi_1 + 1)\hat{X}_{T,1} + (\varphi_2 - \varphi_1)\hat{X}_T - \varphi_2 X_{T-1}$$

$$l=3: \quad \hat{X}_{T,3} = (\varphi_1 + 1)\hat{X}_{T,2} + (\varphi_2 - \varphi_1)\hat{X}_{T,1} - \varphi_2 X_T \quad \text{usw.}$$

Für die Prognose sind also lediglich die drei letzten Reihenwerte notwendig, sowie das Residuum zum Zeitpunkt t=T, das man aus der Schätzphase übernehmen kann.

Die angegebene Prozedur läßt sich ohne Schwierigkeiten sowohl auf saisonale ARMA- als auch auf saisonale ARIMA-Prozesse übertragen. Da sich dabei nichts Neues ergibt, sei auf weitere Beispiele verzichtet.

Bei den bisher betrachteten Prognosen handelt es sich um Punkt-Prognosen. Wichtig sind jedoch zusätzlich Überlegungen zur *Genauigkeit* einer Prognose, die sich aus der *Varianz des Prognosefehlers* (kurz: Prognosevarianz) ergibt. Mit Hilfe dieser (geschätzten) Varianz lassen sich dann *Konfidenzintervalle* für die Punkt-Prognosen angeben.

In die Varianz des Prognosefehlers eines ARMA-Prozesses gehen Koeffizienten ein, die sich aus der MA-Darstellung eines stationären ARMA-Prozesses ergeben. Aus $\varphi(B)X_t=\theta(B)\varepsilon_t$ folgt auf Grund der Stationarität der folgende MA(∞)-Prozeß $X_t=\varphi^{-1}(B)\theta(B)\varepsilon_t=c(B)\varepsilon_t$ mit $c(B)=\varphi^{-1}(B)\theta(B)$. Beispielsweise erhält man für den ARMA(1,1)-Prozeß $(1-0.4B)X_t=(1+0.8B)\varepsilon_t$

$$\varphi^{-1}(B)\theta(B) = \frac{1 + 0.8B}{1 - 0.4B} = 1 + 1.2B + 0.48B^2 + 0.192B^3 + 0.0768B^4 + \ldots$$

und damit $X_t = \varepsilon_t + 1.2\varepsilon_{t-1} + 0.48\varepsilon_{t-2} + 0.192\varepsilon_{t-3} + 0.0768\varepsilon_{t-4} + \ldots$, d.h. die Koeffizienten im lag-Polynom $c(B)$ sind somit $c_0=1$, $c_1=1.2$, $c_2=.48$, $c_3=0.192$, $c_4=0.0768$ usw.

Man kann nun zeigen, daß die Varianzen der Prognosefehler $X_{T+l}-\hat{X}_{T,l}$ für $l=1,2,\ldots$ gegeben sind durch:

$$V_p^2 := \text{Var}(X_{T+l} - \hat{X}_{T,l}) = \sigma_\varepsilon^2 \sum_{j=0}^{l-1} c_j^2$$

Da

$$\sigma_\varepsilon^2 \sum_{j=0}^{\infty} c_j^2$$

die Varianz eines ARMA-Prozesses ist, sieht man, daß die Prognosevarianz mit zunehmendem Prognosehorizont l gegen die Prozeßvarianz strebt. Da außerdem, wie schon oben ausgeführt wurde, die Punkt-Prognosen von ARMA-Prozessen mit zunehmendem l gegen den Erwartungswert des Prozesses streben, sind Prognosen ab einem bestimmten l=l*, das natürlich vom betrachteten Prozeßtyp abhängt, nicht mehr als sinnvoll zu bezeichnen (vgl. dazu Schlittgen/Streitberg 1994, S.217).

Ist ε_t ein *Gauß-Prozeß*, dann ist auch X_t ein Gauß-Prozeß und der Prognosefehler ist für jedes l normalverteilt. Da die optimale l-Schritt-Prognose unverzerrt ist, kann man schreiben:

$$P(\hat{X}_{T,l} - \lambda_{\alpha/2}V_p \leq X_{T+l} \leq \hat{X}_{T,l} + \lambda_{\alpha/2}V_p) = P(-\lambda_{\alpha/2} \leq \frac{X_{T+l} - \hat{X}_{T,l}}{V_p} \leq \lambda_{\alpha/2}) = 1 - \alpha$$

wobei $\lambda_{\alpha/2}$ das $(1-\alpha/2)$-Quantil der Standardnormalverteilung ist.

Diese *Prognoseintervalle*, mit den oberen bzw. unteren Grenzen

$$\hat{X}_{T,l} \pm \sigma_\varepsilon [\sum_{j=0}^{l-1} c_j^2]^{1/2}$$

werden mit zunehmendem l breiter. Da aber die Koeffizienten c_j gegen Null gehen, ist ab einem hinreichend großen l kaum mehr ein Breitenwachstum gegeben.

Häufig wird für die prognostizierten Reihenwerte ein *Konfidenz-Korridor* in einen Zeitreihenplot eingezeichnet, wobei als Korridor-Grenzen für jedes l die eben angegebenen Konfidenzgrenzen verwendet werden. Dabei muß aber berücksichtigt werden, daß die obige Wahrscheinlichkeits- bzw. die darauf basierende Konfidenzaussage nur für ein *einzelnes* l gilt, d.h. es ist damit keine *gemeinsame* Konfidenzaussage möglich für *alle* Prognosen $\hat{X}_{T,l}$, l=1,2,...,l_{max}, wobei l_{max} der längste betrachtete Prognosehorizont ist. Für eine solche Aussage müßte man die l_{max}-dimensionale Verteilung der Prognosefehler bestimmen. Deshalb ist nicht gewährleistet, daß der sich in der Zukunft einstellende Verlauf einer Reihe auf dem vorgegebenen Konfidenzniveau (1-α) *innerhalb* dieses Konfidenz-Korridors bewegen wird.

Ganz analog zu den bisherigen Überlegungen lassen sich auch für ARIMA-Prozesse Prognosevarianz und Prognoseintervalle bestimmen: Aus

$$\varphi(B)(1 - B)^d X_t = \theta(B)\varepsilon_t$$

folgt

$$\Phi(B)X_t = \theta(B)\varepsilon_t \quad , \quad \Phi(B) = \varphi(B)(1 - B)^d$$

und daraus

$$X_t = \Phi^{-1}(B)\theta(B)\varepsilon_t$$

mit

$$C(B) = 1 + C_1 B + C_2 B^2 + ..., \quad C(B) = \Phi^{-1}(B)\theta(B)$$

Diese Koeffizienten bestimmen die Prognosevarianz von ARIMA-Prozessen analog zu den von ARMA-Prozessen:

$$V_p^2 = Var(X_{T+l} - \hat{X}_{T,l}) = \sigma_\varepsilon^2 \sum_{j=0}^{l-1} C_j^2$$

Unter denselben Voraussetzungen wie oben, lassen sich auch hier Prognoseintervalle angeben und Konfidenzaussagen machen. Die oberen bzw. unteren Konfidenzgrenzen lauten jetzt

$$\hat{X}_{T,1} \pm \sigma_\varepsilon (\sum_{j=0}^{l-1} C_j^2)^{1/2}$$

wobei die obigen Bemerkungen zur Interpretation des Konfidenz-Korridors auch hier zutreffen. Für saisonale ARIMA-Modelle lassen sich analoge Aussagen machen, wobei sich nichts grundsätzlich Neues ergibt, so daß auf weitere Ausführungen verzichtet werden kann.

Bisher wurden die Prozeß-Parameter als bekannt vorausgesetzt. In der Praxis ist aber in der Regel zuerst ein Modell zu identifizieren und anschließend eine Parameterschätzung vorzunehmen. Prognosen können also praktisch immer nur so durchgeführt werden, daß in den oben genannten Ausdrücken jeweils die unbekannten Parameter durch die geschätzten Parameter ersetzt werden. Man muß also mit *geschätzten* Prognosefunktionen und *geschätzten* Konfidenzintervallen arbeiten. Es ist zu erwarten, daß dies Auswirkungen auf die Größe des Prognosefehlers hat. Jedoch kann gezeigt werden, daß diese für "hinreichend" lange Zeitreihen praktisch vernachlässigbar sind (vgl. dazu die Ausführungen bei Fuller 1976, S.382 ff.).

Die angegebenen Konfidenzintervalle beruhen, wie schon bemerkt wurde, entscheidend auf der Annahme, daß ε_t ein Gauß-Prozeß ist. Deshalb stellt sich die Frage, ob diese auch verwendet werden dürfen, wenn keine Normalität für ε_t unterstellt werden kann. Dazu gibt es eine Reihe von Untersuchungen, bei denen verschiedene Verteilungsformen für ε_t, wie z.B. eine Rechteck- oder Laplace-Verteilung, unterstellt wurden. Diese Untersuchungen lassen den Schluß zu, daß diese Prognoseintervalle wenig sensitiv sind gegenüber anderen Verteilungen, falls α nicht sehr klein ist und die Reihen nicht sehr kurz sind (für detailliertere Angaben und Literaturhinweise vgl. Schlittgen/Streitberg 1984, S.371).

Als Beispiel für die Prognose eines ARIMA-Prozesses betrachten wir die schon früher in Kap. I.1 untersuchte Reihe "Einzelhandelsumsätze". Mit AUTOBOX findet man folgende Prozeßgleichung:

```
[(1-B**12)]Y(T) = + X 1(T)[(1-B**12)][(- 93.5483)]
                  + X 2(T)[(1-B**12)][(+ 91.4094)]
                  + X 3(T)[(1-B**12)][(+ 86.3397)]
                  + X 4(T)[(1-B**12)][(- 53.1398)]
                  + X 5(T)[(1-B**12)][(- 38.2288)]
                  + A(T)[(1- .597B- .377B**3)(1+ .387B**12)]**-1
                        [(1- .293B**24)]
```

die offensichtlich abweicht von der in Kap. VIII.1. wiedergegebenen Gleichung. Die Gründe für diese Abweichung liegen darin, daß bei der Identifikation und Schätzung jetzt Ausreißer berücksichtigt wurden: AUTOBOX findet einen (negativen) level shift X1(T) bei t=135 (d.h. 1976/4), einen additiven (positiven) Puls X2(T) bei t=108 (d.h. 1975/12), zwei (negative) additive Pulse X4(T) bzw. X5(T) bei t=60 (d.h. 1971/12) bzw. t=103 (d.h. 1975/7), sowie einen (positiven) saisonalen Puls bei t=36 (d.h. 1969/12). Für die Prognosen mit l=13 (d.h. bis 1980/10) erhält man folgenden Output:

```
TIME DATE      LOWER 90%    UPPER 90%    FORECAST
154  1979/10   664.3        723.3        693.8
155  1979/11   725.4        794.2        759.8
156  1979/12   1272.        1344.        1308.
157  1980/ 1   486.2        566.1        526.1
158  1980/ 2   489.1        575.9        532.5
159  1980/ 3   596.1        687.4        641.7
160  1980/ 4   615.2        711.4        663.3
161  1980/ 5   663.4        764.3        713.9
162  1980/ 6   639.7        744.8        692.2
163  1980/ 7   630.6        739.5        685.0
164  1980/ 8   675.3        788.0        731.6
165  1980/ 9   619.3        735.3        677.3
166  1980/ 10  655.5        788.0        721.7
```

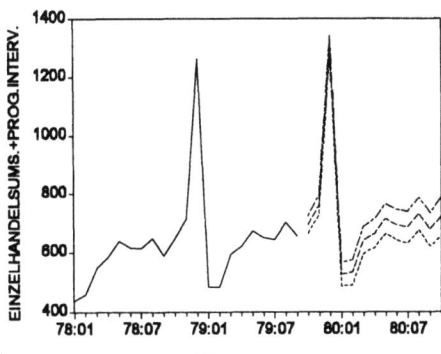

Abb. 11.1

In der letzten Spalte stehen die Punkt-Prognosen, während die mit lower (upper) 90%-Limit überschriebenen Spalten die untere (obere) 90%-Konfidenzgrenze (α=0.10) für jeden der 13 Zeitpunkte enthalten. In der Abbildung 11.1 links sind die Punkt-Prognosen sowie der zugehörige 90%-Konfidenz-Korridor eingezeichnet:

XI.2. Prognosen mit vektoriellen ARMA- und ARIMA-Prozessen

Optimale Prognosen im Sinne einer Minimierung des mittleren quadratischen Fehlers lassen sich für vektorielle ARMA- bzw. ARIMA-Prozesse in gleicher Weise wie bei univariaten Prozessen erzielen. Dazu schreibt man den Prozeß

$$\Phi(B)\mathbf{x}_t = \Theta(B)\boldsymbol{\varepsilon}_t$$

in der Form

$$\mathbf{x}_t = \Phi_1\mathbf{x}_{t-1} + \ldots + \Phi_p\mathbf{x}_{t-p} + \boldsymbol{\varepsilon}_t + \Theta_1\boldsymbol{\varepsilon}_{t-1} + \ldots + \Theta_q\boldsymbol{\varepsilon}_{t-q}$$

bzw.

$$\mathbf{x}_{T+l} = \Phi_1\mathbf{x}_{T+l-1} + \ldots + \Phi_p\mathbf{x}_{T+l-p} + \boldsymbol{\varepsilon}_{T+l} + \Theta_1\boldsymbol{\varepsilon}_{T+l-1} + \ldots + \Theta_q\boldsymbol{\varepsilon}_{T+l-q}$$

und wendet die obigen Operationen a) - d) sinngemäß an, wobei lediglich die Variablen durch die entsprechenden Vektoren zu ersetzen sind.

Betrachten wir als Beispiel einen vektoriellen ARMA(1,1)-Prozeß

$$\mathbf{x}_t = \Phi\mathbf{x}_{t-1} + \boldsymbol{\varepsilon}_t + \Theta\boldsymbol{\varepsilon}_{t-1}$$

dann ergibt sich für

$$l=1: \quad \hat{\mathbf{x}}_{T,1} = \Phi\mathbf{x}_T + \mathbf{0} + \Theta\boldsymbol{\varepsilon}_T$$
$$l=2: \quad \hat{\mathbf{x}}_{T,2} = \Phi\hat{\mathbf{x}}_{T,1} + \mathbf{0} + \mathbf{0}$$

und für $l \geq 2$ allgemein die *Rekursion*:

$$\hat{\mathbf{x}}_{T,l} = \Phi\hat{\mathbf{x}}_{T,l-1}$$

Dabei ist $\boldsymbol{\varepsilon}_t$ wiederum durch das Residuum für $t=T$ aus der Schätzphase zu ersetzen und die zukünftigen $\boldsymbol{\varepsilon}_t$ durch ihre Erwartungswerte, also durch Null-Vektoren. Offensichtlich erhält man diese (vektorielle) Prognosefunktion aus der Prognosefunktion des oben gezeigten univariaten ARMA(1,1)-Prozesses, wenn man die univariaten Zufallsvariablen durch die entsprechenden Zufallsvektoren ersetzt. Dies gilt allgemein, so daß sich bei der Bestimmung der optimalen Prognosefunktion für vektorielle Prozesse nichts Neues ergibt im Vergleich zu univariaten Prozessen.

In die Varianz-Kovarianz-Matrix der Prognosefehler $\mathbf{x}_{T+l} - \hat{\mathbf{x}}_{T,l}$ gehen wie im univariaten Fall die Koeffizienten der MA-Darstellung eines stationären vektoriellen ARMA-Prozesses ein. Wie in Kap. VI. dargelegt wurde, kann für einen solchen Prozeß geschrieben werden

$$\mathbf{x}_t = \sum_{j=0}^{\infty} \boldsymbol{\Psi}_j\boldsymbol{\varepsilon}_{t-j}$$

und die Varianz-Kovarianz-Matrix der Prognosefehler ist gegeben durch

$$\mathbf{V}_p = \Sigma + \boldsymbol{\Psi}_1\Sigma\boldsymbol{\Psi}_1' + \ldots + \boldsymbol{\Psi}_{l-1}\Sigma\boldsymbol{\Psi}_{l-1}'$$

wobei Σ die Varianz-Kovarianz-Matrix von $\boldsymbol{\varepsilon}_t$ ist. Auch hier müssen die unbekannten Parametermatrizen $\Phi, \Theta, \Sigma, \boldsymbol{\Psi}$ durch geschätzte Matrizen ersetzt werden.

Als Beispiel betrachten wir den in Kap. V.2. untersuchten vektoriellen AR(2)-Prozeß. Mit MTS erhält man für $l=5$ folgende forecasts (Konfidenzniveau 90%) für die beiden Prozeß-Komponenten:

```
THE FORECAST VALUES FROM ORIGIN 200 FOR SERIES  1
TIME          LOWER90               FORECAST                  UPPER90
201          -1.41073300           -.19555300              1.01962700
202          -1.06246300            .19437510              1.45121300
203          -1.48607300           -.15023440              1.18560500
204          -1.42821700            .00098001              1.43017700
205          -1.42821700            .00098001              1.43017700
```

```
THE FORECAST VALUES FROM ORIGIN 200 FOR SERIES  2
TIME              LOWER90                 FORECAST              UPPER90
201             1.63127000              2.37493500            3.11860000
202             1.44586100              2.22589000            3.00591800
203             1.52806800              2.35042200            3.17277600
204             1.52806800              2.35042200            3.17277600
205             1.52806800              2.35042200            3.17277600
```

Völlig analog zum univariaten Fall kann auch für vektorielle ARIMA-Prozesse eine optimale (vektorielle) Prognosefunktion bestimmt werden, indem in der Prozeß-gleichung die Differenzierungsmatrix berücksichtigt wird und die obigen Regeln benutzt werden. Da sich dabei keinerlei neuen Aspekte ergeben, sei auf ein Beispiel verzichtet.

XII. Transferfunktionen (ARMAX)–Modelle

Bei der Darstellung vektorieller Prozesse in Kap. IV.4.6. wurde ein Spezialfall eines zweidimensionalen autoregressiven Prozesses betrachtet, bei dem die Koeffizienten-matrix Φ die Form einer oberen Dreiecksgestalt aufwies (vgl. Fall c) in Kapitel IV.4.6.). Dies hatte zur Folge, daß die Variable X_{1t} von X_{2t} abhängig war, aber das Umgekehrte galt nicht, d.h. X_{2t} konnte als *unabhängige Variable* oder *Input-Variable* und X_{1t} als (davon) *abhängige Variable* interpretiert werden. Derartige Modelle, bei denen *einseitige* (auch *kausal* genannte) Abhängigkeiten bestehen und die des-halb mit *Regressionsmodellen* verwandt sind, werden allgemein als *Transferfunktionen*- oder *ARMAX-Modelle* bezeichnet. Man unterscheidet dabei Transferfunktionen-Modelle mit *einer* Input-Variablen (oder *einem* Input-Prozeß) und solchen mit *mehreren* Input-Variablen (oder *mehreren* Input-Prozessen). Beide Fälle sollen hier getrennt behandelt werden, weil beim letzteren im allgemeinen spezielle Pro-bleme auftreten, die mit der möglichen Korrelation der Input-Prozesse zusammen-hängen.

XII.1. Transferfunktionen-Modelle mit einer Input-Variablen

XII.1.1. Grundlagen und Definitionen

Ein Transferfunktionen-Modell mit einer Input-Variablen läßt sich allgemein in der Form schreiben

$$Y_t = f(X_t) + N_t$$

wobei Y_t als *Output-Variable* oder kurz als *Output* und X_t als *Input-Variable* oder kurz als *Input* bezeichnet wird. N_t ist der *noise-Teil* des Modells, wobei allgemein für N_t a priori *kein* white-noise-Prozeß postuliert wird wie im klassischen Regressions-modell, sondern generell ein ARMA-Prozeß zugelassen wird. Allerdings wird wie im klassischen Regressionsmodell davon ausgegangen, daß X_t und N_t *unkorreliert* sind. Unterstellt man eine *lineare* Beziehung zwischen In- und Output und nimmt man weiter an, daß der Output sowohl vom kontemporären Input wie auch von vergan-genen Inputwerten abhängt, dann kann für ein solches Modell geschrieben werden.

$$Y_t = v_0 X_t + v_1 X_{t-1} + v_2 X_{t-2} + \dots + N_t = v(B)X_t + N_t$$

wobei das lag-Polynom

$$v(B): = \sum_{j=0}^{\infty} v_j B^j \quad \text{mit} \quad \sum_{j=0}^{\infty} |v_j| < \infty$$

als *Transferfunktion* und v_j als Funktion von j als *Impuls-Antwort-Funktion* bezeich-net wird. Die postulierte Bedingung der absoluten Summierbarkeit der v_j stellt sicher, daß die Transferfunktion *stabil* ist oder ein *stabiles Input-Output-System* vorliegt. Dies bedeutet, daß ein *beschränkter Input* immer einen *beschränkten Out-put* erzeugt. Für Transferfunktionen-Modelle wird in der Literatur auch der Aus-druck *ARMAX-Modelle* verwendet. Dabei soll das Symbol X darauf hinweisen, daß der Input als *exogen* betrachtet wird. Bei Transferfunktionen-Modellen wird voraus-gesetzt, daß sowohl X_t als auch Y_t *stationäre* Prozesse sind.

Ein Transferfunktionen-Modell ist dann bestimmt, wenn v(B) (oder die Impuls-Antwort-Funktion) sowie der Noise-Prozeß N_t bekannt sind. Wie oben schon erwähnt wurde, sind Transferfunktionen-Modelle mit Regressionsmodellen verwandt. Man kann sie als *Verallgemeinerungen* der üblichen Regressionsmodelle betrachten: Sie lassen korrelierte latente Variablen zu, stochastische Inputs, sowie auch dynamische Input-Output-Beziehungen. (Als *Spezialfall* von Transferfunktionenmodellen läßt sich die in Kap. X. behandelte Ausreißer- bzw. Interventionsanalyse auffassen, wobei die dort verwendeten Input-Variablen (=Dummy-Variablen) alle deterministisch sind). Verfügbare Informationen über Input-Output-Beziehungen können ohne weiteres bei der Modellspezifikation berücksichtigt werden. In der Praxis überwiegen allerdings die Fälle, bei denen derartige Informationen fehlen. *Ein* Ziel der Transferfunktionenanalyse kann dann darin bestehen, vorhandene Input-Output-Beziehungen aufzuspüren. Man läßt dabei gewissermaßen die "Daten für sich sprechen". Ein anderes Ziel dieser Analyse kann in einer *präziseren* Prognose von Y_t bestehen, d.h. in Prognosen, die einen kleineren MSE aufweisen, als sie mit einem rein univariaten Ansatz erzielbar sind. Bei letzterem gehen ja nur die Vergangenheitswerte von Y_t ein, der Prozeß wird sozusagen aus sich selbst heraus prognostiziert. Durch Hinzunahme eines "geeigneten" Prozesses X_t können aber zusätzliche Informationen verwertet werden, die möglicherweise zu einer kleineren Prognosevarianz von Y_t führen. Damit ist insbesondere bei "leading indicators" (s.u.) zu rechnen. Parallelen zum Konzept der Granger-Kausalität sind offensichtlich.

Die oben definierte Transferfunktion enthält unendlich viele Impuls-Antwort-Gewichte, d.h. es wird prinzipiell davon ausgegangen, daß der Input-Prozeß X_t für beliebig weit in die Vergangenheit zurückreichende Zeitpunkte eine Wirkung auf den Output-Prozeß Y_t hat. Mit dieser Annahme kann natürlich praktisch nicht gearbeitet werden, da immer nur endliche Zeitreihen vorliegen. Um diesem Rechnung zu tragen, könnte von der Form

$$Y_t = \sum_{j=0}^{m} v_j B^j X_t + N_t$$

ausgegangen werden, wobei m so gewählt wird, daß alle Effekte, die weiter als m Zeiteinheiten zurückliegen, vernachlässigt werden. Die konkrete Bestimmung von m wäre aber in der Regel nicht ganz einfach. Man kann das Problem einer geeigneten Wahl von m umgehen, wenn man grundsätzlich die Transferfunktion als *rationale Funktion* in B ansetzt

$$v(B): = \frac{\omega(B)}{\delta(B)} B^b$$

mit den lag-Operatoren:

$$\omega(B) = \omega_0 - \omega_1 B - \dots - \omega_s B^s$$
$$\delta(B) = 1 \quad - \delta_1 B - \dots - \delta_r B^r$$

Der Parameter b bezeichnet dabei die *reine Verzögerung* (auch *Totzeit* genannt) zwischen Input und Output, d.h. der Input wirkt auf den Output erst mit einer Verzögerung von b Zeiteinheiten. Ein derartiger Input-Prozeß wird auch als *leading indicator* bezeichnet. Damit ein Input-Output-System stabil ist, müssen die Wurzeln des Polynoms $\delta(B)$ *außerhalb* des Einheitskreises liegen.

Bei gegebenem $\omega(B)$, $\delta(B)$ und b können die Impuls-Antwort-Gewichte durch Koeffizientenvergleich in der Gleichung $\delta(B)v(B)=\omega(B)B^p$, d.h. ausführlich in

$$(1 - \delta_1 B - \ldots - \delta_r B^r)(v_0 + v_1 B + v_2 B^2 + \ldots) = (\omega_0 - \omega_1 B - \ldots - \omega_s B^s) B^b$$

bestimmt werden.

Im einzelnen ergeben sich daraus folgende Beziehungen:

$$\begin{aligned}
v_j &= 0 \,, &&j<b \\
v_j &= \delta_1 v_{j-1} + \delta_2 v_{j-2} + \ldots + \delta_r v_{j-r} + \omega_0 = \omega_0 \,, &&j=b \\
v_j &= \delta_1 v_{j-1} + \delta_2 v_{j-2} + \ldots + \delta_r v_{j-r} - \omega_{j-b} \,, &&j=b+1, b+2, \ldots, b+s \\
v_j &= \delta_1 v_{j-1} + \delta_2 v_{j-2} + \ldots + \delta_r v_{j-r} \,, &&j>b+s
\end{aligned}$$

Die Impuls-Antwort-Gewichte v_j folgen somit für alle $j>b+s$ einer *Differenzenglei-chung*, weisen also ein bestimmtes *Verlaufsmuster* auf, während die b Gewichte $v_0, v_1, \ldots, v_{b-1}$ gleich Null sind (vgl. Wei 1990, S.291).

Beispielsweise erhält man mit s=r=1, b=0 die Transferfunktion

$$v(B) = \frac{\omega_0 - \omega_1 B}{1 - \delta_1 B}$$

mit den folgenden Gewichten:

$$\begin{aligned}
v_j &= 0 \,, \quad j<0 \\
v_0 &= \omega_0 \\
v_1 &= \delta_1 \omega_0 - \omega_1 \\
v_j &= (\delta_1)^{j-1} v_1 \,, \quad j=2,3,\ldots
\end{aligned}$$

Mit r=2, s=1 und b=2, d.h. für $v(B) = \dfrac{\omega_0 - \omega_1 B}{1 - \delta_1 B - \delta_2 B^2} B^2$ erhält man:

$$\begin{aligned}
v_j &= 0 \,, \quad j<2 \\
v_2 &= \omega_0 \\
v_3 &= \delta_1 \omega_0 - \omega_1 \\
v_j &= \delta_1 v_{j-1} + \delta_2 v_{j-2} \,, \quad j=4,5,\ldots
\end{aligned}$$

Mit den Parametern $\omega_0=1$, $\omega_1=0.5$, $\delta_1=0.5$, $\delta_2=0.2$ bzw. $\delta_1=0.2$, $\delta_2=-0.4$ ergeben sich für die letztere Transferfunktion die in Abb. 12.1 bzw. 12.2 dargestellten Verlaufsformen für die Impuls-Antwort-Gewichte:

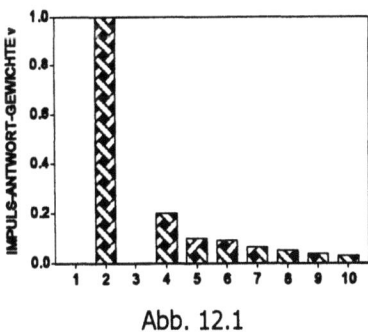
Abb. 12.1

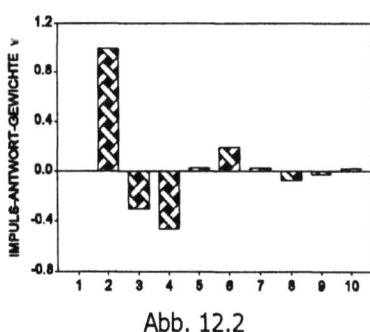
Abb. 12.2

Während die aus der ersten Parameterkonstellation resultieren Gewichte tendenziell exponentiell fallend gegen Null gehen, verlaufen diejenigen der zweiten etwa in Form einer gedämpften Sinusschwingung. Die Verlaufsform wird durch die Wurzeln von $\delta(B)$ bestimmt: Sind sie reell, dann resultieren exponentiell gedämpfte Verläufe, komplexe Wurzeln produzieren dagegen gedämpft sinusoidal verlaufende Muster. Bei der zweiten Transferfunktion lauten dann die komplexen Wurzeln von $\delta(B)$: $0.25 \pm 1.56i$, die außerhalb des Einheitskreises liegen.

Allgemein ist das Verlaufsmuster der Impuls-Antwort-Gewichte einer Transfer-funktion bestimmt, wenn (r,s,b) festgelegt sind. Da r und s in der Praxis selten größer als zwei sind, läßt sich relativ bequem ein "Verlaufsmusterkatalog" zusam-menstellen, der alle Kombinationen von (0,0,b) bis etwa (2,2,b) abdeckt (für einen solchen Musterkatalog vgl. z.B. Mills 1990, S.250). Ein solcher Katalog erweist sich in der *Identifikationsphase* als nützlich.

Es sei noch darauf hingewiesen, daß man ein univariates ARMA(p,q)-Modell als Spezialfall eines Transferfunktionen-Modells auffassen kann, bei dem der noise-Teil identisch gleich Null ist und der white-noise-Prozeß ε_t der Input-Prozeß ist. Aus $\varphi(B)X_t=\theta(B)\varepsilon_t$ folgt $X_t=\theta(B)/\varphi(B)\varepsilon_t$ d.h. die Transferfunktion lautet $v(B)=\theta(B)/\varphi(B)$.

XII.1.2. Kreuzkorrelationsfunktion und Transferfunktionen-Modelle

Der Begriff der *Kreuzkorrelationsfunktion* zweier stochastischer Prozesse wurde schon in VI.4.6. eingeführt. Grundlegend ist für Transferfunktionen-Modelle die Kreuzkovarianz- bzw. Kreuzkorrelationsfunktion zwischen Input und Output

$$\gamma_{XY}(h) = E(X_t Y_{t+h}) \text{ bzw. } \rho_{XY}(h) = \frac{\gamma_{XY}(h)}{\sigma_X \sigma_Y}$$

für h=0, ±1, ±2,..., wobei wir der Einfachheit halber annehmen, daß sowohl X_t als auch Y_t in Abweichungen von ihrem jeweiligen Erwartungswert gemessen werden, was bei den folgenden Darstellungen stets vorausgesetzt werden soll. σ_X bzw. σ_Y bezeichnen die Standardabweichungen des Input- bzw. Output-Prozesses.

Die (asymmetrische) Kreuzkorrelationsfunktion mißt nicht nur die *Stärke*, son-dern auch die *Richtung* des (linearen) Zusammenhangs der beiden Prozesse. Bezüglich der *Richtung* des Zusammenhangs gibt es verschiedene Möglichkeiten, die sorgfältig zu unterscheiden sind:

a) Ist $\rho_{XY}(h)\neq0$ für mindestens ein h> 0 und $\rho_{XY}(h)=0$ für alle h<0, dann wird X_t als *kausal* für Y_t bezeichnet, was durch $X_t \rightarrow Y_t$ symbolisiert werden soll.

b) Ist (umgekehrt) $\rho_{XY}(h)\neq0$ für mindestens ein h<0 und $\rho_{XY}(h)=0$ für alle h>0, dann wird Y_t als *kausal* für X_t bezeichnet, was $X_t \leftarrow Y_t$ durch symbolisiert werden soll.

c) Zwischen X_t und Y_t besteht eine *Rückkopplung* oder eine *feedback-Beziehung*, falls $\rho_{XY}(h)\neq0$ für gewisse h>0 *und* h<0 ist, was durch $X_t \rightleftharpoons Y_t$ symbolisiert werden soll.

d) Zwischen X_t und Y_t besteht auch eine *kontemporäre* Beziehung falls $\rho_{XY}(h)\neq0$ ist für k=0. Falls *nur* $\rho_{XY}(0)\neq0$ ist (also $\rho_{XY}(h)=0$ für h≠0), existiert *ausschließ-lich* eine kontemporäre Beziehung zwischen X_t und Y_t.

Nur wenn die Fälle a) und b) vorliegen (mit Zulassung kontemporärer Beziehun-gen), ist es sinnvoll, ein (kausales) Transferfunktionen-Modell anzusetzen. Im Fall c) dagegen ist grundsätzlich von einem vektoriellen Ansatz auszugehen. Diese Überlegungen zeigen, daß bei Transferfunktionen-Modellen die Kreuzkorrelations-funktion sowohl für positive als auch für negative lags untersucht werden muß.

Aus dem grundlegenden Modell

$$Y_t = v_0 X_t + v_1 X_{t-1} + v_2 X_{t-2} + \ldots + N_t$$

folgt

$$Y_{t+h} = v_0 X_{t+h} + v_1 X_{t+h-1} + v_2 X_{t+h-2} + \ldots + N_{t+h}$$

Nimmt man ohne Beschränkung der Allgemeinheit zur Vereinfachung an, daß die Erwartungswerte von Y_t und X_t gleich Null sind, dann ergibt sich nach Multiplikation mit X_t und Erwartungswertbildung

$$\gamma_{XY}(h) = v_0 \gamma_{XX}(h) + v_1 \gamma_{XX}(h-1) + v_2 \gamma_{XX}(h-2) + \ldots + v_h \gamma_{XX}(0) + \ldots$$

da voraussetzungsgemäß $\gamma_{XN}(h) = 0$ ist für alle h. Nach Division mit dem Produkt $\sigma_X \sigma_Y$ kann geschrieben werden:

$$\rho_{XY}(h) = \frac{\sigma_X}{\sigma_Y}[v_0 \rho_{XX}(h) + v_1 \rho_{XX}(h-1) + v_2 \rho_{XX}(h-2) + v_h + \ldots]$$

Aus diesem Ausdruck geht hervor, daß die Kreuzkorrelation zwischen Input und Output von der Autokorrelation des Inputs abhängt. Auch die Beziehung zwischen der Impuls-Antwort-Funktion v_j und der Kreuzkorrelation wird von dieser Autokorrelation beeinflußt. Nur für den Sonderfall, daß der Input-Prozeß X_t weißes Rauschen ist, also $\rho_{XX}(h) = 0$ ist für $h \neq 0$, resultiert die einfache Beziehung:

$$\rho_{XY}(h) = \frac{\sigma_X}{\sigma_Y}v_h \quad , \quad \text{d.h.} \quad v_h = \frac{\sigma_Y}{\sigma_X}\rho_{XY}(h)$$

Die Impuls-Antwort-Gewichte v_h sind in diesem Spezialfall somit *proportional* zur Kreuzkorrelationsfunktion. Auf der Grundlage dieser Beziehung scheint eine einfache Schätzung für die Gewichte v_h möglich zu sein, da sowohl die unbekannten Standardabweichungen als auch die unbekannte Kreuzkorrelationsfunktion leicht geschätzt werden können (zur Schätzung dieser Funktion s.u.). Leider ist aber diese naheliegende Prozedur in der Praxis nicht brauchbar, da im allgemeinen die Input-Prozesse eben keine white-noise-Prozesse sind. Über den Umweg einer einfachen Operation kann jedoch die obige Beziehung auch bei allgemeinen ARMA(p,q)-Input-Prozessen verwertet werden. Diese besteht nach Box/Jenkins (vgl. Box/Jenkins 1976, S.377 ff.) darin, daß der Input-Prozeß auf white-noise transformiert und der Output-Prozeß entsprechend *"gefiltert"* wird.

Dazu sei angenommen, daß im Transferfunktionen-Modell $Y_t = v(B)X_t + N_t$ der Input-Prozeß ein ARMA(p,q)-Prozeß $\varphi(B)X_t = \theta(B)\varepsilon_t$ ist. Der auf white-noise transformierte Input-Prozeß ist dann einfach $\varepsilon_t = \varphi(B)/\theta(B)X_t$. Diese Transformation wird als *"prewhitening"* (*"Vorweißen"*) bezeichnet. Der Output-Prozeß Y_t wird nun mit Hilfe dieses "prewhitening-Modells" *"gefiltert"*, d.h. es wird der Prozeß $\eta_t = \varphi(B)/\theta(B)Y_t$ erzeugt, der natürlich im allgemeinen kein white-noise-Prozeß ist. Setzt man diese Beziehungen in das obige Transferfunktionen-Modell ein, ergibt sich

$$Y_t = v(B)\frac{\theta(B)}{\varphi(B)}\varepsilon_t + N_t$$

oder

$$\eta_t = v(B)\varepsilon_t + \alpha_t \quad , \quad \text{mit} \quad \alpha_t := \frac{\varphi(B)}{\theta(B)}N_t$$

d.h. an Stelle des ursprünglichen Modells betrachten wir nun ein Transferfunktionen-Modell mit dem *white-noise-Input* ε_t und dem (gefilterten) Output η_t, wobei aber durch diese Transformationen die Transferfunktion zwischen Y_t und X_t *nicht* verändert wurde, d.h. die Transferfunktion zwischen η_t und ε_t ist die gleiche wie die zwischen Y_t und X_t.

Dieses Modell erfüllt die oben genannten Voraussetzungen, so daß für die Impuls-Antwort-Gewichte gilt:

$$v_h = \frac{\sigma_\eta}{\sigma_\varepsilon} \; \rho_{\varepsilon\eta}(h)$$

Dabei ist σ_η die Standardabweichung des gefilterten Output-Prozesses η_t und $\rho_{\varepsilon\eta}(h)$ die Kreuzkorrelationsfunktion zwischen dem white-noise-Input ε_t und dem gefilterten Output η_t.

XII.1.3. Identifikation von Transferfunktionen-Modellen

Die Identifikation (oder Konstruktion) eines Transferfunktionen-Modells mit *einem* Input-Prozeß nach der im letzten Abschnitt geschilderten *Prewhitening-Technik* besteht im wesentlichen darin, Schätzungen für die Parameter $\sigma_\eta, \sigma_\varepsilon$ sowie wie die Kreuzkorrelationsfunktion $\rho_{\varepsilon\eta}(h)$ bereitzustellen. Damit können dann die Impuls-Antwort-Gewichte v_j geschätzt werden. Interessant sind dabei nur diejenigen Gewichte, die signifikant von Null verschieden sind. Gemäß obiger Beziehung sind solche aber nur für diejenigen lags gegeben, für welche die Kreuzkorrelationsfunktion signifikant von Null verschieden ist. Sind die signifikanten v_j ermittelt, dann kann man versuchen, aus ihrem Verlaufsmuster auf die entsprechende rationale Funktion v(B) zu schließen. Dazu könnte z.B. der in Kap. XII.1.1. erwähnte "Musterkatalog" von potentiellen Verlaufsformen verwendet werden.

Um die genannten Schätzungen durchführen zu können, ist in einem ersten Schritt eine (univariate) ARMA-Modellierung des Input-Prozesses notwendig oder anders ausgedrückt: Das *prewhitening-Modell* muß identifiziert und geschätzt werden. In einem letzten Schritt wird das (univariate) *noise-Modell* identifiziert und geschätzt. Beide Schritte werden mit Hilfe der bekannten Werkzeuge durchgeführt, so daß sich Wiederholungen hier erübrigen. Es sei lediglich noch einmal betont, daß die Theorie der Transferfunktionen-Modelle *stationäre* In- und Output-Prozesse voraussetzt. Deshalb sind in der Praxis genau wie bei univariaten und multivariaten ARMA-Prozessen entsprechende Differenzierungen und/oder varianzstabilisierende Transformationen vorzunehmen, die nachfolgend nicht mehr speziell erwähnt werden.

Im einzelnen lassen sich folgende Schritte unterscheiden:

1. Für den Input-Prozeß wird ein ARMA-Modell $\hat\varphi(B)X_t = \hat\theta(B)\hat\varepsilon_t$ identifiziert und geschätzt, woraus sich $\hat\varepsilon_t = \hat\varphi(B)/\hat\theta(B)X_t$ ergibt.

2. Der Output-Prozeß Y_t wird mit Hilfe des in Schritt 1 erstellten prewhitening-Modells gefiltert: $\hat\eta_t = \hat\varphi(B)/\hat\theta(B)Y_t$.

3. Die Kreuzkorrelationsfunktion zwischen $\hat\varepsilon_t$ und $\hat\eta_t$ wird geschätzt (zu dieser Schätzung siehe Kap. VIII.2.). Es ist: $\hat\rho_{\varepsilon\eta}(h) = \hat\gamma_{\varepsilon\eta}(h)/\hat\sigma_\varepsilon\hat\sigma_\eta$. $\hat\sigma_\varepsilon$ bzw. $\hat\sigma_\eta$ sind die geschätzten Standardabweichungen von $\hat\varepsilon_t$ bzw. $\hat\eta_t$.

4. Die signifikant von Null verschiedenen Impuls-Antwort-Gewichte werden ermittelt, indem die signifikanten Kreuzkorrelationen bestimmt werden. Diese ergeben sich aus einem Vergleich der geschätzten Korrelationen mit ihrer (approximativen) Standardabweichung $1/(T-h)^{1/2}$: Bei einem Signifikanzniveau von z.B. 5% werden alle Kreuzkorrelationen als signifikant von Null verschieden

betrachtet, die (absolut) größer sind als die zweifache (genauer: 1.96-fache) Standardabweichung.

5. Aus dem Verlaufsmuster der $\hat{v}_j$ wird (*versuchsweise*) auf die Prozeßordnung (r,s,b) geschlossen.

6. Die ω- und δ-Parameter von v(B) werden dann aus dem in Kap. XII.1.1. aufgeführten Gleichungssystem bestimmt, wobei die v_j durch die $\hat{v}_j$ ersetzt werden. Daraus resultiert $\hat{v}(B)=\hat{\omega}(B)/\hat{\delta}(B)$, die *versuchsweise* identifizierte Transferfunktion.

7. Der geschätzte noise-Prozeß ergibt sich aus der Differenz $\hat{N}_t=Y_t-\hat{v}(B)X_t$.

8. Für den noise-Prozeß wird ein ARMA-Modell $\varphi_N(B)N_t=\theta_N(B)a_t$ identifiziert und geschätzt, wobei a_t weißes Rauschen bezeichnet, wobei praktisch N_t durch $\hat{N}_t$ (aus Schritt 7.) ersetzt wird.

Die Identifikationsphase ist damit (mindestens vorläufig) abgeschlossen: Die Modellordnung für die Transferfunktion, d.h. das Tripel (r,s,b) sowie die Modellordnung (p,q) für den noise-Prozeß liegen nun (mindestens versuchsweise) fest.

XII.1.4. Parameterschätzungen bei Transferfunktionen-Modellen

Die Identifikationsphase führt zu einem Transferfunktionen-Modell

$$Y_t = v(B)X_{t-b} + N_t = \frac{\omega(B)}{\delta(B)}X_{t-b} + \frac{\theta_N(B)}{\varphi_N(B)}a_t$$

mit den noch zu schätzenden Parametern $\omega=(\omega_0,...,\omega_s)'$, $\delta=(\delta_1,...,\delta_r)'$, $\varphi=(\varphi_{N1},...,\varphi_{Np})'$ sowie $\theta=(\theta_{N1},...,\theta_{Nq})'$. Die in der Identifikationsphase geschätzten Parameter haben, wie mehrfach betont, nur vorläufigen Charakter, sie dienen lediglich zur Bestimmung der Modellordnungen. Deswegen ist nach der Identifikationsphase wieder von unbekannten Parametern auszugehen. Wie bei uni- und multivariaten Modellen können diese Parameter mit Hilfe von *Maximum-Likelihood*-Verfahren geschätzt werden.

Multipliziert man obige Gleichung mit $\delta(B)\varphi_N(B)$, dann erhält man

$$\delta(B)\varphi_N(B)Y_t = \varphi_N(B)\omega(B)X_{t-b} + \delta(B)\theta_N(B)a_t$$

oder $c(B)Y_t = d(B)X_{t-b} + e(B)a_t$ mit:

$$
\begin{aligned}
c(B): &= \delta(B)\varphi_N(B) = (1 - \delta_1 B - ... - \delta_r B^r)(1 - \varphi_{N1} - ... - \varphi_{Np}B^p) \\
&= 1 - c_1 B - ... - c_{p+r}B^{p+r} \\
d(B): &= \varphi_N(B)\omega(B) = (1 - \varphi_{N1}B - ... - \varphi_{Np}B^p)(\omega_0 - \omega_1 B - ... - \omega_s B^s) \\
&= d_0 - d_1 B - ... - d_{p+s}B^{p+s} \\
e(B): &= \delta(B)\theta_N(B) = (1 - \delta_1 B - ... - \delta_r B^r)(1 + \theta_{N1}B + ... + \theta_{Nq}B^q) \\
&= 1 - e_1 B - ... - e_{r+q}B^{r+q}
\end{aligned}
$$

Deshalb kann geschrieben werden

$$a_t = Y_t - c_1 Y_{t-1} - ... - c_{p+r}Y_{t-p-r} - d_0 X_{t-b} + d_1 X_{t-b-1} + ... + d_{p+s}X_{t-b-p-s}$$
$$+ e_1 a_{t-1} + ... + e_{r+q}a_{t-r-q}$$

wobei die Koeffizienten c_i, d_j, e_k von den Prozeß-Parametervektoren ω, δ, φ_N und θ_N abhängen.

Nimmt man an, daß a_t ein Gauß-Prozeß ist mit $\text{Var}(a_t)=\sigma_a^2$, dann läßt sich für die *bedingte Likelihoodfunktion* dieses Prozesses schreiben

$$L(\omega,\delta,\varphi,\theta,\sigma_a^2 \,|\, b,\mathbf{x},\mathbf{y},\mathbf{x}_0,\mathbf{y}_0,\mathbf{a}_0) = (2\pi\sigma_a^2)^{-T/2}\exp[-\frac{1}{2\sigma_a^2}\sum_{t=1}^{T} a_t^2]$$

wobei $\mathbf{x}=(x_1,...,x_T)'$ und $\mathbf{y}=(y_1,...,y_T)'$ die jeweiligen Datenvektoren des Input- bzw. Output-Prozesses bezeichnen und die gegebenen *Startwertvektoren* mit $\mathbf{x}_0=(x_{1-b},...,x_{1-b-p-s})'$, $\mathbf{y}_0=(y_0,...,y_{1-p-r})'$, $\mathbf{a}_0=(a_0,...,a_{1-r-q})'$ bezeichnet sind.

Wie bei den univariaten und multivariaten Modellen ergeben sich die unbekannten Parameter als Lösungen eines (im allgemeinen) nicht-linearen Gleichungssystem, das aus der Maximierung dieser Likelihoodfunktion resultiert. Die Schätzung wird einfacher, wenn die obigen Startwerte in den Vektoren $\mathbf{x}_0$ und $\mathbf{y}_0$ einfach gleich Null gesetzt werden, was gleichbedeutend damit ist, daß die untere Summationsgrenze in der Likelihoodfunktion verändert wird. Eine Maximierung der Likelihoodfunktion läuft dann auf eine *Minimierung* von

$$S(\omega,\delta,\varphi,\theta \,|\, b) = \sum_{t=t^*}^{T} a_t^2$$

hinaus mit $t^* = \max(p+r+1, b+p+s+1)$ (vgl. Wei 1990, S. 300). Evtl. dabei "weiter zurückliegende" a_{t-r-q} müssen dabei ebenfalls durch Null ersetzt werden.

Die Varianz von a_t kann durch

$$\hat{\sigma}_a^2 = \sum_{t=t^*}^{T} \hat{a}_t^2 \,/\, n$$

geschätzt werden mit den Residuen $\hat{a}_t$ ($t=t^*,...,T$) und $n=T-t^*+1$.

Bisher wurde davon ausgegangen, daß der Parameter b, also die reine Verzögerung zwischen Input und Output, in der Identifikationsphase bestimmt wurde und damit eigentlich auch zunächst nur versuchsweise als gültig betrachtet werden kann. Für gegebene Ordnungsparameter s,r,p und q kann diese Vorgabe nun eventuell revidiert werden, indem die Likelihoodfunktion für verschiedene b=0,1,2 etc. optimiert und dann dasjenige gewählt wird, welches eine "globale" minimale Residuenquadratsumme ergibt. Damit läßt sich möglicherweise eine verbesserte Bestimmung dieses Parameters erzielen.

XII.1.5. Diagnose von Transferfunktionen-Modellen

Nach der Identifikations- und Schätzphase sollte ein Transferfunktionen-Modell dahingehend überprüft werden, ob die Modellvoraussetzungen erfüllt sind. Möglich sind verschiedene *Fehlspezifikationen*: Das noise-Modell oder die Transferfunktion oder auch beide können *fehlspezifiziert* sein. Zur Aufdeckung dieser verschiedenen Fehlspezifikationen kann man sich gewisser Signifikanztests bedienen, die hier kurz betrachtet werden sollen. Im einzelnen sind folgende Fälle zu unterscheiden (vgl. Box/Jenkins 1976, S.392):

1. Die *Transferfunktion* v(B) ist fehlspezifiziert. Dann ist die Kreuzkorrelationsfunktion zwischen dem (vorgeweißten) Input-Prozeß X_t und den Innovationen im noise-Term von Null verschieden. Letztere sind außerdem autokorreliert. Dies kann man folgendermaßen einsehen. Sei

$$Y_t = v(B)X_{t-b} + \psi(B)a_t \quad \text{mit} \quad \psi(B) := \theta_N(B)/\varphi_N(B)$$

das korrekt spezifizierte Modell und bezeichne $v_0(B)$ die fehlspezifizierte Transferfunktion. Als Konsequenz dieser Fehlspezifikation ergibt sich ein fehlspezifiziertes noise-Modell $\psi_0(B)b_t$. Somit ist:

$$Y_t = v_0(B)X_{t-b} + \psi_0(B)b_t$$

Daraus folgt

$$v(B)X_{t-b} + \psi(B)a_t = v_0(B)X_{t-b} + \psi_0(B)b_t$$

und:

$$b_t = \psi_0^{-1}(B)[v(B) - v_0(B)]X_{t-b} + \psi_0^{-1}(B)\psi(B)a_t$$

$$= \psi_0^{-1}(B)[v(B) - v_0(B)]\frac{\theta(B)}{\varphi(B)}\varepsilon_{t-b} + \psi_0^{-1}(B)\psi(B)a_t$$

Somit ist b_t mit dem Input X_t (und deshalb auch mit ε_t) kreuzkorreliert (vgl. dazu Wei 1990, S.301). Dies gilt sogar dann, wenn das noise-Modell korrekt spezifiziert ist, also auch, wenn $\psi_0(B)=\psi(B)$ ist.

2. Das *noise-Modell* ist fehl-, die Transferfunktion aber korrekt spezifiziert. In diesem Fall ist die unter 1. erwähnte Kreuzkorrelationsfunktion gleich Null für alle lags, aber die Innovationen des noise-Terms sind autokorreliert. Offensichtlich liegt es nahe, zuerst die Kreuzkorrelationsfunktion zu überprüfen, denn wenn diese Überprüfung eine fehlspezifizierte Transferfunktion indiziert, dann braucht das noise-Modell nicht mehr überprüft zu werden.

Zur Überprüfung der geschätzten Kreuzkorrelationsfunktion $\hat{\rho}_{\varepsilon a}(h)$ kann man die Kreuzkorrelationen mit dem zweifachen Standardfehler (Signifikanzniveau 5%) $\pm 2/(T-h)^{1/2}$ vergleichen. Die geschätzten Kreuzkorrelationen sollten, falls die Nullhypothese der Unkorreliertheit zutrifft, "regellos" und *innerhalb* des entsprechenden Korridors verlaufen. Verwendet werden kann aber auch der "Portmanteau"-Test:

$$Q: = m(m+2)\sum_{j=0}^{K}\frac{1}{m-j}\hat{\rho}_{\varepsilon a}^2(j)$$

(vgl. dazu den entsprechenden Test in Kap. IX.1.). Q ist approximativ χ^2-verteilt mit $(K+1)$-M Freiheitsgraden, wobei M die Anzahl der geschätzten Parameter in der Transferfunktion $v(B)$ ist und $m=T-t^*+1$ die Anzahl der vorhandenen Residuen. Die Residuen des noise-Modells schließlich können, wie bei univariaten ARMA-Modellen üblich, mit Hilfe der Auto- bzw. partiellen Autokorrelationsfunktion überprüft werden, ob sie als Realisation von weißem Rauschen angesehen werden dürfen.

XII.1.6. Prognose mit Transferfunktionen-Modellen

Um die Prognoseform eines Transferfunktionen-Modells abzuleiten, gehen wir von der in Kap. XII.1.4. verwendeten Form

$$c(B)Y_t = d(B)X_{t-b} + e(B)a_t$$

aus mit:

$$c(B) = \delta(B)\varphi_N(B) , \quad d(B) = \varphi_N(B)\omega(B) , \quad e(B) = \delta(B)\theta_N(B)$$

Damit läßt sich dann schreiben

$$Y_t = c_1 Y_{t-1} + \dots + c_{p+r}Y_{t-p-r} + d_0 X_{t-b} - d_1 X_{t-b-1} - \dots - d_{p+s}X_{t-b-p-s}$$
$$+ a_t - e_1 a_{t-1} - \dots - e_{r+q}a_{t-r-q}$$

woraus sich die Minimum-MSE-*Prognosefunktion* für den Zeitpunkt t=T und dem *Prognosehorizont* l bestimmen läßt (vgl. dazu Box/Jenkins 1976, S.405, Wei 1990, S.312)

$$\hat{Y}_T(l) = c_1\hat{Y}_T(l-1) + \ldots + c_{p+r}\hat{Y}_T(l-p-r)$$
$$+ d_0\hat{X}_T(l-b) - d_1\hat{X}_T(l-b-1) - \ldots - d_{p+s}\hat{X}_T(l-b-p-s)$$
$$+ \hat{a}_T(l) - e_1\hat{a}_T(l-1) - \ldots - e_{r+q}\hat{a}_T(l-r-q)$$

mit:

$$\hat{Y}_T(j) = \begin{cases} Y_{T+j}, & j \leq 0 \\ \hat{Y}_T(j), & j > 0 \end{cases}, \quad \hat{X}_T(j) = \begin{cases} X_{T+j}, & j \leq 0 \\ \hat{X}_T(j), & j > 0 \end{cases}, \quad \hat{a}_T(j) = \begin{cases} a_{T+j}, & j \leq 0 \\ 0, & j > 0 \end{cases}$$

Dabei ist $\hat{a}_T(0) = Y_T - Y_{T-1}(1)$ der 1-Schritt-Prognosefehler der Prognose im Zeitpunkt T-1, der identisch ist mit dem Residuum $\hat{a}_T = Y_T - \hat{Y}_T$ aus der Schätzphase. Generell werden wie bei univariaten Prognosen *"zukünftige"* a_t-Werte gleich ihrem Erwartungswert, d.h. gleich Null, und *"vergangene"* a_t-Werte gleich den Prognosefehlern bzw. Residuen gesetzt.

Y_t kann nur prognostiziert werden, wenn *zukünftige* Werte für X_t vorliegen, also $X_{T+1}, X_{T+2}, \ldots$ usw. Versteht man die Variable X_t als eine Art *Politik- oder Kontrollvariable*, dann kann man diese Werte *vorgeben*. Die Prognosefunktion zeigt dann, wie sich die abhängige Variable Y_t voraussichtlich entwickeln wird. Diese vorgegebenen Werte können z.B. mehr oder weniger hypothetischer Natur sein. Man kann etwa verschiedene Verlaufsformen dafür unterstellen, die Prognosefunktion gibt dann Informationen über den jeweils zu erwartenden Verlauf der abhängigen Variablen. Ist X_t eine echte Kontrollvariable, liegt z.B. eine Experimentalsituation vor, dann können ihre zukünftigen Werte möglicherweise so festgelegt werden, daß Y_t einen "erwünschten" Verlauf nimmt bzw. ein voraussichtlich "ungünstiger" zukünftiger Verlauf vermieden wird.

Häufiger ist in der Praxis aber wohl der Fall, daß X_t keine Kontrollvariable (im eben beschriebenen Sinn) ist. Die notwendigen zukünftigen Werte von X_t beschafft man sich dann durch eine Prognose, wobei natürlich eine solche auf der Basis eines ARMA- bzw. ARIMA-Modells naheliegt. Als $\hat{X}_T(l)$-Werte werden dann die *Punktprognosen* aus einem derartigen Modell verwendet.

In AUTOBOX z.B. hat der Benutzer die Möglichkeit, zukünftige Werte für X_t entweder vorzugeben oder dafür Punktprognosen eines automatisch erstellten ARIMA-Modells zu verwenden.

Für die Prognosefunktion $\hat{Y}_T(l)$ läßt sich auch eine Varianz ableiten, die auf einen relativ komplizierten Ausdruck führt und deshalb hier nicht wiedergegeben werden soll (vgl. dazu die Ableitung und Darstellung bei Wei 1990, S.309 f.). Nimmt man wieder an, daß a_t normalverteilt ist, dann kann man analog zum univariaten Fall einen *Konfidenzkorridor* für Y_t angeben.

Bei der obigen Prognosefunktion wurde von bekannten Prozeßparametern ausgegangen. In der Praxis müssen diese durch ihre Punktschätzungen ersetzt werden, wie dies schon in Kap. XI.1. dargelegt wurde. Auch hier ergeben sich keine neuen Gesichtspunkte.

Es wurde mehrfach betont, daß bei Transferfunktionen-Modellen sowohl der Input- als auch der Output-Prozeß stationär sein müssen. Die Analyse läßt sich jedoch formal leicht auf nicht-stationäre, d.h. auf ARIMA-Prozesse, erweitern. Das Transferfunktionen-Modell lautet dann

$$(1-B)^d Y_t = \frac{\omega(B)}{\delta(B)} B^{\,b} (1-B)^d X_t + \frac{\theta_N(B)}{\varphi_N(B)} a_t$$

oder:

$$Y_t = \frac{\omega(B)}{\delta(B)} B^{\,b} X_t + \frac{\theta_N(B)}{(1-B)^d \varphi_N(B)} a_t$$

Die Prognosefunktion für dieses nicht-stationäre Transferfunktionen-Modell ist ganz ähnlich zu der oben dargestellten. c(B) und d(B) sind jetzt Polynome in B vom Grad p+r+d bzw. p+s+d. Auch für dieses Modell läßt sich wieder eine Prognosevarianz bestimmen (vgl. dazu Box/Jenkins 1976, S.405, Wei 1990, S.310). Schließlich sei noch erwähnt, daß sich Transferfunktionen-Modelle auch für *saisonale* Input- bzw. Outputprozesse definieren, identifizieren, schätzen, diagnostizieren und prognostizieren lassen. Grundsätzlich ergeben sich dabei keine wesentlich neuen Aspekte, so daß auf weitere Ausführungen hier verzichtet werden soll.

XII.1.7. Beispiele

In diesem Abschnitt sollen zwei Beispiele für Transferfunktionen-Modelle mit *einem* Input betrachtet werden. Im ersten Beispiel untersuchen wir ein *simuliertes* Transferfunktionen-Modell. Als Input-Prozeß wird für dieses Simulationsmodel der AR(2)-Prozeß $(1 - 1.2B + 0.8B^2)X_t = \varepsilon_t$ gewählt mit $\sigma_\varepsilon^2 = 0.1$, der noise-Prozeß sei der MA(1)-Prozeß $N_t = (1 - 0.9B)a_t$. Das komplette Transferfunktionen-Modell lautet:

$$Y_t = \frac{0.5 - 0.25B}{1 - 0.6B + 0.8B^2} X_{t-2} + N_t$$

Hier ist also $\omega_0 = 0.5$, $\omega_1 = 0.25$, $\delta_1 = 0.6$ und $\delta_2 = -0.8$. Die Plots zeigen die Input-Reihe (Abb. 12.3), die Output-Reihe (Abb. 12.4) und die Noise-Reihe (T=200) (Abb. 12.5):

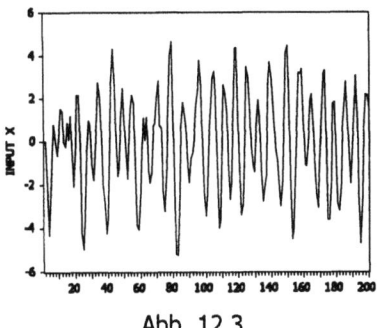

Abb. 12.3

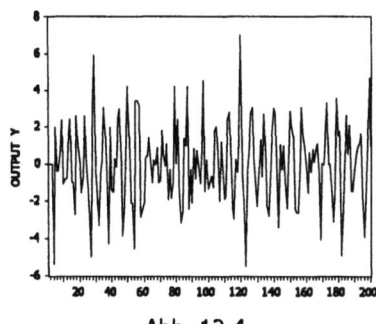

Abb. 12.4

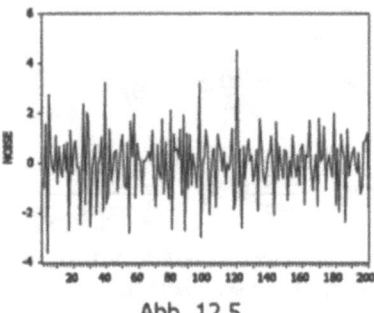

Abb. 12.5

Die Automatik von AUTOBOX liefert folgenden – aus Platzgründen nur auszugsweise wiedergegebenen – Programm-Output:

```
AUTOBOX is developing the prewhitening model for time series
INPUT.DAT
                    TIME SERIES IDENTIFICATION
      DATA :   Z = INPUT.DAT        200 OBSERVATIONS
DIFFERENCING FACTORS : NONE
BACKCASTING : OFF
UNIVARIATE MODEL PARAMETERS
                FACTOR    LAG COEFFICIENT        T RATIO
   1 MEAN                   -.26795E-01           -.75
   2 AUTOREGRESSIVE 1        .11900E+01          29.92
   3 AUTOREGRESSIVE 1     2 -.83002E+00         -20.91
           THE ARIMA MODEL EXPRESSED AS AN EQUATION
           [X_t + 0.268E-01)][1 - 1.190B +  0.830)B²] = A_t
                    THE IDENTIFIED MODEL
      DATA :   Y = OUTPUT.DAT        200 OBSERVATIONS
DIFFERENCING FACTORS : NONE
BACKCASTING : OFF
NOISE SERIES
DIFFERENCING FACTORS ON NOISE : NONE
NOISE MODEL PARAMETERS
                FACTOR    LAG COEFFICIENT        T RATIO
   1 MEAN                   -.32025E-02          -1.08
   2 AUTOREGRESSIVE 1       -.73796E+00         -11.12
   3 AUTOREGRESSIVE 1     2 -.59870E+00          -7.90
   4 AUTOREGRESSIVE 1     3 -.49251E+00          -5.66
   5 MOVING AVERAGE 1     4  .53369E+00           5.78
INPUT SERIES  1
DATA - X1 = INPUT.DAT
DIFFERENCING FACTORS : NONE (ASSUMED MEAN OF SERIES=-0.022905)
VALUE OF LAG PARAMETER IS  2
TRANSFER FUNCTION PARAMETERS
                FACTOR    LAG COEFFICIENT        T RATIO
   6 OUTPUT LAG     1         .59949E+00         46.22
   7 OUTPUT LAG     1      2 -.77442E+00        -58.09
   8 INPUT LAG      1      0  .52979E+00         31.66
   9 INPUT LAG      1         .28265E+00         15.97
        THE TRANSFER FUNCTION MODEL EXPRESSED AS AN EQUATION
[Y_t + 0.00320]=[0.530-0.283B ][X1_t-2+0.0229]/[1-0.599B+0.774B2]
  + [1-0.534B⁴]A_t /[1+0.738B+0.599B² +0.493B³]
           THE RESIDUAL AND MODEL STATISTICS
   SUM OF SQUARES : .10616E+02  DEGREES OF FREEDOM:185
   MEAN SQUARE : .57383E-01    NUMBER OF RESIDUALS:194
   R SQUARED :  .89648E+00
   AKAIKE CRITERIA (AIC): -.28127E+01
   BAYES CRITERIA  (BIC): -.26611E+01
           THE RESIDUAL AUTOCORRELATION ANALYSIS
      MEAN OF THE RESIDUAL SERIES      :  -.36893E-02
      STANDARD DEVIATION               :   .23390E+00
      NUMBER OF OBSERVATIONS           :   194
      MEAN DIVIDED BY THE STANDARD
      ERROR OF THE MEAN                :  -.21970E+00
                THE AUTOCORRELATIONS
LAGS   1- 8   -.069   -.063   -.016   -.011   -.076    .097   -.032    .048
STANDARD ERROR (.072)  (.072)  (.072)  (.072)  (.072)  (.073)  (.074)  (.074)
                THE PARTIAL AUTOCORRELATIONS
LAGS   1- 8   -.069   -.068   -.026   -.019   -.082    .084   -.031    .054
STANDARD ERROR (.072)  (.072)  (.072)  (.072)  (.072)  (.072)  (.072)  (.072)
            THE RESIDUAL CROSS-CORRELATION ANALYSIS
              CROSS-CORRELATION ANALYSIS
                THE CROSS-CORRELATIONS
        (A DIAGNOSTIC CHECK FOR TRANSFER MODEL SUFFICIENCY)
INPUT  SERIES : PREWHITENED INPUT.DAT
```

```
OUTPUT SERIES : THE ESTIMATED RESIDUALS FROM THE TRANSFERFUNCTION MODEL
               MEAN OF THE INPUT SERIES          :    .19624E-02
               STANDARD DEVIATION                :    .31596E+00
               NUMBER OF OBSERVATIONS            :    194
                        THE CROSS-CORRELATIONS
LAGS   0-  7     .045   -.066   -.083   -.036   -.038    .031    .021   -.015
STANDARD ERROR  (.072)  (.072)  (.073)  (.073)  (.073)  (.073)  (.073)  (.074)
LAG    8         .056
STANDARD ERROR  (.074)
                        THE CROSS-CORRELATIONS
         (THE DIAGNOSTIC CHECK FOR UNIDIRECTIONAL CAUSALITY)
                    (I.E. LACK OF FEEDBACK)
INPUT  SERIES : THE ESTIMATED RESIDUALS FROM THE TRANSFER FUNCTION MODEL
OUTPUT SERIES : PREWHITENED INPUT.DAT
                        THE CROSS-CORRELATIONS
LAGS   0-  7     .045   -.031   -.044    .043   -.080   -.048   -.014    .039
STANDARD ERROR  (.072)  (.072)  (.073)  (.073)  (.073)  (.073)  (.073)  (.074)
LAG    8        -.026
STANDARD ERROR  (.074)
                        TIME SERIES FORECASTING
                 FORECASTS OF INPUT SERIES : INPUT.DAT
       TIME    80.0% LOWER      FORECAST     80.0% UPPER
      PERIOD   CONF. LIMIT       VALUE       CONF. LIMIT
       201    -.59152E+00     -.17980E+00     .23193E+00
       202    -.71498E+00     -.75006E-01     .56497E+00
       203    -.64112E+00      .42828E-01     .72678E+00
       204    -.59825E+00      .96071E-01     .79039E+00
       205    -.71258E+00      .61625E-01     .83583E+00
       206    -.85692E+00     -.23558E-01     .80980E+00
       207    -.93379E+00     -.96334E-01     .74112E+00
       208    -.96438E+00     -.11223E+00     .73992E+00
       209    -.96056E+00     -.70746E-01     .81907E+00
       210    -.91485E+00     -.81813E-02     .89849E+00
                 FORECASTS OF OUTPUT SERIES : OUTPUT.DAT
       TIME    80.0% LOWER      FORECAST     80.0% UPPER
      PERIOD   CONF. LIMIT       VALUE       CONF. LIMIT
       201    -.47249E+00     -.16554E+00     .14141E+00
       202    -.67228E+00     -.29080E+00     .90682E-01
       203    -.64440E+00     -.20464E+00     .23511E+00
       204    -.56821E+00     -.50089E-01     .46803E+00
       205    -.19200E+00      .32788E+00     .84776E+00
       206    -.46910E+00      .16048E+00     .79006E+00
       207    -.79452E+00     -.75473E-01     .64358E+00
       208    -.97830E+00     -.25925E+00     .45981E+00
       209    -.86557E+00     -.81795E-01     .70198E+00
       210    -.75855E+00      .78940E-01     .91643E+00
```

Dieser Output soll kurz kommentiert werden: Als prewhitening-Modell wird das identifizierte und geschätzte Modell für den Input-Prozeß

$$(1 - 1.19B + 0.83B^2)(X_t - 0.0268) = \hat{\varepsilon}_t$$

verwendet. Damit wird der Output Y_t "vorgeweißt", d.h. es ist:

$$\hat{\eta}_t = (1 - 1.19B + 0.83B^2)Y_t = Y_t - 1.19Y_{t-1} + 0.83Y_{t-2}$$

In der geschätzten Kreuzkorrelationsfunktion zwischen $\hat{\varepsilon}_t$ und $\hat{\eta}_t$ (die hier nicht wiedergegeben ist) werden diejenigen lags bestimmt, die signifikante Kreuzkorrelationen aufweisen. Daraus und unter Verwendung der geschätzten Standardabweichungen von $\hat{\varepsilon}_t$ bzw. $\hat{\eta}_t$ ergeben sich die geschätzten Impuls-Antwort-Gewichte v(h). Ihr Verlaufsmuster legt (versuchsweise) die Parameter r=2, s=1 und b=2 nahe. Die anschließende Schätzung der Parameter der Transferfunktion ergibt $\hat{\omega}_0$=0.53, $\hat{\omega}_1$= -0.273, $\hat{\delta}_1$=0.599 und $\hat{\delta}_2$=-0.774. Der geschätzte noise resultiert aus der Beziehung

$$Y_t = \frac{0.53 - 0.273B}{1 - 0.599B + 0.774B^2} X_{t-2} + \hat{N}_t$$

d.h. es ist:

$$\hat{N}_t = 0.599\hat{N}_{t-1} - 0.774\hat{N}_{t-2} + Y_t - 0.599Y_{t-1} + 0.744Y_{t-2} - 0.53X_{t-2} + 0.273X_{t-3}$$

Sowohl die gewöhnliche als auch die partielle Autokorrelationsfunktion der Residuen zeigen, daß diese als Realisation von white-noise interpretiert werden dürfen. Aus den beiden geschätzten Kreuzkorrelationsfunktionen kann zum einen geschlossen werden, daß Residuen und vorgeweißter Input unkorreliert sind, d.h. keine

Fehlspezifikation der Transferfunktion anzunehmen ist (deshalb wird ihre Ordnung nicht verändert), zum anderen indiziert zusätzlich die zweite Kreuzkorrelationsfunktion, daß Y_t von X_t beeinflußt wird aber *nicht* X_t von Y_t, d.h. es liegt kein feedback vor.

Die Prognosen des Inputs für l=10, d.h. auf der Basis des geschätzten AR(2)-Prozesses werden zur Prognose des Outputs verwendet. Vergleicht man diese Prognosen mit den univariaten Prognosen des Outputs (die hier nicht wiedergegeben sind), die also ohne die Informationen des Inputs zustandekommen, dann stellt man fest, daß die Prognoseintervalle bei der univariaten Prognose *breiter* sind als diejenigen der Transferfunktionen-Prognose. Das Transferfunktionen-Modell erlaubt also *präzisere* Prognosen des abhängigen Prozesses als ein univariates Modell. Die Standardabweichung der Modellresiduen, die entscheidend sind für den Prognosefehler, betragen 0.234 bzw. 0.499.

Natürlich gibt es keine Garantie, daß Transferfunktionen-Modelle stets zu besseren Prognosen führen als univariate Modelle. Es kommt entscheidend darauf an, daß die "richtige" Input-Reihe verwendet wird. Diese sollte, genau wie bei der Regressionsanalyse, eigentlich immer unter Beachtung substanzwissenschaftlicher Aspekte ausgewählt werden. Leider ist in der Praxis häufig unter substanzwissenschaftlichen Gesichtspunkten keine eindeutig "beste" Input-Reihe auszumachen. Der Zeitreihenanalyse fällt in solchen Fällen oft eine praktisch nicht unwichtige Hilfsfunktion zu bei der Selektion einer "geeigneten" Input-Reihe.

Als zweiter Fall diene ein klassisches Buchbeispiel, nämlich die Reihen M aus Box/Jenkins 1976, wobei die Input-Reihe dort als "leading indicator" und die Output-Reihe als "Sales" bezeichnet wird (Abb. 12.6 und 12.7).
AUTOBOX identifiziert und schätzt für diese Reihen folgendes Transferfunktionen-Modell

$$(1 - B)Y_t = -0.40 + \frac{4.71(1 - B)X_{t-3}}{1 + 0.725B} + (1 - 0.592B)a_t$$

also dasselbe Modell wie es bei Box/Jenkins zu finden ist, das sich allerdings etwas hinsichtlich der geschätzten Parameter von Box/Jenkins unterscheidet (vgl. Box/Jenkins 1976, S.410). Die Verzögerung der Input-Variablen um drei Zeiteinheiten wird verständlich, wenn man die geschätzte Impuls-Antwortfunktion betrachtet:

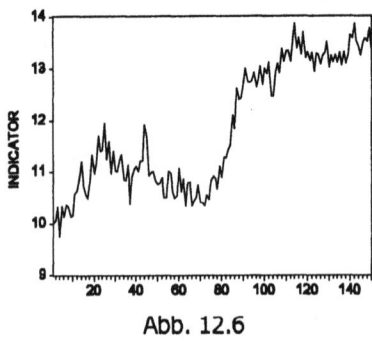

Abb. 12.6

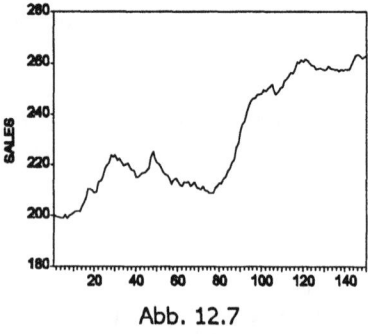

Abb. 12.7

LAG	IMPULSE RESPONSE	STANDARD ERROR	T-RATIO
0	-0.11077	0.9998E-01	-1.11
1	-0.75766E-01	0.1121	-0.676
2	0.34601E-01	0.1129	0.307
3	4.7372	0.1131	41.9
4	3.5079	0.1133	31.0
5	2.3901	0.1134	21.1
6	1.8393	0.1130	16.3
7	1.2981	0.1132	11.5
8	1.0393	0.1128	9.21
9	0.52915	0.1001	5.29

XII.2.   Transferfunktionen mit mehreren Inputs

Formal kann das bisher betrachtete Transferfunktionen-Modell problemlos zu einem *multiplen-Input*-Modell erweitert werden

$$Y_t = \sum_{i=1}^{n} v_i(B)X_{it} + N_t = \sum_{i=1}^{n} \frac{\omega_i(B)B^{b_i}}{\delta_i(B)}X_{it} + N_t$$

mit:

$$\omega_i(B) = \omega_{i0} - \omega_{i1}B - \ldots - \omega_{is_i}B^{s_i}$$
$$\delta_i(B) = 1 - \delta_{i1}B - \ldots - \delta_{ir_i}B^{r_i}$$

Die b_i bezeichnen die reinen Verzögerungen der einzelnen Input-Variablen $X_1, X_2, \ldots, X_n$. Damit ein *stabiles* Transferfunktionen-Modell vorliegt, müssen die Wurzeln aller Polynome $\delta_i(B)$ *außerhalb* des Einheitskreises liegen.

Die einfachste Möglichkeit der Identifikation eines multiplen Input-Modells besteht darin, nach der oben dargestellten Vorgehensweise von Box/Jenkins separat je eine Transferfunktion zwischen Y_t und X_{1t}, Y_t und X_{2t} usw. zu bestimmen, diese zu kombinieren, um anschließend das noise-Modell zu identifizieren. Diese naheliegende Prozedur ist jedoch dann nicht anwendbar, wenn die Input-Prozesse $X_1, X_2, \ldots, X_n$ *korreliert* sind, wie das bei den meisten Anwendungen der Fall ist. Diese Korrelationen beeinflussen nämlich die Kreuzkorrelationen zwischen den vorgeweißten Inputs und dem jeweils entsprechend gefilterten Output, die ja die Basis für die Schätzung der Impuls-Antwort-Gewichte der einzelnen Transferfunktionen bilden. Eine praktikable Vorgehensweise für den Fall korrelierter multipler Inputs wurde von Liu/Hanssens entwickelt, die hier nachfolgend in ihren Grundzügen dargestellt werden soll.

Bei der von Liu/Hanssens vorgeschlagenen Methode handelt es sich im wesentlichen um einen Regressionsansatz zur Schätzung der Impuls-Antwort-Gewichte der n Transferfunktionen mit Hilfe der Methode der kleinsten Quadrate, wobei jedoch zwei Probleme auftreten. Das erste ist *numerischer* und das zweite *schätztechnischer* Art. Ohne Einschränkung der Allgemeinheit sei nachfolgend n=2 gesetzt, d.h. es werde von den beiden Input-Variablen X_{1t} und X_{2t} ausgegangen. Dann kann für das Transferfunktionen-Modell geschrieben werden

$$Y_t = \frac{\omega_1(B)}{\delta_1(B)}X_{1t} + \frac{\omega_2(B)}{\delta_2(B)}X_{2t} + N_t$$

mit $\varphi(B)N_t = \theta(B)\varepsilon_t$, wobei der Einfachheit halber vorausgesetzt sei, daß B^{b_i} im jeweiligen ω-Polynom enthalten ist. Da

$$\frac{\omega_i(B)}{\delta_i(B)} = v_{i0} + v_{i1}B + v_{i2}B^2 + \dots , \quad i=1,2$$

ist (wobei sich nur für $\delta_i(B)=1$ eine *endliche* Anzahl von v-Gewichten ergibt), kann geschrieben werden:

$$Y_t = (v_{10} + v_{11}B + v_{12}B^2 + \dots)X_{1t} + (v_{20} + v_{21}B + v_{22}B^2 + \dots)X_{2t} + N_t$$

Damit ist formal ein Regressionsmodell gegeben mit *unendlich* vielen unbekannten Parametern (wenn man von nicht-degenerierten δ-Polynomen ausgeht) und mit im allgemeinen *autokorreliertem* Störterm N_t. Nimmt man nun an, daß die v-Gewichte beider Inputs X_1 und X_2 ab einem "hinreichend großen" lag j=L bzw. j=M vernachlässigt werden können, dann kann man dafür *approximativ* schreiben:

$$Y_t = (v_{10} + v_{11}B + v_{12}B^2 + \dots + v_{1L}B^L)X_{1t} + (v_{20} + v_{21}B + v_{22}B^2 + \dots + v_{2M}B^M)X_{2t} + N_t$$

Mit $K = \max(L,M)$, $T' = T - K$, dem Vektor $\beta' = (v_{10},\dots,v_{1L},v_{20},\dots,v_{2M})$ und der Matrix

$$\mathbf{X} = \begin{pmatrix}
X_{1(L+1)} & X_{1L} & \cdots & X_{11} & X_{2(M+1)} & X_{2M} & \cdots & X_{21} \\
X_{1(L+2)} & X_{1(L+1)} & \cdots & X_{12} & X_{2(M+2)} & X_{2(M+1)} & \cdot & X_{22} \\
\cdot & \cdot & \cdots & \cdot & \cdot & \cdot & \cdots & \cdot \\
\cdot & \cdot & \cdots & \cdot & \cdot & \cdot & \cdots & \cdot \\
\cdot & \cdot & \cdots & \cdot & \cdot & \cdot & \cdots & \cdot \\
X_{1(L+T')} & X_{1(L+T'-1)} & \cdots & X_{1T'} & X_{2(M+T')} & X_{2(M+T'-1)} & \cdots & X_{2T'}
\end{pmatrix}$$

sowie den Vektoren

$$\mathbf{y} = \begin{pmatrix} Y_{L+1} \\ Y_{L+2} \\ \cdot \\ Y_{L+T'} \end{pmatrix} \quad \text{und} \quad \mathbf{n} = \begin{pmatrix} N_{L+1} \\ N_{L+2} \\ \cdot \\ N_{L+T'} \end{pmatrix}$$

läßt sich für obiges Regressionsmodell schließlich schreiben: $\mathbf{y} = \mathbf{X}\beta + \mathbf{n}$. Ignoriert man zunächst einmal die Autokorrelation des Störvektors $\mathbf{n}$, dann lautet der OLS-Schätzer für die Regressionsparameter (d.h. die Impuls-Antwort-Gewichte beider Transferfunktionen): $\hat{\beta} = (\mathbf{X}\mathbf{X}')^{-1}\mathbf{X}'\mathbf{y}$ (vgl. dazu Liu/Hanssens 1982, S.6).

Zu diesem Ansatz ist zu bemerken, daß sich der Stichprobenumfang um K Beobachtungen reduziert und daß bei mehreren Input-Variablen eine große Anzahl von Parametern zu schätzen sind. Bei der Inversion der Matrix $\mathbf{X}\mathbf{X}'$ treten numerische Probleme auf, wenn die Input-Prozesse AR-Faktoren enthalten, deren Wurzeln dicht am Einheitskreis liegen (vgl. dazu Liu/Hanssens 1982, S.6 f.). Um diese Probleme zu vermeiden, schlagen Liu/Hanssens das sogenannte *"prefiltering"* vor. Dieses besteht darin, diejenigen AR-Faktoren mit solchen Wurzeln als *common filter* zusammenzufassen um damit die Input-Reihen und die Output-Reihe zu filtern. Angenommen, für die drei Input-Prozesse X_{1t}, X_{2t}, X_{3t} gelten die folgenden ARMA-Modelle (vgl. Liu/Hanssens 1982, S.7 f.):

$$(1 - 0.9B)(1 - 0.4B^4)X_{1t} = \varepsilon_{1t}$$
$$(1 - 0.3B)(1 - 0.8B^4)X_{2t} = \varepsilon_{2t}$$
$$(1 - 0.5B)X_{3t} = (1 - 0.9B^4)\varepsilon_{3t}$$

Sowohl der erste als auch der zweite Prozeß enthalten in ihrem AR-Teil je eine Wurzel, die dicht am Einheitskreis liegt. Als *common filter* wird nun $(1-0.9B)(1-0.8B^4)$

gewählt und damit werden alle Input-Reihen und die Output-Reihe gefiltert. Zum Beispiel wird aus X_{1t} die *gefilterte* Reihe $X_{1t(F)}$ durch die Operation:

$$X_{1t(F)} := (1 - 0.9B)(1 - 0.8B^4)X_{1t}$$
$$= X_{1t} - 0.9X_{1,t-1} - 0.8X_{1,t-4} + 0.72X_{1,t-5}$$

Ersetzt man oben X_{1t} durch $(1-0.9B)^{-1}(1-0.8B^4)^{-1}X_{1t(F)}$, dann erhält man den Prozeß:

$$(1 - 0.4B^4)X_{1t(F)} = (1 - 0.8B^4)\varepsilon_{1t}$$

Für die beiden anderen Inputreihen ergeben sich analog die Prozesse:

$$(1 - 0.3B)X_{2t(F)} = (1 - 0.9B)\varepsilon_{2t}$$
$$(1 - 0.5B)X_{3t(F)} = (1 - 0.9B^4)(1 - 0.9B)(1 - 0.8B^4)\varepsilon_{3t}$$

Verwendet man nun an Stelle der ursprünglichen Input-Reihen die gefilterten, dann verschwinden die erwähnten numerischen Probleme, weil diese in ihren AR-Faktoren nur noch Wurzeln aufweisen, die nicht dicht am Einheitskreis liegen. Wenn die Reihen in einer Transferfunktion stationär sind (oder zum gleichen Typus von Nicht-Stationarität gehören), verändert prefiltering diese nicht (vgl. Liu/Hanssens 1982, S.8).

Obwohl die obige OLS-Schätzfunktion für β unverzerrt ist, ist sie jedoch nicht BLUE. Eine BLUE-Schätzung ist die GLS-Schätzung

$$\tilde{\beta} = (X'\Sigma^{-1}X)^{-1}X'\Sigma^{-1}y$$

wobei Σ die Varianz-Kovarianz-Matrix der N_t bezeichnet. Diese Schätzung ist deswegen der OLS-Schätzung vorzuziehen, weil sie *kleinere* Varianzen für die geschätzten Parameter aufweist.

Allerdings kann der GLS-Schätzer nicht direkt, sondern nur *iterativ* berechnet werden, da Σ unbekannt ist. Die mindestens zweistufige Prozedur beginnt damit, daß in einer ersten Stufe der OLS-Schätzer berechnet wird. Das führt zu den geschätzten lag-Polynomen $\hat{\omega}_i(B)/\hat{\delta}_i(B)$ mit deren Hilfe der noise-Prozeß geschätzt werden kann:

$$\hat{N}_t = Y_t - \sum_{i=1}^{n} \frac{\hat{\omega}_i(B)}{\hat{\delta}_i(B)} X_{it}$$

(Erweist sich die Verwendung eines common filter als notwendig, dann sind an Stelle von Y_t und X_{it} die Variablen $Y_{t(F)}$ bzw. $X_{it(F)}$ zu verwenden).

Für den (geschätzten) noise-Prozeß wird ein ARMA-Modell geschätzt. Damit werden die Output- sowie alle Input-Reihen gefiltert, was zu den Reihen

$$Y_t^* = \frac{\hat{\varphi}_N(B)}{\hat{\theta}_N(B)} Y_t \quad , \quad X_{it}^* = \frac{\hat{\varphi}_N(B)}{\hat{\theta}_N(B)} X_{it}$$

führt, wobei $\hat{\varphi}_N(B)$ und $\hat{\theta}_N(B)$ die geschätzten lag-Polynome des (geschätzten) noise-Prozesses sind. In der zweiten Stufe schätzt man die Parameter des obigen Regressionsmodells erneut, verwendet dabei aber die Variablen Y_t^* und X_{it}^*. Das führt zu einer neuen Schätzung der Parameter und einer neuen Schätzung des noise-Prozesses. Ergibt die ARMA-Modellierung dieses noise-Prozesses kein weißes Rauschen, werden alle Variablen ein weiteres Mal mit dem ARMA-Modell der (neuen) noise-Reihe gefiltert und die Schätzung wird wiederholt. Generell wird diese iterative Schätzprozedur so lange fortgesetzt, bis der Störterm im Regressionsmodell weißes Rauschen darstellt. Die dann erzielten Schätzungen für die Impuls-Antwort-Gewichte werden als die endgültigen akzeptiert. Wie im Fall mit einem Input, kann aus den Verlaufsmustern der jeweiligen Impuls-Gewichte schließlich die entsprechende rationale Transferfunktion ermittelt werden. Liu/Hanssens schlagen darüber hinaus dafür noch eine Modifikation der schon bei den ARMA-Modellen erwähnten Corner-Methode vor (vgl. Liu/Hanssens 1982, S.297-314). Schließlich sei noch erwähnt, daß die von Liu/Hanssens vorgeschlagene Prozedur auch für Transferfunktionen-Modelle mit saisonalen Output- bzw. Input-Prozessen verwendet werden kann (vgl. Liu/Hanssens 1982, S.20).

Bei der Diagnose multipler Input-Transferfunktionen-Modelle ergeben sich gegenüber den schon oben dargelegten Aspekten keine neuen Gesichtspunkte. Insbesondere ist für *jede* Input-Reihe sicherzustellen, daß sie mit der noise-Reihe nicht korreliert ist und außerdem muß geprüft werden, ob *kein feedback* zwischen einer Input-Reihe und der Output-Reihe besteht. Auch hinsichtlich der Prognose weisen multiple Input-Modelle keine neuen Aspekte auf, so daß sich weitere Ausführungen dazu erübrigen.

Als Beispiel für eine multiple Transferfunktion soll das bei Liu/Hanssens 1982, S.12 aufgeführte simulierte Modell mit zwei Inputs (T=100) betrachtet werden. Hier ist

$$Y_t = (0.2 + 0.4B)X_{1,t-3} + \frac{0.15 + 0.3B}{1 - 0.6B}X_{2,t-2} + N_t$$

mit

$$(1 - 0.7B)X_{1t} = \varepsilon_t \quad , \quad \varepsilon_t \sim N(0,1)$$
$$(1 - 1.3B + 0.36B^2)X_{2t} = u_t \quad , \quad u_t \sim N(0,2)$$
$$(1 - 1.3B + 0.4B^2)N_t = a_t \quad , \quad a_t \sim N(0,2)$$

wobei a_t unkorreliert ist mit ε_t und u_t, während ε_t und u_t kontemporär korreliert sind mit $\rho_{\varepsilon_t u_t}=0.7$. Die drei folgenden Plots zeigen die beiden simulierten Input-, sowie die Output-Reihe:

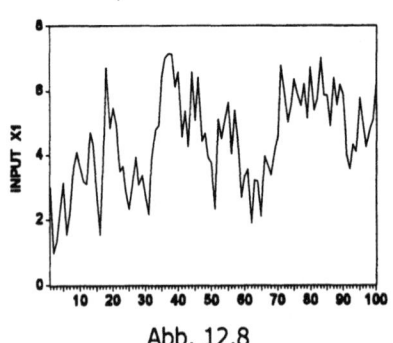

Abb. 12.8

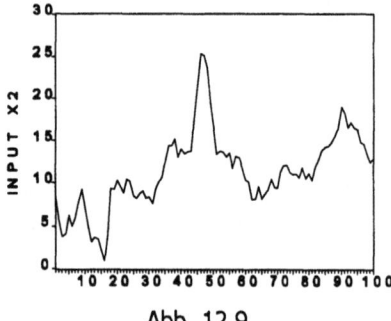

Abb. 12.9

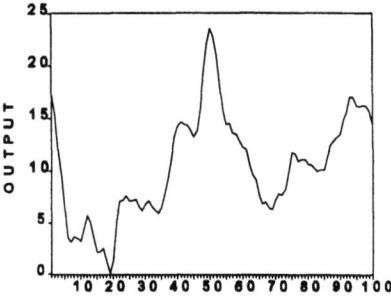

Abb. 12.10

In AUTOBOX ist die von Liu/Hanssens vorgeschlagene Methode implementiert. Die Automatik erzeugt folgenden (auszugsweise wiedergegebenen) Output:

```
NOTE -> AUTOBOX is developing the prewhitening model for time series
        LHINPUT1.DAT
                   TIME SERIES IDENTIFICATION
                   THE IDENTIFIED MODEL
        DATA :    Z = LHINPUT1.DAT     100 OBSERVATIONS
        DIFFERENCING FACTORS : NONE
        BACKCASTING : OFF
        UNIVARIATE MODEL PARAMETERS
                       FACTOR    LAG COEFFICIENT       T RATIO
        1 MEAN                        .45316E+01        12.64
        2 AUTOREGRESSIVE 1            .70016E+00         9.62
                   THE ARIMA MODEL EXPRESSED AS AN EQUATION
               +1.00                         1
        [(Y     ) - (+.453E+01)][1 - ( +.700)B ]=A
            t
NOTE -> AUTOBOX is developing the prewhitening model for time series
        LHINPUT2.DAT
                   TIME SERIES IDENTIFICATION
                   THE IDENTIFIED MODEL
        DATA :    Z = LHINPUT2.DAT     100 OBSERVATIONS
        DIFFERENCING FACTORS : NONE
        BACKCASTING : OFF
        UNIVARIATE MODEL PARAMETERS
                           FACTOR    LAG COEFFICIENT       T RATIO
            1 MEAN                        .12124E+02         6.78
            2 AUTOREGRESSIVE 1            .12702E+01        13.50
            3 AUTOREGRESSIVE 1    2  -.35222E+00           -3.75
                   THE ARIMA MODEL EXPRESSED AS AN EQUATION
           +1.00                         1         2
        [(Y     )   (+.121E+02)][1 - (+1.270)B  - ( -.352)B ]=A
            t
                   THE PREWHITENING MODEL
        DATA : LHINPUT1.DAT       100 OBSERVATIONS
        DIFFERENCING FACTORS : NONE
        BACKCASTING  : OFF
        PREWHITENING MODEL PARAMETERS
                           TYPE    LAG COEFFICIENT
        1 MEAN                         .45316E+01
        2 AUTOREGRESSIVE 1             .86125E+00
            THE ARIMA MODEL EXPRESSED AS AN EQUATION
               +1.00                         1
        [(Y     ) - (+.104E+02)][1 - ( +.861)B ]=A
            t
                   THE PREWHITENING MODEL
        DATA : LHINPUT2.DAT       100 OBSERVATIONS
        DIFFERENCING FACTORS : NONE
        BACKCASTING  : OFF
            PREWHITENING MODEL PARAMETERS
                           TYPE    LAG COEFFICIENT
            1 MEAN                         .12124E+02
            2 AUTOREGRESSIVE 1             .86125E+00
            THE ARIMA MODEL EXPRESSED AS AN EQUATION
               +1.00                         1
        [(Y     ) - (+.104E+02)][1 - ( +.861)B ]=A
            t
                   THE PREWHITENING MODEL
        DATA : LHOUTPUT.DAT       100 OBSERVATIONS
        DIFFERENCING FACTORS : NONE
        BACKCASTING  : OFF
```

```
              PREWHITENING MODEL PARAMETERS
                        TYPE   LAG  COEFFICIENT
              1 MEAN                   .10350E+02
              2 AUTOREGRESSIVE 1       .86125E+00
            THE ARIMA MODEL EXPRESSED AS AN EQUATION
                +1.00                              1
              [(Y    ) - (+.104E+02)][1 - ( +.861)B ]=A
                 t

                       THE IDENTIFIED MODEL
     DATA :   Y = LHOUTPUT.DAT          100 OBSERVATIONS
     DIFFERENCING FACTORS : NONE
     BACKCASTING : OFF
     NOISE SERIES
     DIFFERENCING FACTORS ON NOISE : NONE
     NOISE MODEL PARAMETERS
                       FACTOR   LAG COEFFICIENT     T RATIO
     1 MEAN                         .10359E+02       106.75
     2 AUTOREGRESSIVE 1             .11938E+01        12.10
     3 AUTOREGRESSIVE 1       2    -.36556E+00        -3.85
     INPUT SERIES  1
     DATA -  X1 = LHINPUT1.DAT
     DIFFERENCING FACTORS : NONE (ASSUMED MEAN OF SERIES=.44421E+01)
     VALUE OF LAG PARAMETER IS  3
     TRANSFER FUNCTION PARAMETERS
                       FACTOR   LAG COEFFICIENT     T RATIO
     4 INPUT LAG     1      0     .18652E+00          9.40
     5 INPUT LAG     1           -.39311E+00        -22.57
     INPUT SERIES  2
     DATA -  X2 = LHINPUT2.DAT
     DIFFERENCING FACTORS : NONE (ASSUMED MEAN OF SERIES=.11394E+02)
     VALUE OF LAG PARAMETER IS  3
     TRANSFER FUNCTION PARAMETERS
                       FACTOR   LAG COEFFICIENT     T RATIO
     6 OUTPUT LAG    1            .59350E+00         38.48
     7 INPUT LAG     1      0     .13829E+00         12.01
     8 INPUT LAG     1           -.30233E+00        -17.20
          THE TRANSFER FUNCTION MODEL EXPRESSED AS AN EQUATION
                  +1.00
                [(Y    ) - (+.104E+02)]  =
                   t
                  0              1        +1.00
       { [(+.187E+00)B  - (-.393E+00)B ]  [(X1     ) - (+.444E+01)] }
                                             t-3
                  0              1        +1.00
     + { [(+.138E+00)B  - (-.302E+00)B ]  [(X2     ) - (+.114E+02)] } ...
                                             t-2
                       1
      / { 1 - [(+.594E+00)B ]}
                           1          2
     + A  / { [1 - (+1.194)B  - ( -.366)B ]   }
        t
```

THE RESIDUAL CROSS-CORRELATION ANALYSIS
CROSS-CORRELATION ANALYSIS
THE CROSS-CORRELATIONS
(A DIAGNOSTIC CHECK FOR TRANSFER MODEL SUFFICIENCY)

```
INPUT  SERIES : PREWHITENED LHINPUT1.DAT
OUTPUT SERIES : THE ESTIMATED RESIDUALS FROM THE TRANSFERFUNCTION MODEL
              MEAN OF THE INPUT SERIES  :  .80200E-01
              STANDARD DEVIATION        :  .10303E+01
              NUMBER OF OBSERVATIONS     :   94
                  THE CROSS-CORRELATIONS
LAGS   0- 7    -.073    .037    .015    .012   -.043   -.027   -.151   -.013
STANDARD ERROR (.104)  (.105)  (.105)  (.106)  (.107)  (.107)  (.108)  (.108)
LAG     8       .073
STANDARD ERROR (.109)
```

THE CROSS-CORRELATIONS
(THE DIAGNOSTIC CHECK FOR UNIDIRECTIONAL CAUSALITY)
(I.E. LACK OF FEEDBACK)

```
INPUT SERIES : THE ESTIMATED RESIDUALS FROM THE TRANSFER FUNCTION MODEL
OUTPUT SERIES : PREWHITENED LHINPUT1.DAT
                  THE CROSS-CORRELATIONS
 LAGS   0- 7    -.073    .206    .008    .026   -.102   -.012   -.047    .035
STANDARD ERROR (.104)  (.105)  (.105)  (.106)  (.107)  (.107)  (.108)  (.108)
LAG     8      -.140
STANDARD ERROR (.109)
```

THE CROSS-CORRELATIONS
(A DIAGNOSTIC CHECK FOR TRANSFER MODEL SUFFICIENCY)

```
INPUT  SERIES : PREWHITENED LHINPUT2.DAT
OUTPUT SERIES : THE ESTIMATED RESIDUALS FROM THE TRANSFER FUNCTION MODEL
              MEAN OF THE INPUT SERIES  :  .85200E-01
              STANDARD DEVIATION        :  .14002E+01
              NUMBER OF OBSERVATIONS     :   94
                  THE CROSS-CORRELATIONS
LAGS   0- 7    -.078    .099   -.013    .050   -.015   -.093   -.190    .123
STANDARD ERROR (.104)  (.105)  (.105)  (.106)  (.107)  (.107)  (.108)  (.108)
LAG     8       .044
```

```
STANDARD ERROR   (.109)
                      THE CROSS-CORRELATIONS
          (THE DIAGNOSTIC CHECK FOR UNIDIRECTIONAL CAUSALITY)
                      (I.E. LACK OF FEEDBACK)
INPUT  SERIES : THE ESTIMATED RESIDUALS FROM THE TRANSFER FUNCTION MODEL
OUTPUT SERIES : PREWHITENED LHINPUT2.DAT
                      THE CROSS-CORRELATIONS
LAGS  0-  7    -.078    .034    .113   -.042   -.090   -.081   -.052    .023
STANDARD ERROR (.104)  (.105)  (.105)  (.106)  (.107)  (.107)  (.108)  (.108)
LAG   8        -.101
STANDARD ERROR  (.109)
                      TIME SERIES FORECASTING
FORECASTS OF INPUT SERIES   1 : LHINPUT1.DAT
ORIGIN 1 : THE FORECASTS FROM ORIGIN (i.e. TIME PERIOD)100
   TIME   95.0% LOWER     FORECAST     95.0%   UPPER
  PERIOD  CONF. LIMIT      VALUE      CONF. LIMIT
   101     .35711E+01     .56634E+01   .77558E+01
   102     .27698E+01     .53241E+01   .78783E+01
   103     .23339E+01     .50864E+01   .78390E+01
   104     .20754E+01     .49201E+01   .77647E+01
   105     .19148E+01     .48036E+01   .76923E+01
   106     .18119E+01     .47220E+01   .76322E+01
   107     .17444E+01     .46649E+01   .75855E+01
   108     .16993E+01     .46250E+01   .75506E+01
   109     .16688E+01     .45970E+01   .75251E+01
   110     .16480E+01     .45774E+01   .75067E+01
FORECASTS OF INPUT SERIES   2 : LHINPUT2.DAT
ORIGIN 1: THE FORECASTS FROM ORIGIN   (i.e. TIME PERIOD) 100
   TIME   95.0% LOWER     FORECAST     95.0%   UPPER
  PERIOD  CONF. LIMIT      VALUE      CONF. LIMIT
   101     .10158E+02     .12965E+02   .15772E+02
   102     .83999E+01     .12938E+02   .17476E+02
   103     .71059E+01     .12861E+02   .18617E+02
   104     .61687E+01     .12774E+02   .19380E+02
   105     .54880E+01     .12690E+02   .19892E+02
   106     .49891E+01     .12614E+02   .20239E+02
   107     .46195E+01     .12547E+02   .20474E+02
   108     .43427E+01     .12489E+02   .20635E+02
   109     .41335E+01     .12438E+02   .20743E+02
   110     .39740E+01     .12395E+02   .20815E+02
FORECASTS OF OUTPUT SERIES : LHOUTPUT.DAT
ORIGIN 1 : THE FORECASTS FROM ORIGIN (i.e.   TIME PERIOD)100
   TIME   95.0% LOWER     FORECAST     95.0%   UPPER
  PERIOD  CONF. LIMIT      VALUE      CONF. LIMIT
   101     .13101E+02     .13411E+02   .13722E+02
   102     .12406E+02     .12890E+02   .13373E+02
   103     .12217E+02     .12918E+02   .13620E+02
   104     .11337E+02     .13121E+02   .14905E+02
   105     .95076E+01     .12774E+02   .16041E+02
   106     .80040E+01     .12509E+02   .17013E+02
   107     .67666E+01     .12295E+02   .17824E+02
   108     .57758E+01     .12120E+02   .18465E+02
   109     .49984E+01     .11975E+02   .18952E+02
   110     .43959E+01     .11854E+02   .19313E+02
```

Wie aus dem Output hervorgeht, werden zunächst die ARMA-Modelle für die beiden Inputs bestimmt. Für Input X_{1t} ergibt sich, daß die Nullstelle des (einzigen) AR-Faktors bei B=1.43 liegt, also nicht dicht am Einheitskreis. Dagegen hat für Input X_{2t} der AR(2)-Faktor $(1-1.27B+0.352B^2)$ die beiden Wurzeln $B_1=2.447$ und $B_2=1.161$, d.h. es ist:

$$1 - 1.27B + 0.352B^2 = (1 - \frac{1}{2.447}B)(1 - \frac{1}{1.161}B)$$
$$= (1 - 0.409B)(1 - 0.861B)$$

Die zweite Wurzel liegt also in der Nähe des Einheitskreises, deshalb wird als common filter (1-0.861B) gewählt, d.h. statt den ursprünglichen Inputs X_{1t} und X_{2t} und dem ursprünglichen Output Y_t werden die gefilterten Inputs

$$X_{1t(F)} = X_{1t} - 0.861X_{1(t-1)}$$
$$X_{2t(F)} = X_{2t} - 0.861X_{2(t-1)}$$

und der gefilterte Output $Y_{t(F)} = Y_t - 0.861Y_{t-1}$ verwendet.

Die Kreuzkorrelationsfunktionen zeigen an, daß das Modell hinreichend ist und daß kein feedback zwischen den Inputs X_{1t} bzw. X_{2t} und dem Output Y_t besteht.

Zur Prognose des Outputs werden die beiden Input-Reihen je mit ihrem entsprechenden ARMA-Modell (1,0) bzw. (2,0) prognostiziert.

XIII. Strukturelle Komponentenmodelle

XIII.1. Einleitung

In Kap. I. haben wir das aus vier Komponenten bestehende traditionelle (deskriptive) Zeitreihenkomponentenmodell kennengelernt, das eine Reihenzerlegung in folgende Komponenten vornimmt:

Zeitreihe = Trend- + Zyklus- + Saison- + Irreguläre Komponente

   = Glatte- + Saison- + Irreguläre Komponente

Bei diesem deskriptiven Ansatz wurde unterstellt, daß einzelne Komponenten entweder durch deterministische Funktionen der Zeit beschreibbar sind – z.B. die glatte Komponente durch eine (lokal) lineare Funktion – oder letztlich als Resultat eines bestimmten Algorithmus definiert werden. Letzteres trifft z.B. auf die irreguläre Komponente zu, die etwa bei manchen der in Kap. XV. betrachteten Saisonbereinigungsverfahren rechnerisch einfach als "Restkomponente" bestimmt wird, d.h. diese Komponente wird nicht immer speziell modelliert.

Die *strukturellen Komponentenmodelle*, die vor allem auf Harvey (vgl. Harvey 1990) zurückgehen, bauen auf dem traditionellen Komponentenmodell auf, allerdings mit den folgenden wesentlichen Erweiterungen bzw. Eigenschaften:

a) Es handelt sich grundsätzlich um *stochastische Zeitreihenmodelle* und nicht um deskriptive, d.h.

b) die einzelnen Komponenten werden mit Hilfe spezieller stochastischer Prozesse modelliert.

c) Durch relativ geringfügige Modifikationen dieser stochastischen Teilprozesse läßt sich ein breites Spektrum "flexibler" Zeitreihenmodelle erzeugen

d) Strukturelle Komponentenmodelle lassen sich jeweils auch als spezielle ARIMA-Modelle begreifen.

Ein strukturelles Komponentenmodell ist dann vollständig definiert, wenn seine einzelnen Komponenten stochastisch spezifiziert, d.h. seine jeweiligen stochastischen (Teil-)Prozesse, vorgegeben sind. Für die Komponenten Trend, Zyklus, Saison sind a priori verschiedene Ansätze denkbar. Die gebräuchlichsten seien im folgenden dargestellt.

XIII.2. Modellierung der Komponenten

XIII.2.1. Trendkomponente

Das einfachste stochastische Trendmodell ist durch folgenden stochastischen Prozeß definiert:

$$\mu_t = \mu_{t-1} + \eta_t \; , \; t=1,2,...,T \quad \text{mit} \quad \eta_t \sim \text{NID}(0,\sigma_\eta^2)$$

Dabei bedeutet NID *Normally Independently Distributed*, d.h. η_t bezeichnet Gaußsches weißes Rauschen mit Erwartungswert Null und Varianz σ_η^2. Dieses Trendmodell – auch *local level* genannt – ist nichts anderes als ein einfacher *random walk*.

Mit dieser Trendkomponente lautet das gesamte strukturelle Komponentenmodell ohne Zyklus- und Saisonkomponente:

$$X_t = \mu_t + \varepsilon_t \, , \, t=1,2,...,T \quad \text{mit} \quad \varepsilon_t \sim NID(0,\sigma_\varepsilon^2)$$

Die (im allgemeinen unbekannten) Varianzen der beiden white-noise-Prozesse werden als *Hyperparameter* bezeichnet.

Eine Modifikation dieses Trendmodells ergibt sich durch den Ansatz

$$\mu_t = \mu_{t-1} + d + \eta_t \, , \, t=1,2,...,T$$

mit dem selben white-noise-Prozeß wie vorher. d ist eine *Driftkonstante,* d.h. die Trendkomponente wird hier als *random walk mit Drift* modelliert.

Ein komplizierteres Trendmodell, das vor allem dem von Harvey präferierten Komponentenmodell zugrunde liegt, ist das folgende als *local linear trend* bezeichnete Modell

$$\mu_t = \mu_{t-1} + \beta_{t-1} + \eta_t \, , \, t=1,2,...,T \quad \text{mit} \quad \beta_t = \beta_{t-1} + \zeta_t$$

und

$$\eta_t \sim NID(0,\sigma_\eta^2) \, , \, \zeta_t \sim NID(0,\sigma_\zeta^2) \, , \, E(\eta_t \zeta_{t-i}) = 0 \quad \forall i$$

Für $\sigma_\zeta^2 = 0$ und $\sigma_\eta^2 = 0$ folgt daraus $\beta_t = \beta_{t-1} = \beta = \text{const.}$ und $\mu_t - \mu_{t-1} = \beta$, d.h. $\mu_t = \beta_0 + \beta t$ mit $\beta_0 = \mu_0$, d.h. der deterministische lineare Trend erweist sich als Spezialfall dieses stochastischen linearen Trends.

Das gesamte Komponentenmodell (ohne Zyklus- und Saisonkomponente) läßt sich kompakter in vektorieller Schreibweise darstellen. Mit

$$\boldsymbol{\alpha}_t: = \begin{pmatrix} \mu_t \\ \beta_t \end{pmatrix} \, , \, \mathbf{u}_t: = \begin{pmatrix} \eta_t \\ \zeta_t \end{pmatrix} \, , \, \mathbf{T}: = \begin{pmatrix} 1 & 1 \\ 0 & 1 \end{pmatrix} \, , \, \mathbf{z}' = (1\,0)$$

kann man schreiben:

$$\boldsymbol{\alpha}_t = \mathbf{T}\boldsymbol{\alpha}_{t-1} + \mathbf{u}_t$$
$$X_t = \mathbf{z}'\boldsymbol{\alpha}_t + \varepsilon_t \, , \, t=1,2,...,T$$

T wird als *Übergangsmatrix (transition matrix)* bezeichnet.

XIII.2.2. Zyklus-Komponente

Ein zyklischer Prozeß kann durch eine trigonometrische Funktion

$$\psi_t = A\cos[\lambda_c(t-\theta)] + \kappa_t \, , \, t=,2,...,T \quad \text{mit} \quad \kappa_t \sim NID(0,\sigma_{\kappa_t}^2)$$

dargestellt werden, die von weißem Rauschen überlagert ist. A bezeichnet die *Amplitude,* λ_c die Zyklusfrequenz (in Radian) und θ die *Phase* der zyklischen Komponente. Für eine vektorielle Darstellung ist jedoch folgende Formulierung bequemer

$$\psi_t = \alpha\cos\lambda_c t + \beta\sin\lambda_c t + \kappa_t \, , \, t=1,2,...,T$$

mit

$$A = \sqrt{\alpha^2 + \beta^2}$$
$$\theta = 1/\lambda_c \, \text{tg}^{-1}(\beta/\alpha)$$

Eine alternative Formalisierung eines zyklischen Prozesses wäre durch einen AR(2)-Prozeß $\psi_t = \alpha_1\psi_{t-1} + \alpha_2\psi_{t-2} + \kappa_t$ möglich, welcher der Bedingung $\alpha_1^2 + 4\alpha_2 < 0$ genügt, die zu (pseudo)zyklischen Prozeßverläufen führt mit der Periode

$$P = 2\pi \, / \, \cos^{-1}\left[\frac{|\alpha_1|}{2(-\alpha_2)^{1/2}}\right]$$

Die zweite Darstellungsform für die oben eingeführte trigonometrische Zykluskomponente ist insofern bequem, als sie in folgende rekursive Beziehung überführt werden kann:

$$\begin{pmatrix} \psi_t \\ \psi_t^* \end{pmatrix} = \begin{pmatrix} \cos\lambda_c & \sin\lambda_c \\ -\sin\lambda_c & \cos\lambda_c \end{pmatrix} \begin{pmatrix} \psi_{t-1} \\ \psi_{t-1}^* \end{pmatrix} + \begin{pmatrix} \kappa_t \\ \kappa_t^* \end{pmatrix} \quad \text{mit} \quad \psi_0 = \alpha, \ \psi_0^* = \beta, \ t = 1,2,\ldots,T$$

Dabei hat weder die Komponente ψ_t^* noch die Komponente κ_t^*, für welche die gleiche Varianz wie für κ_t unterstellt wird, eine reale Bedeutung. Beide werden lediglich zu dem Zweck eingeführt, um die zyklische Komponente in vektorieller, rekursiver Form darstellen zu können. Wie man leicht nachrechnet, erhält man sukzessive $\psi_1, \psi_2, \ldots$ usw. aus der ersten Zeile der resultierenden Matrix.

Nach Harvey (vgl. Harvey 1990, S.39) ergibt sich ein "flexibleres" Zyklusmodell, wenn zusätzlich ein sogenannter *Dämpfungsfaktor* ρ eingeführt wird, so daß schließlich folgendes Modell resultiert:

$$\begin{pmatrix} \psi_t \\ \psi_t^* \end{pmatrix} = \rho \begin{pmatrix} \cos\lambda_z & \sin\lambda_z \\ -\sin\lambda_z & \cos\lambda_z \end{pmatrix} \begin{pmatrix} \psi_{t-1} \\ \psi_{t-1}^* \end{pmatrix} + \begin{pmatrix} \kappa_t \\ \kappa_t^* \end{pmatrix} , \quad 0 \le \rho \le 1$$

Für die Zyklusfrequenzen $\lambda_c = 0$ bzw. $\lambda_c = \pi$ ergeben sich die Spezialfälle, d.h. AR(1)-Prozesse:

$$\psi_t = \rho\psi_{t-1} + \kappa_t$$
$$\psi_t = -\rho\psi_{t-1} + \kappa_t$$

XIII.2.3. Saisonkomponente

Beim einfachsten Ansatz zur Modellierung einer Saisonfigur wird eine *starre Saisonfigur* postuliert, wobei gefordert wird, daß sich die saisonalen Effekte eines ganzen Jahres "praktisch" zu Null summieren:

$$\sum_{j=0}^{s-1} S_{t-j} = \omega_t , \ \omega_t \sim NID(0,\sigma_\omega^2) , \quad \text{d.h.} \quad S_t = -\sum_{j=1}^{s-1} S_{t-j} + \omega_t$$

s bezeichnet die zugrundeliegende Periodizität der Saison, z.B. s=12 für monatliche, s=4 für vierteljährliche Beobachtungen. Eine "flexiblere" Saisonfigur ergibt sich gemäß folgendem trigonometrischen Modell:

$$S_t = \sum_{j=1}^{[S/2]} S_{jt} = \sum_{j=1}^{[S/2]} (\gamma_j \cos\lambda_j t + \delta_j \sin\lambda_j t) + \omega_t \quad \text{mit} \quad \lambda_j = 2\pi j/s, \ j=1,2,\ldots,s/2$$

Die Frequenzen λ_j werden als *saisonale Frequenzen* bezeichnet. Analog zur oben betrachteten zyklischen Komponente kann diese saisonale Komponente ebenfalls als rekursive Beziehung formuliert werden

$$\begin{pmatrix} S_{jt} \\ S_{jt}^* \end{pmatrix} = \begin{pmatrix} \cos\lambda_j & \sin\lambda_j \\ -\sin\lambda_j & \cos\lambda_j \end{pmatrix} \begin{pmatrix} S_{j,t-1} \\ S_{j,t-1}^* \end{pmatrix} + \begin{pmatrix} \omega_{jt} \\ \omega_{jt}^* \end{pmatrix}$$

wobei den mit einem Stern versehenen Teilkomponenten ebenfalls keine reale Bedeutung zukommt.

XIII.3.   Das "Basic Structural Model" nach Harvey

Für eine Modellierung von Trend-, Zyklus-, und Saisonkomponente kämen prinzipiell auch andere Prozeßtypen als die oben angeführten in Betracht. Das von Harvey für ökonomische Zeitreihen besonders präferierte "Basic Structural Model" (BSM) verwendet jedoch gerade diese als Zeitreihenkomponenten. Mit einer additiven Zykluskomponente läßt sich für dieses Modell schreiben

$$X_t = \mu_t + \psi_t + S_t + \varepsilon_t$$

mit dem stochastischen linearen Trend

$$\mu_t = \mu_{t-1} + \beta_{t-1} + \eta_t$$
$$\beta_t = \beta_{t-1} + \zeta_t$$

und den alternativen Saisonkomponenten:

$$S_t = -\sum_{j=1}^{s-1} S_{t-j} + \omega_t \text{ bzw. } S_t = \sum_{j=1}^{[S/2]} (\gamma_j \cos\lambda_j t + \delta_j \sin\lambda_j t) + \omega_t, \ \lambda_j = 2\pi j/s, \ j=1,2,\ldots,s/2$$

Für die Zykluskomponente gilt die obige rekursive Beziehung. Die saisonale Komponente entfällt natürlich für nicht-saisonale Zeitreihen, z.B. für jährliche. Da Trend und Zyklus häufig schwer zu unterscheiden sind, zieht Harvey als Alternative eine Integration der Zyklus- in die Trendkomponente in Betracht. Die Trendkomponente lautet in diesem Fall

$$\mu_t = \mu_{t-1} + \beta_{t-1} + \psi_{t-1} + \eta_t$$

wobei für β_t wiederum der obige random-walk-Prozeß unterstellt wird. Stets wird postuliert, daß *alle* white-noise-Prozesse paarweise unkorreliert sind.

XIII.4.   Strukturelle Komponentenmodelle und ARIMA-Modelle

Zwischen strukturellen Komponentenmodellen und ARIMA-Modellen bestehen enge Beziehungen. In der Tat kann man strukturelle Modelle in ihre sogenannte *reduzierte Form* überführen, d.h. sie in Form einer einzigen Gleichung schreiben, wodurch sich dann das korrespondierende ARIMA-Modell ergibt. Im einfachsten Fall folgt für das strukturelle Modell

$$X_t = \mu_t + \varepsilon_t$$
$$\mu_t = \mu_{t-1} + \eta_t$$

für den Trend die Beziehung

$$(1 - B)\mu_t = \eta_t \text{ d.h. } \mu_t = \frac{\eta_t}{1 - B}$$

woraus folgt:

$$X_t = \frac{\eta_t}{1 - B} + \varepsilon_t \text{ d.h. } (1 - B)X_t = \eta_t + (1 - B)\varepsilon_t$$

Der erste Summand auf der rechten Seite ist ein MA(0)-Prozeß und der zweite ein MA(1)-Prozeß. Ihre Addition ergibt einen MA(1)-Prozeß. Somit resultiert für dieses strukturelle Modell insgesamt ein ARIMA(0,1,1)-Prozeß (vgl. Harvey 1990, S.68).

Für das strukturelle Komponentenmodell $X_t = \mu_t + \varepsilon_t$ mit dem stochastischen lokal linearen Trend

$$\mu_t = \mu_{t-1} + \beta_{t-1} + \eta_t$$
$$\beta_t = \beta_{t-1} + \zeta_t$$

folgt

$$\beta_t = \frac{\zeta_t}{1-B} \quad , \quad \mu_t = \frac{\zeta_{t-1}}{(1-B)^2} + \frac{\eta_t}{1-B}$$

und somit

$$X_t = \frac{\zeta_{t-1}}{(1-B)^2} + \frac{\eta_t}{1-B} + \varepsilon_t$$

d.h.:

$$(1-B)^2 X_t = \zeta_{t-1} + (1-B)\eta_t + (1-B)^2 \varepsilon_t$$

Auf der rechten Seite dieser Prozeßgleichung steht die Summe aus einem MA(0)-, einem MA(1)- und einem MA(2)-Prozeß, was insgesamt einen MA(2)-Prozeß ergibt. Dieses Komponentenmodell entspricht somit einem ARIMA(0,2,2)-Prozeß (vgl. Harvey 1990, S.68).

Für das in Kap. XIII.2.2. dargestellte Zyklus-Modell in rekursiver Form kann geschrieben werden

$$\begin{pmatrix} \psi_t \\ \psi_t^* \end{pmatrix} - \mathbf{M}\begin{pmatrix} \psi_t \\ \psi_t^* \end{pmatrix} = \begin{pmatrix} \kappa_t \\ \kappa_t^* \end{pmatrix}$$

mit der Matrix:

$$\mathbf{M}: = \begin{pmatrix} \rho\cos\lambda_c B & \rho\sin\lambda_c B \\ -\rho\sin\lambda_c B & \rho\cos\lambda_c B \end{pmatrix}$$

Daraus ergibt sich mit der 2×2-Einheitsmatrix $\mathbf{I}$:

$$\begin{pmatrix} \psi_t \\ \psi_t^* \end{pmatrix} = (\mathbf{I} - \mathbf{M})^{-1}\begin{pmatrix} \kappa_t \\ \kappa_t^* \end{pmatrix}$$

Da

$$(\mathbf{I}-\mathbf{M})^{-1} = (1 - 2\rho\cos\lambda_c B + \rho^2 B^2)^{-1}\begin{pmatrix} 1-\rho\cos\lambda_c B & \rho\sin\lambda_c B \\ -\rho\sin\lambda_c B & 1-\rho\cos\lambda_c B \end{pmatrix}$$

ist, kann man schließlich schreiben:

$$(1 - 2\rho\cos\lambda_c B + \rho^2 B^2)\psi_t = (1 - \rho\cos\lambda_c B)\kappa_t + (\rho\sin\lambda_c B)\kappa^*$$

Da auf der linken Seite dieser Gleichung ein AR(2)-Prozeß steht und auf der rechten die Summe aus einem MA(1)- und einem MA(0)-Prozeß, folgt, daß sich der obige zyklische Prozeß als ARMA(2,1)-Prozeß darstellen läßt (vgl. Harvey 1990, S.70).

Für das nicht-saisonale BSM $X_t = \mu_t + \psi_t + \varepsilon_t$ mit lokal linearem stochastischen Trend und additivem Zyklus folgt somit die ARIMA-Darstellung:

$$X_t = \frac{\zeta_{t-1}}{(1-B)^2} + \frac{\eta_t}{1-B} + \frac{(1-\rho\cos\lambda_c B)\kappa_t + (\rho\sin\lambda_c B)\kappa_t^*}{1 - 2\rho\cos\lambda_c B + \rho^2 B^2} + \varepsilon_t$$

Multipliziert man nun schließlich diese Gleichung auf beiden Seiten mit $(1-2\rho\cos\lambda_c B+\rho^2 B^2)(1-B)^2$, dann sieht man, daß links ein ARIMA(2,2,0)-Prozeß und rechts die Summe aus einem MA(2)-, einem MA(3)- und einem MA(4)-Prozeß steht. Somit erhält man insgesamt einen ARIMA(2,2,4)-Prozeß.

Da die einzelnen nicht beobachtbaren Komponenten dieses "Basic Structural Model"" BSM selbst als ARIMA-Prozesse darstellbar sind, wird in diesem Zusammenhang auch von *UCARIMA-Modellen* (d.h. **U**nobserved **C**omponent **A**utoregressive-**I**ntegrated-**M**oving **A**verage-**M**odels) gesprochen (vgl. Harvey 1990, S.74).

Für saisonale BSM mit der in Kapitel XIII.2.3. eingeführten "trigonometrischen" Saisonkomponente ist: $(1-B)(1-B^s)X_t \sim MA(s+1)$, falls keine zyklische Komponente berücksichtigt wird. Mit zyklischer Komponente gilt jedoch folgendes Modell: $(1-B)(1-B^s) \sim ARMA(2,s+3)$, d.h. nach gewöhnlicher und saisonaler Differenzierung sind diese BSM als MA(s+1) bzw. ARMA(2,s+3)-Modelle darstellbar (vgl. dazu Harvey 1990, S.69 f.).

Obwohl sich strukturelle Komponentenmodelle in ARIMA-Modelle überführen lassen, besteht dennoch ein wesentlicher Unterschied zu den "ursprünglichen" ARIMA-Modellen, wie sie von Box/Jenkins eingeführt wurden und wie wir sie in früheren Kapiteln betrachtet haben. Der Unterschied liegt darin, daß die Autokovarianz- bzw. Autokorrelationsfunktionen der korrespondierenden ARIMA-Modelle bestimmten Restriktionen unterliegen. Das läßt sich leicht einsehen. Beispielsweise ergab sich oben für das einfachste strukturelle Modell mit einem random-walk-Trend die folgende Darstellung: $(1-B)X_t = \eta_t + (1-B)\varepsilon_t$, was mit Hilfe des Differenzenoperators $\Delta := 1-B$ in der Form: $\Delta X_t = \eta_t + \Delta\varepsilon_t$ geschrieben werden kann. Für Erwartungswert und Varianz ergeben sich:

$$E(\Delta X_t) = E(\eta_t) + E(\Delta\varepsilon_t) = 0$$
$$\gamma(0) = Var(\Delta X_t) = E(\eta_t + \Delta\varepsilon_t)^2$$
$$= \sigma_\eta^2 + 2\sigma_\varepsilon^2$$

Für die Autokovarianz- bzw. Autokorrelationsfunktion findet man

$$\gamma(1) = E[(\eta_t + \Delta\varepsilon_t)(\eta_{t-1} + \Delta\varepsilon_{t-1})] = E[(\varepsilon_t - \varepsilon_{t-1})(\varepsilon_{t-1} - \varepsilon_{t-2})]$$
$$= -E(\varepsilon_{t-1}^2) = -\sigma_\varepsilon^2 < 0$$
$$\gamma(h) = 0 \quad \text{für} \quad h \geq 2$$

bzw.

$$\rho(h) = \left\{ \begin{matrix} -\sigma_\varepsilon^2/(\sigma_\eta^2 + 2\sigma_\varepsilon^2) & , h=1 \\ 0 & , h \geq 2 \end{matrix} \right\}$$

d.h. diese Funktionen sind negativ für lag h=1 und es ist $-0.5 \leq \rho(1) \leq 0$.

Für das obige strukturelle Komponentenmodell mit einem stochastischen linear lokalen Trendmodell (ohne Zyklus- und Saisonkomponente), das sich mit dem Differenzenoperator in der Form

$$\Delta^2 X_t = \zeta_{t-1} + \Delta\eta_t + \Delta^2\varepsilon_t$$

darstellen läßt, findet man:

$$E(\Delta^2 X_t) = 0$$
$$\gamma(0) = Var(\Delta^2 X_t) = \sigma_\zeta^2 + 2\sigma_\eta^2 + 6\sigma_\varepsilon^2$$
$$\gamma(1) = -\sigma_\eta^2 - 4\sigma_\varepsilon^2 < 0$$
$$\gamma(2) = \sigma_\varepsilon^2 > 0$$
$$\gamma(h) = 0 \text{ für } h \geq 3$$

Daraus folgt nun, daß für die ersten beiden Autokorrelationen $\rho(1)$ und $\rho(2)$ gilt: $-0.667 \leq \rho(1) \leq 0$ und $0 \leq \rho(2) \leq 0.167$ (vgl. dazu und für weitere Beispiele Harvey 1990, S.55 ff.).

XIII.5.   Parameterschätzung bei strukturellen Komponentenmodellen

XIII.5.1. Zustandsraummodelle

Wie in Kap. XIII.2.1. gezeigt wurde, kann das lokal lineare stochastische Trendmodell kompakt in vektorieller Form dargestellt werden, wozu zwei Gleichungen erforderlich sind, die hier wiederholt seien:

$$X_t = \mathbf{z}'\boldsymbol{\alpha}_t + \varepsilon_t$$
$$\boldsymbol{\alpha}_t = \mathbf{T}\boldsymbol{\alpha}_{t-1} + \mathbf{u}_t$$

Ein derartiges Modell wird als (lineares) *Zustandsraummodell* (*state space model*) bezeichnet. Die erste Gleichung wird als *Beobachtungsgleichung* und die zweite als *Systemgleichung* (oder *Übergangsgleichung*) bezeichnet.

Natürlich können auch kompliziertere strukturelle Komponentenmodelle, aber auch ARMA-Modelle, in Zustandsraummodelle überführt werden. Beispielsweise ergibt sich für ein Komponentenmodell für Quartalsdaten mit einem lokal linearen stochastischen Trend und einer starren Saisonfigur, also für das Modell

$$X_t = \mu_t + S_t + \varepsilon_t$$
$$\mu_t = \mu_{t-1} + \beta_{t-1} + \eta_t$$
$$\beta_t = \beta_{t-1} + \zeta_t$$
$$S_t = -S_{t-1} - S_{t-2} - S_{t-3} + \omega_t$$

die Übergangsgleichung

$$\boldsymbol{\alpha}_t = \begin{pmatrix} \mu_t \\ \beta_t \\ S_t \\ S_{t-1} \\ S_{t-2} \end{pmatrix} = \begin{pmatrix} 1 & 1 & 0 & 0 & 0 \\ 0 & 1 & 0 & 0 & 0 \\ 0 & 0 & -1 & -1 & -1 \\ 0 & 0 & 1 & 0 & 0 \\ 0 & 0 & 0 & 1 & 0 \end{pmatrix} \begin{pmatrix} \mu_{t-1} \\ \beta_{t-1} \\ S_{t-1} \\ S_{t-2} \\ S_{t-3} \end{pmatrix} + \begin{pmatrix} \eta_t \\ \zeta_t \\ \omega_t \\ 0 \\ 0 \end{pmatrix}$$

und die Beobachtungsgleichung:

$$X_t = (1,0,1,0,0)\boldsymbol{\alpha}_t + \varepsilon_t$$

Für einen AR(p)-Prozeß $X_t = \varphi_1 X_{t-1} + \varphi_2 X_{t-2} + \ldots + \varphi_p X_{t-p} + \varepsilon_t$ kann man die Übergangsgleichung bzw. Beobachtungsgleichung in der Form

$$\boldsymbol{\alpha}_t = \begin{pmatrix} X_t \\ X_{t-1} \\ X_{t-2} \\ \ldots \\ X_{t-p+1} \end{pmatrix} = \begin{pmatrix} \varphi_1 & \varphi_2 & \varphi_3 & \ldots & \varphi_{p-1} & \varphi_p \\ 1 & 0 & 0 & \ldots & 0 & 0 \\ 0 & 1 & 0 & \ldots & 0 & 0 \\ \cdot & \cdot & \cdot & \ldots & \cdot & \cdot \\ 0 & 0 & 0 & \ldots & 1 & 0 \end{pmatrix} \begin{pmatrix} X_{t-1} \\ X_{t-2} \\ X_{t-3} \\ \ldots \\ X_{t-p} \end{pmatrix} + \begin{pmatrix} \varepsilon_t \\ 0 \\ 0 \\ \ldots \\ 0 \end{pmatrix}$$

bzw. $X_t = (1,0,0,\ldots,0,0)\boldsymbol{\alpha}_t$ schreiben, was nicht erstaunlich ist, da – wie wir in Kap. V.4.2. gesehen haben – ein AR(p)-Prozeß als vektorieller AR(1)-Prozeß dargestellt werden kann.

Für einen MA(q)-Prozeß $X_t = \varepsilon_t + \theta_1 \varepsilon_{t-1} + \theta_2 \varepsilon_{t-2} + \ldots + \theta_q \varepsilon_{t-q}$ kann beispielsweise folgendermaßen geschrieben werden

$$\boldsymbol{a}_t = \begin{pmatrix} \varepsilon_t \\ \varepsilon_{t-1} \\ \varepsilon_{t-2} \\ \cdots \\ \varepsilon_{t-q} \end{pmatrix} = \begin{pmatrix} 0 & 0 & 0 & \cdots & 0 & 0 \\ 1 & 0 & 0 & \cdots & 0 & 0 \\ 0 & 1 & 0 & \cdots & 0 & 0 \\ \cdot & \cdot & \cdot & \cdots & \cdot & \cdot \\ 0 & 0 & 0 & \cdots & 1 & 0 \end{pmatrix} \begin{pmatrix} \varepsilon_{t-1} \\ \varepsilon_{t-1} \\ \varepsilon_{t-3} \\ \cdots \\ \varepsilon_{t-q-1} \end{pmatrix} + \begin{pmatrix} \varepsilon_t \\ 0 \\ 0 \\ \cdots \\ 0 \end{pmatrix}$$

und $X_t = (1, -\theta_1, -\theta_2, \ldots, -\theta_q)\boldsymbol{a}_t$. Für einen ARMA(p,q)-Prozeß

$$X_t = \varphi_1 X_{t-1} + \varphi_2 X_{t-2} + \ldots + \varphi_p X_{t-p} + \varepsilon_t + \theta_1\varepsilon_{t-1} + \ldots + \theta_q\varepsilon_{t-q}$$

kann schließlich folgendes Zustandsraummodell formuliert werden

$$\boldsymbol{a}_t = \begin{pmatrix} X_t \\ X_{t-1} \\ \cdots \\ X_{t-p+1} \\ \varepsilon_t \\ \varepsilon_{t-1} \\ \cdots \\ \varepsilon_{t-q+1} \end{pmatrix} = \begin{pmatrix} \varphi_1 & \varphi_2 & \cdots & \varphi_{p-1} & \varphi_p & \theta_1 & \theta_2 & \cdots & \theta_{q-1} & \theta_q \\ 1 & 0 & \cdots & 0 & 0 & 0 & 0 & \cdots & 0 & 0 \\ \cdot & \cdot & \cdots & \cdot & \cdot & \cdot & \cdot & \cdots & \cdot & \cdot \\ 0 & 0 & \cdots & 1 & 0 & 0 & 0 & \cdots & 0 & 0 \\ 0 & 0 & \cdots & 0 & 0 & 0 & 0 & \cdots & 0 & 0 \\ 0 & 0 & \cdots & 0 & 0 & 1 & 0 & \cdots & 0 & 0 \\ \cdot & \cdot & \cdots & \cdot & \cdot & \cdot & \cdot & \cdots & \cdot & \cdot \\ 0 & 0 & \cdots & 0 & 0 & 0 & 0 & \cdots & 1 & 0 \end{pmatrix} \begin{pmatrix} X_{t-1} \\ X_{t-2} \\ \cdots \\ X_{t-p} \\ \varepsilon_{t-1} \\ \varepsilon_{t-2} \\ \cdots \\ \varepsilon_{t-q} \end{pmatrix} + \begin{pmatrix} \varepsilon_t \\ 0 \\ \cdots \\ 0 \\ \varepsilon_t \\ 0 \\ \cdots \\ 0 \end{pmatrix}$$

mit $X_t = (1,0,\ldots,0,0)\boldsymbol{a}_t$.

Im allgemeinen sind Zustandsraumformulierungen nicht eindeutig. Beispielsweise können für einen AR(2)-Prozeß die beiden folgenden alternativen Zustandsraummodelle formuliert werden

$$\boldsymbol{a}_t = \begin{pmatrix} X_t \\ \varphi_2 X_{t-1} \end{pmatrix} = \begin{pmatrix} \varphi_1 & 1 \\ \varphi_2 & 0 \end{pmatrix} \begin{pmatrix} X_{t-1} \\ \varphi_2 X_{t-2} \end{pmatrix} + \begin{pmatrix} \varepsilon_t \\ 0 \end{pmatrix} \quad \text{mit } X_t = (1,0)\boldsymbol{a}_t$$

und

$$\boldsymbol{a}_t^* = \begin{pmatrix} X_t \\ X_{t-1} \end{pmatrix} = \begin{pmatrix} \varphi_1 & \varphi_2 \\ 1 & 0 \end{pmatrix} \begin{pmatrix} X_{t-1} \\ X_{t-2} \end{pmatrix} + \begin{pmatrix} \varepsilon_t \\ 0 \end{pmatrix} \quad \text{mit } X_t = (1,0)\boldsymbol{a}_t^*$$

Alternative Formulierungen unterscheiden sich u.U. durch eine unterschiedliche Länge des Zustandsvektors, d.h. der Anzahl der Elemente dieses Vektors. Unter verschiedenen Aspekten erweist sich ein möglichst "kurzer" Zustandsvektor als günstig. Ein Zustandsraummodell, das eine *minimale Anzahl von Elementen* enthält, wird als *minimale Realisierung* bezeichnet. Darauf kann hier nicht weiter eingegangen werden (vgl. dazu z.B. Akaike 1974, Aoki 1987).

Es sei hier darauf hingewiesen, daß sich in der Literatur verschiedene Formulierungen von Zustandsraummodellen finden, die sich u.a. im Grad der Allgemeinheit sowie in der zeitlichen Indexierung der Übergangsgleichung unterscheiden. Zunächst ist an eine Erweiterung auf *multivariate Prozesse* zu denken, d.h. an Stelle der eingangs eingeführten skalaren Beobachtungsgleichung tritt eine entsprechende vektorielle, was auf ihrer rechten Seite an Stelle eines Zeilenvektors eine (geeignet dimensionierte) Matrix sowie einen vektoriellen Störprozeß erforderlich macht. Außerdem kann die Übergangsmatrix generell *zeitabhängig* sein:

$$\begin{aligned} \boldsymbol{x}_t &= \boldsymbol{Z}_t\boldsymbol{a}_t + \boldsymbol{\varepsilon}_t \\ \boldsymbol{x}_t' &= (X_{1t}, X_{2t}, \ldots, X_{nt}) \\ \boldsymbol{a}_t &= \boldsymbol{T}_t\boldsymbol{a}_{t-1} + \boldsymbol{\eta}_t \end{aligned}$$

Zusätzlich können auf der rechten Seite der Beobachtungsgleichung erklärende (exogene) Variablen $\xi_{1t},...,\xi_{kt}$ mit der (n×k)-Koeffizientenmatrix **H**, eingeführt werden:

$$\mathbf{x}_t = \mathbf{Z}_t\alpha_t + \mathbf{H}\xi_t + \varepsilon_t$$
$$\xi_t' = (\xi_{1t},\xi_{2t},...,\xi_{kt})$$

Die Übergangsgleichung wird häufig für den Zeitpunkt t+1 notiert und nicht für den Zeitpunkt t. Beide Notierungen sind äquivalent, abgesehen von dem Spezialfall korrelierter noise-Terme in der Beobachtungs- und Übergangsgleichung (vgl. dazu Harvey 1990, S.103 und S.112. Für weitere spezielle Notierungen von Zustandsraummodellen siehe Harvey 1990, S.100 ff.). Hier soll eine möglichst einfache (vektorielle) Notierung verwendet werden.

Zustandsraummodelle eignen sich zur Beschreibung, Analyse und Prognose von Zeitreihen. Charakteristisch für diese Modelle ist der Sachverhalt, daß der Zustandsvektor α_t nicht direkt beobachtbar ist, er kann nur indirekt via Beobachtungsgleichung bestimmt werden. Werden Zeitreihenmodelle als Zustandsraummodelle formuliert, dann können Prognose und Glättung(*prediction and smoothing*) mit Hilfe des sogenannten *Kalman-Filters* vorgenommen werden. Dieser Algorithmus eröffnet auch via der sogenannten *prediction error decomposition* die Möglichkeit einer Maximum-Likelihood-Schätzung der unbekannten Modellparameter.

XIII.5.2. Kalman-Filter

Hier sollen nur grundlegende Zusammenhänge dargestellt werden. Auf die an speziellen Stellen u.U. jeweils notwendigen Voraussetzungen, wie z.B. multivariate Normalverteilung o.ä., sowie auf Ableitungen muß hier verzichtet werden. Dafür sowie auf technische Details sei auf die Literatur verwiesen (z.B. Harvey 1990, S.104 ff., Hamilton 1994, S.372 ff.) Es soll von folgendem (multivariaten) Modell ausgegangen werden

$$\mathbf{x}_t = \mathbf{Z}_t\alpha_t + \varepsilon_t$$
$$\mathbf{x}_t' = (X_{1t},X_{2t},...,X_{nt})$$
$$\alpha_t = \mathbf{T}_t\alpha_{t-1} + \eta_t$$

mit der stochastischen Spezifikation

$$E(\varepsilon_t) = \mathbf{0} \ , \ Var(\varepsilon_t) = \Sigma_t$$
$$E(\eta_t) = \mathbf{0} \ , \ Var(\eta_t) = \mathbf{Q}_t$$
$$E(\varepsilon_t\eta_s') = \mathbf{0} \ \ \forall s,t = 1,2,...,T$$

d.h. es wird angenommen, daß die Störterme der Beobachtungs- und der Übergangsgleichung zu allen Zeitpunkten unkorreliert sind. Weiterhin sei die Existenz eines Anfangszustandsvektors α_0 postuliert mit den stochastischen Eigenschaften

$$E(\alpha_0) = \mathbf{a}_0 \ , \ Var(\alpha_0) = \mathbf{P}_0$$
$$E(\varepsilon_t\alpha_0') = \mathbf{0} \ \ , \ E(\eta_t\alpha_0') = \mathbf{0}$$

d.h. dieser Vektor sei für alle Zeitpunkte unkorreliert mit den Störtermen der Beobachtungs- und Übergangsgleichung. Für die spezielle Spezifikation: $\mathbf{T}_t = \mathbf{I}$, $\mathbf{Q}_t = \mathbf{0}$ folgt $\alpha_t = \alpha_{t-1} = \alpha$, d.h. das Zustandsraummodell degeneriert zu dem Regressionsmodell $\mathbf{x}_t = \mathbf{Z}_t\alpha + \varepsilon_t$, $t = 1,2,...,T$.

Die Matrizen $\mathbf{Z}_T, \Sigma_t$ der Beobachtungsgleichung und die Matrizen $\mathbf{T}_t$, $\mathbf{Q}_t$ der Übergangsgleichung werden als *Systemmatrizen* bezeichnet. Falls diese *zeitin-*

variant sind, wird das state space model als *zeitinvariant* oder *zeithomogen* bezeichnet. Stationäre Modelle bilden eine Teilklasse derartiger Modelle. Die wichtigsten strukturellen Komponentenmodelle sind zeitinvariant (Harvey 1990, S.169). Zunächst sei unterstellt, daß diese Matrizen, sowie der Anfangszustandsvektor nebst seiner Kovarianzmatrix, bekannt seien. Der Kalman-Filter beruht im Kern darauf, daß sich die Schätzung des Zustandsvektors zum Zeitpunkt t (also α_t) aus dem vorhergehenden Zustandsvektor α_{t-1} und der aktuellen Beobachtung x_t bestimmen läßt. Der Kalman-Filter verläuft somit *rekursiv* für die Zeitpunkte t=1,2 ,...,T.

Bezeichne $a_{t-1|t-1}$ den optimalen Schätzer (im Sinne einer Minimierung des mittleren quadratischen Fehlers) für α_{t-1}, der auf den t-1 Beobachtungsvektoren $x_1, x_2, ..., x_{t-1}$ beruht, und bezeichne

$$P_{t-1|t-1}: = E[(\alpha_{t-1} - a_{t-1|t-1})(\alpha_{t-1} - a_{t-1|t-1})']$$

die Kovarianzmatrix des Schätzfehlers für α_{t-1}. Der Schätzer $a_{t|t-1}$ ergibt sich aus der Übergangsgleichung gemäß der *rekursiven* Beziehung

$$a_{t|t-1} = T_t a_{t-1|t-1} \quad \text{mit} \quad a_{0|0} = a_0, \quad t=1,2,...,T$$

und der Kovarianzmatrix:

$$P_{t|t-1} = T_t P_{t-1|t-1} T_t' + Q_t \quad \text{mit} \quad P_{0|0} = P_0$$

Diese beiden Gleichungen bzw. Rekursionsschritte werden als *Prädiktionsgleichungen* (*prediction equation*) bzw. *Prädiktionsschritte* (für den Zustandsvektor) bezeichnet. Die Prädiktionsschritte liegen *vor* der Beobachtung von x_t. Mit Hilfe der Prädiktion des Zustandsvektors kann der Beobachtungsvektor x_t prognostiziert werden:

$$\tilde{x}_{t|t-1} = Z_t a_{t|t-1}$$

Wenn die Beobachtung x_t vorliegt, kann der *Prognosefehler*

$$v_t: = x_t - \tilde{x}_{t|t-1} = Z_t(\alpha_t - a_{t|t-1}) + \varepsilon_t$$

mit der Kovarianzmatrix

$$\text{Var}(v_t): = F_t = Z_t P_{t|t-1} Z_t' + \Sigma_t$$

bestimmt und die Prädiktion des Zustandsvektors mit Hilfe der aktuellen Beobachtung x_t korrigiert werden (Die Elemente des Prognosefehlervektors werden üblicherweise als *Innovationen* bezeichnet, da sie die neuen Informationen aus der jeweils letzten Beobachtung repräsentieren). Es liegt nahe, dafür eine korrigierte Prädiktion für den Zustandsvektor zum Zeitpunkt t gemäß folgendem Ansatz zu bilden:

$$a_t = a_{t|t-1} + K_t(x_t - \tilde{x}_{t|t-1})$$

Dabei ist K_t die sogenannte *Kalman-Gain*-Matrix, die so bestimmt wird, daß der Prognosefehler für x_t mit den Beobachtungen $x_{t-1}, ..., x_1$ *unkorreliert* ist. Dieser Schritt, der also *nach* Beobachtung von x_t vollzogen wird, wird als *Korrekturschritt* bezeichnet. Die Kalman-Gain-Matrix ist gegeben durch:

$$K_t: = P_{t|t-1} Z_t'(Z_t P_{t|t-1} Z_t' + \Sigma_t)^{-1}$$

Damit verbunden ist eine korrigierte Kovarianzmatrix für den Zustandsvektor:

$$P_t = P_{t|t-1} - K_t Z_t P_{t|t-1} = (I - K_t Z_t) P_{t|t-1}$$

Die beiden Gleichungen für den korrigierten Zustandsvektor und seiner Kovarianzmatrix werden als *Korrektur-Gleichungen* (oder *updating-Gleichungen*) bezeichnet.

Eine (*Echt*)-*Prognose* für den Zustands- bzw. Beobachtungsvektor zum Zeitpunkt t=T+1 (*Ein-Schritt-Prognose*) ergibt sich aus den Beziehungen:

$$\mathbf{a}_{T+1|T} = \mathbf{T}_{T+1}\mathbf{a}_T$$
$$\tilde{\mathbf{x}}_{T+1|T} = \mathbf{Z}_{T+1}\mathbf{a}_{T+1|T}$$

Mehr-Schritt-Prognosen, also Prognosen für die Zeitpunkte T+2,T+3 usw. ergeben sich durch wiederholte Anwendungen von Ein-Schritt-Prognosen. Bei diesen Prognosen entfallen natürlich Korrekturschritte.

Die Zielsetzung des Kalman-Filters besteht im Prinzip darin, den Erwartungswert des Zustandsvektors zum Zeitpunkt t zu bestimmen, wobei alle Informationen, die bis zu diesem Zeitpunkt vorliegen, verwendet werden, was kurz mit $E(\alpha_t|\mathbf{x}_1,\mathbf{x}_2,...,\mathbf{x}_t)$ bezeichnet sei. Beim *Kalman-Glätter*, der mit $E(\alpha_t|\mathbf{x}_1,\mathbf{x}_2,...,\mathbf{x}_t,...,\mathbf{x}_T)$ notiert sei, wird dieser Erwartungswert jedoch auch unter Verwendung von Informationen bestimmt, die *nach* dem Zeitpunkt t anfallen (vgl. dazu Harvey 1990, S.149 ff.). Dabei können drei verschiedene Glätter unterschieden werden, wobei der sogenannte *fixed-intervall-smoother* für die Analyse von ökonomischen Zeitreihen am wichtigsten ist. Dieser smoother wird *rückwärts rekursiv* berechnet, d.h. die Rekursion beginnt beim letzten Zeitpunkt t=T, wobei als "Startwert" der Zustandsvektor $\mathbf{a}_T|_T$ mit der zugehörigen Kovarianzmatrix $\mathbf{P}_T|_T$ verwendet wird, die sich beide aus dem Kalman-Filter für den Zeitpunkt t=T ergeben. Diese sollen kurz mit $\mathbf{a}_T$ bzw. $\mathbf{P}_T$ bezeichnet werden. Die Gleichungen für die Rückwärtsrekursion lauten (vgl. dazu Harvey 1990, S.154)

$$\mathbf{a}_{t|T} = \mathbf{a}_t + \mathbf{P}_t^*(\mathbf{a}_{t+1|T} - \mathbf{T}_{t+1}\mathbf{a}_t)$$

und

$$\mathbf{P}_{t|T} = \mathbf{P}_t + \mathbf{P}_t^*(\mathbf{P}_{t+1|T} - \mathbf{P}_{t+1|t})\mathbf{P}_t^* , \ t=T-1,T-2,...,1$$

mit:

$$\mathbf{P}_t^* = \mathbf{P}_t\mathbf{T}_{t+1}'\mathbf{P}_{t+1|t}^{-1} , \ t=T-1,T-2,....,1$$

Der fixed-intervall-smoother eignet sich zur Bestimmung der Trend- bzw. glatten Komponente bei strukturellen Komponentenmodellen.

XIII.5.3. Maximum-Likelihood-Schätzungen

Wie eingangs dargelegt wurde, sind strukturelle Komponentenmodelle im allgemeinen von einer Anzahl unbekannter Parameter (Hyperparameter) abhängig, die natürlich auch in den entsprechenden Zustandsraummodellen auftreten. Sie seien im Vektor ψ zusammengefaßt. Ihre Schätzung gestaltet sich am einfachsten, wenn angenommen wird, daß die Störterme bei der Beobachtungs- und bei der Übergangsgleichung (multivariat) normalverteilt sind. Die entsprechende Likelihood-Funktion für die Beobachtungen $\mathbf{x}'=(\mathbf{x}_1,\mathbf{x}_2,...,\mathbf{x}_T)$ läßt sich in der Form

$$L(\mathbf{x};\psi) = f(\mathbf{x}_T|\mathbf{x}^{T-1};\psi)f(\mathbf{x}_{T-1}|\mathbf{x}^{T-2};\psi)...f(\mathbf{x}_1;\psi) = \prod_{t=1}^{T} f(\mathbf{x}_t|\mathbf{x}^{t-1};\psi)$$

mit $\mathbf{x}^{t-1}=(\mathbf{x}_{t-1},\mathbf{x}_{t-2},...,\mathbf{x}_1)$ darstellen. $f(\mathbf{x}_t|\mathbf{x}^{t-1})$ bezeichnet dabei die bedingte Dichtefunktion von $\mathbf{x}_t$, gegeben die Beobachtungen $\mathbf{x}^{t-1}$. Wenn die Störterme und der Anfangszustandsvektor normalverteilt sind, dann ist auch $\mathbf{x}_t$ (bedingt) normalverteilt, wobei der Erwartungswert und die Kovarianzmatrix dieser bedingten Verteilung durch den Kalman-Filter gegeben sind. Nach Logarithmierung läßt sich für die Likelihood-Funktion schreiben:

$$\ln L(\mathbf{x};\psi) = \ln f(\mathbf{x}_1;\psi) + \sum_{t=2}^{T} \ln f(\mathbf{x}_t|\mathbf{x}^{t-1};\psi)$$

Mit

$$\mathbf{v}_t = (\mathbf{x}_t | \mathbf{x}^{t-1}) - \tilde{\mathbf{x}}_{t|t-1}, \quad \mathbf{v}_t \sim N(\mathbf{0}, \mathbf{F}_t)$$

und der Kovarianzmatrix

$$\mathbf{F}_t = \mathbf{Z}_t \mathbf{P}_{t|t-1} \mathbf{Z}_t' + \Sigma_t$$

kann diese auch in folgender Form geschrieben werden:

$$\ln L(\mathbf{x}; \psi) = -\frac{nT}{2} - \frac{1}{2}\sum_{t=1}^{T} \ln|\mathbf{F}_t| - \frac{1}{2}\sum_{t=1}^{T} \mathbf{v}_t' \mathbf{F}_t^{-1} \mathbf{v}_t$$

Diese Form der Likelihood-Funktion wird als *prediction error decomposition* bezeichnet. Aus der Maximierung dieser Likelihood-Funktion bezüglich der unbekannten Parameter ψ mit Hilfe numerischer Optimierungsprozeduren (z.B. Newton-Raphson) ergeben sich die gesuchten Modellparameter (für Einzelheiten sei auf die in diesem Kapitel zitierte Literatur verwiesen).

XIII.6.   Beispiel

Für die Zeitreihe "Index des Auftragseingangs (Volumenindex), verarbeitende Industrie" (Januar 1985 – März 1993), Bundesrepublik Deutschland, soll ein BSM (mit STAMP 2.0) geschätzt werden. Diese Reihe weist offensichtlich eine ausgeprägte Saisonkomponente auf, wie aus dem nachstehenden Plot ersichtlich ist:

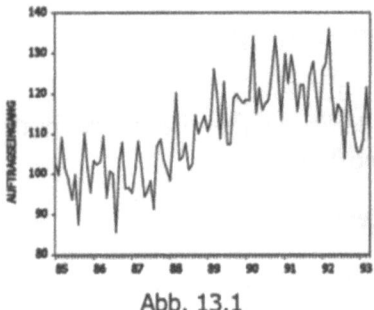

Abb. 13.1

Die nächsten vier Abbildungen zeigen neben der saisonbereinigten Reihe (Abb. 13.2), die glatte (Abb. 13.3), die saisonale (Abb.13.4) und die irreguläre Komponente (Abb. 13.5) dieser Reihe, sowie den Verlauf des "slope"-Parameters (Abb. 13.6).

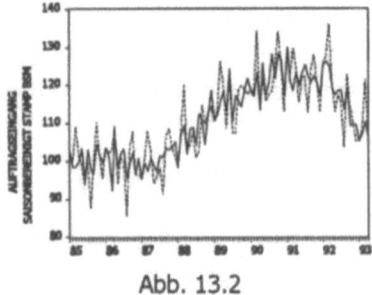

Abb. 13.2

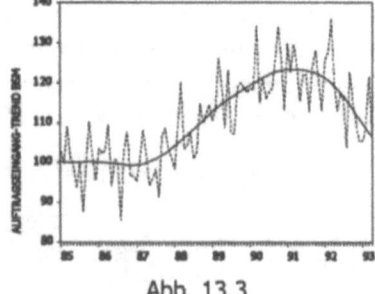

Abb. 13.3

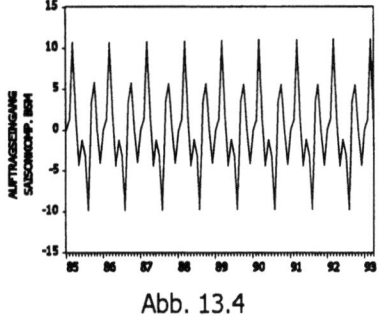

Abb. 13.4

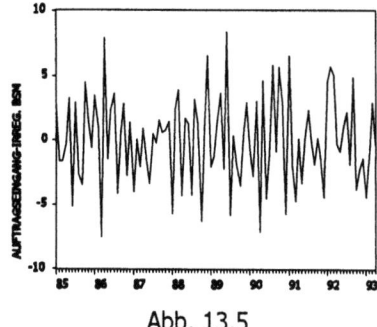

Abb. 13.5

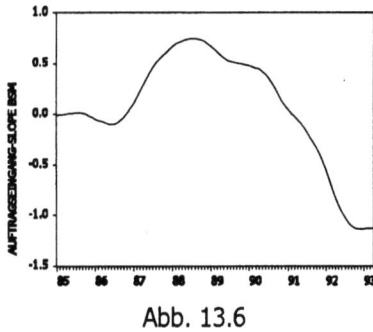

Abb. 13.6

Die unbekannten Hyperparameter sind hier $\psi' = (\sigma_\varepsilon^2, \sigma_\eta^2, \sigma_\zeta^2, \sigma_\omega^2)$, da eine zyklische Komponente nicht berücksichtigt wurde (Eine Einbeziehung einer additiven bzw. Trend-integrierten zyklischen Komponente führt praktisch zu keiner anderen Komponentenzerlegung). Für die geschätzten Hyperparameter ergeben sich die Werte

$$\hat{\psi}' = (14.6, 0, 0.023, 0.0015)$$

Wie aus dem Verlauf der glatten Komponente (und dem Verlauf des "slope"-Parameters) ersichtlich ist, zeigen sich gegen Ende des Jahres 1990 deutliche Abflachungstendenzen, welche die dann folgende Rezession ankündigen. Analysiert man die Reihe nur bis Dezember 1990, dann erhält man den Trendverlauf in Abb. 13.7 und 13.8 den Verlauf für den "slope"-Parameter. Obwohl dieser Parameter gegen Ende 1990 praktisch ständig kleiner wird, zeigt der Trend noch einen ansteigenden Verlauf bis Dezember 1990. Die sich anschließende Rezession kündigt sich also nicht direkt im Trend, wohl aber im "slope"-Parameter an.

Es sei nebenbei erwähnt, daß man für dieses Beispiel auf einem wesentlich einfacheren Weg, nämlich mit einem Tiefpaß-Filter, wie er später in Kap. XVIII.3. beschrieben ist, einen Trend erhält, der deutlich die Abflachung gegen Ende 1990 erkennen läßt. Mit einem solchen ergibt sich nämlich bis Dezember 1990 die in Abb. 13.9 dargestellte glatte Komponente:

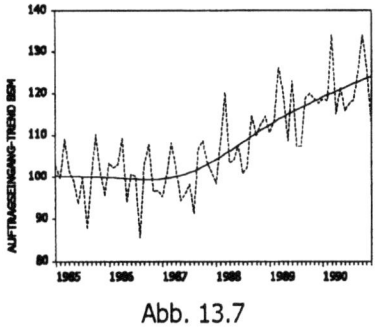

Abb. 13.7

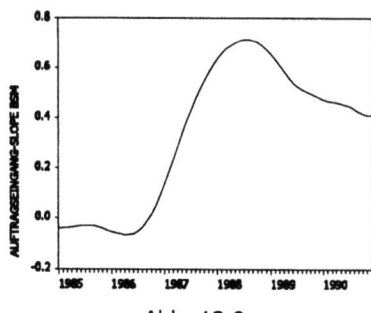

Abb. 13.8

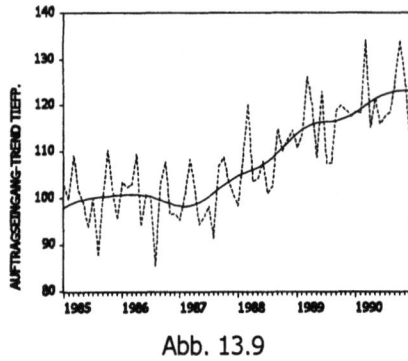

Abb. 13.9

Es sei noch erwähnt, daß STAMP verschiedene Maßzahlen – u.a. verschiedene Determinationskoeffizienten – zur Beurteilung der Modellgüte ausgibt. Auf die Determinationskoeffizienten sei hier kurz eingegangen. Neben dem üblichen Determinationskoeffizienten R^2, wie er aus der Regressionsanalyse bekannt ist, werden zwei weitere Determinationskoeffizienten berechnet. Der erste Koeffizient ergibt sich aus einer Modifikation des üblichen Koeffizienten. Dieser besitzt bei trendbehafteten Daten meistens wenig Aussagekraft, weil er für Zeitreihenmodelle, die in der Lage sind (mindestens) den Trend zu erfassen, in der Regel nahe bei Eins liegt, da er als Referenzgröße ("yardstick") lediglich das arithmetische Mittel der Beobachtungswerte verwendet. Deshalb schlägt Harvey folgenden Determinationskoeffizienten vor

$$R_D^2 = 1 - \frac{SSE}{\sum_{t=2}^{T} (\Delta X_t - \overline{\Delta X})^2}$$

wobei SSE die Summe der Residuenquadrate bezeichnet und $\overline{\Delta X}$ der Mittelwert der 1. Differenzen der Beobachtungswerte bezeichnet. Als Referenzgröße dient bei diesem Koeffizienten das random walk-Modell mit Drift. Ein strukturelles Komponentenmodell, das einen schlechteren Fit ergibt als dieses einfache Referenzmodell (dann wird dieser Koeffizient negativ), sollte verworfen werden.

Der zweite Determinationskoeffizient versucht die Anpassungsgüte bezüglich der Saisonkomponente zu messen. Als Referenzgröße dient das random walk-Modell, das um eine starre Saisonkomponente (modelliert mit Hilfe von Saison-Dummies) erweitert wird. Der Koeffizient lautet:

$$R_s^2 = 1 - SSE/SSDSM$$

Dabei bezeichnet SSDSM die quadrierte Summe der ersten Differenzen in Abweichung von ihren jeweiligen saisonalen Mittelwerten. Ein negativer Koeffizient wird als Indikator für ein abzulehnendes Modell interpretiert, während ein positiver Koeffizient, der nahe bei Null liegt, anzeigt, daß ein gegenüber dem erweiterten random walk komplexeres Modell nur eine marginale bessere Anpassung bringt (zu den beiden Determinationskoeffizienten vgl. die Ausführungen in Harvey 1990, S.268 f.). Im vorliegenden Beispiel ergeben sich für diese beiden Koeffizienten die Werte 0.76 und 0.44 (Gesamtreihe) bzw. 0.71 und 0.40 (gekürzte Reihe), während der übliche Determinationskoeffizient 0.85 (bzw. 0.81) beträgt.

Wie oben dargelegt wurde, können strukturelle Komponentenmodelle zur Prognose herangezogen werden. Hier soll zunächst die betrachtete Reihe bis April 1992 zur Parameterschätzung herangezogen und eine Prognose für die restlichen 12 Monate erstellt werden. In der ersten der drei Graphiken in Abb. 13.10 sind die ex-post 1-Schritt-Prognosen zusammen mit den Echt-Werten dargestellt. Die zweite Graphik zeigt dieselben Werte für die letzten 12 Monate, wobei die 2-fachen RMSE der 1-Schritt-Prognosen eingezeichnet sind, während in dem Streudiagramm der dritten Graphik Echt-und Prognosewerte einander gegenübergestellt sind. Bei perfekter Übereinstimmung würden diese Werte auf der 45°-Linie liegen.

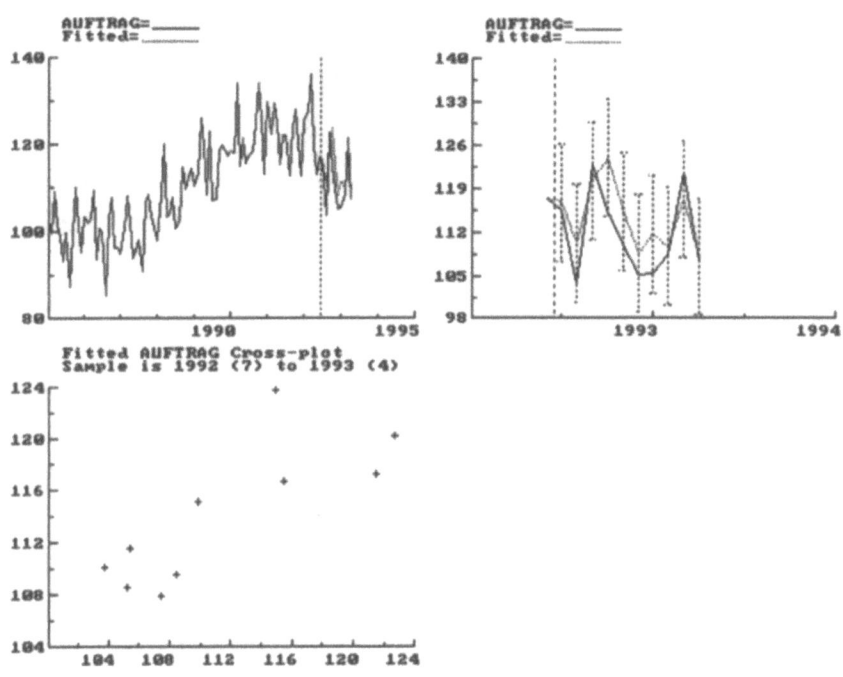

Abb. 13.10

Mit obigem BSM erhält man bei einer Ex-ante-Prognose (für 12 Monate) die in der nächsten Abbildung dargestellten Resultate:

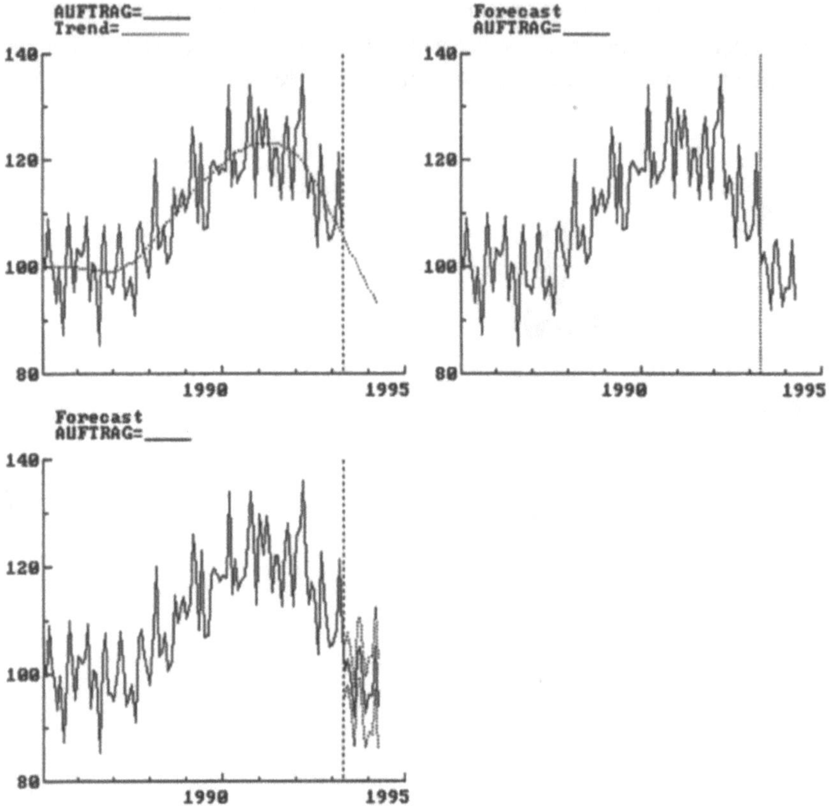

AUFTRAG=_____
Trend=_____

Forecast
AUFTRAG=_____

Forecast
AUFTRAG=_____

Abb. 13.11

Interessant ist ein Vergleich dieser ex-ante BSM-Prognosen mit Prognosen, auf der Basis eines ARIMA-Modelles. AUTOBOX identifiziert und schätzt für diese Reihe das Modell: $(1 - 0.371B^2 - 0.619B^3)(1 - 0.771B^{12}) = \varepsilon_t$, nebst Ausreißern, die hier nicht weiter interessieren. Die folgende Abbildung zeigt die ARIMA-Prognose zusammen mit der BSM-Prognose für den gewählten Prognosehorizont von 12 Monaten:

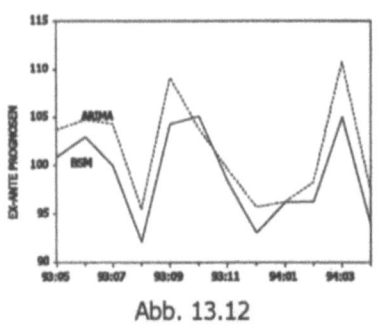

Abb. 13.12

Offensichtlich verlaufen die alternativen Prognosewerte weitgehend gleichsinnig, ihr Korrelationskoeffizient beträgt 0.92. Allerdings liegen die ARIMA-Prognosen niveaumäßig fast durchweg über den BSM-Prognosen.

Der Vollständigkeit halber sei noch erwähnt, daß das Programm STAMP für strukturelle Komponentenmodelle auch eine Berücksichtigung von exogenen Variablen erlaubt. Neben den "echten" Variablen können außerdem auch solche berücksichtigt werden, die eine Modellierung von Interventionen erlauben.

XIII.7.   Abschließende Bemerkungen

Wie oben dargelegt wurde, bestehen zwischen strukturellen Komponentenmodellen und ARIMA-Modellen enge Beziehungen. Dieser Sachverhalt gibt natürlich Anlaß, die beiden Zeitreihenansätze einander kritisch gegenüberzustellen. Pointiert ausgedrückt, kann man die Frage stellen: ARIMA-Modelle oder Strukturelle Komponentenmodelle? Wie nicht anders zu erwarten ist, wird diese Frage in der Literatur kontrovers diskutiert. Es ist hier nicht der Ort, diese Diskussion ausführlich zu referieren. Die Erwähnung einiger ihrer Kernpunkte muß genügen. Der an Details interessierte Leser sei z.B. auf Kommentare von Ansley, Findley und Newbold zum Aufsatz von Harvey/Todd 1983 verwiesen, sowie auf die Replik von Harvey/Todd (Während Ansley und Findley schwerpunktmäßig auf spezielle technische Probleme eingehen, diskutiert Newbold mehr generelle Aspekte, insbesondere die Harvey-Kritik am ARIMA-Ansatz). Weiterhin sei auf eine Arbeit von Garcia-Ferrer/Del Hoyo 1992 verwiesen, sowie auf die sich daran anschließende Diskussion mit Young, Harvey mit einer Replik von Garcia-Ferrer/Del Hoyo.

Nach Harvey/Todd seien strukturelle Komponentenmodelle besonders "logically appealing" und führten insbesondere in der Regel auch zu "similarly appealing forecast functions", ganz im Gegensatz zu ARIMA-Modellen: "the ARIMA class is not a particularly natural one. The components in a structural model on the other hand, are associated with particular features of the series, and therefore the chosen model is more likely to yield sensible predictions" (vgl. Harvey 1990, S.98). Insbesondere steht Harvey dem Identifikationsproblem bei ARIMA-Modellen sehr kritisch gegenüber (vgl. Harvey 1990, S.80 f.). Demgegenüber führt Newbold aus: "certainly the ARIMA model selection stage can cause difficulties, but these seem to me greatly exaggerated. In any case, use of the general structural model form would appear to pose difficulties of the same order of magnitude" ... "It is only when we stick to just the basic model that we have "the attraction that it involves no model selection procedure whatsoever". But this is surely an old story" (Newbold, S.311).

Dem ist wohl zuzustimmen: In der Tat stellt sich nur dann kein Identifikationsproblem, wenn a priori ein BSM verwendet wird und alternative strukturelle Komponentenmodelle überhaupt nicht in Betracht gezogen werden.

Zum BSM bemerkt Newbold: "... the basic structural model has no more intuitive appeal to me than the Holt-Winters predictor" (S.311). Kritisch äußert sich Newbold auch dazu, daß für die error-Terme im BSM weißes Rauschen postuliert wird: ... "there is no particular reason to be satisfied with white-noise error terms"... (S.311)

Ergänzend könnte man vielleicht folgenden Punkt hinzufügen: Simuliert man BSM-Zeitreihen mit STAMP, dann fällt bei der nachfolgenden Schätzung häufig auf, daß für manche Hyperparameter der Wert Null ausgegeben wird, obwohl ein positiver Wert vorgegeben wurde. Obwohl es dafür gelegentlich auch schätztechnische Gründe geben mag (vgl. dazu die Ausführungen von Ansley S.307), ist zu bedenken, daß bei der Schätzung im allgemeinen nicht weniger als vier bzw. fünf (bei Einbeziehung einer zyklischen Komponente) white-noise Prozesse unterschieden werden müssen. Diese Diskrimination scheint nicht immer zu gelingen, d.h. die vorgegebenen Varianzen werden anscheinend nicht selten auf die "falschen" Komponenten verteilt. In diesem Zusammenhang seien Newbold/Agiakloglou 1991 zitiert:" an inherent and insurmountable difficulty is that an attempt is being made to disentangle *four* white-noise series that jointly generate a *single* time series" (kursiv im Original; Newbold/Agiakloglou beziehen sich auf ein strukturelles Komponentenmodell für Jahresdaten).

Die Arbeit von Garcia-Ferrer/Del Hoyo 1992 vergleicht hauptsächlich alternativ formulierte Trend- und Zyklusmodelle (ARIMA- und BSM-Modelle) für makroökonomische Reihen (z.B. US-GNP). Die Autoren vertreten die Ansicht, daß die Komponentenzerlegung struktureller Modelle schwierig zu interpretieren bzw. ihre Interpretation dubios sei, wenn die Orthogonalität der geschätzten Komponenten nicht gewährleistet sei. Gerade dies sei aber bei den meisten untersuchten Reihen nicht der Fall (vgl. z.B. ihre Schlußfolgerungen auf S.652, S.654 und S.663 f.). Deshalb bestünde die Gefahr, daß bei strukturellen Komponentenmodellen "spurious cycles" ausgewiesen würden. Ein Vergleich der "predictive performance" beider Modellansätze spräche für den ARIMA-Ansatz:"...the forecasting results in the previous section indicate that (except for one case) the ARIMA model outperforms the BSM by a considerable margin" (S.664). Das Orthogonalitätsargument von Garcia-Ferrer/Del Hoyo wird von Harvey bestritten (vgl. seine Ausführungen auf S.670 f. sowie seine theoretischen Ableitungen auf S.671 f.). Eine ausgewogene Darstellung der beiden Standpunkte ist bei Young (S.667 ff.) zu finden.

XIV. Grundzüge der Spektralanalyse

XIV.1. Vorbemerkungen

Die bisherigen Betrachtungen waren ausschließlich im *Zeitbereich* formuliert. Neben dieser Betrachtungsform existiert jedoch noch eine andere, die wesentliche Eigenschaften eines stationären Prozesses in sehr anschaulicher Weise darzustellen erlaubt. Dabei handelt es sich um eine Betrachtung im sogenannten *Frequenzbereich*. Überlegungen und Schlußfolgerungen in diesem Bereich mögen zwar zunächst vielleicht als wesentlich komplizierter erscheinen als im gewohnten Zeitbereich. Es wird aber anhand der im folgenden präsentierten Beispiele und Graphiken leicht einzusehen sein, daß Analysen in diesem Bereich und gegebenenfalls eine Kombination von solchen in beiden Bereichen einer Analyse ausschließlich im Zeitbereich vorzuziehen sind bzw. eine solche sinnvoll ergänzen können.

Zeitbereich und Frequenzbereich stehen einander nicht isoliert gegenüber. Vielmehr lassen sich beide Bereiche durch eine spezielle mathematische Transformation ineinander überführen. Beide Bereiche sind somit zueinander dual, was anhand eines einfachen Beispiels illustriert werden soll. Dazu wird von einer (diskreten) Sinusschwingung mit einer Periode von T=12 Zeiteinheiten (ZE), z.B. 12 Monaten, ausgegangen, d.h. die zu betrachtende Zeitreihe x_t sei folgendermaßen definiert

$$x_t = \sin \lambda t, \quad t=1,2,\ldots,100 \text{ mit } \lambda = 2\pi/12$$

Im Zeitbereich ergibt sich für diese Zeitreihe die Darstellung:

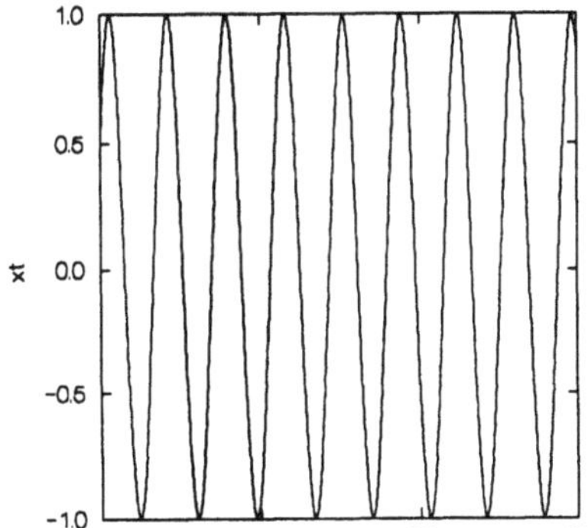

Abb. 14.1

Dabei ist λ die Frequenz dieser Schwingung in *Radian* (rad), die hier 0.5236 beträgt. Ihre Frequenz in *Anzahl Zyklen/Zeiteinheit (ZE)* ist f=1/12. Allgemein besteht zwischen diesen beiden Frequenzbegriffen die Beziehung $\lambda = 2\pi f$ wobei $0 \leq f \leq 0.5$ ist. Daß f maximal den Wert 0.5 annehmen kann, hängt damit zusammen, daß bei einer diskreten Reihe keine kleineren Perioden als 2 ZE beobachtet werden können. Beispielsweise kann bei einer Monatsreihe keine Schwingung mit z.B. einer Periode von 3 Wochen beobachtet werden.

Spricht man davon, daß diese Sinusschwingung eine Periode von 12 ZE besitze, dann beschreibt man sie im Zeitbereich. Ebenso gut kann man aber auch sagen, sie weise eine Frequenz von f=1/12 auf, d.h. 1/12 des Zyklus "verstreicht" gewissermaßen pro ZE. Diese Charakterisierung im Frequenzbereich kann natürlich auch über die Frequenz in Radian, also mit λ erfolgen, was aber im allgemeinen weniger anschaulich ist. Deswegen wird in diesem Kapitel in der Regel "Frequenz" als "Anzahl Zyklen/ZE" verstanden.

Man kann sich bei diesem einfachen Beispiel natürlich fragen, welche praktischen Vorteile eine Charakterisierung obiger Reihe im Frequenzbereich gegenüber einer solchen im gewohnten Zeitbereich bringen. Ein solcher ist offensichtlich hier nicht zu erkennen. Die Situation ändert sich aber sofort, wenn kompliziertere Reihen vorliegen. Analysen im Frequenzbereich bieten dann mindestens zwei Vorteile. Einmal geben sie Auskunft über den (frequentiellen) "Informationsgehalt" einer Reihe und zum anderen läßt sich angeben, wie sich Transformationen einer Reihe (z.B. Glättungen, Differenzenbildungen oder allgemein: Filterungen) auf diesen Informationsgehalt auswirken. Dabei wird dieser im Frequenzbereich vor allem mit Hilfe des Spektrums dargestellt.

XIV.2.   Spektren stationärer Prozesse

Ausgangspunkt sei ein stationärer Prozeß X_t mit der Kovarianzfunktion $\gamma(h)$. Das *Spektrum* (auch "Powerspektrum" genannt) von X_t ist definiert durch:

$$S(f) = \sum_{h=-\infty}^{\infty} \gamma_h e^{i2\pi fh} = \gamma_0 + 2\sum_{h=1}^{\infty} \gamma_h \cos(2\pi fh), \quad f\in[0,0.5]$$

Das Spektrum ist somit als *Fourier-Transformierte* der Kovarianzfunktion definiert (In der Literatur wird gelegentlich rechts noch der Faktor $1/2\pi$ berücksichtigt, z.B. in Koopmans 1974). Verwendet man in dieser Transformation anstelle der Kovarianzfunktion die Korrelationsfunktion, dann spricht man von der *Spektraldichte*. Sie ergibt sich aus $S(f)$ durch Division mit der Varianz des Prozesses X_t.

Sowohl Spektrum als auch Spektraldichte sind gerade, stetige, periodische und nicht-negative Funktionen der Frequenz f. Das Integral über $S(f)$, also die Fläche unter dem Spektrum, ist gleich der Varianz des Prozesses, während das Integral über der Spektraldichtefunktion gleich Eins ist. Die letztere Funktion ähnelt somit formal der Dichtefunktion einer Zufallsvariablen, was die Bezeichnung "Spektraldichtefunktion" erklärt.

Das Spektrum eines Prozesses zeigt die Aufteilung der Prozeßvarianz auf einzelne Frequenzen bzw. Frequenzbänder: eine einem bestimmten Frequenzband zuzuordnende Prozeßkomponente ist umso bedeutsamer, je größer die "spektrale Masse" in diesem Band ist. Allgemein gibt für ein Frequenzband $[f_1, f_2]$ das Integral

$$\int_{f_1}^{f_2} S(f)df$$

an, welcher Anteil der Prozeßvarianz auf Schwingungskomponenten mit Frequenzen $f \in [f_1, f_2]$ entfällt.

Zur Illustration seien nun Spektren einiger einfacher stochastischer Prozesse betrachtet. Für das oben eingeführte weiße Rauschen ergibt sich z.B. $S(f) = \sigma^2$, d.h. das Spektrum eines white-noise-Prozesses ist konstant, keine Frequenz dominiert, alle Frequenzen liefern den gleichen Beitrag zur Prozeßvarianz. In der Abb. 14.2 ist für diesen Prozeß $\sigma^2 = 1$ angenommen.

Ein AR(1)-Prozeß hat das Spektrum

$$S(f) = \frac{\sigma^2}{1 + \varphi^2 - 2\varphi\cos 2\pi f}, \quad f\in[0,0.5]$$

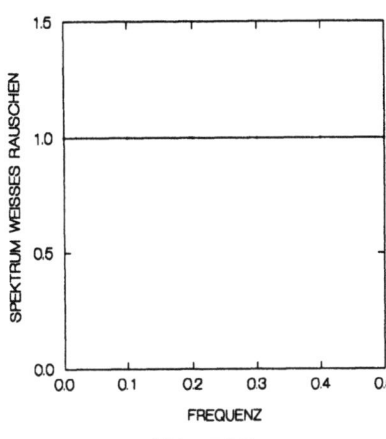

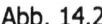

Abb. 14.2

Der Verlauf dieses Spektrums hängt also vom Prozeßparameter φ ab. Für positive φ ist die spektrale Masse im "Niederfrequenzbereich" (d.h. vor allem in der Nähe der Frequenz f=0) konzentriert, während für negative φ eine Konzentration im "Hochfrequenzbereich" (d.h. hauptsächlich in der Nähe von f=0.5) zu beobachten ist. Die bei den nachfolgenden Abbildungen zeigen die Spektren von AR(1)-Prozessen für φ=0.7 bzw. für φ=-0.7 mit jeweils σ^2=0.1.

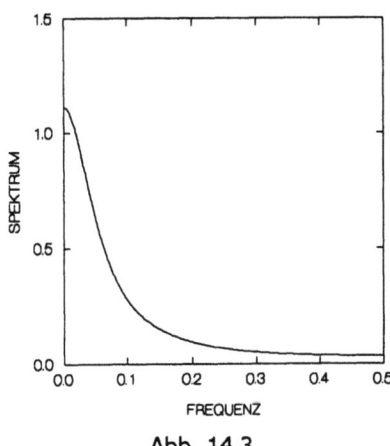

Abb. 14.3

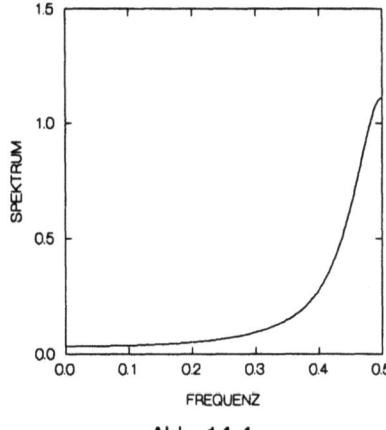

Abb. 14.4

Die beiden nachstehenden Abbildungen zeigen je eine Realisation mit jeweils 100 Beobachtungswerten dieser beiden Prozesse.

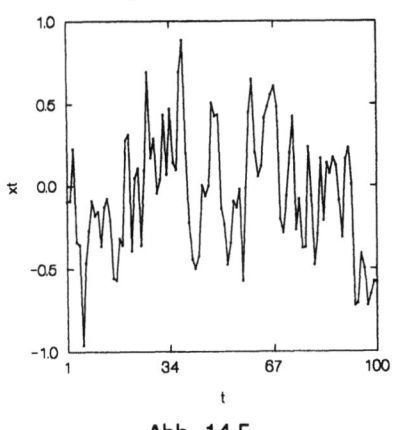

Abb. 14.5

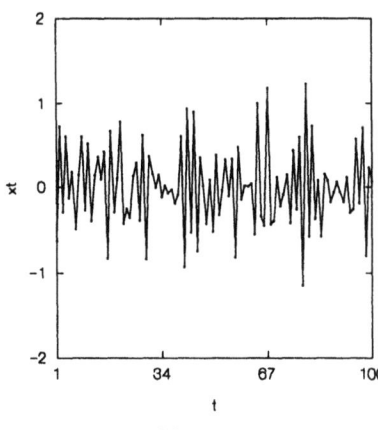

Abb. 14.6

Während die Zeitreihe in der linken Abbildung relativ ruhig verläuft (man beachte die unterschiedliche Skalierung), zeigt die Zeitreihe in der rechten Abbildung ziemlich hektische Auf-Ab-Bewegungen. Daß diese unterschiedlichen Verlaufsformen nicht zufällig, sondern stets zu erwarten sind, ergibt sich unmittelbar aus den beiden Spektren. Der bei positivem φ dominierende Niederfrequenzbereich führt zu relativ langsamen Bewegungsabläufen, während ein den Hochfrequenzbereich (insbesondere die Frequenz f=0.5) akzentuierendes negatives φ Oszillationen induziert. Somit enthält ein Spektrum Informationen über die zeitliche Verlaufsform von Prozeßrealisationen, d.h. also von Zeitreihen. Dies ist im nächsten Beispiel, dem Spektrum eines AR(2)-Prozesses, noch deutlicher. Für diesen Prozeß lautet das Spektrum:

$$S(f) = \frac{\sigma^2}{1 + \varphi_1^2 + \varphi_2^2 - 2\varphi_1(1-\varphi_2)\cos 2\pi f - 2\varphi_2 \cos 4\pi f}, \qquad f\in[0,0.5]$$

Mit den Parametern φ_1=1.6, φ_2=-0.8 und σ^2=0.1 zeigt dieses Spektrum den Verlauf im folgenden linken Bild. Das Spektrum ist dadurch charakterisiert, daß es eine ausgeprägte Spitze bei der Frequenz f=0.074 aufweist, d.h. die spektrale Masse ist deutlich "um" diese Frequenz konzentriert, alle anderen Frequenzbereiche sind von relativ geringer Bedeutung. Wählt man als Parameter φ_1=1.6, φ_2=-0.99 und σ^2=0.1, dann erhält man das Spektrum im rechten Bild:

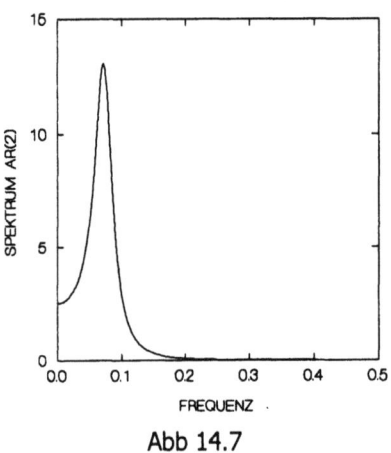

Abb 14.7

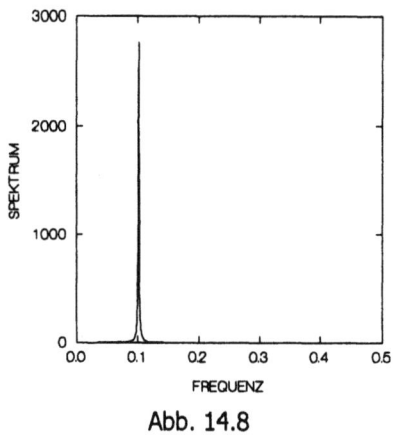

Abb. 14.8

Dieses Spektrum unterscheidet sich vom vorhergehenden dadurch, daß praktisch die gesamte spektrale Masse bei der Frequenz f=0.10 nahezu vollständig konzentriert ist (man beachte wiederum die unterschiedliche Skalierung). Etwas vereinfacht ausgedrückt könnte man sagen, daß das Spektrum in allen Frequenzen gleich Null ist, mit Ausnahme der Frequenz f=0.10, in der es einen sehr großen Wert (ca. 2500) annimmt.

Die beiden nachfolgenden Abbildungen 14.9 und 14.10 zeigen eine Realisation dieser beiden AR(2)-Prozesse. Die Realisation des ersten Prozesses zeigt einen quasi-periodischen Verlauf mit einer Periode von ca. 13 ZE, diejenige des zweiten hingegen einen nahezu exakt-periodischen Verlauf mit einer Periode von 10 ZE.

Diese Beispiele zeigen, daß ausgeprägte Spitzen in einem Spektrum quasi-periodische Bewegungen in einer Zeitreihe indizieren. Je "enger" und stärker ausge-

prägt solche Spitzen im Vergleich zu den sonstigen Werten eines Spektrums sind,
umso regelmäßiger verlaufen derartige Bewegungen.

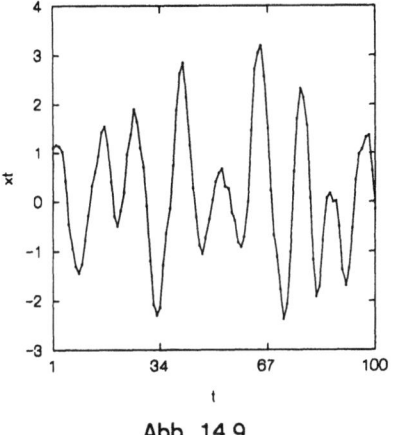

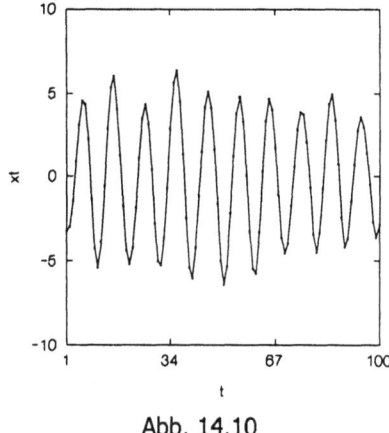

Abb. 14.9   Abb. 14.10

Die eben dargelegten Eigenschaften von Spektren sind prinzipiell nützlich für
eine Identifikation von quasi-periodischen Komponenten von Zeitreihen, z.B. für
eine möglicherweise vorhandene saisonale Komponente. Für das Spektrum einer
saisonal beeinflußten Reihe ist zu erwarten, daß es Spitzen "um" gewisse Frequenzen aufweist (vgl. jedoch dazu die Ausführungen in Kap. XIV.4.). Diese Frequenzen
werden als *saisonale Frequenzen* bezeichnet. Bei Monatsreihen sind dies die Frequenzen 1/12, 2/12, 3/12, 4/12, 5/12 und 6/12, wobei die erste Frequenz in der
Regel dominiert. Die mit den Frequenzen 2/12 – 6/12 korrespondierenden Schwingungen werden als *Oberwellen* bezeichnet. Je nach Ausgestaltung einer Saisonfigur
sind diese mehr oder weniger ausgeprägt, können aber auch ganz fehlen. Bei Quartalsreihen sind 1/4 und ½ die entsprechenden saisonalen Frequenzen.

XIV.3.   Schätzung eines Spektrums

Bisher wurde davon ausgegangen, daß der erzeugende Prozeß einer Zeitreihe
bekannt ist. Wie die Beispiele im letzten Kapitel gezeigt haben, läßt sich dann das
Spektrum eines bekannten stationären Prozesses *berechnen*. In der Praxis befindet
man sich jedoch in einer wesentlich ungünstigeren Situation. Der erzeugende Prozeß ist unbekannt. Bekannt ist lediglich *eine* Prozeßrealisation, eben die vorliegende
Zeitreihe, die zudem immer endlich, nicht selten sogar ziemlich kurz ist. Die Zeitreihenwerte $x_1, x_2, ..., x_T$ werden dann wie üblich als Realisationen der Zufallsvariablen
$X_1, X_2, ..., X_T$ aufgefaßt.

Es stellt sich deshalb das Problem, mit Hilfe dieser Zeitreihe das Spektrum zu
schätzen. Eine naheliegende Möglichkeit der Schätzung ergibt sich aus der in vorangehenden Kapitel eingeführten Definition eines Spektrums, wenn man dort die unbekannte Kovarianzfunktion durch eine geeignet *geschätzte* Kovarianzfunktion ersetzt. Ein solcher Schätzer ist gegeben durch

$$\hat{\gamma}_h = \frac{1}{T} \sum_{t=1}^{T-h} (X_t - \bar{X}_T)(X_{t-h} - \bar{X}_T), \quad h = 0, 1, 2, ...$$

wobei

$$\bar{X}_T = \frac{1}{T}\sum_{t=1}^{T} X_t$$

ein Schätzer für den Erwartungswert μ und $\hat{\gamma}_0 = \frac{1}{T}\sum_{t=1}^{T}(X_t - \bar{X}_T)^2$ ein Schätzer für die Varianz σ^2 des Prozesses ist.

Da die unbekannte Kovarianzfunktion nicht für unendlich viele lags h geschätzt werden kann, muß obige unendliche Summe durch eine endliche ersetzt werden, d.h. man bildet sie bis zu einem maximalen lag M, der noch speziell festzulegen ist. Somit liegt folgender Schätzer für das unbekannte Spektrum nahe

$$\hat{S}(f) = \hat{\gamma}_0 + 2\sum_{h=1}^{M} \hat{\gamma}_h \cos 2\pi f, \quad f\in[0,0.5]$$

Zu beachten ist dabei, daß das theoretische Spektrum eine kontinuierliche Funktion der Frequenz f ist, aber eine Schätzung natürlich nur an einer endlichen Anzahl von Frequenzpunkten durchgeführt werden kann (z.B. an den 101 Stellen f=0,0.005, 0.01,0.015,...,0.495,0.5).

Diese Schätzfunktion, die auch als *Periodogramm* bekannt ist, hat folgende Eigenschaften (vgl. dazu Schlittgen/Streitberg 1994, S.359):

$$\lim_{T\to\infty} E[\hat{S}(f)] = S(f), \quad f\in[0,0.5]$$

$$\lim_{T\to\infty} Var[\hat{S}(f)] = \begin{cases} S^2(f), & f\in(0,0.5) \\ 2S^2(f), & f=0.5 \end{cases}$$

d.h. sie ist zwar (asymptotisch) erwartungstreu, aber *nicht konsistent*, da die Varianz nicht gegen Null konvergiert, wenn der Stichprobenumfang gegen unendlich geht. Damit erweist sich das Periodogramm als ungeeigneter Schätzer für das Spektrum mit der Konsequenz, daß es zum Aufspüren von "Periodizitäten" in Zeitreihen nicht geeignet ist (damit soll allerdings nicht gesagt sein, daß keine sonstigen sinnvollen Verwendungsmöglichkeiten für das Periodogramm in der Zeitreihenanalyse existieren, z.B. gibt es einen Test auf white-noise, der auf dem Periodogramm basiert, vgl. dazu Schlittgen/Streitberg 1994, S.370 ff.). Allerdings läßt sich durch eine gewisse Modifikation des Periodogramms ein konsistenter Schätzer für das Spektrum ermitteln. Es kann gezeigt werden, daß die Multiplikation der geschätzten Kovarianzen im Periodogramm mit einer Folge von Gewichten w_h zu einer konsistenten Schätzfunktion des Spektrums führt. Eine derartige Gewichtsfolge ist dadurch ausgezeichnet, daß sie ab einem bestimmten lag h=M (dem *truncation point*) identisch Null wird. Sie wird üblicherweise als *lag-Fenster* bezeichnet. Lag-Fenster können auf verschiedene Weise gebildet werden. Ein einfaches lag-Fenster ist z.B. das BARTLETT-Fenster mit den Gewichten:

$$w_h = \begin{cases} 1 - h/M & \text{für } h\le M \\ 0 & \text{für } h>M \end{cases}$$

In der Praxis der Spektralschätzung hat sich weitgehend das PARZEN-Fenster durchgesetzt, das auch den hier durchgeführten Spektralschätzungen zugrunde liegt. Die Gewichte sind dabei

$$w_h = \begin{cases} 1 - 6(h/M)^2 + 6(h/M)^3 & \text{für } h\le M/2 \\ 2(1-h/M)^3 & \text{für } M/2<h\le M \\ 0 & \text{für } h>M \end{cases}$$

Die verschiedenen Fenster haben spezifische Eigenschaften, die hier aber nicht diskutiert werden können (für eine ausführliche Darstellung sei auf Dub 1980 oder
Schlittgen/Streitberg 1994, S.400 ff. verwiesen).

Der hier verwendete Schätzer für das Spektrum lautet somit

$$\hat{S}(f) = \hat{\gamma}_0 + 2 \sum_{h=1}^{M} w_h \hat{\gamma}_h \cos 2\pi f h$$

wobei w_h das PARZEN-Fenster bezeichnet. Dieser Schätzer ist asymptotisch erwartungstreu und konsistent.

Schätzer, die ein lag-Fenster für die Kovarianzfunktion benützen, werden als *in-
direkte* Spektralschätzer bezeichnet. Daneben gibt es *direkte* Spektralschätzer, für
die keine vorherige Schätzung der Kovarianzfunktion notwendig ist. Sie beruhen
darauf, daß benachbarte Periodogrammordinaten direkt ausgemittelt werden (für
Einzelheiten sei auf Schlittgen/Streitberg 1994, S.377 verwiesen).

Betrachtet man die Eigenschaften der indirekten Spektralschätzer im Frequenzbereich, dann kann man zeigen, daß die Schätzung in einem bestimmten Frequenzpunkt $f=f_0$ im Prinzip nichts anderes darstellt als ein gewogenes Mittel aus dem
Spektralwert von f_0 und den Spektralwerten "benachbarter" Frequenzen von f_0. Die
Mittelungs- oder Glättungseigenschaft von Spektralschätzern kann zu "leakage"-
Problemen führen, d.h. die Schätzung in f_0 kann durch sehr große (bzw. sehr kleine) benachbarte Spektralwerte "verfälscht" werden. Die spektrale Masse benachbarter Frequenzpunkte "sickert" gewissermaßen durch und führt u.U. zu nicht-infor-
mativen Spektren. In solchen Fällen muß dafür gesorgt werden, daß diese spektrale
Masse vor der Spektralanalyse "ausgefiltert" wird (vgl. dazu die entsprechenden
Ausführungen im nächsten Kapitel).

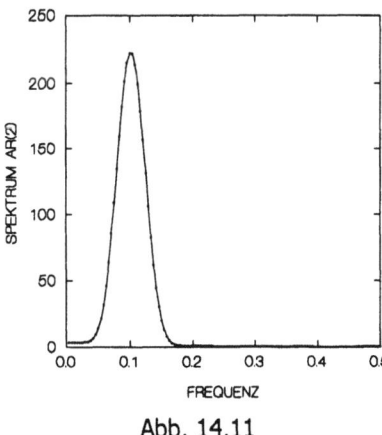

Abb. 14.11

Ein spezielles Problem ist in der Praxis die
Festlegung des *truncation point M.* Es kann
gezeigt werden, daß das *Auflösungsvermögen* des Spektralschätzers umso besser ist,
je größer M ist, d.h. dicht beieinanderliegen-
de Spitzen im theoretischen Spektrum werden auch im geschätzten Spektrum getrennt
und nicht als einzige Spitze ausgewiesen.
Anders ausgedrückt, der bias einer Schätzung ist umso kleiner, je größer M ist (dieser bei endlicher Stichprobe stets vorhandene bias führt dazu, daß "Gipfel" im Spektrum tendenziell unterschätzt, "Täler" aber
tendenziell überschätzt werden). Allerdings
ist aber die Varianz des Schätzers umso grö-
ßer, je größer der *truncation point* gewählt wird, d.h. die Schätzung ist umso insta-
biler, je größer M ist. Somit besteht eine Antinomie zwischen den wünschenswerten
Schätzeigenschaften *Biasreduktion* und *Varianzreduktion*. Die Erfahrung zeigt, daß
bei einer Wahl von M etwa im Bereich von T/5 bis T/3 ein relativ guter Kompromiß
zwischen diesen beiden divergierenden Eigenschaften erzielt werden kann.

In der Abbildung 14.11 ist das geschätzte Spektrum der Zeitreihe aus der Abb. 14.10 wiedergegeben, wobei ein PARZEN-Fenster mit M=20 gewählt wurde.

XIV.4.   Spektralanalyse und Saisonalität

Häufig zeigt schon eine rein optische Inspektion ökonomischer Zeitreihen, daß sie saisonal beeinflußt sind, also eine Saisonkomponente aufweisen. Dies ist z.B. bei gewissen Reihen aus Kap. I. der Fall, etwa bei der "Airline"-Reihe. In der Praxis sind jedoch immer wieder Reihen, z.B. Preisreihen, anzutreffen, bei denen nicht unmittelbar einsichtig ist, ob sie saisonal beeinflußt sind oder nicht. Für solche Reihen stellt die Spektralanalyse prinzipiell ein geeignetes Untersuchungsinstrument dar. Allerdings ist gleich darauf hinzuweisen, daß eine "naive" Anwendung dieser Analysemethode häufig nicht informativ ist. Deshalb soll die Leistungsfähigkeit der Spektralanalyse zur Aufdeckung saisonaler Bewegungen zunächst mit Hilfe simulierter Reihen überprüft werden, also mit Reihen, deren "Informationsgehalt" sowohl im Zeit- als auch im Frequenzbereich bekannt ist.

Begonnen werden soll mit einer sehr einfachen Reihe, nämlich einer Sinusschwingung mit einer Periode von 12 ZE der Länge T=100, wie sie in Abb. 14.1 wiedergegeben ist.

Diese Reihe stellt gewissermaßen eine *Modell-Saisonfigur* dar. Sie ist exakt periodisch, vollständig deterministisch und enthält keine weiteren Komponenten. Für eine solche Reihe *unendlicher Länge* existiert allerdings aus gewissen mathematischen Gründen kein Spektrum im bisher betrachteten Sinne. Durch Einführung der sogenannten *δ-Funktion* – das ist eine "Funktion", die überall gleich Null ist und in einem einzigen Punkt ihres Definitionsbereiches unendlich groß wird – kann man jedoch wiederum ein Spektrum definieren. Dieses stellt nämlich für eine unendlich lange Sinusschwingung der Periode 12 eine δ-Funktion dar, d.h. es ist gleich Null in allen Frequenzen mit Ausnahme der Frequenz f=1/12, wo es einen unendlichen großen Wert annimmt. Die ganze spektrale Masse ist sozusagen in dieser Frequenz "punktuell" konzentriert. Darauf kann hier nicht weiter eingegangen werden.

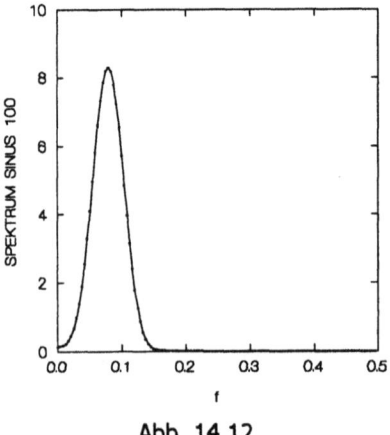

Abb. 14.12

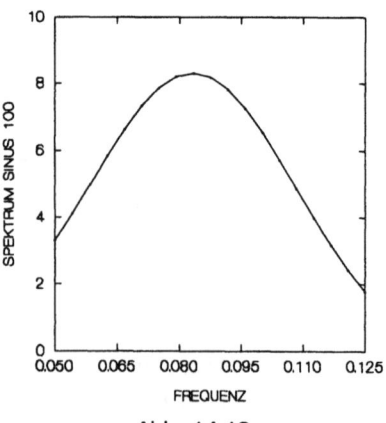

Abb. 14.13

Für eine *endliche* Sinusschwingung hingegen ist die spektrale Masse zwar auch in einem Frequenzpunkt konzentriert, aber nicht ausschließlich, und man kann das Spektrum einer solchen Schwingung mit den oben diskutierten Methoden schätzen. Zu erwarten ist dabei ein geschätztes Spektrum, dessen spektrale Masse sich symmetrisch um die Frequenz 1/12 verteilt. Dies zeigt sich auch in der Abbildung 14.12. Betrachtet man dieses Spektrum ausschnittsweise um die Frequenz 1/12, dann zeigt sich deutlich, daß der "peak" bei 12 ZE liegt (Abb. 14.13).

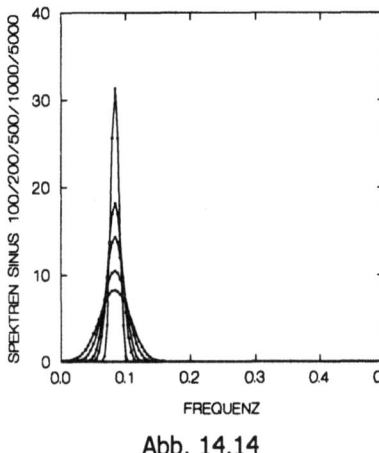

Abb. 14.14

Verlängert man dieses Sinus-Signal sukzessive und schätzt jeweils das Spektrum, dann ist zu erwarten, daß die Ordinate des Spektrums bei f=1/12 immer größer wird und sich die spektrale Masse immer mehr um diese Frequenz konzentriert. Die Abbildung links zeigt die geschätzten Spektren für T=100, 200, 500, 1000, 5000.

Offensichtlich illustriert Abb.14.14 die Konvergenz dieser Spektren gegen die oben erwähnte δ-Funktion. Als nächstes soll eine zusätzliche Komponente in die bisher betrachtete einfache Zeitreihe eingeführt werden. Dabei handelt es sich um weißes Rauschen, wobei drei verschiedene Fälle betrachtet werden, die sich durch unterschiedlich große Varianzen σ^2=0.1, 1.0 und 2.0 unterscheiden. Die drei noise-Komponenten sind in den Abbildungen 14.15 - 14.17 wiedergegeben. Addiert man diese noise-Komponenten zum obigen Sinus-Signal, dann ergeben sich die Reihen in Abb. 14.18 - 14.20.

Während in Abb. 14.18 die sinusoidale Saisonkomponente trotz der Störung noch klar erkennbar ist, verwischt die größere Varianz der noise-Komponente in Abb. 14.19 die regelmäßige Saisonfigur in erheblichem Ausmaß. In Abb. 14.20 schließlich ist diese optisch gar nicht mehr zu erkennen.

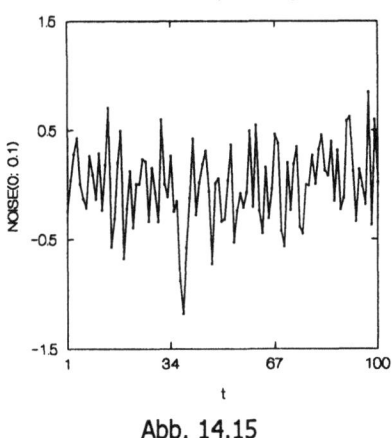

Abb. 14.15

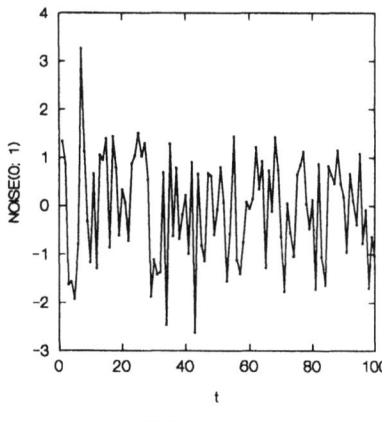

Abb. 14.16

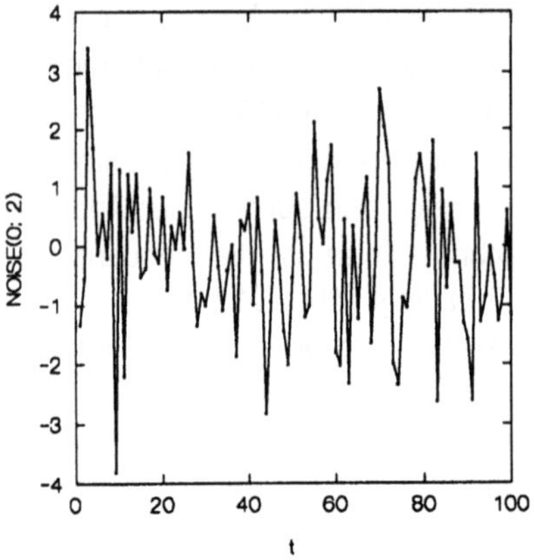

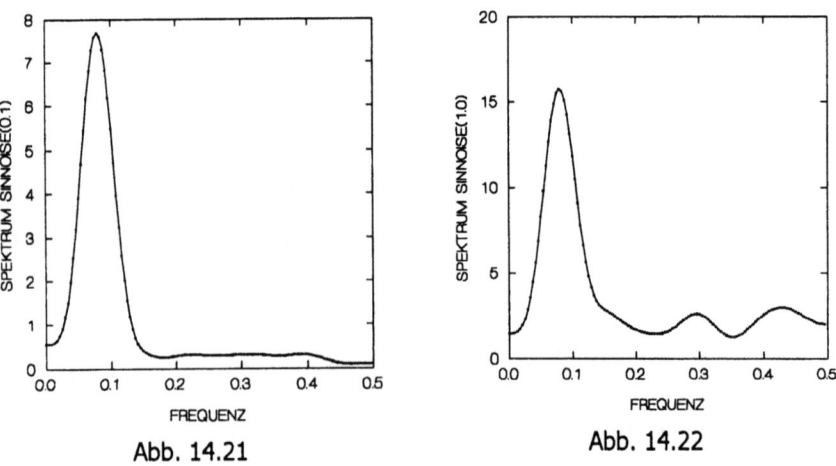

Abb. 14.17 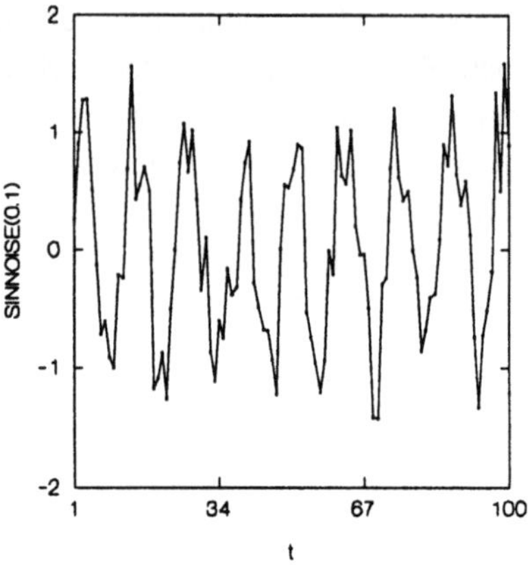   Abb. 14.18

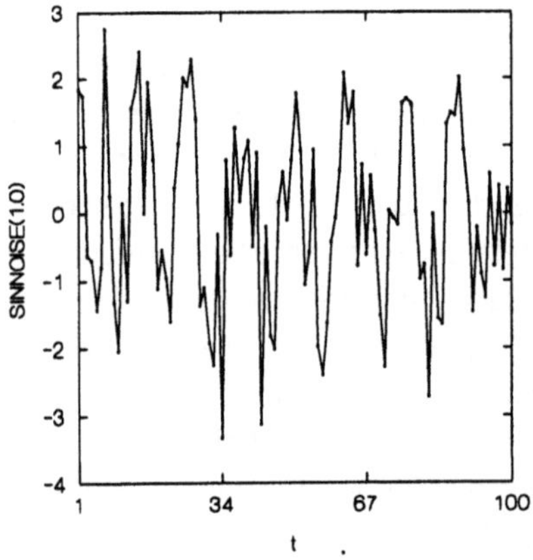

Abb. 14.19 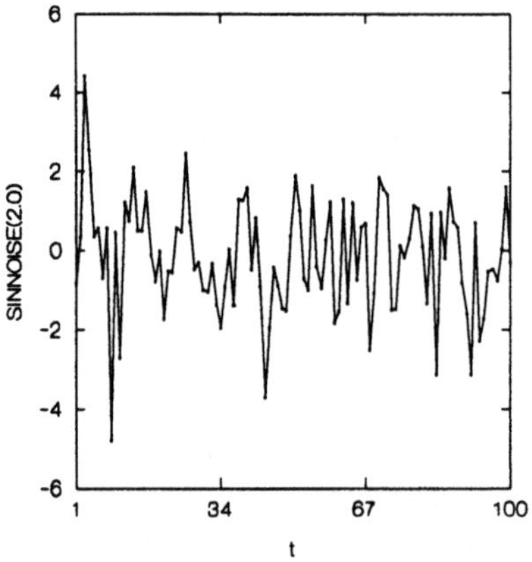   Abb. 14.20

Schätzt man die Spektren dieser drei Reihen, so ergeben sich die folgenden Resultate:

Abb. 14.21   Abb. 14.22

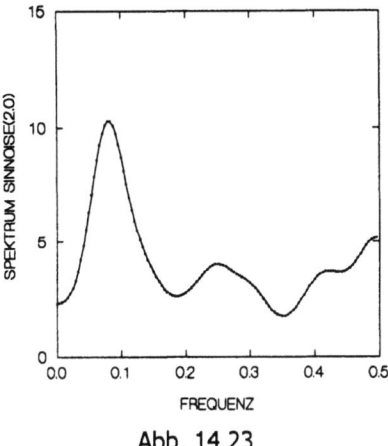

Abb. 14.23

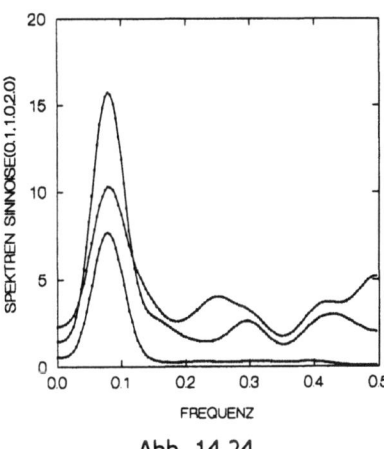

Abb. 14.24

In allen drei Fällen zeigt das geschätzte Spektrum eindeutig, daß eine saisonale Komponente vorhanden ist. Es zeigt sich aber auch spektrale Masse im Hochfrequenzbereich, und zwar umso mehr, je größer die noise-Varianz ist. Aber auch im Niederfrequenzbereich und bei der saisonalen Frequenz 1/12 wird die spektrale Masse größer. Letzteres kommt daher, daß sich das Spektrum der nunmehr aus zwei Komponenten bestehenden Reihe additiv aus den beiden Teilspektren der Sinuswelle und der noise-Komponenten zusammensetzt. Abb. 14.24, welche die drei Spektren zusammen zeigt, macht die deutlich.

Bekanntlich weisen ökonomische Zeitreihen häufig einen (meist positiven) Trend auf. Als nächstes bleibt deshalb zu untersuchen, welche Informationen eine Spektralanalyse liefert, wenn neben den bisherigen Komponenten ein Trend miteinbezogen wird. Zunächst sei der Einfachheit halber angenommen, daß die Reihe nur aus zwei Komponenten bestehe, der bisherigen sinusoidalen Saisonfigur und einem linearen Trend

$$X_t = 2 + 0.9t + \sin(2\pi/12)t, \quad t = 1,\ldots,100$$

Wie aus der Abb. 14.25 hervorgeht, kann man trotz der das Reihenbild dominierenden Trendentwicklung die saisonale Komponente noch sehr gut erkennen. Umso erstaunlicher ist es, daß das geschätzte Spektrum dieser Reihe den Verlauf in Abb. 14.26 zeigt:

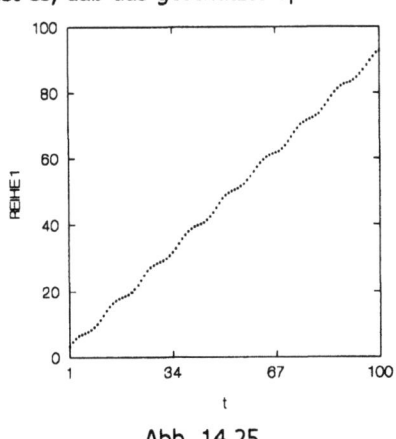

Abb. 14.25

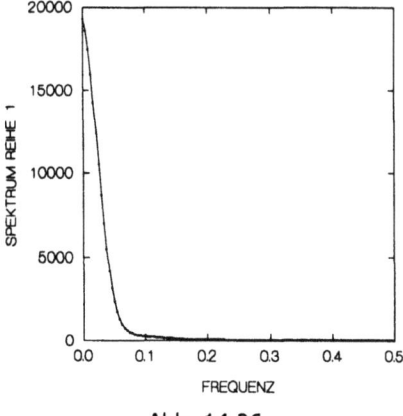

Abb. 14.26

Dieses Spektrum gibt keinerlei Hinweis auf die Existenz einer Saisonkomponente. Dies ändert sich auch nicht, wenn man die (hier nicht wiedergegebene) logarithmierte Form des Spektrums betrachtet, die gelegentlich dem Original-Spektrum vorzuziehen ist, weil dann feinere Details bei dieser Darstellung evidenter werden. Offensichtlich ist die gesamte spektrale Masse im Niederfrequenzbereich konzentriert, vor allem um die Frequenz f=0, was daran liegt, daß die Reihe einen ausgeprägten Trend aufweist. Ein Trend kann als Schwingung mit einer unendlich langen Periode aufgefaßt werden, oder anders ausgedrückt, seine spektrale Masse ist der Frequenz f=0 zuzuordnen. Dies hat erhebliche Konsequenzen für die Spektralschätzung, die schon in Kapitel XIV.3. unter der Bezeichnung "leakage"-Problem angedeutet wurden. Die bei f=0 vom Trend verursachte Konzentration spektraler Masse "sickert" bei der Spektralschätzung benachbarter Frequenzen durch, so daß die (eigentlich vorhandene) Spitze bei f=1/12 nicht mehr zum Vorschein kommt.

Man kann das Problem aber auch noch von einer anderen Seite aus betrachten. Gemäß den theoretischen Grundlagen der Spektralanalyse ist diese nur auf Realisationen stationärer Prozesse anwendbar. Solche Prozesse sind aber u.a. dadurch gekennzeichnet, daß sie einen konstanten Erwartungswert haben. Demzufolge schwanken auch die Realisationen dieser Prozesse um ein konstantes Niveau. Reihen mit Trend können daher nicht mehr als Realisationen stationärer Prozesse angesehen werden. Somit kann die Spektralanalyse auf solche Reihen nicht angewendet werden, es sei denn, es werde zuvor die Ursache der Nicht-Stationarität beseitigt. Konkret heißt das hier, daß der Trend vor der Spektralanalyse eliminiert werden muß. Damit stellt sich aber ein neues Problem. Auf welche Weise sollen Trends eliminiert werden?

Man kann sich leicht überlegen, daß es dafür keine einfachen ad-hoc-Lösungen gibt. Die naheliegende Idee etwa, für den Trend ein Polynom der Zeit anzusetzen und dessen unbekannte Koeffizienten mit Hilfe der Methode der kleinsten Quadrate zu schätzen, ist aus mehreren Gründen problematisch. Bei praktischen Reihen ist a priori nicht sicher, ob der Trend überhaupt einem Polynom folgt, und falls er das tut, ist der Polynomgrad in der Regel unbekannt, er muß also irgendwie mehr oder weniger willkürlich festgelegt werden. Außerdem sind Kleinst-Quadrate-Schätzer gerade bei Zeitreihendaten häufig problematisch, weil gewisse schätztechnischen Voraussetzungen bei diesen Daten meistens nicht erfüllt sind.

Generell läßt sich folgendes Postulat formulieren: Ein Trend sollte so eliminiert werden, daß alle übrigen Komponenten einer Reihe davon nicht tangiert werden. Im Frequenzbereich kann man dieses Postulat wie folgt formulieren. Bei der Trendelimination sollten nur diejenigen Frequenzen tangiert werden, die dem Trend zuzuordnen sind (das sind die Frequenzen f=0 und "unmittelbar" benachbarte), alle anderen sollten unverändert belassen werden. Diesem Postulat genügt nur ein "guter" Hochpaß-Filter. Die Konstruktion solcher Hochpaß-Filter wird in Kap. XVII. beschrieben. Von einem guten Hochpaß-Filter ist zu erwarten, daß die damit gefilterte Reihe in Abbildung 14.1 sich kaum von der sinusoidalen Saisonkomponente unterscheidet. Die Abb. 14.27 zeigt beide Reihen zusammen. Offensichtlich unterscheiden sich beide Reihen nur geringfügig am Reihenanfang bzw. Reihenende.

In Abb. 14.28 sind die Spektren des Filter-Outputs und der Sinusschwingung zusammen dargestellt. Die beiden Spektren sind praktisch deckungsgleich:

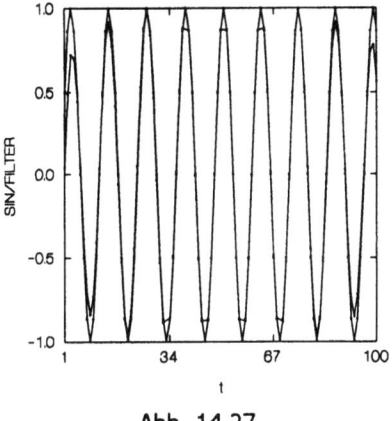

Abb. 14.27

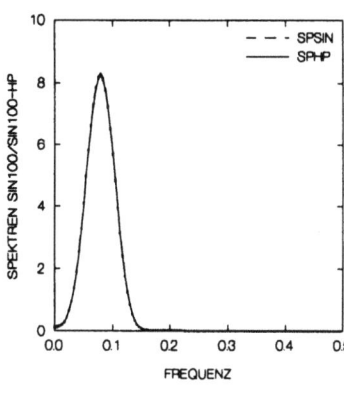

Abb. 14.28

Zu der bisher betrachteten trendbehafteten Reihe wird jetzt jeweils eine noise-Komponente aus den Abb. 14.15 - 14.17 hinzugefügt. Das Reihenmodell lautet nun:

$$X_t = 2 + 0.9t + \sin(2\pi/12) + \varepsilon_t, \quad t = 1, 2, \ldots, 100$$

Wie aus den Abbildungen14.29 - 14.31 hervorgeht, ist die saisonale Komponente jetzt kaum mehr bzw. bei den beiden größeren noise-Varianzen gar nicht mehr erkennbar.

Auch die (hier nicht wiedergegebenen) Spektren dieser Reihen zeigen natürlich keine saisonale Komponente. Um informative Spektren zu erhalten, muß zuerst wieder eine Hochpaß-Filterung durchgeführt werden. In Abb. 14.32 - 14.35 sind jeweils Filter-Output und (Saison+noise)-Komponente zusammen dargestellt. Auch hier zeigen sich wiederum nur sehr geringe Unterschiede.

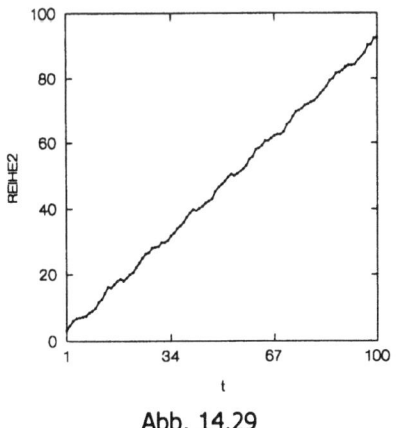

Abb. 14.29

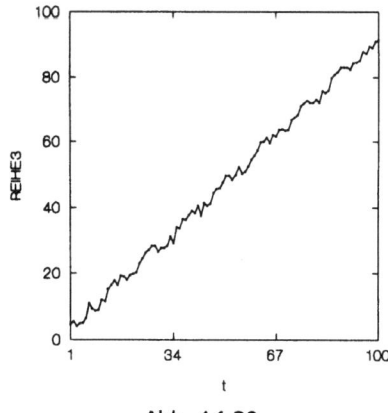

Abb. 14.30

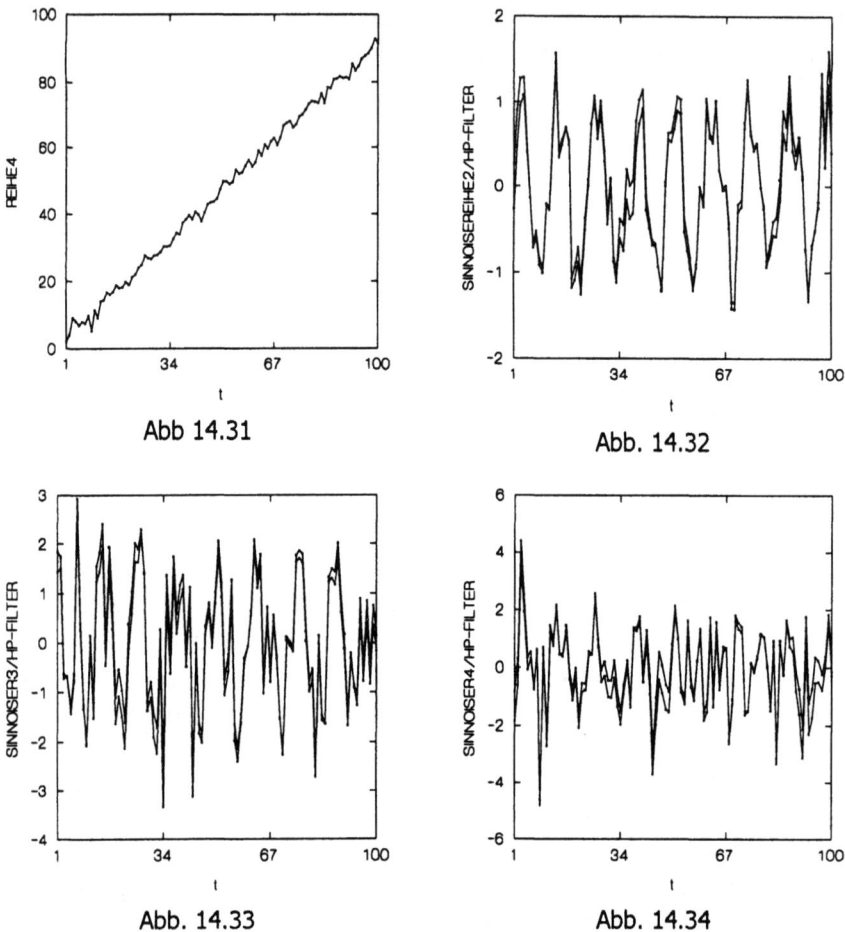

Abb 14.31

Abb. 14.32

Abb. 14.33

Abb. 14.34

Deshalb sind jeweils die Spektren von Filter-Output und (Saison+noise)-Kompo-
nente – wie bereits festgestellt – nur geringfügig voneinander verschieden. Auf ihre
gemeinsame Darstellung sei deshalb verzichtet.

An den bisherigen Resultaten ändert sich nichts, wenn Reihen mit einer komplizierteren Komponentenstruktur zugrundegelegt werden, z.B. einer Saisonfigur,
die auch die Oberwellen miteinbezieht, oder wenn ein autokorrelierter Störprozeß
unterstellt wird. Die durchgeführte Spektralanalyse simulierter Reihen läßt somit
folgenden Schluß zu: Zur Feststellung von Saisonalität in trendbehafteten ökonomischen Reihen ist in der Regel vorgängig eine Trendbereinigung erforderlich. Diese
muß mit einem geeigneten Hochpaß-Filter vorgenommen werden.

Abschließend seien nun einige praktische Beispiele betrachtet. Abbildung 14.35
zeigt die Reihe "Landesindex der Konsumentenpreise (LIK), Totalindex" (Schweiz,
Jan.1983 – Dez.1992). Diese Reihe zeigt offensichtlich keine erkennbaren saisonalen Bewegungen. Ihr geschätztes Spektrum (Abb. 14.36) zeigt lediglich eine auf
den ausgeprägten Trend zurückzuführende Konzentration spektraler Masse im
Niederfrequenzbereich, ist aber sonst wenig informativ:

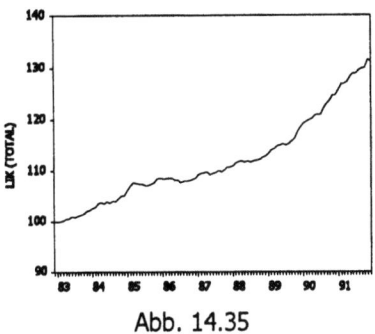 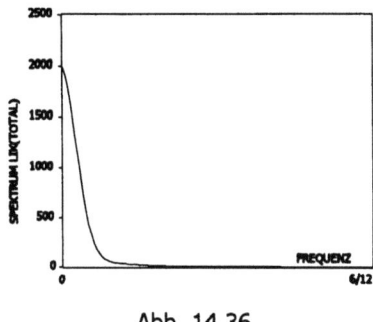

Abb. 14.35   Abb. 14.36

Abb. 14.37 zeigt den hochpaßgefilterten Landesindex und Abb. 14.38 das zugehörige geschätzte Spektrum:

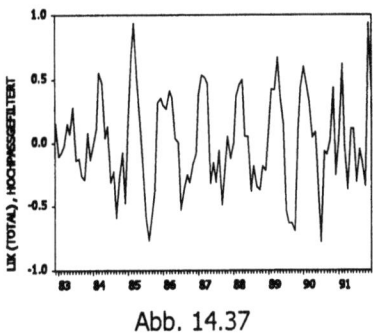 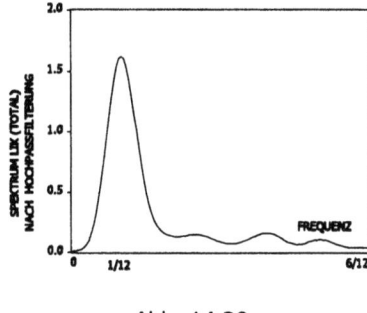

Abb. 14.37   Abb. 14.38

Dieses weist eindeutig eine ausgeprägte Spitze auf bei der ersten saisonalen Frequenz 1/12, die eine saisonale Abhängigkeit der allgemeinen Preisentwicklung indiziert.

   Teilindizes des Landesindexes zeigen häufig einen ganz ähnlichen Verlauf wie
der Totalindex, d.h. ebenfalls einen ausgeprägten Trend, ohne sichtbare saisonale
Bewegungen. Nach Hochpaßfilterung zeigen sie aber u. U. ein vom Totalindex ver-
schiedenes saisonales Verlaufsmuster. Betrachten wir beispielsweise die beiden
Teilindizes "Bekleidung" und "Miete", deren Original- und hochpassgefilterte Reihen
folgende Verläufe zeigen:

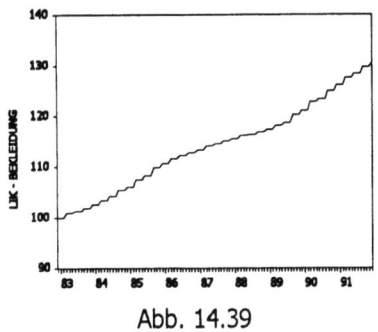 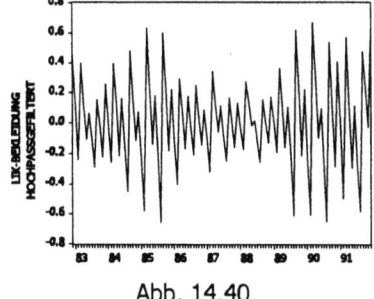

Abb. 14.39   Abb. 14.40

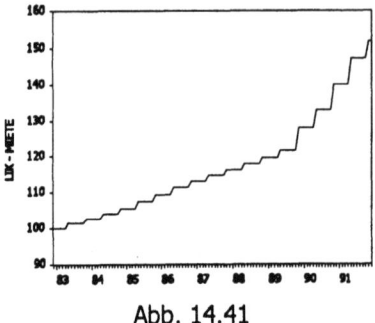

Abb. 14.41

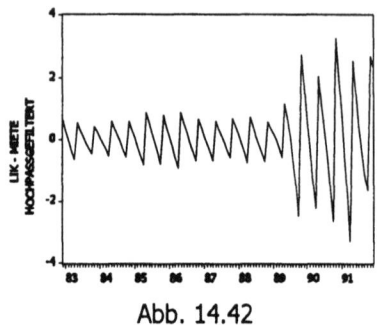

Abb. 14.42

Das geschätzte Spektrum des Teilindexes "Bekleidung" (Abb. 14.43) zeigt neben einem relativ schwach ausgeprägten Halbjahreszyklus (2/12) eine dominante Spitze bei der Frequenz 4/12, was auf einen "Mode-Zyklus" (Frühjahr-, Sommer-, Herbst- und Wintermode) hinweist. Der Teilindex "Wohnungsmiete" (Abb. 14.44) läßt eine ausgeprägte saisonale Komponente von 6 Monaten erkennen, die erhebungsbedingt sein dürfte. Dagegen könnte der 3-Monatszyklus durch Kündigungstermine erklärbar sein, während der 2-Monatszyklus eine Oberwelle darstellen dürfte:

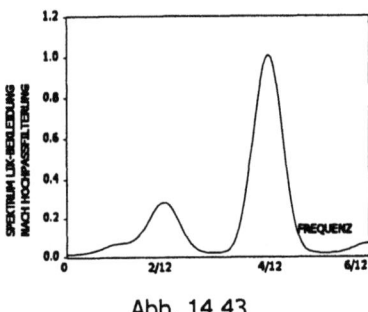

Abb. 14.43

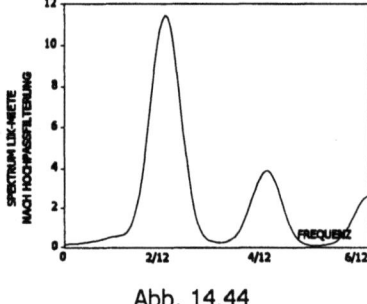

Abb. 14.44

XV. Saisonbereinigungsverfahren und Probleme der Saisonbereinigung

XV.1. Einleitung

Ein praktisch bedeutsames Teilgebiet der Zeitreihenanalyse stellt die sogenannte *Saisonbereinigung* dar. *Saisonbereinigte* wirtschaftsstatistische Daten werden in vielfältiger Weise publiziert und verwendet, in der Bundesrepublik Deutschland z.B. vom Statistischen Bundesamt, der Bundesbank, sowie von Ministerien und Forschungsinstituten. Für andere Länder gilt ähnliches. Allerdings werden dazu unter Umständen recht verschiedene Verfahren eingesetzt – in der Tat existiert eine Fülle von Bereinigungsverfahren, die selbst für den Spezialisten kaum noch überschaubar sind. Eine *ausführliche* Darstellung auch nur der wichtigsten Verfahren würde den hier gebotenen Rahmen bei weitem sprengen. Deshalb kann hier auch nur eine gewisse *Auswahl* von Verfahren in ihren *Grundzügen* dargestellt werden – auf elementare Verfahren wurde schon in Kap. II. eingegangen – wobei vor allem solche Verfahren berücksichtigt werden sollen, die praktisch besonders bedeutsam sind (wie z.B. das *Berliner Verfahren* als offiziellem Bereinigungsverfahren des Statistischen Bundesamtes der BRD) und/oder von besonderen theoretischem Interesse sind. Eine Fülle von Details zu einzelnen Verfahren findet der interessierte Leser z.B. bei Zellner 1978. Einen Überblick über verschiedene Verfahren, der teilweise auch in die nachfolgende Darstellung einfließt, findet sich bei Stier 1981, 1985 sowie Bell/Hillmer 1984. Außerdem sei auf die Monographie von Stier 1980 verwiesen. Selbstverständlich ist diese Auswahl auch unter Zugrundelegung der Kriterien *Praxis*- bzw. *Theorie*-Relevanz mehr oder weniger subjektiv beeinflußt. Erst recht kann hier natürlich nicht die historische Entwicklung von Saisonbereinigungsverfahren dargestellt werden. Dazu sei auf Förster 1997 verwiesen.

XV.2. Bemerkungen zu einfachen Saisonbereinigungsverfahren und einigen Grundproblemen der Saisonbereinigung

Wie schon in Kap. II. gezeigt wurde, können manche grundlegende Probleme der Saisonbereinigung an Hand sehr einfacher Zeitreihenmodelle diskutiert werden. Das erste der beiden dort dargestellten Modelle bzw. Verfahren mit einer *konstanten* Saisonfigur wurde in den dreißiger Jahren in den USA vom *Federal Reserve Board* und vom *Londoner Wirtschaftsdienst* (als *Bowley II* -Verfahren bezeichnet) verwendet (vgl. dazu Flaskämper 1979). Das zweite Modell bzw. Verfahren mit einer speziellen *variablen* Saisonfigur geht auf Hall 1924 und Falkner 1924 zurück. Diese beiden Verfahren machen deutlich, daß für die Saisonbereinigung schon bei einfachsten Saisonfiguren eine Reihe von Annahmen zu treffen sind, ohne die eine Identifikation und Elimination der saisonalen Komponente nicht durchzuführen wäre und dies unabhängig davon, ob eine *additive*, eine *multiplikative* oder eine *gemischte* additive-multiplikative Komponentenverknüpfung (vgl. zur letzteren z.B. Durbin/

Murphy 1975) zugrundegelegt wird. Die gleiche Bemerkung gilt auch für die Bestimmung einer glatten Komponente.

Es ist unmittelbar einzusehen, daß ohne spezielle Postulate eine Komponentenzerlegung überhaupt nicht möglich wäre: Für jeden Zeitpunkt $t=1,2,...,T$ ist nur *ein* Reihenwert vorhanden, und wenn z.B. eine Reihe in vier Komponenten zerlegt werden soll, dann ergibt das 4T Unbekannte bei nur T Gleichungen, d.h. die Anzahl der Unbekannten ist stets *größer* als die Anzahl der Gleichungen. Kompliziertere Bereinigungsverfahren als die eingangs besprochenen, die mehr oder weniger unregelmäßige Saisonfiguren zulassen, treffen andere bzw. diffizilere Annahmen über die Verlaufsformen der einzelnen Komponenten. Beispielsweise wird postuliert, daß die glatte Komponente durch ein Polynom mindestens 3. Ordnung (damit konjunkturelle Wendepunkte erfaßbar sind) modelliert werden kann, dessen Koeffizienten durch einen Regressionsansatz zu schätzen sind. Damit sind aber neue Probleme verbunden. Beim *updating*, d.h. wenn neue Beobachtungswerte hinzukommen, ändern sich die geschätzten Regressionskoeffizienten möglicherweise merklich, so daß sich die bisher bereinigten Werte – vor allem am aktuellen Rand – eventuell nicht unerheblich verändern. Das wiederum kann zur Folge haben, daß die letzte(n) Diagnose(n) revidiert werden muß (müssen) – ein Sachverhalt, der in der Praxis besonders unerfreulich sein kann. Das schon in Kap. II. erwähnte Problem der *Randstabilität* bereitet auch bei den komplexeren praktizierten Verfahren vielfach einige Mühe.

Der eben erwähnte Polynomansatz ist aber nur einer unter vielen anderen denkbaren und auch praktizierten Möglichkeiten. Deshalb drängt sich die Frage auf, ob es nicht möglich ist, auf empirischem Weg den jeweils *besten* oder *geeignetsten* Ansatz herauszufinden. Leider muß diese Frage negativ beschieden werden, da die Komponenten eines Zeitreihenmodells zum einen *unbeobachtbar* sind, zum anderen aber auch nicht konfrontiert werden können mit ihren möglichen realen Ursachen, denn quantitative Informationen bezüglich dieser Ursachen sind praktisch so gut wie nie verfügbar. Aus diesen beiden Gründen ist eine direkte empirische Diskriminierung alternativer Saisonbereinigungsverfahren nicht möglich. Bei Verfahren, die eine Reihenzerlegung auf der Basis eines Komponentenmodells mit vorgegebenen Verlaufseigenschaften vornehmen, handelt es sich um sogenannte *innere Methoden* oder *innere Definitionen* (nach Wald 1936). *Äußere Methoden* bzw. *äußere Definitionen* wären dann solche, die z.B. die saisonale Komponente einer Reihe etwa mit Hilfe von meteorologischen Daten u.ä. zu erklären versuchten, d.h. mit einem Erklärungsansatz, der grundsätzlich empirisch überprüfbar wäre. Praktisch liegen jedoch, wie schon erwähnt wurde, die für äußere Methoden notwendigen Informationen so gut wie nie vor.

Als Gütekriterien für innere Methoden kommen deshalb in erster Linie statistische Kriterien in Frage, dann aber auch Kriterien der *inneren Konsistenz*, wie z.B. Widerspruchsfreiheit der Modellpostulate, Verträglichkeit einzelner Verfahrensschritte mit diesen Postulaten und den formulierten Zielsetzungen u.ä. Weiterhin sollten die Ergebnisse von Bereinigungsverfahren ökonomisch interpretierbar und plausibel sein. Daß sich hierbei – insbesondere bei den beiden letztgenannten Punkten – subjektive Standpunkte nicht gänzlich vermeiden lassen, dürfte von vornherein klar sein. Alle praktisch bedeutsamen Verfahren sind den *inneren Methoden* zuzurechnen. Daß sie somit *alle* mit empirisch nicht überprüfbaren Annahmen arbeiten, scheint häufig bei vielen Diskussionen nicht genügend berücksichtigt zu werden und nicht selten zu unnötigen Konfusionen zu führen. Auf *methodologische* Probleme von Saisonbereinigungsverfahren wird noch zurückzukommen sein.

XV.3. Spezielle Saisonbereinigungsverfahren

In diesem Abschnitt sollen nun einige spezielle Saisonbereinigungsverfahren in ihren *Grundzügen* besprochen werden, wobei eine gewisse Klassifikation dieser Verfahren versucht wird, die sich nach Modellansatz bzw. Schätzmethoden richtet. Ohne Einschränkung der Allgemeinheit sei für die folgende Darstellung stets vorausgesetzt, daß für eine Bereinigung monatliche Reihen zur Verfügung stehen.

XV.3.1. Verfahren auf der Basis von Ratio-to-Moving-Average-Methoden

XV.3.1.1. Verfahren des Bureau of the Census: Census X-11

Vom Bureau of the Census (USA) wurde seit den 50-er Jahren eine Folge von Verfahren entwickelt, die ihrerseits auf Ansätze zurückgehen, die in den 20-er und 30-er Jahren vom Federal Reserve Board und dem National Bureau of Economic Research (USA) vertreten wurden und die mit dem Namen Macauley verbunden sind. Im wesentlichen benutzen diese Verfahren *Ratio-to-Moving-Average*-Methoden, d.h. es wird ein multiplikatives Zeitreihenmodell unterstellt, wobei die glatte Komponente durch einen gleitenden 12-Monatsdurchschnitt geschätzt wird und die Quotienten

$$G_t \cdot S_t \cdot U_t / \overline{G} \approx S_t \cdot U_t$$

für gleichnamige Monate geglättet werden. Dabei wird angenommen, daß durch diese Glättung die irreguläre Komponente ausgebügelt und deshalb eine Schätzung von S_t ermöglicht wird. Eine anschließende Division von X_t durch die geschätzte Saisonkomponente $\hat{S}_t$ ergibt die saisonbereinigte Reihe. Würde man statt des multiplikativen einen additiven Ansatz wählen, so könnte man analog vorgehen, wenn man Quotienten durch Differenzen ersetzte. Offensichtlich entspricht das eben skizzierte Vorgehen den in Kap. II. dargestellten einfachen Prozeduren.

Bis 1954 wurde die Saisonbereinigung im Bureau of the Census manuell durchgeführt. In diesem Jahr wurde zum ersten Mal ein einschlägiges Computer-Programm eingesetzt (Census I genannt), das 1955 modifiziert und als Census II bekannt wurde. Seither wurden verschiedene Varianten dieses Programms entwickelt bis hin zur Variante X-11 (und neuerdings X-12), die heute im Gebrauch sind (vgl. dazu Shiskin/Young/Musgrave 1967). Das Symbol "X" soll auf *experimental* hinweisen. Damit ist auch gleich angedeutet, daß die Verfahrensvarianten nicht auf der Basis von theoretischen Zeitreihenmodellen entwickelt wurden, sondern auf experimentelle Weise. Dieser Sachverhalt stellt dann auch einen der Kritikpunkte dar, die gegen X-11 erhoben wurden. Census X-11 (bzw. X-12) stellt zweifellos das heute weltweit am häufigsten praktizierte Saisonbereinigungsverfahren dar. In der

Bundesrepublik Deutschland ist es das Bereinigungsverfahren der Deutschen Bundesbank.

Da bei Census X-11 kein ausformuliertes Zeitreihenmodell zugrunde liegt, ist es nicht möglich, eine geschlossene Darstellung des Verfahrens zu geben. Es kann lediglich eine Folge von Arbeitsgängen angegeben werden, die das Verfahren definieren. Grundsätzlich sind drei Phasen zu unterscheiden (vgl. Findley/Monsell/Bell/ Otto/Chen 1998, Appendix A): eine *Startphase ("Initial Estimates")*, in der *erste Komponentenschätzungen* vorgenommen werden, eine *zweite Phase ("Seasonal Factors and Seasonal Models")*, in der *saisonale Faktoren* geschätzt und die *Saisonbereinigung* durchgeführt wird, und schließlich eine *dritte Phase ("Final Henderson Trend and Final Irregular")*, in der sowohl die *endgültige Trendschätzung* als auch die *endgültige Schätzung der irregulären Komponente* erfolgt. X-11 liegt wahlweise ein *additives* (A: $X_t = T_t + S_t + I_t$) oder ein *multiplikatives* (M: $X_t = T_t S_t I_t$) Zeitreihenmodell zugrunde, wobei T_t die *Trend-*, S_t die *Saison-* und I_t die *irreguläre Komponente* bezeichnen. (Das sog. "pseudoadditive" Modell bleibe hier außer Betracht). Die einzelnen Phasen des Standardverfahrens ("default") sind durch die folgenden Arbeitsschritte gekennzeichnet:

Phase 1. Initial Estimates

a) Erste Trendschätzung durch einen symmetrischen gleitenden 12-er Durchschnitt:

$$T_t^{(1)} = \frac{1}{24}X_{t-6} + \frac{1}{12}X_{t-5} + \dots + \frac{1}{12}X_t + \dots + \frac{1}{12}X_{t+5} + \frac{1}{24}X_{t+6}$$

b) Bildung erster "SI-Quotienten" (*SI-ratios*):

$$(A):\ SI_t^{(1)} = X_t - T_t^{(1)}$$

$$(M):\ SI_t^{(1)} = X_t / T_t^{(1)}$$

c) Schätzung erster (vorläufiger) Saisonfaktoren durch einen (3×3)-gleitenden saisonalen Durchschnittsfilter:

$$\hat{S}_t^{(1)} = \frac{1}{9}SI_{t-24}^{(1)} + \frac{2}{9}SI_{t-12}^{(1)} + \frac{3}{9}SI_t^{(1)} + \frac{2}{9}SI_{t+12}^{(1)} + \frac{1}{9}SI_{t+24}^{(1)}$$

(Ein (n×m)-Filter bezeichnet einen gleitenden Durchschnitt der Länge m auf den ein gleitender Durchschnitt der Länge n angewendet wird)

d) Berechnung erster saisonaler Faktoren:

$$(A):\ S_t^{(1)} = SI_t^{(1)} - \left(\frac{\hat{S}_{t-6}^{(1)}}{24} + \frac{\hat{S}_{t-5}^{(1)}}{12} + \dots + \frac{\hat{S}_{t+5}^{(1)}}{12} + \frac{\hat{S}_{t+6}^{(1)}}{24} \right)$$

$$(M):\ S_t^{(1)} = \frac{SI_t^{(1)}}{\dfrac{\hat{S}_{t-6}^{(1)}}{24} + \dfrac{\hat{S}_{t-5}^{(1)}}{12} + \dots + \dfrac{\hat{S}_{t+5}^{(1)}}{12} + \dfrac{\hat{S}_{t+6}^{(1)}}{24}}$$

e) Erste Saisonbereinigung:

$$(A):\ A_t^{(1)} = X_t - S_t^{(1)}$$

$$(M):\ A_t^{(1)} = \frac{X_t}{S_t^{(1)}}$$

Phase 2. Seasonal Factors and Seasonal Adjustments

a) Vorläufige Trendschätzung:

$$T_t^{(2)} = \sum_{j=-H}^{H} h_j^{(2H+1)} A_{t+j}^{(1)}$$

Dabei bezeichnen $h_j^{(2H+1)}$, $-H \le j \le H$ die Koeffizienten eines *Henderson-Filters*. Die Filterlänge wird dabei "datenabhängig", d.h. in Abhängigkeit von einer "noise-to signal-ratio" der zu bereinigenden Zeitreihe gewählt (für Einzelheiten siehe Findley/ Monsell/Bell/Otto/Chen 1998, Appendix B2).

b) Berechnung neuer SI-Quotienten:

$$(A): \quad SI_t^{(2)} = X_t - T_t^{(2)}$$

$$(B): \quad SI_t^{(2)} = X_t / T_t^{(2)}$$

c) Schätzung neuer Saisonfaktoren durch einen (3 x 5)-gleitenden saisonalen Durchschnittsfilter:

$$\hat{S}_t^{(2)} = \frac{1}{15} SI_{t-36}^{(2)} + \frac{2}{15} SI_{t-24}^{(2)} + \frac{3}{15} SI_{t-12}^{(2)} + \frac{3}{15} SI_t^{(2)} + \frac{3}{15} SI_{t+12}^{(2)} + \frac{2}{15} SI_{t+24}^{(2)} + \frac{1}{15} SI_{t+36}^{(2)}$$

d) Berechnung endgültiger Saisonfaktoren:

$$(A): \quad S_t^{(2)} = SI_t^{(2)} - \left(\frac{\hat{S}_{t-6}^{(2)}}{24} + \frac{\hat{S}_{t-5}^{(2)}}{12} + \ldots + \frac{\hat{S}_{t+5}^{(2)}}{12} + \frac{\hat{S}_{t+6}^{(2)}}{24} \right)$$

$$(M): \quad S_t^{(2)} = \frac{SI_t^{(2)}}{\frac{\hat{S}_{t-6}^{(2)}}{24} + \frac{\hat{S}_{t-5}^{(2)}}{12} + \ldots + \frac{\hat{S}_{t+5}^{(2)}}{12} + \frac{\hat{S}_{t+6}^{(2)}}{24}}$$

e) Berechnung der saisonbereinigten Reihe:

$$(A): \quad A_t^{(2)} = X_t - S_t^{(2)}$$

$$(M): \quad A_t^{(2)} = X_t / S_t^{(2)}$$

Phase 3. Final Henderson Trend and Final Irregular

a) Endgültige Trendschätzung:

$$T_t^{(3)} = \sum_{j=-H}^{H} h_j^{(2H+1)} A_{t+j}^{(2)}$$

Die Länge H des Henderson-Filters kann ("datenabhängig") bei diesem Arbeits- schritt evtl. verschieden sein von der entsprechenden Länge in Arbeitsschritt 2a.

b) Endgültige Schätzung der irregulären Komponente:

$$(A): \quad I_t^{(3)} = A_t^{(2)} - T_t^{(3)}$$

$$(M): \quad I_t^{(3)} = A_t^{(2)} / T_t^{(3)}$$

Diese Arbeitsschritte führen schließlich zu folgenden Zerlegungen einer Zeitreihe:

$$(A): \quad X_t = T_t^{(3)} + S_t^{(2)} + I_t^{(3)}$$

$$(M): \quad X_t = T_t^{(3)} S_t^{(2)} I_t^{(3)}$$

Neben der Extremwertbereinigung (d.h. Identifikation und Korrektur von Aus- reißern) kennt das Verfahren eine sogenannte *arbeitstägliche* Bereinigung (d.h. Korrektur von Kalenderunregelmäßigkeiten) sowie eine Bereinigung von *singulären* Effekten (z.B. verursacht durch Streiks), die hier nicht im Einzelnen dargestellt werden können. Zusätzlich zur eigentlichen Saisonbereinigung bietet Census X-11 eine Anzahl von Tests, die dem Benutzer Güte- und Beurteilungskriterien bezüglich der durchgeführten Bereinigung liefern sollen (vgl. dazu Shiskin/Plewes 1978).

Obwohl das Census X-11-Verfahren weitverbreitet ist und immer wieder als *erfolgreich* charakterisiert wurde (welches sind die Erfolgskriterien?), hat es dennoch heftige Kritik ausgelöst. Die wichtigsten Kritikpunkte sind etwa:

- mangelnde analytische Transparenz, da kein ausformuliertes Zeitreihenmodell zugrunde liege.

- Verwendung von symmetrischen zeitinvarianten FIR-Filtern in der *Reihenmitte* und von asymmetrischen zeitabhängigen FIR-Filtern an den Rändern, vor allem am aktuellen Rand, was Revisionen bei neuen Beobachtungswerten notwendig mache und zu weniger zuverlässigen Schätzungen am Rande als in der "Mitte" führe. Außerdem implizierten solche Filter möglicherweise Phasenverschiebungen, deren Ausmaß aber nicht bekannt sei.

- In die verschiedenen Spezialbereinigungen (Extremwert-, arbeitstägliche Bereinigung usw.) gehe eine Vielzahl von subjektiven Vorstellungen ein, welche das Verfahren noch undurchsichtiger machten.

- Insgesamt besitze das Verfahren zu viele *Schrauben*, an denen ein Benutzer *drehen* könne. Hinzu komme, daß manche offiziellen Benutzer eine *hauseigene Einstellung* präferierten (z.B. die Deutsche Bundesbank), so daß unter *Census X-11* durchaus verschiedene Verfahren zu verstehen seien, was dazu führen könne, daß X-11-bereinigte Reihen nicht, oder jedenfalls nicht ohne weiteres, vergleichbar seien.

Zu diesen und weiteren Kritikpunkten vgl. z.B. Schäffer 1970, Plosser 1974, Dagum 1978, Creutz 1979, Stier 1980 sowie Schäffer 1988 (in der letztgenannten Arbeit wird ein Vergleich von Census X-11 mit dem Verfahren von Kitagawa-Gersch bezüglich der *Treffsicherheit*, d.h. der Diagnosequalität am aktuellen Rand, angestellt).

In der Abb. 15.2 ist die mit CENSUS X-11 saisonbereinigte Reihe "Auftragseingang, Inland, BRD, Jan. 1978 - Dez. 1994" allein und in Abb. 15.2 zusammen mit der Originalreihe dargestellt. Abb. 15.3 zeigt neben der Originalreihe die glatte Komponente nach CENSUS.

Die Kritik am Census X-11-Verfahren hat einerseits Untersuchungen initiiert, diesem Verfahren einen *modelltheoretischen Unterbau* zu verschaffen, andererseits aber auch zu seiner Weiterentwicklung geführt.

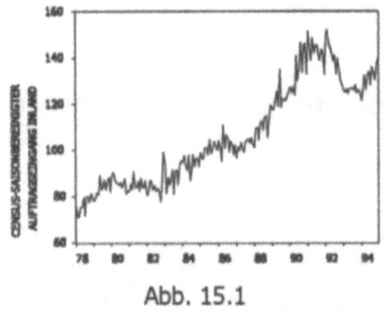

Abb. 15.1

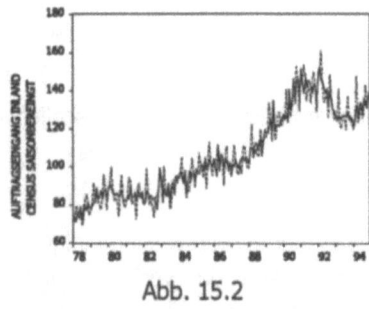

Abb. 15.2

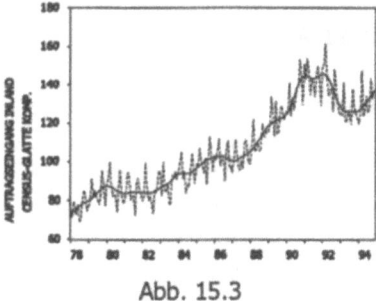

Abb. 15.3

XV.3.1.2.   Theoretische Überlegungen zum Census X⁻11⁻Verfahren

Das klassische additive Komponentenmodell kann in der Form $X_t = S_t + N_t$ dargestellt werden, wobei N_t zusammenfassend als nicht-saisonale Komponente angesehen werden kann. *Saisonbereinigung* ist in diesem Modell gleichbedeutend mit einer Schätzung von S_t, d.h. mit der Lösung eines *Signal-Extraktions*-Problems (vgl. dazu Pierce 1980). Ein Bereinigungsverfahren kann als *optimal* bezeichnet werden, falls bei einer gegebenen Verlustfunktion der zu erwartende Verlust minimal ist. Für eine quadratische Verlustfunktion und eine in den Beobachtungswerten X_t linearen Schätzfunktion hat Wiener 1949 gezeigt, daß

$$\hat{S}_t = v(B)X_t = \sum_{j=-\infty}^{\infty} v_j\, X_{t-j}$$

den mittleren quadratischen Schätzfehler $E(S_t - \hat{S}_t)^2$ minimiert, falls X_t ein (unendlich langer) stationärer stochastischer Prozeß ist. Der Operator $v(B)$ ist gegeben durch die inverse Fourier-Transformation der Quotienten der Spektren von S_t und X_t. Da $\hat{S}_t$ einen gleitenden Durchschnitt darstellt, liegt die Frage nahe, ob es hier Zusammenhänge mit den gleitenden Durchschnitten von X-11 gibt. Da ökonomische Zeitreihen selten als (direkte) Realisationen von stationären Prozessen interpretiert werden können, kann das Wiensche Resultat aber nicht unmittelbar zur Abklärung dieser Frage herangezogen werden. Jedoch ist es häufig möglich, solche Reihen mit Hilfe des ARIMA-Ansatzes zu modellieren, was impliziert, daß eine Reihe als Realisation eines (homogenen) nicht-stationären Prozesses aufgefaßt wird, der durch Differenzenbildung in Stationarität transformiert werden kann. Cleveland 1972 und Cleveland-Tiao 1976 haben nun gezeigt, daß obiges Optimierungsproblem auch für ARIMA-Prozesse gelöst werden kann (allerdings müssen dabei Gauß-Prozesse vorausgesetzt werden, für Verallgemeinerungen siehe Bell 1984) und daß die Lösung von der selben Form ist, wie sie Wiener angegeben hat. Das kann als Indiz dafür angesehen werden, daß die Verwendung von gleitenden Durchschnitten zur Saisonbereinigung eine theoretische Basis hat, falls additive Zeitreihenmodelle zugrundegelegt werden (vgl. Wallis 1982).

XV.3.1.3.   Census X-11-ARIMA

Das charakteristische an Census X-11-ARIMA ist in einer Kombination von Census X-11 und Prognosen auf der Basis von ARIMA-Modellen zu sehen. Die zugrundeliegende Idee ist einfach: Um am Reihenrand ebenfalls symmetrische Filter einsetzen zu können, liegt es nahe, die dazu erforderlichen zukünftigen Reihenwerte zu prognostizieren, z.B. mit Hilfe von ARIMA-Modellen. Seit etwa 1975 hat Dagum für Statistics Canada mit der Realisierung dieser Idee begonnen (vgl. dazu Dagum 1978). X-11-ARIMA besteht im wesentlichen aus folgenden Schritten:

a) Der zu bereinigenden Reihe wird ein ARIMA-Modell (nach Box-Jenkins) angepaßt.

b) Mit Hilfe dieses Modells werden die Reihenwerte für die nächsten 12-24 Monate prognostiziert und die Ausgangsreihe entsprechend verlängert.

c) Die so verlängerte Reihe wird mit Census X-11 saisonbereinigt.

Census X-11-ARIMA ist heute das offizielle Bereinigungsverfahren von Statistics Canada. Da für einen praktischen Einsatz ein Verfahren weitgehend automatisiert sein muß, stellt sich hier das Problem einer möglichst *ökonomischen* Identifikation des jeweils in Frage kommenden ARIMA-Modells. Dafür werden routinemäßig als *bewährt* eingeschätzte Standard-Modelltypen wie z.B. $(0,1,1)(0,1,1)_{12}$, $(0,2,2)(0,1,1)_{12}$ und $(2,1,2)(0,1,1)_{12}$ bereitgestellt (vgl. Dagum 1982). Da aber heute automatische Identifikationsprozeduren verfügbar sind, dürfte die *Identifikationsphase* kein ernsthaftes Hemmnis für den Einsatz von X-11-ARIMA sein. Gegenüber X-11 wird zugunsten X-11-ARIMA geltend gemacht, daß beträchtlich weniger Revisionen am aktuellen Rand erforderlich seien. Dazu liegen ausführliche Studien vor (vgl. insbesondere Dagum 1982 und die dort aufgeführte Literatur).

XV.3.1.4.   Verfahren des Bureau of the Census: Census X-12-ARIMA

Census X-12-ARIMA ist eine Weiterentwicklung von Census X-11. Es besteht im wesentlichen in einer Kombination aus einer verbesserten Version von Census X-11 und einem im Bureau of the Census entwickelten Modul zur ARIMA-Modellierung von Zeitreihen, der als *REGARIMA-Modul* bezeichnet wird. Das Motiv für diese Kombination ist darin zu sehen, daß damit wie bei Census-X-11-ARIMA von Statistics Canada die Möglichkeit eröffnet wird, eine gegebene Reihe durch ARIMA-Prognosen zu verlängern, was evtl. die Verwendung symmetrischer Filter bis zum Reihenrand erlaubt. Bei X-12 werden standardmäßig 12 Monate prognostiziert, der Benutzer hat jedoch die Möglichkeit, einen längeren Prognosehorizont vorzugeben. Der Ausdruck *REGARIMA* ist darauf zurückzuführen, daß diesem Modul folgendes Zeitreihenmodell zugrunde liegt:

$$\varphi(B)\Phi(B^S)(1-B)^d(1-B^S)^D[y_t - \sum_i \beta_i x_{it}] = \theta(B)\Theta(B^S)\varepsilon_t$$

Dabei bezeichnet y_t eine gegebene Reihe und die x_{it} Regressoren im Regressionsmodell $y_t = \mathbf{x}_t' \boldsymbol{\beta} + u_t$. Es wird also zugelassen, daß y_t eine nicht-zeitinvariante Mittelwertfunktion aufweisen kann. Die vier lag-Polynome sind dieselben, die schon bei der Darstellung des saisonalen ARIMA-Modells in Kap. V. verwendet wurden. Das REG-

ARIMA-Modell kann als eine Verallgemeinerung eines saisonalen ARIMA-Modells oder auch als Verallgemeinerung eines Regressionsmodelles interpretiert werden, dessen Störterm einem saisonalen ARIMA-Prozeß folgt. Grundsätzlich können die Regressoren dieses Modells vom Benutzer beliebig vorgegeben werden. In der praktischen Anwendung dienen diese aber häufig zur Modellierung von *Interventionseffekten*. Darunter sind zum einen Ausreißer zu verstehen als auch spezielle Kalendereffekte. Mit Census-X-12 können additive Ausreißer, Niveauverschiebungen (*level shifts*) und Rampen (*ramps*) identifiziert und deren Effektgrößen geschätzt werden (Eine "Rampe" ist eine Variante eines level shifts, bei der davon ausgegangen wird, daß sich eine Niveauänderung nicht abrupt vollzieht, sondern graduell über mehrere Monate verteilt). Unter "Kalendereffekte" sind einerseits die Auswirkungen einer monatlich variierenden Anzahl von Arbeitstagen (trading days) als auch die Effekte von Feiertagen wie Ostern, Weihnachten und (für die USA) Labor Day sowie Thanksgiving zu verstehen. Eine gesonderte Berücksichtigung dieser Effekte im REGARIMA-Modell soll eine von Sondereinflüssen ungestörte Erfassung der saisonalen Komponente einer Zeitreihe ermöglichen. Zur ARIMA-Spezifikation stellt X-12 sowohl Identifikations- als auch Diagnosewerkzeuge zur Verfügung. Es besteht auch die Möglichkeit einer automatischen Modellselektion, wobei diese aus einer *vorgegebenen* Menge von alternativen Modellen vorgenommen wird. Für den nicht-saisonalen ARIMA-Teil stehen dafür die Modelle (0,1,1), (0,1,2), (2,1,0), (0,2,2) und (2,1,2) zur Verfügung und für den saisonalen Teil das Modell (0,1,1).

Nach "Vorbereinigung" durch Spezifikation und Schätzung eines REGARIMA-Modells wird bei Census-X-12 die so modifizierte Reihe einer Saisonbereinigung unterzogen, wobei im wesentlichen die gleichen Filter wie bei Census-X11 verwendet werden. Einige Neuerungen sind zu vermerken: neben den für Monatsreihen in X-11 gebräuchlichen 9-,11-,23-gliedrigen Henderson-Filter zur Trendschätzung kann bei X-12 außerdem ein Henderson-Filter beliebiger (ungerader) Länge gewählt werden. Zusätzlich zu den Standardsaisonfilter 3×3,3×5,3×9, wie sie in X-11-ARIMA von Statistics Canada verwendet werden, wird neu ein 3×15 Saisonfilter bereitgestellt. Schließlich stellt das Programm dem Benutzer eine Anzahl von Diagnoseinstrumente zur Beurteilung der "Güte" einer Saisonbereinigung, wie z.B. *sliding spans* zur Überprüfung der Stabilität einer Bereinigung, zur Verfügung. Für Details sei auf Findley/ Monsell/Bell/Otto/Chen 1998 verwiesen.

XV.3.1.5.   Eine robuste Version von Census X-11: SABL (Seasonal Adjustment Bell Laboratories)

SABL weist starke Ähnlichkeiten zum Census-Verfahren auf. Wie dieses ist es iterativ aufgebaut, verwendet eine Vielzahl von Glättungsprozeduren, die nicht im Hinblick auf wohldefinierte Zielsetzungen im Rahmen eines expliziten Zeitreihenmodells entworfen sind, sondern generellen Glattheitskriterien entsprechen. Es kennt eine additive sowie – neben anderen – eine multiplikative Komponentenverknüpfung. Eine geschlossene Darstellung ist wie bei X-11 nicht möglich. Eine ausführliche Auflistung der einzelnen Arbeitsschritte findet sich bei Cleveland/Devlin/ Terpenning 1982 sowie bei Cleveland/Dunn/Terpenning 1976.

Der wesentliche Unterschied zum Census-Verfahren liegt darin, daß bei SABL sogenannte *robuste* Glättungsverfahren eingesetzt werden. Solche Verfahren sind unempfindlich gegenüber Ausreißern, also gegenüber Reihenwerten, die größenmäßig stark vom Großteil der Daten abweichen. So ist z.B. ein gleitender Durchschnitt keine robuste Glättungsprozedur, während z.B. ein gleitender Median als robust zu bezeichnen ist. Ein weiteres Charakteristikum von SABL ist darin zu sehen, daß zur Beurteilung der Güte der Bereinigung vorwiegend graphische Verfahren herangezogen werden.

SABL beruht auf dem klassischen Komponentenmodell. Am Anfang der Bereinigung steht eine Daten-Transformation der Art:

$$X_t^{(p)} = \begin{cases} X_t^p & , \quad p > 0 \\ \ln X_t & , \quad p = 0 \\ -X_t^p & , \quad p < 0 \end{cases}$$

(vgl. Cleveland/Dunn/Terpenning 1976, S.203), wobei p vom Benutzer vorgegeben werden kann oder ein *bestes* p wird automatisch gesucht. Der Sinn einer solchen Transformation ist darin zu sehen, daß eine eventuell vorhandene Trendabhängigkeit der Saisonausschläge eliminiert bzw. mindestens reduziert werden soll, d.h. für eine transformierte Reihe sollte ein additiver Ansatz zutreffender sein als für die Originalreihe.

Sowohl Trend- als auch Saisonkomponente werden mehrfach geschätzt. Dabei werden sogenannte *smoother* verwendet. Neben einfachen gleitenden Durchschnitten und gleitenden Medianen sind u.a. zu nennen: gewogene gleitende Durchschnitte bzw. Mediane (*tapered moving mean* bzw. *tapered moving median*), gewogene gleitende Kleinst-Quadrate-Regressionen. Die Gewichte für die *gewogenen* Prozeduren werden von der *biquadratischen* Funktion:

$$B(u): = \begin{cases} (1 - u^2)^2 & , \quad |u| < 1 \\ 0 & , \quad |u| \geq 0 \end{cases}$$

erzeugt, wobei u im wesentlichen eine (relativierte) Distanz bezeichnet. $B(u)$ ist symmetrisch um Null und fällt monoton gegen Null, falls u gegen ± 1 geht. Soll ein geglätteter Wert für den Zeitpunkt $t=t_0$ berechnet werden, dann haben die Gewichte ihr Maximum bei $t=t_0$. Je weiter t von t_0 entfernt ist, umso kleiner ist das jeweilige Gewicht, mit dem ein Reihenwert in die Berechnung eines gewogenen Mittels, Medians usw. eingeht. Alle Glättungsprozeduren werden im iterativen Ablauf ein- oder mehrmals als Trend- bzw. Saison – *Glättungsfenster* benützt. Dazu muß auch die *Fensterbreite* vorgegeben werden, also die Anzahl der Reihenwerte, die in eine Glättung eingehen (standardmäßig sind die Werte 11 bzw. 15 vorgesehen).

Zur Beurteilung der Güte der Bereinigung wird eine Anzahl von Graphiken herangezogen (*graphische Datenanalyse*). Die wichtigsten Plots sind etwa: a) Data and Components, b) Seasonal Subseries, c) Seasonal Irregular, d) Seasonal Amplitude. Plot a) zeigt die (gegebenenfalls transformierten) Daten und Komponenten in vergleichbaren Maßstäben. Bei b) wird für jede *Monatsreihe* (alle Januar-, alle Februar-,..., alle Dezemberwerte) der sogenannte *midmean* berechnet und als horizontale Linie dargestellt (der *midmean* ist das arithmetische Mittel der Saisonwerte, die zwischen dem 1. und 3. Quartal liegen). Die Saisonwerte selbst werden durch Vertikalen dargestellt, deren Längen die Abweichungen vom jeweiligen *midmean* anzeigen. Dieser Plot soll Hinweise auf die Stabilität einer Saisonfigur geben. Plot c) stellt saisonale und irreguläre Komponente zusammen dar, wobei die saisonalen Werte durch einen Kurvenzug miteinander verbunden werden. Dieser Plot soll Hinweise auf die Glattheit der saisonalen Komponente geben. Schließlich soll d) zeigen, ob die *saisonale Amplitude* zeitlich stabil bleibt. Diese Amplitude kann z.B. mittels eines gleitenden 12-er Durchschnitts aus den (absoluten) Saisonwerten bestimmt werden. Bei Instabilität wird auf einen ungeeigneten Transformationsparameter p geschlossen, was einen weiteren *Bereinigungszyklus* empfehlen würde.

XV.3.2.   Verfahren auf der Basis von Regressionsmodellen

XV.3.2.1.   Berliner Verfahren (BV I – BV IV)

Mit ein Anlaß für die Entwicklung des Berliner Verfahrens war das Ende der 60-er Jahre (mindestens in Deutschland) weitverbreitete Unbehagen an der theoretischen Undurchschaubarkeit des Census-Verfahrens. Das Berliner Verfahren, von dem bis jetzt vier Versionen existieren, ist das offizielle Bereinigungsverfahren des Statistischen Bundesamtes der Bundesrepublik Deutschland. Dies rechtfertigt eine relativ detaillierte Darstellung an dieser Stelle.

Ausgangspunkt ist auch hier das klassische Komponentenmodell, wobei für die glatte bzw. saisonale Komponente gelten soll (vgl. Heiler 1970):

$$G_t = \sum_{j=0}^{p} a_j t^{\,j} \qquad S_t = \sum_{k=1}^{6} (b_k \cos\lambda_k t + c_k \sin\lambda_k t)$$

d.h. für die glatte Komponente G_t wird ein Polynom p-ten Grades der Zeit und für die Saisonkomponente ein trigonometrisches Polynom der Zeit mit den entsprechenden saisonalen Frequenzen $\lambda_k = 2\pi k/12$, $k=1,...,6$) postuliert. Für die Restkomponente ε_t wird ein schwach stationärer Prozeß unterstellt mit $E(\varepsilon_t)=0$. Damit kann geschrieben werden:

$$X_t = \sum_{j=0}^{p} a_j t^{\,j} + \sum_{k=1}^{6} (b_k \cos\lambda_k t + c_k \sin\lambda_k t) + \varepsilon_t$$

Ein Charakteristikum dieses Verfahrens besteht nun darin, daß die Gültigkeit dieses Modells nicht für alle Zeitpunkte unterstellt wird, sondern nur für eine Teilmenge derselben, die *gleitend* das Intervall [1,T] überdeckt. Dabei wird zugelassen, daß für G_t und S_t im allgemeinen verschieden lange Teilintervalle N_1 bzw. N_2 erforderlich sein können. Für ein beliebiges Intervall $J=(t_1, t_2, ..., t_m)$ mit $t_{i+1} - t_i = $ const. der Länge m kann mit Hilfe der Vektoren bzw. Matrizen

$$\mathbf{x} := \begin{pmatrix} X_{t_1} \\ \cdot \\ \cdot \\ X_{t_m} \end{pmatrix}, \ \mathbf{a} := \begin{pmatrix} a \\ \cdot \\ \cdot \\ a_p \end{pmatrix}, \ \mathbf{b} := \begin{pmatrix} b_1 \\ c_1 \\ \cdot \\ \cdot \\ b_6 \end{pmatrix}, \ \mathbf{\varepsilon} := \begin{pmatrix} \varepsilon_{t_1} \\ \cdot \\ \cdot \\ \varepsilon_{t_m} \end{pmatrix}, \ \mathbf{c} := \begin{pmatrix} \mathbf{a} \\ \mathbf{b} \end{pmatrix}$$

$$\mathbf{F_1}: = \begin{pmatrix} 1 & 1 & \cdots & 1 \\ t_1 & t_2 & \cdots & t_m \\ t_1^2 & t_2^2 & \cdots & t_m^2 \\ \cdot & \cdot & & \cdot \\ \cdot & \cdot & & \cdot \\ \cdot & \cdot & & \cdot \\ t_1^p & t_2^p & \cdots & t_m^p \end{pmatrix} \qquad \mathbf{F_2}: = \begin{pmatrix} \cos\lambda_1 t_1 & \cos\lambda_1 t_2 & \cdots & \cos\lambda_1 t_m \\ \sin\lambda_1 t_1 & \sin\lambda_1 t_2 & \cdots & \sin\lambda_1 t_m \\ \cdot & \cdot & & \cdot \\ \cdot & \cdot & & \cdot \\ \cos\lambda_6 t_1 & \cos\lambda_6 t_2 & \cdots & \cos\lambda_6 t_m \end{pmatrix}$$

geschrieben werden

$$\mathbf{F}: = \begin{pmatrix} \mathbf{F_1} \\ \mathbf{F_2} \end{pmatrix}$$

$$X_{t_j} = \mathbf{f}'_{1j}\,\mathbf{a} + \mathbf{f}'_{2j}\,\mathbf{b} + \varepsilon_{t_j} = \mathbf{f}'_j\,\mathbf{c} + \varepsilon_{t_j}$$

mit: $\mathbf{f}_{1j}$: = j-te Spalte von $\mathbf{F_1}$, $\mathbf{f}_{2j}$: = j-te Spalte von $\mathbf{F_2}$, $\mathbf{f}_j$: = j-te Spalte von $\mathbf{F}$ (da $\sin\lambda_6 t = \sin\pi t = 0$ ist für ganzzahlige t, braucht c_6 bzw. die Zeile mit $\sin\lambda_6 t_1,...,\sin\lambda_6$ t_m in $\mathbf{F_2}$ nicht berücksichtigt zu werden). Für alle Zeitpunkte in J gilt dann:

$$\mathbf{x} = \mathbf{F}'_1\mathbf{a} + \mathbf{F}'_2\mathbf{b} + \boldsymbol{\varepsilon} = \mathbf{F}'\mathbf{c} + \boldsymbol{\varepsilon}$$

Der unbekannte Koeffizientenvektor $\mathbf{c}$ kann mittels OLS geschätzt werden. Es ist

$$\hat{\mathbf{c}} = (\mathbf{FF}')^{-1}\mathbf{Fx} \quad \text{mit } \Sigma_{\hat{c}} = \sigma^2(\mathbf{FF}')^{-1} \text{ und } \sigma^2 = E(\varepsilon_t^2)$$

wobei $\Sigma_{\hat{c}}$ die Varianz-Kovarianzmatrix von $\hat{\mathbf{c}}$ bezeichnet.

Als Schätzwerte für die glatte und saisonale Komponente für den Zeitpunkt t_j erhält man:

$$\begin{aligned} \hat{G}_{t_j} + \hat{S}_{t_j} &= \mathbf{f}'_{1j}\,\hat{\mathbf{a}} + \mathbf{f}'_{2j}\,\hat{\mathbf{b}} \\ &= \mathbf{f}'_j\,\hat{\mathbf{c}} = \mathbf{f}'_j(\mathbf{FF}')^{-1}\,\mathbf{Fx} \\ &= \mathbf{w}'_j\,\mathbf{x}, \quad \mathbf{w}'_j: = \mathbf{f}'_j\,(\mathbf{FF}')^{-1}\,\mathbf{F} \end{aligned}$$

Der Zeilenvektor $\mathbf{w}'_j$, der als Filter interpretiert werden kann, besteht aus m *Gewichten* mit denen die Reihenwerte $\mathbf{x}$ multipliziert werden. Damit läßt sich für die Schätzwerte schreiben:

$$\hat{G}_{t_j} + \hat{S}_{t_j} = \sum_{i=1}^{m} w_{ij} X_{t_j}$$

Für die Schätzung im ganzen Intervall J ergibt sich

$$\hat{\mathbf{G}} + \hat{\mathbf{S}} = \mathbf{F}'_1\,\hat{\mathbf{a}} + \mathbf{F}'_2\,\hat{\mathbf{b}} = \mathbf{F}'\,\hat{\mathbf{c}} = \mathbf{F}'(\mathbf{FF}')^{-1}\,\mathbf{Fx} = \mathbf{G}'\mathbf{x}$$

mit

$$\hat{\mathbf{G}}: = \begin{pmatrix} \hat{G}_{t_1} \\ \cdot \\ \cdot \\ \hat{G}_{t_m} \end{pmatrix}, \quad \hat{\mathbf{S}}: = \begin{pmatrix} \hat{S}_{t_1} \\ \cdot \\ \cdot \\ \hat{S}_{t_m} \end{pmatrix}, \quad \mathbf{G}': = \begin{pmatrix} \mathbf{w}'_1 \\ \cdot \\ \cdot \\ \mathbf{w}'_m \end{pmatrix}$$

und der Varianz-Kovarianzmatrix:

$$\Sigma_{\hat{G},\hat{S}} = \sigma^2\,\mathbf{G}$$

Da üblicherweise m<<T ist, gibt es in einem *mittleren* Bereich für einen Zeitpunkt t_j genau m Intervalle (oder Stützbereiche) der Länge m, die diesen überdecken. Nur am *Rand* einer Reihe gibt es weniger Möglichkeiten: Für t=1 und t=T gibt es nur einen, für t=2 und t=T-1 nur zwei Stützbereiche usw. Falls es für einen Zeitpunkt mehr als einen Stützbereich gibt, muß ein Auswahlkriterium herangezogen werden. Als solches wird prinzipiell *Varianzminimalität* gewählt, d.h. es wird derjenige Stützbereich verwendet (=diejenige Zeile in $\mathbf{G}'$), dessen entsprechendes Hauptdiagonalelement in $\Sigma_{\hat{G},\hat{S}}$ minimal ist. Allerdings führt dieses Kriterium nicht immer zu einer

eindeutigen Lösung (vgl. Heiler 1970, S.80) oder erscheint aus anderen Gründen als nicht vorteilhaft.

Gemäß bisheriger Darstellung wird die glatte und die saisonale Komponente *simultan* geschätzt. Praktisch ist dies jedoch nicht der Fall, da die Stützbereichslängen N_1 und N_2 für ökonomische Reihen als stark unterschiedlich anzunehmen sind ($N_1 < N_2$).

Deshalb wird beim praktischen Einsatz zuerst die glatte Komponente geschätzt (Stützbereichslänge N_1) und von der Originalreihe subtrahiert. Anschließend wird die Saisonkomponente aus der um die geschätzte glatte Komponente bereinigten Originalreihe geschätzt (Stützbereichslänge N_2). Subtraktion der geschätzten Saisonkomponente von der Originalreihe ergibt die saisonbereinigte Reihe.

Wie immer bei Regressionsansätzen sind auch hier – soll das Verfahren praktizierbar sein – *Spezifikationsprobleme* zu lösen. Diese sind hier im wesentlichen: Festlegung des Polynomgrades p, der Stützbereichslängen N_1 und N_2 sowie der Stützstellen τ_1 und τ_2 innerhalb dieser Stützbereiche. Als Gütekriterium für eine konkrete Spezifikation werden in erster Linie die Eigenschaften der daraus resultierenden Filter im *Frequenzbereich* angesehen, insbesondere ihre Amplitudenfunktionen (dem oben erwähnten Gütekriterium *Varianzminimalität* kommt somit nur sekundäre Bedeutung zu). Diese werden beurteilt auf dem Hintergrund einer *Referenz-Amplitudenfunktion*, die keine unerwünschten Absorptions- bzw. Verstärkungseffekte aufweist und die deshalb von den Konstrukteuren des Berliner Verfahrens als *ideal* bezeichnet wird. Die Amplitudenfunktion nimmt im Niederfrequenzbereich im Intervall $[0, 2\pi/12 - \delta]$ bzw. $[0, 1/12 - \delta/2\pi]$ genau den Wert Eins an, wobei δ bzw. $\delta/2\pi$ die Breite des Übergangsbandes bezeichnet. In den saisonalen Frequenzen $2\pi k/12$ bzw. $k/12$, $k = 1, \ldots, 6$ nimmt sie den Wert Null an und verläuft dort in Form von fünf *Kerben*. "Zwischen" den saisonalen Frequenzen nimmt sie jeweils den Wert Eins an (vgl. dazu Meissner 1969). Diese Amplitudenfunktion hat somit die Gestalt, wie in Abb. 15.4 dargestellt.

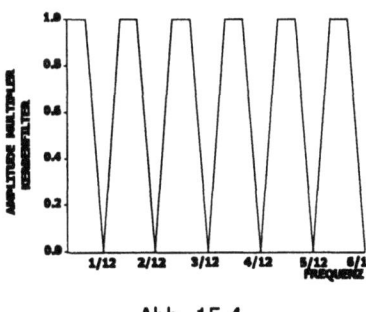

Abb. 15.4

Offensichtlich handelt es sich bei dieser Funktion um eine Verallgemeinerung der Amplitudenfunktion des einfachen Kerbenfilters aus Kap. XVIII.2.2. Deshalb soll sie als Amplitudenfunktion des *multiplen* Kerbenfilters bezeichnet werden.

In der Version I des Berliner Verfahrens wurden mehr als 200 Filter bezüglich ihrer Amplitudenfunktion untersucht. Immer ergaben sich aber unerwünschte Verstärkungs- bzw. Absorptionseffekte (vgl. Nullau 1969). Als *günstig* für *mittlere* Reihenwerte wurde schließlich folgende Spezifikation angesehen: p=3, N_1=23, τ_1=13, N_2=45, τ_2=24. Für die beiden Ränder wurden asymmetrische Filter gewählt. Für Einzelheiten siehe Nullau 1970.

Die der Originalversion folgenden Versionen wurden vom Statistischen Bundesamt entwickelt, das heute die Version 4 benützt. Alle Versionen können als Versuche angesehen werden, die *ideale* Amplitudenfunktion immer besser zu approximieren. Dazu wurde in Version 2 zusätzlich zum Polynom 3. Ordnung ein trigonometrisches Polynom mit einer Periode von 36 Monaten miteinbezogen, um konjunkturellen Bewegungen *besser* modellieren zu können als mit einem reinen Polynomansatz. Darüber hinaus wurden Stützbereiche und Stützstellen bei der Schätzung der glatten und der Saisonkomponente gegenüber der Originalversion verändert. Für Einzelheiten siehe Nourney/Söll 1976. Version 3 ist insofern bemerkenswert, als das Konzept eines Standard-Bereinigungsverfahrens aufgegeben wurde. Da die bisher verwendeten Filter nicht verzerrungsfrei waren, mußte man in Kauf nehmen, daß sich diese Verzerrungen je nach Reihe ganz unterschiedlich auswirken können. Außerdem wurde die Randstabilität der bisherigen Versionen als unzureichend beurteilt. Die Filterauswahl erfolgt deshalb bei dieser Version in Abhängigkeit von der jeweils konkret zu bereinigenden Reihe (*reihenspezifisch*), wobei diejenige Filterfolge als *optimal* angesehen wird, die zu einer saisonbereinigten Reihe führt, deren (geschätztes) Spektrum die kleinste Distanz (im KQ-Sinne) zum (geschätzten) Spektrum der Ausgangsreihe in allen Frequenzen (mit Ausnahme der saisonalen) aufweist. Dies ist gleichbedeutend damit, daß diejenige Filterfolge ausgewählt wird, deren Amplitudenfunktion der idealen am nächsten – im angegebenen Sinn – kommt, vgl. Nourney/Söll 1976, S.135. Mit Version 4 kehrt das Bundesamt allerdings wieder zu einem Standardverfahren zurück. Im Prinzip werden die selben Ansätze wie in den bisherigen Versionen verwendet, allerdings mit zwei Neuerungen. Bei der Schätzung der glatten Komponente wird ein gewogener KQ-Ansatz verwendet, wobei als Gewichtsfunktion eine symmetrische (für mittlere Werte) bzw. eine asymmetrische (für Randwerte) Dreiecksfunktion benützt wird. Hier zeigen sich offensichtlich Parallelen zum SABL-Verfahren. Die zweite Neuerung besteht darin, daß am rechten Rand einer Reihe das Polynom 3. Ordnung für die glatte Komponente sukzessive durch eine Kombination aus zwei Polynomen 3. bzw. 1. Ordnung ersetzt wird, wobei das Gewicht des linearen Ansatzes gegen Reihenende zunimmt. Durch diese Maßnahme wird die Randstabilität des Verfahrens erhöht. Für Details siehe Nourney 1983 und zur Entwicklung der einzelnen Versionen vergleiche Stier 1985.

Es gibt allerdings nicht nur Weiterentwicklungen des Berliner Verfahrens von seiten des Statistischen Bundesamtes. Von Hebbel 1983 existiert ein *Verallgemeinertes Berliner Verfahren*, das eine Reihe in eine nicht-stochastische Mittelwertfunktion und in eine stochastische Komponente zerlegt. Für die Mittelwertsfunktion wird angenommen, daß sie einer Differenzengleichung genügt, deren Lösung durch eine Spline-Funktion gegeben ist.

Wie aus der Entwicklung der einzelnen Verfahrensversionen des Statistischen Bundesamtes hervorgeht, besteht das Ziel der Verfahrensmodifikationen darin, die Amplitudenfunktion des obigen multiplen Kerbenfilters zu realisieren, allerdings auf *indirektem* Weg und mittels *FIR-Filter*. Es wird also nicht versucht, *direkt* einen Filter im Frequenzbereich zu entwerfen, dessen Amplitude den gewünschten Verlauf aufweist. Es ist nun interessant zu bemerken, daß auch das Census X-11-Verfahren eigentlich genau die gleiche Zielsetzung – ebenfalls auf *indirektem* Weg und mit FIR-Filtern – verfolgt wie das Berliner Verfahren mit seinen verschiedenen Versionen. So hat z.B. Wallis 1982 die Filter von X-11 linearisiert, ihre Amplitudenfunktionen untersucht und gezeigt, daß sie auf dem Hintergrund des *idealen Amplitudenverlaufs* gesehen und beurteilt werden können (vgl. dazu auch die nachstehenden

Ausführungen unter Kap. XV.4.). Somit ergeben sich bei ganz unterschiedlichen Voraussetzungen beider Verfahren eigentlich a priori nicht zu erwartende Gemeinsamkeiten.

XV.3.2.2.   Das ASA-II-Verfahren

Dieses Verfahren wurde ursprünglich gemeinsam vom Institut für Wirtschaftsforschung HWWA-Hamburg, dem IFO-Institut München und dem RWI-Essen entwickelt (vgl. Danckwerts/Goldrian/Schäfer/Schüler 1970). Es vereinigt Elemente des Berliner- und des Census-Verfahrens, da es Schätzansätze aus dem ersteren enthält und in seinem iterativen Aufbau dem letzteren ähnelt. Ausgangspunkt ist das klassische Komponentenmodell. In einer 1. Runde erfolgt eine *vorläufige* Saisonkomponentenschätzung. Dies setzt eine *vorläufige* Schätzung der glatten Komponente voraus, die mittels der Stützbereich-Stützstellen-Konstellation von Version I des Berliner Verfahrens vorgenommen wird. Ziel dieser 1. Runde ist hauptsächlich eine vorläufige Schätzung der irregulären Komponente zum Zwecke der Extremwertbereinigung. Die Elimination der Extremwerte ergibt die *modifizierte* Ausgangsreihe. Daraus wird die endgültige glatte Komponente geschätzt, wobei methodisch gleich wie bei der ersten Schätzung vorgegangen wird. Wie bei Census wird nun für jeden Monat getrennt eine Saisonkomponentenschätzung vorgenommen, allerdings nicht mittels gleitender Durchschnitte, sondern regressionsanalytisch. Eine Besonderheit des Verfahrens ist dabei ein alternativer Regressionsansatz: Die Saisonkomponente wird entweder als Funktion der Zeit oder als Funktion der glatten Komponente modelliert. Derjenige Ansatz wird bevorzugt, der zu einem höheren Bestimmtheitsmaß führt. Subtraktion der geschätzten Saisonkomponente ergibt die saisonbereinigte Reihe, woraus durch Subtraktion der geschätzten glatten Komponente die geschätzte Restkomponente resultiert. Letztere wird zur *arbeitstäglichen* Bereinigung der Reihe herangezogen. Das ASA-II-Verfahren hat im Lauf der Zeit verschiedene Verbesserungen und Modifikationen erfahren, z.T. mit dem Ziel, die Randstabilität zu erhöhen (vgl. Goldrian 1972, 1973, 1998, Goldrian/Lehne 1997, 1998, 1998), die hier nicht dargestellt werden können. Aktuell wird zur Schätzung der glatten Komponente ein neu entwickelter Tiefpaßfilter verwendet (vgl. Goldrian/Lehne 1999).

XV.4.   Ein Verfahren auf der Basis von ARIMA-Modellen: SEATS

SEATS (**S**ignal **E**xtraction in **A**rima **T**ime **S**eries) ist ein Verfahren, das auf mehrere Autoren zurückgeht (vgl. dazu Maravall/Gomez 1994, S.1) und von Maravall/Gomez weiterentwickelt wurde. Praktisch eingesetzt wird es u.a. von der EUROSTAT. Im Kern handelt es sich bei SEATS um ein *Zerlegungsverfahren*, d.h. eine Zeitreihe wird als ARIMA-Prozeß modelliert, der in (orthogonale) Komponentenprozesse zerlegt wird, die ihrerseits wiederum ARIMA-Prozesse sind. Die vorzunehmende Zerlegung wird als "kanonisch" bezeichnet, womit ein bestimmtes Optimalitätsprinzip angesprochen wird, das weiter unten näher erläutert werden soll. Mit ARIMA-Modellierung und kanonischer Zerlegung soll eine *modelltheoretisch fundierte* ("model based") Saisonbereinigung einer ökonomischen Zeitreihe ermöglicht werden, im Gegensatz etwa zu Verfahren, die auf einfacheren Annahmen beruhen, wie z.B. die Census-Verfahren.

Ausgangspunkt für SEATS ist das traditionelle Komponentenmodell mit den üblichen Komponenten T_t (Trend), S_t (Saison) und I_t (Irreguläre). An Stelle einer additiven Verknüpfung der Komponenten läßt SEATS auch eine multiplikative zu, die durch Logarithmierung auf die additive Form zurückgeführt wird. Was nun unter der kanonischen Zerlegung des Prozesses X_t in seine Komponenten T_t, S_t und I_t zu verstehen ist, läßt sich am besten an Hand eines sehr einfachen Zeitreihenmodells auf Halbjahres-Basis demonstrieren, das in Anlehnung an Maravall /Pierce 1992 kurz dargestellt sei.

Ausgangspunkt sei ein Halbjahres-Prozeß, der nach Differenzierung weißes Rauschen sei

$$(1 - B^2)X_t = a_t$$
$$a_t: = \text{weisses Rauschen}$$
$$\sigma_a^2: = \text{Var}(a_t)$$

bzw. $\Delta^2 X_t = a_t$ mit $\Delta^2 := 1 - B^2 = (1 - B)(1 + B)$. Da X_t nicht-stationär ist, existiert kein Spektrum im üblichen Sinn, wohl aber kann ein Pseudo-Spektrum definiert werden, indem nach X_t aufgelöst, $B = \exp(i2\pi f)$ gesetzt und der absolute Betrag genommen wird. Dann erhält man

$$G_X(\lambda) = \left| \frac{\sigma_a}{1 - e^{i2\lambda}} \right|^2 = \frac{\sigma_a^2}{2(1 - \cos 2\lambda)}, \quad \lambda = 2\pi f, \quad f \in [0, 0.5]$$

mit dem in Abb. 15.5 dargestellten Verlauf:

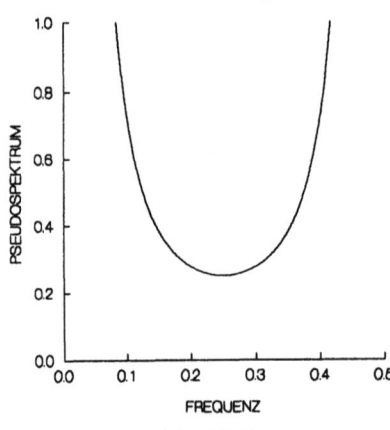

FREQUENZ

Abb. 15.5

Das Pseudo-Spektrum dieses Prozesses verläuft U-förmig, es hat je einen Pol bei $\lambda = 0$ (bzw. $f = 0$) und bei $\lambda = \pi$ (bzw. $f = 0.5$), die dem Trend bzw. der Saison zuzurechnen sind.

Für die Trendkomponente T_t kann man folgenden ARIMA-Prozeß ansetzen

$$T_t = \frac{\beta(B)}{1 - B} b_t$$
$$b_t := \text{weisses Rauschen}$$
$$\sigma_b^2 := \text{Var}(b_t)$$

und analog für die Saisonkomponente S_t:

$$S_t = \frac{\gamma(B)}{1 + B} c_t$$
$$c_t := \text{weisses Rauschen}$$
$$\sigma_c^2 := \text{Var}(c_t)$$

$\beta(B)$ und $\gamma(B)$ sind Polynome im Verschiebungs-Operator B. b_t bzw. c_t werden als *Pseudo-Innovationen* des Trends bzw. der Saison bezeichnet. Sowohl T_t als auch S_t sind rationale Funktionen in B, wobei postuliert wird, daß der Pol des Trends bei der Frequenz $f = 0$ und derjenige der Saison bei der Frequenz $f = 0.5$ liegt, was mit dem Verlauf des Pseudo-Spektrums kompatibel ist.

Aus obigem Komponentenmodell folgt nach Multiplikation mit Δ^2:

$$a_t = (1 + B)\beta(B)b_t + (1 - B)\gamma(B)c_t + \Delta^2 I_t$$

Im einfachsten Fall wird für die Polynome $\beta(B)$ und $\gamma(B)$ postuliert

$$\beta(B) = 1 - \beta B \ , \ \gamma(B) = 1 - \gamma B \ , \ |\beta| \leq 1 \ , \ |\gamma| \leq 1$$

so daß die MA(1)-Prozesse $(1 - \beta B) b_t$, $(1 - \gamma B) c_t$ im Allgemeinen nicht-invertierbar sind. Aus

$$\begin{aligned} a_t &= (1 + B)(1 - \beta B) b_t + (1 - B)(1 - \gamma B) c_t + (1 - B^2) I_t \\ &= b_t + (1 - \beta) b_{t-1} - \beta b_{t-2} + c_t - (1 + \gamma) c_{t-1} + \gamma c_{t-2} + I_t - I_{t-2} \end{aligned}$$

folgt für die Varianz und die Kovarianz von a_t für lag h=1 und h=2:

$$\begin{aligned} \sigma_a^2 &= 2[(1 - \beta + \beta^2)\sigma_b^2 + (1 + \gamma + \gamma^2)\sigma_c^2 + \sigma_I^2] \\ 0 &= (1 - \beta)^2 \sigma_b^2 - (1 + \gamma)^2 \sigma_c^2 \\ 0 &= -\beta\sigma_b^2 + \gamma\sigma_c^2 - \sigma_I^2 \end{aligned}$$

Diese drei Gleichungen lassen sich nach den Varianzen der Pseudo-Innovationen auflösen

$$\sigma_b^2 = \frac{\sigma_a^2}{4(1 - \beta)^2}, \ \ \sigma_c^2 = \frac{\sigma_a^2}{4(1 + \gamma)^2}$$

und für Var(I_t) erhält man:

$$\sigma_I^2 = \left(-\frac{\beta}{4(1 - \beta)^2} + \frac{\gamma}{4(1 + \gamma)^2} \right) \sigma_a^2$$

Var(b_t) und Var(c_t) sind für beliebige Parameterwerte β und γ positiv. Damit Var(I_t) nicht-negativ ist, muß gelten:

$$-\beta(1 + \gamma)^2 + \gamma(1 - \beta)^2 \geq 0$$

Es existieren nun beliebig viele β und γ, welche die obigen Bedingungen erfüllen, d.h. es liegt ein *Identifikationsproblem* vor. Bei SEATS wird dieses Problem dadurch gelöst, daß postuliert wird, "separables" weißes Rauschen solle weder Bestandteil des Trends (d.h. der Pseudo-Trendinnovationen) noch Bestandteil der Saison (d.h. der Pseudo-Saisoninnovationen) sein, sondern der irregulären Komponente zugewiesen werden. Deshalb sollten die unbekannten Prozeß-Parameter so festgelegt werden, daß die Varianz der irregulären Komponente *maximiert* wird. Die daraus resultierende Komponentenzerlegung wird - nach Box, Hillmer, Tiao, Pierce - als *kanonische* bezeichnet. Die Varianzmaximierung der irregulären Komponente impliziert eine *Varianzminimierung* der Pseudoinnovationen von Trend- und Saisonkomponente. Anders ausgedrückt, die unbekannten Parameter werden so bestimmt, daß Trend- und Saisonkomponente "möglichst glatt" bzw. "möglichst stabil" verlaufen. Für obiges Beispiel ergeben sich nach diesem Prinzip die Parameterwerte $\beta = -1$, $\gamma = +1$ und für die Varianzen der Pseudoinnovationen folgt $\sigma_I^2 = \sigma_a^2/8$, $\sigma_b^2 = \sigma_c^2 = \sigma_a^2/16$. Die Pseudo-Spektren für den kanonischen Trend, die kanonische Saison und die kanonische Irreguläre dieses Modells lauten

$$G_T(\lambda) = \left|\frac{1 + e^{i\lambda}}{1 - e^{i\lambda}}\right|^2 \sigma_b^2 = \frac{1 + \cos\lambda}{1 - \cos\lambda}\frac{\sigma_a^2}{16}$$

$$G_S(\lambda) = \left|\frac{1 - e^{i\lambda}}{1 + e^{i\lambda}}\right|^2 \sigma_c^2 = \frac{1 - \cos\lambda}{1 + \cos\lambda}\frac{\sigma_a^2}{16}$$

$$G_I(\lambda) = \frac{\sigma_a^2}{8}, \ \lambda \in [0,\pi]$$

d.h. es ist

$$G_{T,min}(\lambda) = 0 \ \text{für} \ \lambda = \pi$$
$$G_{S,min}(\lambda) = 0 \ \text{für} \ \lambda = 0$$

Die kanonische Zerlegung führt zu einer Bestimmung der Prozeßparameter der einzelnen Komponentenprozesse. Damit kennt man aber noch nicht die Werte dieser Komponenten. Diese ergeben sich aus den folgenden MMSE-(Minimum Mean Squared Error)-Schätzern:

$$\hat{T}_t = v_T(B)X_t$$
$$\hat{S}_t = v_S(B)X_t$$
$$\hat{I}_t = [1 - v_T(B) - v_S(B)]X_t$$

die linear von X_t abhängen. Dabei ist

$$v_t(B) = \frac{\sigma_b^2}{\sigma_a^2}\left|\frac{\psi_T(B)}{\psi_X(B)}\right|^2, \ v_S(B) = \frac{\sigma_c^2}{\sigma_a^2}\left|\frac{\psi_S(B)}{\psi_X(B)}\right|^2$$

$$|\psi(B)|^2 = \psi(B)\psi(F), \ F := B^{-1}$$

und

$$\psi_T(B) = \frac{1 - \beta B}{1 - B}$$
$$\psi_S(B) = \frac{1 - \gamma B}{1 + B}$$
$$\psi_X(B) = \frac{1}{1 - B^2}$$

Für die Trendkomponente ergibt sich daraus

$$v_T(B) = \frac{\sigma_b^2}{\sigma_a^2}|(1 + B)(1 - \beta B)|^2 = v_{T0} + v_{T1}(B + F) + v_{T2}(B^2 + F^2)$$

mit

$$v_{T0} = \frac{\sigma_b^2}{\sigma_a^2}(2 - 2\beta + 2\beta^2), \ v_{T1} = \frac{\sigma_b^2}{\sigma_a^2}(1 - \beta)^2$$

$$v_{T2} = -\frac{\sigma_b^2}{\sigma_a^2}\beta, \ \frac{\sigma_b^2}{\sigma_a^2} = \frac{1}{4(1 - \beta)^2}$$

und für die Saisonkomponente

$$v_S(B) = \frac{\sigma_c^2}{\sigma_a^2}|1 - \gamma B|^2|1 - B|^2 = v_{S0} + v_{S1}(B + F) + v_{S2}(B^2 + F^2)$$

mit

$$v_{S0} = \frac{\sigma_c^2}{\sigma_a^2}(2 + 2\gamma + 2\gamma^2), \quad v_{S1} = -\frac{\sigma_c^2}{\sigma_a^2}(1 + \gamma)^2$$

$$v_{S2} = \frac{\sigma_c^2}{\sigma_a^2}\gamma, \quad \frac{\sigma_c^2}{\sigma_a^2} = \frac{1}{4(1 + \gamma)^2}$$

Die Trendkomponente ergibt sich somit durch einen *linearen, symmetrischen Filter*

$$\hat{T}_t = v_{T0}X_t + v_{T1}X_{t-1} + v_{T2}X_{t-2} + v_{T1}X_{t+1} + v_{T2}X_{t+2}$$

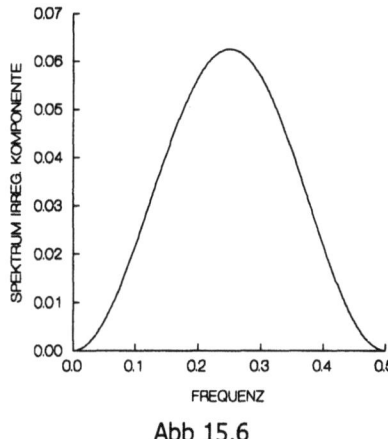

FREQUENZ

Abb 15.6

Die Spektren der drei *geschätzten* Komponenten lauten:

$$\hat{G}_T(\lambda) = \frac{\sigma_a^2(1 + \cos\lambda)^3}{64(1 - \cos\lambda)}$$

$$\hat{G}_S(\lambda) = \frac{\sigma_a^2(1 - \cos\lambda)^3}{64(1 + \cos\lambda)}$$

$$\hat{G}_u(\lambda) = \frac{\sigma_a^2}{16}(1 - \cos^2\lambda)$$

Das Spektrum der geschätzten irregulären Komponente verläuft z.B. wie folgt (für $\sigma_a^2=1$). Die Spitze dieses Spektrums liegt bei f=0.25, woraus folgt, daß die MMSE-Schätzung hier einen Zweijahres-Zyklus in der irregulären Komponente erzeugt (Abb. 15.6). Generell ist per Konstruktion die geschätzte irreguläre Komponente bei SEATS keine Realisation von weißem Rauschen.

Für die Praxis wichtig sind Schätzungen des Trends am *aktuellen Rand*. Die Filtergleichung für den Trend lautet:

$$\hat{T}_t = v_{T0}X_t + \sum_{i=1}^{2} v_{Ti}(X_{t-i} + X_{t+i})$$

Am aktuellen Rand t=T sind die Reihenwerte X_{T+1} und X_{T+2} *unbekannt*. SEATS ersetzt diese durch ARIMA-prognostizierte Werte. Somit lautet die Filtergleichung für den aktuellen Rand:

$$\hat{T}_{(t=T)}^{R} = v_{T0}X_T + \sum_{i=1}^{2} v_{Ti}(X_{T-i} + \hat{X}_T(i))$$

$\hat{X}_T(i):=$ Prognosewerte für die Zeitpunkte t=T+i, i=1,2

Nach Aktualisierung der Reihe, d.h. wenn die beiden Werte X_{T+1} und X_{T+2} bekannt sind, kann man sich fragen, inwieweit sich der Randwert des Trends ändert, wenn diese Informationen miteinbezogen werden. Sei

$$TRREV_T := \hat{T}_T - \hat{T}_T^R = v_{T1}[X_{T+1} - \hat{X}_T(1)] + v_{T2}[X_{T+2} - \hat{X}_T(2)]$$

die *Trendrevision*. Da für das zugrundeliegende Modell gilt

$$X_{T+1} - \hat{X}_T(1) = a_{T+1}, \quad X_{T+2} - \hat{X}_T(2) = a_{T+2}$$

folgt

$$TRREV_T = \left[(1 - \beta)^2 a_{t+1} - \beta a_{t+2}\right]\frac{\sigma_b^2}{\sigma_a^2} = \frac{1}{4}\left(a_{t+1} - \frac{\beta}{(1 - \beta)^2}a_{t+2}\right)$$

mit der Varianz:

$$\text{Var(TRREV)} = \frac{\sigma_a^2}{16}\left(1 + \frac{\beta^2}{(1-\beta)^4}\right)$$

Analog folgt für die Revision der Saisonkomponente

$$\text{SAISREV}_T := \frac{1}{4}\left(-a_{t+1} + \frac{\gamma}{(1+\gamma)^2}a_{t+2}\right)$$

mit der Varianz:

$$\text{Var(SAISREV}_T) = \frac{\sigma_a^2}{16}\left(1 + \frac{\gamma^2}{(1+\gamma)^4}\right)$$

Es ist

$$\text{Var(TRREV}_T)_{max} = \text{Var(SAISREV}_T)_{max} = \frac{\sigma_a^2}{16}(1+\frac{1}{16}) \text{ für } \beta = -1, \gamma = +1$$

d.h. die Varianz der Trendrevision ist *maximal* am aktuellen Rand, was von Maravall/Pierce so kommentiert wird: "The occurence of larger revisions may indicate a price paid for choosing the canonical decomposition (i.e. a trade-off between size of revision and cleaness of signal" (Maravall/Pierce 1992, S. 375).

Die kanonische Zerlegung läßt sich für beliebige ARIMA-Prozesse und Periodizitäten (Monats-, Quartalsdaten usw.) durchführen, vgl. dazu Maravall 1988, S.171 ff. und Maravall 1993, S. 7 ff. Sei allgemein

$$X_t = \sum_{i=1}^{k} X_{it}$$

mit

$$\varphi_i(B)\delta_i(B)X_{it} = \theta_i(B)a_{it}$$

oder

$$\Phi_i(B)X_{it} = \theta_i(B)a_{it}$$
$$\Phi_i(B) := \delta_i(B)\varphi_i(B)$$

wobei die Wurzeln von $\delta_i(B)$ *auf* dem Einheitskreis und diejenigen von $\varphi_i(B)$ *außerhalb* des Einheitskreises liegen und $\varphi_i(B)$ und $\varphi_j(B)$, $i \neq j$, keine gemeinsamen Wurzeln aufweisen sollen. Außerdem sollen die Komponenten-Innovationen a_{it} und a_{jt}, $i \neq j$, *unkorreliert* sein. Für den Gesamt-Prozeß läßt sich somit schreiben

$$\Phi(B)X_t = \Theta(B)a_t$$

mit

$$\Phi(B) := \prod_{i=1}^{k}\varphi_i(B)$$
$$\Theta(B)a_t = \sum_{i=1}^{k} \theta_i(B)\varphi_{ni}(B)a_{it}$$
$$\varphi_{ni} := \prod_{j=1(j\neq i)}^{k} \varphi_j(B)$$

Im allgemeinen ist k=4, d.h. neben Trend, Saison und irregulärer Komponente wird evtl. eine zyklische (d.h. konjunkturelle) Komponente berücksichtigt.

In SEATS wird als *Standardmodell* das Airline-Modell $(0,1,1)(0,1,1)_{12}$ verwendet. Da für dieses geschrieben werden kann

$$(1-B)(1-B^{12}) = (1-B)^2 S$$
$$S := 1 + B + B^2 + \ldots + B^{11}$$

folgt, daß das Pseudo-Spektrum von X_t einen Peak für die Frequenz f=0 aufweist, der auf den Trend zurückzuführen ist und 6 Peaks für die Frequenzen f_j=1/12j, j=1,2,... 6, die auf die saisonale Komponente zurückzuführen sind. Deshalb wird von folgendem Ansatz ausgegangen

$$(1 - B)^2 T_t = \alpha(B)b_t$$
$$(1 + B + ... + B^{11})S_t = \beta(B)c_t$$

d.h. es ist

$$X_t = \frac{\alpha(B)}{(1 - B)^2}b_t + \frac{\beta(B)}{1 + B + ... + B^{11}}c_t + u_t$$

wobei b_t, c_t und u_t (paarweise) unkorrelierte white-noise-Prozesse sind.

Für dieses Modell lassen sich kanonische Zerlegung und Komponenten-Schätzer ableiten. Durch Vergleich mit dem Airline-Modell ergibt sich die Beziehung:

$$(1-\theta_1 B)(1-\theta_{12}B^{12})a_t = (1+B+...+B^{11})\alpha(B)b_t + (1-B)^2\beta(B)c_t + (1-B)(1-B^{12})u_t$$

Da links ein MA(13)-Prozeß steht, muß $\alpha(B)$ ein Polynom 2. Grades und $\beta(B)$ ein Polynom 11 Grades sein, d.h. für die Komponenten gilt schließlich:

$$(1 - B)^2 T_t = (1 - \alpha_1 B - \alpha_2 B^2)b_t$$
$$(1 + B + ... + B^{11})S_t = (1 - \beta_1 B - .... - \beta_{11}b^{11})c_t$$

Somit ist der Trend ein IMA(2,2)-Prozeß. Durch Gleichsetzen von Varianz und Kovarianzen beider Seiten der obigen Beziehung ergibt sich ein Gleichungssystem von 14 Gleichungen mit den 16 unbekannten Parametern (α_1, $\alpha_2, \beta_1,...,\beta_{11}$; σ^2_b, σ^2_c, σ^2_u). Die Identifikation wird wieder durch *Maximierung* von σ^2_u ermöglicht. Für die Komponentenschätzung erhält man:

$$\hat{X}_{it} = \frac{\sigma^2_i}{\sigma^2_a} \frac{\psi_i(B)\psi_i(F)}{\psi(B)\psi(F)}X_t \quad , F = B^{-1}$$

$$\psi_i(B) = \frac{\theta_i(B)}{\varphi_i(B)}$$

$$\psi(B) = \frac{\Theta(B)}{\Phi(B)}$$

Mit den Polynomen

$$\theta(B) := (1 - \theta B)(1 - \theta_{12}B^{12})$$
$$\alpha(B) := 1 - \alpha_1 B - \alpha_2 B^2$$
$$\beta(B) := 1 - \beta_1 B - .... - \beta_{11}B^{11}$$

erhält man für das Airline-Modell daraus die Filter-Koeffizienten für die Trendkomponente

$$v_T(B,F) = \frac{\sigma^2_b}{\sigma^2_a} \frac{\alpha(B)\alpha(F)S(B)S(F)}{\theta(B)\theta(F)}$$

und für die Saisonkomponente:

$$v_S(B,F) = \frac{\sigma^2_c}{\sigma^2_a} \frac{\beta(B)\beta(F)(1-B)^2(1-F)^2}{\theta(B)\theta(F)}$$

Die irreguläre Komponente folgt aus:

$$\hat{u}_t = X_t - \hat{T}_t - \hat{S}_t = [1 - v_T(B,F) - v_S(B,F)]X_t$$

Der Benutzer von SEATS hat neben dem Standardmodell die Option, einer Saisonbereinigung entweder ein eigenes Modell zugrunde zulegen oder sich vom Begleit-
programm TRAMO (**T**ime Series **R**egression with **A**RIMA Noise, **M**issing **O**bserva-
tions and **O**utliers), das über eine automatische Modellierung verfügt, ein ARIMA-
Modell vorschlagen zu lassen. Mit TRAMO lassen sich auch Interventionen (Ausreißer) und spezielle Effekte (wie z.B. Feiertagseffekte, Werktagseffekte) modellieren und schätzen. Darauf soll hier aber nicht weiter eingegangen werden (vgl. dazu
Maravall/Gomez 1997). Als Anwendungsbeispiel werde die obige Reihe "Auftragseingang" (jetzt von 1985/1 bis 1993/4) mit SEATS analysiert. Nach Maravall verwirft TRAMO für diese Reihe das Airline-Standard-Modell und schlägt ein (2,1,1)
$(0,1,1)_{12}$-Modell vor (vgl. Maravall/Feldmann 1997, S.199). Damit erhält man folgende Resultate:

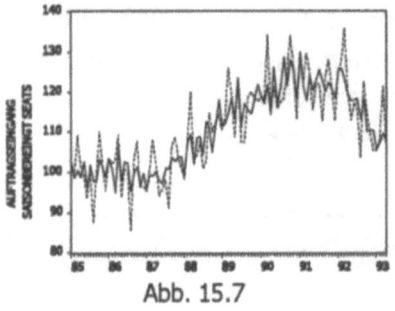

Abb. 15.7

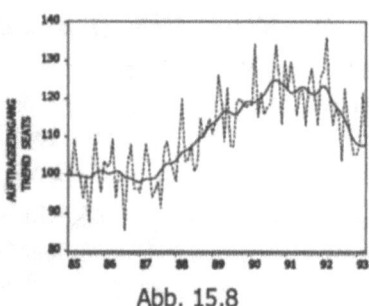

Abb. 15.8

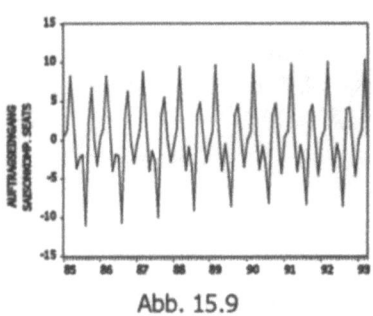

Abb. 15.9

Diese Saisonkomponente verläuft ähnlich zu
der entsprechenden oben dargestellten Saisonkomponente von STAMP (Korrelation=
0.99). Eine schöne Eigenschaft von SEATS
ist darin zu sehen, daß das Programm die
(quadrierten) Amplituden (oder gain-)Funk-
tionen der relevanten Filter ausgibt. Damit
läßt sich leicht erkennen, welche Frequenzbänder in welcher Weise vom Zerlegungsverfahren tangiert werden (für die Reihe
"Auftragseingang" in 15.10 und 15.11).

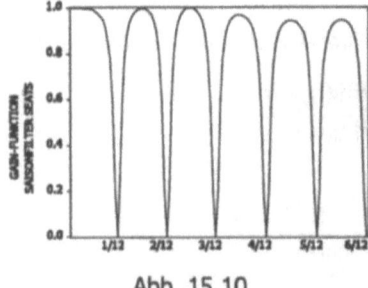

Abb. 15.10

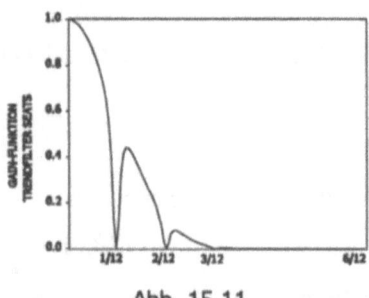

Abb. 15.11

Wie die gain-Funktion dieses SEATS-Saisonfilters zeigt, läßt sich auch SEATS hier
letzten Endes als Approximation der oben angeführten "idealen" Amplitudenfunktion

eines multiplen Kerbefilters auffassen. Bei anderen Reihen bzw. ARIMA-Modellspezi-
fikationen lassen sich ganz ähnliche Verlaufsformen des Saisonfilters beobachten.

Zur Kritik an SEATS siehe Stier 1996 mit einer Replik von Maravall in Maravall/
Feldmann 1997 und einer Duplik von Stier 1998.

Es sei hier betont, daß die kanonische Zerlegung eines ARIMA-Prozesses nicht
die einzig mögliche Zerlegung eines solchen Prozesses darstellt. Neben den schon
in Kapitel XIII. behandelten strukturellen Komponentenmodellen sei hier die *Beveridge-Nelson*-Zerlegung erwähnt (Beveridge/Nelson 1981), die im vorliegenden
Zusammenhang insofern von Bedeutung ist, als Breitung auf der Grundlage dieser
Zerlegung ein Saisonbereinigungsverfahren entwickelt hat (zu Einzelheiten vgl.
Breitung 1994), das zumindest theoretisch eine interessante Alternative zur kanonischen Zerlegung darstellt. Praktisch einsetzbare Saisonbereinigungsverfahren, die
auf der Beveridge-Nelson-Zerlegung beruhen, scheinen sich jedoch noch im Ent-
wicklungsstadium zu befinden.

XV.5. Weitere Verfahren

Hier sind Verfahren zu nennen, die auf Akaike und Kitagawa/Gersch, Pauly und
Schlicht zurückgehen. Grundlegend ist eine Idee, die von Whittaker 1923 stammt
und als Lösung des folgenden Problems vorgeschlagen wurde. Im Zeitreihenmodell
sei $X_t = f_t + u_t, t = 1, \ldots, T$, wobei f_t eine unbekannte glatte Funktion der Zeit ist und die
u_t identische und unabhängige Zufallsvariablen sind mit Erwartungswert Null und
konstanter Varianz σ^2. Die Funktion f_t stellt die *systematische* Komponente der
Zeitreihe dar und soll unter Beachtung der beiden folgenden Forderungen geschätzt
werden:
- die Schätzwerte von f_t sollen möglichst wenig von den gegebenen Reihenwerten
  abweichen,
- die Funktion f_t soll möglichst glatt sein.

Da sich diese beiden Forderungen widersprechen, können sie nicht beide gleichzeitig realisiert werden. Der von Whittaker vorgeschlagene Kompromiß besteht in
der Minimierung der Zielfunktion

$$\sum_t [X_t - f_t]^2 + \lambda^2 \sum_t [\Delta^k f_t]^2 \, ,$$

wobei k die Ordnung des Differenzenoperators Δ bezeichnet und λ^2 einen Steue-
rungsparameter. Der erste Summand bringt die Abweichungen zwischen den Reihenwerten und den Werten der systematischen Komponente f_t zum Ausdruck, der
zweite stellt ein Maß dar für die Krümmung von f_t. Der zu wählende Parameter λ^2
beschreibt den einzugehenden Kompromiß zwischen Anpassung und Glattheit.

Akaike 1980 und Schlicht 1981 haben diesen Ansatz auf die Analyse von Zeitreihen mit saisonaler Komponente erweitert. Danach setzt sich die systematische
Komponente additiv aus glatter Komponente G_t und saisonaler Komponente S_t zusammen. Das von Schlicht formulierte *Prinzip der Saisonbereinigung* umfaßt die
drei Postulate:
a) Die Summe aus glatter und saisonaler Komponente sollte die gegebene Reihe
   möglichst gut approximieren, d.h. die irreguläre Komponente $\mathbf{u} = \mathbf{x} - \mathbf{g} - \mathbf{s}$ sollte

möglichst klein sein ($\mathbf{x}, \mathbf{g}, \mathbf{s}, \mathbf{u}$ sind die $(T \times 1)$-Vektoren $\mathbf{x} = (X_1, \ldots, X_T)'$, $\mathbf{g} = (G_1, \ldots, G_t)'$, $\mathbf{s} = (S_1, \ldots, S_T)'$, $\mathbf{u} = (u_1, \ldots, u_T)'$)

Sei $f_3 \colon \mathbb{R}^T \to \mathbb{R}$ ein Maß für die Größe von $\mathbf{u}$ (z.B. $f_3(\mathbf{u}) = \mathbf{u}'\mathbf{u}$, dann ist die Minimierung von $f_3(\mathbf{x} - \mathbf{g} - \mathbf{s})$ eine Operationalisierung von Postulat a).

b) g sollte eine möglichst glatte Kurve sein. Sei $f_1 \colon \mathbb{R}^T \to \mathbb{R}$ ein (beliebiges) Krümmungsmaß. Postulat b) erfordert eine Minimierung von $f_1(\mathbf{g})$.

c) Die saisonale Komponente sollte ein möglichst stabiles Verlaufsmuster aufweisen und zusätzlich über einen Saisonzyklus hinweg im Durchschnitt Null ergeben.

Sei $f_2 \colon \mathbb{R}^T \to \mathbb{R}$ ein Maß für die Instabilität des saisonalen Musters und der Abweichung vom Durchschnitt Null. Postulat c) erfordert eine Minimierung von $f_2(\mathbf{s})$. Falls die Funktionen f_1, f_2, f_3 gegeben sind, lassen sich glatte und saisonale Komponente als Lösung des folgenden Minimierungsproblems bestimmen:

$$V(\mathbf{g}, \mathbf{s} \mid \mathbf{x}) \colon = f_1(\mathbf{g}) + f_2(\mathbf{s}) + f_3(\mathbf{u}) = \min_{\mathbf{g}, \mathbf{s}}.$$

Schlicht schlägt folgende Funktionen vor:

$$f_1(\mathbf{g}) \colon = \alpha \sum_{t=3}^{T} [(G_t - G_{t-1}) - (G_{t-1} - G_{t-2})]^2, \quad \alpha > 0$$

$$f_2(\mathbf{s}) \colon = \beta \sum_{t=s+1}^{T} (S_t - S_{t-s})^2 + \gamma \sum_{t=s}^{T} (\sum_{i=0}^{s-1} S_{t-i})^2,$$

$$\beta \geq 0, \; \gamma > 0 \quad (s = 12 \text{ für Monatsdaten}).$$

$$f_3(\mathbf{x} - \mathbf{g} - \mathbf{s}) \colon = \sum_{t=1}^{T} (X_t - G_t - S_t)^2.$$

In $f_2(\mathbf{s})$ mißt der erste Summand die Stabilität der Saisonkomponente und der zweite die Summe der Abweichungen dieser Komponente je Jahr vom Mittelwert Null.

Obiges Minimierungsproblem hat für die gewählte Spezifikation eine eindeutige Lösung (vgl. Schlicht 1981). Freiheitsgrade besitzt das Verfahren bei der numerischen Konkretisierung der Gewichte α, β und γ. Je größer α und β desto glatter ist G_t bzw. stabiler ist S_t und desto größer natürlich die irreguläre Komponente. Statt einer ad hoc-Festlegung dieser Parameter kann auch versucht werden, sie so zu konkretisieren, daß die ex-post-Prognosefehler für $\mathbf{s}$ und $\mathbf{g}$ minimal werden. Letztere sind dadurch definiert, daß die Analyseresultate (für einen gegebenen Satz von Koeffizienten) bis zur Periode $t < T$ mit denjenigen für die gesamte verfügbare Reihe verglichen und die entsprechenden Differenzen gebildet werden. Als *optimal* wird dann derjenige Koeffizientensatz angesehen, der diese Prognosefehler minimiert (vgl. Nagel 1980).

Ein theoretisch anspruchsvollerer Ansatz zur optimalen Bestimmung der Parameter k, α, β und γ stammt von Akaike 1980. Dabei wird die Likelihoodfunktion für das Komponentenmodell aufgestellt und über die a priori-Verteilung des Parametervektors seine a posteriori-Verteilung bestimmt (BAYESsche Schätzprozedur). Allerdings ist der dazu benötigte Rechenaufwand beträchtlich.

Wie jedoch Kitagawa/Gersch 1984 zeigen konnten, läßt sich dieser Nachteil weitgehend vermeiden, wenn man das zugrundeliegende Zeitreihenmodell in ein entsprechendes Zustandsraummodell überführt und dann den Kalman-Filter-Ansatz zur Optimierung und Schätzung der Komponenten verwendet. Dabei kann auch eine

Kalenderkomponente berücksichtigt werden. Außerdem hat Kohlmüller 1987 gezeigt, wie der Rechenaufwand bei Kitagawa/Gersch nochmals reduziert werden kann. Eine direkte Lösung des Optimalproblems stammt von Pauly 1987.

Schließlich sei noch erwähnt, daß der ursprünglich rein deskriptive Schlicht-Ansatz verschieden-stochastische Erweiterungen bzw. Modifizierungen erfahren hat. So wird z.B. für die glatte Komponente angenommen:

$$G_t = G_{t-1} + (G_{t-1} - G_{t-2}) + v_t$$

und für die saisonale Komponente:

$$S_t = S_{t-s} + (1 - g_0)\left(\sum_{i=1}^{s-1} - S_{t-i} - S_{t-s}\right) + w_t \ , \ 0 \le g_0 \le 1$$

v_t und w_t werden als voneinander stochastisch unabhängige Zufallsvariablen aufgefaßt. Die v_t haben einen permanenten Einfluß auf die Entwicklung der glatten Komponente. S_t sollte sich nach s Perioden *fast identisch* wiederholen. In den dazwischen liegenden Perioden t-s+1,...,t-1 kann sich aber die Saisonfigur geändert haben. Die Änderungen werden durch den Ausdruck in der Klammer erfaßt und durch w_t modifiziert. In einer Residualanalyse können die Realisationen von v_t geschätzt werden:

$$\hat{v}_t = \hat{G}_t - 2\hat{G}_{t-1} + \hat{G}_{t-2} \ .$$

Die $\hat{v}_t$-*Impulse* geben Aufschluß über Tendenzänderungen der glatten Komponente. Analog können mit Hilfe der $\hat{w}_t$ Modifikationen des saisonalen Musters abgelesen werden. Die $\hat{v}_t$ bzw. $\hat{w}_t$ sollten eine *substanzwissenschaftliche* Interpretation zulassen. Für weitere Einzelheiten vergleiche Pauly 1982, Pauly/Schlicht 1982,1984 sowie Schlicht 1984.

XV.6.   Saisonbereinigung als Filter-Design-Problem

Die theoretischen Überlegungen zum Census-Verfahren und zu den verschiedenen Versionen des Berliner Verfahrens, die als *Referenzamplitude* die Amplitudenfunktion des multiplen Kerbenfilters benützen, legen den Gedanken nahe, einen Filter zu entwerfen, der diese Amplitudenfunktion *direkt* realisiert. Mit *direkt* ist gemeint, daß der Filter mit Hilfe von Methoden aus Kapitel XVI. im Frequenzbereich konstruiert wird, ohne daß vorgängig Komponenten und Schätzmethoden im Zeitbereich spezifiziert werden. Solche – rein filtertheoretisch konzipierte – Saisonbereinigungsverfahren beruhen deshalb nicht mehr auf dem klassischen Komponentenmodell. Statt den dort üblichen traditionellen vier Komponenten sind hier a priori unendlich viele Komponenten zugelassen, die dem Kontinuum von Frequenzen $[0,\pi]$ zugeordnet sind. Zur Interpretation und Formulierung von Zielsetzungen ist es allerdings häufig zweckmäßig, Frequenzintervalle zu bilden und für diese die üblichen Termini zu verwenden, z.B. ist es naheliegend, das Intervall $[0, 2\pi/12]$ mit der glatten Komponente (im Sinne des traditionellen Komponentenmodelles) zu identifizieren.

XV.6.1. Die Lösung des Design-Problems nach O'Gorman

Bei dieser von O'Gorman 1982 vorgeschlagenen Lösung wird versucht, die gewünschte Amplitudenfunktion mit Hilfe eines FIR-Filter-Designs zu realisieren. Konkret wird ein optimaler FIR-Filter mit dem in Kap. XVI. beschriebenen Ansatz konstruiert, der die *ideale* Amplitudenfunktion *gleichwellig* approximiert, wobei das Optimierungsproblem allerdings nicht mit dem Remez-Algorithmus, sondern mit linearer Programmierung gelöst wird, wie dies bei Rabiner/Gold 1975, S.140 dargestellt ist. Wie die bei O'Gorman 1982, S.741 wiedergegebene realisierte Amplitudenfunktion eines Saisonbereinigungsfilters für aktuelle Reihenwerte zeigt, kann diese durchaus mit der entsprechenden Amplitudenfunktion von Census X-11 verglichen werden. Allerdings weist sie bei weitem nicht die *Schärfe* der Referenz-Amplitude auf, was nicht erstaunlich ist bei einer FIR-Filterkonstruktion.

XV.6.2. Die Lösung des Design-Problems nach Stier

Bei der von Stier 1980 vorgeschlagenen Lösung wird von einem IIR-Filter-Design Gebrauch gemacht. Ausgangspunkt ist der in Kap. XVII.5.2. beschriebene einfache Kerbenfilter. Die gesuchte Amplitudenfunktion ergibt sich durch eine sechsfache Serienschaltung dieses Filters, wobei die Nullstellen jeweils bei den sechs saisonalen Frequenzen $\lambda_k = 2\pi k/12$ (oder $z_k = e^{i2\pi k/12}$), $k=1,...,6$ liegen. Die gesamte Transferfunktion lautet deshalb

$$T_S(z) = \frac{\prod\limits_{k=1}^{6} b_k \, (z-e^{i\lambda_k})^3 \, (z-e^{-i\lambda_k})^3}{\prod\limits_{k=1}^{6} \prod\limits_{i=1}^{3} (z-p_{ik})(z-\bar{p}_{ik})} \, , \quad z=e^{i\lambda} \, , \quad |\lambda| \leq \pi$$

mit b_k: =Normierungskonstante des k-ten Saisonfilters, p_{ik}: =i-ter Pol des k-ten Saisonfilters, $i=1,2,3$; $k=1,2,...,6$ mit der Pol-Nullstellen-Konstellation (hier nur für $k=1$ gezeichnet):

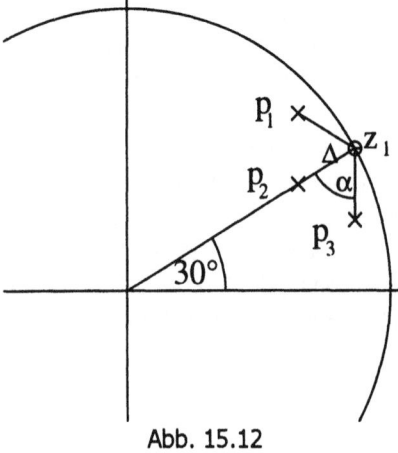

Die Zeitreihe wird also durch sechs Kerbenfilter geschickt, deren Nullstellen bei λ_k, $k=1,...,6$ liegen. Der einzige Parameter, von dem das Bereinigungsresultat abhängt, ist (bei gegebenen α) Δ. Mit der Vorgabe von Δ ist die Weite der Kerbenöffnung bestimmt und damit im Frequenzbereich auch das, was mit einer Vorgabe unter *saisonaler Variation* einer Zeitreihe zu verstehen ist. Der Parameter Δ läßt sich in ein Maß für die *Bandbreite* der gewählten Definition von *Saison* umsetzen (vgl. Stier 1980, S.75).

Abb. 15.12

Die i-te Filtergleichung des k-ten Saisonfilters lautet:

$$y_{ikt} = x_{ikt} - 2 x_{ik,t-1} \cos\lambda_k + x_{ik,t-2} + (p_{ik} + \bar{p}_{ik}) y_{ik,t-1}$$

$$- |p_{ik}|^2 y_{ik,t-2} \quad , \quad i = 1,2,3 ; \quad k = 1,2,...,6$$

mit: x_{ikt} = Filter-Input der i-ten Filtergleichung des k-ten Saisonfilters $(x_{11t}=x_t)$

y_{ikt} = Filter-Output der i-ten Filtergleichung des k-ten Saisonfilters

$y_{36t}b_6$ ist schließlich die saisonbereinigte Reihe.

Die nächste Graphik (Abb. 15.13) zeigt die mit einem multiplen Kerbenfilter (mit Δ=0.04) bereinigte Reihe "Auftragseingang" (1978/1-1994/12), die in Abb. 15.14 zusammen mit der Originalreihe dargestellt ist:

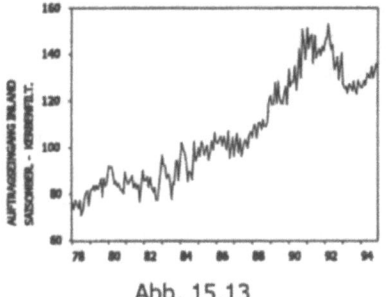

Abb. 15.13

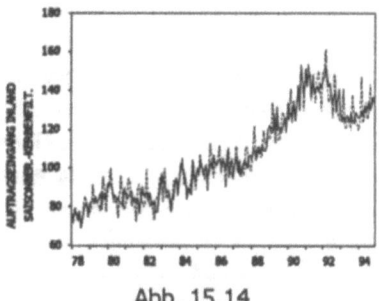

Abb. 15.14

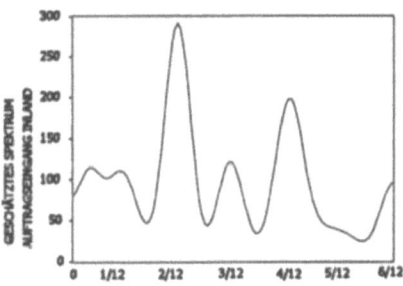

Abb. 15.15

Bei dieser Saisonbereinigung wurden nicht alle sechs saisonalen Frequenzen einbezogen, da das in obiger Abb. 15.15 wiedergegebene Spektrum der Reihe "Auftragseingang" (nach Hochpaßfilterung mit Paßband (0.02, 0.5]) zeigt, daß sie in den saisonalen Frequenzen 1/12 und 5/12 keine "saisonale power" enthält. Der multiple Kerbenfilter ist kein "fixer" Filter, er kann, wie dieses Beispiel zeigt, flexibel, d.h. unter Berücksichtigung des Frequenzgehaltes einer Reihe eingesetzt werden. Für weitere Einzelheiten des Kerbenfilters (wie Stabilitätsuntersuchungen, Phaseneigenschaften, Beispiele usw.) sei auf Stier 1980 und 1996 verwiesen.

Die gestellte Design-Aufgabe kann auch durch eine sechsfache Serienschaltung des in Kap. XVII.5.2. beschriebenen Bandstoppfilters gelöst werden. Die entsprechenden Filtergleichungen können ganz analog zum multiplen Kerbenfilter abgeleitet werden (vgl. Stier 1980).

Zu beachten ist, daß bei diesen rein filtertheoretisch konzipierten Saisonbereinigungsverfahren neben der saisonbereinigten Reihe *keine* glatte Komponente sozusagen als *Nebenprodukt* mit anfällt. Eine vorgängige Bestimmung einer glatten Komponente ist nicht erforderlich. Somit brauchen auch keine diesbezüglichen Verlaufshypothesen aufgestellt zu werden. Da IIR-Filter verwendet werden, sind die skizzierten Verfahren *absolut randstabil*.

Die Ausfilterung einer glatten Komponente erfordert die Konstruktion von Tiefpaß-Filtern, da prinzipiell *alle* kurzfristigen Schwankungen eliminiert werden müssen (*Hochfrequenzbereinigung*). Dazu eignen sich z.B. die in Kap. XVII.6. dargestellten Tiefpässe. Unter den dort wiedergegebenen Beispielen finden sich auch *hochfrequenzbereinigte* Reihen.

XV.7.   Zum Vergleich von Saisonbereinigungsverfahren

In Anbetracht verschiedener Bereinigungsverfahren mit zum Teil erheblich divergierenden Modellvoraussetzungen drängt sich die Möglichkeit oder sogar Notwendigkeit von Verfahrensvergleichen geradezu auf. Dies auch im Hinblick darauf, daß es noch weitere – mindestens theoretisch – interessante Zeitreihenmodelle gibt, die als Basis für Saisonbereinigungsverfahren in Betracht zu ziehen sind, z.B. Regressionsansätze mit zeitlich variierenden Koeffizienten (etwa gemäß einem autoregressiven Prozeß, vgl. dazu Hannan/Terell/Tuckwell 1970 oder Modelle mit stochastischen Parametern, vgl. dazu Havenner/Swamy 1978) usw. Allerdings ist hier gleich zu bemerken, daß Vergleiche von Saisonbereinigungsverfahren ein ausgesprochen *schwieriges* Kapitel darstellen, das kontrovers und nicht selten emotional diskutiert wird. Umstritten ist nicht nur, was als Vor- oder Nachteile von Verfahren überhaupt anzusehen sind, umstritten sind auch die *Vergleichskriterien*. Wenn im folgenden versucht wird, wichtige Aspekte dieser Vergleichsproblematik möglichst kurz darzustellen, so geschieht das ohne jeglichen Anspruch auf Vollständigkeit und im Bewußtsein, daß diese Probleme keinesfalls ausdiskutiert sind.

XV.7.1.   Über numerische Vergleiche alternativ saisonbereinigter Zeitreihen

Nicht selten werden alternativ saisonbereinigte Zeitreihen einfach einem *optischen* Vergleich unterzogen und etwaige Verlaufsunterschiede *bewertet*. Diese Art von Verfahrensvergleich ist bei Praktikern gang und gäbe, soll gelegentlich aber auch bei Statistikern vorkommen. Es ist nun leicht einzusehen, daß Vergleiche dieser Art nicht sinnvoll sind – abgesehen von gewissen noch zu diskutierenden Ausnahmen.

Alle praktizierten Saisonbereinigungsverfahren verwenden *innere Definitionen* (im Sinne von Wald 1936). Dies läuft darauf hinaus, daß man eine gewisse Anzahl von Eigenschaften der Reihenkomponenten postuliert, von denen man annimmt, daß sie ökonomisch sinnvoll oder plausibel sind (vgl. z.B. obige Charakterisierung der im *traditionellen Komponentenmodell* auftretenden Größen). Diese Postulate ermöglichen es dann, den einzelnen Komponenten je eine Klasse oder sogar mehrere Klassen von Funktionen zuzuordnen (z.B. die Klasse der Polynome *niedriger* Ordnung) bzw. stochastische Eigenschaften zu spezifizieren (z.B. Modellierung der *irregulären Komponente* durch *weißes Rauschen*). Diese Zuordnung ist jedoch nicht eindeutig, selbst dann nicht, wenn Einigkeit bezüglich der jeweiligen *Funktionsklasse* bestehen sollte. Ein Verfahrenskonstrukteur hat vielmehr hierbei gewisse *Freiheitsgrade*, und da die Modellkomponenten nicht beobachtbar sind, läßt sich eine gewählte Zuordnung prinzipiell empirisch nicht überprüfen. Das hat nun weitreichende Konsequenzen: Wird z.B. bei zwei Saisonbereinigungsverfahren für die *glatte Komponente* etwa einmal ein Polynom dritten Grades und zum anderen ein Polynom zweiten Grades plus einer trigonometrischen Funktion mit einer Periode von 36 Monaten angesetzt, dann führt dieser unterschiedliche Ansatz unter Umständen im Endeffekt zu erheblich differierenden Resultaten. Dies ist selbst dann möglich, wenn sich beide Verfahren *nur* in diesem Punkt unterscheiden würden. Offensichtlich wäre es nun aber nicht sinnvoll, darüber zu diskutieren, welches Verfahren denn nun eigentlich das *bessere* sei, denn dies wäre gleichbedeutend damit, daß man herausfinden wollte, welche der beiden Definitionen die *bessere* ist. Da jedes Bereinigungsverfahren notwendigerweise eine innere Definition der relevanten Komponenten impliziert – ob direkt erkennbar oder nicht – sind mit verschiedenen Verfahren bereinigte Reihen streng genommen prinzipiell unvergleichbar, da sie in der Regel auf unterschiedlichen Definitionen ihrer Komponenten beruhen. Der häufig geübte Vergleich alternativ bereinigter Reihen, insbesondere von Einzelheiten in ihrem zeitlichen Verlauf, entbehrt daher einer sinnvollen Grundlage. Uneingeschränkt gilt dies zumindest dann, wenn nicht schlüssig dargelegt werden kann oder offenkundig ist, daß ein Verfahren *unsinnige* Ergebnisse bringt (z.B. negative bereinigte Werte bei Reihen, die nur positive Werte annehmen können). Das wird jedoch nur ausnahmsweise möglich sein. In der Regel basieren derartige Vergleiche auf subjektiven a priori-Vorstellungen darüber, welche Veränderungen einer Reihe jeweils als saisonal und welche als nicht-saisonal bedingt angesehen werden sollen (für weitere Überlegungen dazu vgl. Stier 1977).

Eine Ausnahme scheint hier die Bereinigung von simulierten Reihen zu machen, sind die *wahren* Komponenten dabei doch bekannt. Mit simulierten Reihen ist zwar ein direkter Vergleich möglich zwischen den wahren Komponenten und den durch das Verfahren geschätzten Komponenten. Auch sind sie nützlich für Sensitivitätsanalysen. Für Vergleichsuntersuchungen haben sie jedoch den Nachteil, daß sie solche Verfahren a priori begünstigen, die bezüglich Komponentenverknüpfung und Komponenteneigenschaften den simulierten Reihen ähnlich sind. Im Extremfall ist dies dann eindeutig gegeben, wenn die Komponenten einer Simulationsreihe genau gleich definiert sind wie in einem bestimmten Bereinigungsverfahren. Abgesehen davon verbleibt das Problem, ob und inwieweit Simulationsergebnisse auf reale Reihen übertragen und verallgemeinert werden können. Eine Verallgemeinerung im strengen Sinn ist ohnehin nicht möglich (Induktionsproblem).

Es gilt allerdings gewisse Ausnahmen zu beachten, bei denen Verlaufsvergleiche als sinnvoll zu bezeichnen sind. Dies ist z.B. dann der Fall, wenn ein Verfahren ein *besonders auffälliges* Verlaufsmuster erzeugt und wenn nachgewiesen werden kann, daß dieses Muster nicht reihenspezifisch ist, sondern eine Folge der Verfahrenskonstruktion. Eine solche verfahrensspezifische Eigenart kann z.B. für Census X-11 nachgewiesen werden, und zwar bei der Schätzung der glatten Komponente. Graphik 15.16 zeigt die glatte Komponente der (monatlichen) Umsatzreihe einer Firma. Vergleicht man diese glatte Komponente mit derjenigen, die mit einem exakten Tiefpaß-Filter (Paßband [0, 0.07], Stoppband [0.083, 0.5]) resultiert (vgl. dazu die Ausführungen in Kap. XVII.6.), dann sieht man, daß die Census-Komponente um die Tiefpaß-Komponente oszilliert siehe Abb. 15.17).

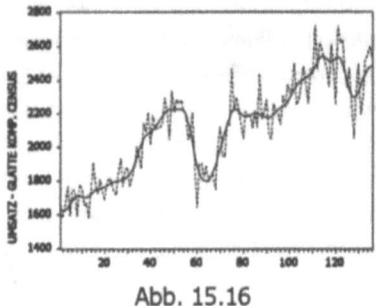

Abb. 15.16

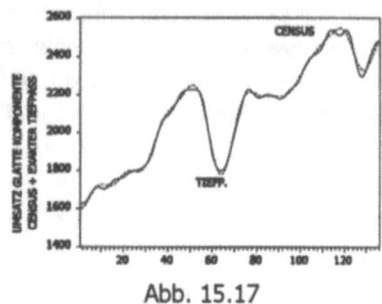

Abb. 15.17

Dieses Phänomen ist keineswegs an eine spezielle Reihe gebunden, sondern verfahrensspezifisch. Die Amplitudenfunktion von Census X-11 zeigt im Gegensatz zum verwendeten Tiefpaß den Verlauf in Abb. 15.18 (Zur Bestimmung dieser Funktion siehe weiter unten). Offensichtlich ist diese nicht verzerrungsfrei, sondern zeigt eine Spitze bei ca. 10 Monaten, die vermutlich auf eine zu niedrige Ordnung des Henderson-Filters zurückzuführen sein dürfte (zu diesen Oszillationen vgl. auch Schäffer 1970). Daß man vor solchen Problemen auch bei "model-based"-Verfahren nicht unbedingt geschützt ist, zeigt die Trend-Komponente nach SEATS in Abb. 15.8. Vergleicht man nämlich diese mit dem Trend eines exakten Tiefpaß-Filters, dann zeigt sich ebenfalls ein zyklisches Verlaufsmuster (Abb. 15.19), das sich aus der Amplitudenfunktion in Abb. 15.11 leicht erklären läßt:

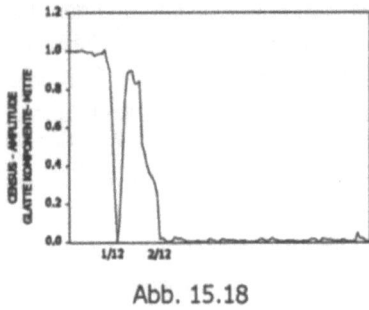

Abb. 15.18

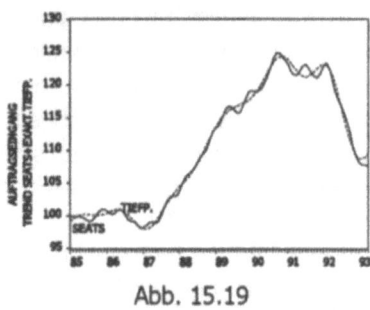

Abb. 15.19

Aber nicht nur auf objektiven methodischen Grundlagen basierende Verlaufsvergleiche sind als sinnvoll zu bezeichnen, sondern schließlich auch Vergleiche, die z.B. auf die *Reaktionsgeschwindigkeit* von Verfahren abstellen. Hier wird der Frage nachgegangen, wieviel Monate z.B. verstreichen, bis ein Verfahren die *aktuelle Grundrichtung* bzw. die Änderung dieser Richtung richtig diagnostiziert. Für ein Beispiel eines solchen Vergleichs siehe Schäffer 1988, wo die *Treffsicherheit von Diagnosen* bei Census X-11 und Kitagawa/Gersch verglichen wird.

Abgesehen von den erwähnten Ausnahmen dürften Verlaufsvergleiche mit dem Ziel, ein *bestes* Verfahren zu ermitteln, kaum als sinnvoll zu bezeichnen sein.

XV.7.2. Zum Problem der Zielsetzungen bei Saisonbereinigungsverfahren und der Interpretation bereinigter Reihen

Es ist unmittelbar einleuchtend, daß bei einem Verfahrensvergleich die mit einem Verfahren intendierte Zielsetzung berücksichtigt werden muß. Im wesentlichen lassen sich zwei Ziele unterscheiden (vgl. Schäffer 1976):
- *Retrospektives Ziel* : eine Zeitreihe wird als abgeschlossenes historisches Bild eines Phänomens betrachtet, das analysiert wird, um Kenntnisse über die Struktur des zugrundeliegenden Prozesses zu bekommen.
- *Prospektives Ziel* : eine Reihe wird als Grundlage angesehen, um den Verlauf der glatten Komponente am aktuellen Rand möglichst sicher diagnostizieren zu können, insbesondere ihre *Wendepunkte* (d.h. lokale Maxima und Minima).

Für den Praktiker dürfte wohl die zweite Zielsetzung die wichtigere sein. Dies ist gleichbedeutend damit, daß die Saisonbereinigung eigentlich nur ein Surrogat ist für die Entwicklung der glatten Komponente am aktuellen Rand und deshalb zu Diagnosezwecken herangezogen wird, weil es leichter ist, die sich mit gewisser Regelmäßigkeit wiederholenden Saisonschwankungen zu eliminieren als die glatte Komponente dort zu ermitteln (vgl. die Probleme, die bei der Konstruktion von exakten Tiefpaßfiltern auftreten, insbesondere die mangelnde Randstabilität). Allerdings ist nicht selten zu beobachten, daß saisonbereinigte Reihen sehr volatil verlaufen, insbesondere am aktuellen Rand, und zwar ganz unabhängig vom verwendeten Verfahren (man vergleiche etwa die oben mit verschiedenen Verfahren bereinigte Reihe "Auftragseingang"). Die Verfolgung einer prospektiven Zielsetzung ist, wie leicht einzusehen ist, mit derartigen Reihen so gut wie unmöglich. Deshalb ist wohl Kenny/Durbin 1982 zuzustimmen, wenn sie schreiben: "While removal of the seasonal component is indeed often helpful in the interpretation of the data, those using the series for policy analysis frequently say they are more interested in the underlying trends than in following irregular fluctuations in the deseasonalized monthly values. This suggests that more attention should be given than at present to the estimation of current and recent trend levels". Ähnlich argumentieren Dagum/Laniel 1987: "Since seasonal adjustment means removing seasonal variations, thus leaving a seasonally adjusted series with irregular fluctuations, it is often difficult to detect cyclical turning points for series strongly affected with irregulars. In such cases, it may be preferable to smooth the seasonally adjusted series using trend-cycle estimators, which supress as much as possible the irregulars without affecting the cyclical component". (vgl. zu diesem Problemkreis auch die Ausführungen von Schäffer 1996.

Diese Sichtweise ist allerdings nicht unumstritten. So werden insbesondere von Seiten der Deutschen Bundesbank zur Diagnose der aktuellen Wirtschaftsentwicklung saisonbereinigte Reihen verwendet und nicht die entsprechenden glatten Komponenten. Für eine Begründung dieses Standpunktes sei auf Meyer 1996 verwiesen. Für eine Gegenposition vgl. Schips 1996 sowie Schäffer 1996.

XV.7.3. Zum Problem von Güte- und Vergleichskriterien

Güte- und Vergleichskriterien für Saisonbereinigungsverfahren existieren in großer Vielfalt. Sie unterscheiden sich nicht nur hinsichtlich der jeweiligen theoretischen Argumentationsebene, sondern auch hinsichtlich ihrer Komplexität. Ein sehr einfaches Gütekriterium ist z.B. die Forderung nach der Invarianz der Jahressumme (oder Summenerhaltung), d.h. die Summe der saisonbereinigten Werte für 12 Monate soll gleich der Summe der Originalwerte für diesen Zeitraum sein. Dieses praktisch sinnvolle Kriterium eignet sich jedoch nicht für einen Verfahrensvergleich, denn bei manchen Verfahren ist eine Normierung der Saisonfigur eine der Modellvoraussetzungen. Damit ist eine automatische Erfüllung dieses Kriteriums gewährleistet. Außerdem läßt sich *jedes* Verfahren leicht so modifizieren, daß dieses Kriterium erfüllt ist. Dieses Beispiel zeigt, daß auch sehr sinnvolle Kriterien nicht unbedingt als Vergleichskriterien geeignet sind.

Kriterien lassen sich danach unterscheiden, ob sie im *Zeitbereich* oder im *Frequenzbereich* definiert sind. Nur einige wenige seien hier genannt.

Kriterien im Zeitbereich wurden z.B. von Lovell 1963 entwickelt. Zwei dieser Kriterien seien hier herausgegriffen. Nach Lovell sollte ein Saisonbereinigungsverfahren die *Orthogonalitätsbedingung*

$$\sum_{t=1}^{T} (X_t - X_t^b) X_t^b = 0$$

erfüllen, d.h. die saisonbereinigte Reihe X_t^b sollte keine Informationen mehr enthalten, die für die Saisonkomponente nutzbar gemacht werden können. Eine Nicht-Erfüllung dieses Kriteriums wäre ein Indiz dafür, daß die saisonbereinigte Reihe noch saisonale Rest-Schwankungen enthält. Etwa gleichwertig damit ist das Kriterium der *Idempotenz:*

$$(X_t^b)^b = X_t^b$$

d.h. eine bereinigte Reihe sollte sich nicht verändern, wenn sie erneut mit demselben Verfahren bereinigt wird.

Die Erfahrung zeigt allerdings, daß auch diese – und eine Reihe anderer Kriterien, die auf die Restkomponente abstellen (Run-Tests oder andere Tests auf reine Zufälligkeit wie z.B. Periodogrammtests usw.) – kaum geeignet sind, zwischen verschiedenen Bereinigungsverfahren zu diskriminieren, da sie nur allzu häufig von diesen in etwa gleichem Ausmaß erfüllt werden. Auch sind solche nicht sinnvoll, wenn die Restkomponente per Verfahrenskonstruktion nicht als Realisation von weißem Rauschen aufgefaßt werden kann. Hinzu kommt, daß alle Kriterien, die auf die Restkomponente abstellen, z.B. auf filtertheoretisch konzipierte Verfahren gar nicht anwendbar sind, da ja dabei kein Komponentenmodell zugrundegelegt wird.

Andere Kriterien beziehen sich auf die Fähigkeit von Verfahren, die konjunkturelle Grundtendenz am aktuellen Rand richtig zu diagnostizieren. Kriterien dieser Art stammen von Schäffer 1976,1996; siehe auch den oben erwähnten Vergleich von Schäffer zwischen Census X-11 und Kitagawa/Gersch). Solche Kriterien hängen offensichtlich mit der prospektiven Zielsetzung zusammen, während die bisher und auch nachfolgend erwähnten retrospektiv orientiert sind. Es zeigt sich hier, daß bei der Kriterienformulierung auch auf die Zielsetzung eines Verfahrens Rücksicht genommen werden muß.

Neben Kriterien in der Zeitdimension sind solche in der Frequenzdimension zu nennen. Dazu gehört die Forderung, daß das Spektrum einer bereinigten Reihe in den saisonalen Frequenzen weder *Spitzen* noch *Einbrüche* aufweisen und im Niederfrequenzbereich mit dem Spektrum der Originalreihe übereinstimmen sollte. Spitzen würden auf eine ungenügende Bereinigung, Einbrüche auf eine *Überbereinigung* schließen lassen. Ein verändertes Spektrum im Niederfrequenzbereich würde bedeuten, daß die Trend-Konjunktur-Komponente durch die Bereinigung verändert worden wäre. Weiterhin wäre hier die Forderung zu nennen, die Kohärenzfunktion zwischen Original- und bereinigter Reihe müsse möglichst dicht bei Eins liegen in den nicht-saisonalen Frequenzbändern und dicht bei Null in den saisonalen Frequenzen (Unter einer *Kohärenzfunktion* ist die Korrelation zweier Reihen im Frequenzbereich zu verstehen). Diese und ähnliche Kriterien haben allerdings vielfältige Kritik erfahren. Es stellte sich heraus, daß sie nicht unbedingt geeignet sind, um die gewünschten Vergleichsmaßstäbe zu gewinnen und deshalb nur mit Vorsicht zu verwenden sind. Für Einzelheiten zu diesen Kriterien und ihrer Kritik vgl. Grether/Nerlove 1970 sowie Schips/Stier 1974.

Welche Kriterien man auch immer als Vergleichsbasis akzeptiert, stets muß man sich vergegenwärtigen, daß jedes Kriterium, das in diesem Abschnitt genannt wurde und noch zu nennen wäre, immer nur *Teilaspekte* eines Verfahrens erfassen kann. Deshalb erscheint nur ein *Katalog von Kriterien* in der Lage zu sein, Verfahrensvergleiche zu ermöglichen. Hier stellt sich allerdings wieder ein neues Problem: Man wird die einzelnen Kriterien wohl kaum als *gleichbedeutend* ansehen können. Das wiederum impliziert, daß für die Kriterien eine Rangordnung aufgestellt werden müßte. Es bedarf wohl keiner näheren Begründung, um einzusehen, daß eine solche auf objektiver Basis kaum möglich sein dürfte.

Diese Überlegungen zeigen, daß Verfahrensvergleiche auf der Basis von statistischen Kriterien allein problematisch sein dürften. Auswahl und Gewichtung von Kriterien sind unter den einzelnen Verfahrenskonstrukteuren umstritten. Es ist keinesfalls verwunderlich, daß auf dieser Basis bisher jedenfalls kein eindeutig *bestes* Verfahren (gemäß welchen Kriterien?) gefunden werden konnte – ein Tatbestand, der einem Praktiker vielleicht als einigermassen enttäuschend erscheinen mag. Es bleibt jedoch zu überlegen, ob nicht Vergleichskriterien entwickelt bzw. verwendet werden sollten, welche die Vergleichsproblematik nicht primär auf der statistischen, sondern auf der *methodologischen* Ebene behandeln. Darauf soll zum Abschluß dieses Kapitels eingegangen werden.

XV.7.4. Über globale Verfahrensvergleiche im Frequenzbereich

Die im vorigen Abschnitt behandelten Güte- und Vergleichskriterien sind sozusagen *partieller* Natur, da sie in der Regel immer nur *einen* Aspekt eines Verfahrens berücksichtigen können. Verfahrensvergleiche mittels statistischer Kriterien sollten jedoch die Eigenschaften eines Verfahrens *in globo* erfassen können.

Da die verschiedenen Verfahren aber auf methodisch sehr verschiedenen Voraussetzungen basieren können, ist dazu sozusagen ein *gemeinsamer Nenner* erforderlich. Als solcher bietet sich ein Verfahrensvergleich im *Frequenzbereich* an. Der Grundgedanke ist dabei der, daß ungeachtet aller Unterschiede die einzelnen Bereinigungsverfahren letzten Endes als Filter betrachtet werden können, die gegebene Zeitreihen in saisonbereinigte Reihen transformieren. Dabei sind die Filtereigenschaften (Amplituden- und Phasenfunktion) nur bei denjenigen Verfahren explizit bekannt, die rein filtertheoretisch konzipiert sind. Bei allen anderen muß die Gesamt-Filterwirkung speziell ermittelt werden. Das kann auf analytischem Weg im Einzelfall recht schwierig, wenn nicht gar unmöglich sein. Insbesondere wenn ein Verfahren aus sehr vielen Arbeitsschritten besteht (wie z.B. bei den Census-Verfahren), kann ein Gesamt-Filter auf analytischem Weg in der Regel nicht mehr bestimmt werden. Erschwert wird eine solche Ableitung noch durch möglicherweise vorkommende nicht-lineare Operationen. Jedoch könnten die erwünschten Informationen möglicherweise auf *empirischem* Weg zu erzielen sein. Dazu wird von der Überlegung ausgegangen, daß das Verhalten eines linearen Filters F bekannt ist, wenn sein Verhalten für bestimmte Testsignale bekannt ist. Wählt man z.B. das sinusoidale Signal

$$X_t = \sin(\lambda t + \delta) \quad , \quad t = 1, 2, ..., T$$

als Filter-Input, dann ergibt sich als Filter-Output

$$Y_t = A(\lambda)\sin[\lambda t + \delta + \varphi(\lambda)] \quad , \quad t = 1, 2, ... T$$

wobei $A(\lambda)$ die Amplituden- und $\varphi(\lambda)$ die Phasenfunktion des Filters bezeichnet. Unter dem Filter F ist jeweils ein spezielles Saisonbereinigungsverfahren zu verstehen. Für Verfahren, die nicht-lineare Beziehungen verarbeiten, kann die Ableitung ihrer Eigenschaften im Frequenzbereich mit Hilfe der Theorie linearer Filter natürlich nur eine Approximation darstellen. Daß solche Approximationen jedoch wertvolle Informationen liefern können, hat z.B. Wallis 1982 für Census X-11 gezeigt.

Da Saisonbereinigungsverfahren häufig in *Reihenmitte* andere Prozeduren verwenden als an den Rändern – insbesondere am aktuellen Rand – ist es realistischer, allgemein von folgendem Verfahrens-Output auszugehen:

$$Y_t = A_t(\lambda)\sin[\lambda t + \delta + \varphi_t(\lambda)] \quad , \quad t = 1, 2, ... T$$

Dieser allgemeinere Ansatz läßt z.B. erkennen, ob die Filtereigenschaften eines Verfahrens am Reihenende wesentlich anders sind als in *Reihenmitte*.

Um $A_t(\lambda)$ und $\varphi_t(\lambda)$ bestimmen zu können, müssen für jeden Zeitpunkt t und jede Frequenz λ *zwei* Filter-Outputwerte bekannt sein. Diese erhält man durch eine geeignete Spezifikation von δ, d.h. für diesen Parameter sind zwei verschiedene Werte $\delta = \delta_1$ bzw. $\delta = \delta_2$ vorzugeben. Es ist:

$$Y_t^{(i)} = A_t(\lambda) \sin(\lambda t + \varphi_t(\lambda) + \delta_i) \quad , \qquad i = 1, 2$$

$$= A_t(\lambda)[\sin(\lambda t + \varphi_t(\lambda)) \cos\delta_i +$$

$$+ \cos(\lambda t + \varphi_t(\lambda))\sin\delta_i]$$

Setzt man $\delta_1 = 0$ und $\delta_2 = \pi/2$, dann erhält man

$$Y_t^{(1)} = A_t(\lambda) \sin[\lambda t + \varphi_t(\lambda)]$$

$$Y_t^{(2)} = A_t(\lambda) \cos[\lambda t + \varphi_t(\lambda)]$$

die den Filter-Inputs $X_t^{(1)} = \sin\lambda t$ und $X_t^{(2)} = \cos\lambda t$ entsprechen. Aus diesen Beziehungen ergibt sich

$$A_t(\lambda) = \sqrt{[Y_t^{(1)}]^2 + [Y_t^{(2)}]^2}$$

und

$$\varphi_t(\lambda) = \text{ATAN2}(Y_t^{(1)}, Y_t^{(2)}) - \lambda t$$

Wählt man $\lambda_j = \pi \cdot j/N$, $j=1,\ldots,N$, dann kann man $A_t(\lambda_j)$ und $\varphi_t(\lambda_j)$ für N Frequenzpunkte bestimmen, indem man die Signale $\sin\lambda_j t$ und $\cos\lambda_j t$ für t= 1,...,T als Input für ein Saisonbereinigungsverfahren benützt. Auf diese Weise wurde auch obige Amplitudenfunktion für die glatte Komponente von Census X-11 abgeleitet (vgl. Abb. 15.18). Die folgenden beiden Abbildungen enthalten die Amplitudenfunktionen für Census X-11 (multiplikative Version) für die "Reihenmitte" und den "Reihenrand":

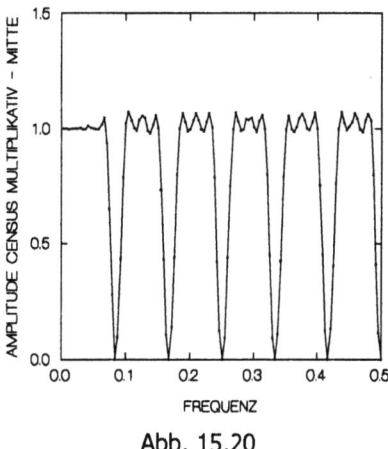

Abb. 15.20

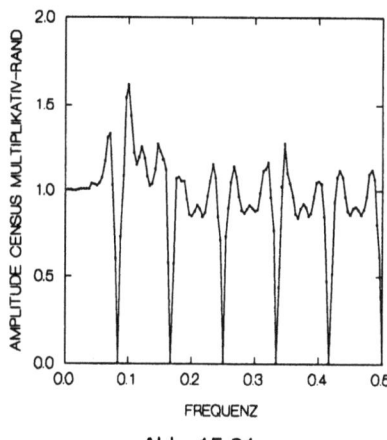

Abb. 15.21

Dabei wurde N=120 und T=200 gewählt. Um die Filtereigenschaften am aktuellen Rand (genauer: für den *letzten* Reihenwert) zu bestimmen, wurde jeweils in den obigen Ausdrücken t=200 gesetzt.

Für die glatte Komponente Census X-11 multiplikativ ergibt sich für den Rand jedoch folgende Amplitude:

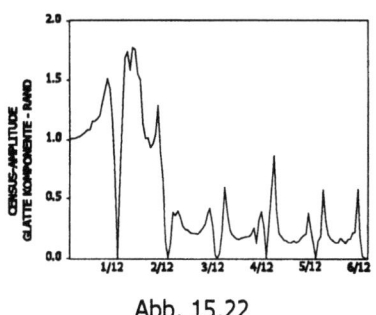

Abb. 15.22

Offensichtlich sind die Unterschiede zwischen "Reihenmitte" und "Rand" bei der Saisonbereinigung wesentlich geringer als bei der glatten Komponente (vgl. Abb. 15.18 und 15.22 versus Abb. 15.20 und 15.21). Dies steht im Einklang mit der Erfahrung, daß Saisonbereinigung am aktuellen Rand eine einfacher zu lösende Aufgabe ist als die Bestimmung einer glatten Komponente an dieser Stelle. Bei der letzten Amplitudenfunktion kann wohl kaum mehr von einem Tiefpaß gesprochen werden.

Diese wenigen Beispiele zeigen, daß Verfahrensvergleiche auf dieser Basis als durchaus möglich erscheinen, insbesondere, wenn man noch die Phaseneigenschaften der Verfahren miteinbezieht. Letztere sind vor allem am aktuellen Rand von Bedeutung. Darauf, sowie auf weitere Resultate zum globalen Verfahrensvergleich soll hier jedoch nicht weiter eingegangen werden. Dazu sei auf Stier/Edel 1996 verwiesen.

XV.7.5. Methodologische Überlegungen zur Güte und zum Vergleich von Saisonbereinigungsverfahren

Wie in Kap. XV.6.3. dargelegt wurde, sind in der Vergangenheit eine Vielzahl von Güte- und Vergleichskriterien für Saisonbereinigungsverfahren vorgeschlagen worden. Diese Kriterien, über deren relative Bedeutung kein Konsens besteht, sind ausnahmslos statistischer Natur. Hier soll nun abschließend auf Kriterien eingegangen werden, die sich aus der Logik forschungsmethodologischer Prinzipien ergeben. Es sind Kriterien, die eigentlich schon in der Konzeptionsphase eines Saisonbereinigungsverfahrens berücksichtigt werden sollten.

Die methodologischen Überlegungen, die hier Platz greifen, sind eigentlich mehr elementarer Natur (vgl. dazu Stier 1996). Ausgangspunkt sei die Feststellung, daß sich "Forschung" im allgemeinen als eine Folge von Entscheidungsprozessen darstellen läßt. Jedes Forschungsvorhaben, also auch die Konstruktion eines Saisonbereinigungsverfahrens, impliziert eine Fülle von Entscheidungen, die erhebliche Auswirkungen auf das Forschungsresultat haben können. Diese sind zur Sicherung der intersubjektiven Nachprüfbarkeit sorgfältig zu dokumentieren, eine Forderung, die ja auch z.B. vom *kritischen Rationalismus* erhoben wird. Diese Forderung zwingt zu einer Auseinandersetzung mit der Problematik von Begriffen, Definitionen sowie von Operationalisierungsstrategien, und dies ganz unabhängig von konkreten Bereinigungsverfahren.

Mit Begriffen läßt sich in der Forschung nur arbeiten, wenn sie definiert sind. Die Forderung nach intersubjektiver Vergleichbarkeit von Saisonbereinigungsverfahren zwingt zu einer Auseinandersetzung mit den Definitionsproblemen dieses Begriffes. Im wesentlichen unterscheidet man allgemein *Nominal-* und *Real-Definitionen*. Nominaldefinitionen sind nichts anderes als tautologische Umformungen: Das Definiendum ist bedeutungsgleich mit dem Definiens. Solche Definitionen haben keinen empirischen Informationsgehalt. Sie erleichtern bzw. ermöglichen aber erst die intersubjektive Kontrolle des Forschungsprozesses, denn nur was präzise definiert ist, kann auch eindeutig nachgeprüft werden. Im Gegensatz dazu sollen Realdefinitionen das *Wesen* einer Sache abbilden auf der Ebene der Sprache. Sie sind deshalb Behauptungen über die Beschaffenheit eines Phänomens und haben deshalb den gleichen Status wie empirische Hypothesen, können also richtig oder falsch sein. Realdefinitionen können aber in der Regel auch nicht vollständig sein, denn es ist wohl selten möglich, sämtliche Eigenschaften, die ein Sachverhalt aufweist, in eine Definition aufzunehmen. Anspruch und Ziel von Realdefinitionen ist es ja gerade, nur das *Wesentliche* hervorzuheben. Aber was wirklich wesentlich *ist*, nicht was als wesentlich erachtet werden *soll*, kann nicht mit letzter Sicherheit bestimmt werden. Die Frage, welche der beiden Definitionsarten zu bevorzugen ist, hat in der Vergangenheit heftige wissenschaftstheoretische Kontroversen ausgelöst. Für die Praxis des Forschungsalltags sind allerdings solche Auseinandersetzungen wenig fruchtbar, da meistens gar nichts anderes übrigbleibt, als einen Mittelweg zwischen diesen beiden Ansätzen zu wählen. Man wird also versuchen, das *Wesent-liche* eines Phänomens herauszufinden und dieses für alle weiteren Überlegungen im Sinne einer Nominaldefinition festzuschreiben.

Überblickt man die Definitionen von *Saison* bei den einzelnen Verfahren, so findet man meistens ansatzweise solche *nominalisierten* Realdefinitionen oder *real-definitorisch angereicherte* Nominaldefinitionen (wie man will). Nur ansatzweise deswegen, weil häufig die offengelegten Definitionen ziemlich vage sind, also im *strengen Sinn* des Wortes gar keine Definitionen vorliegen. Meistens handelt es sich nur um verbale Charakterisierungen des zu untersuchenden Phänomens *Saison*. "It is impossible to proceed further without a reasonably precise definition of seasona-lity, although it is remarkable how many papers discuss the topic without conside-ration of definition. The belief is, presumably, that the seasonal component is so simple and obvious that it hardly needs a formal definition. Nevertheless, to sensi-bly discuss such topics, as the objectives of seasonal adjustment or the evaluation of actual methods of adjustment, a formal definition is required. It is obvious that this definition should not be based on a specific model, since this model may not properly reflect reality, nor should it rely on the outcome of a particular method of adjustment, since the method may not be ideal, and it also becomes difficult to evaluate that particular method. These limitations, together with the fact that the most obvious feature of seasonal component is its repititiveness over a 12-month period, strongly suggest that a definition can be most naturally stated in the fre-quency domain, since spectral methods investigate particular frequencies and are essentially model-free" (Granger 1976, S.35). Auch wenn ein Verfahren ohne eine klare, präzise und damit vergleichbare Definition von *Saison* arbeitet, heißt das natürlich nicht, daß ein solches Verfahren ohne Definition auskäme. Vielmehr ist eine solche durch die einzelnen Arbeitsschritte *implizit* gegeben, aber möglicher-weise nicht eruierbar.

Damit läßt sich ein *erstes Gütekriterium* formulieren:
- Bei Saisonbereinigungsverfahren sollte eine präzise, eindeutige Definition von *Saison* explizit formuliert sein.

Präzise Definitionen sind jedoch nur eine *notwendige*, aber keinesfalls eine *hinrei-chende* Bedingung für methodologisch sauberes Arbeiten. Da Definitionen der Ebene der Sprache angehören, kann mit ihrer Hilfe die notwendige Verknüpfung von Begriffen und realen Sachverhalten nicht vollzogen werden. Dies kann erst die *Operationalisierung* leisten. Darunter ist die Angabe oder Festlegung derjenigen Vorgehensweisen (oder Forschungsoperationen) zu verstehen, durch die entscheid-bar wird, ob und in welchem Ausmaß der mit dem Begriff bezeichnete Sachverhalt in der Realität vorliegt. Nachdem also eine präzise Definition von "Saison" vorliegt, müssen diejenigen technischen Operationen explizit dargelegt werden, die es erlauben, darüber zu entscheiden, ob und in welchem Ausmaß *Saison* (im konkret definierten Sinn) vorliegt. Konkret heißt das z.B.: Konstruiere einen Filter mit den und den Eigenschaften oder optimiere eine Zielfunktion mit genau spezifizierten Eigenschaften usw. Dabei ist stets zu prüfen, ob die gewählte Operationalisierung *logisch gültig* ist, d.h. ob Definition und Operationalisierung den *gleichen Bedeu-tungsgehalt* haben. Neben der logischen ist die *empirische* Gültigkeit einer Opera-tionalisierung zu überprüfen. Dabei geht es um den Nachweis, daß eine Operationalisierung auch tatsächlich in der Realität das *erfassen* kann, was theoretisch beabsichtigt ist. Logische und empirische Validität brauchen nicht gleichzeitig voll gegeben zu sein. So kann z.B. die theoretische Spezifikation eines Filters logisch 100 % valide sein, der tatsächlich *realisierte* Filter kann aber aus mannigfachen Gründen von seiner theoretischen Idealform abweichen und deshalb nicht mehr 100 % empirisch valide sein. Diese Überlegungen führen zu *drei weiteren Gütekriterien*:

- Bei Saisonbereinigungsverfahren sollte die Operationalisierung des Begriffes *Saison* eindeutig erkennbar sein.
- Bei Saisonbereinigungsverfahren sollte entscheidbar sein, ob und inwieweit die Operationalisierung des Begriffes *Saison* logisch gültig ist.
- Bei Saisonbereinigungsverfahren sollte entscheidbar sein, ob und inwieweit die Operationalisierung des Begriffes *Saison* empirisch gültig ist.

Mit dem Kriterium der logischen Validität direkt verknüpft ist ein Tatbestand, der für manche Verfahren konstitutiv ist. Gemeint ist der Sachverhalt, daß diese Verfahren für den Benutzer Optionen bereitstellen, z.B. nachträgliche Glättung der bereinigten Reihe, wobei das Ausmaß der Glättung durch einen vom Benutzer innerhalb gewisser Grenzen vorzugebenden Parameterwert bestimmt wird. Dabei ist die Frage zu stellen, ob das Drehen an gewissen *Schrauben* noch verträglich ist mit der ursprünglich gewählten Definition von *Saison*. Das führt zum *nächsten Kriterium*:

- Bei Saisonbereinigungsverfahren, die für den Benutzer Optionen bereitstellen, sollte nachprüfbar sein, ob die wählbaren Optionsalternativen kompatibel sind mit der ursprünglich gewählten Definition von Saison.

Selbstverständlich sollte das folgende Kriterium sein:

- Bei Saisonbereinigungsverfahren ist eine Offenlegung der beabsichtigten Zielsetzung erforderlich. Insbesondere ist nachzuweisen, daß die gewählte Operationalisierung damit kompatibel ist.

Manche Bereinigungsverfahren sind *iterativ* aufgebaut, d.h. gewisse Phasen werden mehrfach durchlaufen. Das führt leicht zu *pragmatischen Zirkeln*. Soll etwa die glatte Komponente bestimmt werden, dann muß dazu die Saison- und Restkomponente ermittelt werden. Um aber die Saisonkomponente zu bestimmen, muß zuerst eine – wenn auch vorläufige – Bestimmung der glatten Komponente durchgeführt werden. Entscheidend dabei ist, daß die vorläufigen *Phasen* die endgültige Schätzung in einer möglicherweise kaum zu kontrollierenden Weise präjudizieren. Deshalb ist als *weiteres Kriterium* zu fordern:

- Bei der Konstruktion von Saisonbereinigungsverfahren sind pragmatische Zirkel möglichst zu vermeiden.

Dies scheinen die wichtigsten Kriterien zu sein, die sich für den vorliegenden Kontext aus der Beachtung methodologischer Prinzipien empfehlen. Insbesondere sind die Kriterien, die mit Definition, Operationalisierung und Zielsetzung zusammenhängen, als *unverzichtbar* zu bezeichnen. Weitere mögen hinzukommen, es wird hier kein Anspruch auf Vollständigkeit erhoben. Es sei hier nur noch ein Kriterium genannt, das besonders bei Verfahrensvergleichen zu berücksichtigen ist. Es ergibt sich daraus, daß bei den einzelnen Verfahren eine Reihe von Hypothesen postuliert werden, die in der Regel nicht empirisch überprüfbar sind. Im Vergleich wird man deswegen ein Verfahren, das mehr nicht-testbare Hypothesen enthält als ein anderes – unter sonst gleichen Voraussetzungen – als inferior einstufen. Deshalb soll als letztes Kriterium formuliert werden:

- Von zwei Saisonbereinigungsverfahren ist – ceteris paribus – vom methodologischen Standpunkt dasjenige als inferior anzusehen, das die größere Anzahl von nicht-testbaren Hypothesen enthält.

Eine Überprüfung und ein Vergleich von Saisonbereinigungsverfahren unter Beachtung dieser und/oder weiterer wissenschaftstheoretischer Kriterien steht noch aus. Eine Einbeziehung *methodologischer* Aspekte dürfte für die Evaluierung und den Vergleich von Verfahren eine *objektivere* Basis abgeben, als dies mit statistischen Kriterien allein möglich ist. Diese werden zwar nicht überflüssig, manche von ihnen könnten sich von dieser Warte aus aber als eher von nachrangiger Bedeutung erweisen.

XVI. Grundzüge der Theorie digitaler Filter

XVI.1. Grundlagen

Unter einem *digitalen Filter* soll hier ein Algorithmus zur Transformation einer Zeitreihe verstanden werden. Statt von *Zeitreihe* spricht man im Kontext filtertheoretischer Überlegungen auch häufig von *Signal* (dies ist z.B. in der Elektrotechnik üblich). Formal kann der Zusammenhang zwischen der zu filternden Reihe x_t, dem sog. *Filter-Input*, und der gefilterten Reihe y_t, dem sog. *Filter-Output*, durch $y_t = F(x_t)$ dargestellt werden.

Dabei wird für theoretische Zwecke häufig unterstellt, daß x_t unendlich lang ist. Eine nicht unerhebliche Anzahl von Problemen, die bei der Filterung praktischer Zeitreihen auftreten, ist allerdings auf deren Endlichkeit zurückzuführen. Das wird im Einzelnen noch deutlich werden.

Als theoretischer Hintergrund für die hier darzustellenden Filter eignet sich die *Theorie der diskreten, linearen, zeitinvarianten Systeme* (vgl. dazu etwa Freeman 1969).

Jede Vorschrift, die ein Signal $(x_t)_Z$ in ein Signal $(y_t)_Z$ überführt, werde als *System* bezeichnet. Dabei ist $(x_t)_Z$ das *Input-Signal* und $(y_t)_Z$ das *Output-Signal*. Die Schreibweise $y_t = S(x_t)$, $t \in \mathbf{Z}$, symbolisiert den Zusammenhang zwischen diesen beiden Signalen. Das System S heißt *zeitinvariant*, falls für alle $k \in \mathbf{Z}$ das Input-Signal $(x_{t-k})_{t \in \mathbf{Z}}$ auf das Output-Signal $(y_{t-k})_{t \in \mathbf{Z}}$ führt.

Beispielsweise ist ein *einfacher gleitender Durchschnitt mit 2l+1 Gliedern*

$$y_t := \frac{1}{2l+1} \sum_{t=-l}^{l} x_t \ , \ t \in \mathbf{Z}, \ l \in \mathbb{N},$$

ein zeitinvariantes System, während das "autoregressive Schema"

$$y_t := \frac{1}{t} \sum_{j=0}^{t-1} x_{t-j}$$

das für jedes x_t jeweils einen neuen Mittelwert berechnet, nicht zeitinvariant ist. Offensichtlich sind beim zeitinvarianten System die *System-Koeffizienten* konstant gleich $1/(2l+1)$, während sie beim nicht-zeitvarianten System variabel, gleich $1/t$, sind. Dies gilt allgemein.

Ein in der Systemtheorie wichtiges Testsignal ist die *diskrete Impulsfunktion*

$$\delta_t := \begin{cases} 0 & \text{für } t \neq 0 \\ 1 & \text{für } t = 0 \end{cases}$$

denn damit läßt sich jedes Signal $(x_t)_Z$ in der Form:

$$x_t = \sum_{k=-\infty}^{\infty} x_k \delta_{t-k}$$

darstellen.

Ein System S, für das gilt

$$S\left(\sum_{i=1}^{N} \alpha_i x_{it} \right) = \sum_{i=1}^{N} \alpha_i S(x_{it}), \quad \alpha_i \in \mathbb{R}$$

heißt *linear*. Lineare Systeme genügen also dem sog. "Superpositionsprinzip". Folgt aus $|x_t| \to 0$ für $t \to \infty$, $|S(x_t)| \to 0$, dann wird das System S *nullstetig* genannt. Für ein lineares, nullstetiges System gilt

$$y_t = S(x_t) = S\left(\sum_{k=-\infty}^{\infty} x_k \delta_{t-k}\right) = \sum_{k=-\infty}^{\infty} x_k S(\delta_{t-k}) = \sum_{k=-\infty}^{\infty} x_k h_{t-k} = \sum_{k=-\infty}^{\infty} h_k x_{t-k}$$

mit $h_t := S(\delta_t)$. h_t ist die *Impuls-Antwortfunktion* des Systems S. Diese Bezeichnung erklärt sich daraus, daß für $x_t = \delta_t$ gilt:

$$y_t = \sum_{k=-\infty}^{\infty} h_k \delta_{t-k} = h_t \text{ , da } \delta_{t-k} = \begin{cases} 0 \text{ für } k \neq t \\ 1 \text{ für } k = t \end{cases} \text{ ist.}$$

Ein System S heißt *kausal* oder *nicht-antizipatorisch*, wenn der System-Output für $t = t_0$ nur vom System-Input für $t \leq t_0$ abhängt. Dies impliziert, daß $h_t = 0$ ist für $t < 0$.

Ein System S heißt *stabil*, wenn jeder beschränkte System-Input einen beschränkten System-Output erzeugt. Notwendig und hinreichend für System-Stabilität ist die Bedingung (vgl. Rabiner-Gold 1975, S.14):

$$\sum_{t=-\infty}^{\infty} |h_t| < \infty$$

Alle für obige Systeme definierten Eigenschaften und Beziehungen lassen sich nun direkt auf Filter übertragen, sofern es sich um solche handelt, welche insbesondere die Eigenschaften der *Linearität* und *Zeitinvarianz* besitzen. "Filter" und "Systeme" können deshalb hier als *synonyme Begriffe* aufgefaßt werden, weil wir uns ausschließlich mit solchen Filtern beschäftigen. Bevor wir uns mit speziellen Filtern und ihrer Konstruktion befassen, soll ein wichtiges Hilfsmittel der Filtertheorie, nämlich die *z-Transformation*, betrachtet werden.

XVI.2.   Elemente der z-Transformation

Für ein Signal x_t, $t = \ldots, -2, -1, 0, 1, 2, \ldots$ ist die *z-Transformierte* definiert durch die komplexe Funktion:

$$X(z): = \sum_{t=-\infty}^{\infty} x_t z^{-t} \text{ , } z \in \mathbb{C}$$

Für Signale mit $x_t = 0$ für $t < 0$, ergibt sich die z-Transformierte als:

$$X(z) = \sum_{t=0}^{\infty} x_t z^{-t}$$

Sie wird als *einseitige* z-Transformation bezeichnet. Gibt es zwei positive Konstanten K_1 und K_2 mit $K_1 < |x_t| < K_2$, $\forall t \geq 0$, so konvergiert sie außerhalb einer Kreisscheibe in der komplexen z-Ebene, d.h. für alle $z \in \mathbb{C}$ mit $|z| > R \geq 0$ (vgl. dazu Sauer-Szabo 1967, S.411). Dabei ist R durch die Grenzwerte $R = \lim_{t \to \infty} |x_{t+1}/x_t|$ oder $R = \lim_{t \to \infty} \sqrt[t]{|x_t|}$ gegeben (vgl. dazu Cadzow 1973, S.200). Beispielsweise ergibt sich für das Signal $x_t = b^t$, $t = 0, 1, 2, \ldots$:

$$X(z) = \sum_{t=0}^{\infty} b^t z^{-t} = \sum_{t=0}^{\infty} (bz^{-1})^t = \frac{1}{1 - bz^{-1}} \quad \text{für } |bz^{-1}| < 1$$

Da $|bz^{-1}| = |b|/|z|$ ist, existiert $X(z)$ für $|z| > |b|$, d.h. außerhalb einer Kreisscheibe mit dem Radius R=b. R kann aber auch als Grenzwert bestimmt werden: $R = \lim_{t \to \infty} |x_{t+1}/x_t| = |b|$ bzw. $R = \lim_{t \to \infty} \sqrt[t]{|b^t|} = |b|$.

Die z-Transformation besitzt einige einfache, aber nützliche Eigenschaften (zu diesen und weiteren vgl. Cadzow 1973, S.160 ff.):

a) *Linearität:* für $x_t = ax_{1t} + bx_{2t}$, $a,b \in \Re$ folgt $X(z) = aX_1(z) + bX_2(z)$, wobei $X_1(z)$ und $X_2(z)$ die z-Transformierten von x_{1t} bzw. x_{2t} sind.

b) *Verschiebungseigenschaft:* für das Signal x_{t-t_0} ergibt sich als z-Transformierte $z^{-t_0}X(z)$, falls $x_t = 0$ für t<0.

c) *Faltungseigenschaft:* die z-Transformierte der Faltung $x_{1t} = \sum_{k=-\infty}^{\infty} x_k y_{t-k}$ ist $X(z)Y(z)$.

Für wichtige Testsignale ist die z-Transformierte eine rationale Funktion in z, d.h. es kann geschrieben werden:

$$X(z) = \frac{b_0 z^N + b_1 z^{N-1} + \ldots + b_N}{z^M + a_1 z^{M-1} + \ldots + a_M}$$

bzw.

$$X(z) = \frac{b_0(z-z_1)(z-z_2)\ldots(z-z_N)}{(z-p_1)(z-p_2)\ldots(z-p_M)}$$

Dabei sind $z_1, z_2, \ldots, z_N$ die Nullstellen des Zählerpolynoms und $p_1, p_2, \ldots, p_M$ die Nullstellen des Nennerpolynoms. Generell bezeichnen $z_1, z_2, \ldots, z_N$ die *Nullstellen* von $X(z)$ und $p_1, p_2, \ldots, p_M$ die *Pole* von $X(z)$. Für das obige Beispiel ist $N=M=1$, $b_0 = 1$, $a_1 = -b$. $X(z)$ besitzt eine Nullstelle bei z=0 und einen Pol bei z=b, d.h. . Die "faktorielle" Darstellung einer z-Transformierten erweist sich sowohl $\lim_{z \to b} X(z) = \infty$! für die Unterscheidung von Filtertypen als auch für die Konstruktion von speziellen Filtern als nützlich.

Für Signale mit $x_t \neq 0$ für t<0 muß die Verschiebungseigenschaft b) modifiziert werden, z.B. ergibt sich für das Signal x_{t-1}, t=0,1,2,...

$$\sum_{t=0}^{\infty} x_{t-1} z^{-t} = x_{-1} + x_0 z^{-1} + x_1 z^{-2} + \ldots = x_{-1} + z^{-1}(x_0 + x_1 z^{-1} + \ldots) = z^{-1}X(z) + x_{-1}$$

d.h. die Anfangsbedingung x_{-1} ist zu berücksichtigen. Allgemein gilt für das Signal x_{t-n}, t=0,1,2,...:

$$\sum_{t=0}^{\infty} x_{t-n} z^{-t} = z^{-n}X(z) + x_{-n} + x_{-n+1} z^{-1} + \ldots + x_{-1} z^{-(n-1)}$$

d.h. im allgemeinen sind n Anfangsbedingungen $x_{-1}, x_{-2}, \ldots, x_{-n}$ zu berücksichtigen.

XVI.3.   Grundbegriffe der Filtertheorie

Zwischen Filter-Input und Filter-Output besteht, wie oben ausgeführt wurde, die Beziehung

$$y_t = \sum_{k=-\infty}^{\infty} h_k x_{t-k} \quad \text{bzw.} \quad y_t = \sum_{k=0}^{\infty} h_k x_{t-k}$$

wenn $h_k = 0$ ist für k<0, d.h. wenn der Filter *kausal* ist.

Schreibt man diese Beziehung als z-Transformierte, so ergibt sich aus der Faltungseigenschaft $Y(z)=H(z)X(z)$, wobei $H(z)$ die z-Transformierte der Impuls-Antwortfunktion h_k ist. $H(z)$ wird auch als *System-Transferfunktion* bezeichnet.

Für viele Anwendungen spielen solche Filter eine wichtige Rolle, deren Filter-Input/Output-Beziehung in Form einer linearen Differenzengleichung

$$y_t + a_1 y_{t-1} + \ldots + a_M y_{t-M} = b_0 x_t + b_1 x_{t-1} + \ldots + b_N x_{t-N}$$

darstellbar ist. Offensichtlich handelt es sich dabei um kausale (oder nicht-antizipatorische) Filter, denn der Filter-Output hängt außer von früheren Outputwerten nur vom gegenwärtigen Input und von früheren Inputs ab. Es läßt sich leicht zeigen, daß die System-Transferfunktion eines solchen Filters eine rationale Funktion in z ist, die ausschließlich von den "Filter-Koeffizienten" $a_1, a_2, \ldots, a_M, b_1, b_2, \ldots, b_N$ bestimmt wird. Aus

$$\sum_{k=0}^{M} a_k y_{t-k} = \sum_{r=0}^{N} b_r x_{t-r}, \quad a_0 = 1$$

folgt nach Multiplikation mit z^{-t}

$$\sum_{k=0}^{M} a_k y_{t-k} z^{-t} = \sum_{r=0}^{N} b_r x_{t-r} z^{-t}$$

und Summation über t

$$\sum_{k=0}^{M} a_k \sum_{t=0}^{\infty} y_{t-k} z^{-t} = \sum_{r=0}^{N} b_r \sum_{t=0}^{\infty} x_{t-r} z^{-t}$$

schließlich:

$$\sum_{k=0}^{M} a_k z^{-k} Y(z) = \sum_{r=0}^{N} b_r z^{-r} X(z)$$

Daraus folgt:

$$\frac{Y(z)}{X(z)} = H(z) = \frac{\sum\limits_{r=0}^{N} b_r z^{-r}}{\sum\limits_{k=0}^{M} a_k z^{-k}} = \frac{b_0 + b_1 z^{-1} + \ldots + b_N z^{-N}}{1 + a_1 z^{-1} + \ldots + a_M z^{-M}}$$

Bei dieser Ableitung wurde vorausgesetzt, daß alle Anfangsbedingungen gleich Null sind, d.h. daß für t=0 gilt: $y_{-1} = y_{-2} = \ldots = y_{-M} = 0$.

Für N=M=1 ergibt sich z.B.:

$$y_t + a_1 y_{t-1} = b_0 x_t + b_1 x_{t-1} \text{ mit } y_0 = b_0 x_0 + b_1 x_{-1} - a_1 y_{-1}$$

Für $x_t = 0$ für t<0 und $y_{-1} = 0$ folgt daraus:

t=0: $y_0 = b_0 x_0$

t=1: $y_1 = b_0 x_1 + b_1 x_0 - a_1 y_0 = b_0 x_1 + (b_1 - a_1 b_0) x_0$

t=2: $y_2 = b_0 x_2 + b_1 x_1 - a_1 y_1 = b_0 x_2 + (b_1 - a_1 b_0) x_1 - a_1 (b_1 - a_1 b_0) x_0$

t=3: $y_3 = b_0 x_3 + (b_1 - a_1 b_0) x_2 - a_1 (b_1 - a_1 b_0) x_1 + a_1^2 (b_1 - a_1 b_0) x_0$

.   .

.   .

.   .

t=n: $y_n = h_0 x_n + h_1 x_{n-1} + h_2 x_{n-2} + \ldots + h_n x_0$

mit $h_0 = b_0$ und $h_k = (b_1 - a_1 b_0)(-a_1)^{k-1}$, k=1,2,3,... (vgl. Cadzow 1973, S.90 f.).

Für die System-Transferfunktion dieses Filters erhält man:

$$H(z) = \frac{b_0 + b_1 z^{-1}}{1 + a_1 z^{-1}} = \frac{b_0 z + b_1}{z + a_1}$$

$H(z)$ besitzt die Nullstelle $z = -b_1/b_0$ und den Pol $p = -a_1$.

Für $y_{-1} \neq 0$ ergibt sich eine etwas andere Transferfunktion. Aus der Filtergleichung ergibt sich durch Multiplikation mit z^{-t} und Summation:

$$\sum_{t=0}^{\infty} y_t z^{-t} + a_1 \sum_{t=0}^{\infty} y_{t-1} z^{-t} = b_0 \sum_{t=0}^{\infty} x_t z^{-t} + b_1 \sum_{t=0}^{\infty} x_{t-1} z^{-t}$$

Nun ist

$$a_1 \sum_{t=0}^{\infty} y_{t-1} z^{-t} = a_1 y_{-1} + a_1 z^{-1} Y(z)$$

und

$$b_1 \sum_{t=0}^{\infty} x_{t-1} z^{-t} = b_1 z^{-1} X(z)$$

da $x_{-1} = 0$ ist. Daraus folgt

$$Y(z)[1 + a_1 z^{-1}] = X(z)[b_0 + b_1 z^{-1}] - a_1 y_{-1}$$

und somit:

$$H(z) = \frac{Y(z)}{X(z)} = \frac{b_0 + b_1 z^{-1}}{1 + a_1 z^{-1}} - \frac{a_1 y_{-1}}{1 + a_1 z^{-1}} = \frac{(b_0 - a_1 y_{-1})z + b_1}{z + a_1}$$

Offensichtlich hat sich durch den nicht-verschwindenden Anfangswert die Nullstelle von $H(z)$ verändert. Sie liegt jetzt bei $z_1 = -b_1/(b_0 - a_1 y_{-1})$. Für die weiteren Darstellungen sei stets davon ausgegangen, daß alle Anfangswerte gleich Null sind.

Bei der Konstruktion von Filtern wird häufig von der sog. *Serienschaltung* Gebrauch gemacht. Das bedeutet im einfachsten Fall, daß der Output eines Filters als Input eines zweiten Filters verwendet wird:

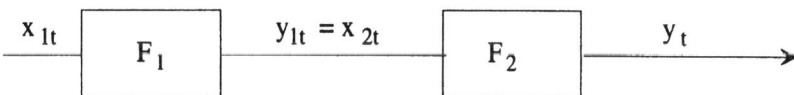

Die Transferfunktion des Gesamt-Filters läßt sich leicht mit Hilfe des Testsignals δ_t bestimmen. Wenn $x_{1t} = \delta_t$ ist, dann ist $y_{1t} = h_{1t}$, $t = 0,1,2,\ldots$, also gleich der Impuls-Antwort von Filter F_1. Für Filter F_2 gilt:

$$y_t = \sum_{k=0}^{\infty} h_{2k} x_{2(t-k)} = \sum_{k=0}^{t} h_{2k} h_{1(t-k)}$$

wobei h_{2k} die Impuls-Antwort von Filter F_2 ist (vgl. dazu Cadzow, S.133). Für die Transferfunktion $H(z)$ des Gesamt-Filters ergibt sich dann aus der Faltungseigenschaft der z-Transformation: $H(z) = H_1(z) \cdot H_2(z)$, wobei $H_1(z)$ bzw. $H_2(z)$ die Transferfunktion von Filter F_1 bzw. F_2 ist. Das letztere Resultat läßt sich aber auch für ein beliebiges Input-Signal x_t direkt herleiten. Für die beiden Filter gilt

$$Y_1(z) = H_1(z) X_1(z)$$
$$Y(z) = H_2(z) X_2(z) = H_2(z) Y_1(z) = H_1(z) H_2(z) X_1(z)$$

d.h.:

$$Y(z) = H(z) X_1(z) \text{ mit } H(z): = H_1(z) H_2(z)$$

Dies läßt sich verallgemeinern. Sei x_t der Input für n in Serie geschaltete Filter, dann ist

$$Y(z) = H_1(z)H_2(z)...H_n(z)X(z)$$

wobei $H_i(z)$ die Transferfunktion von Filter i=1,2,...,n bezeichnet. Gilt insbesondere $H_1(z)=H_2(z)=...=H_n(z)=H(z)$, d.h. sind die n Filter identisch, dann ist

$$Y(z) = [H(z)]^n X(z)$$

Oben wurde aus der Filtergleichung auf die Transferfunktion geschlossen. Es ist leicht einzusehen, daß auch der umgekehrte Weg gangbar ist: Aus einer gegebenen Transferfunktion kann leicht die Filtergleichung abgeleitet werden. Aus

$$Y(z) = \left(\frac{b_0 + b_1 z^{-1} + ... + b_N z^{-N}}{1 + a_1 z^{-1} + ... + a_M z^{-M}} \right) X(z)$$

folgt

$$(1 + a_1 z^{-1} + ... + a_M z^{-M})Y(z) = (b_0 + b_1 z^{-1} + ... + b_N z^{-N})X(z)$$

und daraus mit Hilfe der Verschiebungseigenschaft der z-Transformation und nach Rücktransformation die *Filtergleichung*:

$$y_t + a_1 y_{t-1} + ... + a_M y_{t-M} = b_0 x_t + b_1 x_{t-1} + ... + b_N x_{t-N}$$

Diese Möglichkeit der Herleitung einer Filtergleichung ist praktisch wichtig, da *Filter-Design* im Zeitbereich im wesentlichen im Entwurf von "geeigneten" Transferfunktionen besteht, womit die Filterkoeffizienten bestimmt sind. Die tatsächliche Filterung einer konkreten Zeitreihe erfolgt dann (im Zeitbereich) mit Hilfe der Filtergleichung.

Anhand der Filter- oder System-Transferfunktion H(z) bzw. der Filter-Differenzengleichung lassen sich nun zwei grundlegende Filtertypen unterscheiden. Ist $a_1=a_2=...=a_M=0$, dann ist die Transferfunktion ein Polynom in z. Sie besitzt nur Nullstellen, aber keine Pole (abgesehen vom *trivialen* Pol bei z=0). Der Filter-Output hängt nicht vom Output früherer Zeitpunkte ab. Für solche Filter existiert ein $n_0 \in N$, so daß $h_t=0$ ist $\forall |t| \geq n_0$, d.h. ihre Impuls-Antwortfunktion ist *endlich*, wie leicht gezeigt werden kann. Deshalb werden sie als *FIR* (**F**inite-**I**mpulse-**R**esponse)-Filter bezeichnet. Synonyme sind *Transversalfilter* und *nicht-rekursive* Filter.

Die Filtergleichung für FIR-Filter lautet somit:

$$y_t = \sum_{r=0}^{N} b_r x_{t-r}$$

Da andererseits die Faltungs-Summations-Darstellung

$$y_t = \sum_{k=0}^{\infty} h_k x_{t-k}$$

gilt, folgt $h_k=b_r$, k=r=0,1,2,...,N und $h_k=0$, k>N d.h. die Impuls-Antwort dieses Filters ist endlich und die Filterkoeffizienten b_r sind identisch mit den ersten N Werten seiner Impuls-Antwortfunktion.

Im Gegensatz dazu stehen Filter, die neben Nullstellen auch (nicht-triviale) Pole besitzen, d.h. die Koeffizienten $a_1, a_2, ..., a_M$ sind nicht alle gleich Null. Solche Filter besitzen eine *unendliche* Impuls-Antwortfunktion. Deshalb werden sie als *IIR*-(**I**nfinite-**I**mpulse-**R**esponse)-Filter bezeichnet. Im Hinblick auf die Filtergleichung ist auch die Bezeichnung *rekursive* Filter gebräuchlich.

Für den Entwurf von Filtern ist im allgemeinen der Verlauf der Transferfunktion nicht für die ganze z-Ebene von Bedeutung. Entscheidend sind hier ihre Eigenschaften für diejenigen z-Werte, die auf dem Einheitskreis liegen, d.h. also für $z = e^{i\lambda}$, $|\lambda| \leq \pi$. Deshalb soll in den folgenden Ausführungen für die Transferfunktion die Notation $T(e^{i\lambda})$ – oder einfach $T(\lambda)$ – benützt werden. Diese Transferfunktion wird auch *Frequenz-Antwortfunktion* eines Filters genannt. Im allgemeinen ist sie eine komplexe Funktion mit der Periode 2π und läßt sich deshalb in der Form

$$T(e^{i\lambda}) = |T(e^{i\lambda})| e^{i\varphi(\lambda)}, \quad |\lambda| \leq \pi$$

darstellen. Dabei ist $|T(e^{i\lambda})| := A(e^{i\lambda})$ – kurz $A(\lambda)$ – die *Amplitudenfunktion* und $\varphi(e^{i\lambda})$ die *Phasenfunktion* eines Filters. Aus der Amplitudenfunktion lassen sich die *Ausblendeigenschaften* eines Filters ermitteln, d.h. die Frage beantworten, wie die *power* eines Signals, die einzelnen Frequenzen (bzw. Frequenzintervallen) zuzuordnen ist, vom Filter verändert (d.h. abgeschwächt oder eliminiert oder verstärkt) wird. Ein wesentlicher Aspekt beim Filter-Design besteht jedoch darin, Filter zu entwerfen, die eine vorgegebene Amplitudenfunktion *"realisieren"*. Dabei sollte die Vorgabe nach substanzwissenschaftlichen Gesichtspunkten erfolgen. Ziel ist dabei häufig, Informationen, die in einem Signal enthalten sind, zu extrahieren, so daß sie quasi *"isoliert"* auswertbar sind.

Für $T(\lambda)$ kann geschrieben werden

$$T(\lambda) = \sum_{k=-\infty}^{\infty} h_k e^{-i\lambda k}, \quad |\lambda| \leq \pi \quad \text{bzw.} \quad T(\lambda) = \sum_{k=0}^{\infty} h_k e^{-i\lambda k}, \quad |\lambda| \leq \pi$$

für kausale Filter, d.h. $T(\lambda)$ ist die Fourier-Transformierte der Impuls-Antwortfunktion des Filters. Offensichtlich ist

$$T(-\lambda) = \overline{T(\lambda)} \quad \text{und} \quad |T(\lambda)| = |T(-\lambda)|$$

d.h. es genügt, die Amplitudenfunktion für positive Frequenzen zu betrachten.

Anstelle der *Winkelfrequenz* $\lambda \in [0, \pi]$ – gemessen in *Radian pro Zeiteinheit* – ist es häufig praktischer oder anschaulicher, die Frequenz f – gemessen in *Zyklen pro ZE (Zeiteinheit)* – zu verwenden. Zwischen den beiden Frequenzen besteht die Beziehung $\lambda = 2\pi f$, d.h. $f \in [0, 0.5]$. Dann ist $T = 1/f$ die *Periodenlänge* einer Schwingung der Frequenz f. Die Frequenz $f = 0.5$ ist bei diskreten Signalen die höchste beobachtbare Frequenz (sog. *Nyquist-Frequenz*). Anders ausgedrückt, die kürzeste beobachtbare Periode beträgt 2 ZE. Das kann man etwa wie folgt einsehen:

Das *kontinuierliche* Signal $x_t = \cos\lambda t$, $t \in \mathbb{R}^+$, werde zu den Zeitpunkten $\Delta, 2\Delta, \ldots$ beobachtet ("abgetastet"). Die n-te Beobachtung ist dann $x_n = \cos\lambda n\Delta$. Läßt man λ ausgehend von $\lambda = 0$ immer größer werden, so oszilliert diese Kosinus-Welle immer schneller. Für die Frequenz $\lambda = \pi/\Delta$ schließlich ergibt sich $x_n = \cos(n\pi) = (-1)^n$. Dies ist die "schnellste" (höchste) beobachtbare Oszillation (Frequenz), denn eine Erhöhung von λ über π/Δ hinaus führt immer zu Oszillationen, deren Frequenzen höchstens gleich π/Δ sind. So ergibt sich z.B. für die Frequenzen $k\cdot\pi/\Delta$, $k = 2,3,\ldots$:

$$x_n = \cos\left(\frac{k\cdot\pi}{\Delta} n\Delta\right) = \cos(k\pi n)$$

also $x_n = 1,1,1,\ldots$ für $k = 2,4,6,\ldots$ und $x_n = (-1)^n$ für $k = 3,5,7,\ldots$ d.h. nur die Frequenzen $f = 0$ bzw. $f = 1/2\Delta$ treten auf. Entsprechend läßt sich für die "Zwischenfrequenzen" $k\pi/\Delta < \lambda < (k+1)\pi/\Delta$, $k = 2,3,\ldots$ zeigen, daß die Frequenzen der beobachtbaren Oszillationen stets kleiner als π/Δ bzw. $1/2\Delta$ sind. Es sei $\lambda_0 \in (k\pi/\Delta, (k+1)\pi/\Delta)$ und

$\lambda':=(k+1)\pi/\Delta-\lambda_0$ der Abstand von λ_0 zur nächsten "ganzzahligen" Frequenz $(k+1)\pi/\Delta$ $(\lambda'<\pi/\Delta)$, d.h. $\lambda_0=(k+1)\pi/\Delta-\lambda'$.

Dann ist

$$\begin{aligned}
x_n &= \cos(\lambda_0 n\Delta) = \cos([(k+1)\pi/\Delta - \lambda']n\Delta) \\
&= \cos[(k+1)n\pi - \lambda'n\Delta] = \cos[(k+1)n\pi]\cos(\lambda'n\Delta) \\
&= (-1)^{(k+1)n}\cos(\lambda'n\Delta)
\end{aligned}$$

d.h. da $\lambda'<\pi/\Delta$ ist, treten tatsächlich nur die Oszillationen mit $\lambda<\pi/\Delta$ bzw. $f<1/2\Delta$ in Erscheinung. Mit $\lambda_0=4.8\pi$ (d.h. $k=4$), $\lambda'=0.2\pi$, $\Delta=1$ ergibt sich z.B. für

n=1:	cos4.8π	= -0.8090	= $(-1)^5\cos0.2\pi$ =	-0.8090
n=2:	cos9.6π	= 0.3090	= $(-1)^{10}\cos0.4\pi$ =	0.3090
n=3:	cos14.4π	= 0.3090	= $(-1)^{15}\cos0.6\pi$ =	0.3090
n=4:	cos19.2π	= -0.8090	= $(-1)^{20}\cos0.8\pi$ =	-.08090 usw.

Die Frequenz $\lambda=\pi/\Delta$ heißt auch *Faltungsfrequenz*, weil die höheren Frequenzen quasi in das Intervall $[0,\pi/\Delta]$ "hineingefaltet" werden. Es ist zweckmäßig, generell $\Delta=1$ zu setzen, so daß $\lambda=\pi$ bzw. $f=1/2$ die Faltungsfrequenzen sind.

Daß $\lambda=\pi$ bzw. $f=1/2$ die "schnellsten" zu beobachtenden Oszillationen sind bei diskreten Signalen, ist natürlich auch intuitiv klar. Liegen beispielsweise Tageswerte vor, dann enthalten diese keine Informationen über evtl. Oszillationen mit einer Periode von z.B. 3 Stunden, Jahreswerte enthalten keine Informationen über saisonale Bewegungen, bei Monatswerten beträgt die Periodenlänge des kürzesten beobachtbaren Zyklus 2 Monate usw.

Grundlegend und praktisch am wichtigsten sind vier Filtertypen: *Tiefpaßfilter, Hochpaßfilter, Bandpaßfilter, Bandstoppfilter.* Die Amplitudenfunktionen dieser Filter sind in nachstehender Abbildung 16.1 wiedergegeben (dabei wird nur die positive Frequenzachse wiedergegeben, da die Amplitudenfunktionen symmetrisch zur Ordinate sind. Deshalb wird auch in den Formeln häufig nur das Frequenzintervall $[0,\pi]$ zugrundegelegt).

Ein *idealer* Tiefpaßfilter überträgt alle Schwingungen mit einer Frequenz $\lambda\in(0,\lambda_1)$ vollständig, d.h. ungedämpft, und absorbiert oder eliminiert alle Schwingungen mit $\lambda\in(\lambda_1,\pi)$. Frequenzbereiche, die von einem Filter übertragen werden, nennt man *Paßbänder*, diejenigen, die absorbiert werden, *Stoppbänder*. Der Tiefpaß besitzt das Paßband $(0,\lambda_1)$ und das Stoppband (λ_1,π). Ein *idealer* Hochpaßfilter läßt alle Schwingungen mit den Frequenzen $\lambda\in(\lambda_2,\pi)$ unverändert durch und sperrt alle anderen. Ein *idealer* Bandpaßfilter besteht aus einem Paßband (λ_3,λ_4) und zwei Stoppbändern $(0,\lambda_3)$ und (λ_4,π). Schließlich weist ein *idealer* Bandstoppfilter zwei Paßbänder $(0,\lambda_5)$ und (λ_6,π) und ein Stoppband (λ_5,λ_6) auf. Die genannten Frequenzen λ_i sind dabei jeweils von der Zielsetzung eines Filters her festzulegen. Besteht beispielsweise das Ziel, bei einer monatlichen Zeitreihe alle Schwingungen mit einer Periodenlänge von 12 Monaten und darunter auszufiltern, so ist ein Tiefpaßfilter zu entwerfen, bei dem λ_1 "etwas" kleiner ist als die erste "saisonale" Frequenz $2\pi/12$.

Die obigen Filtertypen wurden als ideale Filter bezeichnet. Dies läßt schon die Vermutung zu, daß *reale* Filter die dargestellten *exakten* Amplitudenverläufe nicht aufweisen. Unter *exakt* sei hier verstanden, daß in den Paßbändern bzw. Stoppbändern die Amplituden genau den Wert Eins bzw. Null annehmen. *Eine* Zielsetzung bei der Filterkonstruktion besteht deshalb in einer möglichst guten Approximation der idealen Amplitudenverläufe. Neben den skizzierten Filtergrundtypen sind selbstverständlich noch andere Filter denkbar, z.B. der sog. "Kerbenfilter", auf dessen Konstruktion und Anwendung noch einzugehen sein wird, oder Filter mit einem beliebig vorgegebenen Amplitudenverlauf.

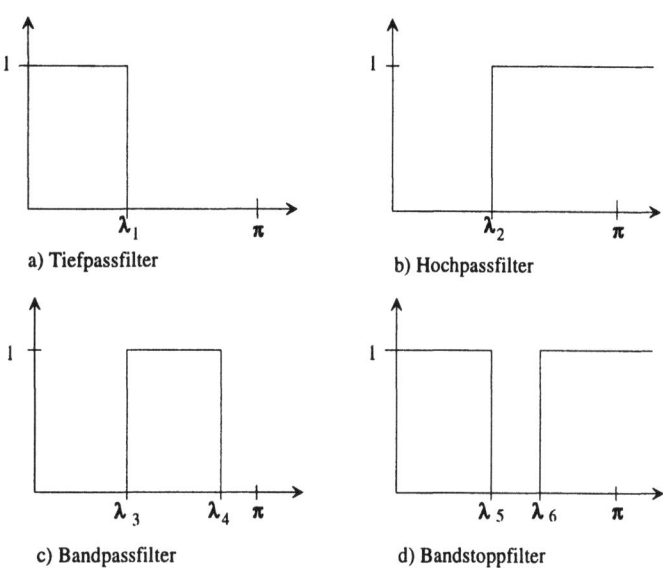

a) Tiefpassfilter

b) Hochpassfilter

c) Bandpassfilter

d) Bandstoppfilter

Abb. 16.1

Neben der Amplitudenfunktion ist die Phasenfunktion eine – vor allem auch praktisch – wichtige Kenngröße eines Filters. Sie liefert Informationen darüber, mit welcher Verzögerung der Filter-Output dem Filter-Input folgt. Es wird sich zeigen, daß bezüglich der Phasenfunktion zwischen FIR- und IIR-Filtern ein wesentlicher Unterschied besteht: FIR-Filter besitzen eine *lineare* Phase (und damit als Spezialfall möglicherweise auch Nullphase), IIR-Filter jedoch eine *nicht-lineare* Phase. Allgemein gilt für die Phasenfunktion $\varphi(e^{i\lambda})$ oder kurz

$$\varphi(\lambda){:}\ =\ \text{Arg}[T(\lambda)]\ =\ \text{Arctan}\left(\frac{\text{Im}[T(\lambda)]}{\text{Re}[T(\lambda)]}\right)$$

wobei Im $(\cdot)$ bzw. Re $(\cdot)$ Imaginär- bzw. Realteil von $T(\lambda)$ bezeichnen. Der Arctan wird hierbei in folgender "erweiterter" Form verwendet:

$$\text{Arctan}\left(\frac{b}{a}\right) = \text{ATAN2}\left(\frac{b}{a}\right) = \begin{cases} \text{tg}^{-1}\left(\dfrac{b}{a}\right), & a>0 \\[2mm] \text{tg}^{-1}\left(\dfrac{b}{a}\right) +\pi, & a<0,\ b\geq 0 \\[2mm] \text{tg}^{-1}\left(\dfrac{b}{a}\right) -\pi, & a<0,\ b<0 \\[2mm] \pi/2, & a=0,\ b\geq 0 \\[1mm] -\pi/2, & a=0,\ b<0 \end{cases}$$

Dabei ist ATAN2(b/a)=Arg(c), c=a+ib, d.h. gleich dem Argument einer beliebigen komplexen Zahl mit ATAN2(b/a)$\in(-\pi,\pi)$. Ohne diese Erweiterung wäre der Arctan nur für a>0 definiert mit Arctan(b/a)$\in(-\pi/2,\pi/2)$ (vgl. dazu Koopmans 1974, S.10).

Da eine Phasenfunktion im Bogenmaß wenig anschaulich ist, empfiehlt sich eine Umrechnung in die Zeitdimension. Die Phasenfunktion in Zeiteinheiten ergibt sich durch:

$$\varphi_{ZE}(\lambda) = \varphi(\lambda)/\lambda \, , \, 0 < \lambda \le \pi$$

(vgl. Koopmans 1974, S.95). Eine andere Umrechnung in die Zeitdimension ergibt sich aus der ersten Ableitung von $\varphi(\lambda)$:

$$g(\lambda) := -d\varphi(\lambda)/d\lambda$$

Sie wird als *Gruppenlaufzeit* bezeichnet. Sie kann als eine Art *Durchschnittsverzögerung* in der *Umgebung* der Frequenz λ interpretiert werden (vgl. dazu Rabiner/Gold 1975, S.210). Annähernd konstante Gruppenlaufzeiten in Paßbändern stellen wünschenswerte Filtereigenschaften dar.

XVII. Konstruktionsmethoden für digitale Filter

XVII.1. Konstruktionsmethoden für FIR-Filter

XVII.1.1. Einfache FIR-Filter

Für FIR-Filter lautet die *Filter-Gleichung*:
$$y_t = b_0 x_t + b_1 x_{t-1} + \dots + b_N x_{t-N}$$
Der Filter ist dann bestimmt, wenn die Filter-Koeffizienten $b_0, b_1, \dots, b_N$ festgelegt sind. Da

$$\sum_{r=0}^{N} |b_r| = \sum_{k=0}^{N} |h_k| < \infty$$

ist, ist jeder FIR-Filter *stabil*.

Einfache FIR-Filter können dadurch bestimmt werden, daß Filterkoeffizienten beliebig gewählt werden. Eine naheliegende Möglichkeit ist etwa:
$b_0 = b_1 = b_2 = \dots = b_N = 1/(N+1)$, d.h. dieser Filter ist ein einfacher *gleitender Durchschnitt der Länge (oder Ordnung) N+1* mit

$$\sum_{r=0}^{N} b_r = 1$$

Aus Gründen der Einfachheit wollen wir jedoch von einem Filter der Ordnung N ausgehen und voraussetzen, daß N ungerade ist. Der Sinn dieser Festlegung ergibt sich aus den Phaseneigenschaften von FIR-Filtern. Die Transferfunktion dieses Filters mit der Filtergleichung

$$y_t = 1/N \sum_{i=0}^{N-1} x_{t-i}$$

ergibt sich aus folgenden Überlegungen. Da $h_t = 1/N$ ist für $t = 0, 1, \dots, N-1$ lautet die Transferfunktion dieses Filters:

$$T(\lambda) = \frac{1}{N} \sum_{t=0}^{N-1} e^{-i\lambda t} \; , \; |\lambda| \le \pi$$

Da

$$\sum_{t=0}^{N-1} e^{-i\lambda t} = \frac{1 - e^{-i\lambda N}}{1 - e^{-i\lambda}} = \frac{1 - e^{-i\lambda(N-1)} e^{-i\lambda}}{1 - e^{-i\lambda}} = e^{-i\lambda(N-1)/2} \frac{e^{i\lambda N/2} - e^{-i\lambda N/2}}{e^{i\lambda/2} - e^{-i\lambda/2}}$$

ist, folgt für seine *Transferfunktion*:

$$T(\lambda) = e^{-i\lambda(N-1)/2} \frac{\sin(\lambda N/2)}{N \sin(\lambda/2)} \; , \; 0 \le \lambda \le \pi$$

und für seine *Amplitudenfunktion*:

$$A(\lambda) = \left| \frac{\sin(\lambda N/2)}{N \sin(\lambda/2)} \right| \; , \; 0 \le \lambda \le \pi$$

Insbesondere erhält man für $\lambda = 0$:

$$A(0) = \lim_{\lambda \to 0} \frac{\sin(\lambda N/2)}{N \sin(\lambda/2)} = \lim_{\lambda \to 0} \frac{N/2 \cos(\lambda N/2)}{N/2 \cos(\lambda/2)} = 1$$

Die nachstehende Abbildung zeigt A(λ) für N=23:

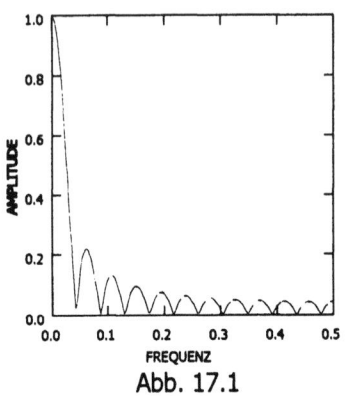

Abb. 17.1

Offensichtlich weist dieser Filter eine Tiefpaßcharakteristik auf. Allerdings verläuft die Amplitudenfunktion – verglichen mit der idealen Gestalt – ziemlich unbefriedigend: Im Paßband $(0, 2\pi/N)$ – die erste Nullstelle von A(λ) ist $2\pi/N$ – ist sie weit entfernt von einer Rechteckfunktion und im Stoppband $(2\pi/N, \pi)$ ist sie nicht Null, sondern weist vor allem am Anfang relativ große Werte auf. Ein weiterer Nachteil ist darin zu sehen, daß die Paßbandbreite von der Filterlänge N abhängt und mit wachsendem N kleiner wird. Mit diesem Filter ist es nicht möglich, die Länge des Paßbandes *vorzugeben* und N zu erhöhen, um eine bessere Approximation des idealen Tiefpasses zu erzielen. Ein Filter-Design im eigentlichen Sinn ist mit derartigen einfachen ad-hoc Filtern generell nicht möglich.

Für die *Phasenfunktion* dieses Filters folgt aus der Transferfunktion $\varphi(\lambda) = -\lambda/2(N-1)$, für alle Frequenzen λ, für die $\sin(\lambda N/2) \geq 0$ ist ($\sin(\lambda/2)$ ist positiv für $\forall \lambda \in (0, \pi)$). Für diejenigen Frequenzen, für die $\sin(\lambda N/2) < 0$ ist, lautet die Phasenfunktion (vgl. obige Definition des erweiterten Arctan in Kap. XVI.3.):

$$\varphi(\lambda) = -\left[\frac{\lambda}{2}(N-1) - \pi\right] = -\frac{\lambda}{2}(N-1) + \pi$$

Die Phasenfunktion in Zeiteinheiten (ZE) ist

$$\varphi_{ZE} = -\frac{1}{2}(N-1)$$

im Paßband, sowie für alle λ im Stoppband, für die T(λ) positiv ist und

$$\varphi_{ZE} = -\frac{1}{2}(N-1) + \frac{\pi}{\lambda}$$

für alle Frequenzen im Stoppband mit T(λ) < 0. Aus $\varphi(\lambda)$ folgt, daß die Phase linear in λ und φ_{ZE} ganzzahlig ist (in obigem Beispiel gleich 11 ZE), insbesondere für das Paßband. Dies ist *ein* Grund für die Wahl eines ungeraden N. Da φ_{ZE} für gewisse Frequenzen im Stoppband offenbar nicht konstant ist, stellt sich die Frage nach der zeitlichen Verschiebung des Filter-Outputs gegenüber dem Filter-Input für das *ganze* Frequenzintervall (0, π). Ist die *power* eines Signals hauptsächlich im Paßband konzentriert, dann spielt die zeitliche Verschiebung der Frequenzanteile im Stoppband offensichtlich praktisch keine Rolle, d.h. der Output ist gegenüber dem Input um 1/2(N-1) ZE verzögert. Anders ist der Fall zu beurteilen, wenn im Stoppband das Input-Signal eine starke power-Konzentration aufweist und der Filter dort ungenügend dämpft, wie das hier der Fall ist. Das kann zu solchen Verschiebungen im Stoppband führen, daß nicht mehr durchgängig von einer konstanten Phase (in ZE) ausgegangen werden kann.

FIR-Filter können auch nullphasig *implementiert* werden. Notwendig dafür ist, daß für die Filtergleichung eine *symmetrische* Form vorausgesetzt wird

$$y_t = \sum_{i=-(N-1)/2}^{(N-1)/2} b_i x_{t-i} \text{ mit der } \textit{Symmetriebedingung } b_i = b_{-i}.$$

So erhält man z.B. für $b_i = 1/N$ einen *symmetrischen gleitenden Durchschnitt der Länge N*. Solche Filter sind allerdings nicht mehr kausal. Es ist leicht einzusehen, daß obige Symmetriebedingung notwendig ist für Nullphasigkeit eines FIR-Filters. Es ist

$$T(\lambda) = \sum_{j=-\frac{N-1}{2}}^{\frac{N-1}{2}} b_j e^{-i\lambda j} = b_0 + \sum_{j=1}^{\frac{N-1}{2}} b_j\left(e^{i\lambda j} + e^{-i\lambda j}\right) = b_0 + 2 \sum_{j=1}^{\frac{N-1}{2}} b_j \cos\lambda j$$

falls $b_j = b_{-j}$ und damit $T(\lambda)$ reell ist. Für $b_j = 1/N$ ergibt sich daraus nach einigen Umformungen die *Transferfunktion*: $T(\lambda) = \sin(\lambda N/2)/(N \sin(\lambda/2))$, woraus folgt, daß die Amplitudenfunktionen der beiden gleitenden Durchschnittsfilter identisch sind. Der Imaginärteil dieser Frequenz-Antwortfunktion ist jedoch gleich Null. $T(\lambda)$ ist deswegen reell, weil die Symmetriebedingung $b_i = b_{-i}$ gilt. Diese ist allerdings nur *notwendig* für eine Nullphase, jedoch nicht *hinreichend*. Dies kann leicht an folgendem Beispiel eingesehen werden: Das Input-Signal sei $x_t = (-1)^t, t = 0,1,2,...$ Ein symmetrischer gleitender Durchschnitt der Länge N=3 ergibt das folgende alternierende Output-Signal: $y_t = 1/3(-1)^{t-1}, t = 1,2,...$ Läßt man die Amplitudenveränderung des Signals durch diesen Filter (d.h. Multiplikation mit 1/3) einmal außer Betracht, dann zeigt sich, daß y_t gegenüber x_t genau um 1 ZE verzögert ist. Der Filter ist also nicht nullphasig, obwohl er symmetrisch ist, was darauf zurückzuführen ist, daß $T(\pi)$ negative Werte annimmt. x_t ist ein periodisches Signal der Frequenz $f = 1/2$ oder $\lambda = \pi$. Aus der obigen Transferfunktion ergibt sich für diese Frequenz der Wert $T(\pi) = 1/3\sin(3\pi/2) = -1/3 < 0$. Deshalb ist gemäß obigen Überlegungen zur Phasenfunktion $\varphi(\lambda) = \pi$ und $\varphi_{ZE}(\lambda) = 1$ für $\lambda = \pi$ (die anderen Frequenzen $\lambda < \pi$ spielen keine Rolle, da das Input-Signal nur *power* für $\lambda = \pi$ aufweist).

Ein Filter ist nur dann *nullphasig*, wenn $T(\lambda)$ *reell und nichtnegativ* ist für $\forall \lambda \in (0, \pi)$. Diese beiden Bedingungen sind sowohl notwendig als auch hinreichend.

Außer den betrachteten einfachen FIR-Filtern sind auch solche denkbar, bei denen die Filterkoeffizienten nicht ad-hoc, sondern gemäß vorgegebenen Kriterien bestimmt werden. Beispielsweise lassen sich FIR-Filter entwerfen, die einen *Trend* in Form eines Polynoms der Zeit p-ter Ordnung *gleitend* erfassen (*gleitende Regression*). Sei als Trendfunktion ein Polynom p-ten Grades der Zeit vorgegeben, also: $T_t = a_0 + a_1 t + ... + a_p t^p$, dann lassen sich die Trend- (und damit die Filter-)Koeffizienten aus dem Gleichungssystem

$$\frac{\partial}{\partial a_i} \sum_{t=-(N-1)/2}^{(N-1)/2} \left(x_t - a_0 - a_1 t - ... - a_p t^p\right)^2 = 0 \; , \; i = 0,1,...,p$$

bestimmen. Dabei wird der Filter als symmetrisch vorausgesetzt.

Für N=7 und p=3 z.B. ergibt sich das Gleichungssystem

$$7a_0 + a_1\sum_{t=-3}^{3} t + a_2\sum_{t=-3}^{3} t^2 + a_3\sum_{t=-3}^{3} t^3 = \sum_{t=-3}^{3} x_t$$

$$a_0\sum_{t=-3}^{3} t + a_1\sum_{t=-3}^{3} t^2 + a_2\sum_{t=-3}^{3} t^3 + a_3\sum_{t=-3}^{3} t^4 = \sum_{t=-3}^{3} tx_t$$

$$a_0\sum_{t=-3}^{3} t^2 + a_1\sum_{t=-3}^{3} t^3 + a_2\sum_{t=-3}^{3} t^4 + a_3\sum_{t=-3}^{3} t^5 = \sum_{t=-3}^{3} t^2x_t$$

$$a_0\sum_{t=-3}^{3} t^3 + a_1\sum_{t=-3}^{3} t^4 + a_2\sum_{t=-3}^{3} t^5 + a_3\sum_{t=-3}^{3} t^6 = \sum_{t=-3}^{3} t^3x_t$$

oder da

$$\sum_{t=-3}^{3} t = \sum_{t=-3}^{3} t^3 = \sum_{t=-3}^{3} t^5 = 0 \text{ und } \sum_{t=-3}^{3} t^2 = 28, \ \sum_{t=-3}^{3} t^4 = 196, \ \sum_{t=-3}^{3} t^6 = 1588$$

ist, schließlich:

$$7a_0 + 28a_2 = \sum_{t=-3}^{3} x_t$$

$$28a_1 + 196a_3 = \sum_{t=-3}^{3} tx_t$$

$$28a_0 + 196a_2 = \sum_{t=-3}^{3} t^2x_t$$

$$196a_1 + 1588a_3 = \sum_{t=-3}^{3} t^3x_t$$

Daraus erhält man (vgl. Kendall/Stuart 1976, S.380 ff.)

$$a_0 = \frac{1}{21}\left(7\sum_{t=-3}^{3} x_t - \sum_{t=-3}^{3} t^2x_t\right) = \frac{1}{21}(-2x_{-3} + 3x_{-2} + 6x_{-1} + 7x_0 + 6x_1 + 3x_2 - 2x_3)$$

d.h. der Filter ist ein gleitender Durchschnitt der Länge 7 mit den Koeffizienten -2/21,3/21,6/21,7/21,6/21,3/21,2/21 (zu beachten ist, daß mit a_0 der Filter vollständig bestimmt ist, da auf Grund der Symmetriebedingung nur der Punkt t=0 – der schrittweise nach "rechts" rückt – von Interesse ist). Da diese Koeffizienten offensichtlich symmetrisch zum Wert 7/21 liegen, bietet sich für sie die Notierung 1/21(-2,3,6 7) an. Der Verlauf der Amplitudenfunktion dieses Filters zeigt Abb. 17.2. Bei festem Polynomgrad p können solche Filter durch Wahl einer größeren Filterlänge *verbessert* werden. So ergibt sich z.B. für p=3 und N=15 die sog. *Spencer-15-Punkte-Formel* (vgl. Kendall/Stuart 1976, S.386), d.h. ein gleitender Durchschnitt der Länge N=15 mit den Koeffizienten 1/320 (-3,-6,-5,3,21,46,67,74). Die Amplitudenfunktion dieses Filters verläuft gemäß Abb. 17.3. Offensichtlich ist dieser Filter ein Tiefpaß. Für N=21 ergibt sich analog die *Spencer-21-Punkte-Formel* (vgl. Kendall/Stuart 1976, S.386) mit den Koeffizienten 1/350(-1,-3,-5,-5,-2,6,18, 33,47,57,60) und einer (hier nicht wiedergegebenen) Amplitudenfunktion, die einen etwas "schärferen" Verlauf zeigt als diejenige des Spencer-15-Punkte-Filters.

Beide Tiefpässe weisen bessere Ausblendeigenschaften im Stoppband auf als der gleitende Durchschnitt mit N=23, wobei die Dämpfung bei Spencer-21 stärker ist als bei Spencer-15. Letzteres ist eine Konsequenz der größeren Filterlänge. Auch die Paßbänder weisen einen Amplitudenverlauf auf, der eine *bessere* Approximation an eine ideale Rechteckgestalt erkennen läßt. Allerdings sind beide Filter unbrauchbar für monatliche Zeitreihen mit saisonaler Variation. Da die erste *saisonale Fre-*

quenz bei $\lambda=2\pi/12$ ($f=0.08\overline{3}$...) liegt, lassen beide Filter saisonale Bewegungen mit nur schwacher Dämpfung passieren (Spencer-21 dämpft etwas besser als Spencer-15, da sein Paßband *enger* ist). In dieser Hinsicht sind sie *schlechter* als der einfache gleitende Durchschnitt mit N=23, obwohl auch dieser Filter bei der ersten saisonalen Frequenz nicht exakt gleich Null ist. Bei Quartalsdaten tritt dieses Problem allerdings nicht auf, da bei diesen die erste saisonale Frequenz bei $\lambda=\pi/2$ ($f=1/4$) liegt und beide Spencer-Filter dort praktisch gleich Null sind wie der gleitende Durchschnitt.

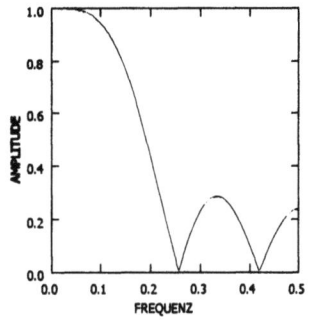
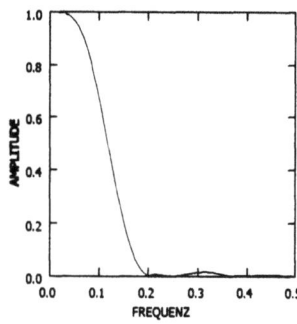

Abb. 17.2   Abb. 17.3

Prinzipiell lassen sich bei FIR-Filtern durch sukzessive Vergrößerung der Filterlänge N immer "schärfere" Amplitudenfunktionen erzielen und dies mit Nullphase. In der Praxis allerdings ist ein derartiges Vorgehen nur beschränkt möglich: Da alle realen Zeitreihen endlich sind, verliert man bei zunehmendem N immer mehr Filter-Outputwerte am Reihenanfang und am Reihenende, z.B. bei Spencer-15 (-21) sind das jeweils 7 (10) Werte. Wird ein FIR-Filter als kausaler Filter implementiert, dann bekommt man Filter-Outputwerte scheinbar bis zum letzten Reihenwert. Allerdings darf nicht vergessen werden, daß kausale Filter nicht nullphasig sind. Für obigen kausalen gleitenden Durchschnitt mit N=23 ergibt sich eine Verzögerung von 11 ZE, d.h. der letzte Filter-Outputwert ist somit korrekterweise nicht dem letzten Reihenwert x_T, sondern dem Reihenwert x_{T-11} zuzuordnen. Je "schärfer" ein Filter, d.h. je größer N ist, umso mehr Outputwerte gehen an den Rändern verloren. In der Praxis ist dies vor allem am *rechten* (oder *aktuellen*) Rand von Bedeutung. Hier tritt offensichtlich ein Zielkonflikt auf: Will man *möglichst dicht* an den aktuellen Rand herankommen, dann sollte N *klein* gewählt werden. Je kleiner N aber ist, umso schlechter sind die Dämpfungs- bzw. Durchlaßeigenschaften eines Filters. Derartige Zielkonflikte spielen z.B. bei Saisonbereinigungsverfahren eine wichtige Rolle.

Die bisher betrachteten einfachen FIR-Filter haben alle Tiefpaßeigenschaften. Zur *Trendbereinigung* einer Reihe etwa sind jedoch Hochpaßfilter notwendig. Ein sehr einfacher und häufig gebrauchter Hochpaß ist der schon in Kap. III. eingeführte *Differenzen-Filter* $y_t = x_t - x_{t-1}$, der offensichtlich ein FIR-Filter ist mit $b_0=1$, $b_1=-1$, $b_2=...=b_N=0$. Für $T(\lambda)$ ergibt sich

$$T(\lambda) = \sum_{j=0}^{1} b_j e^{-i\lambda j} = 1 - e^{-i\lambda}$$

$$= e^{-i\lambda/2}\!\left(e^{i\lambda/2} - e^{-i\lambda/2}\right) = 2ie^{-i\lambda/2}\sin(\lambda/2)$$

$$= 2e^{i\frac{\pi}{2}}e^{-i\lambda/2}\sin(\lambda/2) = 2e^{-i(\lambda-\pi)/2}\sin(\lambda/2)$$

d.h.

$$A(\lambda) = 2\sin(\lambda/2) \, , \, 0\le\lambda\le\pi$$

$$\varphi(\lambda) = -(\lambda-\pi)/2$$

Die Amplitudenfunktion des Differenzenfilters zeigt folgenden Verlauf:

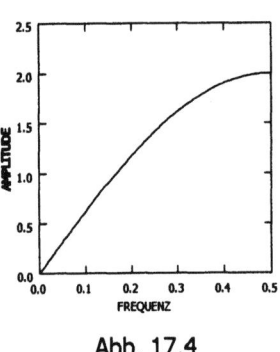

Abb. 17.4

Wie aus Abb. 17.4 ersichtlich ist, handelt es sich beim Differenzenfilter um einen Filter mit ausgesprochen schlechter Amplitudencharakteristik: Die hohen Frequenzanteile einer Reihe werden verstärkt (bei $\lambda=\pi$ mit dem Faktor 2), während die niederen Frequenzanteile im Intervall $(0,\pi/2)$ *zu stark* gedämpft werden. Dies kann insbesondere bei ökonomischen Reihen zu unerwünschten Konsequenzen führen: So gefilterte Reihen werden *aufgerauht* (zeigen also einen *unruhigeren* Verlauf als die jeweilige Ausgangsreihe), gleichzeitig können Informationen verloren gehen, da bei diesen Reihen die meiste power häufig im Niederfrequenzbereich lokalisiert ist. Insbesondere können konjunkturelle Bewegungen, die bei Monatsreihen dem Frequenzintervall $(0,2\pi/12)$ zuzuordnen sind, *eliminiert* bzw. so stark *gedämpft* werden, daß sie nicht mehr in Erscheinung treten. Für ein interessantes Beispiel siehe Goldrian 1995.

Eine Serienschaltung des Differenzenfilters, d.h. die Bildung nicht nur erster, sondern zweiter, ..., n-ter Differenzen, verbessert die Amplitudenfunktion nicht, denn diese lautet für den "Gesamtfilter":

$$A_n(\lambda) = 2^n \sin^n(\lambda/2) \, , \, 0\le\lambda\le\pi$$

Wie man sich leicht überlegt, werden die Unzulänglichkeiten des einfachen Differenzenfilters mit zunehmendem n *akzentuiert* (z.B. ist der Verstärkungsfaktor bei $\lambda=\pi$ gleich 2^n, d.h. die hohen Frequenzen werden immer stärker betont). Außerdem verschlechtern sich auch die Phaseneigenschaften mit zunehmendem n.

XVII.2. FIR-Fenster-Filter

Der im letzten Abschnitt besprochene Spencer-Filter kann als Beispiel für eine Filterkonstruktion angesehen werden, bei der ein *Gütekriterium* vorgegeben ist. Allerdings ist dieses im *Zeitbereich* formuliert, nämlich *Reproduktion* eines Polynoms der Zeit mindestens der Ordnung p, oder anders ausgedrückt, das Paßband des Filters soll die Eigenschaft der vollen Durchlässigkeit für Polynome bis zur Ordnung p aufweisen. Von *Filter-Design* im eigentlichen Sinn spricht man aber erst dann, wenn ein Gütekriterium (bzw. mehrere Kriterien) direkt im *Frequenzbereich* spezifiziert ist (sind). Filter-Design für FIR-Filter läßt sich schon mit relativ bescheidenem Aufwand durchführen. Dies gilt vor allem für die sog. *"Fenster-Filter"*. Die Vorgehensweise sei hier beispielhaft für einen Tiefpaß dargestellt.

Tiefpässe sind spezielle *"Selektionsfilter"*, d.h. ihre Amplitudenfunktion ist in einem bestimmten Frequenzintervall gleich Eins (Durchlaßband) und sonst gleich Null (Stoppband). Allgemeine Selektionsfilter können mehrere Durchlaß- und Stoppbänder aufweisen.

Die Amplitudenfunktion eines *idealen* Tiefpaßfilters lautet:

$$A(\lambda) = \begin{cases} 1 & \text{für } |\lambda| \leq \lambda_A \\ 0 & \text{für } \lambda_A < |\lambda| \leq \pi \end{cases}$$

Dabei ist λ_A die sog. *"Abschneidefrequenz"* ("cut-off"-frequency) des Filters.

Zunächst sei von einem symmetrischen FIR-Tiefpaß der Länge N ausgegangen. Da seine Transferfunktion 2π-periodisch ist, kann sie formal in eine Fourier-Reihe entwickelt werden

$$T(\lambda) = \sum_{k=-\infty}^{\infty} \beta_k e^{-i\lambda k} \, , \, |\lambda| \leq \pi$$

wobei für die Fourier-Koeffizienten β_k gilt

$$\beta_k = \frac{1}{2\pi} \int_{-\pi}^{\pi} T(\lambda) \, e^{i\lambda k} \, d\lambda \, , \, k = 0, \pm1, \pm2, \ldots$$

d.h.

$$\beta_k = \frac{1}{2\pi} \int_{-\lambda_A}^{\lambda_A} e^{i\lambda k} d\lambda = \frac{\sin\lambda_A k}{\pi k} \, , \, k = \pm1, \pm2, \ldots$$

$$\beta_0 = \lambda_A/\pi$$

(zur Theorie der Fourier-Reihen vgl. etwa Knopp 1964). Daraus folgt, daß die Impuls-Antwortfunktion eines idealen Tiefpasses *unendlich lang* ist, d.h. dieser Filter ist eigentlich ein IIR-Filter, der aber keine rationale Transferfunktion besitzt. Die Filter-Koeffizienten des idealen symmetrischen Tiefpasses lauten somit

$$b_0^{TP} = \lambda_A/\pi$$

$$b_r^{TP} = \sin\lambda_A r \, / \, (\pi r) \, , \, r = 1, 2, \ldots$$

$$b_{-r}^{TP} = b_r^{TP} \, , \, r = 1, 2, \ldots$$

Setzt man dagegen

$$b_r^{TP} = h_k = \beta_k \, , \, r = k = 0, 1, 2, \ldots N-1$$

$$b_r^{TP} = 0 \, , \, r > N-1$$

dann ist die FIR-Eigenschaft erfüllt. Allerdings realisiert dieser Filter nicht mehr die ideale Amplitudenfunktion, sondern *approximiert* sie in einem gleich noch näher zu präzisierenden Sinn.

Die Ersetzung einer unendlichen Fourier-Reihe durch ihre Partialsumme der Länge N kann formal durch die Einführung einer sog. *"Fenster"-Funktion* mit den Eigenschaften

$$W_{r,R}^N = \begin{cases} 1 & \text{für } r = 0, \ldots, N-1 \\ 0 & \text{für } r > N-1 \end{cases}$$

dargestellt werden. Für die Filter-Koeffizienten läßt sich damit schreiben:

$$b_{r,R}^{TP}: = b_r^{TP} W_{r,R}^N \, , \, r=0,1,2,\dots$$

Deshalb wird dieser Filter als *Rechteck-Filter* bezeichnet. Die Transfer- (und damit Amplitudenfunktion) dieses Filters läßt sich folgendermaßen ableiten. Die Fourier-Transformierte der "Rechteck"-Fenster-Funktion ist:

$$W_R(\lambda) = \sum_{r=0}^{N-1} e^{-i\lambda r} = e^{-i\lambda(N-1)/2} \frac{\sin(\lambda N/2)}{\sin(\lambda/2)}$$

Wird der Filter symmetrisch implementiert, dann ist

$$W_{r,R}^N = \begin{cases} 1 & \text{für } -(N-1)/2 \le r \le (N-1)/2 \\ 0 & \text{sonst} \end{cases}$$

und

$$W_R(\lambda) = \frac{\sin(\lambda(N/2))}{\sin(\lambda/2)}$$

mit

$$W_R(0) = \frac{\sin(\lambda N/2)}{\sin(\lambda/2)}\bigg|_{\lambda=0} = \lim_{\lambda \to 0} \frac{N/2\cos(\lambda N/2)}{1/2\cos(\lambda/2)} = N$$

Die Transferfunktion $T_R^{TP}(\lambda)$ des symmetrischen Rechteck-Filters ergibt sich als Faltungs-Integral aus der idealen Transferfunktion und $W_R(\lambda)$

$$T_R^{TP}(\theta) = \frac{1}{2\pi} \int_{-\pi}^{\pi} T_I^{TP}(\theta) W_R(\lambda-\theta) d\theta$$

bzw. da

$$\left| T_I^{TP}(\theta) \right| = 1 \text{ für } |\theta| \le \lambda_A \, , \, \left| T_I^{TP}(\theta) \right| = 0 \text{ sonst}$$

folgt:

$$T_R^{TP}(\lambda) = \int_{-\lambda_A}^{\lambda_A} \frac{\sin(\lambda-\theta)N/2}{\sin(\lambda-\theta)/2} d\theta$$

$T_R^{TP}(\lambda)$ stellt offensichtlich einen "integralen Durchschnitt" dar aus der Funktion $W_R(\lambda)$ und der idealen Transferfunktion $T_I^{TP}(\lambda)$. Da $W_R(\lambda)$ außer dem Hauptmaximum bei $\lambda=0$ noch mehrere Nebenmaxima bzw. Minima aufweist (vgl. Dub 1980, S.36) – sog. *side-lobes* – finden sich diese auch in $T_R^{TP}(\lambda)$. $T_R^{TP}(\lambda)$ konvergiert bei $\lambda=\lambda_A$ nicht gleichmäßig gegen die ideale Transferfunktion, da diese dort unstetig ist. Diese Unstetigkeit führt zu dem aus der Theorie der Fourier-Reihen bekannten *Gibbsschen Phänomen*: $T_R^{TP}(\lambda)$ verläuft oszillatorisch um $T_I^{TP}(\lambda)$, wobei die Amplituden dieser Oszillationen auch mit zunehmendem N nicht abnehmen (vgl. dazu Knopp 1964).

Für $N \to \infty$ konvergiert $T_R^{TP}(\lambda)$ gegen $T_I^{TP}(\lambda)$, denn $T_I^{TP}(\lambda)$ erfüllt die Dirichletschen Bedingungen, die hinreichend sind für die Konvergenz einer Fourier-Reihe ($T_I^{TP}(\lambda)$ ist periodisch und besitzt eine Unstetigkeitsstelle 1. Art bei $\lambda=\lambda_A$, d.h. $T_I^{TP}(\lambda_A+0)$ und $T_I^{TP}(\lambda_A-0)$ existieren). Deshalb konvergiert $T_R^{TP}(\lambda)$ gegen $T_I^{TP}(\lambda)$ $\forall \lambda$ für die $T_I^{TP}(\lambda)$ stetig ist, und gegen

$$\left[T_I^{TP}(\lambda+0) + T_I^{TP}(\lambda-0) \right]/2 = 1/2 \text{ für } \lambda = \pm\lambda_A$$

(zur Konvergenz von Fourier-Reihen vgl. z.B. Knopp 1964).

Dieses Konvergenzverhalten des Rechteck-Filters steht im Gegensatz zum entsprechenden Verhalten des gleitenden Durchschnitts-Filters, denn für diesen ergibt sich

$$\lim_{N\to\infty} T_{GD}(\lambda) = \begin{cases} 1 & \text{für } \lambda = 0 \\ 0 & \text{für } \lambda \neq 0 \end{cases}$$

d.h. mit zunehmender Filterlänge weist der Filter immer schlechtere Tiefpaßeigenschaften auf.

Es kann gezeigt werden, daß der *mittlere quadratische Approximationsfehler*

$$\frac{1}{2\pi} \int_{-\pi}^{\pi} \left| T_I^{TP}(\lambda) - T^*(\lambda) \right|^2 d\lambda$$

minimal ist für alle FIR-Filter der Länge N mit $T^*(\lambda) = T_R^{TP}(\lambda)$ (vgl. z.B. Bary 1964, S.59), d.h. der Rechteck-Filter erfüllt ein im *Frequenzbereich formuliertes Optimalitätskriterium.*

Bei der praktischen Anwendung des Rechteck-Filters ist zu beachten, daß im Gegensatz zum gleitenden Durchschnitts-Filter bei bestimmten Reihen ein Problem auftritt, das mit einer Eigenschaft von $T_R^{TP}(\lambda)$ für $\lambda = 0$ zusammenhängt. Für einen idealen Tiefpaß gilt

$$\left| T_I^{TP}(\lambda) \right|_{\lambda = 0} = A_I^{TP}(0) = \sum_{r=-\infty}^{\infty} b_r = 1$$

da für $\lambda = 0$ die Dirichletschen Bedingungen für die Konvergenz einer Fourier-Reihe erfüllt sind. Für

$$T_R^{TP}(\lambda) \text{ ist jedoch } \left| T_R^{TP}(\lambda) \right|_{\lambda=0} \neq 1$$

möglich, da dieser Transferfunktion nur eine endliche Fourier-Reihe zugeordnet ist und das Gibbssche Phänomen auftritt. Dies hat zur Folge, daß bei Reihen, die einen Trend aufweisen – und dies ist bei vielen ökonomischen Reihen der Fall – eine systematische Über- bzw. Unterschätzung des Trends erfolgt (ein Beispiel für eine Unterschätzung findet sich in Stier 1978). Dieser bias läßt sich jedoch durch Normierung der Filterkoeffizienten auf die Summe Eins vermeiden. Dadurch wird

$$\left| T_R^{TP}(0) \right| = 1$$

erzwungen (vgl. Stier 1978). Allerdings geht dabei die oben erwähnte Optimalitätseigenschaft verloren. Der praktische Nachteil nicht-normierter Koeffizienten wiegt jedoch weit schwerer als die Nicht-Erfüllung eines theoretischen Kriteriums.

Auf ähnlich einfache Weise lassen sich außer Tiefpässen auch andere Selektionsfilter erzeugen. Für einen idealen Hochpaß z.B. gilt:

$$A_I^{HP}(\lambda) = \begin{cases} 1 & \text{für } \lambda_A \leq |\lambda| \leq \pi \\ 0 & \text{für } |\lambda| < \lambda_A \end{cases}$$

Für seine Filterkoeffizienten ergibt sich bei symmetrischer Implementierung

$$b_r^{HP} = \frac{1}{2\pi} \int_{-\pi}^{-\lambda_A} e^{i\lambda r} d\lambda + \frac{1}{2\pi} \int_{\lambda_A}^{\pi} e^{i\lambda r} d\lambda = \frac{\sin\pi r}{\pi r} - \frac{\sin\lambda_A r}{\pi r} \quad, \quad r = 0, \pm 1, \pm 2, \ldots$$

d.h.:

$$b_0^{HP} = 1 - \frac{\lambda_A}{\pi} = 1 - b_0^{TP}$$

$$b_r^{HP} = - \frac{\sin\lambda_A r}{\pi r} = -b_r^{TP} \ , \ r=\pm1,\pm2,...$$

Somit lautet die Filtergleichung:

$$y_t = \sum_{r=-(N-1)/2}^{(N-1)/2} b_r^{HP} x_{t-r} = \left(1 - b_0^{TP}\right) x_t + \sum_{r=-(N-1)/2}^{(N-1)/2} b_r^{HP} x_{t-r}$$

$$= x_t - \sum_{r=-(N-1)/2}^{(N-1)/2} b_r^{TP} x_{t-r} = x_t - F_{TP}(x_t)$$

d.h. die hochpaßgefilterte Reihe ergibt sich einfach durch Subtraktion der tief-paßgefilterten Reihe (mit der Abschneidefrequenz λ_A) von der Originalreihe. Dies bedeutet, daß mit Hilfe von FIR-Tiefpässen beliebige FIR-Hochpässe erzeugt werden können. Das Umgekehrte ist natürlich auch möglich: Die Subtraktion einer hochpaßgefilterten Reihe von der Originalreihe ergibt eine tiefpaßgefilterte Reihe. Auch der obige Filter hat die IIR-Eigenschaft. Wie beim Tiefpaß kann auch hier durch Einführung obiger Rechteck-Fensterfunktion ein FIR-Filter erzeugt werden, für den analoge Überlegungen gelten, wie sie beim Tiefpaß angestellt wurden.

Bandpässe lassen sich aus Tief- und Hochpässen erzeugen. Der Bandpaß mit

$$A_I^{BP}(\lambda) = \begin{cases} 1 & \text{für } \lambda_1 \le |\lambda| \le \lambda_2 \\ 0 & \text{sonst} \end{cases}$$

erfordert einen Tiefpaß mit $\lambda_A=\lambda_2$ und einen Hochpaß mit $\lambda_A=\lambda_1$, d.h. diese beiden Filter sind in Serie zu schalten. Werden beide Filter kausal implementiert, dann ist zu beachten, daß sich die Phase des Bandpasses als Summe der Phasen beider Filter ergibt. Schließlich ist noch zu erwähnen, daß sich Bandstoppfilter durch Serien-schaltung von sich gegenseitig nicht überlappenden Tief- und Hochpässen bilden lassen.

Zusammenfassend läßt sich feststellen, daß sich alle vier Filtergrundtypen prinzi-piell aus Tiefpässen erzeugen lassen.

XVII.3. Modifizierte FIR-Fenster-Filter

Der FIR-Rechteck-Filter weist Eigenschaften auf, die unter Umständen für prakti-sche Zwecke nachteilig sind. Da $W_R(\lambda)$ außer dem Hauptmaximum bei $\lambda=0$ noch mehrere Nebenextrema (*side-lobes*) besitzt, erfaßt er möglicherweise Komponenten – wenn auch nur unvollständig –, die frequenzmäßig dem Stoppbereich zuzuordnen sind ("*filter-leakage*"). Außerdem tritt das Gibbssche Phänomen auf. Filter, welche diese Nachteile nicht oder nur abgeschwächt aufweisen, lassen sich auf zweierlei Arten erzielen. Einmal kann ein *Übergangsband* bei $A_I(\lambda)$ definiert werden, so daß z.B. die Amplitudenfunktion des idealen Tiefpasses lautet:

$$A_I^{TP}(\lambda) = \begin{cases} 1 & \text{für } |\lambda| \le \lambda_1 \\ \dfrac{\lambda-\lambda_1}{\lambda_2-\lambda_1} & \text{für } \lambda_1 < |\lambda| \le \lambda_2 \\ 0 & \text{für } \lambda_2 < |\lambda| \end{cases}$$

Diese Amplitudenfunktion hat nicht mehr Rechteck-, sondern Trapezgestalt, der Übergang vom Paß- zum Stoppband erfolgt nicht mehr abrupt. Filter dieses Typs sind als *Ormsby*-Filter bekannt (vgl. Ormsby 1961).

Eine andere Möglichkeit besteht darin, statt eines Rechteck-Fensters andere Fensterfunktionen zu verwenden. Aus der Theorie der Fourier-Reihen ist bekannt, daß dadurch die Konvergenzeigenschaften endlicher Fourier-Reihen an Unstetigkeitsstellen wesentlich verbessert werden können (vgl. z.B. Lanczos 1966). Diese Möglichkeit soll hier besprochen werden.

Prinzipiell kommen hier alle Fensterfunktionen in Betracht, die üblicherweise auch in der Spektralanalyse verwendet werden, also etwa:

Bartlett-Fenster:

$$W_{r,B} = 1 - \frac{2|r|}{N-1}, \quad |r| \le \frac{N-1}{2}$$

Hamming-Fenster:

$$W_{r,HAM} = 0.54 + 0.46\cos\frac{2\pi r}{N-1}, \quad |r| \le \frac{N-1}{2}$$

Hanning-Fenster:

$$W_{r,HAN} = 0.5 + 0.5\cos\frac{2\pi r}{N-1}, \quad |r| \le \frac{N-1}{2}$$

Blackmann-Fenster:

$$W_{r,BL} = 0.42 + 0.5\cos\frac{2\pi r}{N-1} + 0.08\frac{4\pi r}{N-1}, \quad |r| \le \frac{N-1}{2}$$

Parzen-Fenster:

$$W_{r,P} = \begin{cases} 1 - 6\left(\frac{2r}{N-1}\right)^2 + 6\left(\frac{2|r|}{N-1}\right)^3, & 0 \le |r| \le \frac{N-1}{2} \\ 2\left(1 - \frac{2|r|}{N-1}\right)^3, & \frac{N-1}{4} < r \le \frac{N-1}{2} \end{cases}$$

Ein weiteres, in der Spektralanalyse kaum verwendetes Fenster, ist das Kaiser-Fenster (vgl. Kaiser 1966):

$$W_{r,K} = I_0\left(\beta\sqrt{1 - \left(\frac{2r}{N-1}\right)^2}\right)\frac{1}{I_0(\beta)}, \quad |r| \le \frac{N-1}{2}$$

Dabei ist $I_0(x)$ eine *modifizierte Besselfunktion erster Art und nullter Ordnung*:

$$I_0(x): = \sum_{k=0}^{\infty} \frac{(x/2)^{2k}}{k!\,\Gamma(x+1)} \quad \text{mit } \Gamma(k+1) = k!$$

Dieses Fenster ist optimal in dem Sinn, daß sein *Hauptfenster* für eine vorgegebene maximale *side-lobe*-Amplitude den größten Teil der Gesamtfläche des Fensters enthält. Dabei ist $2 < \beta < 10$ ein Parameter mit Hilfe dessen ein *trade-off* zwischen der *Breite* des Hauptfensters und der maximalen *side-lobe*-Amplitude vorgenommen werden kann (vgl. Rabiner-Gold 1975, S.93 ff.).

Charakteristisch für alle Fenster ist, daß sie das Maximum bei $r=0$ annehmen und dann monoton fallen. Es läßt sich zeigen, daß z.B. die Fourier-Transformierte des Bartlett-Fensters sowie des Parzen-Fensters nicht-negativ ist im Gegensatz zu $W_R(\lambda)$ (eine detaillierte und vergleichende Untersuchung der Eigenschaften der Fourier-Transformierten obiger Fenster (mit Ausnahme des Kaiser-Fensters) findet sich bei Dub 1980).

Beispiele für den Einsatz dieser Fenster beim Design eines FIR-Tiefpasses finden sich in Stier 1978 und Schulte 1981. Dabei werden sowohl simulierte als auch praktische Zeitreihen gefiltert. Es zeigt sich bei den simulierten Reihen, daß die Verwendung obiger Fenster eine wesentlich *bessere* Erfassung der *glatten Komponente* der Reihen erlaubt als das einfache Rechteckfenster. Dabei erweisen sich die einzelnen Fenster als nahezu gleichwertig (Daraus darf allerdings nicht der Schluß gezogen werden, daß diese in einem anderen Zusammenhang ebenfalls als gleichwertig anzusehen wären, z.B. bei der Spektralanalyse. Wie Dub gezeigt hat, weisen sie durchaus verschiedene *Approximationseigenschaften* auf).

XVII.4. Optimale FIR-Filter

Wie oben dargelegt wurde, genügt der Rechteck-Filter einem im Frequenzbereich definierten Optimalitätskriterium. FIR-Filter können so konstruiert werden, daß sie *vorgegebene* frequentielle Kriterien erfüllen. Einige wenige Konstruktionsprinzipien sollen hier kurz besprochen werden. Kurz deswegen, weil es sich rasch zeigt, daß so konstruierte Filter für die Analyse vieler in der Praxis auftretender Zeitreihen, insbesondere ökonomischer, wenig geeignet sind.

Für die Frequenz-Antwortfunktion eines nullphasigen FIR-Filters der Länge N= 2M+1 kann geschrieben werden

$$T(\lambda) = \sum_{k=-M}^{M} h_k e^{-i\lambda k} = h_0 + 2\sum_{k=1}^{M} h_k \cos\lambda k$$

da $h_{-k} = h_k$ ist. $T(\lambda)$ kann umgeformt werden zu

$$T(\lambda) = \sum_{k=0}^{M} a_k (\cos\lambda)^k$$

wobei die Koeffizienten a_k von den h_k abhängen, d.h. die Frequenz-Antwortfunktion ist als reelles trigonometrisches Polynom M-ten Grades darstellbar.

Das Ziel des Filter-Designs bestehe nun darin, einen Tiefpaß-Filter zu konstruieren, dessen Amplitudenfunktion (bzw. dessen Realteil seiner Transferfunktion) der folgenden Spezifikation genüge: Im Paßband ($0 \le \lambda \le \lambda_p$) soll die ideale Amplitude mit einem maximalen Fehler von δ_1 und im Stoppband $\lambda_s \le \lambda \le \pi$ mit einem maximalen Fehler von δ_2 approximiert werden. Das Übergangsband $\lambda_p < \lambda < \lambda_s$ bleibe unspezifiziert.

Beim Verfahren von Hermann-Schuessler können M, δ_1 und δ_2 vorgegeben werden (vgl. Hermann-Schuessler 1970). Eine a priori-Kontrolle über die praktisch oft wichtigen Parameter λ_p und λ_s ist aber nicht möglich. Es wird nun eine Approximation der vorgegebenen Amplitudenfunktion gesucht, die als *equiripple approximation* ("gleichwellige" Approximation) bekannt ist. Da $T(\lambda)$ ein trigonometrisches Polynom der Ordnung M ist, weist dieses im Intervall $0 < \lambda < \pi$ höchstens M-1 lokale Extremwerte auf. Aus

$$T'(\lambda) = -\sin\lambda \left[\sum_{K=1}^{M} k a_k (\cos\lambda)^{k-1}\right]$$

folgt, daß bei $\lambda=0$ und $\lambda=\pi$ ein Maximum oder Minimum von $T(\lambda)$ liegt. Insgesamt sind also M+1 lokale Extrema im Intervall $0 \le \lambda \le \pi$ vorhanden. Liegen E_p Extrema im Paßband und E_s Extrema im Stoppband, dann gilt entsprechend: $E_p + E_s = M+1$.

Unbekannt sind die M+1 Filterkoeffizienten $h_0, h_1, ..., h_M$ sowie die M-1 Frequenzen $\lambda_1, ..., \lambda_{M-1}$ für die $T(\lambda)$ einen Extremwert annimmt. Dafür läßt sich ein System von 2M nicht-linearen Gleichungen aufstellen (für ein Beispiel siehe etwa Oppenheim-Schafer 1975, S.255 ff.). Dieser FIR-Filter-design hat allerdings zwei gravierende Nachteile für die praktische Analyse, insbesondere von ökonomischen Zeitreihen. Da $|T(\lambda)|_{\lambda=0} \neq 1$ ist, resultieren die schon oben diskutierten Verzerrungen bei trendbehafteten Reihen. Aber auch für die Analyse trendfreier Reihen ist dieser filter-Approach von zweifelhaftem Nutzen, da – wie schon erwähnt – die Länge des Paß- und des Stoppbandes nicht a priori festgelegt werden können: λ_p und λ_s, d.h. die Frequenzen für Paßbandende und Stoppbandanfang, können erst berechnet werden, wenn die Filterkoeffizienten bestimmt sind. Beim praktischen Einsatz von Filtern ist aber eine a priori-Festlegung dieser Frequenzen gemäß substanzwissenschaftlichen Überlegungen in der Regel unverzichtbar.

Will man λ_p und λ_s kontrollieren, dann müssen (bei festem M) δ_1 und δ_2 als variabel angenommen werden. Wie Parks-McClellan 1972 gezeigt haben, läßt sich dann die Approximation der vorgegebenen Amplitudenfunktion durch eine *Tschebycheff-Approximation* (zu dieser Approximationsmethode vgl. Achieser 1967) lösen. Die Approximationsmenge besteht dabei aus allen Fouriertransformierten T*(λ) symmetrischer Impuls-Antwortfunktionen (um a priori Nullphasigkeit sicherzustellen) der Länge M, wobei die Filterlänge M vorzugsweise als ungerade vorausgesetzt wird. Als Fehlerfunktion wird dazu $F(\lambda) := G(\lambda)[T(\lambda) - T^*(\lambda)]$ verwendet, wobei $T(\lambda)$ die gewünschte Frequenz-Antwort- bzw. Amplitudenfunktion ist und $G(\lambda)$ eine zu spezifizierende Gewichtsfunktion, mit Hilfe derer der Filterkonstrukteur die Approximationsgüte in verschiedenen Frequenzbereichen festlegen kann. Als Maß der Approximationsgüte wird die L_∞-Norm $\|F\| = \max|F(\lambda)|, \lambda \in [0,\pi]$ verwendet. Gesucht werden nun diejenigen Filter-Koeffizienten $h_k = h_{-k}$, für deren Fourier-Transformierte $T^*(\lambda)$ der Fehler $\|F\|$ minimal wird. Die Lösung für eine konkret vorgegebene Funktion $T(\lambda)$ kann z.B. mit dem sog. *Remez-Algorithmus* gefunden werden (für Einzelheiten sei auf Rabiner-Gold 1975, S.136 ff. verwiesen.).

Obwohl sich bei diesem Ansatz Paß- bzw. Stoppbänder a priori festlegen lassen, tritt auch hier bei Tiefpässen das Problem $|T(\lambda)| \neq 1$ auf. Eine Koeffizientennormierung auf die Summe Eins läßt sich aber hier nicht mehr sinnvoll durchführen, da dann die obige Optimalitätseigenschaft nicht mehr erfüllt wäre, denn eine derartige Normierung entspräche einer Stauchung bzw. Dehnung von $|T^*(\lambda)|$ in Richtung der Ordinatenachse. Dies aber wäre gleichbedeutend damit, daß eine andere als die vorgegebene Funktion $T(\lambda)$ approximiert würde.

Praktische Beispiele für Designs von Tiefpaßfilter der Länge N=25, die mit Hilfe eines Programms von McClellan erzeugt wurden (das Programm ist bei Rabiner-Gold 1975, S.194 ff. wiedergegeben), sind bei Schulte 1981, S.77 und bei Stier 1978, S.100 ff. zu finden. Bei Schulte wird auch über einen Vergleich zwischen einem (normierten) FIR-Fenster-Filter mit Parzen-Fensterfunktion und verschiedenen optimalen (nach Parks-McClellan) Filtern berichtet. Es zeigt sich, daß die optimalen Filter ein schmaleres Übergangsband als die Parzen-Fenster-Filter aufweisen, jedoch wesentlich schlechtere Dämpfungseigenschaften als der Parzen-Filter. Eine Filterung praktischer Reihen mit den optimalen Filtern führt im Gegensatz zu (normierten) FIR-Filter jedoch zu völlig unakzeptablen Resultaten, da eine so erhebliche Niveauverschiebung des Filter-Outputs gegenüber dem Filter-Input festzustellen ist, daß die Filter-Outputs nicht mehr interpretiert werden können.

Wie zu erwarten ist, können mit zunehmender Filterlänge bessere Durchlaß- und Ausblendeigenschaften erzielt werden. Aber selbst bei N=99 ergeben sich für praktische Reihen völlig unbrauchbare Resultate (vgl. dazu die Beispiele bei Stier 1978). Bei festem N sind mit Verlängerung des Paßbandes präzisere Amplitudenfunktionen zu erzielen. Dasselbe trifft zu für das Übergangsband: Je breiter dieses ist, umso besser kann die erwünschte Amplitudenfunktion approximiert werden. Allerdings sind in der Praxis häufig gerade enge Tiefpässe erwünscht, d.h. Tiefpässe, deren Paßband nur bis unterhalb der ersten saisonalen Frequenz ($\lambda = 2\pi/12$) reicht und die schmale Übergangsbänder aufweisen. Scharfe Amplitudenfunktionen ergeben sich für solche optimalen Filter aber nur dann, wenn N *sehr groß* gewählt wird, etwa N=200. Es ist klar, daß derartige extreme Filterlängen für die praktische Zeitreihenanalyse wohl selten realisierbar sein dürften.

XVII.5. Konstruktion von IIR-Filtern

Für die hier interessierenden IIR-Filter ist die Transferfunktion eine rationale Funktion in z und die Filtergleichung lautet (vgl Kap. XVI.3):

$$\sum_{k=0}^{M} a_k y_{t-k} = \sum_{r=0}^{N} b_r x_{t-r} \, , \, a_0 = 1$$

Im Gegensatz zu den FIR-Filtern besitzen die Transferfunktionen von IIR-Filtern neben Nullstellen auch Pole. Damit ergeben sich bei der Filterkonstruktion zusätzliche *Freiheitsgrade:* Der Verlauf der Frequenz-Antwortfunktion bzw. Amplitudenfunktion kann nicht nur über die Platzierung der Nullstellen (die ohnehin nach *substanziellen* Erfordernissen erfolgen sollte), sondern auch über die Platzierung der Pole in der komplexen Ebene gesteuert werden. Diese Möglichkeit erhöht die Flexibilität beim Filter-Design ganz entscheidend.

Allerdings wird dieser Vorteil auch mit einem – mindestens prinzipiellen – Nachteil erkauft: IIR-Filter haben immer eine *nicht-lineare* Phase. Damit sind nullphasige IIR-Filter nicht möglich. Dieser Sachverhalt ist allerdings häufig mehr theoretisch als praktisch nachteilig, denn nullphasige FIR-Filter sind auch nur bei symmetrischer Filterimplementation möglich. Um *scharfe* Amplitudenfunktionen zu realisieren, ist bei FIR-Filtern in der Regel eine hohe Filterordnung erforderlich (d.h. ein großes N), was zu dem schon früher beschriebenen *Randproblem* führt. Kausale FIR-Filter hoher Ordnung implizieren aber eine beträchtliche – wenn gleich lineare – Phasenverzögerung, so daß das Randproblem damit nicht zu lösen ist. Trotz nicht-linearer Phase sind in diesem Zusammenhang IIR-Filter vorteilhaft, da diese häufig so konstruiert werden können, daß bei *scharfem* Amplitudenverlauf die Phasenverzögerung nur wenige ZE beträgt. Damit kann das Randproblem zwar nicht vollständig gelöst, aber doch zumindest entschärft werden. Bemerkenswert ist, daß der Filter-Output eines IIR-Filters perfekt *randstabil* ist, d.h. die gefilterten Werte am aktuellen Rand einer Reihe ändern sich beim *updating* der Reihe nicht mehr.

XVII.5.1.   Einfache IIR-Filter

Der einfachste IIR-Filter ergibt sich für M=1 und N=0 mit der Filtergleichung $y_t = b_0 x_t - a_1 y_{t-1}$ bzw. $y_t = \beta x_t + \alpha y_{t-1}$ mit $\beta := b_0$, $\alpha := -a_1$ und der Transferfunktion

$$T(z) = \frac{\sum_{r=0}^{N} b_r z^{-r}}{\sum_{k=0}^{M} a_k z^{-k}} = \frac{\beta}{1 - \alpha z^{-1}} = \frac{\beta z}{z - \alpha}$$

bzw. Frequenz-Antwortfunktion

$$T(e^{i\lambda}) = \frac{\beta e^{i\lambda}}{e^{i\lambda} - \alpha}$$

Die Amplituden- und Phasenfunktion dieses Filters lauten

$$A(\lambda) = \frac{|\beta e^{i\lambda}|}{|e^{i\lambda} - \alpha|} = \frac{|\beta|}{\sqrt{1 + \alpha^2 - 2\alpha\cos\lambda}}$$

und

$$\varphi(\lambda) = Arg(\beta) + Arg(e^{i\lambda}) - Arg(e^{i\lambda} - \alpha) = \lambda - tg^{-1}\left(\frac{\sin\lambda}{\cos\lambda - \alpha}\right)$$

d.h. die Phasenfunktion ist *nicht-linear*.

Für $0 < \alpha < 1$ liegt ein Tiefpaß und für $-1 < \alpha < 0$ ein Hochpaß vor. Dieser Filter besitzt einen Pol bei $p = \alpha$, aber keine Nullstellen. Für den Tiefpaß läßt sich leicht eine Normierung für $\lambda = 0$ erzielen, indem $\beta = 1 - \alpha$ gesetzt wird, denn dann ist $A(0) = 1$. Eine Normierung des Hochpasses bei $\lambda = \pi$ würde $\beta = 1 + \alpha$ erfordern.

Aus Stabilitätsgründen ist stets $|\alpha| < 1$ erforderlich, denn die Impulsantwortfunktion des Filters lautet: $h_t = (1-\alpha)\alpha^t$, $t = 0,1,2,\dots$ Die unendliche Reihe

$$\sum_{t=0}^{\infty} |h_t|$$

konvergiert nur für $|\alpha| < 1$. Anders ausgedrückt: Der Pol der Transfer- oder Frequenz-Antwortfunktion muß *innerhalb* des Einheitskreises liegen.

Je näher α bei Eins liegt, umso ausgeprägter ist die *Tiefpaßcharakteristik* des Filters (für $\alpha = 0$ wäre $A(\lambda) = 1$ für $0 \le \lambda \le \pi$, d.h. ein Allpaß mit der trivialen Filtergleichung $y_t = x_t$). Ein Maß für diesen Sachverhalt ist die sogenannte *Bandbreite* des Filters. Darunter versteht man die Länge des Frequenzintervalles $(0, \lambda_B)$ für das gilt:

$$A(\lambda) \ge 1/\sqrt{2}, \quad \lambda \in [0, \lambda_B]$$

Diese Definition ist motiviert durch den Sachverhalt, daß die *Energie* des Signals $A\sin\lambda t$ durch $A^2/2$ gegeben ist. Ein Tiefpaß mit der Bandbreite λ_B läßt somit mindestens die Hälfte der Energie des Input-Signales passieren (vgl. Cadzow 1973, S. 301). Deshalb wird λ_B auch als *half-power-point* bezeichnet.

Betrachtet man nun die Bandbreite λ_B als frei wählbaren Parameter, dann läßt sich das zugehörige α leicht bestimmen. Offensichtlich muß gelten:

$$\frac{1 - \alpha}{\sqrt{1 + \alpha^2 - 2\alpha\cos\lambda_B}} = \frac{1}{\sqrt{2}}$$

Daraus ergibt sich die quadratische Gleichung $\alpha^2 + (2\cos\lambda_B - 4)\alpha + 1 = 0$ mit den Lösungen $\alpha_{1/2} = 2 - \cos\lambda_B \pm \sqrt{(3 - \cos\lambda_B)(1 - \cos\lambda_B)}$. Da $\alpha < 1$ sein muß, kommt nur die Lösung $\alpha = \alpha_2$ in Frage (vgl. dazu Cadzow 1973, S.302).

In Abb. 17.5 ist die Amplitudenfunktion eines Tiefpasses mit dem half-power-point $\lambda_B = 2\pi f_B = 2\pi \cdot 0.05$ wiedergegeben. Hier ist $\alpha \approx 0.7323$, die Filtergleichung lautet also $y_t = 0.2677\, x_t + 0.7323\, y_{t-1}$.

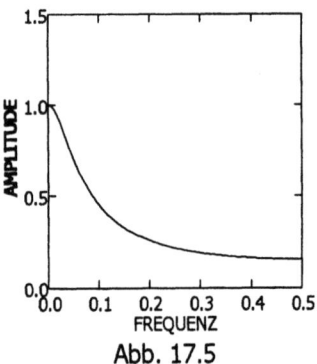

Abb. 17.5

Die Ausblendeigenschaften dieses Filters sind offensichtlich *mangelhaft*, auch das Paßband ist weit entfernt von der idealen Rechteck-Gestalt. Das hängt auch damit zusammen, daß λ_B ziemlich klein ist, eine größere Bandbreite führt zu einem schärferen Amplitudenverlauf. Eine Verbesserung ist bei gegebener Bandbreite aber auch möglich durch eine Serienschaltung des Filters. Wird der Filter n-mal in Serie geschaltet, dann lautet seine Transferfunktion:

$$T_n(z) = \left[\frac{(1 - \alpha)z}{z - \alpha}\right]^n, \quad n = 1,2,3,\ldots$$

Aus der Beziehung $Y(z) = T_n(z)X(z)$ ergibt sich dann die Filtergleichung dieses Serienfilters. Es ist:

$$Y(z) = \frac{(1 - \alpha)^n z^n}{(z - \alpha)^n} X(z) = \frac{(1 - \alpha)^n z^n}{z^n - \alpha\binom{n}{1}z^{n-1} + \alpha^2\binom{n}{2}z^{n-2} + \ldots + (-\alpha)^n} X(z)$$

$$= \frac{(1 - \alpha)^n}{1 - \alpha\binom{n}{1}z^{-1} + \alpha^2\binom{n}{2}z^{-2} + \ldots + (-\alpha)^n z^{-n}} X(z)$$

Daraus ergibt sich

$$y_t - \alpha\binom{n}{1}y_{t-1} + \alpha^2\binom{n}{2}y_{t-2} + \ldots + (-\alpha)^n y_{t-n} = (1 - \alpha)^n x_t$$

d.h. der n-fache Filter ist identisch mit einem einfachen Filter der Ordnung M=n, N=0 und den Koeffizienten:

$$a_0 = 1$$
$$a_k = (-\alpha)^k \binom{n}{k}, \quad k = 1,2,\ldots,n$$
$$b_0 = (1 - \alpha)^n$$

Die beiden nächsten Graphiken zeigt die Amplitudenfunktionen dieses Filters für $\lambda_B = 2\pi \cdot 0.05$ (Abb. 17.6) und n=2 bzw. n=10 (Abb. 17.7). Zu beachten ist hier, daß sich die für n=1 gewählte Bandbreite durch die Serienschaltung verändert. Soll die ursprüngliche (d.h. für n=1) gewählte Bandbreite beibehalten werden, dann muß der Koeffizient α entsprechend adjustiert werden. Aus

$$T_n(\lambda) = [T(\lambda)]^n = 1/\sqrt{2}$$

folgt

$$\frac{1 - \alpha}{\sqrt{1 + \alpha^2 - 2\alpha\cos\lambda_B}} = \frac{1}{2^{1/(2n)}}$$

und daraus ergibt sich (vgl. Cadzow 1973, S.304)

$$\alpha = \frac{1}{2^{1/n} - 1}\left[2^{1/n} - \cos\lambda_g - \sqrt{(2^{1/n} - \cos\lambda_g)^2 - (2^{1/n} - 1)^2}\right]$$

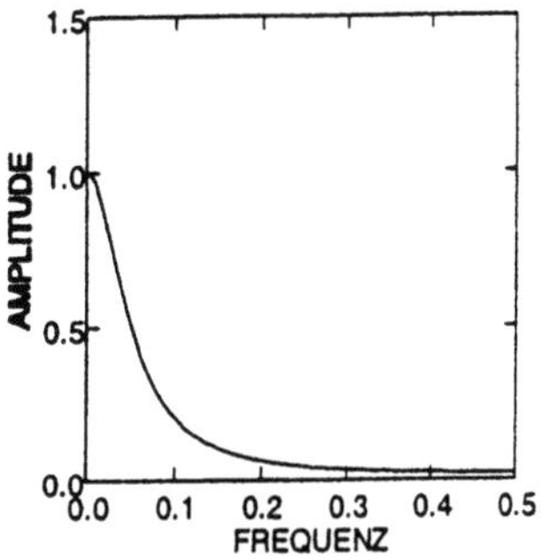

Abb. 17.6 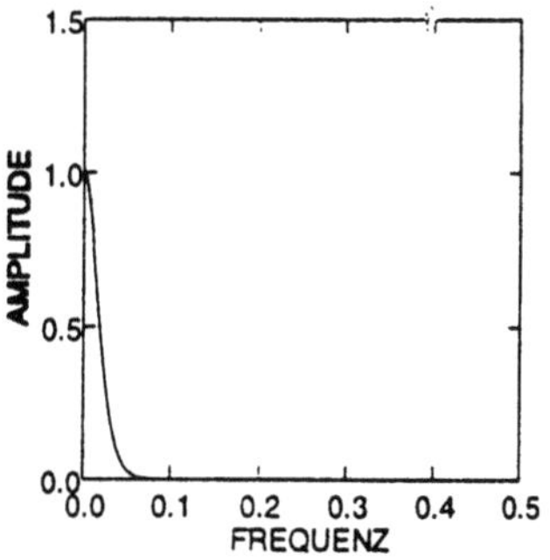   Abb. 17.7

In obigem Beispiel ergibt sich für $\lambda_g = 2\pi \cdot 0.05$, d.h. dem selben half-power point wie für n=1, ein $\alpha \approx 0.6178$ für n=2 und ein $\alpha \approx 0.3296$ für n=10. Offensichtlich verändert sich der Filterkoeffizient α erheblich für zunehmendes n. Die Amplitudenfunktion für $\alpha = 0.3296$ und n=10 zeigt folgenden Verlauf:

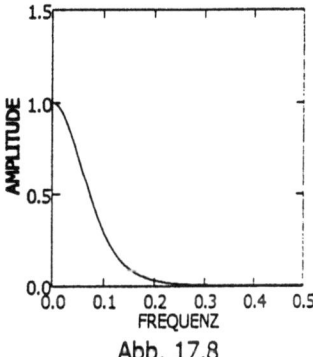

Abb. 17.8

Mit größerem n werden die Ausblendeigenschaften wesentlich besser, die Durchlaßeigenschaften im Paßband allerdings nicht. Zu beachten ist jedoch, daß die Phase des Serienfilters mit größerem n ebenfalls größer wird.

Obwohl die Amplitudenfunktionen solcher einfachen Filter noch zu wünschen übrig lassen, ist zu bemerken, daß sie sehr einfach zu handhaben sind und vielfach mindestens ebenso gute, wenn nicht bessere, Amplitudenfunktionen aufweisen als z.B. die wesentlich komplizierteren optimalen FIR-Filter.

Aus den obigen Filtergleichungen ist zu ersehen, daß der Reihenwert x_t nur einen Einfluß hat auf y_t. Dies ist gleichbedeutend damit, daß beim Hinzukommen neuer Reihenwerte (sog. *updating*) die bisher gefilterten Werte nicht verändert werden. Dies gilt für alle IIR-Filter. Sie sind deshalb *perfekt randstabil*.

Im Gegensatz zu FIR-Filter ist bei IIR-Filter ein Phänomen zu berücksichtigen, das bei der Interpretation des Filter-Outputs von Bedeutung ist. Zwischen der z-Transformierten des Filter-Inputs und der z-Transformierten des Filter-Outputs besteht die Beziehung $Y(z) = T(z)X(z)$, falls alle Anfangsbedingungen gleich Null sind. Das Verhalten des obigen Tiefpasses z.B. kann mit Hilfe von einfachen Testsignalen in *geschlossener* Form ermittelt werden. Wählt man als Testsignal

$$x_t = \begin{cases} 0 & \text{für } t = -1, -2, \ldots \\ 1 & \text{für } t = 0, 1, 2, \ldots \end{cases}$$

(den sog. *Einheitssprung*), dann muß ein Tiefpaß dieses Signal reproduzieren, da es der Frequenz $\lambda = 0$ zuzuordnen ist. Es ist

$$X(z) = \sum_{t=0}^{\infty} x_t z^{-t} = \sum_{t=0}^{\infty} z^{-t} = \frac{z}{z-1} \quad \text{für } |z| > 1$$

und deshalb:

$$Y(z) = \frac{\beta z}{z-\alpha} \cdot \frac{z}{z-1}$$

Der Filter-Output ergibt sich aus der *inversen* z-Transformation von Y(z), d.h. $y_t = \mathfrak{Z}^{-1}[Y(z)]$. Durch Partialbruchzerlegung erhält man:

$$\frac{\beta z^2}{(z-\alpha)(z-1)} = A + B\left(\frac{z}{z-\alpha}\right) + C\left(\frac{z}{z-1}\right)$$

$$= \frac{z^2(A+B+C) + z(-A\alpha-A-B-C\alpha) + A\alpha}{(z-\alpha)(z-1)}$$

Durch Koeffizientenvergleich ergibt sich

$$A+B+C = \beta$$
$$A\alpha + A + B + C\alpha = 0$$
$$A\alpha = 0$$

d.h. $A=0$, $B=\dfrac{-\alpha\beta}{1-\alpha}$, $C=\dfrac{\beta}{1-\alpha}$ und somit $Y(z) = \dfrac{-\alpha\beta}{1-\alpha}\left(\dfrac{z}{z-\alpha}\right) + \dfrac{\beta}{1-\alpha}\left(\dfrac{z}{z-1}\right)$.

Daraus folgt mit $\beta = 1-\alpha$

$$y_t = \frac{-\alpha\beta}{1-\alpha}\alpha^t + \frac{\beta}{1-\alpha} = -\alpha^{t+1} + 1 \; , \; t=0,1,2,\ldots$$

da $\mathfrak{Z}^{-1}(z/(z-\alpha)) = \alpha^t$ ist, sowie $\lim_{t\to\infty} y_t = 1$, weil $0 < \alpha < 1$ ist.

Offensichtlich erreicht der Tiefpaß seinen theoretischen Outputwert nur asymptotisch: y_t konvergiert monoton steigend gegen Eins. Für $\alpha=0.7323$ ist z.B. $y_{10} \approx 0.9675$, $y_{15} \approx 0.9986$, $y_{20} \approx 0.9986$ usw. Ab dem 20. Outputwert ist der relative Fehler geringer als 0.15 %. Würde man z.B. $\alpha=0.2$ wählen, dann ergäbe sich $y_3 \approx 0.9984$, d.h. ab dem 35. Outputwert wäre der relative Fehler nur noch 0.16 %. Je kleiner α ist, umso schneller reagiert der Filter auf das Input-Signal. Anders ausgedrückt: Je weiter der Pol $z=\alpha$ der Filter-Transferfunktion vom Einheitskreis entfernt liegt, umso höher ist die *Reaktionsgeschwindigkeit* des Filters, d.h. umso schneller erreicht er seinen theoretischen Outputwert. Hier zeigt sich nun ein Zielkonflikt: Je kleiner α ist, umso schlechter ist die Amplitudenfunktion des Filters (darauf wurde oben schon eingegangen). Ein *scharfer* Tiefpaß ist aber *träger* als ein *unscharfer*. Zwischen den beiden wünschenswerten Eigenschaften *Schärfe* und *hohe Reaktionsgeschwindigkeit* besteht also eine Antinomie.

Wählt man statt des Einheitssprunges (als Prototyp eines *niederfrequenten* Signals) folgendes Testsignal

$$x_t = \begin{cases} 0 & \text{für } t=-1,-2,\ldots \\ (-1)^t & \text{für } t=0,1,2,\ldots \end{cases}$$

(sog. *Einheitsalternierende* als Prototyp eines *hochfrequenten* Signals), dann ergibt sich für den obigen Tiefpaß als z-Transformierte des Outputs analog zur obigen Ableitung

$$Y(z) = \frac{\beta z}{z-\alpha} \cdot \frac{z}{z+1}$$

da $\mathfrak{Z}[(-1)^t] = \dfrac{z}{z+1}$ ist. Die Partialbruchzerlegung ergibt:

$$Y(t) = \frac{\alpha(1-\alpha)}{1+\alpha}\frac{z}{z-\alpha} + \frac{1-\alpha}{1+\alpha}\frac{z}{z+1}$$

Die Rücktransformation liefert

$$y_t = \frac{\alpha(1-\alpha)}{1+\alpha}\alpha^t + \frac{1-\alpha}{1+\alpha}(-1)^t \text{ mit } \lim_{t\to\infty} y_t = \frac{1-\alpha}{1+\alpha}(-1)^t$$

Da die Ausblendeigenschaften dieses Tiefpasses aber unzureichend sind, ist $\lim_{t\to\infty} y_t \neq 0$. Der Filter-Output oszilliert mit der Frequenz f=1/2 um den theoretischen Outputwert y_t=0, der sich ergeben würde, wenn A(π)=0 wäre, wie das bei einem Tiefpaß eigentlich der Fall sein müßte. Für α=0.7323 jedoch ist A(π)$\approx$0.15 und $y_t\approx$0.15(-1)^t, d.h. die Amplitude des Input-Signals wird nur um ca. 85 % gedämpft. Für α=0.99 ergäbe sich eine Dämpfung von ca. 99%.

Der obige Tiefpaß läßt sich jedoch leicht so modifizieren, daß die Einheitsalternierende schließlich vollständig ausgefiltert wird. Das kann dadurch erreicht werden, daß neben dem Pol bei z=α eine Nullstelle bei λ=π, d.h. bei z = e$^{i\pi}$ = -1 "platziert" wird. Die Transferfunktion dieses Tiefpasses lautet dann:

$$T(z) = b\frac{z-e^{i\pi}}{z-\alpha} = b\frac{z+1}{z-\alpha}$$

Damit der Filter bei λ=0 normiert ist (d.h. T(λ)=1 für λ=0 oder T(z)=1 für z=1) muß b=(1-α)/2 sein.

Offensichtlich ist T(-1)=0, d.h. T(λ)=0 für λ=π. Die Filtergleichung dieses Tiefpasses ergibt sich aus der Beziehung

$$Y(z) = b\frac{z+1}{z-\alpha}X(z) = b\frac{1+z^{-1}}{1-\alpha z^{-1}}X(z)$$

d.h. $\left(1-\alpha z^{-1}\right)Y(z) = b\left(1+z^{-1}\right)X(z)$ was zur Filtergleichung $y_t - \alpha y_{t-1} = b\left(x_t + x_{t-1}\right)$ führt. Da für die Einheitsalternierende stets gilt $x_t + x_{t-1} = 0$, läßt sich der Filter-Output hier als Lösung der einfachen Differenzengleichung $y_t - \alpha y_{t-1}$=0 bestimmen. Es ist $y_t = y_0\alpha^t$, d.h. $\lim_{t\to\infty} y_t = 0$. Das gleiche asymptotische Resultat ergibt sich natürlich auch aus

$$Y(z) = b\frac{z+1}{z-\alpha}\frac{z}{z+1} = b\frac{z}{z-\alpha}$$

woraus $y_t = b\alpha^t$ folgt mit $\lim_{t\to\infty} y_t = 0$.

Bei den bisher betrachteten Tiefpässen konvergierte der Filter-Output *monoton* gegen das theoretisch zu erwartende Output-Signal, falls überhaupt Konvergenz vorlag. Bei Filtern *höherer Ordnung* ist jedoch ein *oszillierender* Filter-Output zu erwarten, d.h. das theoretische Output-Signal wird erst nach einem *Einschwingvorgang* erreicht. Dies kann z.B. an folgendem Tiefpaß mit der Transferfunktion

$$T(z) = \frac{\beta z}{(z-p)(z-\bar{p})}$$

gesehen werden, der die beiden Pole p=re$^{i\theta}$ und $\bar{p}$=re$^{-i\theta}$, r<1, aufweist. Aus Normierungsgründen muß $\beta = (1-p)(1-\bar{p}) = 1 - 2r\cos\theta + r^2$ gesetzt werden. Die Filtergleichung lautet:

$$y_t - (2r\cos\theta)y_{t-1} + r^2 y_{t-2} = \beta x_{t-1}$$

Je kleiner θ und je größer r ist, umso besser sind die Dämpfungseigenschaften dieses Filters. Für λ=π (d.h. z=-1) ergibt sich:

$$T(-1) = \frac{1 - 2r\cos\theta + r^2}{1 + 2r\cos\theta + r^2}$$

Für $\theta = 0.01\pi$ z.B. ist $T(-1) \approx 0.031$ bzw. 0.0003, falls $r = 0.7$ bzw. 0.99 gewählt wird und für $\theta = 0.2\pi$ ergibt sich $T(-1) \approx 0.1363$ bzw. 0.1056 für $r = 0.7$ bzw. 0.99 usw.

Mit dem Einheitssprung als Input-Signal ergibt sich für die z-Transformierte des Filter-Outputs:

$$Y(z) = \frac{\beta z}{(z - re^{i\theta})(z - re^{-i\theta})} \cdot \frac{z}{z-1} = \alpha_0 + \alpha_1\left(\frac{z}{z-re^{i\theta}}\right) + \alpha_2\left(\frac{z}{z-re^{-i\theta}}\right) + \alpha_3\left(\frac{z}{z-1}\right)$$

Es ist (vgl. Cadzow 1973, S.209):

$$\alpha_0 = Y(z)\big|_{z=0} = 0$$

$$\alpha_i = \left(\frac{z - p_i}{z}\right) Y(z)\big|_{z=p_i}, \quad i = 1,2,3$$

Deshalb erhält man

$$\alpha_1 = \frac{\beta z}{(z-re^{-i\theta})(z-1)}\bigg|_{z=re^{i\theta}} = \frac{\beta re^{i\theta}}{r(e^{i\theta} - e^{-i\theta})(re^{i\theta} - 1)} = \frac{-\beta e^{i\theta}}{2i\sin\theta(1 - re^{i\theta})}$$

und analog

$$\alpha_2 = \frac{\beta e^{-i\theta}}{2i\sin\theta(1 - re^{-i\theta})}$$

$$\alpha_3 = \frac{\beta}{(1 - re^{i\theta})(1 - re^{-i\theta})} = 1$$

Somit resultiert für die z-Transformierte des Outputs:

$$Y(z) = \frac{-\beta}{2i\sin\theta}\left(\frac{e^{i\theta}}{1-re^{i\theta}}\frac{z}{z-re^{i\theta}} - \frac{e^{-i\theta}}{1-re^{-i\theta}}\frac{z}{z-re^{-i\theta}}\right) + \frac{z}{z-1}$$

Die Rücktransformation ergibt:

$$y_t = 1 - \frac{\beta}{2i\sin\theta}\left(\frac{e^{i\theta}}{1-re^{i\theta}}(re^{i\theta})^t - \frac{e^{-i\theta}}{1-re^{-i\theta}}(re^{-i\theta})^t\right)$$

$$= 1 - \frac{\beta r^t}{2i\sin\theta}\left(\frac{1}{1-re^{i\theta}}e^{i(t+1)\theta} - \frac{1}{1-re^{-i\theta}}e^{-i(t+1)\theta}\right)$$

Setzt man $1/(1-re^{i\theta}) = be^{i\varphi}$ mit $b = (1 - 2r\cos\theta + r^2)^{-1/2}$ und

$$\varphi = tg^{-1}\left(\frac{r\sin\theta}{1-r\cos\theta}\right) \quad \text{bzw.} \quad 1/(1-re^{-i\theta}) = be^{-i\varphi}$$

dann ergibt sich schließlich für den Filter-Output im Zeitbereich (vgl. Cadzow 1973, S.266):

$$y_t = 1 - \frac{\beta r^t}{2i\sin\theta}[be^{i[(t+1)\theta+\varphi]} - be^{-i[(t+1)\theta+\varphi]}] = 1 - \frac{\beta b}{\sin\theta}r^t\sin[(t+1)\theta + \varphi]$$

$$= 1 - \frac{\sqrt{1-2r\cos\theta + r^2}}{\sin\theta}r^t\sin[(t+1)\theta + \varphi], \quad t = 0,1,2,\ldots$$

Offensichtlich ist $\lim_{t\to\infty} y_t = 1$, aber im Gegensatz zu den vorherigen Beispielen konvergiert y_t *oszillierend* gegen das theoretische Output-Signal.

Diese beispielhaft dargestellten Zusammenhänge gelten allgemein für alle IIR-Filter. Sei

$$X(z) = \frac{N(z)}{(z-q_1)(z-q_2)\ldots(z-q_s)}$$

die z-Transformierte des Input-Signals, wobei $N(z)$ ein Polynom in z bezeichnet und q_i (i=1,...,s) die Pole des Signals bedeuten. Die z-Transformierte des Outputs ist dann:

$$Y(z) = \frac{b(z-z_1)(z-z_2)...(z-z_r)}{(z-p_1)(z-p_2)...(z-p_n)} \frac{N(z)}{(z-q_1)(z-q_2)...(z-q_s)}$$

Den Filter-Output im Zeitbereich erhält man durch die inverse z-Transformation von $Y(z)$. Dazu ist es zweckmäßig, eine Partialbruchzerlegung der Form

$$Y(z) = \alpha_0 + \sum_{i=1}^{s} \alpha_i \frac{z}{z-q_i} + \sum_{i=1}^{n} \alpha_i^* \frac{z}{z-p_i}$$

vorzunehmen, wobei unterstellt wird, daß alle Pole p_i und alle Pole q_i verschieden voneinander sind (für mehrfache Pole läßt sich eine analoge Zerlegung vornehmen, vgl. Cadzow 1973, S.210).

$Y(z)$ läßt sich in dieser Form leicht in den Zeitbereich rücktransformieren, denn es ist (vgl. Cadzow 1973, S.250, 251):

$$y_t = \alpha_0 \delta(t) + \sum_{i=1}^{s} \alpha_i (q_i)^t + \sum_{i=1}^{n} \alpha_i^* (p_i)^t$$

Daraus folgt, daß der Filter-Output sowohl von den Eigenschaften des Input-Signals als auch von den Eigenschaften des Filters beeinflußt wird. Der Term

$$\sum_{i=1}^{n} \alpha_i^* (p_i)^t$$

ist der *transiente* Teil des Outputs, d.h. es ist $\lim_{t \to \infty} \left(\sum_{i=1}^{n} \alpha_i^* (p_i)^t \right) = 0$ für $|p_i| < 1$. Dieser erzeugt den Einschwingvorgang bei IIR-Filtern. Für einen kurzen Einschwingvorgang ist $|p_i| << 1$ erforderlich. Für eine gute Amplitudencharakteristik sind jedoch Pole in der Nähe des Einheitskreises notwendig. IIR-Filter, die *gleichzeitig* scharfe Amplitudenverläufe und kurze Einschwingvorgänge aufweisen, sind deshalb nicht möglich. Legt man Wert auf einen möglichst guten Amplitudenverlauf, dann hat das praktisch die Konsequenz, daß ein Teil des Filter-Outputs sachlich nicht interpretierbar ist, da er dem transienten Teil des Filter-Outputs zuzurechnen ist.

Neben Tief- und Hochpässen lassen sich auf relativ einfache Weise z.B. IIR-Bandpässe erzeugen. Ein einfacher Bandpaß ist z.B. durch folgende Transferfunktion gegeben (vgl. Cadzow 1973, S.310 ff.)

$$T(z) = \frac{\beta z^2}{(z-re^{i\lambda_0})(z-re^{-i\lambda_0})} = \frac{\beta z^2}{z^2 - (2r\cos\lambda_0)z + r^2}$$

bzw.

$$T(\lambda) = \frac{\beta e^{i2\lambda}}{(e^{i\lambda} - re^{i\lambda_0})(e^{i\lambda} - re^{-i\lambda_0})}, \quad \lambda_1 < \lambda_0 < \lambda_2$$

Aus Stabilitätsgründen muß $r<1$ sein. β kann so gewählt werden, daß $|T(\lambda_0)| = 1$ ist. Damit ist gewährleistet, daß Signale, deren Frequenzen im Paßband $[\lambda_1, \lambda_2]$ "um" λ_0 liegen, ungedämpft durchgelassen werden. Die Amplitudenfunktion dieses Filters lautet

$$A(\lambda) = \frac{\beta}{|e^{i\lambda} - re^{i\lambda_0}||e^{i\lambda} - re^{-i\lambda_0}|}$$

$$= \frac{\beta}{[1 + r^2 - 2r\cos(\lambda - \lambda_0)]^{1/2}[1 + r^2 - 2r\cos(\lambda + \lambda_0)]^{1/2}}$$

mit

$$A(\lambda_0) = \frac{\beta}{(1-r)\sqrt{1 + r^2 - 2r\cos 2\lambda_0}}$$

Soll der Filter für $\lambda = \lambda_0$ normiert werden, dann muß der Filterparameter $\beta = (1-r)\sqrt{1 + r^2 - 2r\cos 2\lambda_0}$ gesetzt werden. Die Phasenfunktion dieses Filters lautet

$$\varphi(\lambda) = \text{Arg}(\beta) + \text{Arg}(e^{i2\lambda}) - \text{Arg}(e^{i\lambda} - re^{i\lambda_0}) - \text{Arg}(e^{i\lambda} - re^{-i\lambda_0})$$

$$= 2\lambda - \text{tg}^{-1}\left(\frac{\sin\lambda - r\sin\lambda_0}{\cos\lambda - r\cos\lambda_0}\right) - \text{tg}^{-1}\left(\frac{\sin\lambda + r\sin\lambda_0}{\cos\lambda - r\cos\lambda_0}\right)$$

Auch diese Phasenfunktion ist nicht-linear.

Die Filtergleichung lautet $y_t = \beta x_t + (2r\cos\lambda_0)y_{t-1} - r^2 y_{t-2}$. Bei gegebenem r und λ_0 ergibt sich die Bandbreite dieses Filters aus der "half-power"-Bedingung $A(\lambda) = 1/\sqrt{2}$, wenn man die Bandbreite wie beim obigen einfachen Tiefpaß definiert. Dies führt zu einer quadratischen Gleichung in $\cos \lambda$:

$$\cos^2\lambda - \left(\frac{(1 + r^2)\cos\lambda_0}{r}\right)\cos\lambda + \frac{(1-r)^2}{4r^2}[4r\cos 2\lambda_0 - (1-r)^2] + \cos^2\lambda_0 = 0$$

Die beiden Lösungen sind:

$$\cos\lambda_1 = \frac{(1 + r^2)\cos\lambda_0}{2r} + \frac{(1-r)}{2r}\sqrt{(1 + r^2) + (1 - 6r + r^2)\cos^2\lambda_0}$$

$$\cos\lambda_2 = \frac{(1 + r^2)\cos\lambda_0}{2r} - \frac{(1-r)}{2r}\sqrt{(1 + r^2) + (1 - 6r + r^2)\cos^2\lambda_0}$$

Daraus ergeben sich λ_1 und λ_2 (vgl. Cadzow 1973, S.313). Allerdings wird man praktisch häufig die gewünschte Bandbreite vorgeben wollen (durch Festlegung von λ_1 und λ_2). r ergibt sich dann als diejenige Wurzel des Polynoms achten Grades $r^8 + (\alpha - \gamma)r^6 - 8\alpha r^5 + (14\alpha - 2\gamma - 2)r^4 - 8\alpha r^3 + (\alpha - \gamma)r^2 + 1 = 0$, die im Intervall $(0,1)$ liegt mit $\alpha = (\cos\lambda_1 + \cos\lambda_2)2$ und $\gamma = (\cos\lambda_1 - \cos\lambda_2)^2$. λ_0 ergibt sich schließlich aus der Beziehung $\cos\lambda_0 = r/(1 + r^2)(\cos\lambda_1 + \cos\lambda_2)$ mit $r \in (0,1)$ (vgl. Cadzow, 1973, S.314).

Die Amplitudenfunktion dieses Filters läßt sich wiederum durch Serienschaltung verschärfen. Anwendungen dieses Filters sind in Stier 1978, Kap. XVIII.2. zu finden.

XVII.5.2.   IIR-Filter-Design durch Platzierung von Null- und Polstellen in der z-Ebene

Wie aus den bisherigen Ausführungen hervorgeht, sind es die Nullstellen und Pole, welche die Verlaufscharakteristiken von IIR-Filtern bestimmen. Dies legt den Gedanken nahe, IIR-Filter durch *direkte* Platzierungen von Nullstellen und Polen in der komplexen z-Ebene zu entwerfen. Dabei ist auch eine iterative Vorgehensweise denkbar, indem etwa eine gegebene Nullstellen-Pol-Konstellation so lange in der z-Ebene verändert wird, bis eine gewünschte Amplitudencharakteristik *möglichst gut* approximiert wird.

Durch Platzierung von Nullstellen und Polen kann man sozusagen ad hoc-Filter erzeugen, deren Amplitudenverläufe mindestens nicht schlechter sind als diejenigen von Filtern, die z.B. mit Hilfe der relativ komplizierten analytischen Prozeduren aus dem letzten Abschnitt konstruiert werden können. Soll zum Beispiel ein Tiefpaß konstruiert werden mit der ersten Nullstelle bei $\lambda=\pi/3$ (f=1/6), dann könnte etwa von folgender Nullstellen-Pol-Konstellation ausgegangen werden:

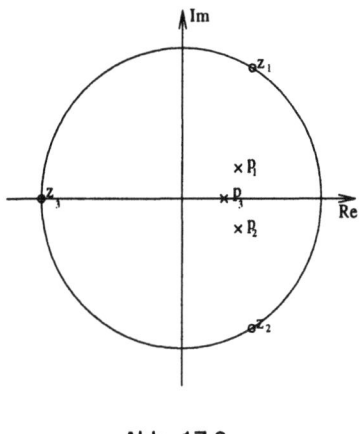

Abb. 17.9

Hier ist
$$z_1 = 0.5 + 0.5\sqrt{3}\,i$$
$$z_2 = 0.5 - 0.5\sqrt{3}\,i$$
$$z_3 = -1$$
$$p_1 = 0.4 + 0.2i$$
$$p_2 = 0.4 - 0.2i$$
$$p_3 = 0.3$$

d.h.

$$T(z) = b\,\frac{z^3 + 1}{(z^2 - 0.8z + 0.2)(z - 0.3)}$$

Für b=0.14 ist der Tiefpaß normiert bei z=1 (λ=0). Seine Amplitudenfunktion lautet:

$$A(\lambda) = \frac{b\sqrt{2}\,(1+\cos 3\lambda)^{1/2}}{(1.2-0.8\cos\lambda-0.4\sin\lambda)\sqrt{1.09-0.6\cos\lambda}}$$

Sie weist die Verlaufsform in Abb. 17.10 auf. Diese Amplitudenfunktion zeigt, daß es sich bei diesem Filter um einen Tiefpaß handelt mit schmalem Paßband und breitem Übergangsband. Die erste Nullstelle liegt bei der gewünschten Frequenz, die Nullstelle bei $\lambda=\pi$ wurde hinzugefügt, um die Ausblendeigenschaften im Stoppband zu verbessern.

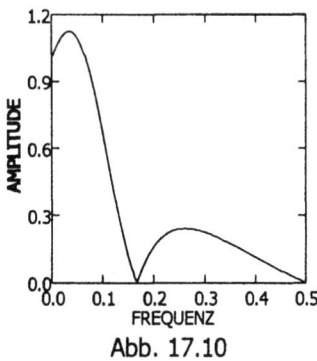

Abb. 17.10

Die dieser Amplitudenfunktion entsprechende Filtergleichung kann folgendermaßen abgeleitet werden. Es ist

$$T(z) = b\,\frac{z^3+1}{(z^2-0.8z+0.2)(z-0.3)}$$
$$= b\,\frac{1+z^{-3}}{1-1.1z^{-1}+0.44z^{-2}-0.06z^{-3}}$$

mit b=0.14. Daraus folgt die Filtergleichung:

$$y_t = 1.1y_{t-1} - 0.44y_{t-2} + 0.06y_{t-3} + 0.14(x_t + x_{t-3})$$

Filtert man damit die schon in Kap. XV. verwendete Reihe "Auftragseingang", erhält man das folgende Resultat in Abb. 17.11. In der Abbildung 17.12 ist die mit Hilfe dieses Filters erzielte "glatte Komponente" der Reihe im Vergleich mit der "glatten Komponente" eines exakten (und nullphasigen) Tiefpasses dargestellt (zu letzterem Filtertyp vgl. die Ausführungen in Kap. XVII.6.):

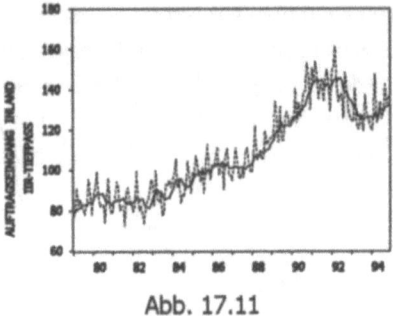
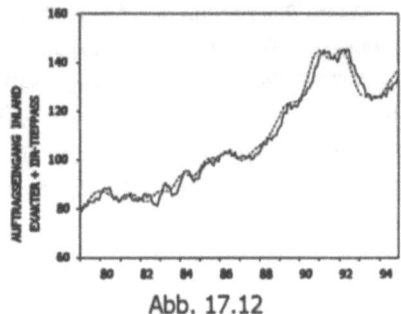

Abb. 17.11   Abb. 17.12

Wie die Abbildung 17.12 zeigt, verläuft die glatte Komponente des IIR-Filters wesentlich unruhiger als diejenige des exakten Hochpasses (was natürlich auch aufgrund der unterschiedlichen Amplitudenfunktionen beider Filter zu erwarten ist) und weist außerdem gegenüber dieser eine Phasenverschiebung auf. Datiert man die glatte Komponente des IIR-Filters um einen Monat zurück, dann verschwindet die Phasenverschiebung, wie die Abbildung 17.13 zeigt. (Mit "EXAKTER TP(-1)" wird die um einen Monat zurückdatierte glatte Komponente des exakten Tiefpasses bezeichnet). Somit kann davon ausgegangen werden, daß der IIR-Filter eine Phasenverschiebung von einem Monat aufweist. Grundsätzlich das gleiche Resultat ergibt sich, wenn als Referenzreihe die glatte Komponente von Census-X-11 (zu diesem Verfahren vgl. die Ausführungen in Kap. XV.) verwendet wird, wie dies aus der Darstellung 17.14 ersichtlich wird:

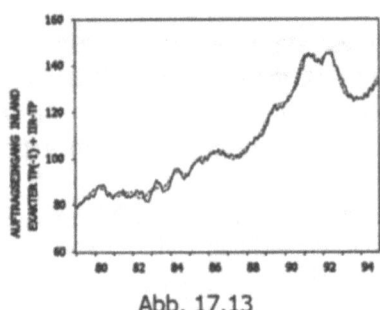
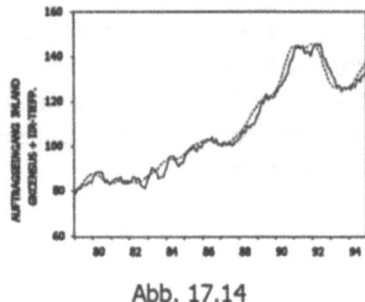

Abb. 17.13   Abb. 17.14

Auch hier würde eine Rückdatierung der Census-Komponente um einen Monat die Phasenverschiebung zwischen beiden Komponenten aufheben.

Dieser simple Filter liefert im Vergleich zu wesentlich "besseren" (aber nicht kausalen) Tiefpässen erstaunlich "gute" Resultate, was natürlich vor allem daran liegt, daß bei dieser Input-Reihe die saisonale Frequenz 1/12 keine Rolle spielt (vgl. dazu das geschätzte Spektrum dieser Reihe in Kap. XV.). Wie die obige Amplitudenfunktion zeigt, würden sonst saisonale Bewegungen dieser Frequenz fast ungedämpft im Filter-Output erscheinen. Eine weitere Verbesserung der Amplitudenfunktion könnte durch Hinzufügen zusätzlicher Nullstellen im Stoppband [1/6, 1/2] erfolgen. Das Übergangsband könnte verkleinert werden, indem z.B. weitere Pole in der Nähe der ersten Nullstelle platziert werden usw. Durch eine *trial and error*-Prozedur kann man so versuchen, sich möglichst gut an den Amplitudenverlauf eines exakten Tiefpasses heranzutasten. Allerdings ist dabei zu bedenken, daß solche Verbesserungen in der Regel auf Kosten der Phaseneigenschaften des Filters gehen.

Weniger problematisch gestaltet sich der Entwurf eines Tiefpaßfilters für Quartalsreihen. Ein solcher sollte je eine Nullstelle für die Frequenzen $\lambda=\pi/2$ (f=1/4) und $\lambda=\pi$ (f=1/2) aufweisen. Platziert man einen Pol in der "Nähe" der ersten Nullstelle und einen auf der reellen Achse, d.h. geht man von links stehender Nullstellen-Pol-Konstellation aus, dann erhält man die Transferfunktion in Abb. 17.15.

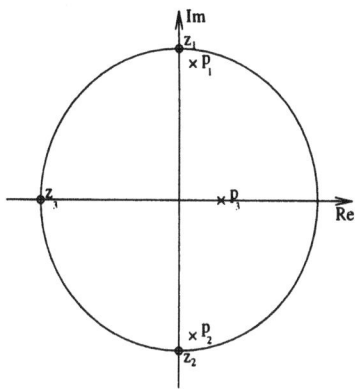

Hier ist:

$$T(z) = b\frac{(z-i)(z+i)(z+1)}{(z-p_1)(z-\bar{p}_1)(z-a)}$$

Abb. 17.15

$$= b\frac{1+z^{-1}+z^{-2}+z^{-3}}{1-[2Re(p_1)+a]z^{-1}+[|p_1|^2+2aRe(p_1)]z^{-2}-a|p_1|^2z^{-3}}$$

wobei $Re(p_1)$ und a den jeweiligen Realteil des ersten bzw. zweiten Pols bezeichnen. Die Filtergleichung lautet

$$y_t = [2Re(p_1)+a]y_{t-1} - [|p_1|^2+2aRe(p_1)]y_{t-2} + a|p_1|^2y_{t-3} + b\sum_{i=0}^{3}x_{t-i}$$

mit

$$b = 1/4\ [(1-Re(p_1)+|p_1|^2]+(1-a)$$

Wählt man z.B. $Re(p_1)=0.1$, $a=0.3$, $|p_1|=0.9055$ und daraus folgend $b=0.2835$, resultiert die Filtergleichung:

$$y_t = 0.5y_{t-1} - 0.88y_{t-2} + 0.249y_{t-3} + 0.2835\sum_{i=0}^{3}x_{t-i}$$

Die Amplitudenfunktion dieses Filters ist

$$A(\lambda) = 0.2835/N\ \left|[\cos(3\lambda)+\cos(2\lambda)+\cos\lambda+1]^2+[\sin(3\lambda)+\sin(2\lambda)+\sin\lambda]^2\right|$$

mit:

$$N = \left|[\cos(3\lambda)-0.5\cos(2\lambda)+0.88\cos\lambda-0.249]^2+(\sin(3\lambda)- \right.$$
$$\left. -0.5\sin(2\lambda)+0.88\sin\lambda]^2\right|$$

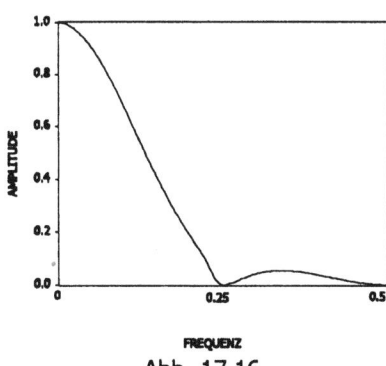

FREQUENZ

Abb. 17.16

Sie weist Verlauf in Abb. 17.16 auf. Filtert man damit die Reihe "Ausrüstungsinvestitionen BRD 1978:1 -1994:4" erhält man folgende Resultate. Abb. 17.17 zeigt (nebst der Originalreihe) den Filter-Output zusammen mit dem Output eines exakten Quartalsfilters (vgl. dazu Kap. XVII.6.), in Abbildung 17.18 sind diese beiden Outputs ohne die Originalreihe wiedergegeben. Wiederum zeigt dieser einfache Filter einen Verlauf, der sich nur unwesentlich von demjenigen eines exakten (aber nicht randstabilen) Tiefpasses unterscheidet, jedoch diesem gegenüber eine Verzögerung von einem Quartal aufweist. Wird der nullphasige Output des exakten Tiefpasses um ein Quartal zurückdatiert, dann sind beide Outputs kaum noch zu unterscheiden (vgl. Abb. 17.19).

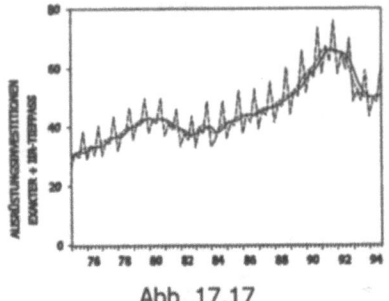

Abb. 17.17

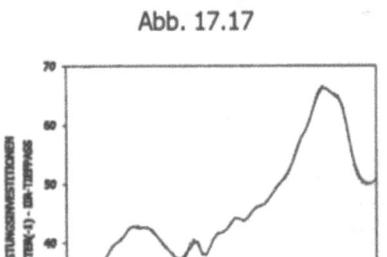

Abb. 17.18

Es ist auch möglich, aus der Nullstellen-Pol-Konstellation eines Tiefpasses einen Hochpaß zu entwickeln. Dazu müssen lediglich die Nullstellen und Pole um 180° in der z-Ebene rotiert werden (vgl. Cadzow 1973, S. 341). Ausgehend von obigem Beispiel ergibt sich:

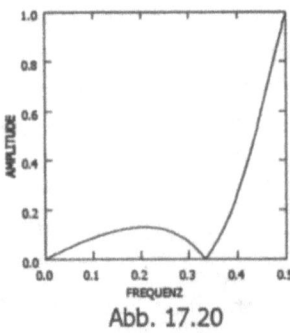

Abb. 17.19

$z_1 \rightarrow z_1' = -0.5 - 0.8660254i$
$z_2 \rightarrow z_2' = -0.5 + 0.8660254i$
$z_3 \rightarrow z_3' = 1$
$p_1 \rightarrow p_1' = -0.4 - 0.2i$
$p_2 \rightarrow p_2' = -0.4 + 0.2i$
$p_3 \rightarrow p_3' = -0.3$ und

$$T(z) = b \, \frac{z^3 - 1}{(z^2 + 0.8z + 0.2)(z + 0.3)}$$

mit T(z)=0 für z=1 (oder f=0) und T(z)=1 für z=-1 (oder f=0.5) und der Amplitudenfunktion

$$A(\lambda) = \frac{b\sqrt{2}\,(1 - \cos 3\lambda)^{1/2}}{(1.2 + 0.8\cos\lambda + 0.4\sin\lambda)\,\sqrt{1.09 + 0.6\cos\lambda}}$$

die in Abb. 17.20 dargestellt ist mit der Normierungskonstante b = 0.14. Die Filtergleichung lautet:

$$y_t = -1.1y_{t-1} - 0.44y_{t-2} - 0.06y_{t-3} + 0.14(x_t - x_{t-3})$$

Allerdings wird man diesen Filter wohl kaum als "guten" Hochpaßfilter bezeichnen können, da er lediglich die (sehr) hohen Frequenzen des Signals (ab f=1/3) konserviert, wobei das Paßband außerdem einen unbefriedigenden Verlauf zeigt.

Um einen Bandpaß mit der *zentralen* Frequenz $\lambda = \lambda_0$ zu erzeugen, müssen die Pole des gegebenen Tiefpasses um den

Abb. 17.20

Winkel $\pm\lambda_0$ rotiert werden. Ausgehend vom Tiefpaß der Abb. 17.9 ergeben sich für $\lambda_0 = \pi/3$ die Bandpaß-Pole:

$$p_1 \rightarrow p_1^{''} = 0.0267949 + 0.4464102i$$
$$p_2 \rightarrow p_2^{''} = 0.3732051 + 0.2464102i$$
$$p_3 \rightarrow p_3^{''} = 0.15 + 0.2598076i$$
$$p_4^{''} = \overline{p_1^{''}}$$
$$p_5^{''} = \overline{p_2^{''}}$$
$$p_6^{''} = \overline{p_3^{''}}$$

die in Abb. 17.21 dargestellt sind:

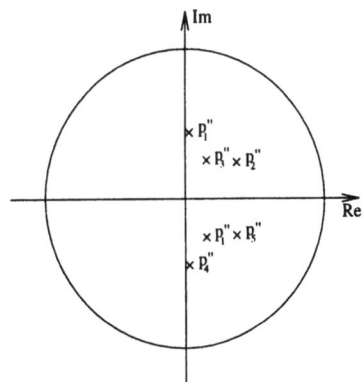

Abb. 17.21

Die Transferfunktion lautet

$$T(z) = \frac{b}{\displaystyle\prod_{j=1}^{3}\left(z-p_j^{''}\right)\left(z-\overline{p}_j^{''}\right)} = \frac{b}{\displaystyle\prod_{j=1}^{3}\left(z^2 - a_jz + c_j\right)}$$

mit $a_1 = 0.0535898$, $a_2 = 0.7464102$, $a_3 = 0.3$, $c_1 = c_2 = 0.2$, $c_3 = 0.09$. Für die Amplitudenfunktion ergibt sich

$$A(\lambda) = b \,\Big/ \prod_{j=1}^{3} D_j(\lambda)$$

mit

$$D_j(\lambda) = [(\cos 2\lambda - a_j\cos\lambda + c_j)^2 + (\sin 2\lambda - a_j\sin\lambda)^2]^{1/2}, j=1,2,3$$

Der Verlauf von $A(\lambda)$ kann wesentlich verbessert werden, wenn z.B. für $\lambda=0$ und $\lambda = \pi$ je eine Nullstelle platziert wird. Dann ist

$$T(z) = \frac{b(z-1)\,(z+1)}{\displaystyle\prod_{j=0}^{3}\left(z^2 - a_j\,z + c_j\right)}$$

und

$$A(\lambda) = \frac{b\,\sqrt{2(1 - \cos 2\lambda)}}{\displaystyle\prod_{j=1}^{3} D_j(\lambda)}$$

Für

$$b = \frac{\displaystyle\prod_{j=1}^{3} D_j(\lambda_0)}{\sqrt{2(1-\cos 2\lambda_0)}}$$

ist $A(\lambda_0) = 1$, d.h. der Bandpaß ist für die zentrale Frequenz $\lambda = \lambda_0$ normiert. Für $\lambda_0 = \pi/3$ beispielsweise ergibt sich die Amplitudenfunktion in Abb. 17.22.

Die Amplitude dieses Bandpasses könnte durch weitere Platzierungen von Nullstellen in den Stoppbändern noch verbessert werden. Bei der Platzierung bzw. Verschiebung von Pol- und Nullstellen ist allerdings zu beachten, daß ihr Einfluß auf den Verlauf der Amplituden- (und Phasen-)funktion umso stärker ist, je dichter sie am Einheitskreis liegen.

Die *direkte* IIR-Filter-Design-Methode ist vor allem dann besonders vorteilhaft, wenn Filter konstruiert werden sollen, die nicht zu den *Standard*-Typen gehören. Das soll nun an zwei Beispielen (*Kerben-* und *Bandstopp*filter) gezeigt werden.

Gesucht sei ein Filter, dessen Amplitude den Verlauf in Abb. 17.23 aufweist. Diese Amplitude ist dadurch charakterisiert, daß sie eine Nullstelle bei $f=f_0$ ($\lambda=\lambda_0$) aufweist, in Form einer *Kerbe* verläuft und fast überall (d.h. mit Ausnahme des *Kerbenbereichs*) den Wert Eins annimmt. Aus

$$T(z) = \frac{z - e^{i\lambda_0}}{z - p_1}$$

mit $p_1 \approx e^{i\lambda_0}$ (d.h. der Pol p_1 wird so gewählt, daß er nahe bei der Nullstelle liegt) folgt, daß $|T(z)|$ für alle $z \neq e^{i\lambda_0}$ etwa gleich Eins ist. Diese Transferfunktion niedrigster Ordnung (N = 1, M = 1) führt aber zu komplexen Filterkoeffizienten, die für reelle Signale nicht brauchbar sind. Reelle Koeffizienten sind erst möglich, wenn man mindestens die Filterordnung (N = 2, M = 2) realisiert, indem man setzt

$$z_2 = \bar{z}_1, \qquad p_2 = \bar{p}_1$$

Damit ergibt sich

$$T(z) = \frac{(z-e^{i\lambda_0})\,(z-e^{-i\lambda_0})}{(z-p_1)\,(z-\bar{p}_1)}$$

Allerdings verläuft die Amplitudenfunktion dieses Filters noch ziemlich unbefriedigend. Sie läßt sich aber verbessern durch Serienschaltung, wobei es sich als zweckmäßig erweist, die Pole in der Filterfolge geringfügig zu variieren. Wählt man eine "*symmetrische* Anordnung" der Pole in einer dreifachen Serienschaltung, dann ergibt sich folgende Nullstellen-Pol-Konstellation für $0 \leq \lambda_0 \leq \pi/2$. Für die drei Pole gilt:

$p_1 = \cos\lambda_0 - \Delta\cos(\lambda_0 - \alpha) + i[\sin\lambda_0 - \Delta\sin(\lambda_0 - \alpha)]$
$p_2 = (1 - \Delta)\cos\lambda_0 + i(1 - \Delta)\sin\lambda_0$
$p_3 = \cos\lambda_0 - \Delta\cos(\lambda_0 + \alpha) + i[\sin\lambda_0 - \Delta\sin(\lambda_0 + \alpha)]$.   (vgl. Cadzow 1973, S.335).

Die Pole hängen von den Größen α und Δ ab, die ihren Abstand vom Einheitskreis bestimmen.

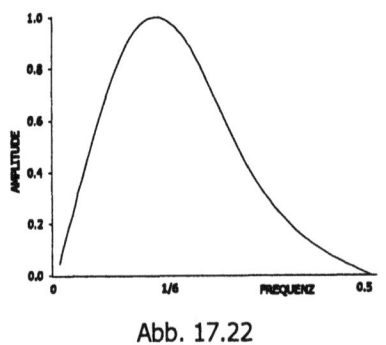

Abb. 17.22

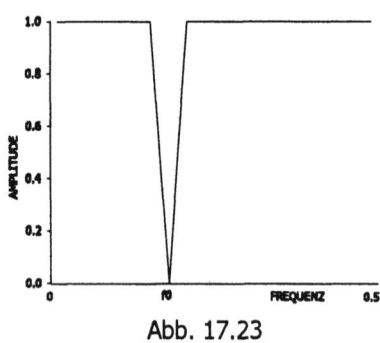

Abb. 17.23

Für eine dreifache Serienschaltung ergibt sich ein Filter der Ordnung (N=6, M=6) mit:

$$T(z) = \frac{b(z - e^{i\lambda_0})^3\,(z - e^{-i\lambda_0})^3}{\prod\limits_{j=1}^{3}(z - p_j)\,(z - \bar{p}_j)}.$$

b ist eine Normierungskonstante, die so gewählt werden kann, daß die Amplitude für $\lambda = \lambda_N$ (Normierungsfrequenz) genau den Wert Eins annimmt, d.h. es ist

$$b = \frac{\prod\limits_{j=1}^{3} (e^{i\lambda_N} - p_j)(e^{i\lambda_N} - \bar{p}_j)}{(e^{i\lambda_N} - e^{i\lambda_0})^3 (e^{i\lambda_N} - e^{-i\lambda_0})^3} .$$

Setzt man nun z.B. $\alpha = 72°$ und $\Delta = 0.01$ bzw. 0.1, dann ergeben sich folgende Amplitudenfunktionen:

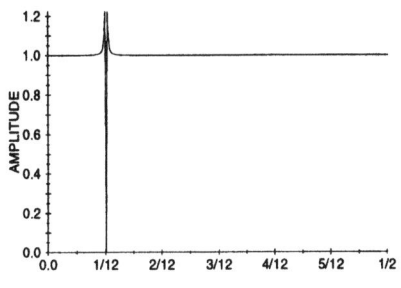
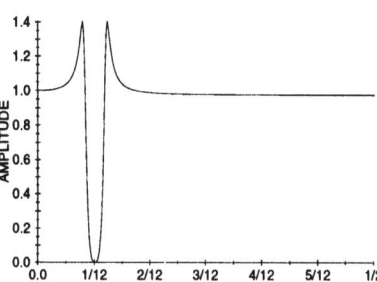

Abb. 17.24   Abb. 17.25

Offensichtlich entsprechen diese Amplitudenfunktionen noch nicht den theoretischen Vorstellungen, da ein ausgeprägtes *Überschießen* in der unmittelbaren Umgebung der *Kerbenfrequenz* λ_0 festzustellen ist. Diese *"Nasen"* können jedoch durch eine Verschiebung der Pole zum Verschwinden gebracht werden. Die Größe Δ bestimmt die Weite der *Kerbenöffnung.* Je größer Δ ist, umso breiter wird die Kerbe. Bei festem Δ hängt die Lage der Pole nur von α ab. *Optimal* ist dasjenige α, für das die Nasen verschwinden, d.h. die Amplitudenfunktion außerhalb des Kerbenbereiches flach verläuft, also die Steigung Null aufweist.

Die etwas langwierige Ableitung der Amplitudenfunktion nach λ ergibt den Ausdruck (vgl. Stier 1980, S.64 ff.)

$$Q(\lambda,\alpha) = \frac{Z(\lambda,\alpha)}{N(\lambda,\alpha)}$$

mit

$$Z(\lambda,\alpha) = \frac{-6\cos\lambda}{\cos\lambda - \cos\lambda_0} - \sum_{j=1}^{3} 4\,[\cos2\lambda - 2\mathrm{Re}(p_j(\alpha))\cos\lambda +$$

$$+ |p_j(\alpha)|^2\,(\mathrm{Re}(p_j(\alpha))\sin\lambda - \sin2\lambda_N) +$$

$$+ (\sin2\lambda - 2\mathrm{Re}(p_j(\alpha))\sin\lambda)\,(\cos2\lambda - \mathrm{Re}(p_j(\alpha))\cos\lambda)]$$

und

$$N(\lambda,\alpha) = [\cos2\lambda - 2\mathrm{Re}(p_j(\alpha))\cos\lambda + |p_j(\alpha)|^2]^2$$

$$+ [\sin2\lambda - 2\mathrm{Re}(p_j(\alpha))\sin\lambda]^2 .$$

Um zu betonen, daß die Pole bei gegebenem Δ nur von α abhängen, wurde $p_j(\alpha)$ statt p_j geschrieben.

Das optimale $\alpha = \alpha_0$ ergibt sich nun aus $Q(\lambda,\alpha) = 1$ für eine bestimmte zu wählende Frequenz λ. Zweckmäßigerweise wählt man $\lambda = \lambda_N$. Für die Nullstelle von $Q(\lambda,\alpha)$ kann offensichtlich kein geschlossener Ausdruck angegeben werden, sie muß deshalb numerisch bestimmt werden.

Nachstehend sind die Amplitudenfunktionen für $\Delta = 0.01$ und $\Delta = 0.1$ mit $\alpha_0 = 59.8347°$ bzw. $\alpha_0 = 58.32722°$ und $\lambda_0 = 2\pi/12(f_0 = 1/12)$ wiedergegeben:

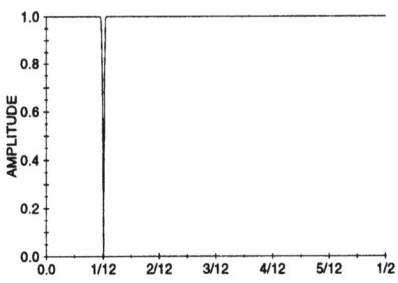
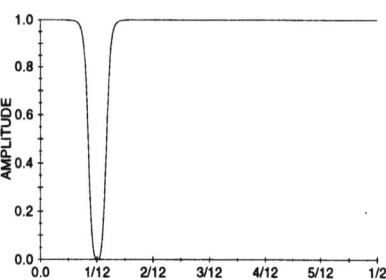

Abb. 17.26   Abb. 17.27

Diese Amplituden entsprechen offensichtlich den theoretischen Vorstellungen.
Da gilt

$$T(z) = \prod_{j=1}^{3} b_j \, T_j(z)$$

mit

$$T_j(z) = \frac{b_j(z-e^{i\lambda_0})(z-e^{-i\lambda_0})}{(z-p_j)(z-\bar{p}_j)} = \frac{1-2\cos\lambda_0 z^{-1}+z^{-2}}{1-2\mathrm{Re}(p_j)z^{-1}+|p_j|^2} \; , \quad j=1,2,3$$

lautet die Filtergleichung des j-ten Teilfilters

$$y_{jt} = 2\mathrm{Re}(p_j)y_{j,t-1} - |p_j|^2 y_{j,t-2} + b_j[x_{0,t-1} - 2x_{j,t-1}\cos\lambda_0 + x_{j,t-2}] \; , \quad j=1,2,3$$

mit $b_1 = b_2 = 1$ und $b_3 = b$ sowie $x_{2t} = y_{1t}$, $x_{3t} = y_{2t}$. $x_{1t} = x_t$ ist das Input-Signal und y_{3t} schließlich das Output-Signal. Für die Phasenfunktion der beiden letzten Kerbenfilter erhält man:

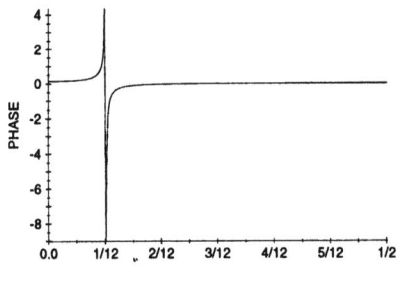
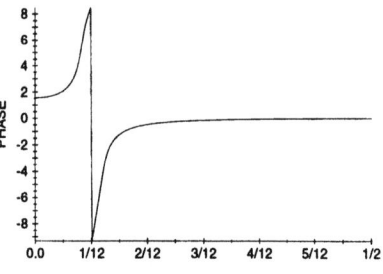

Abb. 17.28   Abb. 17.29

Für die Kerbenfrequenz $\lambda_0 = 0$ und die Normierungsfrequenz $\lambda_N = \pi$ wird der Kerbenfilter zu einem Hochpaßfilter.

Bandstoppfilter können durch Modifikation des Kerbenfilters konstruiert werden. Der wesentliche Schritt besteht darin, statt der dreifachen Nullstelle bei $\lambda = \lambda_0$ zwei einfache Nullstellen äquidistant um λ_0 auf dem Einheitskreis zu platzieren. Für Einzelheiten siehe Stier 1980, S. 119 ff.

Die hier vorgestellte Bestimmung eines optimalen α_0 (und der damit verbundenen optimalen Polplatzierung) mag als relativ aufwendig und kompliziert erscheinen. Die Prozedur ist jedoch leicht programmierbar. Scheut man den einmaligen Programmierungsaufwand nicht, dann hat man die Möglichkeit, bei beliebig vorgebbaren Parameterkonstellationen sofort die optimale Lösung zu erhalten. Praktizierbar ist jedoch auch ein einfacherer - strenggenommen jedoch weniger exakter - Weg: Man wählt für α einen Startwert, verändert es schrittweise und läßt sich jeweils die zugehörige Amplitude ausgeben (hierfür ist der Programmierungsaufwand wesentlich geringer als bei der ersten Prozedur). Die *beste* Lösung wird dann *rein optisch* ermittelt. Diese Vorgehensweise ist grundsätzlich für alle Filter-Design-Probleme möglich, die *direkt*, d.h. also durch Platzierung von Null- und Polstellen in der komplexen z-Ebene, gelöst werden sollen.

XVII.6. Filtern im Frequenzbereich

Bei den bisher betrachteten Filtern wird die jeweilige Filter-Design-Aufgabe im *Frequenzbereich* formuliert und auch in diesem Bereich gelöst. Die Filterung selbst wird jedoch im *Zeitbereich* vollzogen (via Filtergleichung). An den beiden in den vorhergehenden Kapiteln behandelten Filtertypen FIR und IIR zeigt sich klar die Antinomie zwischen Amplitude und Phase. Lineare (und damit auch Null-)Phase ist nur bei FIR-Filtern möglich, scharfe Amplituden erfordern jedoch IIR-Filter. Somit lassen sich beide wünschenswerte Eigenschaften nicht gleichzeitig realisieren, jedenfalls nicht mit den bisher diskutierten Design-Ansätzen.

Dies ist jedoch möglich, wenn auch die Filterung einer Zeitreihe (oder eines Signals) im Frequenzbereich vorgenommen wird. Da Signale immer im Zeitbereich gegeben sind, ist eine Filterung im Frequenzbereich nur dann möglich, wenn diese in den Frequenzbereich transformiert werden. Dies erlaubt die Technik der sogenannten *Diskreten Fourier-Transformation (DFT)*.

Sei $x_t, t=0,1,...,T-1$ ein gegebenes Signal der Länge T, dann ist die DFT dieses Signals durch

$$DFT(x_t) = X(e^{i\lambda}) : = \sum_{t=0}^{T-1} x_t e^{-i\lambda t}, \quad \lambda \in [0, 2\pi]$$

gegeben. $X(e^{i\lambda})$ repräsentiert den vollständigen Frequenzgehalt des Signals x_t. Da $X(e^{i\lambda})$ für ein Kontinuum von Frequenzen definiert ist, scheint eine direkte Berechnung der DFT nicht möglich zu sein. Außerdem scheint eine Reproduktion des ursprünglichen Signals aus der DFT mit Hilfe der *Inversen Fourier-Transformation (IDFT)* ebenfalls nicht möglich zu sein. Man kann jedoch leicht zeigen, daß eine Kenntnis von $X(e^{i\lambda})$ für nur T Frequenzen genügt, um das originale Signal mittels der inversen Diskreten Fourier-Transformation wiederzugewinnen. Sei

$$X_m = \sum_{k=0}^{T-1} x_k e^{-i(2\pi/T)km}, \quad m = 0,1,...,T-1$$

die DFT von x_t für die Frequenzen $0, 2\pi/T, 4\pi/T,...,(T-1)2\pi/T$. Die komplexe Folge $X_0, X_1, ..., X_{T-1}$ stellt somit die Transformation in den Frequenzbereich des Signals $x_0, x_1, ..., x_{T-1}$ dar. Die IDFT von X_m lautet

$$IDFT(X_m): = \frac{1}{T} \sum_{m=0}^{T-1} X_m e^{i(2\pi/T)mt}, \quad t = 0,1,...,T-1$$

Daß $IDFT(X_m) = x_t, t=0,1,...,T-1$ ist, kann folgendermaßen eingesehen werden. Es ist:

$$\text{IDFT}(X_m) = \frac{1}{T}\sum_{m=0}^{T-1} X_m e^{i(2\pi/T)mt} \ , \ t=0,1,\dots\dots\dots,T-1$$

$$= \frac{1}{T}\sum_{k=0}^{T-1}\sum_{m=0}^{T-1} x_k e^{-i(2\pi/T)km}[e^{i(2\pi/T)mt}]$$

$$= \frac{1}{T}\sum_{k=0}^{T-1}\sum_{m=0}^{T-1} x_k e^{i(2\pi/T)(t-k)m} \ , \ t=0,1,\dots,T-1$$

Für t=k ist

$$\sum_{m=0}^{T-1} e^{i(2\pi/T)(t-k)m} = T$$

und für t-k=b≠0 und ganzzahlig liegt eine endliche geometrische Reihe vor, d.h. es ist

$$\sum_{m=0}^{T-1} e^{-i(2\pi/T)bm} = \frac{1-e^{i(2\pi/T)Tb}}{1-e^{i(2\pi/T)b}} = \frac{1-e^{2\pi ib}}{1-e^{i(2\pi/T)b}} = 0$$

Somit ist

$$\sum_{m=0}^{T-1} e^{i(2\pi/T)(t-k)m} = \begin{cases} T & \text{für } t=k \\ 0 & \text{sonst} \end{cases}$$

und deshalb ist IDFT(X_m)=x_t.

Praktisch ist häufig eine *Verfeinerung* der DFT zweckmäßig, vor allem für kleines T. Für solche Fälle könnte sich nämlich die Abtastung des Frequenzbereiches [0, 2π] als allzu grob erweisen. Definiert man nun ein Signal durch

$$\tilde{x}_t := \begin{cases} x_t , & t=0,1,\dots,T-1 \\ 0 , & T \le t \le L-1 \end{cases}$$

d.h. erweitert man das gegebene Signal durch Hinzufügen von L-T Nullen, dann ist die DFT von $\tilde{x}_t$ gegeben durch

$$\tilde{X}_m := \sum_{k=0}^{L-1} \tilde{x}_k e^{-i(2\pi/L)km} \ , \ m=0,1,\dots,L-1$$

d.h. $\tilde{X}_m$ ist für die Frequenzen $\lambda_m = (2\pi/L)m$, m=0,1,...,L-1 definiert. Da aber $\tilde{x}_t = 0$ ist für t≥T, kann geschrieben werden

$$\tilde{X}_m := \sum_{k=0}^{T-1} \tilde{x}_k e^{-i(2\pi/L)km} \ , \ m=0,1,\dots,L-1$$

Diese Technik der Verlängerung eines endlichen Signals durch Hinzufügen von "Nullen" erlaubt eine beliebig feine Abtastung des Frequenzintervalles bei der Berechnung der DFT.

Da die gesamte Frequenzinformation eines Signals in seiner DFT enthalten ist, liegt es nahe, eine gewünschte Amplitudenfunktion *direkt* vorzugeben und die DFT damit zu multiplizieren. Eine Rücktransformation mit Hilfe der IDFT ergibt dann die gefilterte Reihe. Soll z.B. eine Reihe tiefpaßgefiltert werden, dann ordnet man den DFT-Werten im Paßband den Wert Eins und im Stoppband den Wert Null zu. Zwischen Paß- und Stoppband muß jedoch ein Übergangsband vorgesehen werden, da sonst hochfrequente Oszillationen im Filter-Output auftreten (*Gibbssches Phänomen*). Diese rühren von Unstetigkeiten in der Amplitudenfunktion her, wie sie bei einer idealen rechteckigen Tiefpaß-Amplitude auftreten. Es empfiehlt sich daher – auch aus einem weiteren noch darzulegenden Grund – ein "möglichst glattes"

Übergangsband vorzusehen. Da schon sehr kurze Übergangsbänder ausreichend sind, um das Gibbssche Phänomen zu vermeiden, lassen sich auf diese Weise praktisch ideale Filterpässe realisieren. Dies trifft natürlich auch auf andere Filtertypen zu wie z.B. Hoch- oder Bandpaß-Filter oder Filter mit Nicht-Standard-Amplitudencharakteristiken. Von besonders praktischer Bedeutung ist aber, daß die Phasenfunktionen bei Filterung im Frequenzbereich stets identisch Null sind im gesamten Frequenzbereich. Exakte Amplitudenfunktionen und Nullphasen lassen sich also gleichzeitig realisieren.

Allerdings zeigt ein so konstruierter und implementierter Filter einen kaum interpretierbaren Verlauf an den beiden Reihenrändern. Das *Randproblem* läßt sich durch die *Endlichkeit* praktischer Zeitreihen erklären. Durch Vergleich zweier Filter-Outputs, die das Resultat eines unendlich bzw. endlich langen Filter-Input-Signals sind, kann ein *Filter-Fehler* definiert werden, dessen zeitlicher Verlauf sich anschaulich interpretieren läßt.

Zwischen Filter-Input und Filter-Output bestehen für die beiden Signale die Beziehungen

$$y_t = \sum_{k=-\infty}^{\infty} h_k x_{t-k} \quad \text{und} \quad \hat{y}_t = \sum_{k=-\infty}^{\infty} h_k I_{[1,T]}(t-k)x_{t-k}$$

wobei $I_{[1,T]}(t)$ ein *Daten-Fenster* ist mit der Eigenschaft

$$I_{[1,T]}(t) = \begin{cases} 1 & \text{für } 1 \le t \le T \\ 0 & \text{sonst} \end{cases}$$

$\hat{y}_t$ ist der Filter-Output für das *endliche* Signal x_t, $t=1,...,T$ das ein Segment aus dem unendlich langen Signal $x_t,...-1,0,1,...$ darstellt. y_t ist der "wahre" Filter-Output, da er einem *unendlich* langen Input-Signal entspricht. Ein Vergleich von y_t und $\hat{y}_t$ für t = 1,...,T zeigt den Einfluß der Endlichkeit eines Signals auf das Filterresultat. Für die Differenz der beiden Outputs ergibt sich

$$y_t - \hat{y}_t = \sum_{k=-\infty}^{t-T-1} h_k x_{t-k} + \sum_{k=t}^{\infty} h_k x_{t-k} = \sum_k h_k x_{t-k} \text{, für } k \le t-T-1 \text{ bzw. } k \ge t$$

Definiert man einen quadratischen Filterfehler durch

$$FF_{t,T} := |y_t - \hat{y}_t|^2 \text{ , } t=1,...,T,$$

dann ergibt sich

$$FF_{t,T} := |y_t - \hat{y}_t|^2 = \Big| \sum_k h_k x_{t-k} \Big|^2 \le \sum_k |h_k|^2 \sum_k |x_{t-k}|^2$$

Nimmt man an, daß die Fourier-Transformierte des unendlich langen Signals x_t existiert, dann gilt

$$X(e^{i\lambda}) = \sum_{t=-\infty}^{\infty} x_t e^{-i\lambda t}$$

bzw.

$$x_t = \frac{1}{2\pi} \int_{-\pi}^{\pi} X(e^{i\lambda})e^{i\lambda t} d\lambda$$

Damit ergibt sich

$$FF_{t,T} = \sum_k |h_k|^2 \left| \frac{1}{2\pi} \sum_k \int_{-\pi}^{\pi} X(e^{i\lambda})e^{i\lambda(t-k)} d\lambda \right|^2$$

Die zeitvariable obere Fehlerschranke ist sowohl vom Signal (via Fourier-Transformierte bzw. Spektraldichte) als auch vom Filter selbst bestimmt. Je schneller die $|h_k|$ gegen Null konvergieren, umso kleiner ist $FF_{t,T}$. Die Konvergenzgeschwindigkeit hängt von der Gestalt der Amplitudenfunktion des Filters ab. Amplitudenfunktionen mit Unstetigkeitsstellen führen zu geringeren Konvergenzgeschwindigkeiten als Amplitudenfunktionen, die "glatt" verlaufen. Schmale Übergangsbänder wirken sich negativ auf die Konvergenzgeschwindigkeit aus. Enge Paßbänder wirken in derselben Richtung: Für einen idealen Tiefpaß (ohne Übergangsband) z.B. erhält man mit der vorgegebenen Abschneidefrequenz $\lambda_A = \pi/3$: $h_0 \approx 0.3333$, $h_1 \approx 0.2757$, $h_2 \approx 0.1378$,..., $h_{10} \approx 0.028$,... und mit der vorgegebenen Frequenz $\lambda_A = \pi/12$: $h_0 \approx 0.0833$, $h_1 \approx 0.0824$, $h_2 \approx 0.0795$,..., $h_{10} \approx 0.0159$. In beiden Fällen konvergiert die Folge $h_0, h_1, h_2,...$ (alternierend) gegen Null, jedoch ist z.B. $|h_0|/|h_{10}|| \approx 12:1$ beim breiten Tiefpaß und $\approx 5:1$ beim engen Tiefpaß. Übergangsbänder, insbesondere glatte, beschleunigen (in beiden Fällen) die Konvergenz. Aus dem filterspezifischen Fehleranteil

$$\delta_{t,T} = \sum_k |h_k|^2 = \sum_{k=-\infty}^{t-T-1} |h_k|^2 + \sum_{k=t}^{\infty} |h_k|^2$$

folgt nun, daß für kausale IIR-Filter $h_k = 0$ ist für $k < 0$. Deshalb ist $\delta_{t,T}$ *minimal* für $t = T$, d.h. für den rechten Rand. Für nicht-kausale Filter – dazu gehören nullphasige – ist $\delta_{t,T}$ *maximal* für $t = 1$ und $t = T$, d.h. an den beiden Rändern verläuft $\delta_{t,T}$ für solche Filter U-förmig. Das erklärt das zu beobachtende Verhalten des Filter-Outputs an beiden Reihenrändern.

Betrachtet man den Filterfehler $FFT_{t,T}$, dann gibt es grundsätzlich zwei Möglichkeiten, diesen zu reduzieren. Die erste besteht darin, nur solche Filter zu verwenden, deren Filtergewichte im Zeitbereich h_k sehr schnell abklingen. Das impliziert allerdings, daß man auf exakte Amplitudenfunktionen verzichten muß. Will man dies nicht, dann verbleibt als naheliegende Möglichkeit, das Supremum des Fourier-Spektrums des Input-Signals möglichst klein zu machen. Selbstverständlich darf dazu das gegebene Signal x_t nur in einer Weise manipuliert werden, die bezüglich des definitiven Filter-Outputs neutral ist. Das kann in einer relativ einfachen Weise geschehen. Soll z.B. ein Signal tiefpaßgefiltert werden, dann wird – nach Spezifikation der Amplitudenfunktion – das jeweilige Fourier-Spektrum des Signals geschätzt und diejenige Frequenz bestimmt, bei der das Supremum des Spektrums liegt. Liegt diese im Paßband, dann wird eine geeignet bestimmte harmonische Komponente dieser Frequenz aus dem Signal eliminiert und das so modifizierte Signal – dessen Fourier-Spektrum nun ein kleineres Supremum besitzt als das Ausgangssignal und damit auch einen kleineren Filterfehler – in der oben beschriebenen Weise gefiltert. Dem Filter-Output wird die anfänglich eliminierte Komponente wieder hinzugefügt. Das erübrigt sich natürlich, wenn die Supremums-Frequenz im Stoppband liegt. Dieser hier nur in den Grundzügen und vereinfacht dargestellte Prozeß kann *iterativ* durchgeführt werden. Für technische Einzelheiten vgl. Schmidt 1984, S.96ff. Auf diese Weise kann der Filterfehler iterativ verkleinert – wenn auch nicht vollständig beseitigt – werden. Die Filter-Outputs sind dann in der Regel auch am Rand interpretierbar.

Die dargestellte Filter-Prozedur führt natürlich nicht zu perfekt randstabilen Filter-Outputs. Die idealen Filtereigenschaften exakte Amplitudenfunktion, exakte Nullphase und perfekte Randstabilität sind *nicht simultan realisierbar.*

Die beiden folgenden Plots zeigen die Monatsreihen "Arbeitslosenquote, BRD" (Jan. 1977-April 1995) und "Auftragseingang Ausland, BRD" (Jan. 1978-Dez. 1994) zusammen mit ihren jeweiligen glatten Komponenten, die mit einem exakten Tiefpaß mit dem Paßband [0,0.07], dem Übergangsband (0.07,0.083$\overline{3}$] und dem Stoppband [0.083$\overline{3}$, 0.5] erzielt wurden:

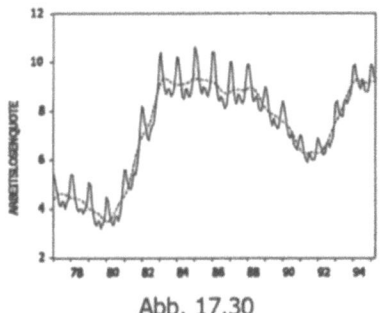

Abb. 17.30

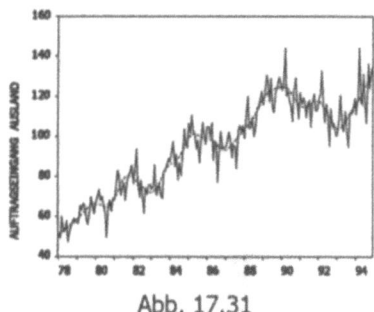

Abb. 17.31

Für weitere Beispiele siehe Stier 1996, S.332 f.

Filtert man die beiden Reihen mit einem Hochpaßfilter mit dem Stoppband [0,0.07), dem Übergangsband [0.07,0.083$\overline{3}$) und dem Paßband [0.083$\overline{3}$, 0.5], dann erhält man folgende Filter-Outputs:

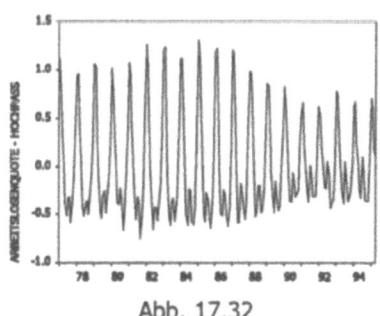

Abb. 17.32

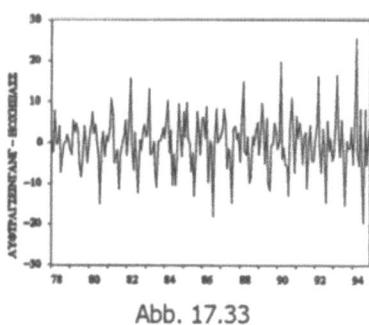

Abb. 17.33

Bei diesen beiden Reihen sind offensichtlich alle niederfrequenten Bewegungskomponenten ausgefiltert.

XVIII. Unit-roots und Unit-root-Tests

XVIII.1. Vorbemerkungen

Unit-roots und Kointegration sind zwei Gebiete der Zeitreihenanalyse, die seit einigen Jahren Gegenstand intensiver Forschungsarbeiten sind und enge Verbindungen zur Ökonometrie aufweisen. In der Tat spricht man deshalb heute auch von einer "time series econometrics". Theoretische und empirische Arbeiten auf beiden Gebieten sind heute in ihrer Fülle fast unübersehbar. Es kann hier nicht der Ort sein, darüber auch nur einen annähernd vollständigen Überblick bieten zu wollen. "The unit-root literature is vast; any survey must by necessity be selective" (Diebold/Nerlove 1990, S.4). Dasselbe kann von der Literatur zur Kointegration gesagt werden. Hinzu kommt, daß zur Bestimmung wichtiger (asymptotischer) Verteilungen und Schätzverfahren in der Regel ein relativ komplizierter mathematischer Apparat erforderlich ist. Auch dieser kann hier nur ansatzweise ausgebreitet werden. Die folgende Darstellung soll jedoch die jeweils wichtigsten Aspekte in der notwendigen Ausführlichkeit darlegen. Angesichts der Bedeutung, welche den beiden Gebieten heute beigemessen wird, scheint es aber auch notwendig zu sein, relativ ausführlich auf kritische Fragen einzugehen, die Voraussetzungen, praktische Probleme der Anwendung sowie Leistungsfähigkeit dieser Werkzeuge betreffen.

Der Begriff "unit-root" ("Einheitswurzel") wurde schon früher im Zusammenhang mit der Darstellung von random-walks und von ARIMA-Modellen eingeführt, so daß sich Wiederholungen hier erübrigen. Es sei nur hinzugefügt, daß unit-roots entweder reell sind (d.h. bei +1 oder -1 auf dem Einheitskreis liegen) oder komplex, wenn sie auf beliebig anderen Stellen des Einheitskreises liegen. In der folgenden Darstellung wird ausschließlich der praktisch wichtigste Fall von unit-roots bei +1 behandelt (zu komplexen unit-roots vgl. Ahtola/Tiao 1987).

XVIII.2. Differenzen-Stationäre versus Trend-Stationäre Prozesse

Stationäre Prozesse sind u.a. dadurch ausgezeichnet, daß sie einen zeitunabhängigen Erwartungswert besitzen und daß ihre Prognosewerte mit zunehmendem Prognosehorizont gegen diesen Erwartungswert konvergieren. Beide Eigenschaften sind für eine Modellierung ökonomischer Zeitreihen im allgemeinen nicht akzeptabel, da diese meistens nicht um ein konstantes Mittel schwanken, sondern einen mehr oder weniger ausgeprägten Trend aufweisen. Insbesondere gilt dies in der Regel für makroökonomische Reihen wie z.B. dem Bruttosozialprodukt eines Landes. Stationäre Zeitreihenmodelle sind nicht in der Lage, derartige Trendbewegungen zu erfassen. Die Klasse der ARIMA-Modelle stellt *eine* Möglichkeit ihrer Modellierung dar. Sie postuliert eine spezielle Form der Nicht-Stationarität, die dadurch ausgezeichnet ist, daß nach Differenzenbildung einer bestimmten Ordnung eine Zeitreihe resultiert, die den Stationaritätspostulaten genügt und deshalb mit Hilfe von ARMA-Prozessen modelliert werden kann. Nicht-Stationäre Prozesse, die nach d-maliger Differenzenbildung stationär sind, werden als *Differenzen-Stationär –*

kurz: DS – oder genauer als *integriert vom Grad d* – oder kurz: I(d) – bezeichnet (I(0)-Prozesse sind natürlich stationär). ARIMA(p,d,q)-Prozesse sind also I(d)-Prozesse und besitzen genau d unit-roots. Ihre langfristige Entwicklung wird durch *stochastische Trends* bestimmt.

Neben dieser als *homogen* zu bezeichnenden Form der Nicht-Stationarität der ARIMA-Modelle sind beliebig viele andere Nicht-Stationaritäten denkbar. Eine wichtige Klasse von nicht-stationären Prozessen ist dadurch charakterisiert, daß die Nicht-Stationarität auf einen *deterministischen Zeit-Trend* zurückzuführen ist, d.h. nach Trendelimination verbleibt ein stationärer Prozeß. Nicht-stationäre Prozesse, die nach einer "Trendbereinigung" stationär sind, werden als *Trend-Stationär* – kurz: TS – bezeichnet.

Das einfachste Beispiel eines trendstationären Prozesses weist neben einem linearen Zeit-Trend einen Störterm auf, der als weißes Rauschen modelliert wird: $X_t = \alpha + \beta t + \varepsilon_t$. Statt weißen Rauschens könnte auch ein allgemeiner ARMA-Prozeß als Störterm angenommen werden. Lineare Trends spielen in der statistisch-ökonometrischen Arbeit eine wichtige Rolle, was die Frage aufwirft, warum kompliziertere Trendformen (wie z.B. quadratische) nur selten berücksichtigt werden. Ein Grund dafür dürfte darin zu suchen sein, daß makroökonomische Zeitreihen nicht selten die Hypothese exponentieller Wachstums- oder Trendverläufe mit konstanter Wachstumsrate nahelegen ($T_t = T_0 e^{\gamma t}$), die nach Logarithmierung einen linearen Trend ergeben: $\ln(T_t) = \ln T_0 + \gamma t$. Dies legt bei der Modellierung ökonomischer Reihen die Verwendung von logarithmierten Beobachtungswerten nahe. Überblickt man die Literatur, die sich mit der Modellierung ökonomischer Reihen (sowohl uni- als auch multivariater), mit unit-root-Tests und Kointegration befaßt, so stellt man in der Tat fest, daß sehr häufig nicht die Original-, sondern ihre logarithmierten Werte verwendet werden. Ein Grund dafür ist darin zu sehen, daß man sich durch eine Logarithmierung eine Varianzstabilisierung verspricht. Ein weiterer Grund liegt darin, daß sich zeigen läßt, daß die 1. Differenzen der logarithmierten Werte in guter Näherung den Wachstumsraten der Originalwerte entsprechen. Es ist nämlich

$$\ln(X_t) - \ln(X_{t-1}) = \ln(X_t/X_{t-1}) = \ln[1 + \frac{X_t - X_{t-1}}{X_{t-1}}]$$
$$= \ln(1 + r) \approx r \quad, \quad r: = (X_t - X_{t-1})/X_{t-1}$$

wobei sich die letztere Beziehung aus einer linearen Approximation (Taylor-Entwicklung) von ln(1+r) um den Wert r=0 ergibt. Somit kann davon ausgegangen werden, daß die 1. Differenzen der logarithmierten Reihenwerte eine gute Approximation insbesondere für (betragsmäßig) kleine Wachstumsraten darstellen.

Zwischen DS- und TS-Prozessen sind hinsichtlich gewisser Prozeßeigenschaften wesentliche Unterschiede zu konstatieren, wie sich am Beispiel zweier einfacher Vertreter der beiden Prozeßklassen veranschaulichen läßt. Solche sind z.B. der random-walk mit Drift, der *eine* unit-root aufweist: $X_t = X_{t-1} + d + \varepsilon_t$ mit der Driftkonstanten d, sowie der schon oben erwähnte Prozeß mit deterministischem linearen Trend, der keine unit-root aufweist. Löst man den random-walk nach X_t auf mit dem nicht-stochastischen Startwert x_0 und stellt beide Prozesse einander gegenüber, dann ergibt sich

$$X_t = c + dt + \sum_{j=1}^{t} \varepsilon_j \ , \quad c = X_0$$

bzw. $X_t = \alpha + \beta t + \varepsilon_t$.

Auf den ersten Blick sehen beide Prozeßgleichungen fast gleich aus. Jedoch ist $Var[X_t - (c + dt)] = t\sigma_\varepsilon^2$ bzw. $Var[X_t - (\alpha + \beta t)] = \sigma_\varepsilon^2$, d.h. die Varianz der Abweichungen vom linearen Trend sind beim TS-Prozeß konstant, beim DS-Prozeß wächst diese jedoch linear mit der Zeit, mit der Konsequenz, daß die Abweichungen vom linearen Trend *nicht-stationär* sind und ihre Autokovarianzfunktion *zeitabhängig*. Wie aus den beiden Prozeßgleichungen unmittelbar ersichtlich ist, wirken sich beim DS-Prozeß die Zufallsschocks oder *Innovationen* (d.h. die ε_t) auf Grund ihrer Kumulation "in alle Zukunft" aus, während beim TS-Prozeß die Schockwirkung auf denjenigen Zeitpunkt beschränkt bleibt, in dem dieser auftritt. Dies kann auch durch Berechnung eines *dynamischen Multiplikators* – darunter ist die (partielle) Ableitung $\partial X_{t+s}/\partial \varepsilon_t$ zu verstehen – verdeutlicht werden. Aus

$$X_{t+s} = c + d(t+s) + \varepsilon_1 + \ldots + \varepsilon_t + \ldots + \varepsilon_{t+s}$$

bzw.

$$X_{t+s} = \alpha + \beta(t+s) + \varepsilon_{t+s}$$

folgt

$$\frac{\partial X_{t+s}}{\partial \varepsilon_t} = 1 \quad bzw. \quad \frac{\partial X_{t+s}}{\partial \varepsilon_t} = 0$$

d.h. eine Veränderung der Schockgröße ε_t um eine Einheit wirkt sich beim DS-Prozeß auf X_{t+s} ($s=1,2,\ldots$) aus, der Prozeß hat im Unterschied zu seinem TS-Pendant gewissermaßen ein "unendlich langes" Gedächtnis.

Diese Eigenschaft gilt auch für allgemeinere DS- und TS-Prozesse, wenn anstelle von weißem Rauschen ein ARMA-Prozeß unterstellt wird. Für die beiden Prozesse gilt dann:

$$X_t = c + dt + \sum_{j=1}^{t} \eta_j \quad bzw. \quad X_t = \alpha + \beta t + \eta_t \quad mit \quad \varphi(B)\eta_t = \theta(B)\varepsilon_t$$

Da für den ARMA-Prozeß geschrieben werden kann

$$\eta_t = \varphi^{-1}(B)\theta(B)\varepsilon_t = \psi(B)\varepsilon_t = \sum_{j=0}^{\infty} \psi_j \varepsilon_{t-j}$$

mit

$$\psi(B) := \varphi^{-1}(B)\theta(B) \ , \quad \psi_0 = 1, \quad \sum_{j=0}^{\infty} |\psi_j| < \infty$$

erhält man für den DS-Prozeß:

$$X_{t+s} = c + d(t+s) + \sum_{j=1}^{t+s} \eta_j = X_t + ds + \sum_{j=t+1}^{t+s} \eta_j = X_t + ds + \sum_{j=t+1}^{t+s} \sum_{i=0}^{\infty} \psi_i \varepsilon_{j-i}$$

Die Doppelsumme lautet für die Zeitpunkte j=t+1, j=t+2,..., j=t+s:

$$j = t+1: \quad \varepsilon_{t+1} + \psi_1 \varepsilon_t + \psi_2 \varepsilon_{t-2} + \ldots$$
$$j = t+2: \quad \varepsilon_{t+2} + \psi_1 \varepsilon_{t+1} + \psi_2 \varepsilon_t + \psi_3 \varepsilon_{t-1} + \ldots$$

$$\vdots \qquad \vdots$$

$$j = t+s: \quad \varepsilon_{t+s} + \psi_1 \varepsilon_{t+s-1} + \psi_2 \varepsilon_{t+s-2} + \ldots + \psi_s \varepsilon_t + \psi_{s+1} \varepsilon_{t-1} \ldots$$

Für die Ableitung von X_{t+s} nach ε_t sind nur die ψ-Koeffizienten von Bedeutung, die mit dem Term ε_t verbunden sind. Da $\delta X_t/\delta \varepsilon_t = 1$ ist, ergibt sich schließlich:

$$\frac{\partial X_{t+s}}{\partial \varepsilon_t} = 1 + \psi_1 + \psi_2 + \ldots + \psi_s$$

Für s→∞ folgt daraus

$$\lim_{s\to\infty} \frac{\partial X_{t+s}}{\partial \varepsilon_t} = 1 + \psi_1 + \psi_2 + \ldots = \psi(1) \neq 0$$

d.h. eine Innovation ε_t hat einen *permanenten* Effekt auf das Prozeßniveau X_{t+s}, s=1,2,...

Für den TS-Prozeß ergibt sich jedoch

$$X_{t+s} = \alpha + \beta(t+s) + \eta_{t+s} = \alpha + \beta(t+s) + \sum_{j=0}^{\infty} \psi_j \varepsilon_{t+s-j}$$
$$= \alpha + \beta(t+s) + \varepsilon_{t+s} + \psi_1 \varepsilon_{t+s-1} + \ldots + \psi_s \varepsilon_t + \psi_{s+1} \varepsilon_{t-1} + \ldots$$

woraus folgt

$$\frac{\partial X_{t+s}}{\partial \varepsilon_t} = \psi_s \text{ und } \lim_{s\to\infty} \frac{\partial X_{t+s}}{\partial \varepsilon_t} = 0$$

d.h. der Effekt einer Innovation auf das Prozeßniveau ist lediglich vorübergehender Natur.

Es ist nun insbesondere dieser grundlegende Unterschied zwischen den beiden Prozeßtypen, der das Interesse der Ökonomen – vor allem makroökonomisch orientierter, aber auch solcher, die sich mit der Analyse von Finanzmärkten befassen – an "unit -root-Problemen" entfacht hat. Haben z.B. Rezessionen einen dauerhaften ("persistenten") Einfluß auf die zukünftige Entwicklung des Bruttosozialproduktes – ist die Nicht-Stationarität der entsprechenden BSP-Zeitreihe auf einen stochastischen oder einen deterministischen Trend zurückzuführen? – oder können Wachstumsverluste in späteren Boomphasen wieder "wettgemacht" werden? Zu diesem Problemkreis existiert eine heute kaum mehr zu überblickende Anzahl von Untersuchungen, auf die hier nicht generell eingegangen werden kann. Ausgelöst wurden diese durch eine Arbeit von Nelson/Plosser 1982, der 14 makroökonomische Jahresreihen der USA zugrunde lagen. Mit Ausnahme nur einer Reihe ("unemployment") konnten Nelson/Plosser die Nullhypothese, daß diese Reihen eine unit-root aufweisen, nicht verwerfen. Dabei verwendeten sie einen unit-root-Test nach Dickey-Fuller. Mit später entwickelten Tests (wie z.B. Phillips-Perron) ergaben sich keine anderen Resultate (zu diesen Tests siehe weiter unten). Seither hat sich die Vorstellung durchgesetzt, daß die meisten makroökonomischen Zeitreihen eine Einheitswurzel enthalten. Ob zu recht, sei zunächst dahingestellt (vgl. dazu Abschnitt 4.5; eine umfassende und kritische Diskussion der wichtigsten einschlägigen Arbeiten sowie eine aktuelle Literaturübersicht ist bei Metz 1995 zu finden).

Abgesehen von diesem Bezug zur Ökonomie stellen unit-roots per se ein interessantes Gebiet der Zeitreihenanalyse dar, da sie Fragen der *Trendbereinigung* sowie *schätztheoretische* Aspekte berühren.

XVIII.3. Trendbereinigung bei DS- und TS-Prozessen

Liegt ein DS-Prozeß vor, dann stellt *Differenzenbildung* das adäquate Werkzeug der *Trendelimination* oder *Trendbereinigung* dar. Was geschieht aber, wenn statt dessen – irrtümlicherweise – ein deterministischer Zeit-Trend postuliert wird, dessen

Koeffizienten mit Hilfe von OLS geschätzt werden? Das läßt sich an Hand eines einfachen Beispiels illustrieren. Dazu sei vom in Abb. 18.1 abgebildeten random-walk
mit Drift ausgegangen. Für Achsenabschnitt und Steigung der eingezeichneten linearen Trendfunktion ergeben sich die OLS-Schätzwerte 6.5 und 0.40. Die Abweichungen der Zeitreihe von diesem Trend (Residuen) zeigen den Verlauf in Abb.
18.2:

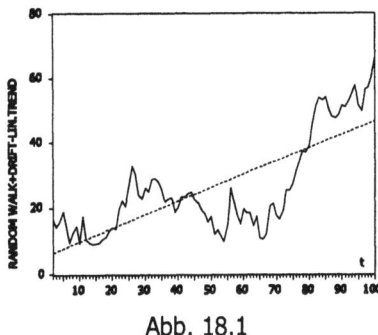
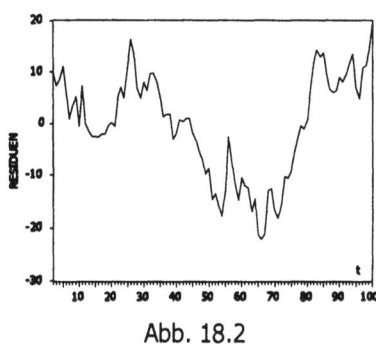

Abb. 18.1   Abb. 18.2

Schätzt man gewöhnliche und partielle Autokorrelationsfunktion dieser Residuen, so
resultieren eindeutig die Korrelations-Verlaufsmuster eines AR(1)-Prozesses. Somit
läßt sich folgendes – offensichtlich falsches – Resultat formulieren: Die obige Reihe
zeigt einen *stationären* Verlauf um einen deterministischen linearen Zeit-Trend, der
durch einen AR(1)-Prozeß modelliert werden kann. Per Konstruktion handelt es sich
aber um eine Reihe, die *nicht-stationär* um einen linearen Trend verläuft. Die
Oszillationen um den Trend sind auf eine inadäquate Trendbereinigung zurückzuführen.

Gegenüber dieser Trendschätzung könnte natürlich eingewendet werden, daß
die Residuen eindeutig autokorreliert sind, was eine Fehlspezifikation des Regressionsmodelles mindestens bezüglich der stochastischen Eigenschaften der
Störvariablen indiziert und OLS-Schätzungen ausschließt. Hält man weiterhin an der
Hypothese einer stationären Entwicklung um den Trend fest, liegt es deshalb nahe,
z.B. einen GLS-Schätzansatz bzw. eine zweistufige Schätzprozedur nach Cochrane-
Orcutt (vgl. Cochrane-Orcutt 1947) zu verwenden, was zu einer Regression mit den
transformierten Variablen $X_t - r_1 X_{t-1}$ und $t - r_1(t-1)$ führt, wobei r_1 der geschätzte
Autokorrelationskoeffizient der OLS-Residuen für lag h=1 ist. Da aber nur $r_1 = 1$ eine
korrekte Transformation darstellt und r_1 in der Regel wesentlich kleiner als Eins ist,
dürfte häufig mit einer nur unzureichenden Korrektur der Residuen-Autokorrelation
zu rechnen sein (vgl. dazu Nelson/Kang 1984, S.76. In dieser Arbeit sind sowohl
Simulationsresultate als auch theoretische Untersuchungen zum Problemkreis
"Trendbereinigung" durch Regressionsanalyse mit "Zeit" als erklärender Variable zu
finden).

Der umgekehrte Fall, daß ein TS-Prozeß vorliegt und irrtümlicherweise eine
Trendelimination mittels Differenzenbildung vorgenommen wird, hat weniger dra-
matische Konsequenzen. Sei zum Beispiel der einfache TS-Prozeß $X_t = \alpha + \beta t + \varepsilon_t$ gegeben, wobei ε_t wieder weißes Rauschen bezeichnet, dann ist $(1 - B)X_t = \beta + \varepsilon_t - \varepsilon_{t-1}$,
d.h. die Differenzenbildung erzeugt einen *nicht-invertierbaren* MA(1)-Prozeß. Die

spektrale Dichtefunktion dieses differenzierten Prozesses lautet $S(f) = 1 - 2\cos(2\pi f)$, $0 \leq f \leq 0.5$ und zeigt folgenden Verlauf:

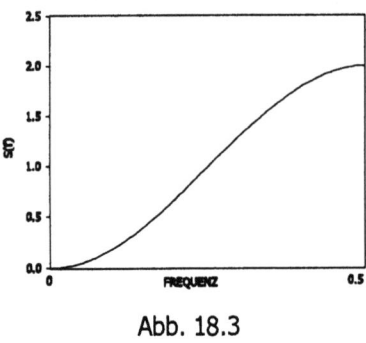

Abb. 18.3

Bei der so trendbereinigten Reihe dominieren die hohen Frequenzen, die niedrigen werden abgeschwächt.

Diese Resultate lassen sich unmittelbar auf den Fall übertragen, bei dem statt weißem Rauschen ein allgemeiner ARMA-Prozeß zugrundegelegt wird. Aus

$$X_t = \alpha + \beta t + \psi(B)\varepsilon_t$$

folgt

$$(1-B)X_t = \beta + (1-B)\psi(B)\varepsilon_t = \beta + \frac{\theta(B)(1-B)\varepsilon_t}{\varphi(B)}$$

d.h. der MA-Teil des ARMA-Prozesses enthält eine unit-root. Die entsprechende spektrale Dichtefunktion zeigt ebenfalls wie beim vorigen Fall eine Betonung der hohen Frequenzen. Für ein einfaches Beispiel mit einem AR(1)-Prozeß siehe Chan/Hayya/Ord 1977. Es sei noch angemerkt, daß im ersteren Fall eines DS-Prozesses der Sachverhalt gerade umgekehrt liegt: Die inadäquate Trendbereinigung führt bei den Residuen zur Akzentuierung der niederen Frequenzen (vgl. dazu Chan/Hayya/Ord 1977, S.741).

Wäre eine quadratische Trendfunktion gegeben, dann würde für die Trendelimination zweimaliges Differenzieren erforderlich, was zu zwei unit-roots im MA-Teil des ARMA-Prozesses führen würde. Allgemein wäre bei einem Zeit-Polynom n-ten Grades zur Trendelimination n-maliges Differenzieren notwendig, was zu n unit-roots im MA-Teil führen würde.

Bei den bisher betrachteten theoretischen Prozessen ist auf Grund der jeweiligen Prozeßgleichung unmittelbar klar, ob ein DS- oder ein TS-Prozeß vorliegt. In der Praxis ist dies jedoch für empirische Zeitreihen nicht unmittelbar evident. Deshalb sind spezielle Tests notwendig, die es gestatten, zwischen den beiden Prozeßklassen zu diskriminieren.

XVIII.4.   Unit-root-Tests

XVIII.4.1.   Grundlagen

Unit-root-Tests sind heute in einer kaum mehr überschaubaren Vielfalt verfügbar. Hier soll die Darstellung auf die gebräuchlichsten beschränkt werden, wobei in diesem Abschnitt zunächst auf grundlegende Zusammenhänge eingegangen werden soll. Ausgangspunkt sei der einfache (Gaußsche) random-walk:

$$X_t = X_{t-1} + \varepsilon_t, \quad \varepsilon_t \sim NID(0, \sigma^2) \text{ mit } X_0 = 0$$

Ein Test der Hypothese, daß eine vorliegende Stichprobe $x_1, x_2, \ldots, x_T$ eine Realisation dieses Prozesses ist, scheint einfach zu sein. Man geht vom AR(1)-Prozeß $X_t = \rho X_{t-1} + \varepsilon_t, \quad \varepsilon_t \sim NID(0, \sigma^2)$ aus, schätzt den Parameter ρ mit OLS oder Maximum-Likelihood, was die Schätzfunktion

$$\hat{\rho}_T = \sum_{t=2}^{T} X_t X_{t-1} \Big/ \sum_{t=1}^{T} X_t^2$$

ergibt und testet die Nullhypothese H_0: $\rho=1$ gegenüber der Alternativhypothese H_1: $\rho<1$ mit dem bei Regressionsanalysen üblichen t-Test:

$$t_T = \frac{\hat{\rho}_t - 1}{\hat{\sigma}_{\hat{\rho}_T}} = \frac{\hat{\rho}_T - 1}{\left[s_T^2 / \sum_{t=2}^{T} X_{t-1}^2\right]^{1/2}}$$

mit:

$$s_T^2 := \frac{1}{T-1} \sum_{t=2}^{T} (X_t - \hat{\rho}_T X_{t-1})^2$$

Leider kann aber auf diese naheliegende Weise nicht vorgegangen werden, weil dieser Quotient unter Gültigkeit der Nullhypothese (d.h. die Stichprobe entstammt einem I(1)-Prozeß) nicht t-verteilt ist. Man kann dies etwa folgendermaßen einsehen. Geht man zunächst davon aus, daß $\rho<1$ ist, d.h. daß ein stationärer AR(1)-Prozeß vorliegt, dann kann gezeigt werden, daß die obige Schätzfunktion für den Prozeßparameter ρ zwar *konsistent* ist, aber für endliches T einen *negativen bias* aufweist (d.h. ρ tendenziell *unterschätzt* wird und das umso stärker, je dichter ρ bei Eins liegt (vgl. z.B. Hamilton 1994, S.217) und daß gilt

$$\sqrt{T}(\hat{\rho}_T - \rho) \xrightarrow{D} N(0, 1-\rho^2)$$

d.h. die Verteilungsfunktion des links stehenden Ausdrucks konvergiert gegen die Verteilungsfunktion einer Normalverteilung mit Erwartungswert Null und Varianz $1-\rho^2$. Für $\rho=1$ wäre die Varianz dieser Grenzverteilung gleich Null, d.h. sie würde zu einer

$$\sqrt{T}(\hat{\rho}_T - 1) \xrightarrow{P} 0$$

Ein-Punkt-Verteilung (um Null) degenerieren und es würde gelten: d.h. der links stehende Ausdruck konvergierte in Wahrscheinlichkeit gegen Null. Obwohl diese Beziehung korrekt ist für unit-root-Prozesse, ist sie für Hypothesentests unbrauchbar. Dazu ist eine nicht degenerierte asymptotische Verteilung notwendig. Eine solche kann für den Ausdruck $T(\hat{\rho}_T - 1)$ bestimmt werden, der sich vom vorigen nur dadurch unterscheidet, daß mit T anstatt mit $\sqrt{T}$ multipliziert wird. Dies hängt damit zusammen, daß der geschätzte Koeffizient im nicht-stationären Fall schneller gegen den wahren Wert $\rho=1$ konvergiert als im stationären Fall gegen den wahren Wert $\rho<1$. Deshalb wird dieser Schätzer im nicht-stationären Fall als *superkonsistent* bezeichnet (vgl. Hamilton 1994, S.476). Die Bestimmung der (asymptotischen) Verteilung des obigen Ausdrucks gestaltet sich allerdings recht schwierig. Es kann gezeigt werden, daß gilt (vgl. Hamilton 1994, S.488):

$$T(\hat{\rho}_T - 1) \xrightarrow{D} \frac{1/2\big([W(1)]^2 - 1\big)}{\int_0^1 [W(r)]^2 dr}$$

Dabei bezeichnet $W(\cdot)$ den sog. "Brownschen Bewegungsprozeß" (oder "Wiener-Prozeß"), der bei den folgenden Darstellungen immer wieder auftritt und deshalb im nächsten Abschnitt etwas näher betrachtet werden soll, zumal dieser Prozeß auch in Finance eine bedeutende Rolle spielt.

XVIII.4.1.1.   Brownscher Bewegungsprozeß

Ein Brownscher- oder Wiener Prozeß ist ein in *kontinuierlicher Zeit* ablaufender stochastischer Prozeß W(t) mit W(t)~N(0,t) und W(0)=0. Seine *Zuwächse,* d.h. die Differenzen

$$[W(t_2)-W(t_1)],\ [W(t_3)-W(t_2)],...,[W(t_n)-W(t_{n-1})],\ 0 \le t_1 < t_2 < .... < t_{n-1} < t_n \le 1$$

sind ebenfalls normalverteilt:

$$[W(s)-W(t)]\ \sim\ N(0;s-t)$$

Ein Wiener-Prozeß ist eigentlich nichts anderes als ein kontinuierlicher random-walk, man kann ihn als Grenzfall eines diskreten random-walks begreifen, bei dem das Zeitintervall sukzessiver Prozeßwerte gegen Null geht. Wiener-Prozesse lassen sich leicht simulieren. Dazu sind lediglich N(0;1)-verteilte Zufallszahlen erforderlich, sowie eine (möglichst feine) Diskretisierung des Intervalles [0,1]. Da die Zuwächse aber nicht N(0;1)-verteilt sind, sondern N(0; s-t=:Δt), müssen diese Zufallszahlen noch mit $\Delta t^{1/2}$ multipliziert werden. Eine Kumulation dieser Zuwächse vom Startwert 0 bei t=0 bis t=1 ergibt eine Realisation eines Wiener Prozesses. Die Abbildung 18.4 zeigt eine solche, bei der Δt=1/5 000 gewählt wurde. Wiener-Prozesse können wie diskrete random-walks einen Drift-Term aufweisen, so daß sich ein trendartiger Prozeßverlauf ergibt, wie dies Abbildung 18.5 zeigt.

Der Prozeß lautet hier X(t) = W(t) + μt, wobei μ die Driftkonstante bezeichnet. In Finance werden Wiener-Prozesse unter anderem zur Modellierung von Kursverläufen herangezogen, z.B. wird für das *underlying* der bekannten Black-Scholes-Formel zur Bewertung von Optionen ein Wiener-Prozeß unterstellt. Wie die letzte Abbildung zeigt, kommt ein Wiener-Prozeß mit Drift einer denkbaren Kursentwicklung schon recht nahe, allerdings oben mit dem Schönheitsfehler, daß negative Prozeßwerte auftreten, was z.B. bei Aktienkursen ausgeschlossen ist. Deshalb wird bei Analysen meistens der *exponentielle* Wiener Prozeß (oder *geometrische* Wiener-Prozeß) X(t) = exp[W(t) + μt] verwendet, für den sich mit der Prozeßrealisation von Abb. 18.5 der Verlauf in Abb. 18.6 ergibt. Schließlich kann die Volatilität eines Wiener-Prozesses variiert werden. Der Prozeß lautet dann X(t) = σW(t) beziehungsweise X(t) = exp[σW(t) + μt], wobei die Volatilität mit dem Skalierungsfaktor σ wächst (bzw. abnimmt). Wählt man z.B. σ=2, dann ergibt sich eine etwas unruhigere Entwicklung für W(t) als beim ersten Beispiel (Abb. 18.7).

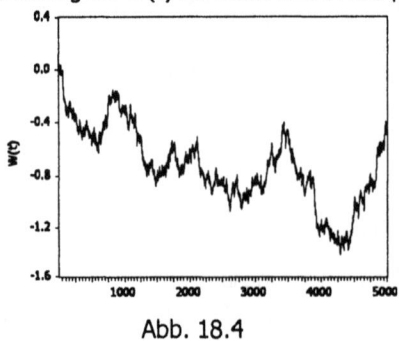

Abb. 18.4

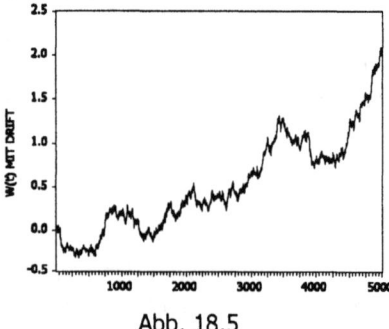

Abb. 18.5

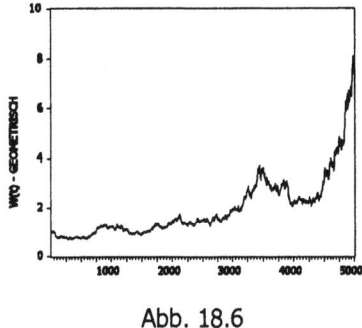

Abb. 18.6   Abb. 18.7

Ein Wiener-Prozeß besitzt recht interessante mathematische Eigenschaften, von denen einige hier kurz gestreift seien: W(t) hat (fast sicher) *stetige Pfade*, die aber *nirgends differenzierbar* und in jedem endlichen Intervall von *unbeschränkter Variation* sind. Die ersten beiden Eigenschaften kann man etwa folgendermaßen einsehen (vgl. z.B. Fahrmeir/Kaufmann/Ost 1981, S.186 ff.). Die Stetigkeit der Pfade eines Wiener-Prozesses kann man an Hand des *Stetigkeitskriteriums nach Kolmogorov* nachprüfen: Ein stochastischer Prozeß X(t) hat stetige Pfade, falls $\forall t$, $s \geq 0$ Konstanten a,b,c>0 existieren, so daß gilt:

$$E|X(t) - X(s)|^a \leq c|t - s|^{1+b}$$

Da W(t)-W(s) aber N(0, t-s)-verteilt ist, gilt für die Kurtosis von W(t)-W(s)

$$\frac{E[W(t) - W(s)]^4}{(t - s)^2} = 3$$

und somit ist $E|W(t) - W(s)|^4 = 3|t - s|^2$, d.h. a=4, b=1, c=3.

Daß die Pfade eines Wiener-Prozesses nirgends differenzierbar sind, wird aus folgender Überlegung plausibel: Da $W(t-h) - W(t) \sim N(0,h)$, h>0 ist, folgt für den Differenzenquotienten $[W(t+h) - W(t)]/h \sim N(0,1/h)$. Für $h \to 0$ geht die Varianz dieses Quotienten gegen unendlich.

Wird das Intervall $[t_a, t_b]$ durch endlich viele Teilpunkte $t_0 = t_a, t_1, \ldots, t_{n-1}, t_n = t_b$ zerlegt, dann ist die obere Grenze aller Summen, die beliebigen Zerlegungen dieses Intervalls entsprechen, d.h.

$$V: = \lim \sum_{i=1}^{n} |W(t_i) - W(t_{i-1})|$$

nicht endlich, d.h. der Wiener-Prozeß ist von unbeschränkter Variation. Eine Folge dieser Eigenschaft ist, daß z.B. das Riemann-Integral für einen Wiener-Prozeß nicht existiert, was Anlaß für die Entwicklung des sog."Itô-Integrals" war.

XVIII.4.1.2.   Verteilungseigenschaften des Brownschen Prozesses

Für die zuletzt im vorhergehenden Kapitel erwähnte Grenzverteilung ist nun folgendes wichtig: $[W(1)]^2$ ist verteilt wie $\chi^2(1)$. Dies kann unter Verwendung des eben erwähnten Simulationsprozesses einsichtig gemacht werden. Für diesen folgt aus

$$W(1) = \sum_{i=1}^{n} \varepsilon_i \sqrt{\Delta t}, \quad n = \frac{1}{\Delta t}, \quad \varepsilon_i \sqrt{\Delta t} \sim N(0; \Delta t)$$

daß W(1) als Summe von n stochastisch unabhängigen N(0, Δt)-verteilten Zufallsvariablen ebenfalls normalverteilt ist mit Erwartungswert Null und Varianz nΔt=
(1/Δt)Δt=1. Deshalb ist [W(1)]^2 eine χ^2(1)-verteilte Zufallsvariable. Die Wahrscheinlichkeit, daß eine χ^2(1)-verteilte Zufallsvariable Werte annimmt, die kleiner als Eins
sind, beträgt 0.68. Für große T ist deshalb: P($\hat{\rho}_T$ - 1<0) = 0.68, was gleichbedeutend
damit ist, daß in ca. 2/3 der Realisationen eines random-walks der geschätzte Prozeßparameter kleiner als Eins ist. Für diejenigen Realisationen, für die [W(1)]^2 groß
ist, wird der Nenner der Grenzverteilung ebenfalls groß, so daß die Grenzverteilung
asymmetrisch, d.h. links-schief ist. Negative Werte der Testfunktion (d.h. $\hat{\rho}_T$<1,
obwohl ρ=1 ist) sind praktisch doppelt so wahrscheinlich wie positive. Im stationären Fall ist die Grenzverteilung dagegen *symmetrisch* (vgl. Hamilton 1994, S.488).
Es sei hier angemerkt, daß sich diese Zusammenhänge schon bei Fuller 1976, S.366
ff. finden, wobei die Ableitung der erwähnten χ^2(1)-Verteilung auf der Basis der
Verteilung von Quotienten quadratischer Formen erfolgte, also ohne Verwendung
des Wiener Prozesses.

"Kritische Werte", d.h. Quantile für die Verteilung der Zufallsvariablen T($\hat{\rho}$-1)
unter Gültigkeit obiger Nullhypothese bei verschiedenen endlichen Stichprobenumfängen T als auch bei "unendlich" großem T, wurden zuerst von Dickey mit Hilfe
von Simulationsstudien erzielt, wobei für ε_t Gaußsches weißes Rauschen unterstellt
wurde. Sie sind bei Fuller 1976, S.371 im oberen Teil der Tabelle 8.5.1. unter "$\hat{\rho}$"
wiedergegeben oder z.B. bei Hamilton 1994, S.762, Tabelle B.5 unter "Case 1" und
sind als *Dickey-Fuller-Testwerte* bekannt. Wie Evans/Savin gezeigt haben, hängt die
(exakte) Verteilung von $\hat{\rho}$ bei endlichem T vom Quotienten x_0/σ ab. "In this re-
spect, the Dickey-Fuller assumption that x_0=0 maintained in their simulations, is a
limitation that should be kept in mind" (Diebold/Nerlove 1990, S.11).

Für den random-walk ohne Drift der Länge T=100 aus Kap. V erhält man den
Schätzwert $\hat{\rho}_{100}$=0.972 mit $\hat{\sigma}_{\hat{\rho}_T}$=0.011, womit sich der Testwert 100· (0.972-1)=-2.8
ergibt. Da bei einem Signifikanzniveau von 0.01 und T=100 der kritische Wert -13.3
beträgt, kann die Nullhypothese ρ=1 nicht verworfen werden.

Die bisher betrachtete Testfunktion kommt ohne Verwendung des Standard-
fehlers von $\hat{\rho}_T$ aus. Möglich ist jedoch auch die Verwendung einer alternativen
Testfunktion, die formal identisch ist mit dem oben angeführten üblichen t-Test. Für
seine asymptotische Verteilung ergibt sich nach Hamilton 1994, S.489:

$$t_T \xrightarrow{D} 1/2\left([W(1)]^2 - 1\right) \Big/ \left\{\int_0^1 [W(r)]^2 dr\right\}^{1/2}$$

Diese unterscheidet sich von der für T($\hat{\rho}_T$-1) nur im Nenner. Kritische Werte nach
Dickey-Fuller, wiederum unter der Voraussetzung Gaußschen weißen Rauschens,
finden sich bei Fuller 1976, S.373, im oberen Teil der Tabelle 8.5.2. unter "$\hat{\tau}$" oder
bei Hamilton 1994, S.763, Tabelle B.6 unter "Case 1". Für das letzte Beispiel ergibt
sich (0.972-1)/ 0.011=-2.545. Da beim Niveau 0.01 der kritische Wert -2.60 beträgt, kann die Nullhypothese ebenfalls nicht abgelehnt werden.

Die bisher betrachtete Nullhypothese – die beobachteten Zeitreihenwerte sind
eine Realisation eines einfachen random-walks – ist gleichbedeutend damit, daß postuliert wird, die 1. Differenzen des Prozesses seien unkorreliert, d.h. weißes Rau-

schen. Denkbar sind aber allgemeinere Fälle, bei denen Differenzierung zwar ebenfalls zu einem stationären Prozeß führt, aber nicht zu weißem Rauschen, sondern zu einem autokorrelierten Prozeß, z.B. einem AR-Prozeß. Unit-root-Tests unterscheiden sich u.a. nun darin, ob sie für Prozesse geeignet sind, die nach Differenzierung weißes Rauschen ergeben oder zu einem autokorrelierten (stationären) Prozeß führen.

XVIII.4.2.   Unit-root-Tests ohne Autokorrelation

Hier können vier Fälle unterschieden werden, wobei als Unterscheidungskriterien sowohl der postulierte datenerzeugende Prozeß (*data generating process*, kurz: DGP) und/oder die verwendete Schätzgleichung dienen.

Stets wird vorausgesetzt, daß für die Innovationen gilt: $\varepsilon_t \sim N(0;\sigma^2)$. Für die nachfolgende Darstellung vgl. insbesondere Hamilton 1994, S.487-504.

Fall 1:   DGP: $X_t = X_{t-1} + \varepsilon_t$

           Schätzgleichung: $X_t = \rho X_{t-1} + \varepsilon_t, \quad |\rho| < 1$

Dieser Fall wurde schon oben dargestellt, so daß sich Wiederholungen erübrigen.

Fall 2:   DGP: $X_t = X_{t-1} + \varepsilon_t$

           Schätzgleichung: $X_t = \alpha + \rho X_{t-1} + \varepsilon_t, \quad |\rho| < 1$

Der einzige Unterschied zu Fall 1 besteht darin, daß bei der Schätzgleichung eine Konstante berücksichtigt wird. Die Vermutung liegt nahe, daß diese geringfügige Modifikation die Grenzverteilung für $\hat{\rho}_T$ nicht verändert. Dies ist jedoch nicht der Fall. Vielmehr gilt (vgl. Hamilton 1994, S.492):

$$T(\hat{\rho}_T - 1) \xrightarrow{D} \frac{1/2([W(1)]^2 - 1) - W(1)\int_0^1 W(r)dr}{\int_0^1 [W(r)]^2 dr - \left\{\int_0^1 W(r)dr\right\}^2}$$

Quantile für die Verteilung von $T(\hat{\rho}_T-1)$ finden sich bei Fuller 1976, S.371, im mittleren Teil der Tabelle 8.5.1. unter "$\hat{\rho}_\mu$" und z.B. bei Hamilton 1994, S.762, im mittleren Teil der Tabelle B.5 unter "Case 2". Diese Verteilung ist noch schiefer als diejenige von Fall 1, so daß der geschätzte Koeffizient von X_{t-1} noch weiter von Eins entfernt liegen muß, um die Nullhypothese ablehnen zu können (Hamilton 1994, S.493).

Zu beachten ist, daß die Grenzverteilung für $\hat{\rho}_T$ im Fall 2 unter der Voraussetzung abgeleitet wurde, daß $\alpha=0$ ist (vgl. Hamilton 1994, S.494). Deshalb liegt es nahe, die Hypothese $\alpha=0$ *und* $\rho=1$ gemeinsam zu testen. Dazu kann ein Test verwendet werden, der analog zum in der Regressionsanalyse üblichen F-Test gebildet wird, der aber im vorliegenden Fall keiner F-Verteilung gehorcht. Bekanntlich lautet dieser Test:

$$F = \frac{(RQS_0 - RQS_1)/m}{RQS_1/(T - k)}$$

Dabei bedeutet RQS_0 die Residuenquadratsumme der zu schätzenden Regression, wenn m Parameterrestriktionen berücksichtigt werden, während RQS_1 die entsprechende Residuenquadratsumme ohne Berücksichtigung dieser Restriktionen und k die Anzahl der Regressoren bezeichnet. Im vorliegenden Fall ist m=k=2. Die Verteilung dieser Testfunktion wurde von Dickey 1981 durch Simulationen empirisch bestimmt (sie findet sich auch bei Hamilton 1994, S.764, Tabelle B.7 unter "Case 2").

Wie im Fall 1 wurde von Dickey und Fuller ein alternativer Test für $\hat{\rho}_T$ vorgeschlagen, der dem OLS-t-Test entspricht $t_T = (\hat{\rho}_T - 1) / \hat{\sigma}_{\hat{\rho}_T}$ mit

$$\hat{\sigma}^2_{\hat{\rho}_T} = s_T^2 (0\ 1) \begin{pmatrix} T & \sum X_{t-1} \\ \sum X_{t-1} & \sum X_{t-1}^2 \end{pmatrix}^{-1} \begin{pmatrix} 0 \\ 1 \end{pmatrix} \quad \text{und} \quad s_T^2 = \frac{1}{T-2} \sum_{t=1}^{T} (X_t - \hat{\alpha}_T - \hat{\rho}_T X_{t-1})^2$$

sowie der asymptotischen Verteilung (vgl. dazu Hamilton 1994, S.493):

$$t_T \xrightarrow{D} \frac{1/2\{[W(1)]^2 - 1\} - W(1) \int_0^1 W(r) dr}{\left\{ \int_0^1 [W(r)]^2 dr - \left[\int_0^1 W(r) dr \right]^2 \right\}^{1/2}}$$

Quantile für diesen Fall finden sich bei Fuller 1976, S.373, im unteren Teil der Tabelle 8.5.2. unter $\hat{\tau}_T$ und z.B. bei Hamilton 1994, S.763, Tabelle B.6 unter "Case 2".

Fall 3:   DGP: $X_t = \alpha + X_{t-1} + \varepsilon_t$, $\alpha \neq 0$
          Schätzgleichung: $X_t = \alpha + \rho X_{t-1} + \varepsilon_t$

Die Schätzgleichung ist die gleiche wie im Fall 2, der DGP ist jedoch ein randomwalk mit Drift. Für diesen Fall läßt sich zeigen, daß gilt (vgl. Hamilton 1994, S.495-497)

$$\begin{bmatrix} T^{1/2}(\hat{\alpha}_T - \alpha) \\ T^{3/2}(\hat{\rho}_T - 1) \end{bmatrix} \xrightarrow{D} N(\mathbf{0}, \sigma^2 \mathbf{Q}^{-1}), \quad \mathbf{Q} = \begin{pmatrix} 1 & \alpha/2 \\ \alpha/2 & \alpha^2/3 \end{pmatrix}$$

d.h. die Koeffizientenschätzer sind asymptotisch normalverteilt. Somit können die üblichen t- und F-Tests verwendet werden. Dieses Resultat ist identisch mit den asymptotischen Eigenschaften der Schätzer für die Parameter der Regression $X_t = \alpha + \delta t + \varepsilon_t$, bei der als erklärende Variable die Zeit auftritt (vgl. dazu Hamilton 1994, S.460, Formel [16.1.25]).

Fall 4:   DGP: $X_t = \alpha + X_{t-1} + \varepsilon_t$
          Schätzgleichung: $X_t = \alpha + \rho X_{t-1} + \beta t + \varepsilon_t$

Die Schätzgleichung impliziert, daß die Abweichungen vom linearen Zeit-Trend stationär sind, während sie beim DGP (random-walk mit Drift) nicht-stationär sind (vgl. die Ausführungen in Kap. XVIII.3). Die Ableitung der asymptotischen Verteilung für $\hat{\rho}_T$ unter Gültigkeit der Nullhypothese (d.h. $\rho=1$, $\beta=0$ und $\alpha=\alpha_0$) ist kompliziert. Es ist (vgl. Hamilton 1994, S.499):

$$T(\hat{\rho}_T - 1) \xrightarrow{D} (0\ 1\ 0) \begin{bmatrix} 1 & \int_0^1 W(r)dr & \frac{1}{2} \\ \int_0^1 W(r)dr & \int_0^1 [W(r)]^2 dr & \int_0^1 rW(r)dr \\ \frac{1}{2} & \int_0^1 rW(r)dr & \frac{1}{3} \end{bmatrix}^{-1} \begin{bmatrix} W(1) \\ \frac{1}{2}\{[W(1)]^2 - 1\} \\ W(1) - \int_0^1 W(r)dr \end{bmatrix}$$

Wie aus dieser Beziehung hervorgeht, hängt die Grenzverteilung für $T(\hat{\rho}_T-1)$ weder von α noch von ρ ab.

Quantile für verschiedene Zeitreihenlängen finden sich wieder bei Fuller 1976, S.371 im unteren Teil der Tabelle 8.5.1. unter "$\hat{\rho}_\tau$" sowie bei Hamilton 1994, S.762, Tabelle B.5 unter "Case 4".

Auch für diesen Fall gibt es einen zum OLS-t-Test analogen Test, für dessen asymptotische Verteilung gilt:

$$t_T = \frac{T(\hat{\rho}_T - 1)}{(T^2 \hat{\sigma}^2_{\hat{\rho}_T})^{1/2}} \xrightarrow{P} \frac{T(\hat{\rho}_T - 1)}{\sqrt{Q}}$$

Der Nenner in der Grenzverteilung erklärt sich daraus, daß gilt:

$$T^2 \hat{\sigma}^2_{\hat{\rho}_T} \xrightarrow{D} (0\ 1\ 0) \begin{bmatrix} 1 & \int_0^1 W(r)dr & \frac{1}{2} \\ \int_0^1 W(r)dr & \int_0^1 [W(r)]^2 dr & \int_0^1 rW(r)dr \\ \frac{1}{2} & \int_0^1 rW(r)dr & \frac{1}{2} \end{bmatrix}^{-1} \begin{bmatrix} 0 \\ 1 \\ 0 \end{bmatrix} = Q$$

Quantile sind wieder bei Fuller 1976, S.373, im unteren Teil der Tabelle 8.5.2 unter "$\hat{\tau}_\tau$" sowie bei Hamilton 1994, S.763, Tabelle B.6 unter "Case 4" zu finden.

Wie im Fall 2 erscheint auch hier ein *gemeinsamer* Test $\beta=0$ *und* $\rho=1$ als sinnvoll. Dabei kann wie dort vorgegangen werden. Die Verteilung des analog zum üblichen F-Test gebildeten Quotienten ist wieder von Dickey 1981 tabelliert und ist ebenfalls wieder in Hamilton 1994, S.764, Tabelle B.7 unter "Case 4" reproduziert.

Eine praktisch nützliche Zusammenfassung aller vier Test-Fälle mit Verweis auf die jeweils zu verwendenden Tabellen gibt Hamilton 1994, S.502, Tabelle 17.1.

Der oben dargestellte random-walk mit Drift fällt unter Fall 4. Für diese Prozeß-realisation ergibt sich nun hier die folgende geschätzte Regressionsgleichung: $X_t = 5.044 + 0.883 X_{t-1} + 0.1705 t$, $\hat{\sigma}_{\hat{\rho}_T} = 0.0391$. Somit ist $100(0.883-1) = -11.7$ und $(0.883-1)/0.0391 = -2.99$. Da die beiden kritischen Werte -27.4 (Signifikanzniveau

1%) bzw. -4.04 betragen, kann die Nullhypothese, daß der Prozeß eine Einheitswurzel enthält, (erwartungsgemäß) nicht abgelehnt werden. Für den gemeinsamen Test $\rho=1$ und $\beta=0$ ergeben sich nun die Residuenquadratsummen $RSS_0=392.1$ und $RSS_1=362.2$ und damit $F=(392.1-362.2)/2\div362.2/98=4.05$. Da der kritische Wert beim 1%-Niveau 8.73 beträgt, kann auch diese Nullhypothese nicht abgelehnt werden.

Es sei hier noch darauf hingewiesen, daß die Schätzgleichungen vielfach in einer etwas anderen Schreibweise notiert werden. Statt der obigen Schätzgleichung: $X_t=\rho X_{t-1}+\varepsilon_t$ (im Fall 1) verwendet man den durch Subtraktion von X_{t-1} auf beiden Seiten der Gleichung resultierenden Ausdruck:

$$\Delta X_t = \alpha X_{t-1} + \varepsilon_t \ , \ \Delta X_t: = X_t - X_{t-1} \ , \ \alpha: = \rho - 1$$

Dann ist die Nullhypothese $\rho=1$ äquivalent zur Nullhypothese $\alpha=0$. Die anderen Fälle lassen sich analog darstellen.

Bei den bisherigen Beispielen, die lediglich zur Illustration der Teststatistiken und der Quantil-Tabellen dienten, war der Prozeßtyp bekannt, so daß klar war, welcher Test jeweils anzuwenden war. Dies ist in der Praxis natürlich nicht der Fall. Zur Frage, welche der verschiedenen Tests bei *praktischen* Zeitreihen im konkreten Fall anzuwenden ist, soll bei der Analyse realer Reihen Stellung genommen werden.

XVIII.4.3.   Unit-root-Tests mit Autokorrelation

In den bisher betrachteten unit-root-Tests wurde davon ausgegangen, daß die Störvariable im DGP unkorreliert ist. Dieses Postulat ist für viele praktische Anwendungen zu restriktiv, denn bei diesen Tests wurde stets davon ausgegangen, daß die datenerzeugenden Prozesse durch einfache Modelle, nämlich (nicht-stationäre) AR(1)-Prozesse, modelliert werden können. Muß jedoch von komplizierteren DGP ausgegangen werden, dann genügt dieser einfache Ansatz nicht mehr. Will man in einem solchen Fall aber weiterhin prinzipiell AR(1)-DGP zugrundelegen, dann wäre es nicht mehr gerechtfertigt, die Innovationen dieser DGP weiterhin als unkorreliert vorauszusetzen. Beim Phillips-Perron-Test werden diese Autokorrelationen formal durch einen MA(∞) berücksichtigt, was zu einer Modifikation der bisher betrachteten Teststatistiken führt. Beim Augmented Dickey-Fuller-Test dagegen wird generell von AR(p)-DGP ($p\geq1$) ausgegangen. Wir wollen uns zuerst dem Phillips-Perron-Test (siehe Phillips 1987 und Phillips/Perron 1988) zuwenden.

XVIII.4.3.1.   Phillips-Perron-Test

Bei diesem Test wird für den Störterm ein allgemeiner stationärer Prozeß angenommen, der in der Form

$$\eta_t = \psi(B)\varepsilon_t = \sum_{j=0}^{\infty} \psi_j\varepsilon_{t-j} \ , \ \sum_{j=1}^{\infty} j|\psi_j| < \infty$$

geschrieben werden soll, wobei ε_t wieder weißes Rauschen bedeute (vgl. Hamilton 1994, S.504). Es sei darauf hingewiesen, daß bei Phillips-Perron für den Störterm η_t auch Heteroskedastizität zugelassen wird (für Details vgl. Perron 1988, S.301 oder Banerjee/Dolado/Galbraith/Hendry 1994, S.87).

Beispielsweise erhält man für den im letzten Abschnitt ("ohne Autokorrelation") betrachteten Fall 2 jetzt:

$$\text{DGP:} \quad X_t = X_{t-1} + \eta_t = X_{t-1} + \psi(B)\varepsilon_t$$

$$\text{Schätzgleichung:} \quad X_t = \alpha + \rho X_{t-1} + \eta_t$$

Für die asymptotische Verteilung von $T(\hat{\rho}_T - 1)$ ergibt sich hier der gleiche Ausdruck wie oben im Falle "ohne Autokorrelation", der aber um den additiven Term

$$\frac{1/2(\lambda^2 - \gamma_0)}{\lambda^2 \left\{ \int\limits_0^1 [W(r)]^2 dr - \left[\int\limits_0^1 W(r)dr \right]^2 \right\}}$$

ergänzt wird. Dabei ist:

$$\lambda^2 = \sigma_\eta^2 [\psi(1)]^2 = \gamma_0 + 2\sum_{j=1}^{\infty} \gamma_j = 2\pi S_\eta(0)$$

$$\gamma_j: = \text{j-te Autokovarianz von } \eta_t$$

$$\gamma_0 = \sigma_\eta^2$$

$$S_\eta(0): = \text{Spektrum von } \eta_t \text{ für die Frequenz } \lambda = 0$$

Ist η_t weißes Rauschen, dann ist $\lambda^2 = \gamma_0$ und der additive Term wird gleich Null, d.h. der obige Fall 2 erweist sich als Spezialfall dieses allgemeineren Falles

Die modifizierte Teststatistik nach Phillips-Perron lautet nun

$$T(\hat{\rho}_T - 1) - \frac{1}{2} \frac{T^2 \hat{\sigma}_{\hat{\rho}_T}^2}{s_T^2} (\lambda^2 - \gamma_0) \quad \text{mit} \quad s_T^2 := \frac{1}{T-2} \sum_{t=1}^{T} (X_t - \hat{\alpha}_T - \hat{\rho}_T X_{t-1})^2$$

wobei s_T^2 die OLS-Schätzung für σ_η^2 ist (vgl. Hamilton 1994, S.509).

Diese Modifikation kann man etwa folgendermaßen einsehen. Es gilt (vgl. Hamilton 1994, S.509)

$$T^2 \hat{\sigma}_{\hat{\rho}_T}^2 \xrightarrow{p} \frac{s_T^2/\lambda^2}{\int\limits_0^1 [W(r)]^2 dr - \left[\int\limits_0^1 W(r)dr \right]^2}$$

d.h. diese Grenzverteilung ist nach Division durch s_T^2 und Multiplikation mit 0.5 ($\lambda^2 - \gamma_0$) identisch mit dem obigen additiven Term. Die Modifikation führt somit zu einer Teststatistik, die identisch ist mit derjenigen von "Fall 2 ohne Autokorrelation". Deshalb können die gleichen tabellierten Quantile wie im obigen Fall verwendet werden. Dies gilt analog auch für die weiteren noch darzustellenden Fälle, weshalb die Tabellen B.5 und B.6, S.762 f. bei Hamilton 1994 sowohl für Tests nach Phillips-Perron als auch nach Dickey-Fuller ausgewiesen sind.

Die modifizierte Teststatistik enthält offensichtlich noch unbekannte Parameter (λ^2 und γ_0), die aber konsistent geschätzt werden können. Für γ_0 kann der obige OLS-Schätzer verwendet werden bzw.

$$\hat{\gamma}_0: = \frac{1}{T} \sum_{t=1}^{T} \hat{\eta}_t^2, \quad \hat{\eta}_t: = X_t - \hat{\alpha}_T - \hat{\rho}_T X_{t-1}$$

und für den anderen Parameter die geschätzten Autokovarianzen der Residuen

$$\overset{\wedge}{\lambda^2} = \hat{\gamma}_0 + 2\sum_{h=1}^{q} \hat{\gamma}_h \ , \ \hat{\gamma}_h = \frac{1}{T}\sum_{t=h+1}^{T} \hat{\eta}_t\hat{\eta}_{t-h}$$

wobei q z.B. so festgelegt werden sollte, daß nur die von Null signifikant verschiedenen Autokovarianzen berücksichtigt werden. Alternativ könnte auch ein Schätzer verwendet werden, der eine Gewichtung der berücksichtigten Autokovarianzen (nach Newey-West) vornimmt, im einfachsten Fall z.B. mit linear fallenden Gewichten

$$\overset{\wedge}{\lambda^2_{NW}} = \hat{\gamma}_0 + 2\sum_{h=1}^{q} [1 - h/(q + 1)]\hat{\gamma}_h$$

(zum Newey-West-Autokovarianzschätzer siehe Newey/West 1987 sowie Hamilton 1994, S.281-283). Eine Gewichtung ist allgemein zu empfehlen, da $\hat{\lambda}^2$ bei endlichen Stichprobenumfängen nicht unbedingt nicht-negativ ist. Da eine solche Schätzung von λ gleichbedeutend ist mit der Schätzung eines Spektrums für die Frequenz Null, kommen als Gewichte prinzipiell alle aus der Spektralanalyse bekannten Fenster in Frage, die eine nicht-negative Schätzung garantieren, wie z.B. das Parzen-Fenster oder das Bartlett-Fenster, das in obigem Ausdruck verwendet wird. Über die Auswirkungen verschiedener Fenster sowie unterschiedlicher "truncation lag parameter" auf die Schätzung von λ^2 siehe Perron 1988. Es sei darauf hingewiesen, daß die bei Hamilton angegebene Perron-Testprozedur geringfügig von der originalen abweicht, was von Hamilton damit begründet wird, daß für seine Version die erforderlichen Größen aus Standard-Regressionspaketen verfügbar seien (siehe Fußnote auf S.511 bei Hamilton 1994).

Auch hier läßt sich ein zum üblichen t-Test analoger Phillips-Perron-Test angeben. Er lautet:

$$\left(\frac{\gamma_0}{\lambda^2}\right)^{1/2} t_T - \frac{(\lambda^2 - \gamma_0)T\hat{\sigma}_{\hat{\rho}_T}}{2\lambda s_T} \ , \ t_T := \frac{\hat{\rho}_t - 1}{\hat{\sigma}_{\hat{\rho}_t}}$$

Für die Fälle 1 und 4 lassen sich diese beiden modifizierten Teststatistiken ebenfalls verwenden, wobei die entsprechenden Quantile der Tabellen B.5 und B.6 bei Hamilton 1994 zu verwenden sind (Case 1 bzw. Case 4). Eine tabellarische Übersicht über die 3 diskutierten Fälle findet sich bei Hamilton 1994, S.514.

XVIII.4.3.2.   Augmented Dickey-Fuller-Test

Wie schon oben erwähnt wurde, wird beim *Augmented Dickey-Fuller-Test* (kurz: ADF-Test) davon ausgegangen, daß der DGP ein AR(p)-Prozeß mit Einheitswurzel ist. Dazu ist es zweckmäßig, (nicht-stationäre) AR(p)-Prozesse in einer modifizierten Schreibweise darzustellen, die man etwa am Beispiel eines AR(2)-Prozesses illustrieren kann. Ein solcher kann folgendermaßen umgeformt werden

$$\begin{aligned} X_t &= \varphi_1 X_{t-1} + \varphi_2 X_{t-2} + \varepsilon_t \\ &= \varphi_1 X_{t-1} + \varphi_2 X_{t-1} - \varphi_2 X_{t-1} + \varphi_2 X_{t-2} + \varepsilon_t \\ &= (\varphi_1 + \varphi_2)X_{t-1} - \varphi_2(X_{t-1} - X_{t-2}) + \varepsilon_t \\ &= \rho X_{t-1} + \zeta\Delta X_{t-1} + \varepsilon_t \end{aligned}$$

mit $\rho := \varphi_1 + \varphi_2, \ \zeta := -\varphi_2$

Allgemein kann ein AR(p)-Prozeß in der Form

$$X_t = \rho X_{t-1} + \zeta_1 \Delta X_{t-1} + \zeta_2 \Delta X_{t-2} + \ldots + \zeta_{p-1} \Delta X_{t-p+1} + \varepsilon_t$$

mit

$$\rho := \sum_{i=1}^{p} \varphi_i, \quad \zeta_j := -\sum_{i=1}^{p-j} \varphi_{j+i}, \quad j=1,2,\ldots,p-1$$

dargestellt werden. Wenn ein AR(p)-Prozeß eine unit-root besitzt, dann ist offensichtlich $\sum_{i=1}^{p} \varphi_i = 1$.

Die obigen Darstellung eines AR(p)-Prozesses kann umgeformt werden zu

$$(1 - \rho B)X_t - \zeta_1(1-B)X_{t-1} - \zeta_2(1-B)X_{t-2} - \ldots - \zeta_{p-1}(1-B)X_{t-p+1} = \varepsilon_t$$

oder:

$$[(1 - \rho B) - (\zeta_1 B + \zeta_2 B^2 + \ldots + \zeta_{p-1} B^{p-1})(1-B)]X_t = \varepsilon_t$$

Unter Gültigkeit der Nullhypothese $\rho=1$ folgt daraus $\Delta X_t = \psi(B)\varepsilon_t$ mit

$$\psi(B): = [1 - \zeta_1 B - \zeta_2 B^2 - \ldots - \zeta_{p-1} B^{p-1}]^{-1}$$

Wie bei den bisher dargestellten Tests können für den ADF-Test auch vier Fälle unterschieden werden. Etwas ausführlicher sei wieder Fall 2 behandelt, bei dem postuliert wird, daß die Schätzgleichung eine Konstante enthält, der datenerzeugende Prozeß ein AR(p)-Prozeß mit *einer* unit-root sei, der aber keinen Drift-Term enthält. In der modifizierten Darstellung kann somit für die Schätzgleichung geschrieben werden:

$$X_t = \alpha + \rho X_{t-1} + \zeta_1 \Delta X_{t-1} + \zeta_2 \Delta X_{t-2} + \ldots + \zeta_{p-1} \Delta X_{t-p+1} + \varepsilon_t$$

Bei Gültigkeit der Nullhypothese ist $\alpha=0$ und $\rho=1$. Hier stellt sich zunächst die Frage nach den Eigenschaften der OLS-Schätzer der Parameter $\zeta_1, \zeta_2, \ldots, \zeta_{p-1}$. Mit $\boldsymbol{\beta} := (\zeta_1, \zeta_2, \ldots, \zeta_{p-1}, \alpha, \rho)'$, $\mathbf{x}_t' := (\Delta X_{t-1}, \Delta X_{t-2}, \ldots, \Delta X_{t-p+1}, 1, X_{t-1})$ kann geschrieben werden

$$X_t = \mathbf{x}_t' \boldsymbol{\beta} + \varepsilon_t \ , \quad E(\varepsilon_t^2) = \sigma_\varepsilon^2$$

mit dem OLS-Schätzer für $\boldsymbol{\beta}$:

$$\hat{\boldsymbol{\beta}} = \left(\sum_{t=1}^{T} \mathbf{x}_t \mathbf{x}_t' \right)^{-1} \sum_{t=1}^{T} \mathbf{x}_t X_t$$

Wenn die Nullhypothese zutrifft, gilt für $\hat{\zeta}_1, \hat{\zeta}_2, \ldots, \hat{\zeta}_{p-1}$

$$\sqrt{T} \begin{pmatrix} \hat{\zeta}_{1,T} - \zeta_1 \\ \hat{\zeta}_{2,T} - \zeta_2 \\ \cdot \\ \cdot \\ \cdot \\ \hat{\zeta}_{p-1,T} - \zeta_{p-1} \end{pmatrix} \xrightarrow{D} N \left[\begin{pmatrix} 0 \\ 0 \\ \cdot \\ \cdot \\ 0 \end{pmatrix}, \sigma^2 \begin{pmatrix} \gamma_0 & \gamma_1 & \cdots & \gamma_{p-2} \\ \gamma_1 & \gamma_0 & \cdots & \gamma_{p-3} \\ \cdot & \cdot & \cdots & \cdot \\ \cdot & \cdot & \cdots & \cdot \\ \cdot & \cdot & \cdots & \cdot \\ \gamma_{p-2} & \gamma_{p-3} & \cdots & \gamma_0 \end{pmatrix}^{-1} \right]$$

mit $E(\Delta X_t \Delta X_{t-j}) = \gamma_j$ (siehe Hamilton 1994, S.521). Gemäß diesem Resultat dürfte zu erwarten sein, daß für Hypothesentests, die sich auf die Parameter $(\zeta_1, \zeta_2, \ldots, \zeta_{p-1})$ beziehen, die üblichen t- und F-Tests (asymptotisch) anwendbar sind. Dies kann in der Tat auch gezeigt werden (vgl. dazu Hamilton 1994, S.521 f.). Dies gilt jedoch nicht für die beiden restlichen Parameter α und ρ. Vielmehr gilt hier (vgl. Hamilton 1994, S.523):

$$
\begin{pmatrix} T^{1/2} & 0 \\ 0 & T \end{pmatrix} \begin{pmatrix} \hat{\alpha}_T \\ \hat{\rho}_T - 1 \end{pmatrix} \xrightarrow{D} \begin{pmatrix} \sigma_\varepsilon & 0 \\ 0 & \sigma_\varepsilon/\lambda \end{pmatrix} \begin{pmatrix} 1 & \int_0^1 W(r)dr \\ \int_0^1 W(r)dr & \int_0^1 [W(r)]^2 dr \end{pmatrix}^{-1} \begin{pmatrix} W(1) \\ \frac{1}{2}([W(1)]^2 - 1) \end{pmatrix}
$$

Die erste Matrix auf der linken Seite ist eine sogenannte *Skalierungsmatrix*, die den verschiedenen Konvergenzgeschwindigkeiten von $\hat{\alpha}_T$ und $\hat{\rho}_T$ Rechnung trägt. Sie ist notwendig, um eine nicht-degenerierte (gemeinsame) Grenzverteilung für diese beiden Parameterschätzer zu erzielen. Nach Matrixinvertierung und Ausmultiplikation folgt für die asymptotische Verteilung von $T(\hat{\rho}_T - 1)$

$$
T(\lambda/\sigma_\varepsilon)(\hat{\rho}_T - 1) \xrightarrow{D} \frac{1/2([W(1)]^2 - 1) - W(1)\int_0^1 W(r)dr}{\int_0^1 [W(r)]^2 dr - \left[\int_0^1 W(r)dr\right]^2}
$$

mit

$$
\frac{\lambda}{\sigma_\varepsilon} = \frac{1}{1 - \zeta_1 - \zeta_2 - \dots - \zeta_{p-1}}
$$

(vergleiche den entsprechenden Ausdruck beim Phillips-Perron-Test), d.h. die Teststatistik $T(\hat{\rho}_T - 1)/(1 - \zeta_1 - \zeta_2 - \dots - \zeta_{p-1})$ hat die gleiche asymptotische Verteilung wie beim" Fall 2 ohne Autokorrelation". Sie enthält aber noch die unbekannten Parameter $\zeta_1, \zeta_2, \dots, \zeta_{p-1}$, die aber konsistent mit OLS geschätzt werden können. Deshalb können für diesen ADF-Test die Quantile der gleichen Tabellen wie sie im obigen" Fall 2 ohne Autokorrelation" angeführt wurden, verwendet werden.

Auch im vorliegenden Fall kann zum Test der Nullhypothese $\rho = 1$ alternativ ein OLS-t-Test eingesetzt werden:

$$
t_T = \frac{\hat{\rho}_T - 1}{\left[s_T^2 \mathbf{e}_{p+1}' (\sum_{t=1}^T \mathbf{x}_t \mathbf{x}_t')^{-1} \mathbf{e}_{p+1}\right]^{1/2}}
$$

Dabei bezeichnet $\mathbf{e}_{p+1}'$ einen Zeilenvektor, dessen letztes Element gleich Eins ist und alle anderen Elemente gleich Null sind. Im Nenner dieses Ausdrucks steht nichts anderes als die (geschätzte) Standardabweichung von $\hat{\rho}_T$. Somit stellt er nur eine Verallgemeinerung des oben im "Fall 2 ohne Autokorrelation" eingeführten OLS-t-Tests dar. Es kann nun gezeigt werden, daß die Grenzverteilung dieses Tests identisch ist mit derjenigen aus obigem Fall 2 (siehe Hamilton 1994, S.524). Deshalb können auch für diesen Test die gleichen Quantil-Tabellen wie oben benützt werden. Dies trifft auch für den *gemeinsamen* Test $\alpha = 0$ *und* $\rho = 1$ zu, da der analoge F-Test hier die gleiche Grenzverteilung wie im unkorrelierten Fall besitzt (vgl. dazu Hamilton 1994, S.525).

Für Fall 1 lautet die zu schätzende Regressionsgleichung

$$X_t = \rho X_{t-1} + \zeta_1 \Delta X_{t-1} + \zeta_2 \Delta X_{t-2} + \ldots + \zeta_{p-1} \Delta X_{t-p+1} + \varepsilon_t$$

mit der Nullhypothese $\rho=1$.

Für Fall 4 ist von der Regression

$$X_t = \alpha + \rho X_{t-1} + \beta t + \zeta_1 \Delta X_{t-1} + \zeta_2 \Delta X_{t-2} + \ldots + \zeta_{p-1} \Delta X_{t-p+1} + \varepsilon_t$$

auszugehen mit der Nullhypothese $\rho=1$, $\beta=0$, α beliebig. Für beide Fälle weisen die ADF-Tests die gleichen Grenzverteilungen wie im unkorrelierten Fall auf, so daß die dort aufgeführten Quantil-Tabellen verwendet werden können. Schließlich Fall 3:

$$X_t = \alpha + \rho X_{t-1} + \zeta_1 \Delta X_{t-1} + \zeta_2 \Delta X_{t-2} + \ldots + \zeta_{p-1} \Delta X_{t-p+1} + \varepsilon_t$$

mit der Nullhypothese $\rho=1$, $\alpha \neq 0$. Hier gelten (asymptotisch) die üblichen t- und F-tests wie im entsprechenden Fall 3 "ohne Autokorrelation" (für eine tabellarische Übersicht über alle vier Fälle siehe Hamilton 1994, S.528 f., Tabelle 17.3).

Bei der praktischen Anwendung ist p unbekannt. Unter Aspekten der Regressionsschätzung sollte es "möglichst klein" gewählt werden, damit eine "möglichst große" Anzahl von Freiheitsgraden zur Verfügung steht. Andererseits sollte es "genügend groß" sein, damit die Residuen unkorreliert sind. Außerdem kann für eine große lag-Zahl das nominale Signifikanzniveau eher eingehalten werden als bei kleinen (zum Problem der "Signifikanzniveauverzerrung" vgl. die nachstehenden Ausführungen). Darauf weisen auch die Simulationsexperimente von Schwert 1989 hin. Allerdings zeigen die Untersuchungen von Agiakloglou/Newbold 1992, daß mit zunehmender lag-Zahl die Macht des ADF-Tests deutlich sinkt (zur "Macht" eines Tests vgl. nachstehende Ausführungen). "Although this test procedure is computationally attractive, for series of 100 observations we were unable to find any procedure for determining the order of the approximating autoregression that simultaneously yielded approximatively correct significance levels and adequate power" (Agiakloglou/Newbold 1992, S.482). Es sind aber gerade solche relativ kurzen Zeitreihen, mit denen es man bei empirischen Untersuchungen häufig zu tun hat.

Eine Verallgemeinerung des ADF-Ansatzes stellen die Tests nach Said/Dickey dar (vgl. dazu Said/Dickey 1984 und Said/Dickey 1985). Dabei wird der Störterm durch einen ARMA(p,q)-Prozeß modelliert, wobei aber in der Praxis p und q im allgemeinen unbekannt sind. Said/Dickey approximieren ARMA-Prozesse durch AR-Prozesse "hinreichend großer" Ordnung (stationäre und invertierbare ARMA-Prozesse können bekanntlich in AR(∞)-Prozesse umgewandelt werden). Sie konnten zeigen, daß für die entsprechenden Tests die üblichen Quantile nach Dickey-Fuller benützt werden können, wenn für die lag-Ordnung in den jeweiligen Regressionen als obere Schranke $T^{1/3}$ verwendet wird. Der Said-Dickey-Ansatz wurde schließlich von Said 1991 dahingehend erweitert, daß auch ein linearer Trend berücksichtigt werden kann. Bei diesem Test ist von

$$X_t - \alpha - \beta t = \rho[X_{t-1} - \alpha - \beta(t-1)] + \eta_t$$

mit dem ARMA(p,q)-Prozeß

$$\eta_t + \sum_{i=1}^{p} \varphi_i \eta_{t-i} = \varepsilon_t + \sum_{j=1}^{q} \theta_j \varepsilon_{t-j}$$

auszugehen (vgl. dazu Said 1991, S.299), d.h. nach Elimination eines linearen Trends wird ein ARMA-Prozeß modelliert. Für $\rho=1$ erhält man daraus einen (verallgemeinerten) random-walk mit Drift, dessen Störterm im allgemeinen eben nicht weißes Rauschen ist, sondern ein ARMA-Prozeß. Auch für diesen Fall kann ein unit-root-Test entwickelt werden, für den die Quantile nach Dickey-Fuller verwendet werden können (für ein Beispiel siehe Said 1991, S.302 f.).

An dieser Stelle drängt sich ein Vergleich der verschiedenen Testansätze auf. Dabei interessiert in erster Linie die *Macht* dieser Tests. Bekanntlich versteht man unter der Macht ("power") eines Signifikanztests seine "Fähigkeit", die Nullhypothese abzulehnen, wenn die Alternativhypothese zutrifft (etwas genauer: Die *Machtfunktion* eines Tests gibt die Wahrscheinlichkeiten an, daß eine Nullhypothese abgelehnt wird unter Gültigkeit verschiedener Alternativhypothesen). Unter diesem Aspekt sind die obigen Tests nicht als gleichwertig zu bezeichnen. Machtvergleiche lassen sich im allgemeinen nicht auf analytischem Weg durchführen, sondern nur auf der Basis von Simulationen. Verschiedene Simulationsstudien legen folgende Schlüsse nahe.

Bei Phillips/Perron 1988 werden Tests nach Phillips-Perron und Said-Dickey verglichen. Beide können prinzipiell bei Regressionen verwendet werden, deren Störterme ARMA(p,q)-Prozesse sind. Bei dieser Simulationsstudie wurde folgender datenerzeugende Prozeß zugrundegelegt

$$X_t = X_{t-1} + \varepsilon_t + \theta\varepsilon_{t-1} \; , \; \varepsilon_t \sim NID(0;\sigma_\varepsilon^2) \; , \; X_0 = 0$$

Es zeigte sich, daß der Phillips-Perron-Test im allgemeinen eine größere Macht als der Said-Dickey-Test besitzt, daß er aber gegenüber *negativen* Parameter θ beträchtliche *Signifikanzniveauverzerrungen* aufweist. Solche sind zwar auch bei Said-Dickey festzustellen, aber im wesentlich geringeren Ausmaß. Unter einer Signifikanzniveauverzerrung ist zu verstehen, daß ein Test die wahre Nullhypothese *häufiger* verwirft, als das nominale Signifikanzniveau vorgibt. Beispielsweise hat sich gezeigt, daß für $\theta=-0.8$ bei einem nominalen Signifikanzniveau von 5% die wahre Nullhypothese $\rho=1$ in 99.7% der Simulationsläufe − also praktisch immer − verworfen wurde. Dies ist einsichtig, wenn man beachtet, daß aus obigem datenerzeugenden Prozeß folgt

$$X_1 = X_0 + \varepsilon_1 + \theta\varepsilon_0 = \varepsilon_1 + \theta\varepsilon_0$$
$$X_2 = \varepsilon_1 + \theta\varepsilon_0 + \varepsilon_2 + \theta\varepsilon_1 = (1+\theta)\varepsilon_1 + \varepsilon_2 + \theta\varepsilon_0$$
$$\vdots$$
$$X_t = \varepsilon_t + (1+\theta)\varepsilon_{t-1} + (1+\theta)\varepsilon_{t-2} + ... + (1+\theta)\varepsilon_1 + \theta\varepsilon_0$$

woraus ersichtlich wird, daß sich für $\theta \to -1$ dieser Prozeß weißem Rauschen nähert.

Demgegenüber betrug dieser Prozentsatz bei Said-Dickey "nur" 12%, wenn 12 lags berücksichtigt wurden (bei nur 2 lags lag er immerhin noch bei ca. 68%). Weitere Simulationsstudien stammen von Schwert (vgl. Schwert 1989). Danach sind der ADF-Test im Vergleich zum Phillips-Perron-Test wesentlich robuster gegenüber MA-Termen, so daß eher die üblichen Dickey-Fuller-Quantile verwendet werden können. Dies zeigte sich nicht nur bei random-walk-Prozessen mit einem MA(1)-Störprozeß, sondern auch dann, wenn ein linearer Zeit-Trend in die Regressionsgleichung aufgenommen wurde. Auf das Problem der rasch geringer werdenden Macht von ADF bei zunehmender lag-Zahl wurde schon oben hingewiesen. "Der sehr einfach durchzuführende erweiterte Dickey-Fuller-Test ist daher mit erheblicher Vorsicht zu genießen" (Hassler 1994, S.216). Für einen Überblick über die genannten Simulationsstudien und weitere Details sei auf Banerjee/Dolado/Galbraith/ Hendry 1994, S.113-119 verwiesen.

XVIII.4.4.   Weitere unit-root-Tests

In der Praxis werden die oben dargestellten unit-root-Tests am häufigsten verwendet. Daneben gibt es aber eine Anzahl weiterer Test. Auf einige soll hier kurz eingegangen werden.

Der Autokorrelationsproblematik wurde beim Phillips-Perron-Test durch spezielle Korrekturen der Testfunktion und beim ADF-Test durch Einführung von verzögerten abhängigen Variablen Rechnung getragen. Eine andere Lösung stellt der "Instrumentalvariablenansatz" dar, der von Hall 1989 vorgeschlagen wurde. Dieser läßt sich am besten an Hand des einfachsten Beispiels demonstrieren. Ausgangspunkt sei folgende Regression:

$$X_t = \rho X_{t-1} + u_t \quad \text{mit} \quad u_t = \varepsilon_t + \theta \varepsilon_{t-1}$$

X_{t-1} ist mit u_t korreliert. Deswegen gilt für $\hat{\rho}_{OLS}$ nicht die übliche Dickey-Fuller-Verteilung. X_{t-2} ist als "Instrumentalvariable" für X_{t-1} geeignet, da es nicht mit u_t, wohl aber mit X_{t-1} korreliert ist. Der Instrumentalvariablenschätzer für ρ lautet somit

$$\hat{\rho}_{IV} = \sum_{t=3}^{T} X_t X_{t-2} \bigg/ \sum_{t=3}^{T} X_{t-1} X_{t-2}$$

und es kann gezeigt werden, daß gilt

$$T(\hat{\rho}_{IV} - 1) \xrightarrow{D} 1/2[W(1)^2 - 1] \bigg/ \int_0^1 W(r)^2 dr$$

d.h. für diesen Schätzer gilt die Grenzverteilung des einfachen Dickey-Fuller-Tests. Nach Hall 1989 treten mit diesem Ansatz die oben erwähnten Niveauverzerrungen (mindestens teilweise) in geringerem Ausmaß auf. Dieser Instrumentalvariablenansatz – von Hall für ARIMA(0,1,q)-Prozesse entwickelt – wurde später von Pantula/Hall 1991 auf ARIMA(p,1,q)-Prozesse erweitert. Resultate von Simulationsstudien zum Signifikanzniveau und zur Macht von Instrumentalvariablen-Tests sind in der zitierten Literatur zu finden. Diese ergeben allerdings kaum ein einheitliches Bild: Signifikanzniveau und Macht hängen davon ab, ob p und q bekannt sind, ob diese über-bzw. unterschätzt werden, falls sie unbekannt sind usw.

Als deterministische Alternative zu einem stochastischen Trend wurde bei den bisher betrachteten Tests stets eine lineare Zeit-Funktion angenommen. Nach Ouliaris/Park/Phillips 1989 ist jedoch zu bedenken, daß "the linear time trend hypothesis is inappropriate for modelling the deterministic component of an economic time series" (Ouliaris/Park 1989, S.7). Deshalb wird ein allgemeines Polynom p-ten Grades postuliert, d.h. folgendes Zeitreihenmodell zugrundegelegt

$$X_t = \sum_{k=0}^{p} \gamma_k t^k + \rho X_{t-1} + \varepsilon_t$$

Für den Test der Hypothesen a) $\rho=1$ bzw. b) $\rho=1$ *und* $\gamma_p=0$ wird von der Regression

$$X_t = \sum_{k=0}^{p} \hat{\gamma}_k t^k + \hat{\rho} X_{t-1} + \hat{\varepsilon}_t$$

ausgegangen und die asymptotischen Verteilungen für die Regressionsparameter $\hat{\rho}$ und $\hat{\gamma}_p$ bestimmt. Durch Simulation gefundene Quantile für p=2,3,4,5 sind in der genannten Literaturstelle auf S.23 ff. zu finden. Im Gegensatz zu Untersuchungen, die mit linearen Trends arbeiten, kommen diese drei Autoren bei ihren empirischen Untersuchungen zu folgendem Schluß: "We are able to show that some of the series can be modelled as stationary processes around a polynomial trend, in contrast to previous findings" (Ouliaris/Park/Phillips 1989, S.19).

Die bisher betrachteten Tests können als Tests *für* eine Einheitswurzel bezeichnet werden. Im Gegensatz dazu sind aber auch Tests *gegen* eine Einheitswurzel denkbar. Dazu müssen die bisherige Null- bzw. Alternativhypothese vertauscht werden. Dies scheint sinnvoll zu sein, weil bei Signifikanztests die Nullhypothese so lange beibehalten wird, so lange die Daten nicht in einem offensichtlichen Gegensatz zu ihr stehen. Da aber die oben betrachteten Tests meistens nur eine geringe Macht aufweisen, insbesondere gegenüber "lokalen" Alternativhypothesen, ist nicht verwunderlich, daß die Nullhypothese "die Reihe enthält eine Einheitswurzel" nur relativ selten abgelehnt wird. Kwiatkowski/Phillips/Schmidt/Shin gehen von folgendem Zeitreihenmodell aus (vgl. Kwiatkowski et al. 1992, S.162):

$$X_t = \beta t + r_t + \varepsilon_t \ , \quad \varepsilon_t \sim IID(0; \sigma_\varepsilon^2), \quad t = 1,2,...,T$$
$$r_t = r_{t-1} + u_t \ , \quad Var(u_t) = \sigma_u^2$$

Dabei bezeichnet ε_t einen unabhängigen und identisch verteilten stationären Prozeß. Die Reihe setzt sich also additiv zusammen aus einem deterministischen Trend, einem random-walk (mit fixem Startwert r_0) und weißem Rauschen. Die Nullhypothese lautet hier, daß ein TS-Prozeß vorliegt, was offensichtlich dann der Fall ist, wenn $Var(u_t)=0$ ist. Wird zusätzlich $\beta=0$ angenommen, liegt die Nullhypothese vor, daß der Prozeß stationär ist um den Erwartungswert r_0 (Niveaustationarität). Zur Überprüfung der Niveaustationarität wird X_t auf eine Konstante regressiert, denn unter dieser Nullhypothese gilt dann $X_t=r_0+\varepsilon_t$. Somit ist

$$\hat{r}_0 = \overline{X} \ , \quad \overline{X} = \sum_{t=1}^{T} X_t \Big/ T \quad \text{und} \quad S_t = \sum_{i=1}^{t} \hat{\varepsilon}_i = \sum_{i=1}^{t} (X_i - \overline{X}) \sim I(1)$$

d.h. die Partialsumme der OLS-Residuen ist integriert vom Grad Eins. Kwiatkowski et al. 1992 konnten zeigen, daß für folgende Teststatistik

$$\hat{\eta}_\mu = \frac{T^{-2} \sum_{t=1}^{T} S_t^2}{s^2(q)} \quad \text{mit} \quad s^2(q) = \frac{1}{T}\sum_{t=1}^{T} \hat{\varepsilon}_t^2 + \frac{2}{T}\sum_{s=1}^{q}\left(1 - \frac{s}{q+1}\right) \sum_{t=s+1}^{q} \hat{\varepsilon}_t \hat{\varepsilon}_{t-s}$$

wobei $s^2(q)$ den schon oben (bei Phillips-Perron) eingeführten Autokovarianzschätzer für lag q bezeichnet, eine Grenzverteilung abgeleitet werden kann. Es gilt

$$\hat{\eta}_\mu \xrightarrow{D} \int_0^1 V(r)^2 dr$$

Dabei ist $V(r)=W(r)-rW(1)$, wobei $W(r)$ wieder einen Wiener-Prozeß bezeichnet, die sogenannte "Brownsche Brücke" (vgl. dazu Kwiatkowski et al. 1992, S.165 f.). Dieses Integral kann entweder durch Simulation oder durch numerische Integration ausgewertet werden. Quantile sind bei Kwiatkowski et al. 1992, S.166, Tabelle 1, angegeben.

Für einen Test auf Trendstationarität kann nach Kwiatkowski et al. die gleiche Teststatistik verwendet werden, jetzt allerdings mit Residuen aus einer Regression, die nebst einer Konstanten einen (linearen) Trend enthält. Die asymptotische Verteilung ist in diesem Fall nun

mit
$$\hat{\eta}_\tau \overset{D}{\to} \int_0^1 V_2^2(r)\,dr$$

$$V_2(r) = W(r) + (2r - 3r^2)W(1) + (1 - 6r + 6r^2)\int_0^1 W(s)\,ds$$

bezeichnet die sogenannte "second level" Brownsche Brücke (vgl. Kwiatkowski et al. 1992, S.167). Kritische Werte für diesen Test sind wiederum bei Kwiatkowski et al. 1992, S.166, Tabelle 1, zu finden, während Tabelle 2, S.170 Simulationsresultate zum Problem der Signifikanzniveauverzerrung zeigt. Danach weisen beide Tests für einen stochastisch unabhängigen error-Term in guter Approximation korrekte Niveaus auf, es sei denn, daß sowohl T als auch q klein sind. Wesentlich ungünstiger liegen die Dinge, wenn als error-Term ein AR(1)-Prozeß angenommen wird. Dann wird für kleine lag-Zahlen das nominale Signifikanzniveau häufig weit überschritten, d.h. die Entscheidung fällt fälschlicherweise zu oft zu Gunsten der Alternativhypothese aus, d.h. daß ein I(1)-Prozeß vorliegt (vgl. Tabelle 3 auf S.171 bei Kwiatkowski et al. 1992). Aus dieser Tabelle ist zu entnehmen, daß im allgemeinen die Niveauverzerrung mit zunehmender lag-Zahl abnimmt, aber die Macht der Tests ebenfalls (vgl. dazu Tabelle 3, S.172 bei Kwiatkowski et al. 1992).

Bei einer Analyse der Nelson/Plosser-Daten kommen die Autoren zu folgendem Schluß: "The unemployment series appears to be stationary, since we can reject the unit root hypothesis and cannot reject the trend stationary hypothesis. Four series (consumer prices, real wages, velocity, and stock prices) appear to have unit roots, since we can reject the trend stationarity hypothesis and cannot reject the unit root hypothesis. Three more series (real GNP, nominal GNP, and the interest rate) probably have unit roots, though the evidence against the trend stationarity hypothesis is only marginally significant. For six series (real per capita GNP, employment, unemployment rate, GNP deflator, wages and money) we cannot reject either the unit root hypothesis or the trend stationarity hypothesis, and the appropriate conclusion is that the data are not sufficiently informative to distinguish between these hypotheses. Finally, for the industrial production series, there is evidence against both hypotheses, and thus it is not clear what to conclude. Presumbly other alternatives, such as explosive roots, fractional integration, or stationarity around a nonlinear trend, could be considered" (Kwiatkowski et al. 1992, S.175 f.).

In diesem Zusammenhang sind auch Bierens/Guo 1993 zu erwähnen, bei deren unit-root-Tests ebenfalls Niveau- bzw. Trendstationarität als Nullhypothese formuliert wird. Diese Tests sind insofern interessant, als ihre jeweiligen asymptotischen Testverteilungen auf eine altbekannte Verteilung, nämlich die Cauchy-Verteilung, führen. Aber auch diese Tests leiden wie andere unter Signifikanzniveauverzerrungen und "low power". Die Autoren sehen deshalb in einer "double check"-Strategie eine praktische Entscheidungshilfe, d.h. sie plädieren im konkreten Fall für die Durchführung von zwei Tests mit vertauschten Hypothesenpaaren (vgl. die Simulationsresultate sowie die Bemerkungen auf S.26 bei Bierens/Guo 1993).

Bei allen bisher dargestellten Tests wurde stets von der Hypothese ausgegangen, daß der zu untersuchende Prozeß *eine* Einheitswurzel besitze. Es kann jedoch nicht immer a priori ausgeschlossen werden, daß ein I(d)-Prozeß vorliegt mit d>1. Dann ist die Hypothese zu testen, daß ein Prozeß d (d>1) Einheitswurzeln enthält. Dafür bietet sich naheliegenderweise die folgende Testsequenz an: Kann die Nullhypothese bei der Originalreihe nicht verworfen werden, dann wird die differenzierte Reihe getestet, kann auch bei dieser die Nullhypothese nicht verworfen werden, dann wird ein zweites Mal differenziert usw., so lange, bis die Nullhypothese abgelehnt, d.h. ein stationärer Prozeß postuliert werden kann. Obwohl sich diese Prozedur großer praktischer Beliebtheit erfreut und auch in der Literatur empfohlen wird (so z.B. bei Charemza/Deadman 1992, S.133) bleibt zu bedenken, daß diese Sequenz "does not constitute a statistically valid testing sequence, since all of the unit-root tests considered ... (gemeint sind damit die üblichen Tests, Anm.d.Verf.) take the complete absence of unit roots as the alternative hypothesis" (Banerjee/Dolado/Galbraith/Hendry 1994, S.119). Deshalb schlagen Dickey-Pantula eine Testsequenz vor, die nicht von der *kleinsten* Anzahl von unit roots ausgeht (d.h. d=1), sondern von der *größten*, die natürlich in der Praxis auch nur hypothetisch festgelegt werden kann. Getestet wird also die Hypothese "es liegen d unit roots vor" gegenüber der Alternative "es liegen d-1 unit roots vor". Wird z.B. d=3 vermutet, dann startet man die Testsequenz mit einer dreifach differenzierten Reihe. Wird die Nullhypothese verworfen, wird der Differenzierungsgrad um Eins vermindert usw., so lange, bis die Nullhypothese nicht mehr verworfen werden kann (für Einzelheiten siehe Dickey/Pantula 1987). Hingewiesen sei in diesem Zusammenhang auch auf einen Test für zwei Einheitswurzeln von Haldrup 1994.

Spezielle unit-root-Tests sind für nicht-stationäre *saisonale Prozesse* notwendig. Wenn eine Zeitreihe außer Trend auch Saison aufweist, dann kann neben der Frage "stochastischer oder deterministischer Trend", auch die Frage "stochastische oder deterministische Saisonalität" interessieren. Darauf wurde schon in Kap. V.4.5.3. im Zusammenhang mit der Darstellung des Franses-Modells hingewiesen.

Die einfachste Form einer *stochastischen* Saisonalität enthält *eine* Einheitswurzel und ist gegeben durch $X_t = X_{t-s} + \varepsilon_t$, wobei s die Periodizität der Saison (z.B. s=12 bzw. s=4 für Monats- bzw. Quartalsdaten) und ε_t weißes Rauschen bezeichnet. Ein derartiger Saisonprozeß impliziert eine zeitabhängige Saisonfigur. Dagegen weist ein *deterministischer* Saisonprozeß eine konstante Saisonfigur auf, beispielsweise für Quartalsdaten:

$$X_t = \alpha_1 D_t^1 + \alpha_2 D_t^2 + \alpha_3 D_t^3 + \alpha_4 D_t^4 + \varepsilon_t$$

Dabei sind die D_t^i (i=1,2,3,4) Saison-Dummies, die in den jeweiligen Quartalen Eins und sonst Null sind. Der hauptsächliche Unterschied zwischen deterministischer und stochastischer Saison ist – analog zu deterministischem und stochastischem Trend – darin zu sehen, daß Schocks bei der ersteren transienter, hingegen bei der zweiten permanenter Natur sind, d.h. ein Schock zum Zeitpunkt t beeinflußt nicht nur X_t sondern auch die zukünftigen Werte X_{t+s}, X_{t+2s} usw.

Außer dem von Franses entwickelten Test, auf den in Kap. V.4.5.3. eingegangen wurde, ist auf den Dickey/Hasza/Fuller-Test auf stochastische Saisonalität hinzuweisen (Dickey/Hasza/Fuller 1984). Dabei wird von der Regression

$$\Delta_s X_t = \delta Z_{t-s} + \sum_{i=1}^{k} \delta_i \Delta_s X_{t-i} + \varepsilon_t, \quad \Delta_s: = 1 - B^s$$

ausgegangen, deren Parameter mit OLS geschätzt werden (damit der Störterm weißes Rauschen ist, muß k "hinreichend" groß gewählt werden). Die erklärende Variable Z_t ergibt sich aus einer zweistufigen Schätzprozedur. Zunächst werden die Koeffizienten λ_i (i=1,2,...,k) aus der Regression

$$\Delta_s X_t = \sum_{i=1}^{k} \lambda_i \Delta_s X_{t-i} + \xi_t$$

geschätzt und Z_t aus

$$Z_t = X_t - \sum_{i=1}^{k} \hat{\lambda}_i X_{t-i}$$

berechnet. (In der ursprünglichen Version von Dickey/Hasza/Fuller wurde in der ersten Regression als abhängige Variable nicht $\Delta_s X_t$, sondern $\Delta_s Z_t$ verwendet. Die modifizierte Version geht auf Osborn/Chui/Smith/Birchenhall 1988 zurück, vgl. auch die Darstellung bei Charemza/Deadman 1992 auf S.137). Für den Koeffizienten δ wird der übliche t-Test gebildet, dessen Quantile bei Dickey/Hasza/Fuller 1984 tabelliert sind. Ist δ signifikant negativ, dann wird die Nullhypothese, daß ein saisonal integrierter Prozeß vorliegt, verworfen. Entweder liegt dann keine stochastische Saisonalität vor, oder diese kann durch Differenzen s-ter Ordnung nicht auf Stationarität transformiert werden (vgl. Charemza/Deadman 1992, S.138). Andere saisonale unit-root-Tests sind bei Hylleberg/Engle/Granger/Yoo 1990 zu finden. Außerdem sei auf die entsprechenden Artikel im International Journal of Forecasting, Special Issue: Forecasting and Seasonality 1997 hingewiesen.

Für weitere unit-root-Tests sei allgemein auf die Überblicksartikel von Diebold/ Nerlove 1990 und Hassler 1994 verwiesen. Dem Urteil von Hassler: "Den besten Einheitswurzeltest gibt es nicht" (Hassler 1994, S.224), kann wohl kaum widersprochen werden.

XVIII.4.4.1.   Einige praktische Beispiele

Die Rendite "Eidgenössischer Obligationen" zeigt von Januar 1948 bis Dezember 1991 folgenden Verlauf in Abb. 18.8. Diese Reihe weist keine Saisonalität auf, wie eine Spektralanalyse nach Hochpaßfilterung zeigt und dürfte unter Fall 2 zu subsumieren sein, obwohl ihr Verlauf den Eindruck nahelegt, daß ein leichter positiver Trend vorhanden ist. Da es für einen linearen Trend keine ökonomische Begründung gibt, ist zu vermuten, daß die Aufwärtsbewegung einen random-walk reflektiert. Da alle Reihenwerte positiv sind, liegt der Einschluß einer Konstanten nahe. Bezeichne R_t die Rendite im Monat t, dann ergibt sich für diese Reihe

$$\hat{R}_t = 0.01576 + 0.99774\hat{R}_{t-1}$$
$$(0.02) \quad (0.005)$$

mit den Dickey-Fuller-Testwerten:

$$T(\hat{\rho}-1) = 516(0.99774-1) = -1.17$$
$$(\hat{\rho}-1)/\hat{\sigma}_{\hat{\rho}} = -0.00226/0.005 = -0.457$$

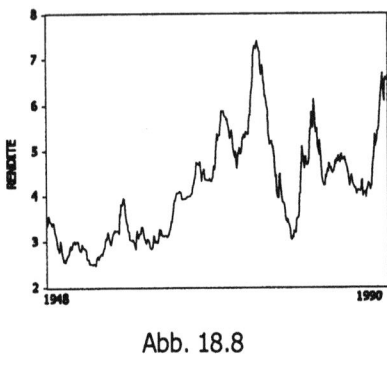

Abb. 18.8

Da bei einem Signifikanzniveau von 1% die entsprechenden Tabellenwerte -20.5 und -3.44 betragen bzw. -14.0 und -2.87 bei 5% (für T=500), spricht nichts gegen die Annahme der Nullhypothese, daß diese Reihe eine Einheitswurzel aufweist. EVIEWS gibt für den Dickey-Fuller-Test den Wert für den "t-Test" aus: -0.4570. Es ist allerdings zu berücksichtigen, daß die Residuen dieser Regression eindeutig korreliert sind. Für den ADF genügen p=1 bis p=4 nicht, um unkorrelierte Residuen zu erhalten, da diese eine

signifikante Autokorrelation bei lag 5 aufweisen, die erst mit p=5 verschwindet. An der vorherigen Schlußfolgerung ändert sich aber dadurch nichts. Für den Phillips-Perron-Test (in EVIEWS ebenfalls als "t-Test") erhält man den Wert -1.4306 (bei einem lag q=5), der ebenfalls nicht gegen die Nullhypothese einer Einheitswurzel spricht. Nach Bildung 1. Differenzen erhält man die beiden Testwerte -394.7 und -17.8 (mit p=0, da keine Residuenautokorrelation festzustellen ist) d.h. für diese kann die Nullhypothese klar abgelehnt werden, es ist also davon auszugehen, daß ΔR_t stationär ist.

Würde man (unnötigerweise) einen linearen Trend miteinbeziehen, also vom Fall 4 ausgehen, dann erhielte man mit dem ADF den Wert -1.49 (kritischer Wert bei 1%: -3.98) bzw. -2.01 (wieder mit p=1) und mit Phillips-Perron den Wert -2.5 was zur gleichen Entscheidung führen würde. Obwohl die Berücksichtigung eines Trends in diesem Beispiel zum gleichen Resultat führt, ist hierfür generell eher Vorsicht anzuraten, weil die Schätzung unnötiger Trendparameter die Macht von unit-roots-Test (noch weiter) reduziert (zur Macht von unit-root-Tests sei auf den nächsten Abschnitt verwiesen). "Jedenfalls ist es wichtig, sich darüber im klaren zu sein, da man mit der Wahl des Regressionsmodelles auch eine Entscheidung über die potentielle Güte trifft" (Hassler 1994, S.222).

Die Graphik 18.9 zeigt 3-Monats-Eurofrankensätze (Mittelwerte) für die Jahre 1963-1993. Auch diese Reihe ist Fall 2 zuzuordnen. Man erhält mit EVIEWS für den ADF (mit p=1) den Wert -4.5 (kritischer 1%-Wert: -3.6752) und für Phillips-Perron -3.12, d.h. der ADF führt auf dem 1%-Niveau zur Ablehnung der Nullhypothese, der Phillips-Perron-Test jedoch nicht. Diese wird mit diesem Test erst (knapp) abgelehnt auf dem 5%-Niveau (kritischer Wert: -2.9627). Somit erhält man nicht ganz kompatible Testresultate, was auf den geringen Stichprobenumfang zurückzuführen sein dürfte. Beide Tests führen allerdings klar zur Ablehnung der Nullhypothese für die 1. Differenzen. Läßt man die Konstante unberücksichtigt, was der vorliegenden

Zeitreihe allerdings nicht adäquat sein dürfte, dann führen beide Tests auf dem 1%-Niveau eindeutig nicht zur Ablehnung der Nullhypothese.

Die Entwicklung des (realen) Bruttosozialproduktes (BSP) der Schweiz zeigt für die Jahre 1948-1993 folgende Entwicklung in Abb. 18.10.

Für diese Reihe dürfte Fall 4 angezeigt sein. Hier ergibt sich mit EVIEWS für den ADF (mit p=1) der Wert -1.78 und für den Phillips-Perron der Wert -2.15. Da der kritische Testwert beim 10%-Niveau -3.2203 beträgt, kann die Nullhypothese einer Einheitswurzel nicht abgelehnt werden. Zum gleichen Schluß kommt man auch, wenn anstatt der Originalwerte ihre Logarithmen verwendet werden. Auch hier sind die Residuen korreliert. Für die jeweiligen 1. Differenzen spricht nichts gegen Stationarität.

Für die meisten ökonomischen Reihen dürften die Fälle 2 und 4 relevant sein.

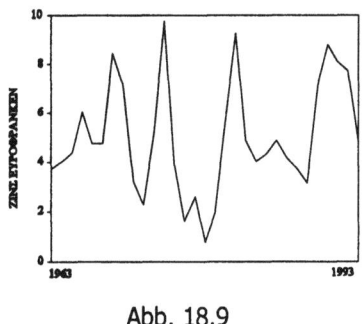

Abb. 18.9

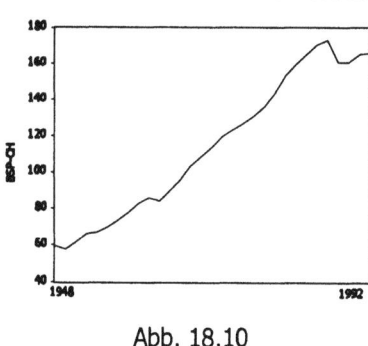

Abb. 18.10

XVIII.4.5. Kritische Würdigung der unit-root-Tests

Angesichts der Bedeutung, die unit roots auch von vielen Makroökonomen heute zugeschrieben wird, scheint eine ausführliche kritische Würdigung dieser unumgänglich zu sein. Dabei sind einerseits anwendungsorientierte, andererseits methodisch-statistische Aspekte zu berücksichtigen. Beide können jedoch meistens nicht isoliert voneinander betrachtet werden.

Wie eingangs dargelegt wurde, verhalten sich DS- und TS-Prozesse langfristig ganz unterschiedlich. Aus diesem Grund möchten Ökonomen gerne wissen, ob z.B. makroökonomische Reihen als Realisationen von DS- oder von TS-Prozessen zu interpretieren sind. Sind nun unit-root-Tests adäquate Werkzeuge, um diese Frage im konkreten Fall mit einiger Sicherheit beantworten zu können? Dies muß leider verneint werden. Schon ein Vergleich der wichtigsten bekanntgewordenen empirischen Studien zeigt ein sehr diffuses – um nicht zu sagen chaotisches – Bild, und das nicht selten beim gleichen Datenmaterial (vgl. dazu z.B. die oben erwähnten Resultate von Kwiatkowski et al. 1992 mit denen von Nelson/Plosser 1982, insbesondere aber sei auf die detaillierten Vergleiche bei Metz 1995 hingewiesen).

Ein wichtiger Grund für diese heterogenen Resultate dürfte darin zu sehen sein, daß bei endlichen Stichproben die Macht der Einheitswurzeltests sehr gering ist gegenüber "lokalen" Alternativhypothesen, also gegenüber Wurzeln, die dicht bei Eins liegen (vgl. dazu auch Cochrane 1991, S.276 f.). Geringe Macht gegenüber lokalen Alternativhypothesen weisen natürlich auch andere Signifikanztests in der Statistik auf. Allerdings üblicherweise mit Konsequenzen, die weder statistisch noch praktisch von Bedeutung sind. Wird beispielsweise geprüft, ob die Mittelwerte zweier Grundgesamtheiten gleich sind, so reicht die Macht der üblichen Tests nicht aus, um faktisch vorhandene geringe oder gar sehr geringe Mittelwertsunterschiede zu entdecken. Solche Unterschiede sind aber in aller Regel sowohl praktisch als auch theoretisch-statistisch unerheblich. (Sollte es doch einmal auf die Entdeckung geringer Unterschiede ankommen, z.B. im Rahmen eines Experimentes, so kann versucht werden, den Stichprobenumfang so zu planen, daß die Macht des (oder der) Tests dafür ausreichend ist). Ganz anders liegen die Dinge bei den unit-root-Tests: Die Konsequenzen, ob eine Reihe zur DS- oder zur TS-Klasse zu rechnen ist, sind in zweierlei Hinsicht beträchtlich. Einmal knüpfen Ökonomen an DS-Reihen ganz andere wirtschaftstheoretische Folgerungen als an TS-Reihen. Zum anderen gelten bei DS-Reihen häufig andere (asymptotische) Verteilungen als bei TS-Reihen. Insofern stellt die gegenüber lokalen Alternativen geringe Macht von unit-root-Tests ihre Fähigkeit zur Diskriminierung beider Prozeßklassen mehr als in Frage. Sowohl theoretische- als auch Simulationsstudien unterstreichen dies, beispielsweise DeJong/Nankervis/Savin/Whiteman 1992, S.341 f.: "We have studied the operating characteristics of the augmented Dickey-Fuller, Phillips-Perron, and Choi-Phillips extensions to the Dickey-Fuller unit root tests, and have found their performance to be disappointing... Given the slimness of this reed on which unit root testing now stands, efforts directed toward developing tests with higher power are in order".

Nach Rudebusch ist nicht nur eine geringe Macht der unit-root-Tests gegenüber lokalen Alternativen zu konstatieren, sondern auch gegenüber sonstigen "plausiblen" TS-Modellen: "Until about a decade ago, economists were in broad agreement that macroeconomic variables were trend stationary; as a prominent example, the business cycle fluctuations of real output were treated as stationary deviations from a steadily growing trend. This general agreement was shattered by Nelson and Plosser 1982, and a new concensus was formed that macroeconomic variables were best modeled as difference stationary. The evidence above indicates that, at least for *real* macroeconomic variables, this new concensus has no firmer statistical foundation than the one replaced. The Nelson and Plosser sample of data does not support the proposition that unit roots are a pervasive element in real macroeconomic time series. The unit root tests employed by Nelson and Plosser display low power, not against TS alternatives with a "root arbitrarily close to unity", but against plausible TS models estimated from the data ... In sum the evidence in this paper and other recent work suggests that a new concensus should be formed that stresses the difficulty of knowing anything about the existence of unit roots in macroeconomic time series" (Rudebusch 1992, S.678 f.).

Bei Blough 1992, S.307 ist folgende Schlußfolgerung zu finden: "The sharp asymptotic differences between unit root and stationary processes do not exist in finite samples". Sehr ausführlich haben sich z.B. Christiano/Eichenbaum 1990 mit der Frage auseinandergesetzt, ob für eine Modellierung des realen US-GNP ein DS- oder ein TS-Modell zu verwenden ist: "We have argued that macroeconomists should not take strong positions on wether postwar U.S. real GNP data are trend or difference stationary: those data are simply not informative on this point ... every trend stationary ARMA model has a difference stationary ARMA model local to it, and vice versa. Distinguishing between these on the basis of a finite data set is surely an impossible task" (S.52 f., siehe auch den Kommentar von Stock 1990 zu Christiano/Eichenbaum). Schließlich sei hier noch Hamilton zitiert: "Unit root and stationary processes differ in their implications at infinite time horizons, but for any given finite number of observations on the time series, there is a representative from either class of models that could account for all observed features of the data. We therefore need to be careful with our choice of wording – testing whether a particular time series 'contains a unit root' or testing whether innovations 'have a permanent effect on the level of the series', however interesting, is simply impossible to do" (Hamilton 1994, Seite 446 f.).

Daß es auf der Basis endlicher Stichproben nicht möglich ist, sicher zwischen TS- und DS-Prozessen zu unterscheiden, ist auch unmittelbar aus theoretischen Gründen klar, wenn man die jeweiligen theoretischen Spektraldichten der beiden Prozesse $X_t = X_{t-1} + \beta + \psi(B)\varepsilon_t$ und $X_t = \alpha + \beta t + \psi(B)\varepsilon_t$ nach Differenzierung betrachtet. Für die 1. Differenz des DS-Prozesses lautet das Spektrum

$$S_{\Delta X,DS}(\lambda) = \frac{1}{2\pi} \psi(e^{i\lambda})\sigma_\varepsilon^2 \psi(e^{-i\lambda}) \ , \quad 0 \leq \lambda \leq \pi$$

und für die 1. Differenz des TS-Prozesses ergibt sich dafür

$$S_{\Delta X,TS}(\lambda) = \frac{1}{2\pi}(1 - e^{i\lambda})\psi(e^{i\lambda})\sigma_\varepsilon^2 \psi(e^{-i\lambda})(1 - e^{-i\lambda}) \ , \quad 0 \leq \lambda \leq \pi$$

Für die Frequenz $\lambda=0$ nimmt das Spektrum des differenzierten TS-Prozesses den Wert Null an, während für das Spektrum des DS-Prozesses folgt:

$$S_{\Delta X,DS}(0) = \frac{\sigma_\varepsilon^2}{2\pi}[\psi(1)]^2 > 0$$

Beide Prozesse unterscheiden sich also in der Frequenz Null. Bei einem (endlichen) Stichprobenumfang T können jedoch in einer Zeitreihe keine Informationen über Frequenzen (Zyklen) enthalten sein, die kleiner (länger) sind als 1/T (T) (vgl. dazu auch Hamilton 1994, S.446).

Damit dürfte klar sein, daß sich die viele Ökonomen faszinierende Frage, ob sich einzelne Schocks "ad infinitum" auswirken, mit unit-root-Tests nicht beantwortbar ist. Möglich ist allerdings eine Persistenzmessung für eine *endliche* Zeitspanne, d.h. die Beantwortung der Frage, wie lange sich Schocks auswirken (vgl. dazu auch Hamilton 1994, S.447).

Wie die Resultate von Kwiatkowski et al. 1992 gezeigt haben, können sich unterschiedliche Resultate allein schon dadurch ergeben, daß für die Null- bzw. Alternativhypothese entweder DS- oder TS-Modelle postuliert werden. Auch ist zu bedenken, daß bei den in der *Praxis dominierenden* unit-root-Tests, die gegen Trendstationarität testen, als Alternative lediglich ein linearer Zeit-Trend zugelassen wird. Obwohl darauf schon im letzten Abschnitt beim Test nach Ouliaris/Park/Phillips hingewiesen wurde, sei nochmals betont, daß dies eine sehr restriktive – um nicht zu sagen irreale – Hypothese ist. Kein Ökonom wird wohl ernsthaft die Meinung vertreten, die Entwicklung wichtiger makroökonomischer Größen (wie etwa des Bruttosozialproduktes) erfolge langfristig (quasi ad infinitum) ausgerechnet gemäß einem linearen Trend. Für eine solche Annahme gibt es keinerlei ökonomische Gründe.

Bei der praktischen Arbeit mit Dickey-Fuller-, ADF- und Phillips/Perron-Tests werden meistens die Quantile nach Fuller 1976 benutzt. Am Rande sei bemerkt, daß es daneben jedoch weitere Quantil-Tabellen gibt, so z.B. von Guilkey/Schmidt 1989 (die für mehr Stichprobenumfänge und mehr Signifikanzniveaus als die ursprünglichen Dickey-Fuller-Tabellen berechnet wurden) und von MacKinnon 1991. Letztere werden im Programmpaket EVIEWS verwendet. Ein Vergleich dieser Tabellen zeigt, daß sie teilweise nicht zu vernachlässigende Differenzen aufweisen. Solche bestehen auch teilweise zu den Quantil-Tabellen nach Charemza/Deadman 1992, vgl. dort die Bemerkung auf S.317. Beispielsweise sind bei Guilkey/Schmidt 1989, S.356 für T=25 und den Test $T(\hat{\rho}-1)$ für die Niveaus 0.01/0.025/0.05 /0.10 die Werte -22.10/-19.49/-17.48/-15.17 zu finden, die bei Dickey-Fuller -22.5/-19.9/ -17.9/-15.6 lauten. Unterschiedliche Testergebnisse allein auf Grund der Benützung unterschiedlicher Quantil-Tabellen sind also a priori nicht völlig auszuschließen. Auf das Problem, daß unit-root-Tests häufig das nominale Signifikanzniveau nicht einhalten, wurde im letzten Abschnitt schon hingewiesen. "Es gibt keinen Tests, der nicht in einer bestimmten Situation Schwierigkeiten mit der Einhaltung des nominalen Signifikanzniveaus hat" (Hassler 1994, S.220).

Schmidt/Phillips bezweifeln generell die Sinnhaftigkeit der drei den üblichen unit-root-Tests zugrundeliegenden datenerzeugenden Prozesse, die hier noch einmal der besseren Übersicht halber zusammen aufgeführt seien

$$(1)\ X_t = \rho X_{t-1} + \varepsilon_t$$
$$(2)\ X_t = \alpha + \rho X_{t-1} + \varepsilon_t$$
$$(3)\ X_t = \alpha + \beta t + \rho X_{t-1} + \varepsilon_t$$

... "a common motivation for testing for a unit root is to test the hypothesis that a series is difference stationary against the alternative that it is trend stationary. That is, one wishes to test for a unit root in the presence of deterministic trend. Economists are specially interested in such tests because under the alternative hypothesis of stationarity time series exhibit trend reversion characteristics, whereas under the null they do not. Unfortunately, the parameterizations in (1) – (3) above are not convenient for this purpose, because they handle level and trend in a clumsy and potential confusing way" (Schmidt/Phillips 1992, S.257 f.). Im einzelnen kritisieren sie, daß bei (1) weder unter der Null- noch unter der Alternativhypothese ein Niveauterm oder ein Trend berücksichtigt werde. Dies sei zwar bei (2) und (3) der Fall, allerdings trete dabei das schwerwiegende Problem auf, daß die Bedeutung der Parameter α und β verschieden sei, je nachdem, ob die Null- oder Alternativhypothese betrachtet werde. In der Tat ist α für $\rho=1$ in (2) ein Trendparameter (die Auflösung nach X_t enthält den Term αt), für $\rho<1$ dagegen stellt es einen Niveauparameter dar, X_t ist stationär um $\alpha/(1-\beta)$. Bei (3) ist α für $\rho=1$ Parameter eines linearen Trends und β Parameter eines quadratischen Trends, für $\rho<1$ stehen die beiden Parameter jedoch für Niveau und (linearen) Trend (vgl. dazu Schmidt/-Phillips 1992, S.258). Um nun diese Doppeldeutigkeiten zu vermeiden, schlagen Schmidt/Phillips folgenden datenerzeugenden Prozeß vor

$$X_t = \alpha + \beta t + \eta_t$$
$$\eta_t = \rho \eta_{t-1} + \varepsilon_t$$

Für $\rho=1$ liegt eine Einheitswurzel vor. Bei dieser Spezifikation haben die beiden Parameter α und β sowohl unter der Null- als auch unter der Alternativhypothese die gleiche Bedeutung. Dieser Ansatz läßt sich auf polynomiale Trends erweitern (vgl. Schmidt/Phillips 1992, S.267 ff.). Für Tests mit ihren durch Simulation bestimmten Quantilen sei auf die zitierte Literatur verwiesen.¨

Aber nicht nur die Tests an sich sind problematisch, auch das zur Verfügung stehende Datenmaterial ist nicht selten durch gewisse temporär auftretende "Sonderentwicklungen" beeinträchtigt. Beispielsweise treten bei praktischen Zeitreihen gelegentlich sogenannte "Trendbrüche" auf, die durchaus unit-roots erzeugen können. Das kann an einem sehr einfachen Zeitreihenmodell gezeigt werden. Sei

$$X_t = \begin{cases} \alpha_1 + \beta t + \varepsilon_t \, , & \text{für } t < t_0 \\ \alpha_2 + \beta t + \varepsilon_2 \, , & \text{für } t \geq t_0 \end{cases}$$

d.h. es liege ein TS-Modell mit weißem Rauschen vor, für das bei $t=t_0$ ein Trendbruch in Form einer Niveauverschiebung gegeben sei (vgl. dazu Hamilton 1994, S.450). Dafür ergibt sich $\Delta X_t = \xi_t + \beta + \varepsilon_t - \varepsilon_{t-1}$ mit

$$\xi_t : = \begin{cases} \alpha_2 - \alpha_1 & \text{für } t=t_0 \\ 0 & \text{sonst} \end{cases}$$

Wird nun ξ_t als Zufallsvariable aufgefaßt, welche die beiden Werte $\alpha_2-\alpha_1$ und 0 mit den Wahrscheinlichkeiten p bzw. 1-p annehmen kann (damit ein Trendbruch als seltenes Ereignis modelliert wird, muß natürlich p klein sein), dann kann für ΔX_t geschrieben werden $\Delta X_t = \mu + \eta_t$ mit

$$\mu = p(\alpha_2 - \alpha_1) + \beta$$
$$\eta_t = \xi_t - p(\alpha_2 - \alpha_1) + \varepsilon_t - \varepsilon_{t-1}$$

Bei η_t ist der erste Summand weißes Rauschen mit Erwartungswert Null und der zweite ein davon unabhängiger MA(1)-Prozeß mit Einheitswurzel. Das ergibt in der Summe einen MA(1)-Prozeß ohne Einheitswurzel. Deshalb kann geschrieben werden: $\Delta X_t = \mu + v_t + \theta v_{t-1}$, d.h. es resultiert ein ARIMA(0,1,1)-Prozeß. Aus dem deterministischen Trend ist ein stochastischer Trend (random-walk mit Drift) geworden, der von einem MA(1)-Prozeß überlagert wird.

Insbesondere Perron 1989 hat sich bei der Analyse der Nelson/Plosser-Daten mit Trendbrüchen beschäftigt, wobei die Ereignisse der Jahre 1929 und 1973 (Weltwirtschaftskrise und erste Ölpreiskrise) als exogene Schocks angesehen wurden, welche die in diesen beiden Jahren auftretenden Sonderbewegungen vieler Reihen verursachten. Nach Isolation der Reihenwerte des Jahres 1929 kommt Perron zum Schluß, daß für 11 der 14 Nelson/Plosser-Reihen die Hypothese der Trendstationarität nicht abgelehnt werden kann. Werden auch die Werte von 1973 analog behandelt, dann zeigt sich z.B. daß für das (vierteljährliche) reale US-GNP ebenfalls Trendstationärität nicht ausgeschlossen werden kann.

Daß Perron die Ereignisse der Jahre 1929 und 1973 als exogen ansieht, wird von Zivot/Andrews 1992 kritisiert. Deshalb entwickelten sie einen unit-root-Test, bei dem der Zeitpunkt des Auftretens eines Schocks "endogenisiert", also nicht als a priori bekannt vorausgesetzt wird. "Using our *estimated breakpoint* asymptotic distributions, we find less conclusive evidence against the unit-root hypothesis than Perron found for many of the data series. We reverse his conclusion for 5 of the 11 Nelson and Plosser series for which he rejected the unit-root hypothesis at the 5%

level, and we reverse his unit-root rejection for the postwar quarterly real-GNP series... On the other hand, for some of the series (industrial production, nominal
GNP, and real GNP), we reject the unit-root hypothesis even after endogenizing the
breakpoint selection procedure and accounting for moderately fat-tailed errors. For
these series, our results provide stronger evidence against the unit-root hypothesis
than that given by Perron" (Zivot/Andrews 1992, S.266). Zu beachten ist, daß sowohl Perron als auch Zivot/Andrews bei einer Reihe stets nur einen einzigen Trendbruch zulassen. Ohne auf weitere Details dieser Arbeiten einzugehen, dürfte klar
sein, daß sie das ohnehin mehr als heterogene Spektrum von empirischen Resultaten um weitere Varianten bereichern.

Sehr kritische Äußerungen zu unit-roots-Tests finden sich auch in zwei Kommen-
taren von Cochrane und Miron zu einer Arbeit von Campbell/Perron 1991, aus
denen abschließend zitiert sei. "Low frequency movement can be generated by
deterministic trends, 'breaking trends', shifts in means, sine waves, polynomials,
etc. Unit root *tests* are based on measurements of low-frequency movements in a
time series, so they are easily fooled by nonlinear trends... It is natural that each
new time series technique gets tried out on every series in CITIBASE, and one has
to write an introduction about economic relevance of the test to get it past refe-
rees. This happened with Box-Jenkins techniques, Granger causality, and VAR's,
and is now going on with nonlinear time series models (both chaotic and ARCH
variants) and fractional integration, as well as unit roots and cointegration. The
question is wether such unit root and cointegration tests are worth pursuing much
further." (Cochrane 1991, S.202, 205 f.). "We will never know wether the data are
difference stationary or trend stationary ... the single testable difference between
trend stationary and difference stationary processes concerns behavior that can be
examined only with an infinite sample" (Miron 1991, S. 211 f.). "I believe that the
profession has spent an excessive amount of time testing for and studying unit
roots, and I think there is little to be learned about the nature of the macroeconomy by analyzing them further. This does not mean we have learned nothing from
the unit roots literature, and it does not mean empirical researchers should be not
familiar with this literature. It does mean there is little value added in additional research that uses unit root and cointegration tests to distinguish alternative economic models ... I conjecture that the resolution (or not) of unit roots issues will end
up having little to do with increasing our understanding of the macroeconomy"
(Miron 1991, S.211, 217). Ergänzend sei hier noch auf die Kritik von Fildes 1993
S.281 f. verwiesen.

Häufig scheint bei vielen Untersuchungen in Vergessenheit zu geraten, daß die
Frage, ob z.B. das Bruttosozialprodukt ein DS-Prozeß oder ein TS-Prozeß "ist",
eigentlich wenig sinnvoll ist. Das Bruttosozialprodukt eines Landes "ist" weder das
eine noch das andere. "Die Frage, ob das Bruttosozialprodukt I(1) *ist* oder nicht, ist
an sich schon sinnlos. Leicht vergißt man bei der Beschäftigung mit Zeitreihen, daß
sie letztlich nichts anderes sind als Kreationen des menschlichen Geistes, Abstrak-
tionen aus einer unendlich komplexen wirtschaftlichen Realität. Kein einfacher, aber
auch kein komplexer stochastischer Prozeß "erzeugt" das Bruttosozialprodukt. Erzeugt wird es von den in einer Wirtschaft arbeitenden Menschen. Ein stochastischer
Prozeß, ob einfach oder kompliziert, kann immer nur eine von mehreren möglichen,

radikal vereinfachenden Beschreibungen dieses Geschehens sein, ein Modell eben" (Rüdel 1989, S.128).

Unberührt von aller Kritik bleibt jedoch die Tatsache, daß die Untersuchung von Inferenzproblemen bei nicht-stationären Prozessen, speziell bei DS-Prozessen, zu vielen neuen Einsichten und Resultaten, vor allem auf dem Gebiet asymptotischer Verteilungen, geführt hat.

XIX. Kointegration

XIX.1. Grundlagen

Die dem Konzept *kointegrierter Prozesse* zugrundeliegende Idee läßt sich am einfachsten graphisch veranschaulichen. In den nächsten beiden Graphiken sind jeweils zwei Zeitreihen zusammmen dargestellt:

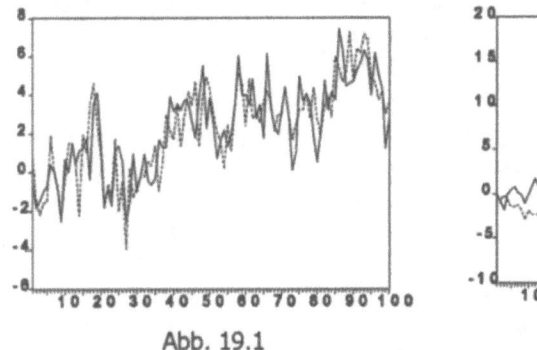

Abb. 19.1

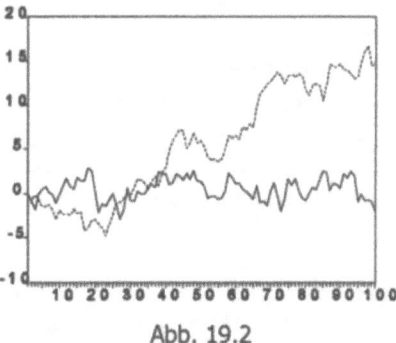

Abb. 19.2

Während sich die beiden (nicht-stationären) Reihen in Abb. 19.1 sozusagen gleichsinnig entwickeln - zeitweise auftretende größere Divergenzen werden immer wieder quasi "korrigiert", drängt sich für die Reihen in Abb. 19.2 eher der Eindruck auf, daß sie immer mehr auseinander driften. Anders ausgedrückt: Die Differenzen der Reihen im ersten Beispiel werden (über die ganze Reihe betrachtet) weder ständig größer noch ständig kleiner, im Gegensatz zum letzten Beispiel, bei dem diese im Zeitablauf offensichtlich ständig zunehmen. In der Tat handelt es sich beim ersten Fall um Realisationen zweier I(1)-Prozesse, während beim zweiten Fall je eine Realisation eines I(1)-und eines I(0)-Prozesses vorliegt, also Realisationen von Prozessen unterschiedlichen Integrationsgrades. Solche Prozesse sind **nie** *kointegriert*, während Prozesse gleichen Integrationsgrades kointegriert sein können, aber nicht kointegriert sein müssen. Damit zwei Prozesse X_t und Y_t kointegriert sind, ist zunächst einmal *notwendig*, daß sie den gleichen Integrationsgrad besitzen. Aber *Kointegration* liegt nur dann vor, wenn außer der gleichen Integrationsordnung d eine Linearkombination $a_1 X_t + a_2 Y_t$ existiert mit dem Integrationsgrad d-b. Für diesen Sachverhalt wird kurz geschrieben: $X_t, Y_t \sim CI(d,b)$ mit $d \geq b > 0$. Der Vektor (a_1, a_2) wird als *Kointegrationsvektor* bezeichnet.

Allgemein wird ein vektorieller Prozeß $\mathbf{x_t}' = (X_{1t}, X_{2t}, ..., X_{nt})$ als *kointegriert* bezeichnet, wenn jedes $X_{it}, i = 1,2,...,n$ integriert ist vom Grad d und wenn ein Vektor $\mathbf{a}' = (a_1, a_2, ..., a_n)$ existiert, so daß gilt $\mathbf{a}' \mathbf{x_t} \sim I(d,b)$. Bei dem in der Praxis und für viele Ableitungen wichtigsten Fall wird davon ausgegangen, daß d=b=1 ist, d.h. alle X_{it} integriert sind vom Grad Eins. Der Integrationsvektor $\mathbf{a}'$ erzeugt dann sozusagen aus den n nicht-stationären Prozessen *einen* stationären Prozeß. Im allgemeinen ist eine Linearkombination von nicht-stationären Prozessen wieder nicht-stationär, Kointegration stellt somit einen interessanten Spezialfall dar.

Sei beispielsweise der folgende bivariate Prozeß gegeben

$$X_{1t} = aX_{2t} + \eta_{1t} \, , \quad a \neq 0$$
$$X_{2t} = X_{2,t-1} + \eta_{2t}$$

wobei η_{1t} und η_{2t} white noise-Prozesse darstellen, die unkorreliert seien, und X_{2t} einen random-walk, d.h. ein I(1)-Prozeß. Für ΔX_{1t} läßt sich schreiben

$$\Delta X_{1t} = a\Delta X_{2t} + \Delta \eta_{1t} = a\eta_{2t} + \eta_{1t} - \eta_{1,t-1}$$

d.h. die 1. Differenz von X_{1t} läßt sich als MA(1)-Prozeß $\Delta X_{1t} = \nu + \theta \nu_{t-1}$ darstellen, da die Summe aus einem MA(1)-Prozeß und weißem Rauschen einen MA(1)-Prozeß ergibt (vgl. dazu Hamilton 1994, S.571). Sowohl X_{1t} als auch X_{2t} sind somit I(1)-Prozesse. Die Linearkombination $X_{1t} - aX_{2t}$ ist jedoch ein I(0)-Prozeß, d.h. der Kointegrationsvektor ist (1,-a).

Die durch den Kointegrationsvektor bestimmte Beziehung zwischen den beiden Prozessen X_{1t} und X_{2t} kann auch als *langfristige Gleichgewichtsbeziehung* interpretiert werden. Im vorliegenden Beispiel ist diese durch die Beziehung $X_{1t} = aX_{2t}$ gegeben. Abweichungen von diesem Gleichgewicht sind nur vorübergehender Natur. Das System, welches durch in jedem Zeitpunkt t auftretende Schocks (Innovationen) davon abweichen kann, kehrt immer wieder zu diesem zurück, so daß von einem (in diesem Sinn) stabilen System gesprochen werden kann. Kointegration stellt eine Möglichkeit dar, den aus der ökonomischen Theorie bekannten Begriff des Gleichgewichts mit Hilfsmitteln der Zeitreihenanalyse zu operationalisieren. Naheliegenderweise sind es ökonomische Variablen wie etwa Einkommen und Konsum, Wechselkurse, In- und Auslandspreise gleicher Güter (Kaufkraftparitäten) usw., für welche die Postulierung langfristiger Gleichgewichtsbeziehungen sinnvoll erscheint und die deshalb auch Gegenstand vieler Kointegrationsstudien sind (für einen diesbezüglichen Überblick sei z.B. auf Granger 1986 oder Hendry 1986 verwiesen).

Wie man leicht einsieht, sind Kointegrationsvektoren nicht eindeutig, denn wenn $\mathbf{a}'\mathbf{x}_t$ stationär ist, dann ist auch $c(\mathbf{a}'\mathbf{x}_t)$ stationär für jeden von Null verschiedenen Skalar c. Eindeutigkeit läßt sich nur durch eine *Normierung* der Koeffizienten des Kointegrationsvektors erzielen, etwa dadurch, daß sein erstes Element gleich Eins gesetzt wird, wie dies im eben betrachteten Beispiel der Fall war. Wenn man von der Normierung absieht, gibt es bei zwei Prozessen nur einen Kointegrationsvektor. Dies ist jedoch nicht mehr der Fall, wenn mehr als zwei Prozesse betrachtet werden, d.h. wenn der Vektor $\mathbf{x}_t$ mehr als zwei Elemente enthält. Dann ist es z.B. möglich, daß sowohl $\mathbf{a}_1'\mathbf{x}_t$ als auch $\mathbf{a}_2'\mathbf{x}_t$ stationär sind, wobei $\mathbf{a}_1$ und $\mathbf{a}_2$ linear unabhängig sind, d.h. es existiert kein Skalar b für den gilt $\mathbf{a}_2 = b\mathbf{a}_1$. Allgemein können bei einem n-dimensionalen Prozeß $\mathbf{x}_t$ nur h<n (linear unabhängige) Kointegrationsvektoren $(\mathbf{a}_1, \mathbf{a}_2, ..., \mathbf{a}_h)$ existieren, so daß $\mathbf{A}'\mathbf{x}_t$ ein h-dimensionaler stationärer Prozeß ist, wobei $\mathbf{A}'$ die (h×n)-*Kointegrationsmatrix*

$$\mathbf{A}' = \begin{pmatrix} \mathbf{a}_1' \\ \mathbf{a}_2' \\ \cdot \\ \cdot \\ \mathbf{a}_h' \end{pmatrix}$$

ist. h wird als *Integrationsrang* bezeichnet. Auch bei diesem allgemeinen Fall sind die Kointegrationsvektoren nicht eindeutig, denn wenn $\mathbf{A}'\mathbf{x}_t$ stationär ist, dann ist auch ist auch $\mathbf{b}'\mathbf{A}'\mathbf{x}_t$ stationär für jeden von einem Nullvektor verschiedenen (1×h)-Vektor $\mathbf{b}'$ (vgl. Hamilton 1994, S.574). Eindeutigkeit läßt sich auch hier nur durch eine Koeffizienten-Normierung erzielen. Wenn $\mathbf{c}'$ ein beliebiger (1×n)-Vektor ist, der *linear unabhängig* ist von den Zeilenvektoren der Matrix $\mathbf{A}'$, dann ist $\mathbf{c}'\mathbf{x}_t$ nicht-stationär, es gibt *genau* h Kointegrationsbeziehungen zwischen den Komponenten von $\mathbf{x}_t$ und die Vektoren $(\mathbf{a}_1,\mathbf{a}_2,...,\mathbf{a}_h)$ bilden eine Basis für den Raum der Kointegrationsvektoren.

XIX.1.1. Eigenschaften kointegrierter Prozesse

XIX.1.1.1. Einführende Beispiele

Für kointegrierte Prozesse existieren verschiedene Darstellungsformen, die alternativ für die Ableitung von Schätzverfahren und von stochastischen Eigenschaften, aber auch für die ökonomische Interpretationen verwendet werden können. Zunächst seien solche sowohl an obigem einfachen bivariaten als auch an einem komplexeren, auf Engle/Granger zurückgehenden Beispiel demonstriert. Für das einfachste Beispiel sei $X_{1t} = aX_{2,t-1} + \eta_{1t} + a\eta_{2t}$ und $X_{2t} = X_{2,t-1} + \eta_{2t}$, wobei η_{1t}, η_{2t} weißes Rauschen sind. Hier können die Terme $\varepsilon_{1t} := \eta_{1t} + a\eta_{2t}$, $\varepsilon_{2t} := \eta_{2t}$ als Prognosefehler interpretiert werden, wenn X_{1t} aus $X_{2,t-1}$ und X_{2t} aus $X_{2,t-1}$ prognostiziert wird (vgl. dazu Hamilton 1994, S.573). Offensichtlich ist $X_{1t} - aX_{2t}$ stationär, d.h. X_{1t} und X_{2t} sind kointegriert. Aus

$$X_{1t} = aX_{2,t-1} + \varepsilon_{1t} = a(X_{2t} - \eta_{2t}) + \varepsilon_{1t}$$
$$= a(X_{2t} - \varepsilon_{2t}) + \varepsilon_{1t}$$

folgt:

$$\Delta X_{1t} = a\Delta X_{2t} - a\Delta\varepsilon_{2t} + \Delta\varepsilon_{1t}$$
$$= a\eta_{2t} - a\Delta\varepsilon_{2t} + \Delta\varepsilon_{1t}$$
$$= a\varepsilon_{2t} - a\Delta\varepsilon_{2t} + \Delta\varepsilon_{1t}$$
$$= a\varepsilon_{2t} - a(\varepsilon_{2t} - \varepsilon_{2,t-1}) + \Delta\varepsilon_{1t}$$
$$= (1 - B)\varepsilon_{1t} + aB\varepsilon_{2t}$$

Somit sind die beiden differenzierten Prozesse in der Form

$$\Delta\mathbf{x}_t := \begin{pmatrix} \Delta X_{1t} \\ \Delta X_{2t} \end{pmatrix} = \mathbf{\Psi}(B)\begin{pmatrix} \varepsilon_{1t} \\ \varepsilon_{2t} \end{pmatrix} = \mathbf{\Psi}(B)\boldsymbol{\varepsilon}_t$$

darstellbar mit der lag-Matrix

$$\mathbf{\Psi}(B) := \begin{pmatrix} 1-B & aB \\ 0 & 1 \end{pmatrix}$$

Diese Form wird als *moving-average-Darstellung* eines kointegrierten Systems bezeichnet.

Als alternative Darstellung käme ein vektorieller autoregressiver Prozeß (VAR) in Frage, sofern ein solcher existiert, d.h. also:

$$\mathbf{\Phi}(B)\Delta\mathbf{x}_t = \boldsymbol{\varepsilon}_t , \quad \mathbf{\Phi}(B) = [\mathbf{\Psi}(B)]^{-1}$$

Allerdings folgt aus

$$\begin{vmatrix} 1-z & az \\ 0 & 1 \end{vmatrix} = 0$$

daß $1-z=0$, also $z=1$ ist, d.h. der moving-average-Prozeß $(\varepsilon_{1t}, \varepsilon_{2t})'$ ist *nicht invertierbar*. Somit existiert *diese* VAR-Darstellung nicht. Durch eine geringe Modifikation läßt sich jedoch eine VAR-Darstellung finden, die sich von der nicht-existenten dadurch unterscheidet, daß neben den 1. Differenzen von X_{1t} und X_{2t} zudem auch ihre (verzögerten) *Niveauwerte* berücksichtigt werden. Aus der Beziehung $\eta_{1,t-1} = X_{1,t-1} - aX_{2,t-1}$ folgt nämlich mit obigem Ausdruck für ΔX_{1t}:

$$\begin{aligned}
\Delta X_{1t} &= (1-B)\varepsilon_{1t} + aB\varepsilon_{2t} \\
&= (1-B)(\eta_{1t} + a\eta_{2t}) + a\eta_{2,t-1} \\
&= \eta_{1t} - \eta_{1,t-1} + a\eta_{2t} \\
&= -(X_{1,t-1} - aX_{2,t-1}) + \eta_{1t} + a\eta_{2t} \\
&= -(X_{1,t-1} - aX_{2,t-1}) + \varepsilon_{1t}
\end{aligned}$$

Somit läßt sich folgendes VAR-System schreiben:

$$\begin{pmatrix} \Delta X_{1t} \\ \Delta X_{2t} \end{pmatrix} = \begin{pmatrix} -1 & a \\ 0 & 0 \end{pmatrix} \begin{pmatrix} X_{1,t-1} \\ X_{2,t-1} \end{pmatrix} + \begin{pmatrix} \varepsilon_{1t} \\ \varepsilon_{2t} \end{pmatrix}$$

Wie aus dieser Darstellung ersichtlich wird, erscheinen die Niveaus der beiden Prozesse in derjenigen Linearkombination, die stationär ist, also die Kointegrationsbeziehung der beiden Prozesse ausdrückt.

Die sogenannte *Fehler-Korrektur-Form* (*error-correction form*) eines kointegrierten Systems ergibt sich aus dieser VAR-Darstellung, wenn die neue Variable $Z_t := X_{1t} - aX_{2t}$ eingeführt wird. Diese ist somit:

$$\begin{pmatrix} \Delta X_{1t} \\ \Delta X_{t2} \end{pmatrix} = \begin{pmatrix} -1 \\ 0 \end{pmatrix} Z_{t-1} + \begin{pmatrix} \varepsilon_{1t} \\ \varepsilon_{2t} \end{pmatrix}$$

Die Variable Z_t repräsentiert die (kurzfristigen) Abweichungen der kointegrierten Prozesse X_{1t} und X_{2t} von ihrem (langfristigen) Gleichgewichtszustand $X_{1t} = aX_{2t}$. Ist z.B. $aX_{2,t-1} > X_{1,t-1}$, dann ist Z_{t-1} *negativ* und das kointegrierte System korrigiert diese Abweichung vom Gleichgewichtspfad, die auch als "Fehler" interpretiert werden kann, durch eine *positive* Veränderung von X_{1t} im Zeitpunkt t, d.h. dann ist $\Delta X_{1t} > 0$. Ist Z_{t-1} *positiv*, dann erfolgt in der nächsten Periode eine *negative* Korrektur von X_{1t}, d.h. dann ist $\Delta X_{1t} < 0$. Wenn sich das System im Zeitpunkt t-1 im Gleichgewicht befindet, dann ist $Z_{t-1} = 0$ und X_{1t} wird nicht verändert, d.h. es ist $\Delta X_{1t} = 0$. Dieser Korrektur- bzw. Anpassungsmechanismus erklärt die Bezeichnung "Fehler-Korrektur-Darstellung" eines kointegrierten Systems. Fehler-Korrektur-Modelle sind für Anwendungen wohl die wichtigste Darstellungsform kointegrierter Prozesse.

Für das zweite Beispiel, das auf Engle/Granger 1987 zurückgeht, wird folgender bivariater Prozeß postuliert

$$\begin{aligned}
X_{1t} + aX_{2t} &= \eta_{1t} \\
X_{1t} + bX_{2t} &= \eta_{2t} , \quad a \neq b
\end{aligned}$$

mit der stochastischen Spezifikation

$$\begin{aligned}
\eta_{1t} &= \eta_{1,t-1} + \varepsilon_{1t} \\
\eta_{2t} &= \rho\eta_{2,t-1} + \varepsilon_{2t} , \quad |\rho| < 1
\end{aligned}$$

wobei $(\varepsilon_{1t}, \varepsilon_{2t})'$ weißes Rauschen ist. Da η_{1t} ein random-walk ist und sowohl X_{1t} als auch X_{2t} linear davon abhängen, sind beide Prozesse I(1). Jedoch ist $X_{1t} + bX_{2t}$ stationär, da η_{2t} ein I(0)-Prozeß ist. (1,b)' ist der Kointegrationsvektor und die Gleichgewichtsbeziehung ist $X_{1t} + bX_{2t} = 0$. Für eine moving-average-Darstellung wird dieses Gleichungssystem zweckmäßigerweise nach X_{1t} bzw. X_{2t} aufgelöst:

$$X_{1t} = \frac{b}{b-a}\eta_{1t} - \frac{a}{b-a}\eta_{2t} \quad , \quad X_{2t} = -\frac{1}{b-a}\eta_{1t} + \frac{1}{b-a}\eta_{2t} \quad ,$$

Daraus folgt durch Differenzenbildung

$$\begin{pmatrix} \Delta X_{1t} \\ \Delta X_{2t} \end{pmatrix} = \begin{pmatrix} \dfrac{b}{b-a} & -\dfrac{a}{b-a}(1-B)(1-\rho B)^{-1} \\ -\dfrac{1}{b-a} & \dfrac{1}{b-a}(1-B)(1-\rho B)^{-1} \end{pmatrix} \begin{pmatrix} \varepsilon_{1t} \\ \varepsilon_{2t} \end{pmatrix}$$

weil $\eta_{1t} = (1-B)^{-1}\varepsilon_{1t}$ und $\eta_{2t} = (1-\rho B)^{-1}\varepsilon_{2t}$ ist. Wie vorher, läßt sich daraus auch hier keine VAR-Darstellung nur in Differenzen ableiten, denn die Determinante dieser lag-Matrix ist

$$\frac{1}{b-a}\frac{1-z}{1-\rho z}$$

deren einzige Nullstelle bei $z=1$ liegt. Eine VAR-Darstellung ergibt sich wieder, wenn außer Differenzen auch Niveauwerte eingeschlossen werden. Dies läßt sich dadurch erreichen, daß von der zweiten Gleichung das ρ-fache der Vorperiode t-1 subtrahiert wird, was zu folgendem Ausdruck führt

$$X_{1t} - \rho X_{t-1} + b(X_{2t} - \rho X_{2,t-1}) = \varepsilon_{2t}$$

oder

$$X_{1t} + bX_{2t} = \varepsilon_{2t} + \rho X_{1,t-1} + b\rho X_{2,t-1}$$

Nach der Subtraktion von $X_{1,t-1}$ und $bX_{2,t-1}$ auf beiden Seiten kann dafür schließlich geschrieben werden:

$$\Delta X_{1t} + b\Delta X_{2t} = \varepsilon_{2t} - (1-\rho)X_{1,t-1} - b(1-\rho)X_{2,t-1}$$

Somit lautet die differenzierte Form

$$\begin{pmatrix} 1 & a \\ 1 & b \end{pmatrix}\begin{pmatrix} \Delta X_{1t} \\ \Delta X_{2t} \end{pmatrix} = \begin{pmatrix} \varepsilon_{1t} \\ \varepsilon_{2t} - (1-\rho)X_{1,t\,1} - b(1-\rho)X_{2,t\,1} \end{pmatrix}$$

woraus sich nach Matrixinversion die VAR-Darstellung ergibt:

$$\begin{pmatrix} \Delta X_{1t} \\ \Delta X_{2t} \end{pmatrix} = \frac{1}{b-a}\begin{pmatrix} a(1-\rho) & ab(1-\rho) \\ -(1-\rho) & -b(1-\rho) \end{pmatrix}\begin{pmatrix} X_{1,t-1} \\ X_{2,t-1} \end{pmatrix} + \begin{pmatrix} \zeta_{1t} \\ \zeta_{2t} \end{pmatrix}$$

$$\text{mit} \quad \zeta_{1t} := \frac{b\varepsilon_{1t} - a\varepsilon_{2t}}{b-a} \quad \text{und} \quad \zeta_{2t} := \frac{\varepsilon_{2t} - \varepsilon_{1t}}{b-a}$$

Die Fehler-Korrektur-Darstellung ergibt sich unmittelbar aus der VAR-Form. Es ist

$$\Delta X_{1t} = \frac{a(1-\rho)}{b-a}Z_{t-1} + \zeta_{1t} \qquad \Delta X_{2t} = -\frac{1-\rho}{b-a}Z_{t-1} + \zeta_{2t}$$

mit $Z_t := X_{1t} + bX_{2t}$. Offensichtlich existiert für $\rho=1$ kein kointegriertes System, d.h. es gibt keine Linearkombination von X_{1t} und X_{2t}, die stationär ist. Beide Prozesse sind dann random-walks, also integriert vom Grad Eins (vgl. dazu auch Banerjee/Dolado/Galbraith/Hendry 1994, S.154).

Eine weitere Darstellungsmöglichkeit läßt sich aus der moving-average-Form ableiten, wie sich am einfachsten an Hand des ersten Beispiels zeigen läßt. Aus der obigen moving-average-Darstellung folgt für die erste Differenz der Variablen X_{1t} der Ausdruck $\Delta X_{1,t} = \varepsilon_{1,t} - \varepsilon_{1,t-1} + a\varepsilon_{2,t-1}$, wobei jetzt zur Vereinheitlichung der Notierung alle Doppelindizes durch Kommata getrennt werden sollen. Setzt man nun für die Anfangsbedingungen $X_{1,0} = X_0^{(1)}$ und $\varepsilon_{1,t-j} = \varepsilon_{2,t-j} = 0$ für $j \geq t$, dann läßt sich diese Differenzengleichung rekursiv auflösen und man erhält für

t=2: $X_{1,2} = X_{1,1} + \varepsilon_{1,2} - \varepsilon_{1,1} + a\varepsilon_{2,1} = X_0^{(1)} + \varepsilon_{1,2} + a\varepsilon_{2,1}$

t=3: $X_{1,3} = X_{1,2} + \varepsilon_{1,3} - \varepsilon_{1,2} + a\varepsilon_{2,2} = X_0^{(1)} + a(\varepsilon_{2,1} + \varepsilon_{2,2}) + \varepsilon_{1,3}$

und schließlich für einen beliebigen Zeitpunkt t:

$$X_{1,t} = X_0^{(1)} + a\sum_{i=1}^{t-1} \varepsilon_{2,i} + \varepsilon_{1,t}$$

Addiert und subtrahiert man auf der rechten Seite des letzten Ausdrucks den Term $a\varepsilon_{2,t}$, dann ergibt sich:

$$X_{1,t} = X_0^{(1)} + a\sum_{i=1}^{t} \varepsilon_{2,i} + \varepsilon_{1,t} - a\varepsilon_{2,t}$$

Für X_{2t} läßt sich analog herleiten

$$X_{2,t} = X_0^{(2)} + \sum_{i=1}^{t} \varepsilon_{2,i} \ , \quad X_0^{(2)} = X_{2,0}$$

Vergleicht man die beiden Darstellungen, so fällt auf, daß $X_{1,t}$ und $X_{2,t}$ einen gemeinsamen Faktor – $\sum \varepsilon_{2,i}$ – aufweisen, der nichts anderes ist als ein random-walk. Von Stock/Watson 1988 wird dieser als "common trend" bezeichnet, da sich random-walks lokal wie Trends verhalten können. Allgemein wird deshalb bei dieser Darstellungsform nach Stock/Watson von der "common trends"-Darstellung gesprochen.

Beim eben betrachteten Beispiel wurde vorausgesetzt, daß die beiden Prozesse kointegriert sind. Umgekehrt gilt, daß Prozesse nur dann kointegriert sein können, wenn sie gemeinsame stochastische Trends aufweisen. Seien beispielsweise die beiden Prozesse

$$X_t = \mu_{X_t} + \varepsilon_{X_t} \qquad Y_t = \mu_{Y_t} + \varepsilon_{Y_t}$$

gegeben, wobei μ_{X_t}, μ_{Y_t} random-walks und die beiden Störterme stationär sind. Sollen X_t und Y_t kointegriert sein, dann müssen zwei von Null verschiedene Konstanten a_1 und a_2 existieren, so daß die Linearkombination $a_1 X_t + a_2 Y_t$ stationär ist. Nun ist:

$$\begin{aligned} a_1 X_t + a_2 Y_t &= a_1(\mu_{X_t} + \varepsilon_{X_t}) + a_2(\mu_{Y_t} + \varepsilon_{Y_t}) \\ &= (a_1\mu_{X_t} + a_2\mu_{Y_t}) + (a_1\varepsilon_{Y_t} + a_2\varepsilon_{Y_t}) \end{aligned}$$

Diese Linearkombination ist aber nur dann stationär, wenn der erste Klammerausdruck gleich Null ist, d.h. wenn gilt

$$\mu_{Y_t} = -\frac{a_1}{a_2}\mu_{X_t}$$

wenn also beide Prozesse denselben stochastischen Trend aufweisen, abgesehen von dem multiplikativen Skalar $-a_1/a_2$ (vgl. Enders 1995, S.363)

Diese Überlegungen können verallgemeinert werden. Sei der vektorielle Prozeß $\mathbf{x}_t = \boldsymbol{\mu}_t + \boldsymbol{\varepsilon}_t$ gegeben mit $\mathbf{x}_t = (X_{1t}, X_{2t}, ..., X_{nt})'$, dem stationären Störprozeß $\boldsymbol{\varepsilon}_t$ und dem Vektor $\boldsymbol{\mu} = (\mu_{1t}, \mu_{2t}, ..., \mu_{nt})'$, dessen Elemente n stochastische Trends bezeichnen. Wenn h=1 ist, also *eine* Kointegrationsbeziehung besteht, dann kann *ein* stochastischer Trend als Linearkombination der n-1 restlichen stochastischen Trends dargestellt werden, d.h. es ist:

$$b_1\mu_{1t} + b_{2t}\mu_{2t} + ... + b_n\mu_{nt} = 0$$

Aus $\mathbf{b}'\mathbf{x} = \mathbf{b}'\boldsymbol{\mu}_t + \mathbf{b}'\boldsymbol{\varepsilon}_t$ mit $\mathbf{b}' = (b_1, b_2, ..., b_n)$ folgt $\mathbf{b}'\mathbf{x} = \mathbf{b}'\boldsymbol{\varepsilon}_t$, d.h. die Linearkombination $\mathbf{b}'\mathbf{x}$ ist stationär. Wenn h>1 ist, dann gilt $\mathbf{B}\boldsymbol{\mu}_t = \mathbf{0}$, wobei $\mathbf{B}$ eine (h×n)-Matrix mit den Elementen b_{ij}, i=1,...,h, j=1, ..., n bezeichnet (vgl. Enders 1995, S.365).

XIX.1.1.2. Darstellungsformen kointegrierter Prozesse

Die bisherigen Überlegungen bezogen sich meistens auf bivariate kointegrierte Prozesse. Verallgemeinerungen sind jedoch relativ leicht vorzunehmen. Dabei soll stets vorausgesetzt werden, daß der vektorielle Prozeß $\mathbf{x}_t = (X_{1t}, X_{2t}, ..., X_{nt})'$ ein I(1)-Prozeß ist, d.h. es sei $X_{it} \sim I(1)$, i=1,2,...,n. Zur Darstellung dieses Prozesses in der "common trends"-Form sei zunächst der zuletzt betrachtete bivariate Prozeß in vektorieller Schreibweise wiederholt. Es ist:

$$\begin{pmatrix} X_{1,t} \\ X_{2,t} \end{pmatrix} = \begin{pmatrix} X_0^{(1)} \\ X_0^{(2)} \end{pmatrix} + \begin{pmatrix} 0 & a \\ 0 & 1 \end{pmatrix} \begin{pmatrix} \sum_{i=1}^{t} \varepsilon_{2,i} \\ \sum_{i=1}^{t} \varepsilon_{2,i} \end{pmatrix} + \begin{pmatrix} 1 & -a \\ 0 & 0 \end{pmatrix} \begin{pmatrix} \varepsilon_{1,t} \\ \varepsilon_{2,t} \end{pmatrix}$$

Die lag-Matrix der moving-average-Darstellung läßt sich additiv folgendermaßen zerlegen:

$$\boldsymbol{\Psi}(B) = \begin{pmatrix} 1-B & aB \\ 0 & 1 \end{pmatrix} = \begin{pmatrix} 0 & a \\ 0 & 1 \end{pmatrix} + \begin{pmatrix} 1-B & -a(1-B) \\ 0 & 0 \end{pmatrix} = \begin{pmatrix} 0 & a \\ 0 & 1 \end{pmatrix} + (1-B)\begin{pmatrix} 1 & -a \\ 0 & 0 \end{pmatrix}$$

Nun ist

$$\begin{pmatrix} 0 & a \\ 0 & 1 \end{pmatrix} = \boldsymbol{\Psi}(1)$$

und mit

$$\boldsymbol{\Psi}^*(B): = \begin{pmatrix} 1 & -a \\ 0 & 0 \end{pmatrix}$$

folgt deshalb

$$\boldsymbol{\Psi}(B) = \boldsymbol{\Psi}(1) + (1 - B)\boldsymbol{\Psi}^*(B)$$

Somit kann für die "common-trends"-Form geschrieben werden

$$\mathbf{x}_t = \mathbf{x}_0 + \boldsymbol{\Psi}(1)\sum_{i=1}^{t} \boldsymbol{\varepsilon}_i + \boldsymbol{\Psi}^*(B)\boldsymbol{\varepsilon}_t$$

mit

$$\mathbf{x}_t: = \begin{pmatrix} X_{1,t} \\ X_{2,t} \end{pmatrix}, \quad \mathbf{x}_0: = \begin{pmatrix} X_0^{(1)} \\ X_0^{(2)} \end{pmatrix}, \quad \boldsymbol{\varepsilon}_t: = \begin{pmatrix} \varepsilon_{1,t} \\ \varepsilon_{2,t} \end{pmatrix}$$

Diese Darstellung gilt allgemein auch für n-dimensionale (n>2) kointegrierte Systeme. Ist der Erwartungswert von $\Delta\mathbf{x}_t$ nicht gleich einem Nullvektor, d.h. ist $E(\Delta\mathbf{x}_t) = \boldsymbol{\mu} \neq \mathbf{0}$, dann gilt:

$$\mathbf{x}_t = \mathbf{x}_0 + \boldsymbol{\Psi}(1)\boldsymbol{\mu}t + \boldsymbol{\Psi}(1)\sum_{i=1}^{t} \boldsymbol{\varepsilon}_i + \boldsymbol{\Psi}^*(B)\boldsymbol{\varepsilon}_t$$

(vgl. Banerjee/Dolado/Galbraith/Hendry 1994, S.150). D.h. die "common trends"-Darstellung weist jetzt neben gemeinsamen stochastischen auch noch gemeinsame deterministische (lineare) Trends auf. Wenn h Kointegrationsbeziehungen vorliegen, gibt es in diesem Fall neben g=n-h stochastischen Trends zusätzlich g=n-h derartige deterministische Trends (vgl. Hamilton 1994, S.578).

Allgemein lassen sich für die moving-average-Darstellung Bedingungen formulieren, die erfüllt sein müssen, wenn Kointegration vorliegen soll. Aus

$$(1 - B)\mathbf{x}_t = \boldsymbol{\Psi}(B)\boldsymbol{\varepsilon}_t = [\boldsymbol{\Psi}(1) + (1 - B)\boldsymbol{\Psi}^*(B)]\boldsymbol{\varepsilon}_t$$

folgt nach Multiplikation mit der Kointegrationsmatrix $\mathbf{A}'$:

$$(1-B)\mathbf{z}_t = \mathbf{A}'\mathbf{\Psi}(1) + (1-B)\mathbf{A}'\mathbf{\Psi}^*(B)\varepsilon_t \, , \, \mathbf{z}_t := \mathbf{A}'\mathbf{x}_t$$

Weil $\mathbf{A}'$ eine Kointegrationsmatrix ist, muß $\mathbf{z}_t$ stationär sein, was aber nur möglich ist, wenn $\mathbf{A}'\mathbf{\Psi}(1)=\mathbf{0}$ ist, denn nur dann kann der Faktor (1-B) herausgekürzt werden und man erhält den Ausdruck: $\mathbf{z}_t = \mathbf{A}'\mathbf{\Psi}^*(B)\varepsilon_t$, bei dem auf beiden Seiten stationäre Prozesse stehen.

Beispielsweise ergibt sich für das obige bivariate System

$$\mathbf{A}'\mathbf{\Psi}(1) = (1 \;\; -a)\begin{pmatrix} 0 & a \\ 0 & 1 \end{pmatrix} = (0 \;\; 0)$$

d.h. $(X_{1t}, X_{2t})'$ sind kointegriert.

Aus $\mathbf{A}'\mathbf{\Psi}(1)=\mathbf{0}$ folgt, daß $\mathbf{a}_i'\mathbf{\Psi}(1)=\mathbf{o}'$ ist, i=1,2,...,h, d.h. der Rang der (n×n)-Matrix $\mathbf{\Psi(1)}$ ist maximal n-h. Deswegen ist $|\mathbf{\Psi}(1)|=0$, was impliziert, daß das lag-Polynom $\mathbf{\Psi}(B)$ nicht invertierbar ist. Deshalb kann ein kointegriertes System in $\Delta\mathbf{x}_t$ nicht durch eine endliche Vektor-Autoregression in $\Delta\mathbf{x}_t$ dargestellt werden (vgl. dazu Hamilton 1994, S.575).

Im Beispiel hat $\mathbf{\Psi}(1)$ den Rang Eins und man sieht unmittelbar, daß die Determinante dieser Matrix gleich Null ist.

Für Kointegration ist allerdings die Bedingung $\mathbf{A}'\mathbf{\Psi}(1)=\mathbf{0}$ im allgemeinen nur eine notwendige, jedoch keine hinreichende, wenn $E(\Delta\mathbf{x}_t) = \mu \neq \mathbf{o}$ ist. In diesem Fall enthalten (mindestens) einige Komponenten von $\mathbf{x}_t$ einen Drift. Aus

$$(1-B)\mathbf{x}_t = \mu + \mathbf{\Psi}(1)\varepsilon_t + (1-B)\mathbf{\Psi}^*(B)\varepsilon_t$$

folgt:

$$(1-B)\mathbf{z}_t = \mathbf{A}'\mu + \mathbf{A}'\mathbf{\Psi}(1)\varepsilon_t + (1-B)\mathbf{A}'\mathbf{\Psi}^*(B)\varepsilon_t$$

Offensichtlich ist $\mathbf{z}_t$ nur dann stationär, wenn neben $\mathbf{A}'\mathbf{\Psi}(1)=\mathbf{0}$ auch $\mathbf{A}'\mu=\mathbf{o}$ ist (vgl. dazu Engle/Yoo 1987).

Auch für VAR-Prozesse können Bedingungen formuliert werden, deren Erfüllung gewährleistet sein muß, wenn Kointegration vorliegen soll. Ausgangspunkt sei ein *nicht-stationärer* n-dimensionaler VAR(p)-Prozeß

$$\mathbf{x}_t = \alpha + \mathbf{\Phi}_1\mathbf{x}_{t-1} + \mathbf{\Phi}_2\mathbf{x}_{t-2} + \dots + \mathbf{\Phi}_p\mathbf{x}_{t-p} + \varepsilon_t$$

mit

$$E(\varepsilon_t) = \mathbf{0} \, , \quad E(\varepsilon_t\varepsilon_s') = \begin{cases} \Sigma & \text{für } t=s \\ \mathbf{0} & \text{sonst} \end{cases}$$

oder kurz

$$\mathbf{\Phi}(B)\mathbf{x}_t = \alpha + \varepsilon_t \text{ mit } \mathbf{\Phi}(B): = \mathbf{I}_n - \mathbf{\Phi}_1 B - \dots - \mathbf{\Phi}_p B^p$$

wobei für die Komponenten von $\mathbf{x}_t$, die kontemporär korreliert sein dürfen, gelten soll: $X_{it}\sim I(1)$, i=1,2,...,n. Da $\mathbf{x}_t$ ein I(1)-Prozeß ist, ergibt sich durch Bildung erster Differenzen ein stationärer Prozeß mit Erwartungswert μ. Somit ist $(1-B)\mathbf{x}_t$ ein stationärer Prozeß, für den die Zerlegung nach Wold gilt, d.h. es kann geschrieben werden:

$$(1 - B)\mathbf{x}_t = \mu + \mathbf{\Psi}(B)\varepsilon_t$$

Nach Multiplikation mit dem lag-Polynom $\mathbf{\Phi}(B)$ folgt daraus

$$(1 - B)\mathbf{\Phi}(B)\mathbf{x}_t = \mathbf{\Phi}(B)\mu + \mathbf{\Phi}(B)\mathbf{\Psi}(B)\varepsilon_t$$

d.h.

$$(1 - B)\varepsilon_t = \mathbf{\Phi}(1)\mu + \mathbf{\Phi}(B)\mathbf{\Psi}(B)\varepsilon_t$$

da

$$(1 - B)\alpha = \mathbf{0} \quad \text{und} \quad \Phi(B)\mu = (\mathbf{I}_n - \Phi_1 B - \ldots - \Phi_p B^p)\mu$$
$$= (\mathbf{I}_n \mu - \Phi_1 \mu - \ldots - \Phi_p \mu)$$
$$= \Phi(1)\mu$$

ist. Damit diese Gleichung erfüllt ist, muß einerseits gelten $\Phi(1)\mu = \mathbf{0}$ und andererseits müssen die lag-Polynome von ε_t auf beiden Seiten gleich sein für beliebige B, d.h. es muß sein $(1-B)\mathbf{I}_n = \Phi(B)\Psi(B)$. Insbesondere folgt daraus für B=1: $\Phi(1)\Psi(1) = \mathbf{0}$ (vgl. Hamilton 1994, S.579). Bezeichne π'_i die i-te Zeile von $\Phi(1)$, dann folgt aus dieser Beziehung, daß $\pi'_i\Psi(1) = \mathbf{o}'$ und $\pi'_i\mu = 0$ ist, d.h. π'_i ist gemäß den oben bei der moving-average-Darstellung abgeleiteten Bedingungen somit ein Kointegrationsvektor. Bildet $\mathbf{a}_1, \mathbf{a}_2, \ldots, \mathbf{a}_h$ eine Basis für den Raum der Kointegrationsvektoren, dann muß der Kointegrationsvektor π_i als Linearkombination dieser Basis darstellbar sein, d.h. es muß ein (h×1)-Vektor $\mathbf{b}_i$ existieren, so daß gilt: $\pi_i = [\mathbf{a}_1, \mathbf{a}_2, \ldots, \mathbf{a}_h]\mathbf{b}_i$ oder mit obiger $\mathbf{A}'$-Matrix: $\pi'_i = \mathbf{b}'_i\mathbf{A}'$. Führt man diese Überlegungen für alle Zeilen der Matrix $\Phi(1)$ durch, dann folgt daraus die Existenz einer (n×h)-Matrix $\mathbf{B}$ so daß schließlich gilt: $\Phi(1) = \mathbf{B}\mathbf{A}'$ (vgl. Hamilton 1994, S.579). Da vorausgesetzt wurde, daß $\mathbf{x}_t \sim I(1)$ ist, hat die (n×n)-Matrix $\Phi(1)$ den Rang h<n, also nicht den vollen Rang, denn es ist $|\Phi(1)| = 0$ für B=1. In der Beziehung $\Phi(1) = \mathbf{B}\mathbf{A}'$ wird somit $\Phi(1)$ als Produkt der beiden Matrizen $\mathbf{B}_{(n \times h)}$ und $\mathbf{A}'_{(h \times n)}$ dargestellt, die beide den Rang h aufweisen. $\Phi(1)$ hätte nur dann vollen Rang, wenn keine Einheitswurzeln vorlägen, also $\mathbf{x}_t$ stationär wäre.

Die Fehler-Korrektur-Form eines VAR-Systems läßt sich leicht herleiten aus einer alternativen Schreibweise eines VAR-Prozesses, die völlig analog zur alternativen Darstellung eines univariaten AR(p)-Prozesses erfolgen kann, wie sie oben beim ADF-Test verwendet wurde und die hier wiederholt sei

$$X_t = \alpha + \rho X_{t-1} + \zeta_1 \Delta X_{t-1} + \zeta_2 \Delta X_{t-2} + \ldots + \zeta_{p-1} \Delta X_{t-p+1} + \varepsilon_t$$

mit:

$$\rho = \varphi_1 + \varphi_2 + \ldots + \varphi_p$$
$$\zeta_j = -[\varphi_{j+1} + \varphi_{j+2} + \ldots + \varphi_p], \quad j = 1,2,\ldots,p-1$$

Den obigen VAR-Prozeß kann man in analoger Weise folgendermaßen darstellen

$$\mathbf{x}_t = \alpha + \rho \mathbf{x}_{t-1} + \zeta_1 \Delta \mathbf{x}_{t-1} + \zeta_2 \Delta \mathbf{x}_{t-2} + \ldots + \zeta_{p-1} \Delta \mathbf{x}_{t-p+1} + \varepsilon_t$$

mit:

$$\rho = \Phi_1 + \Phi_2 + \ldots + \Phi_p$$
$$\zeta_j = -[\Phi_{j+1} + \Phi_{j+2} + + \ldots + \Phi_p], \quad j = 1,2,\ldots,p-1$$

Subtraktion von $\mathbf{x}_{t-1}$ auf beiden Seiten ergibt

$$\Delta \mathbf{x}_t = \zeta_1 \Delta \mathbf{x}_{t-1} + \zeta_2 \Delta \mathbf{x}_{t-2} + \ldots + \zeta_{p-1} \Delta \mathbf{x}_{t-p+1} + \alpha + \zeta_0 \mathbf{x}_{t-1} + \varepsilon_t$$

mit

$$\zeta_0 := \rho - \mathbf{I}_n = -\left[\mathbf{I}_n - \sum_{i=1}^{p} \Phi_i\right] = -\Phi(1)$$

Wenn nun für $\mathbf{x}_t$ h Kointegrationsbeziehungen vorliegen, dann darf gemäß obigen Bedingungen geschrieben werden

$$\Delta \mathbf{x}_t = \zeta_1 \Delta \mathbf{x}_{t-1} + \zeta_2 \Delta \mathbf{x}_{t-2} + \ldots + \zeta_{p-1} \Delta \mathbf{x}_{t-p+1} + \alpha - \mathbf{B}\mathbf{A}'\mathbf{x}_{t-1} + \varepsilon_t$$

oder, wenn die Kointegrationsbeziehungen $\mathbf{z}_t := \mathbf{A}'\mathbf{x}_t$ explizit gemacht werden sollen:

$$\Delta \mathbf{x}_t = \zeta_1 \Delta \mathbf{x}_{t-1} + \zeta_2 \Delta \mathbf{x}_{t-2} + \ldots + \zeta_{p-1} \Delta \mathbf{x}_{t-p+1} + \alpha - \mathbf{B}\mathbf{z}_{t-1} + \varepsilon_t$$

Diese Form ist die *Fehler-Korrektur*-Darstellung eines kointegrierten VAR-Systems (vgl. Hamilton 1994, S.580), bei dem auf beiden Seiten jeweils I(0)-Prozesse stehen.

Da in dieser Darstellung ein vom Nullvektor verschiedener Konstantenvektor α vorausgesetzt wurde, ist der Erwartungswert von $\Delta\mathbf{x}_t = \boldsymbol{\mu} \neq \mathbf{0}$. Dies hat aber zur Folge, daß das kointegrierte System lineare Zeittrends enthält. Will man letztere ausschließen, dann darf der Vektor α nicht beliebig gewählt werden, sondern muß gewissen Restriktionen genügen, die sich leicht aus der Fehler-Korrektur-Darstellung ableiten lassen. Bildet man bei dieser auf beiden Seiten Erwartungswerte, dann erhält man

$$(\mathbf{I}_n - \zeta_1 - \zeta_2 - \ldots - \zeta_{p-1})\boldsymbol{\mu} = \alpha - \mathbf{B}\boldsymbol{\mu}_1$$

mit $E(\Delta\mathbf{x}_t) = \boldsymbol{\mu}$, $E(\mathbf{z}_t) = \boldsymbol{\mu}_1$. Da $\Delta\mathbf{x}_t$ stationär ist, müssen die Wurzeln der Determinantengleichung $|\mathbf{I}_n - \zeta_1 z - \zeta_2 z^2 - \ldots - \zeta_{p-1} z^{p-1}| = 0$ außerhalb des Einheitskreises liegen, d.h. die Matrix $(\mathbf{I}_n - \zeta_1 - \zeta_2 - \ldots - \zeta_{p-1})$ ist regulär. Dann kann $\boldsymbol{\mu}$ nur gleich einem Nullvektor sein, wenn der Konstantenvektor α die Bedingung $\alpha = \mathbf{B}\boldsymbol{\mu}_1$ erfüllt, ansonsten enthält das kointegrierte System g=n-h Zeittrends.

XIX.1.2. Kointegrationstests und Schätzung von Kointegrationsvektoren

Ob für konkrete Zeitreihen Kointegration vorliegt und ob es (bei mehr als zwei Zeitreihen) gegebenenfalls mehrere Kointegrationsbeziehungen gibt, ist in der Praxis in der Regel a priori nicht bekannt. Deshalb sind spezielle Tests erforderlich, die eine Entscheidung erlauben, ob überhaupt Kointegration vorliegt und mit wie vielen Kointegrationsbeziehungen gegebenenfalls zu rechnen ist. Diese Tests sind aber unterschiedlich komplex, je nachdem, ob nur eine (oder mehrere) Integrationsbeziehung(en) vorliegt(en) und/oder ob der (die) Kointegrationsvektor(en) bekannt ist (sind) oder nicht. Vorausgesetzt wird dabei stets, daß die involvierten Prozesse integriert sind vom Grad Eins.

Am einfachsten gestalten sich Kointegrationstests, wenn vorausgesetzt werden kann, daß nur *eine* Kointegrationsbeziehung vorliegt, also h=1 ist, was für die weiteren Ausführungen zunächst unterstellt werden soll, und außerdem der Kointegrationsvektor bekannt ist. Eine derartige Konstellation kann vorliegen, wenn etwa eine substanzwissenschaftlich fundierte Hypothese sowohl die Variablen einer Kointegrationsbeziehung als auch die Koeffizienten des Kointegrationsvektors festlegt. Ein einfaches Beispiel, das öfter in der Literatur erörtert wird, ist die Kointegrationsbeziehung, die aus der Idee der Kaufkraftparitäten resultiert. Betrachtet man die Preisindizes $P_t(1)$ und $P_t(2)$ zweier Länder, so liegt die Hypothese nahe, daß (mindestens) langfristig die Beziehung $P_t(1) = W_t P_t(2)$ gilt, wobei W_t den Wechselkurs der Währungen beider Länder bezeichnet. Praktisch dürfte aber auch bei Gültigkeit dieser Gleichgewichtshypothese diese Beziehung nicht für jedes t exakt gelten, vielmehr muß mit kurzfristigen Abweichungen vom hypothetischen Gleichgewicht gerechnet werden. Bezeichnet man mit $p_t(1)$, $p_t(2)$ und w_t die Logarithmen von $P_t(1)$, $P_t(2)$ und $W_t(1)$, so kann für diese Abweichungen geschrieben werden:

$$z_t := p_t(1) - w_t - p_t(2)$$

Wenn das postulierte Gleichgewicht tatsächlich existiert, dann sollte zu erwarten sein, daß z_t stationär ist, obwohl möglicherweise $p_t(1)$, $p_t(2)$ und $w_t \sim I(1)$ sind. Hier wäre der Kointegrationsvektor bekannt und lautete $\mathbf{a}' = (1, -1, -1)$.

Für den Fall eines *bekannten* Kointegrationsvektors ergibt sich somit ein einfacher Kointegrationstest: Man prüft zunächst, ob die involvierten Variablen I(1) sind, und falls diese Hypothese nicht abgelehnt werden kann, prüft man anschließend, ob z_t stationär ist. Ein Test der Nullhypothese, daß hier $z_t \sim I(1)$ ist, ist somit gleichbedeutend mit einem Test der Nullhypothese, daß *keine* Kointegration vorliegt. Für beide Schritte können prinzipiell die im letzten Kapitel dargestellten unitroot-Tests verwendet werden. Kann diese Nullhypothese abgelehnt werden, erweist sich also z_t als stationär, dann spricht nichts gegen den Schluß, daß der Vektor $\mathbf{a}'$ tatsächlich ein Kointegrationsvektor ist, d.h. die involvierten Variablen kointegriert sind. Bei Hamilton 1994 wird ein derartiger Kointegrationstest für die Kaufkraftparität USA/Italien ausführlich dargestellt (vgl. Hamilton 1994, S.582-585).

Schwieriger gestaltet sich ein Kointegrationstest, wenn der Kointegrationsvektor *unbekannt* ist. Seien beispielsweise X_{1t} und $X_{2t} \sim I(1)$ mit der (hypothetischen) Kointegrationsbeziehung $X_{1t} = \gamma X_{2t}$. Dann sind die Abweichungen $Z_{1t} := X_{1t} - \gamma X_{2t}$ stationär und der Kointegrationsvektor ist $(1, -\gamma)$ mit unbekanntem Koeffizienten γ. Intuitiv liegt in einem solchen Fall folgende (zweistufige) Vorgehensweise nahe: Man schätzt zunächst den unbekannten Kointegrationsvektor, d.h. hier den Parameter γ, in der Regression $X_{1t} = \gamma X_{2t} + u_t$ mit Hilfe von OLS und bildet dann die Residuen $\hat{u}_t := X_{1t} - \hat{\gamma} X_{2t}$. Wenn X_{1t} und X_{2t} *nicht* kointegriert sind, dann kann u_t nicht I(0) sein, d.h. wenn $\hat{u}_t$ auf $\hat{u}_{t-1}$ regressiert wird, dann sollte ein geschätzter Koeffizient zu erwarten sein, der nahe bei Eins liegt, d.h. die Residuen $\hat{u}_t$ sollten eine Einheitswurzel aufweisen. Wenn aber X_{1t} und X_{2t} kointegriert sind, dann sollte dieser Koeffizient kleiner als Eins sein, d.h. es sollte zu erwarten sein, daß die Residuen stationär sind, also keine Einheitswurzel aufweisen. Ein derartiger Kointegrationstest würde also ebenfalls wieder auf unit-roots-Tests beruhen. Es kann gezeigt werden, daß diese zweistufige Prozedur sinnvoll ist.

Zunächst kann man sich klarmachen, daß die OLS-Schätzung im ersten Schritt gleichbedeutend damit ist, daß im allgemeinen Fall die Koeffizienten $(1, \gamma_1, ..., \gamma_n)$ des Kointegrationsvektors so bestimmt werden, daß die (quadrierten) Abweichungen vom Gleichgewicht über den vorgegebenen Schätzzeitraum $t = 1, 2, ..., T$ hinweg minimiert werden, d.h. die Schätzung der Koeffizienten beruht auf dem Regressionsmodell

$$X_{1t} = \gamma_2 X_{2t} + ... + \gamma_n X_{nt} + u_t = \gamma' \mathbf{x}_{2t} + u_t$$

mit $\gamma' := (\gamma_2, ..., \gamma_n)$ und $\mathbf{x}_{2t} := (X_{2t}, ..., X_{nt})'$, wobei zu beachten ist, daß der Störterm u_t im allgemeinen kein weißes Rauschen ist. Bei dieser Regression wurde speziell angenommen, daß X_{1t} quasi die "abhängige" Variable ist in der Kointegrationsbeziehung. Deshalb wurde der zugehörige Koeffizient auf Eins normiert. Darauf wird noch zurückzukommen sein. Falls die Kointegrationsbeziehung eine Konstante aufweist, ist diese in dieser Regressionsgleichung zu berücksichtigen (vgl. Hamilton 1994, S.587).

Eine Schätzung der Kointegrationskoeffizienten auf diesem Weg könnte sich aber nur dann als weiterführend erweisen, wenn die OLS-Schätzer *konsistent* sind. Es kann nun gezeigt werden, daß dies tatsächlich der Fall ist, vgl. dazu Phillips/

Durlauf 1986 sowie Stock 1987. Allerdings weisen sie keine Standard-Grenzverteilungen auf, sondern Verteilungen, die in komplizierter Weise von Wiener-Prozessen abhängen und die deshalb hier nicht wiedergegeben seien. Der Leser sei auf Formel [19.2.13] bei Hamilton 1994, S.588 verwiesen. Aus der dort wiedergegebenen Grenzverteilung geht hervor, daß der OLS-Schätzer *superkonsistent* ist für den Vektor γ, d.h. mit der Rate T konvergiert und nicht nur mit $T^{1/2}$, wie der Schätzer für eine eventuell zu berücksichtigende Konstante. Zu beachten ist, daß die Eigenschaft der Superkonsistenz gilt, obwohl der Störterm in der obigen Regressionsgleichung im allgemeinen sowohl autokorreliert als auch möglicherweise mit $\Delta X_{2t},...,\Delta X_{nt}$ korreliert ist. Die letztere Korrelation führt allerdings zu einem *bias* in der Grenzverteilung (vgl. Hamilton 1994, S.588).

Nachdem im ersten Schritt die Koeffizienten des Kointegrationsvektors geschätzt wurden, können in einem zweiten Schritt die Residuen bestimmt werden: $\hat{u}_t := X_{1t} - \hat{\alpha}_T - \hat{\gamma}'_T \mathbf{x}_{2t}$, $t=1,2,...,T$, wobei $\hat{\alpha}_T$ und $\hat{\gamma}_T$ die OLS-Schätzer von α und γ bei einem Stichprobenumfang von T bezeichnen und vom allgemeineren Fall ausgegangen wird, daß die Kointegrationsbeziehung eine Konstante enthält (damit ist die Summe der Residuen gleich Null und die nachfolgende Schätzformel für ρ wird etwas einfacher). Die Regression $\hat{u}_t = \rho \hat{u}_{t-1} + e_t$ mit dem OLS-Schätzer

$$\hat{\rho}_T = \sum_{t=2}^{T} \hat{u}_t \hat{u}_{t-1} \Big/ \sum_{t=1}^{T} \hat{u}_t^2$$

kann schließlich dazu benützt werden, um die Hypothese zu testen, daß $\rho=1$ ist, d.h. also, daß die Residuen I(1) sind und somit *keine* Kointegration vorliegt. Kann diese Nullhypothese abgelehnt werden, dann spricht nichts dagegen, daß Kointegration vorliegt. Ein solcher Test kann unmittelbar – so scheint es jedenfalls – mit den im letzten Kapitel dargestellten unit-roots-Tests durchgeführt werden. Leider hat die Sache aber einen gewichtigen Haken, weil die Verteilungen etwa des Phillips-Perron- oder ADF-Tests andere sind, wenn diese mit OLS-Residuen anstatt mit (direkten) Prozeßrealisationen berechnet werden. Insbesondere hängen sie von der Anzahl n-1 der erklärenden Variablen ab, sowie davon, ob eine Konstante in der Kointegrationsbeziehung berücksichtigt wird oder nicht (vgl. etwa Engle/Granger 1987, Engle/Yoo 1987 sowie Phillips/Ouliaris 1990). Asymptotische Verteilungen sind bei Hamilton 1994, S.594 angegeben. Man vergleiche beispielsweise die dort aufgeführten unterschiedlichen asymptotischen Verteilungen des Phillips-Perron-Tests, wenn $\hat{\rho}_T$ zum einen auf direkten Prozeßrealisationen und zum anderen auf OLS-Residuen beruht. Im ersten Fall ist diese Verteilung gegeben durch [17.6.8], S.509 in Verbindung mit [17.6.1.], S.507. Im zweiten Fall durch [19.2.36], S.594 in Verbindung mit [19.2.26], S.592. Daher ist es nicht überraschend, daß die für unit-roots-Tests üblicherweise verwendeten Quantil-Tabellen für diesen Kointegrationstest nicht verwendet werden können. Bei Hamilton 1994, S.599 findet sich unter dem Oberbegriff "Phillips-Ouliaris-Hansen Tests for Cointegration" ein tabellarischer Überblick zum Phillips-Perron- und ADF-Test bei verschiedenen Kointegrationsnullhypothesen, sowie ein Verweis auf entsprechende Quantil-Tabellen (Tabelle B.8 und B.9, S.765 f.), die wiederum mit Hilfe von Simulationen erstellt wurden, denen allerdings ein relativ großer Stichprobenumfang (T=500) zugrunde liegt, der in der Praxis bei ökonomischen Reihen, von Finanzdaten einmal abgesehen, nur ausnahmsweise gegeben sein dürfte. Simulierte Quantil-Tabellen, die auf kleineren Stichprobenumfängen beruhen, sind bei Engle/Yoo 1987 und Haug 1992 zu finden.

Beim obigem Kointegrationstest ist einschränkend noch zu berücksichtigen, daß im zu schätzenden Kointegrationsvektor der Koeffizient von X_{1t} gleich Eins gesetzt wurde. Diese Normierung ist jedoch nicht zwingend. Man könnte als "abhängige" Variable in der Kointegrationsbeziehung auch irgendeine der anderen n-1 Variablen wählen, falls nicht substanzwissenschaftliche Gründe explizit dagegen sprächen. Wählt man z.B. X_{2t} dafür, dann resultieren aus der Regression dieser Variablen auf $(X_{1t}, X_{3t}, ..., X_{nt})$ *andere* Residuen als bei der vorigen Regression, die dann möglicherweise zu einer anderen Entscheidung beim Kointegrationstest führen. Somit hat die Anordnung der Variablen u.U. einen entscheidenden Einfluß auf das Analyseresultat. Allerdings gibt es auch Kointegrationstests, die invariant sind gegenüber verschiedenen Anordnungen der Variablen, wie z.B. der "full-information maximum likelihood test" von Johansen, auf den weiter unten im Zusammenhang mit der Darstellung der gleichnamigen Schätzprozedur für Kointegrationsvektoren eingegangen werden soll. Bei diesem entfällt ebenfalls die bisherige Restriktion, daß nur *eine* Kointegrationsbeziehung vorliegen darf.

XIX.1.3. Testen und Schätzen im Fehler-Korrektur-Modell mit Kointegrationsrang Eins

Mit den bisherigen Resultaten können im Fehler-Korrektur-Modell Test- und Schätzprobleme gelöst werden, vorausgesetzt, daß nach wie vor von nur *einer* Kointegrationsbeziehung ausgegangen wird. Unter dieser Voraussetzung hat im Modell

$$\Delta \mathbf{x}_t = \zeta_1 \Delta \mathbf{x}_{t-1} + ... + \zeta_{p-1} \Delta \mathbf{x}_{t-p+1} + \boldsymbol{\alpha} - \mathbf{B} \mathbf{z}_{t-1} + \boldsymbol{\varepsilon}_t$$

$$\mathbf{z}_t = \mathbf{A}' \mathbf{x}_t$$

die Kointegrationsmatrix den Rang 1, d.h. es ist

$$\begin{pmatrix} z_{1t} \\ z_{2t} \\ \cdot \\ \cdot \\ \cdot \\ z_{ht} \end{pmatrix} = \begin{pmatrix} 1 & a_2 & a_3 & ... & a_n \\ 0 & 0 & 0 & ... & 0 \\ \cdot & \cdot & \cdot & ... & \cdot \\ \cdot & \cdot & \cdot & ... & \cdot \\ \cdot & \cdot & \cdot & ... & \cdot \\ 0 & 0 & 0 & ... & 0 \end{pmatrix} \begin{pmatrix} X_{1t} \\ X_{2t} \\ \cdot \\ \cdot \\ \cdot \\ X_{nt} \end{pmatrix} = \begin{pmatrix} X_{1,t} - \sum_{i=2}^{n} \gamma_i X_{i,t} \\ 0 \\ \cdot \\ \cdot \\ \cdot \\ 0 \end{pmatrix}$$

wobei $(1, a_2, a_3, ..., a_n) = (1, -\gamma_2, -\gamma_3, ..., -\gamma_n)$ gesetzt wurde. Somit lautet das Fehler-Korrektur-Modell bei n Variablen und *einer* Kointegrationsbeziehung in ausführlicher Schreibweise

$$
\begin{pmatrix} \Delta X_{1t} \\ \cdot \\ \cdot \\ \cdot \\ \Delta \dot{X}_{nt} \end{pmatrix} = \begin{pmatrix} \zeta_{11}^{(1)} & \cdots & \zeta_{1n}^{(1)} \\ \cdot & \cdots & \cdot \\ \cdot & \cdots & \cdot \\ \cdot & \cdots & \cdot \\ \zeta_{n1}^{(1)} & \cdots & \zeta_{nn}^{(1)} \end{pmatrix} \begin{pmatrix} \Delta X_{1,t-1} \\ \cdot \\ \cdot \\ \Delta \dot{X}_{n,t-1} \end{pmatrix} + \cdots + \begin{pmatrix} \zeta_{11}^{(p-1)} & \cdots & \zeta_{1n}^{(p-1)} \\ \cdot & \cdots & \cdot \\ \cdot & \cdots & \cdot \\ \cdot & \cdots & \cdot \\ \zeta_{n1}^{(p-1)} & \cdots & \zeta_{nn}^{(p-1)} \end{pmatrix} \cdot
$$

$$
\cdot \begin{pmatrix} \Delta X_{1,t-p+1} \\ \cdot \\ \cdot \\ \cdot \\ \Delta \dot{X}_{n,t-p+1} \end{pmatrix} + \begin{pmatrix} \alpha_1 \\ \cdot \\ \cdot \\ \cdot \\ \alpha_n \end{pmatrix} - \begin{pmatrix} b_{11}[X_{1,t-1} - \sum_{i=2}^{n} \gamma_i X_{i,t-1}] \\ \cdot \\ \cdot \\ \cdot \\ b_{n1}[X_{1,t-1} - \sum_{i=2}^{n} \gamma_i X_{i,t-1}] \end{pmatrix} + \begin{pmatrix} \varepsilon_{1t} \\ \cdot \\ \cdot \\ \cdot \\ \varepsilon_{nt} \end{pmatrix}
$$

Für den in der Praxis häufig auftretenden Fall n=2 ergibt sich daraus

$$
\Delta X_{1,t} = \sum_{j=1}^{p-1} \zeta_{11}^{(j)} \Delta X_{1,t-j} + \sum_{j=1}^{p-1} \zeta_{12}^{(j)} \Delta X_{2,t-j} + \alpha_1 - b_{11}(X_{1,t-1} - \gamma X_{2,t-1}) + \varepsilon_{1t}
$$

und

$$
\Delta X_{2,t} = \sum_{j=1}^{p-1} \zeta_{21}^{(j)} \Delta X_{1,t-j} + \sum_{j=1}^{p-1} \zeta_{22}^{(j)} \Delta X_{2,t-j} + \alpha_2 - b_{21}(X_{1,t-1} - \gamma X_{2,t-1}) + \varepsilon_{2t}
$$

Von Engle/Granger 1987 wurde eine *zweistufige* Schätzprozedur für die Parameter dieses Modells vorgeschlagen, die eng mit dem im letzten Kapitel XIX.1.2. behandelten Kointegrationstest zusammenhängt. Danach werden in einer ersten Stufe die Parameter der Kointegrationsbeziehung mit OLS geschätzt (im Kap. XIX.1.2. wurde schon darauf eingegangen, daß dafür OLS-Schätzer konsistent sind) und mit den Residuen aus dieser Regression die Nullhypothese der Nicht-Kointegration überprüft. Kann diese abgelehnt werden. dann ersetzt man die unbekannten Parameter der Kointegrationsbeziehung im Fehler-Korrektur-Modell durch die so geschätzten. In einer zweiten Stufe können dann die sonstigen unbekannten Parameter des Modells wiederum mit OLS bestimmt werden. Diese Schätzprozedur ist also sehr einfach, sie erfordert lediglich zwei OLS-Schätzungen. Allerdings ist in der zweiten Stufe noch p festzulegen, d.h. die Anzahl der zu berücksichtigenden lags. Dafür können im konkreten Fall u.U. substanzwissenschaftliche Gesichtspunkte maßgebend sein, andernfalls sollte durch "trial and error" versucht werden, p so festzulegen, daß die Residuen als Realisationen von weißem Rauschen angesehen werden können. Denkbar wäre evtl. auch eine unterschiedliche Anzahl von lags für die verzögerten (differenzierten) Variablen. Beispielsweise könnte man im obigen Fall von nur zwei Variablen für ΔX_{1t} und ΔX_{2t} entweder in der ersten oder in der zweiten Gleichung oder auch in beiden jeweils zwei verschiedene maximale lags p_1, p_2 bzw. p_3, p_4 berücksichtigen. Dann wäre $p=\max(p_1, p_2, p_3, p_4)$ zu setzen und gewisse Parameter in den vier Summen wären a priori gleich Null.

XIX.2. Full-Information Maximum-Likelihood-Analyse kointegrierter Systeme

XIX.2.1. Einführung

Bisher wurde ausschließlich der Fall nur *einer* Kointegrationsbeziehung betrachtet. Bei n Variablen sind aber maximal bis zu h=n-1 Kointegrationsbeziehungen denkbar. Außerdem wurde in der Kointegrationsgleichung eine der n Variablen als "abhängige Variable" betrachtet, was gleichbedeutend ist mit einer *Normierung* der Koeffizienten, z.B. wenn $a_{11} = 1$ gesetzt wird. Daß die Analyseresultate im allgemeinen nicht invariant sind gegenüber verschiedenen Normierungen, die wohl meistens mehr oder weniger willkürlich sind, wurde schon oben vermerkt. Weiterhin kann mit Hilfe der bisherigen Kointegrationstests nur überprüft werden, ob Kointegration vorliegt oder nicht, aber nicht, ob mehrere und gegebenenfalls wie viele Kointegrationsbeziehungen bestehen. Beim full-information Maximum-Likelihood-approach nach Johansen 1988,1991 und Ahn/Reinsel 1990 entfallen diese Restriktionen, d.h. es sind prinzipiell mehrere Kointegrationsbeziehungen zugelassen, eine Koeffizientennormierung, also eine Einteilung der kointegrierten Variablen in eine "abhängige" und mehrere "unabhängige" Variablen ist nicht notwendig und außerdem kann mit Hilfe eines Likelihood-Quotienten-Tests überprüft werden, ob eine, zwei,... oder n-1 Kointegrationsbeziehungen bestehen.

XIX.2.2. Kanonische Korrelation

Ein wesentlicher Baustein der *full information maximum likelihood*-Schätzung (kurz: FIML) kointegrierter Systeme nach Johansen und Ahn/Reinsel stellt die *kanonische Korrelation* dar. Diese ist seit langem – unabhängig von der Zeitreihenanalyse – aus der *multivariaten Statistik* bekannt. Bei der kanonischen Korrelation wird von zwei Gruppen von Zufallsvariablen ausgegangen – $Y_1, Y_2, ..., Y_q$ und $X_1, X_2, ..., X_p$ – die in den beiden Spalten-Vektoren $\mathbf{y} = (Y_1, Y_2, ..., Y_q)'$ und $\mathbf{x} = (X_1, X_2, ..., X_p)'$ zusammengefaßt seien (vgl. Hamilton 1994, S.630 ff.) Es sei angenommen, daß für jede Zufallsvariable Y_i (i=1,2,...,q) und X_j (j=1,2,...,p) gelte $Y_i = Y_i^* - E(Y_i^*)$ und $X_j = X_j^* - E(X_j^*)$, d.h. die Zufallsvariablen Y_i^* und X_i^* seien jeweils in Abweichung von ihren Erwartungswerten gemessen. Damit ist $E(\mathbf{y}) = E(\mathbf{x}) = \mathbf{0}$, was zu einer Vereinfachung vieler Ausdrücke führt. Für die Variablen *innerhalb* des Vektors $\mathbf{y}$ bzw. $\mathbf{x}$ sei angenommen, daß sie miteinander korreliert seien. Zusätzlich sei aber angenommen, daß auch Korrelationen *zwischen* den Variablen in $\mathbf{y}$ und $\mathbf{x}$ existieren. Insgesamt ist dies gleichbedeutend damit, daß die Existenz von vier Kovarianzmatrizen postuliert wird, die in folgender *gemeinsamer* Kovarianzmatrix zusammengefaßt werden können:

$$\begin{pmatrix} E(\mathbf{yy}') & E(\mathbf{yx}') \\ E(\mathbf{xy}') & E(\mathbf{xx}') \end{pmatrix} = \begin{pmatrix} \Sigma_{yy} & \Sigma_{yx} \\ \Sigma_{xy} & \Sigma_{xx} \end{pmatrix}$$

Auf der Hauptdiagonalen steht die (q×q)-Kovarianzmatrix der $\mathbf{y}$-Variablen und die (p×p)-Kovarianzmatrix der $\mathbf{x}$-Variablen, während auf der Nebendiagonalen die (q×p)- bzw. (p×q)-*Kreuzkovarianzmatrizen* der **y**- und **x**-Variablen stehen, wobei $\Sigma_{xy} = \Sigma'_{yx}$ ist.

Die verschiedenen Korrelationsbeziehungen zwischen diesen Variablen lassen sich häufig übersichtlicher darstellen, wenn zwei neue (n×1)-Zufallsvektoren $\boldsymbol{\eta}$ und $\boldsymbol{\xi}$ mit n=min(p,q) als Linearkombination von **x** und **y** definiert werden: $\boldsymbol{\eta} = \mathbf{C}'\mathbf{y}$, $\boldsymbol{\xi} = \mathbf{D}'\mathbf{x}$, wobei $\mathbf{C}'$ eine (n×q)- und $\mathbf{D}'$ eine (n×p)-Matrix ist. Diese Matrizen sollen nun so bestimmt werden, daß einerseits alle Variablen in $\boldsymbol{\eta}$ und $\boldsymbol{\xi}$ die gleiche Varianz (und zwar Eins) aufweisen und innerhalb eines jeden Vektors unkorreliert sind, aber andererseits eine (positive) Korrelation zwischen der j-ten Variablen in $\boldsymbol{\xi}$ und der i-ten Variablen in $\boldsymbol{\eta}$ existiert, falls j=i ist (für j≠i sollen sie unkorreliert sein). Somit soll also gelten

$$E(\boldsymbol{\eta}\boldsymbol{\eta}') = \mathbf{C}'\Sigma_{yy}\mathbf{C} = \mathbf{I}_n, \quad E(\boldsymbol{\xi}\boldsymbol{\xi}') = \mathbf{D}'\Sigma_{xx}\mathbf{D} = \mathbf{I}_n \quad \text{und} \quad E(\boldsymbol{\xi}\boldsymbol{\eta}') = \mathbf{D}'\Sigma_{xy}\mathbf{C} = \mathbf{R}$$

mit der Korrelationsmatrix:

$$\mathbf{R} = \begin{pmatrix} r_1 & 0 & \dots & 0 \\ 0 & r_2 & \dots & 0 \\ . & . & \dots & . \\ 0 & 0 & \dots & r_n \end{pmatrix}$$

r_i, i=1,2,...,n wird als i-ter *kanonischer Korrelationskoeffizient* zwischen **y** und **x** bezeichnet.

Sowohl die kanonischen Korrelationskoeffizienten als auch die Elemente der beiden Matrizen **C** und **D** lassen sich aus den vier obigen Kovarianzmatrizen bestimmen. Es kann gezeigt werden, daß sich die Spalten der Matrix **C** aus der Lösung des folgenden Eigenvektor- bzw. Eigenwertproblems ergeben

$$(\Sigma_{yy}^{-1}\Sigma_{yx}\Sigma_{xx}^{-1}\Sigma_{xy})\mathbf{e}_i = \lambda_i\mathbf{e}_i, \quad i = 1,2,...,q$$

Dabei bezeichnet λ_i den i-ten Eigenwert und $\mathbf{e}_i$ den zugehörigen Eigenvektor der (q×q)-Matrix: $\Sigma_{yy}^{-1}\Sigma_{yx}\Sigma_{xx}^{-1}\Sigma_{xy}$ mit $\lambda_1 \geq \lambda_2 \geq ... \geq \lambda_q$. Bekanntlich sind Eigenvektoren nicht eindeutig, denn wenn $\mathbf{e}_i$ ein Eigenvektor der obigen Matrix ist, dann sind $c\mathbf{e}_i$ für beliebige c≠0 ebenfalls Eigenvektoren. Eindeutige Eigenvektoren erhält man nur, wenn eine Normierungsbedingung eingeführt wird. In der multivariaten Statistik wird dafür häufig die "Längennormierung" $\mathbf{e}_i'\mathbf{e}_i = 1$ verwendet. Diese ist jedoch in diesem Fall hier nicht zweckmäßig, da gemäß Voraussetzung die Varianz der Variablen in $\boldsymbol{\eta}$ und $\boldsymbol{\xi}$ gleich Eins sein soll. Dies ist gewährleistet, wenn die Normierung $\mathbf{e}_i'\Sigma_{yy}\mathbf{e}_i = 1$ verwendet wird. Die n=min(p,q) Spalten der Matrix **C** sind identisch mit den so normierten Eigenvektoren, die ebenfalls der Einfachheit halber mit $\mathbf{e}_1, \mathbf{e}_2, ...,$ $\mathbf{e}_n$ bezeichnet werden sollen, d.h. es ist $\mathbf{C} = (\mathbf{e}_1, \mathbf{e}_2, ..., \mathbf{e}_n)$.

Die Spalten der Matrix **D** lassen sich in analoger Weise als Lösung des Eigenvektor-Eigenwertproblems

$$(\Sigma_{xx}^{-1}\Sigma_{xy}\Sigma_{yy}^{-1}\Sigma_{yx})\mathbf{a}_j = \mu_j\mathbf{a}_j, \quad j = 1,2,...,p \quad \text{mit} \quad \mu_1 \geq \mu_2 \geq ... \geq \mu_p$$

bestimmen mit der Normierung $\mathbf{a}_j'\Sigma_{xx}\mathbf{a}_j = 1$, d.h. es ist $\mathbf{D} = (\mathbf{a}_1, \mathbf{a}_2, ..., \mathbf{a}_n)$. Es ist $0 \leq \lambda_i < 1$ für i=1,2,...,q und $0 \leq \mu_j < 1$ für j=1,2,...,p und $\lambda_i = \mu_i$ für i=1,2,...,n. Außerdem ergibt sich

$$E(\boldsymbol{\xi}\boldsymbol{\eta}') = \mathbf{D}'\Sigma_{xy}\mathbf{C} = \begin{pmatrix} \sqrt{\lambda_1} & 0 & \dots & 0 \\ 0 & \sqrt{\lambda_2} & \dots & 0 \\ . & . & \dots & . \\ 0 & 0 & \dots & \sqrt{\lambda_n} \end{pmatrix}$$

d.h. der i-te kanonische Korrelationskoeffizient (i=1,2,...,n) ist gleich der Quadrat-wurzel aus dem i-ten Eigenwert, der sich bei der Lösung der beiden Eigenvektor-Eigenwertprobleme ergibt. Da die ersten n=min(p,q) Eigenwerte in beiden Fällen identisch sind, wird man sie in der Praxis aus derjenigen Matrix bestimmen, die eine kleinere Dimension aufweist.

In der Praxis sind die der kanonischen Korrelation zugrundeliegenden Kovarianz-matrizen $\Sigma_{yy}, \Sigma_{xx}, \Sigma_{yx}$ bzw. Σ_{xy} nicht bekannt. Sie müssen deshalb geschätzt werden. Wenn für jede Variable in $\mathbf{y}$ und $\mathbf{x}$ jeweils N Beobachtungswerte vorliegen, dann können folgende Kovarianzschätzer gebildet werden

$$\hat{\Sigma}_{yy} := \frac{1}{N}\sum_{i=1}^{N} \mathbf{y}_i \mathbf{y}_i', \quad \hat{\Sigma}_{yx} := \frac{1}{N}\sum_{i=1}^{N} \mathbf{y}_i \mathbf{x}_i', \quad \hat{\Sigma}_{xx} := \frac{1}{N}\sum_{i=1}^{N} \mathbf{x}_i \mathbf{x}_i'$$

wobei angenommen sei, daß die Vektoren $\mathbf{y}$ und $\mathbf{x}$ jeweils mittelwertbereinigt seien. Die kanonische Korrelationsanalyse verläuft nun mit diesen geschätzten Ko-varianzmatrizen genau so wie mit den unbekannten theoretischen Kovarianzmatri-zen. Man erhält aus den analog gebildeten Matrizenprodukten geschätzte Eigen-werte und Eigenvektoren und daraus geschätzte Matrizen $\hat{\mathbf{C}}, \hat{\mathbf{D}}$ und schließlich ge-schätzte kanonische Korrelationskoeffizienten.

XIX.2.3. Maximum-Likelihood-Schätzungen

Wie in Kap. XIX.1.2.2 gezeigt wurde, kann ein nicht-stationärer VAR-Prozeß p-ter Ordnung in der Form geschrieben werden

$$\Delta\mathbf{x}_t = \zeta_1\Delta\mathbf{x}_{t-1} + \zeta_2\Delta\mathbf{x}_{t-2} + \dots + \zeta_{p-1}\Delta\mathbf{x}_{t-p+1} + \alpha + \zeta_0\mathbf{x}_{t-1} + \varepsilon_t$$

mit

$$E(\varepsilon_t) = \mathbf{0}, \quad E(\varepsilon_t\varepsilon_s') = \begin{cases} \Sigma & \text{für } t=s \\ \mathbf{0} & \text{sonst} \end{cases}$$

wobei wieder vorausgesetzt wird, daß jede Komponente X_{it} des Vektors $\mathbf{x}_t = (X_{1t}, X_{2t}, ..., X_{nt})'$ ein I(1)-Prozeß ist und daß genau $h \geq 1$ Kointegrationsbeziehun-gen existieren. Dann kann die Matrix ζ_0 in der Form $\zeta_0 = -\mathbf{BA}'$ geschrieben werden.

Postuliert man für ε_t eine multivariate Normalverteilung, dann lautet die *beding-te* (logarithmierte) Likelihoodfunktion für die unbekannten Parametermatrizen $\Sigma, \zeta_1, ..., \zeta_{p-1}$ sowie den unbekannten Parametervektor α, d.h. die Likelihoodfunk-tion bei p gegebenen Startwerten $(\mathbf{x}_{-p+1}, \mathbf{x}_{-p+2}, ..., \mathbf{x}_0)$ und T Beobachtungen für jede Komponente $X_{it}, i=1,2,...,n$:

$$L(\Sigma, \zeta_1, \zeta_2, ..., \zeta_{p-1}, \alpha, \zeta_0) = (-\frac{Tn}{2})\log(2\pi) - \frac{T}{2}\log|\Sigma|$$

$$-\frac{1}{2}\sum_{t=1}^{T}[(\Delta\mathbf{x}_t - \zeta_1\Delta\mathbf{x}_{t-1} - \zeta_2\Delta\mathbf{x}_{t-2} - ... - \zeta_{p-1}\Delta\mathbf{x}_{t-p+1} - \alpha - \zeta_0\mathbf{x}_{t-1})' \cdot$$

$$\cdot \Sigma^{-1}(\Delta\mathbf{x}_t - \zeta_1\Delta\mathbf{x}_{t-1} - \zeta_2\Delta\mathbf{x}_{t-2} - ... - \zeta_{p-1}\Delta\mathbf{x}_{t-p+1} - \alpha - \zeta_0\mathbf{x}_{t-1})]$$

oder kürzer:

$$L(\Sigma, \zeta_1, \zeta_2, ..., \zeta_{p-1}, \alpha, \zeta_0) = (-\frac{Tn}{2})\log(2\pi) - \frac{T}{2}\log|\Sigma| - \frac{1}{2}\sum_{t=1}^{T}\varepsilon_t' \Sigma^{-1}\varepsilon_t$$

Die unbekannten Parameter ergeben sich durch Maximierung dieser Funktion be-züglich $\Sigma, \zeta_1, ..., \zeta_{p-1}, \alpha_0, \zeta_0$ unter der Nebenbedingung $\zeta_0 = -\mathbf{BA}'$.

Nach Johansen 1988,1991 führt die Lösung dieses Optimierungsproblems auf eine Schätzprozedur, die man in drei Schritte einteilen kann:

Schritt 1: OLS-Schätzungen von Hilfsgleichungen

In der ersten Phase werden die Parameter zweier Regressionsmodelle mit OLS geschätzt, wobei als abhängige Variable im ersten Modell $\Delta \mathbf{x}_t$ und im zweiten Modell $\mathbf{x}_{t-1}$ verwendet wird. Als erklärende Variable werden bei beiden Regressionen $\Delta \mathbf{x}_{t-1}, \Delta \mathbf{x}_{t-2}, \dots, \Delta \mathbf{x}_{t-p+1}$ verwendet. Somit ist

$$\Delta \mathbf{x}_t = \hat{\pi}_0 + \hat{\Pi}_1 \Delta \mathbf{x}_{t-1} + \hat{\Pi}_2 \Delta \mathbf{x}_{t-2} + \dots + \hat{\Pi}_{p-1} \Delta \mathbf{x}_{t-p+1} + \hat{\mathbf{u}}_t$$

$$\mathbf{x}_{t-1} = \hat{\theta}_0 + \hat{\Theta}_1 \Delta \mathbf{x}_{t-1} + \hat{\Theta}_2 \Delta \mathbf{x}_{t-2} + \dots + \hat{\Theta}_{p-1} \Delta \mathbf{x}_{t-p+1} + \hat{\mathbf{v}}_t$$

wobei die $(n \times n)$-Matrizen $\hat{\Pi}_i$ und $\hat{\Theta}_i$, $i=1,2,\dots,p-1$, OLS-Koeffizientenmatrizen bezeichnen und die $(n \times 1)$-Vektoren $\hat{\mathbf{u}}_t$ bzw. $\hat{\mathbf{v}}_t$ die jeweiligen Residuenvektoren für den Zeitpunkt t.

Schritt 2: Kanonische Korrelationen (Berechnung Eigenwerte und Eigenvektoren)

Mit Hilfe der geschätzten Kovarianzmatrizen der Residuen aus Schritt 1

$$\hat{\Sigma}_{uu} = \frac{1}{T}\sum_{t=1}^{T} \hat{\mathbf{u}}_t \hat{\mathbf{u}}_t' \, , \quad \hat{\Sigma}_{vv} = \frac{1}{T}\sum_{t=1}^{T} \hat{\mathbf{v}}_t \hat{\mathbf{v}}_t' \, , \quad \hat{\Sigma}_{uv} = \frac{1}{T}\sum_{t=1}^{T} \hat{\mathbf{u}}_t \hat{\mathbf{v}}_t'$$

können kanonische Variablen bestimmt werden, die im Anschluß an obige Darstellung der kanonischen Korrelation mit $\hat{\eta}_t$ und $\hat{\xi}_t$ bezeichnet seien (das Dach-Symbol wird eingeführt, um darauf hinzuweisen, daß diese kanonische Korrelation nicht auf beobachtbaren Zufallsvariablen beruht, sondern auf OLS-Residuen). Es ist also:

$$\hat{\eta}_t = \mathbf{C}' \hat{\mathbf{u}}_t, \quad \hat{\xi}_t = \mathbf{D}' \hat{\mathbf{v}}_t$$

Die Bestimmung der Matrizen $\mathbf{C}'$ und $\mathbf{D}'$ unter den Voraussetzungen der kanonischen Korrelation führt zur Lösung des Eigenwert/Eigenvektor-Problems für die Matrix $\hat{\Sigma}_{vv}^{-1} \hat{\Sigma}_{vu} \hat{\Sigma}_{uu}^{-1} \hat{\Sigma}_{uv}$, was zu n Eigenwerten bzw. Eigenvektoren führt.

Das Maximum der logarithmierten Likelihoodfunktion unter der Bedingung, daß h Kointegrationsbeziehungen existieren, ist gegeben durch:

$$L_{max} = -\left(\frac{Tn}{2}\right)\log(2\pi) - \left(\frac{Tn}{2}\right) - \left(\frac{T}{2}\right)\log|\hat{\Sigma}_{uu}| - \left(\frac{T}{2}\right)\sum_{i=1}^{h}\log(1 - \hat{\lambda}_i)$$

Dieser Ausdruck bildet die Grundlage für einen Likelihood-Quotienten-Test bezüglich der Anzahl existierender Kointegrationsbeziehungen, wenn diese nicht a priori bekannt ist. Darauf wird noch zurückzukommen sein.

Schritt 3: Maximum-Likelihood-Schätzungen der Modellparameter

Falls nun h Kointegrationsbeziehungen existieren, bilden die ersten h der in Schritt 2 berechneten Eigenvektoren, die mit den h größten Eigenwerten verknüpft sind, eine Basis des Raumes der Kointegrationsvektoren, d.h. für einen beliebigen Kointegrationsvektor kann geschrieben werden $\mathbf{a} = b_1 \hat{\mathbf{a}}_1 + b_2 \hat{\mathbf{a}}_2 + \dots + b_h \hat{\mathbf{a}}_h$, wobei Johansen für die Eigenvektoren die Normierung $\hat{\mathbf{a}}_i' \hat{\Sigma}_{vv} \hat{\mathbf{a}}_i = 1$, $i=1,2,\dots,h$ vorschlägt.

Die Maximum-Likelihood-Schätzer für die unbekannten Parametermatrizen des kointegrierten VAR-Systems sind schließlich

$$\hat{\zeta}_0 = \hat{\Sigma}_{uv} \hat{\mathbf{A}} \hat{\mathbf{A}}', \quad \hat{\mathbf{A}} = (\hat{\mathbf{a}}_1, \hat{\mathbf{a}}_2, \dots, \hat{\mathbf{a}}_h)$$

$$\hat{\zeta}_i = \hat{\Pi}_i - \hat{\zeta}_0 \hat{\Theta}_i, \quad i=1,2,\dots,p-1$$

$$\hat{\alpha} = \hat{\pi}_0 - \hat{\zeta}_0 \hat{\theta}_0$$

und der Maximum-Likelihood-Schätzer für die Kovarianzmatrix Σ der Störterme lautet:

$$\hat{\Sigma} = \frac{1}{T} \sum_{t=1}^{T} [(\hat{\mathbf{u}}_t - \hat{\zeta}_0 \hat{\mathbf{v}}_t)(\hat{\mathbf{u}}_t - \hat{\zeta}_0 \hat{\mathbf{v}}_t)']$$

(vgl. Hamilton 1994, S.636-638 sowie Banerjee/Dolado/Galbraith/Hendry 1994, S.261-266).

Bei der eben dargestellten FIML-Schätzprozedur wurden bezüglich des Parametervektors α keinerlei Restriktionen postuliert. Will man aber z.b. lediglich Konstanten in den Kointegrationsbeziehungen, aber keine deterministischen Zeittrends zulassen, dann muß bei der Schätzung die oben eingeführte Restriktion $\alpha = \mathbf{B}\mu_1$ berücksichtigt werden. Dies führt zu etwas anderen Hilfsgleichungen in Schritt 1, anderen Eigenwerten und Eigenvektoren in Schritt 2 und schließlich in Schritt 3 auch zu leicht modifizierten Maximum-Likelihood-Schätzern für die unbekannten Parametermatrizen (für Einzelheiten sei wieder auf Hamilton 1994, S.643-645, verwiesen).

Daß die Maximierung der Likelihoodfunktion zu diesen drei Schätzphasen führt, läßt sich nicht unmittelbar einsehen. Dazu sind relativ komplizierte und langatmige Überlegungen erforderlich, die hier nicht wiedergegeben werden können. Eine gute Darstellung ist beispielsweise bei Hamilton zu finden (vgl. dazu Hamilton 1994, S.638-643).

Bei der praktischen Durchführung dieser Schätzprozedur muß die maximale lag-Länge p-1 festgelegt werden. Nach Modellvoraussetzung ist ε_t weißes Rauschen, was im allgemeinen für eine große lag-Länge spricht. Andererseits wird durch p-1 die Dauer der Abweichungen vom langfristigen Gleichgewichtspfad festgelegt, was eher für ein relativ kleines maximales lag spricht. Somit können statistische und ökonomische Erfordernisse (Vermeidung von Autokorrelation einerseits, ökonomische Plausibilität andererseits) einander widersprechen. Eine einfache Lösung könnte darin bestehen, Schätzungen mit unterschiedlichen maximalen lags durchzuführen. Für ein "richtig" spezifiziertes Modell sollte zu erwarten sein, daß die Schätzung der Langfristbeziehung nicht oder nur geringfügig vom gewählten p abhängt, im Gegensatz zur Schätzung der Matrix $\mathbf{B}$, welche die Reaktionen des Systems auf Abweichungen vom Gleichgewicht beschreibt. Bleibt die Schätzung der Kointegrationsbeziehungen für verschiedene maximale lags stabil, dann sollte man sich für das kleinste p entscheiden, sofern dies zu einer ökonomisch sinnvollen Lösung führt (vgl. Charemza/Deadman 1992, S.200 f.).

XIX.2.4. Likelihood-Quotienten-Tests

In Schritt 2 der FIML-Schätzprozedur wird der größte Wert ermittelt den die log-Likelihoodfunktion unter Gültigkeit der Hypothese, daß genau h Kointegrationsbeziehungen vorliegen, annehmen kann. Dieser soll hier mit L_0 bezeichnet werden, um anzudeuten, daß diese Hypothese nun im Rahmen eines Kointegrationstests als Nullhypothese angesehen wird. Als Alternativhypothese soll die Hypothese betrachtet werden, daß n Kointegrationsbeziehungen bestehen, wobei n wieder die Anzahl der Komponenten von $\mathbf{x}_t$ bezeichnet. Unter Gültigkeit dieser Alternativhypothese ist *jede* Linearkombination der n Variablen stationär und die Restriktion $\zeta_0 = -\mathbf{BA}'$ entfällt. Gilt diese Alternativhypothese, dann nimmt die log-Likelihoodfunktion den Wert

$$L_A = -\left(\frac{Tn}{2}\right)\log(2\pi) - \left(\frac{Tn}{2}\right) - \left(\frac{T}{2}\right)\log|\hat{\Sigma}_{uu}| - \left(\frac{T}{2}\right)\sum_{i=1}^{n}\log(1 - \hat{\lambda}_i)$$

an. Deshalb liegt ein Likelihood-Quotienten-Test von H_0 gegenüber H_A auf der Basis der Differenz

$$L_A - L_0 = -\left(\frac{T}{2}\right)\sum_{i=h+1}^{n}\log(1 - \hat{\lambda}_i)$$

nahe. Wenn sich die beiden Hypothesen auf stationäre Prozesse beziehen würden, dann würde man erwarten, daß die Teststatistik

$$2(L_A - L_0) = -T\sum_{i=h+1}^{n}\log(1 - \hat{\lambda}_i) \, , \quad i = 0,1,2,\ldots,n-1$$

asymptotisch χ^2-verteilt ist. Wenn aber die Nullhypothese richtig ist, dann folgt aus der "common trends"-Darstellung eines kointegrierten Systems nach Stock-Watson, daß dieses $g=n-h$ random walks enthält. Unter der Bedingung, daß der Konstanten-vektor α gleich einem Nullvektor ist, d.h. daß die Kointegrationsbeziehungen keine Konstanten aufweisen und keine deterministischen Zeittrends im System sowie Konstanten in den Hilfsgleichungen in Schritt 1 der FIML-Schätzprozedur vorhanden sind, hat Johansen 1988 gezeigt, daß diese Teststatistik eine asymptotische Verteilung hat, die gegeben ist durch die Spur der folgenden Matrix

$$\mathbf{Q} = \left[\int_0^1 \mathbf{W}(r)d\mathbf{W}(r)'\right]' \left[\int_0^1 \mathbf{W}(r)\mathbf{W}(r)'dr\right]^{-1} \left[\int_0^1 \mathbf{W}(r)d\mathbf{W}(r)'\right]$$

(weshalb dieser Test auch als *Spur-Test* bezeichnet wird), wobei $\mathbf{W}(r)$ ein g-dimensionaler Wiener-Prozeß ist. Darunter ist in Erweiterung eines univariaten Wiener-Prozesses ein vektorieller Prozeß

$$\mathbf{W}(r) = [W_1(r),W_2(r),\ldots,W_g(r)]' \, , \quad r \in [0,1]$$

zu verstehen, dessen Komponenten $W_i(r)$, $i=1,2,\ldots,g$ stochastisch unabhängige $N(0;r)$-verteilte univariate Wiener Prozesse sind, so daß gilt:

a) $\mathbf{W}(0)=0$

b) Für beliebige Zeitpunkte $0 \le r_1 < r_2 < \ldots < r_k \le 1$ sind die Zuwächse $[\mathbf{W}(r_2)-\mathbf{W}(r_1)],[\mathbf{W}(r_3)-\mathbf{W}(r_2)],\ldots,[\mathbf{W}(r_k-\mathbf{W}(r_{k-1})]$ unabhängig multivariat normal-verteilt, d.h. $[\mathbf{W}(s)-\mathbf{W}(r)] \sim N(\mathbf{0};(s-r)\mathbf{I}_g)$

c) Für jede Prozeßrealisation ist $\mathbf{W}(r)$ stetig in r mit Wahrscheinlichkeit Eins

Für den Spezialfall $g=1$, d.h. wenn die Anzahl der Kointegrationsbeziehungen um Eins kleiner ist als die Anzahl der Variablen, beruht diese Verteilung auf eindimensionalen Wiener-Prozessen und man erhält die skalare Verteilung

$$Q = \left[\int_0^1 W(r)dW(r)\right]^2 \Bigg/ \int_0^1 [W(r)]^2dr = 1/4[W(1)^2-1]^2 \Bigg/ \int_0^1 [W(r)]^2dr$$

Diese Verteilung ist offensichtlich identisch mit der (quadrierten) Verteilung des Dickey-Fuller-t-Tests (vgl. Hamilton 1994, S.645 f.). Zu erwähnen ist, daß Johansen 1988 eine relativ einfache χ^2-Approximation für die Verteilung des Spur-Tests entwickelt hat: $L_A - L_0 \approx c\chi^2(2g^2)$ mit $c=0.85-0.58/2g^2$, $g=n-h$, vgl. dazu auch Banerjee/Dolado/Galbraith/Hendry 1994, S.268).

Ein weiterer Maximum-Likelihood-Kointegrationstest ergibt sich, wenn als Null-hypothese die Existenz von h gegenüber der Alternativhypothese von h+1 Kointe-grationsbeziehungen postuliert wird. Die Testfunktion

$$2(L_A - L_0) = -T\log(1 - \hat{\lambda}_{h+1}), \quad h = 0,1,2,\ldots,n-1$$

hat unter den gleichen Bedingungen, wie sie für den Spur-Test postuliert wurden, eine asymptotische Verteilung, die durch die Verteilung des größten Eigenwertes der obigen Matrix **Q** gegeben ist. Deshalb wird dieser Test auch als λ-max-Test be-zeichnet. Auch diese Verteilung hängt von multivariaten Wiener-Prozessen ab.

Obwohl die Verteilungen beider Teststatistiken nicht in analytisch geschlossener Form bestimmt werden können, sind sie doch relativ leicht zu simulieren, da sie nur von der Dimension n des zugrundeliegenden Prozesses x_t abhängen (Banerjee/Do-lado/Galbraith/Hendry 1994, S.268). Kritische Werte dazu wurden von Johansen 1988, Johansen/Juselius 1990 sowie Osterwald-Lenum 1992 tabelliert, letztere für g=n-h=1,2,...,11. Bei Hamilton 1994 sind in den Tabellen B.10 und B.11 (S.767 f.) kritische Werte für den Spur- und den λ-max Test nur bis g=5 zu finden, wobei sich die Werte unter "Case 1" in beiden Tabellen auf den bisher behandelten Fall "ohne Konstante, ohne Zeittrends" beziehen. Die entsprechenden Werte für beide Tests sind bei Osterwald-Lenum 1992 in der Tabelle 0 (bis g=11) zu finden. Diese ist auch bei Banerjee/Dolado/Galbraith/Hendry 1994 auf S.269 wiedergegeben (es sei noch darauf hingewiesen, daß die letzte Spalte der Tabellen B.10 und B.11 bei Hamilton irrtümlicherweise mit 0.001 anstatt mit 0.01 überschrieben sind).

Andere kritische Werte ergeben sich, wenn Konstanten in den Kointegrationsbe-ziehungen zugelassen werden. Wenn angenommen werden kann, daß für den (wahren) Konstantenvektor α die Beziehung $\alpha = \mathbf{B}\mu_1$ erfüllt ist, d.h. daß keine deterministischen Zeittrends im System auftreten, dann sind die kritischen Werte unter "Case 2" der Tabellen B.10 und B.11 bei Hamilton heranzuziehen bzw. Tabelle 1.1* bei Osterwald-Lenum (wieder für beide Tests), die auch bei Banerjee/Dolado/ Galbraith/Hendry auf S.275 (als Table 8.6) reproduziert ist.

Wenn schließlich $\alpha - \mathbf{B}\mu_1$ nicht gleich einem Nullvektor ist, d.h. wenn davon aus-gegangen wird, daß deterministische Zeittrends vorliegen, dann sind die einschlägi-gen kritischen Werte bei Hamilton unter "Case 3" in den Tabellen B.10 und B.11 zu finden bzw. bei Osterwald-Lenum in der Tabelle 1 (wieder für beide Tests). Diese Tabelle ist ebenfalls bei Banerjee/Dolado/Galbraith/Hendry auf S.274 (Table 8.5) wiedergegeben.

Es sei darauf hingewiesen, daß die kritischen Werte bei Hamilton mit denen von Osterwald-Lenum nur für den ersten Fall "ohne Konstante, ohne Zeittrends" exakt übereinstimmen. Für die anderen beiden Fälle sind Abweichungen zu verzeichnen, die wohl nicht immer als marginal bezeichnet werden können, z.B. ist für den Fall "Konstante nur in den Kointegrationsbeziehungen" für den Spur-Test bei Osterwald-Lenum für g=5 der kritische Wert 78.87 (Signifikanzniveau 0.01) zu finden, wäh-rend bei Hamilton in Tabelle B.10 unter "Case 2" dafür der Wert 77.911 angegeben ist.

Über die Macht der beiden Johansen-Kointegrations-Tests scheint noch wenig bekannt zu sein (vgl. dazu die einschlägigen Bemerkungen bei Banerjee/Dolado/ Galbraith/Hendry 1994, S.277 f.).

Sowohl der Spur- als auch der λ-max-Test überprüfen die Anzahl der in einem kointegrierten System möglicherweise vorhanden Kointegrationsbeziehungen. Sie können deshalb auch als *Kointegrationsrangtests* bezeichnet werden. Daneben können aber Tests von Interesse sein, die sich auf die Kointegrationsvektoren selbst beziehen. Sei etwa h=1 bei n=5 Variablen, dann könnte z.B. interessieren, ob nur die Variablen X_1, X_2, X_5, aber nicht X_3, X_4, in die Kointegrationsbeziehung aufgenommen werden sollen. Dies ist gleichbedeutend damit, daß zwei Nullrestriktionen für den Kointegrationsvektor postuliert werden, deren Gültigkeit durch einen Test überprüft werden soll. Allgemein können q Restriktionen bezüglich eines Kointegrationsvektors postuliert werden, mit h≤q≤n, die durch eine bekannte (q×n)-Matrix $\mathbf{D}'$ ausgedrückt werden können, so daß durch $\mathbf{D}'\mathbf{x}_t$ die zu berücksichtigenden Variablen bestimmt werden. Im Beispiel ist:

$$\mathbf{D}' = \begin{pmatrix} 1 & 0 & 0 & 0 & 0 \\ 0 & 1 & 0 & 0 & 0 \\ 0 & 0 & 0 & 0 & 0 \\ 0 & 0 & 0 & 0 & 0 \\ 0 & 0 & 0 & 0 & 1 \end{pmatrix} , \quad \mathbf{D}'\mathbf{x}_t = \begin{pmatrix} X_{1t} \\ X_{2t} \\ X_{5t} \end{pmatrix}$$

Für den Fehler-Korrekturterm ergibt sich mit diesen Restriktionen

$$\zeta_0 \mathbf{x}_{t-1} = -\mathbf{B}\mathbf{A}'\mathbf{D}'\mathbf{x}_{t-1}$$

wobei $\mathbf{B}$ nun eine (n×h)- und $\mathbf{A}'$ eine (h×q)-Matrix ist. Die oben dargestellte Maximum-Likelihood-Schätzprozedur verläuft im Prinzip unverändert, mit der Ausnahme, daß die Residuen-Kovarianzmatrizen $\hat{\Sigma}_{vv}$ und $\hat{\Sigma}_{uv}$ aus den Hilfsgleichungen von Schritt 1 ersetzt werden müssen durch:

$$\tilde{\Sigma}_{vv} := \mathbf{D}'\hat{\Sigma}_{vv}\mathbf{D} , \quad \tilde{\Sigma}_{uv} := \hat{\Sigma}_{uv}\mathbf{D}$$

Das Maximum der so restringierten log-Likelihoodfunktion ist dann

$$L_{max}^{rest} = -\left(\frac{Tn}{2}\right)\log(2\pi)-\left(\frac{Tn}{2}\right) - \frac{T}{2}\log|\hat{\Sigma}_{uu}| - \frac{T}{2}\sum_{i=1}^{h} \log(1 - \tilde{\lambda}_i)$$

wobei $\tilde{\lambda}_i$ der i-te größte Eigenwert der Matrix $\tilde{\Sigma}_{vv}^{-1}\tilde{\Sigma}_{vu}\hat{\Sigma}_{uu}^{-1}\tilde{\Sigma}_{uv}$ ist. Der Likelihood-Quotienten-Test, daß in den h Kointegrationsbeziehungen nicht alle Variablen von $\mathbf{x}_t$ auftreten, sondern nur $\mathbf{D}'\mathbf{x}_t$, lautet dann wie folgt:

$$2(L_A - L_0^{rest}) = -T\sum_{i=1}^{h} \log(1 - \hat{\lambda}_i) + T\sum_{i=1}^{h} \log(1 - \tilde{\lambda}_i)$$

(vgl. Hamilton 1994, S.649)
Wie Johansen 1988,1991 zeigen konnte, besitzt diese Teststatistik asymptotisch eine Standardverteilung, nämlich eine χ^2-Verteilung mit h(n-q) Freiheitsgraden.

XIX.2.5. Beispiele

Zunächst sollen simulierte Reihen betrachtet werden, wobei der datenerzeugende Prozeß

$$X_{1t} + X_{2t} = \eta_{1t}$$
$$X_{1t} + 2X_{2t} = \eta_{2t}$$

mit

$$\eta_{1t} = \eta_{1,t-1} + \varepsilon_{1t} , \quad Var(\varepsilon_{1t}) = \sigma_1^2$$
$$\eta_{2t} = \rho\eta_{2,t-1} + \varepsilon_{2t} , \quad |\rho| < 1 , \quad Var(\varepsilon_{2t}) = \sigma_2^2$$

zugrundegelegt wird, für den zuerst die Parameterwerte $\rho=0.9$, $\sigma_1=\sigma_2=1$ und $COV(\varepsilon_{1t}, \varepsilon_{2t}) = 0$ gewählt werden sollen. Die theoretischen Eigenschaften dieses bivariaten Prozesses wurden schon in Kap. XIX.1.1.1. ausführlich dargestellt. Die nächste Abbildung zeigt *eine* Realisation dieses Prozesses für $T=100$, die für Parameterschätzungen zur Verfügung steht:

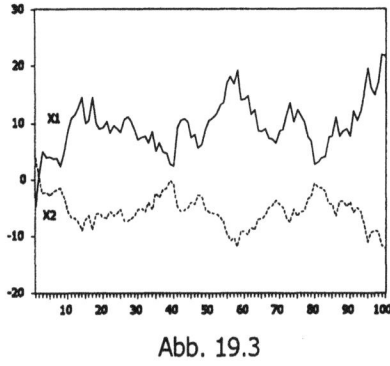

Abb. 19.3

Der Kointegrationsvektor lautet (1, 2) und für die (theoretische) Fehler-Korrektur-Form ergibt sich:

$$\Delta X_{1t} = 0.1Z_{t-1}+\zeta_{1t} = 0.1(X_{1,t-1}+2X_{2,t-1})+\zeta_{1t}$$
$$\Delta X_{2t} = -0.1Z_{t-1}+\zeta_{2t} = -0.1(X_{1,t-1}+2X_{2,t-1})+\zeta_{2t}$$

Da nur eine Kointegrationsbeziehung vorliegt, kann auch die Schätzprozedur nach Engle/Granger verwendet werden. Nimmt man zunächst an, der Kointegrationsvektor wäre bekannt, dann erhält man für die Fehler-Korrektur-Form die Schätzung:

$$\Delta \hat{X}_{1t} = 0.1292(X_{1,t-1} + 2X_{2,t-1})$$
$$\Delta \hat{X}_{2t} = -0.1035(X_{1,t-1} + 2X_{2,t-1})$$

Läßt man diese Annahme fallen, dann erhält man für die Kointegrationsbeziehung $\hat{X}_{1t} = -1.6752X_{2t}$ und die Fehler-Korrektur-Form:

$$\Delta \hat{X}_{1t} = 0.3097(X_{1,t-1} + 1.6752X_{2,t-1})$$
$$\Delta \hat{X}_{2t} = -0.2771(X_{1,t-1} + 1.6752X_{2,t-1})$$

Offensichtlich wird der Koeffizient der statischen Kointegrations-Regression unterschätzt, mit der Konsequenz, daß auch die Parameter der Fehler-Korrektur-Form verzerrt sind. Dieses Resultat ist wohl kaum zufällig: obwohl die OLS-Schätzungen für den Kointegrationsvektor konsistent sind, wie oben ausgeführt wurde, weisen sie für *endliche* Stichproben einen *bias* auf (vgl. dazu z.B. die Ausführungen bei Banerjee/Dolado/Galbraith/Hendry 1994, S. 214 ff.). Das Ausmaß dieses bias hängt – abgesehen vom Stichprobenumfang – im betrachteten bivariaten Prozeß vom Verhältnis σ_1/σ_2 ab, sowie von der Größe des Parameters ρ. Banerjee/Dolado/Galbraith/Hendry 1994 haben diese Abhängigkeiten mit Hilfe einer Simulationsstudie untersucht, bei der für dieses Verhältnis die Werte 16,8,4,2,1,0.5 und für ρ die Werte 0.6,0.8,0.9 angenommen wurden. Der Simulation mit 5 000 Replikationen lagen Stichprobenumfänge von 25,50,100,200 zugrunde. Wie die Abbildungen bei Banerjee/Dolado/Galbraith/Hendry 1994 (S. 216-219) zeigen, ist der bias umso größer, je *kleiner* der Quotient σ_1/σ_2 und je größer ρ ist. Bei gegebenem σ_1/σ_2 und ρ nimmt er monoton ab mit zunehmendem Stichprobenumfang.

Die FIML-Schätzprozedur nach Johansen scheint auch bei Vorliegen nur einer Kointegrationsbeziehung von manchen Autoren gegenüber der Engle/Granger-Prozedur favorisiert zu werden, da die Resultate gewisser Simulationsstudien darauf hinweisen, daß der genannte bias beim Maximum-Likelihood-Ansatz geringer ist als bei der zweistufigen OLS-Prozedur. Mindestens scheint das für gewisse datenerzeugende Prozesse zu gelten. Verwiesen sei in diesem Zusammenhang beispielsweise auf die einleitenden Bemerkungen zu Kapitel 7.4., S.214 bei Banerjee/Dolado/Galbraith/Hendry 1994 sowie auf von diesen Autoren zitierten und referierten Simulationsstudien von Gonzalo 1990. Für obiges Beispiel ergibt sich mit FIML für das Fehler-Korrektur-Modell jedoch

$$\Delta\hat{X}_{1t} = 0.3108(X_{1,t-1} + 1.6796X_{2,t-1})$$
$$\Delta\hat{X}_{2t} = -0.2775(X_{1,t-1} + 1.6796X_{2,t-1})$$

d.h. in diesem Beispiel sind die Verzerrungen der FIML-Prozedur nicht geringer als bei der Engle/Granger-Prozedur.

Für das nächste Beispiel wird $\rho=0.6$ gewählt und wieder $\sigma_1=\sigma_2=1$, wobei für die Simulation die Störterme vom letzten Beispiel verwendet werden. Der nächste Plot enthält die beiden Reihen, die den folgenden Parameterschätzungen zugrundeliegen:

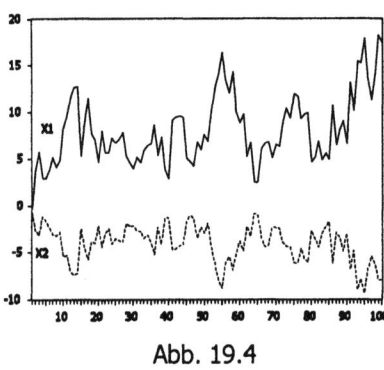

Abb. 19.4

In diesem Fall gilt theoretisch:

$$\Delta X_{1t} = 0.4(X_{1,t-1} + 2X_{2,t-1}) + \zeta_{1t}$$
$$\Delta X_{2t} = -0.4(X_{1,t-1} + 2X_{2,t-1}) + \zeta_{2t}$$

Nach Engle/Granger ergibt sich

$$\hat{X}_{1t} = -1.9326X_{2t}$$

mit

$$\Delta\hat{X}_{1t} = 0.4329(X_{1,t-1} + 1.9326X_{2,t-1})$$
$$\Delta\hat{X}_{2t} = -0.4550(X_{1,t-1} + 1.9326X_{2,t-1})$$

und nach Johansen:

$$\Delta\hat{X}_{1t} = 0.4471(X_{1,t-1} + 2.0288X_{2,t-1})$$
$$\Delta\hat{X}_{2t} = -0.4601(X_{1,t-1} + 2.0288X_{2,t-1})$$

Offensichtlich liefern beide Prozeduren so gute Schätzungen, daß von einem bias beim Kointegrationsvektor praktisch kaum mehr gesprochen werden kann, was nach den Simulationsresultaten von Banerjee/Dolado/Galbraith/Hendry hier auch zu erwarten ist. Deshalb liegen auch die geschätzten Parameter der Fehler-Korrektur-Form nahe bei ihren theoretischen Werten, wobei die Schätzungen nach Johansen "geringfügig besser" sind als die Engle/Granger-Schätzungen, d.h. etwas näher bei den theoretischen Werten liegen.

Es sei noch angemerkt, daß der Likelihood-Quotiententest bei allen drei hier untersuchten Simulationsbeispielen bestätigt, daß Kointegration vorliegt. Beispielsweise beträgt im letzten Beispiel der Testwert für die Nullhypothese, daß *keine* Kointegrationsbeziehung vorliegt, 28.47 mit den kritischen Werten 12.53 (5%) bzw. 16.31 (1%), d.h. diese Hypothese muß abgelehnt werden. Dagegen erhält man für die Nullhypothese, daß *eine* Kointegrationsbeziehung vorliegt, einen Testwert von 0.089 mit den kritischen Werten 3.83(5%) bzw. 6.51(1%), d.h. diese Hypothese kann nicht abgelehnt werden.

Beim dritten Beispiel wird wieder $\rho=0.9$ gesetzt, aber $\sigma_1/\sigma_2=0.1$. Hier ist wieder

$$\Delta X_{1t} = 0.1(X_{1,t-1} + 2X_{2,t-1})$$
$$\Delta X_{2t} = -0.1(X_{1,t-1} + 2X_{2,t-1})$$

und die beiden Reihen zeigen den Verlauf in Abb. 19.5. Diese Realisationen führen nach Engle/Granger zu

$$\Delta\hat{X}_{1t} = 0.0197(X_{1,t-1} + 1.9591X_{2,t-1})$$
$$\Delta\hat{X}_{2t} = -0.0352(X_{1,t-1} + 1.9591X_{2,t-1})$$

und nach Johansen zu:

$$\Delta \hat{X}_{1t} = 0.0615(X_{1,t-1} + 2.0969X_{2,t-1})$$
$$\Delta \hat{X}_{2t} = -0.0554(X_{1,t-1} + 2.0969X_{2,t-1})$$

Offensichtlich weisen die geschätzten Parameter in beiden Fällen einen wesentlich geringeren bias auf als im ersten Beispiel.

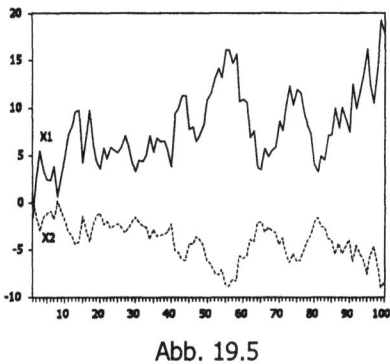

Abb. 19.5

Bei den bisherigen Schätzungen wurde in der Kointegrationsbeziehung keine Konstante berücksichtigt, da eine solche im datenerzeugenden Prozeß auch nicht vorhanden ist. Bei praktischen Zeitreihen weiß man jedoch in der Regel a priori nicht, ob die Kointegrationsbeziehung eine Konstante enthält oder nicht. Ob eine solche berücksichtigt wird oder nicht, kann jedoch u.U. einen drastischen Einfluß auf die Schätzergebnisse haben. Würde man beispielsweise im dritten Beispiel (irrtümlicherweise) eine Konstante in der Kointegrationsbeziehung postulieren, dann erhielte man nach Engle/Granger $\hat{X}_{1t} = 0.5487 - 1.8514X_{2t}$ mit

$$\Delta \hat{X}_{1t} = -0.2201(X_{1,t-1} + 1.8514X_{2,t-1} - 0.5487)$$
$$\Delta \hat{X}_{2t} = 0.0881(X_{1,t-1} + 1.8514X_{2,t-1} - 0.5487)$$

und nach Johansen:

$$\Delta \hat{X}_{1t} = -0.1792(X_{1,t-1} + 0.2046X_{2,t-1} - 7.9973)$$
$$\Delta \hat{X}_{2t} = 0.0936(X_{1,t-1} + 0.2046X_{2,t-1} - 7.9973)$$

Bei der Johansen-Schätzung ist im Gegensatz zu Engle/Granger die Schätzung des Kointegrationsvektors völlig inakzeptabel. Beide Schätzungen weisen jedoch falsche Vorzeichen für die beiden Parameter der Fehler-Korrektur-Form auf. Allerdings ist zu beachten, daß bei der Johansen-Schätzung die Konstante nicht signifikant von Null verschieden ist (t= -0.72). Außerdem erhält man mit dieser einen t-Wert von 0.08 für den Kointegrationsparameter 0.2046, was gleichbedeutend damit ist, daß keine Kointegration zwischen X_{1t} und X_{2t} vorliegt. Analoge Signifikanztests sollten bei der Kointegrationsbeziehung nach Engle/Granger nicht durchgeführt werden, da die Koeffizientenschätzer asymptotisch keiner t-Verteilung gehorchen (vgl. dazu Enders 1995, S.380). Die Möglichkeit einer inferenzstatistischen Überprüfung der Kointegrationsbeziehung im Rahmen der Johansen-Schätzung ist, neben einer grundsätzlichen Berücksichtigung mehrerer Kointegrationsbeziehungen, ein zusätzlicher Vorteil dieser Schätzprozedur gegenüber derjenigen von Engle/Granger.

Dem nächsten Simulationsbeispiel liegt folgender Prozeß zugrunde:

$$X_{1t} + X_{2t} + X_{3t} = \eta_{1t}$$
$$X_{1t} + 2X_{2t} = \varepsilon_{2t}$$
$$X_{2t} - 3X_{3t} = \varepsilon_{3t}$$

mit $\eta_{1t} = \eta_{1,t-1} + \varepsilon_{1t}$. Die ε_{it}, i=1,2,3 bezeichnen (N(0;1)-verteiltes) weißes Rauschen. Für die reduzierte Form erhält man:

$$X_{1t} = 3\eta_{1t} - 2\varepsilon_{2t} + \varepsilon_{3t}$$
$$X_{2t} = -\frac{3}{2}\eta_{1t} + \frac{3}{2}\varepsilon_{2t} - \frac{1}{2}\varepsilon_{3t}$$
$$X_{3t} = -\frac{1}{2}\eta_{1t} + \frac{1}{2}\varepsilon_{2t} - \frac{1}{2}\varepsilon_{3t}$$

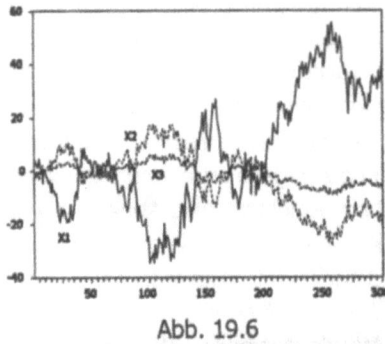

Abb. 19.6

woraus ersichtlich wird, daß alle Variablen X_{it}, $i=1,2,3$ integriert vom Grad Eins sind. Offensichtlich liegen hier zwei Kointegrationsbeziehungen vor mit den Kointegrationsvektoren (1,2) und (1,-3). In Abb. 19.6 sind Realisationen des Prozesses der Länge $T=300$ dargestellt, die den nachfolgenden Schätzungen zugrundeliegen. Mit EVIEWS erhält man nach Johansen folgende Schätzungen:

$$\Delta\hat{X}_{1t} = 2.2560(X_{1,t-1} + 5.9843X_{3,t-1}) + 3.1710(X_{2,t} - 2.9953X_{3,t-1})$$
$$\Delta\hat{X}_{2t} = -1.6645(X_{1,t-1} + 5.9843X_{3,t-1}) - 2.6041(X_{2,t} - 2.9953X_{3,t-1})$$
$$\Delta\hat{X}_{3t} = -0.5586(X_{1,t-1} + 5.9843X_{3,t-1}) - 0.5536(X_{2,t} - 2.9953X_{3,t-1})$$

wobei sämtliche $\Delta\hat{X}_{i,t-j}$, $j\geq 1$ auf der rechten Seite vernachlässigt werden können, da alle zugehörigen Koeffizienten nicht signifikant von Null verschieden sind. Auf den ersten Blick mag dieses Resultat überraschend sein, denn im Modell wurde eine Kointegrationsbeziehung zwischen X_1 und X_2 und zwischen X_2 und X_3 postuliert, nicht aber zwischen X_1 und X_3. Es ist aber zu beachten, daß, abgesehen vom Fall nur zweier Variablen, die Kointegrationsmatrix *nicht eindeutig* ist. Mit den beiden (theoretischen) Kointegrationsvektoren $\mathbf{a}_1'=(1\,,\,2)$, $\mathbf{a}_2'=(1\,,\,-3)$ und $\mathbf{x}_t'=(X_{1t},X_{2t})$ folgt nämlich

$$c_1\mathbf{a}_1'\mathbf{x}_t + c_2\mathbf{a}_2'\mathbf{x}_t \sim I(0)$$

wobei c_1 und c_2 beliebige Konstanten sind. Wählt man $c_1=1$ und $c_2=-2$, dann erhält man eine Kointegrationsbeziehung zwischen X_1 und X_3 mit dem Kointegrationsvektor (1,6), die offensichtlich von EVIEWS geschätzt wird. Falls bei mehr als zwei Variablen mehr als eine Kointegrationsbeziehung existiert, können dieser nur eindeutig bestimmt werden, wenn man im konkreten Fall über (substanzwissenschaftlich) fundierte a priori-Informationen verfügt (vgl. dazu Banerjee/Dolado/Galbraith/Hendry 1994, S. 256).

Das abschließende Beispiel bezieht sich auf die Entwicklung der Gasölpreise auf dem Spotmarkt Rotterdam (in \$/to) und den ESSO-Heizölpreisen in Basel (in SFR/to) im Zeitraum März 1993 bis Mai 1995, für den 523 tägliche Beobachtungen vorliegen. Die Rotterdamer Dollar-Preise wurden mit Hilfe der in Abb. 19.7 dargestellten Wechselkurse \$/SFR in SFR umgerechnet (für die Daten danke ich Stefan Bühler). Die Entwicklung der beiden Preisreihen zeigt den Verlauf in Abb. 19.8. Schon rein optisch drängt sich der Eindruck auf, daß die beiden Preisreihen kointegriert sind. Sowohl der ADF- als auch der Phillips/Perron-Test widersprechen der Hypothese nicht, daß beide Reihen I(1) sind. Ihre 1. Differenzen sind eindeutig stationär. Nach dem Johansen-Likelihood-Kointegrationstest liegt in der Tat eine Kointegrationsbeziehung zwischen den beiden Preisreihen vor. Bei der Modellierung der Beziehung zwischen den Basler und den Rotterdamer Preisen sollte (realistischerweise) berücksichtigt werden, daß die Basler Preise nicht nur die Rotterdamer Spotpreise reflektieren, sondern auch diverse fiskalische Abgaben, die von der Schweiz beim Import von Rohöl erhoben werden (verschiedene Zölle, Carbura-Gebühren usw.) , die für den obigen Zeitraum den Verlauf in Abb. 19.9 zeigen:

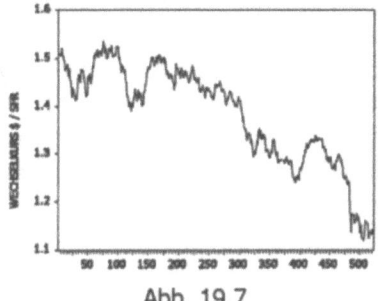

Abb. 19.7

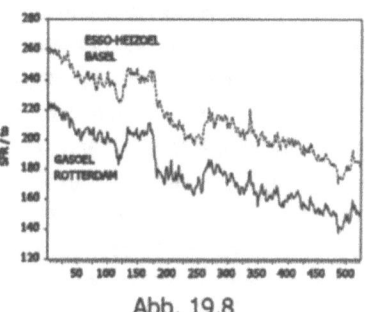

Abb. 19.8

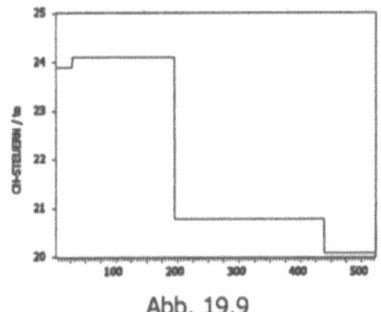

Abb. 19.9

Da es sich bei dieser Reihe um eine deterministische Reihe handelt, macht es keinen Sinn, sie auf ihren Integrationsgrad hin zu untersuchen um sie evtl. als integrierte Variable in die Kointegrationsgleichung aufzunehmen. Sie kann jedoch als *exogene* Variable im Fehler-Korrektur-Modell berücksichtigt werden. Für dieses erhält man mit EVIEWS:

$$\Delta(\text{HEIZB}_t) = \underset{(-4.6)}{-0.17}(\text{HEIZB}_{t-1} - \underset{(-18.4)}{0.91}\text{GR}_{t-1} - \underset{(-1.08)}{7.7}) - \underset{(-7.5)}{0.42}\Delta\text{HEIZB}_{t-1}$$

$$- \underset{(-3.19)}{0.19}\Delta\text{HEIZB}_{t-2} - \underset{(-1.21)}{0.07}\Delta\text{HEIZB}_{t-3} - \underset{(-2.7)}{0.12}\Delta\text{HEIZB}_{t-4}$$

$$+ \underset{(9.4)}{0.47}\Delta\text{GR}_{t-1} + \underset{(4.9)}{0.27}\Delta\text{GR}_{t-2} + \underset{(1.4)}{0.08}\Delta\text{GR}_{t-3} - \underset{(-0.52)}{0.03}\Delta\text{GR}_{t-4}$$

$$+ \underset{(4.48)}{0.33}\text{F}$$

Dabei bedeuten HEIZB: ESSO-Heizölpreise Basel (inkl. fiskalischer Abgaben), GR: Gasölpreise Rotterdam, F: fiskalische Abgaben auf importiertes Rohöl. Die t-Werte der geschätzten Parameter sind jeweils in Klammern vermerkt. Bei 4 lags können die Residuen als weißes Rauschen interpretiert werden. Sie sind allerdings nicht normalverteilt (Jarque-Bera-Test: 24.1, empirisches Signifikanzniveau 0.0000), was auf die Kurtosis (4.1), nicht auf die Schiefe (0.04), zurückzuführen ist. Heteroskedastie liegt nicht vor.

Wie die (geschätzte) Kointegrationsgleichung zeigt, besteht zwischen den Rotterdamer Spotpreisen und den Basler ESSO-Preisen ein enger Zusammenhang, der geschätzte Koeffizient -0.91 ist signifikant von Null verschieden, liegt also "in der Nähe" von -1. Die nicht-signifikante Kointegrationskonstante kann dagegen vernachlässigt werden. Abweichungen vom längerfristigen Gleichgewicht werden innerhalb eines Tages zu etwa 17% korrigiert (der Koeffizient -0.17 ist signifikant von Null verschieden). Längerfristig haben die Veränderungen der Rotterdamer Preise keinen Einfluß auf die Veränderungen der Basler Preise, schon ab dem lag 3 erweisen sich die Koeffizienten von ΔGR als nicht mehr signifikant von Null verschieden. Nicht überraschend ist, daß die fiskalischen Abgaben einen signifikanten Einfluß auf die Basler Preise haben. Es sei noch angemerkt, daß ein Test auf Granger-Kausalität mit den 1. Differenzen der beiden Preisreihen die obigen Ausführungen über eine enge Abhängigkeit der Basler- von den Rotterdamer- Preisen stützt. Für die Nullhypothese, daß die 1. Differenzen von GR *nicht* Granger-kausal sind zu den 1. Differenzen von HEIZB erhält man einen F-Wert von 101.7 (empirisches Signifikanzniveau 0.0000), d.h. diese Hypothese kann deutlich verworfen werden. Jedoch kann die umgekehrte Nullhypothese, daß HEIZB *nicht* Granger-kausal ist zu GR, nicht verworfen werden (F=1.3, empirisches Signifikanzniveau 0.28), was natürlich auch a priori zu erwarten ist. Für weitere einschlägige Arbeiten zu Preisentwicklungen auf Mineralölmärkten vgl. Kirchgässner 1994 und Kirchgässner/Weber 1994.

XIX.2.6. Spurious Regression

Der Begriff der "spurious regression" ist offensichtlich in Analogie zur "spurious correlation", zur "Scheinkorrelation", gebildet. Obwohl der letztere Ausdruck eigentlich unzutreffend ist – die Korrelation besteht tatsächlich, sie ist nicht nur scheinbar, unzutreffend sind lediglich darauf basierende kausale Schlüsse -hat er sich in der statistischen Literatur durchgesetzt und Anlaß zur Analogiebildung gegeben. Unter "Scheinregression" wird der Sachverhalt verstanden, daß Regressionen bei Zeitreihendaten u.U. exzellente Resultate liefern können, d.h. große t-Werte, hohe Bestimmtheitsmaße usw., obwohl die involvierten Variablen völlig unabhängig voneinander sind. Die zur Beurteilung einer Regression üblicherweise verwendeten Gütemaße können somit irreführend sein, sie können Zusammenhänge und Abhängigkeiten suggerieren, die in Wirklichkeit nicht gegeben sind. Darauf haben zuerst Granger/Newbold 1974 im Rahmen von Simulationsstudien aufmerksam gemacht, während die theoretische Erklärung der experimentellen Resultate im wesentlichen auf Phillips 1986 zurückgeht. Granger/Newbold simulierten zwei unabhängige random-walks

$$Y_t = Y_{t-1} + u_t \ , \quad X_t = X_{t-1} + v_t \ , \quad E(u_t v_s) = 0 \ \forall \ t,s$$

und bildeten die Regression $Y_t = \beta_0 + \beta_1 X_t + \varepsilon_t$, deren Parameter mit OLS geschätzt wurden, wobei der Störterm ε_t wie üblich weißes Rauschen bedeutet. Da per Konstruktion Y_t und X_t voneinander unabhängig sind, wäre eine Ablehnung der Nullhypothese H_0: $\beta_1 = 0$ mit dem üblichen t-Test bei einem Signifikanzniveau von 0.05 in etwa 5% aller Simulationsläufe (irrtümlicherweise) zu erwarten. Es zeigte sich aber, daß dies weitaus häufiger der Fall war. Beispielsweise ist bei Granger/Newbold 1977 das Resultat von 100 Simulationsläufen für diese Regression wiedergegeben mit einer Ablehnungsquote von circa 75 Prozent (vgl. Tabelle 6.1 bei Granger/Newbold 1977, S.204. Die Wahrscheinlichkeit, daß der t-Test (absolut) einen Wert annimmt, der größer ist als 1.96 beträgt 5%). Weitere Simulationsresultate mit weißem Rauschen (=1. Differenzen von random-walks), IMA(1,1)- und MA(1)- (=1.

Differenzen von IMA-)-Prozessen sind in Tabelle 6.2 auf S.206 der zitierten Literatur zu finden. Aus dieser Tabelle geht hervor, daß die Ablehnungsquote mit zunehmender Anzahl von Regressoren steigt (bis auf 96%) und daß die Bestimmtheitsmaße bei Niveau-Regressionen, die theoretisch gleich Null sind, viel zu groß sind, also eine Güte der Regressionen vortäuschen, die nicht vorhanden ist. Beide Phänomene sind bei Niveau-Regressionen deutlicher mit random-walks als mit IMA(1,1)-Prozessen ausgeprägt. Interessant ist, daß die Ablehnungsquoten bei Regressionen mit Differenzen deutlich niedriger ausfallen. Sie betragen im Durchschnitt in beiden Fällen ca. 10%. Darauf gründet die Empfehlung von Granger/Newbold 1977, S.206: ... "first differencing might be expected to go a long way toward alleviating the problem and is certainly preferable to doing nothing at all". Allerdings zeigt diese Tabelle auch, daß die Werte des Durbin-Watson-Tests bei den Niveau-Regressionen sehr klein sind (nicht so bei den Differenzen-Regressionen), d.h. sie indizieren, daß die Regressionsmodelle *fehlspezifiziert* sind. Daß sie eine quasi *interne Inkonsistenz* aufweisen, folgt allein schon daraus, daß das obige Regressionsmodell eigentlich $Y_t = \beta_0 + \varepsilon_t$ lauten müßte, weil in Wirklichkeit $\beta_1 = 0$ ist. Da aber Y_t voraussetzungsgemäß ein I(1)-Prozeß ist, müßte auch ε_t ein I(1)-Prozeß sein, was den Voraussetzungen des Regressionsmodells widerspricht (weitere interessante Simulationsstudien zum Problem der Scheinregression sind z.B. bei Banerjee/Dolado/Galbraith/Hendry 1994, S.73-81 zu finden).

Nach Phillips 1986 lassen sich für die OLS-Schätzer

$$\hat{\beta}_{1,T} = \sum_{t=1}^{T} Y_t (X_t - \overline{X}) \Big/ \sum_{t=1}^{T} (X_t - \overline{X})^2 \ , \quad \hat{\beta}_0 = \overline{Y} - \hat{\beta}_1 \overline{X}$$

des obigen Regressionsmodells folgende Grenzverteilungen ableiten

$$\hat{\beta}_{1,T} \xrightarrow{D} \frac{\sigma_u}{\sigma_v} \frac{\left[\int_0^1 W_u(r) W_v(r) dr - \int_0^1 W_u(r) dr \int_0^1 W_v(r) dr \right]}{\int_0^1 [W_v(r)]^2 dr - \left[\int_0^1 W_v(r) dr \right]^2} = \frac{\sigma_u}{\sigma_v} \zeta$$

und

$$T^{-1/2} \hat{\beta}_{0,T} \xrightarrow{D} \sigma_u \left[\int_0^1 W_u(r) dr - \zeta \int_0^1 W_v(r) dr \right]$$

Dabei sind $W_u(r)$ bzw. $W_v(r)$ die den weißen Rauschprozessen u_t bzw. v_t korrespondierenden Wiener-Prozesse, vgl. dazu auch Banerjee/Dolado/Galbraith/Hendry 1994, S.94. Da die beiden random-walks Y_t und X_t per Konstruktion unabhängig voneinander sind, müßte plim $(\hat{\beta}_{1,T}) = 0$ sein. Offensichtlich konvergiert der OLS-Schätzer $\hat{\beta}_{1,T}$ aber nicht in Wahrscheinlichkeit gegen Null, sondern besitzt eine komplizierte Grenzverteilung, die von zwei Wiener-Prozessen abhängt. Analoges gilt für $\hat{\beta}_{0,T}$, auch dieser Schätzer konvergiert nicht stochastisch gegen die Konstante β_0, sondern gegen eine Verteilung, die ebenfalls von diesen beiden Wiener-Prozessen abhängt.

Der von Granger/Newbold ursprünglich betrachtete Fall – die Regression zweier random-walks – kann als *Spezialfall* einer Regression mit mehreren I(1)-Variablen begriffen werden. Sei $\mathbf{x}_t = (X_{1t}, X_{2t}, ..., X_{nt})'$ ein $(n \times 1)$-Vektor von I(1)-Variablen, der in der partitionierten Form $\mathbf{x}_t = (X_{1t}, \mathbf{x}_{2t})'$ mit dem $(g \times 1)$-Vektor $\mathbf{x}_{2t} = (X_{2t}, ..., X_{nt})'$, $g = n-1$, geschrieben werden soll. Durch

$$X_{1t} = \beta_1 + \boldsymbol{\beta}_2' \mathbf{x}_{2t} + u_t , \quad \boldsymbol{\beta}_2 = (\beta_2, ..., \beta_n)$$

wird die I(1)-Variable X_{1t} auf die I(1)-Variablen $X_{2t}, ..., X_{nt}$ sowie eine Konstante regressiert. Die OLS-Schätzer für β_1 und $\boldsymbol{\beta}_2$ ergeben sich aus

$$\begin{pmatrix} \hat{\beta}_{1,T} \\ \hat{\boldsymbol{\beta}}_{2,T} \end{pmatrix} = \begin{pmatrix} T & \sum_{t=1}^{T} \mathbf{x}_{2t}' \\ \sum_{t=1}^{T} \mathbf{x}_{2t} & \sum_{t=1}^{T} \mathbf{x}_{2t}\mathbf{x}_{2t}' \end{pmatrix}^{-1} \begin{pmatrix} \sum_{t=1}^{T} X_{1t} \\ \sum_{t=1}^{T} \mathbf{x}_{2t}X_{1t} \end{pmatrix}$$

(vgl. dazu Hamilton 1994, S.558). Wie Phillips 1986 gezeigt hat, ist damit zu rechnen, daß der OLS-Schätzer $\hat{\boldsymbol{\beta}}$ *unter bestimmten Bedingungen* signifikant verschieden ist von einem Nullvektor, selbst wenn X_{1t} von den Variablen $X_{2t}, ..., X_{nt}$ völlig unabhängig ist, genauer: Falls es keine Parameterwerte gibt in $\boldsymbol{\beta}_2$, für die $X_{1t} - \boldsymbol{\beta}_2' \mathbf{x}_{2t}$ stationär ist, weist der OLS-Schätzer $\hat{\boldsymbol{\beta}}_{2,T}$ eine *Scheingenauigkeit* auf in dem Sinn, daß der F-Test (und damit auch ein t-Test bezüglich eines einzelnen Regressionskoeffizienten) ziemlich sicher jede Nullhypothese verwirft, falls nur der Stichprobenumfang T hinreichend groß ist. Dabei wird vorausgesetzt, daß der $(n \times 1)$-Vektor $\mathbf{x}_t \sim I(1)$ ist und daß die Prozesse in $\mathbf{x}_t$ *ohne Drift* sind, so daß die folgende Darstellung

$$\Delta\mathbf{x}_t = \boldsymbol{\Psi}(B)\boldsymbol{\varepsilon}_t = \sum_{j=0}^{\infty} \boldsymbol{\Psi}_j \boldsymbol{\varepsilon}_{t-j}$$

möglich ist, wobei die Komponenten des $(n \times 1)$-Vektors $\boldsymbol{\varepsilon}_t$ stochastisch unabhängig und identisch verteilt sind mit $E(\boldsymbol{\varepsilon}_t) = \mathbf{0}$ und der (diagonalen) Kovarianzmatrix $E(\boldsymbol{\varepsilon}_t\boldsymbol{\varepsilon}_t')$, für die $E(\boldsymbol{\varepsilon}_t\boldsymbol{\varepsilon}_t') = \mathbf{PP}'$ geschrieben werden kann. Außerdem sei vorausgesetzt, daß die vierten Momente von $\boldsymbol{\varepsilon}_t$ existieren und $(j\boldsymbol{\Psi}_j)_{j=0}^{\infty}$ absolut summierbar ist. Für die Kovarianzmatrix von $\Delta\mathbf{x}_t$ ergibt sich dann

$$\begin{aligned} E(\Delta\mathbf{x}_t\Delta\mathbf{x}_t') &= E\left[\boldsymbol{\Psi}(B)\boldsymbol{\varepsilon}_t\boldsymbol{\varepsilon}_t'[\boldsymbol{\Psi}(B)]'\right] \\ &= E\left[(\boldsymbol{\Psi}_0\boldsymbol{\varepsilon}_t + \boldsymbol{\Psi}_1 B\boldsymbol{\varepsilon}_t + \boldsymbol{\Psi}_2 B^2\boldsymbol{\varepsilon}_t ...)(\boldsymbol{\varepsilon}_t'\boldsymbol{\Psi}_0' + B\boldsymbol{\varepsilon}_t'\boldsymbol{\Psi}_1' + B^2\boldsymbol{\varepsilon}_t'\boldsymbol{\Psi}_2' + ...)\right] \\ &= (\boldsymbol{\Psi}_0 + \boldsymbol{\Psi}_1 + \boldsymbol{\Psi}_2 + ...)E(\boldsymbol{\varepsilon}_t\boldsymbol{\varepsilon}_t')(\boldsymbol{\Psi}_0 + \boldsymbol{\Psi}_1 + \boldsymbol{\Psi}_2 + ...)' \\ &= \boldsymbol{\Psi}(1)\mathbf{PP}'[\boldsymbol{\Psi}(1)]' \\ &= \boldsymbol{\Lambda}\boldsymbol{\Lambda}', \quad \text{mit } \boldsymbol{\Lambda} := \boldsymbol{\Psi}(1)\mathbf{P} \end{aligned}$$

da $\boldsymbol{\varepsilon}_t$ als unabhängig und identisch verteilt vorausgesetzt wurde. Die Kovarianzmatrix von $\Delta\mathbf{x}_t$, die als *nicht-singulär* vorausgesetzt werden soll, läßt sich zweckmäßigerweise folgendermaßen partitionieren:

$$\boldsymbol{\Lambda}\boldsymbol{\Lambda}' = \begin{pmatrix} \Sigma_{11} & \Sigma_{21}' \\ \Sigma_{21} & \Sigma_{22} \end{pmatrix}$$

Dabei ist Σ_{11} ein Skalar – die Varianz der (differenzierten) abhängigen Variablen X_{1t} – und $\Sigma_{21}' = \Sigma_{12}$ die $(1 \times g)$-Matrix der Kovarianzen zwischen ΔX_{1t} und den (differenzierten) Regressoren $X_{2t}, ..., X_{nt}$, während Σ_{22}' die $(g \times g)$-Kovarianzmatrix der (differenzierten) Regressoren $X_{2t},...,X_{nt}$ bezeichnet. Für die OLS-Schätzer $\hat{\beta}_{1,T}$ und $\hat{\beta}_{2,T}$ gilt nun unter den genannten Voraussetzungen

$$\begin{pmatrix} T^{-1/2}\hat{\beta}_{1,T} \\ \hat{\beta}_{2,T} - \Sigma_{22}^{-1}\Sigma_{21} \end{pmatrix} \xrightarrow{D} \begin{pmatrix} \sigma^* h_1 \\ \sigma^* \mathbf{L}_{22}\mathbf{h}_2 \end{pmatrix}$$

mit $(\sigma^*)^2$: $= \Sigma_{11} - \Sigma_{21}'\Sigma_{22}^{-1}\Sigma_{21}$, $\Sigma_{22}^{-1} = \mathbf{L}_{22}\mathbf{L}_{22}'$ ($\mathbf{L}_{22}$ ist eine untere Cholesky-Dreiecksmatrix) und:

$$\begin{pmatrix} h_1 \\ \mathbf{h}_2 \end{pmatrix} = \begin{pmatrix} 1 & \int_0^1 [\mathbf{W}_2(r)]'dr \\ \int_0^1 \mathbf{W}_2(r)dr & \int_0^1 [\mathbf{W}_2(r)][\mathbf{W}_2(r)]'dr \end{pmatrix}^{-1} \begin{pmatrix} \int_0^1 W_1(r)dr \\ \int_0^1 \mathbf{W}_2(r)W_1(r)dr \end{pmatrix}$$

$W_1(r)$ ist dabei ein (skalarer) Wiener-Prozeß und $\mathbf{W}_2(r)$ ein davon unabhängiger g-dimensionaler Wiener-Prozeß (vgl. auch die Darstellung bei Hamilton 1994, S.558 f.). Offensichtlich hängen diese Verteilungen ausschließlich von der Anzahl der Variablen ab, die in einer Regression berücksichtigt wird.

Es ist leicht einzusehen, daß sich daraus als Spezialfall die obigen Resultate für eine Regression zweier random-walks ableiten lassen. Für diesen Fall soll dazu aus naheliegenden Gründen $u_{1t} = \varepsilon_{1t}$ und $v_{1t} = \varepsilon_{2t}$ gesetzt werden. Für die beiden random-walks ist

$$\Delta \mathbf{x}_t = \begin{pmatrix} \Delta X_{1t} \\ \Delta X_{2t} \end{pmatrix} = \begin{pmatrix} \varepsilon_{1t} \\ \varepsilon_{2t} \end{pmatrix}$$

und somit $\Psi(1) = \mathbf{I}_2$. Da $\Sigma_{21} = 0$ ist, folgt

$$\begin{pmatrix} \Sigma_{11} & \Sigma_{21} \\ \Sigma_{21} & \Sigma_{22} \end{pmatrix} = \Psi(1)\mathbf{P}\mathbf{P}'[\Psi(1)]' = \Lambda\Lambda' = \begin{pmatrix} \sigma_{\varepsilon_1}^2 & 0 \\ 0 & \sigma_{\varepsilon_2}^2 \end{pmatrix}$$

mit

$$\mathbf{P} = \begin{pmatrix} \sigma_{\varepsilon_1} & 0 \\ 0 & \sigma_{\varepsilon_2} \end{pmatrix}$$

Offensichtlich ist $\Lambda\Lambda'$ regulär. Weiterhin ist

$$\begin{pmatrix} h_1 \\ h_2 \end{pmatrix} = \begin{pmatrix} 1 & \int_0^1 W_{\varepsilon_2}(r)dr \\ \int_0^1 W_{\varepsilon_2}(r)dr & \int_0^1 [W_{\varepsilon_2}(r)]^2 dr \end{pmatrix}^{-1} \begin{pmatrix} \int_0^1 W_{\varepsilon_1}(r)dr \\ \int_0^1 W_{\varepsilon_1}(r)W_{\varepsilon_2}(r)dr \end{pmatrix}$$

$$= \frac{1}{\text{Det}} \begin{pmatrix} \int_0^1 [W_{\varepsilon_2}(r)^2 dr & -\int_0^1 W_{\varepsilon_2}(r)dr \\ -\int_0^1 W_{\varepsilon_2}(r)dr & 1 \end{pmatrix} \begin{pmatrix} \int_0^1 W_{\varepsilon_1}(r)dr \\ \int_0^1 W_{\varepsilon_1}(r)W_{\varepsilon_2}(r)dr \end{pmatrix}$$

mit

$$\text{Det:} = \int_0^1 [W_{\varepsilon_2}(r)]^2 dr - \left[\int_0^1 W_{\varepsilon_2}(r)dr\right]^2$$

Daraus folgt:

$$h_2 = \frac{\int_0^1 W_{\varepsilon_1}(r)W_{\varepsilon_2}(r)dr - \int_0^1 W_{\varepsilon_1}(r)dr\int_0^1 W_{\varepsilon_2}(r)dr}{\int_0^1 [W_{\varepsilon_2}(r)]^2 dr - \left[\int_0^1 W_{\varepsilon_2}(r)dr\right]^2}$$

Somit ist

$$\hat{\beta}_{1,T} \xrightarrow{D} \frac{\dfrac{\sigma_{\varepsilon_1}}{\sigma_{\varepsilon_2}}\int_0^1 W_{\varepsilon_1}(r)W_{\varepsilon_2}(r)dr - \int_0^1 W_{\varepsilon_1}(r)dr \int_0^1 W_{\varepsilon_2}(r)dr}{\int_0^1 [W_{\varepsilon_2}(r)dr]^2 - \left[\int_0^1 W_{\varepsilon_2}(r)dr\right]^2}$$

da $\sigma^* = \sigma_{\varepsilon_1}$ und $L_{22} = 1/\sigma_{\varepsilon_2}$ ist, was dem obigen Resultat entspricht. Analog läßt sich daraus die oben angegebene Grenzverteilung für $\hat{\beta}_{0,T}$ ableiten.

Grenzverteilungen können auch für die Summe der OLS-Residuenquadrate sowie für den allgemeinen F-Test bestimmt werden. Auf eine explizite Wiedergabe sei hier verzichtet, dazu sei z.B. auf Hamilton 1994, S.559 verwiesen. Es zeigt sich, daß der Schätzer s^2 divergiert, weil die OLS-Residuen nicht-stationär, d.h. I(1) sind, und daß dies auch für den F-Test – und damit auch für jeden t-Test (eine t-verteilte Zufallsvariable ist nach Quadrierung bekanntlich F-verteilt) – zutrifft. Somit wird es bei zunehmendem Stichprobenumfang immer wahrscheinlicher, daß ein t-Test einen beliebig vorgegebenen Wert, wie z.B. den in der Praxis üblicherweise als benchmark betrachteten Wert 2, überschreitet und einen signifikanten Zusammenhang anzeigt, obwohl zwischen den Variablen keinerlei Beziehung besteht.

Die Resultate nach Phillips sind wesentlich an die Voraussetzung gebunden, daß – neben dem Postulat der I(1)-Integration – auch die Matrix $\Lambda\Lambda'$ nicht-singulär ist. Dies impliziert, daß keiner der Regressoren stationär sein darf, sowie, daß keine Linearkombination der Komponenten in $\mathbf{x}_t$ existieren darf, die stationär ist, d.h. Kointegration muß ausgeschlossen werden. Außerdem wird vorausgesetzt, daß die I(1)-Prozesse in $\mathbf{x}_t$ keinen Drift aufweisen (vgl. Hamilton 1994, S.561).

Für die praktische Zeitreihenregression stellt sich natürlich die Frage, wie man im konkreten Fall Scheinregression vermeiden kann. In der Literatur werden dafür verschiedene Rezepte angeboten: Einschluß von verzögerten abhängigen und verzögerten erklärenden Variablen in eine Regressionsgleichung, also dynamische anstatt nur statischer Regression, Regressionen nur mit differenzierten Variablen sowie Regressionen auf der Basis von Kointegrationsmodellen, speziell Fehler-Korrektur-Modellen.

Bei Regressionen mit differenzierten Variablen ist zu beachten, daß durch die Differenzenbildung *langfristige* Beziehungen zwischen Variablen *eliminiert* werden können. Da Differenzen-Filter jedoch (schlechte) Hochpaß-Filter sind, können Niederfrequenzinformationen verloren gehen. Dies dürfte für eine Modellierung ökonomischer Beziehungen vielfach besonders nachteilig sein. Fehler-Korrektur-Modelle vermeiden dies, sowohl kurz- als auch langfristige Aspekte potentieller Beziehungen ökonomischer Variablen können *gleichzeitig* berücksichtigt werden. Außerdem ist ihnen unzweifelhaft ein "ökonomischer appeal" zu attestieren. Die traditionelle Schätzung von statischen Regressionsmodellen mit Niveaugrößen erweist sich im Rahmen der Kointegrationstheorie in gewisser Weise als gerechtfertigt, als damit *langfristige* Beziehungen zwischen Variablen sinnvoll modelliert werden können.

"The literature on cointegration reinstated some confidence in static regressions in levels, and good econometric methods appeared to have taken a full circle; as long as the I(1) variables were cointegrated, such regressions made sense" (Banerjee/Dolado/Galbraith/Hendry 1994, S.162).

Zu bedenken bleibt aber: "There is, however, no "grand unifying theory" for regressions with integrated processes; instead, asymptotic distributions and speeds of convergence depend on a host of special circumstances, such as the presence or absence of cointegrating relationships between regressand and regressors, inclusion of intercept, inclusion of trend, orders of integration of the integrated variables, and wether the integrated variables have drift" (Diebold/Nerlove 1990, S.46).

Vergessen werden darf auch nicht, daß eine Entscheidung, ob konkrete Variablen I(1) oder integriert von höherer Ordnung oder überhaupt nicht integriert sind, also z.B. eine anders geartete Nicht-Stationarität aufweisen, üblicherweise mit Hilfe von unit-root-Tests getroffen wird. Somit sollte man sich bei derartigen Entscheidungen den zahlreichen mit diesen Tests verbundenen Problemen und Einschränkungen, die im letzten Kapitel ausführlich diskutiert wurden, stets bewußt sein – erinnert sei hier nur an ihre geringe Macht bei endlichen Stichproben, an Signifikanzniveauverzerrungen, an Datenprobleme (etwa in Form von Trendbrüchen) sowie daran, daß verschiedene Tests zu widersprüchlichen Resultaten führen können – und sie nicht als quasi "automatische Entscheidungsprozeduren" missbrauchen.

In der Praxis dürfte in der Spezifikationsphase nicht selten die Verwendung mehrerer Ansätze empfehlenswert sein, also z.B. sowohl statische als auch dynamische Regression, Fehler-Korrektur-Modelle, evtl. auch vergleichende Schätzungen mit ersten Differenzen. Abgesehen von der Erfüllung statistischer Kriterien, sollte aber vor allem ökonomische Interpretierbarkeit und Plausibilität bei der endgültigen Modellwahl entscheidend sein. Grundsätzlich sollte die Selektion der in eine Regression aufzunehmenden Variablen ohnehin in erster Linie nach substanzwissenschaftlichen Überlegungen und Kenntnissen erfolgen.

Schließlich sei noch angemerkt, daß man sich für die eingangs zitierten simulierten random-walk-Regressionen nach Granger/Newbold auch mit Hilfe *traditioneller* statistisch-ökonometrischer Instrumente – also ohne unit-root- oder Kointegrationstests – rasch Klarheit verschaffen kann, daß solche Regressionen nicht sinnvoll sind. Ein erstes Anzeichen dafür ist die hohe Autokorrelation der Residuen – der Durbin-Watson-Testwert liegt in der Regel dicht bei Null bzw. die geschätzte Residuen-Autokorrelationsfunktion zeigt eindeutig, daß kein weißes Rauschen vorliegt, was eine *Fehlspezifikation* des Regressionsmodelles indiziert, wie auch schon eingangs erwähnt wurde. Diese Diagnose wird unterstrichen durch die Resultate verschiedener Stabilitätstests (z.B. rekursive Residuen, Cusum-Tests, rekursive OLS-Parameterschätzungen, Chow-Test), wie sie heute in gängigen Software-Paketen (z.B. in EVIEWS) verfügbar sind. Wie man sich mit Hilfe leicht durchzuführender Simulationen klarmachen kann, sind spurious regression-Modelle regelmäßig durch *hohe Parameter-Instabilitäten* gekennzeichnet, die durch diese Tests aufgedeckt werden können. Somit bietet auch das traditionelle Instrumentarium zahlreiche Hilfsmittel um die spurious regression-Falle zu vermeiden.

XX.   Nicht-lineare Zeitreihenmodelle

XX.1.   Modellierung von Heteroskedastizität (ARCH-GARCH-Modelle)

XX.1.1.   Vorbemerkungen

Ausgangspunkt der folgenden Überlegungen sei der stationäre AR(1)-Prozeß $X_t = \varphi X_{t-1} + \varepsilon_t$ mit $E(X_t) = 0$, d.h. der (unbedingte) Erwartungswert von X_t ist konstant, was bekanntlich stets der Fall ist für stationäre Prozesse. Wie lautet aber der *bedingte* Erwartungswert dieses Prozesses, d.h. sein Erwartungswert unter der Bedingung, daß er zum Zeitpunkt t-1 einen bestimmten Wert annimmt? Diese als *bedingter* Erwartungswert bezeichnete Momentfunktion wird allgemein mit $E(X_t|X_{t-1} = x_{t-1})$ – wobei x_{t-1} der *realisierte* Wert von X_{t-1} sei – oder kurz mit $E(X_t|X_{t-1})$ bezeichnet. Ist z.B. $x_{t-1} = 2$, dann ist:

$$E(X_t|X_{t-1}) = \varphi \cdot 2 + E(\varepsilon_t|X_{t-1}, X_{t-2}, \ldots) = 2\varphi \neq E(X_t)$$

Zu beachten ist, daß der bedingte Erwartungswert $E(X_t|X_{t-1})$ eine *Zufallsvariable* ist, da X_{t-1} eine Zufallsvariable ist. Deshalb kann man allgemeiner schreiben: $E(X_t|X_{t-1}) = \varphi X_{t-1}$

Für einen stationären AR(p)-Prozeß

$$X_t = c + \varphi_1 X_{t-1} + \varphi_2 X_{t-2} + \ldots + \varphi_{t-p} X_{t-p} + \varepsilon_t$$

mit $E(X_t) = c/(1 - \varphi_1 - \varphi_2 - \ldots \varphi_p) = \text{const.}$ lautet der bedingte Erwartungswert von X_t

$$E(X_t|X_{t-1}, X_{t-2}, \ldots, X_{t-p}) = c + \varphi_1 X_{t-1} + \varphi_2 X_{t-2} + \ldots + \varphi_p X_{t-p} \neq \text{const.}$$

falls $E(\varepsilon_t|X_{t-1}, X_{t-2}, \ldots) = 0$ ist.

Interessanter als bedingte Erwartungswerte sind jedoch häufig *bedingte* Varianzen. Beispielsweise erhält man für den obigen AR(1)-Prozeß mit der unbedingten Varianz $\text{Var}(X_t) = \sigma^2/(1 - \varphi^2)$, $\sigma^2 = E(\varepsilon_t^2)$ die Beziehung:

$$\begin{aligned}\text{Var}(X_t|X_{t-1}) &= E([X_t - E(X_t|X_{t-1})]^2|X_{t-1}) \\ &= E(X_t - \varphi X_{t-1})^2 = E(\varepsilon_t^2) = \sigma^2 < \text{Var}(X_t)\end{aligned}$$

Daß die bedingte Varianz kleiner ist als die unbedingte, ist unmittelbar einleuchtend, denn die zum Zeitpunkt t-1 eintreffende Information X_{t-1} reduziert bis zu einem gewissen Grad die Ungewißheit der Prozeßrealisation zum Zeitpunkt t. Bei diesem Beispiel war die bedingte Varianz zwar verschieden von der unbedingten Varianz, aber wie diese ebenfalls konstant. Praktisch wichtiger sind jedoch Prozesse, bei denen die bedingte Varianz *nicht zeitinvariant* ist, sondern selbst einem bestimmten Prozeß gehorcht. Dies ist z.B. der Fall, wenn in obigem AR(p)-Prozeß für die quadrierten Störterme ε_t^2 die Beziehung gilt

$$\varepsilon_t^2 = \alpha_0 + \alpha_1 \varepsilon_{t-1}^2 + \alpha_2 \varepsilon_{t-2}^2 + \ldots + \alpha_m \varepsilon_{t-m}^2 + u_t$$

wobei u_t unabhängiges, identisch verteiltes, weißes Rauschen bezeichnet. ε_t^2 hängt hier in "autoregressiver Weise" von vergangenen ε_t^2-Prozeßrealisationen ab, was die Bezeichnung "ARCH" ("Autoregressive Conditional Heteroscedasticity") nahelegt. Ein white-noise-Prozeß, für den die obige Beziehung gilt, wird deshalb als *ARCH(m)-Prozeß* bezeichnet.

Prozesse, deren bedingte Varianz zeitlich nicht konstant ist, spielen insbesondere bei der Analyse von Finanzmarktdaten eine Rolle. Wie die Erfahrung zeigt, streuen z.B. Kursänderungen von Wertpapieren, Veränderungen von Zinssätzen usw. häufig um einen konstanten Mittelwert, die Streuung um diesen Wert ist jedoch im Zeitablauf nicht konstant, Phasen geringerer und höherer Volatilität wechseln sich ab. Da die Risikobewertung einer Anlage aber von dieser Volatilität abhängt, ist einsehbar, daß z.B. Prognosen der zu erwartenden bedingten Varianz eines Prozesses von praktischer Bedeutung sind. Für einen Überblick hinsichtlich der Anwendung von ARCH-Modellen in Finance sei insbesondere auf Bollerslev/Chou/Kroner 1992 verwiesen sowie auf Lütkepohl 1997. ARCH-Modelle existieren heute in einer großen Vielfalt. Hier soll die Darstellung auf die (bisher) gebräuchlichsten Typen beschränkt werden.

XX.1.2. ARCH-Modelle

ARCH-Prozesse (genauer: ihre Realisationen) können entweder direkt beobachtbar sein oder sie können als Störterme in Regressionsmodellen auftreten. Der im letzten Abschnitt betrachtete (bedingt-)heteroskedastische white-noise-Prozeß geht auf Engle 1982 zurück. Damit dieser Prozeß sinnvoll ist, müssen die Prozeßparameter gewissen Bedingungen genügen, die u.a. daraus resultieren, daß ε_t^2 nicht negativ sein kann, was gewährleistet ist, wenn die Parameter $\alpha_i \geq 0$ sind (i=1,2,..., m) und u_t von unten beschränkt ist durch $-\alpha_0$ ($\alpha_0 > 0$). Der Prozeß ε_t^2 ist stationär, wenn alle Wurzeln des Polynoms $1 - \alpha_1 z - \alpha_2 z^2 - ... - \alpha_m z^m$ außerhalb des Einheitskreises liegen, eine Bedingung, die erfüllt ist, wenn $\alpha_1 + \alpha_2 + ... + \alpha_m < 1$ ist, falls alle α_i nicht-negativ sind. Die unbedingte Varianz von ε_t lautet dann:

$$\sigma^2 = E(\varepsilon^2) = \frac{\alpha_0}{1 - \alpha_1 - \alpha_2 - ... - \alpha_m}$$

(vgl. Hamilton 1994, S.658 f.)

Anstelle der obigen Darstellung ist für ARCH(m)-Prozesse eine alternative (und häufig leichter handhabbare) Formulierung gebräuchlich, die in den folgenden Ausführungen auch verwendet werden soll. Danach wird ein ARCH(m)-Prozeß wie folgt notiert
$$\varepsilon_t = \sqrt{h_t} v_t$$

wobei v_t eine Folge von *unabhängigen* und identisch verteilten Zufallsvariablen mit $E(v_t)=0$, $E(v_t^2)=1$ und
$$h_t = \alpha_0 + \alpha_1 \varepsilon_{t-1}^2 + \alpha_2 \varepsilon_{t-2}^2 + ... + \alpha_m \varepsilon_{t-m}^2$$
ist. Da der Prozeß v_t nicht nur als unkorreliert, sondern auch stochastisch unabhängig vorausgesetzt wird, gilt
$$E(\varepsilon_t^2 | \varepsilon_{t-1}, \varepsilon_{t-2}...) = \alpha_0 + \alpha_1 \varepsilon_{t-1}^2 + \alpha_2 \varepsilon_{t-2}^2 + ... + \alpha_m \varepsilon_{t-m}^2 = h_t$$
d.h. die bedingte Varianz von ε_t ist h_t.

Beispielsweise erhält man für den einfachsten Fall m=1 den Prozeß:
$$\varepsilon_t = \sqrt{\alpha_0 + \alpha_1 \varepsilon_{t-1}^2} v_t , \; h_t = \alpha_0 + \alpha_1 \varepsilon_{t-1}^2$$

Für diesen lauten die bedingten Momente
$$E(\varepsilon_t | \varepsilon_{t-1}, \varepsilon_{t-2}...) = \sqrt{\alpha_0 + \alpha_1 \varepsilon_{t-1}^2} E(v_t) = 0$$
und

$$E(\varepsilon_t^2|\varepsilon_{t-1},\varepsilon_{t-2}\ldots) = (\alpha_0 + \alpha_1\varepsilon_{t-1}^2)E(v_t^2) = \alpha_0 + \alpha_1\varepsilon_{t-1}^2 \neq const.$$

sowie die unbedingten Momente

$$E(\varepsilon_t) = E[E(\varepsilon_t|\varepsilon_{t-1},\varepsilon_{t-2},\ldots)] = 0$$

und

$$\begin{aligned}
Var(\varepsilon_t) &= E[E(\varepsilon_t^2|\varepsilon_{t-1},\varepsilon_{t-2},\ldots) \\
&= E(\alpha_0 + \alpha_1\varepsilon_{t-1}^2) = \alpha_0 + \alpha_1 Var(\varepsilon_t)
\end{aligned}$$

d.h. $Var(\varepsilon_t) = \alpha_0/(1 - \alpha_1)$, falls $|\alpha_1| < 1$, d.h. ε_t stationär ist. Für die Autokovarianzfunktion von ε_t erhält man natürlich:

$$\begin{aligned}
\gamma(h) &= E(\varepsilon_t\varepsilon_{t-h}) = E[E(\varepsilon_t\varepsilon_{t-h}|\varepsilon_{t-1},\varepsilon_{t-2}\ldots)] \\
&= E[\varepsilon_{t-h} E(\varepsilon_t|\varepsilon_{t-1},\varepsilon_{t-2}\ldots)] = 0 \ , \ h = 1,2,\ldots
\end{aligned}$$

Dagegen folgt für die Autokovarianzfunktion von ε_t^2:

$$\begin{aligned}
\gamma(h) &= E(\varepsilon_t^2\varepsilon_{t-h}^2) - E(\varepsilon_t^2)E(\varepsilon_{t-h}^2) \\
&= E[\varepsilon_{t-h}^2 E(\varepsilon_t^2|\varepsilon_{t-1},\varepsilon_{t-2}\ldots)] - \frac{\alpha_0^2}{(1 - \alpha_1)^2} \\
&= E[\varepsilon_{t-h}^2(\alpha_0 + \alpha_1\varepsilon_{t-1}^2)] - \frac{\alpha_0^2}{(1 - \alpha_1)^2} \\
&= \alpha_0 E(\varepsilon_{t-h}^2) + \alpha_1 E(\varepsilon_{t-h}^2\varepsilon_{t-1}^2) - \frac{\alpha_0^2}{(1 - \alpha_1)^2} \\
&= \frac{\alpha_0^2}{1 - \alpha_1} + \alpha_1[\gamma(h-1) + E(\varepsilon_{t-h}^2)E(\varepsilon_{t-1}^2)] - \frac{\alpha_0^2}{(1 - \alpha_1)^2} \\
&= \frac{\alpha_0^2}{1 - \alpha_1} + \alpha_1\gamma(h-1) - (1 - \alpha_1)\frac{\alpha_0^2}{(1 - \alpha_1)^2} \\
&= \alpha_1\gamma(h-1)
\end{aligned}$$

d.h. diese Autokovarianzfunktion folgt einer homogenen Differenzengleichung 1. Ordnung, analog der Autokovarianzfunktion eines AR(1)-Prozesses. Im Gegensatz zu ε_t sind die ε_t^2 somit korreliert, was sich natürlich auch direkt aus der Prozeßdefinition entnehmen läßt. Der Prozeß ε_t ist somit zwar unkorreliert, aber nicht unabhängig, da eine Abhängigkeit über die 2. Momente besteht.

Üblicherweise wird angenommen, daß $v_t \sim N(0,1)$-verteilt ist. Für ε_t folgt daraus allerdings *keine* Normalverteilung. ε_t folgt überhaupt keiner der bekannten Standardverteilungen, sondern einer Verteilung, die wesentlich mehr "Masse" in den "Flanken" besitzt als z.B. die Normalverteilung. Dies gilt natürlich nicht nur für ARCH(1)-Prozesse, sondern generell für alle ARCH-Prozesse. Deshalb sind sie prinzipiell geeignet zur Modellierung von Ausreißern und "Volatilitätsclustern", wie sie bei Finance-Reihen häufig zu beobachten sind. Allerdings gehorchen die *bedingten* Verteilungen von ARCH-Prozessen einer Normalverteilung, falls v_t normalverteilt ist.

Die nachfolgenden Abbildung 20.1 zeigt eine Realisation eines ARCH(1)-Prozesses der Länge T=600 mit $\alpha_0=1$ und $\alpha_1=0.7$. Wie die Abbildung zeigt, sind Phasen unterschiedlicher Volatilität deutlich unterscheidbar.

Wie oben ausgeführt wurde, können ARCH-Prozesse entweder direkt beobachtbar sein oder als heteroskedastische Störterme in Regressionsmodellen auftreten:

$$Y_t = \mathbf{x}_t'\boldsymbol{\beta} + \varepsilon_t \ , \ \varepsilon_t = \sqrt{h_t}v_t$$

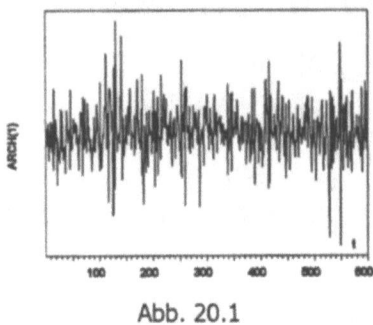

Abb. 20.1

Der Vektor $\mathbf{x}'_t$ enthält die erklärenden Variablen des Regressionsmodelles, der auch verzögerte Werte der abhängigen Variablen Y_t enthalten kann. (Enthält $\mathbf{x}'_t$ nur solche, dann liegt ein AR-Prozeß mit heteroskedastischem weißen Rauschen vor. Ist $\mathbf{x}'_t$ gleich einem Nullvektor, dann liegt der bisher betrachtete Fall eines direkt beobachtbaren ARCH-Prozesses vor). Für die unbekannten Parameter $\boldsymbol{\beta}$ und $\alpha_0, \alpha_1, \alpha_2, ..., \alpha_m$ dieses Modells können Maximum-Likelihoodschätzer bestimmt werden.

Eine Erweiterung des obigen Regressionsmodelles stellt das *ARCH-M-Modell (ARCH-in-Mean)* dar, bei dem der Erwartungswert der abhängigen Variablen Y_t auch von der bedingten Varianz des Restprozesses ε_t abhängt, d.h. statt $E(Y_t) = \mathbf{x}'_t\boldsymbol{\beta}$ gilt jetzt $E(Y_t) = \mathbf{x}'_t\boldsymbol{\beta} + \gamma h_t$. Somit hat eine höhere Volatilität von ε_t einen Einfluß auf das *Niveau* der abhängigen Variablen. ARCH-M-Modelle spielen bei der Analyse gewisser Finance-Daten eine Rolle (vgl. Engle/Lilien/Robins 1987).

XX.1.3.   Parameterschätzungen in ARCH-Modellen

Für die Ableitung der (bedingten) Maximum-Likelihoodschätzer für die unbekannten Parameter des im letzten Abschnitt betrachteten Regressionsmodelles
$$Y_t = \mathbf{x}'_t\boldsymbol{\beta} + \varepsilon_t \ , \ \varepsilon_t = \sqrt{h_t}v_t$$
sei vorausgesetzt, daß die v_t stochastisch unabhängig $N(0;1)$-verteilt und unabhängig sind von $\mathbf{x}_t$. Sei
$$\boldsymbol{\Omega}_t = (Y_t, Y_{t-1}, ..., Y_1, Y_0, ..., Y_{-m+1}; \mathbf{x}'_t, \mathbf{x}'_{t-1}, ..., \mathbf{x}'_1, \mathbf{x}'_0, ..., \mathbf{x}'_{-m+1})'$$
der Datenvektor zum Zeitpunkt t inklusive der m "bedingenden" Werte für die m Zeitpunkte t= (-m+1,-m+2,...,0). Nur die Beobachtungen der Zeitpunkte t=1,2,...T werden für die Parameterschätzung herangezogen. Sei v_t unabhängig von $\boldsymbol{\Omega}_{t-1}$, dann ist die bedingte Dichtefunktion von Y_t die Dichtefunktion einer Normalverteilung mit Erwartungswert $\mathbf{x}'_t\boldsymbol{\beta}$ und Varianz h_t

$$f(Y_t|\mathbf{x}_t, \boldsymbol{\Omega}_{t-1}) = \frac{1}{\sqrt{2\pi h_t}}\exp[-\frac{(Y_t - \mathbf{x}'_t\boldsymbol{\beta})^2}{2h_t}]$$

mit
$$h_t = \alpha_0 + \alpha_1\varepsilon_{t-1}^2 + ... + \alpha_m\varepsilon_{t-m}^2$$
$$= \alpha_0 + \alpha_1(Y_{t-1} - \mathbf{x}'_{t-1}\boldsymbol{\beta})^2 + ... + \alpha_m(Y_{t-m} - \mathbf{x}'_{t-m}\boldsymbol{\beta})^2$$

Mit den Vektoren
$$\boldsymbol{\delta} := (\alpha_0, \alpha_1, ..., \alpha_m)' \ , \ \boldsymbol{\theta} := (\boldsymbol{\beta}', \boldsymbol{\delta}')'$$
läßt sich die log-Likelihoodfunktion folgendermaßen darstellen:

$$L(\boldsymbol{\theta}) = -\frac{T}{2}\log(2\pi) - \frac{1}{2}\sum_{t=1}^{T}\log(h_t) - \frac{1}{2}\sum_{t=1}^{T}(Y_t - \mathbf{x}'_t\boldsymbol{\beta})^2/h_t$$

Ihr Maximum bezüglich des Vektors $\boldsymbol{\theta}$ kann numerisch bestimmt werden (vgl. Hamilton 1994, S.660 f.). Als problematisch kann sich dabei allerdings die Einhaltung der Stationaritätsbedingung und/oder der Nicht-Negativitätsbedingung für die bedingte Varianz h_t erweisen. Bei Modellen mit kleinen m, die vorwiegend verwendet werden, scheint dies aber kein praktisch gravierendes Problem zu sein. Für den im letzten Abschnitt abgebildeten ARCH(1)-Prozeß erhält man mit EVIEWS die folgenden Schätzwerte: $\hat{\alpha}_0 = 1.129$ (t=10.16), $\hat{\alpha}_1 = 0.689$ (t=7.60). (Für diese und die folgenden Schätzungen wurden die in EVIEWS zur Verfügung stehenden *Bollerslev-Wooldrige Robust Standard Errors* verwendet, um der Heteroskedastizität des Prozesses bzw. des – bei den weiter unten stehenden Beispielen – jeweiligen Störterms Rechnung zu tragen).

Die obige Voraussetzung eines normalverteilten v_t ist nicht zwingend. Maximum-Likelihoodschätzungen lassen sich auch ableiten, wenn für die bedingte Verteilung von ε_t z.B. eine t-Verteilung oder Mischverteilungen, wie z.B. Normal-Poisson o.ä. postuliert werden. Zu solchen Modellen sei auf die bei Hamilton 1994, S.662 zitierte Literatur hingewiesen.

XX.1.4. Ein einfacher ARCH-Test

Im oben betrachteten Regressionsmodell stellt sich natürlich in der Praxis die Frage, wie festgestellt werden kann, ob die Störterme heteroskedastisch sind. Dafür läßt sich ein einfacher Test – ein Lagrange-Multiplikator-Test – bereitstellen, der auf den Residuen $\hat{\varepsilon}_t$ der obigen Regression basiert. Um gegen die Hypothese eines ARCH(m)-Prozesses zu testen (Nullhypothese H_0: $\alpha_1 = \alpha_2 = \ldots = \alpha_m = 0$) ist es lediglich erforderlich, die Regression zu schätzen:

$$\hat{\varepsilon}_t^2 = \alpha_0 + \alpha_1 \hat{\varepsilon}_{t-1}^2 + \ldots + \alpha_m \hat{\varepsilon}_{t-m}^2 + u_t$$

Gilt H_0, dann ist die LM-Statistik $T \cdot R^2$ asymptotisch χ^2-verteilt mit m Freiheitsgraden, wobei T die Länge der Zeitreihe und R^2 das Bestimmtheitsmaß dieser Regression bezeichnet (vgl. Engle 1982, Hamilton 1994, S.664). Für das im letzten Abschnitt abgebildete Beispiel eines ARCH(1)-Prozesses findet man für m=1 den Testwert $T \cdot R^2 = 240.1$ und für m=2 den Wert 240.4, die beide zur Ablehnung der Nullhypothese eines homoskedastischen Prozesses führen. Für die geschätzten Regressionsparameter $\hat{\alpha}_1$ und $\hat{\alpha}_2$ erhält man die Werte 0.633 und -0.046 mit den t-Werten 20.0 bzw. -1.12, d.h. der zweite Parameter ist nicht signifikant von Null verschieden. Da auch die Parameter $\alpha_3, \alpha_4, \ldots$ nicht signifikant von Null verschieden sind, kann für die Prozeßordnung m=1 gesetzt werden. Dafür spricht auch die Beobachtung, daß die geschätzte gewöhnliche und partielle Autokorrelationsfunktion der $\hat{\varepsilon}_t^2$ wie bei einem AR(1)-Prozeß verlaufen.

XX.1.5. GARCH-Modelle

Der bisher betrachtete ARCH(m)-Prozeß stellt lediglich den einfachsten Typ eines heteroskedastischen Prozesses dar. Wie die Erfahrung zeigt, kann mit diesem Modelltyp die Volatilität gewisser Daten, wie sie insbesondere in Finance als sogenannte "high-frequency data" vorliegen, nicht immer ausreichend modelliert werden. Dies hat zu Erweiterungen des ursprünglichen Ansatzes geführt, deren naheliegendste die GARCH-Prozesse darstellen.

Während die bedingte Varianz von ARCH(m)- Prozessen von genau m − also einer *endlichen* Anzahl − lags in den ε_t^2 abhängt, sind GARCH-Prozesse dadurch ausgezeichnet, daß ihre bedingte Varianz von einer *unendlichen* Anzahl von lags in den ε_t^2 abhängt. Dies läßt sich folgendermaßen darstellen:

$$h_t = \pi_0 + \pi(B)\varepsilon_t^2 \ , \ \pi(B) := \sum_{j=1}^{\infty} \pi_j B^j$$

Es liegt nahe, das lag-Polynom $\pi(B)$ als Quotient zweier lag-Polynome zu *parametrisieren:*

$$\pi(B) = \frac{\alpha(B)}{1 - \delta(B)} = \frac{\alpha_1 B + \alpha_2 B^2 + \ldots + \alpha_m B^m}{1 - \delta_1 B - \delta_2 B^2 - \ldots - \delta_r B^r}$$

Dadurch kann die unendliche Anzahl von π_j-Parameter auf eine endliche Anzahl von Parametern zurückgeführt werden kann, wobei postuliert werden soll, daß die Wurzeln von 1-$\delta(B)$ außerhalb des Einheitskreises liegen sollen. Aus

$$h_t = \pi_0 + \frac{\alpha(B)}{1 - \delta(B)}\varepsilon_t^2$$

folgt

$$[1 - \delta(B)]h_t = [1 - \delta(1)]\pi_0 + \alpha(B)\varepsilon_t^2$$

d.h.

$$h_t = \mu + \delta_1 h_{t-1} + \delta_2 h_{t-2} + \ldots + \delta_r h_{t-r} + \alpha_1 \varepsilon_{t-1}^2 + \alpha_2 \varepsilon_{t-2}^2 + \ldots + \alpha_m \varepsilon_{t-m}^2$$

mit

$$\mu := (1 - \delta_1 - \delta_2 - \ldots - \delta_r)\pi_0$$

Der Prozeß $\varepsilon_t = \sqrt{h_t}v_t$, bei dem für v_t die gleichen Eigenschaften wie oben vorausgesetzt werden, wird als *GARCH(r,m) − Generalized Autoregressive Conditional Heteroscedasticity −* Prozeß bezeichnet. Für r=0 erhält man als Spezialfall einen ARCH(m)-Prozeß. Offensichtlich folgt die Entwicklung der bedingten Varianz h_t eines GARCH-Prozesses dem Schema eines ARMA-Prozesses. Durch die Einbeziehung von h_{t-j}, j=1,2,...,r läßt sich die bedingte Varianz eines Prozesses oft mit einer geringeren Anzahl von Parametern modellieren als wenn der Analyse nur ein ARCH-Prozeß zugrundegelegt würde.

Aus der bedingten Varianz eines GARCH(r,m)-Prozeß läßt sich die Beziehung

$$\varepsilon_t^2 = \mu + (\delta_1 + \alpha_1)\varepsilon_{t-1}^2 + \ldots + (\delta_p + \alpha_p)\varepsilon_{t-p}^2 + w_t - \delta_1 w_{t-1} - \ldots - \delta_r w_{t-r}$$

ableiten mit dem weißen Rauschen $w_t := \varepsilon_t^2 - h_t$ und p:=max(r,m), d.h. die ε_t^2 folgen einem ARMA(p,r)-Prozeß. h_t ist nicht-negativ, wenn $\mu>0$ und $\alpha_j \geq 0$, $\delta_j \geq 0$ sind. (Diese Nicht-Negativitätsbedingungen sind hinreichend, aber nicht notwendig, vgl. Nelson/ Cao 1992). ε_t^2 ist stationär, wenn w_t eine endliche Varianz besitzt und die Wurzeln des Polynoms

$$1 - (\delta_1 + \alpha_1)z - (\delta_2 + \alpha_2)z^2 - \ldots - (\delta_p + \alpha_p)z^p = 0$$

außerhalb des Einheitskreises liegen. Sind die obigen Nicht-Negativitätsbedingung erfüllt, dann ist ε_t^2 ein kovarianzstationärer Prozeß, falls

$$\sum_{j=1}^{p} (\alpha_j + \delta_j) < 1$$

ist mit

$$E(\varepsilon_t^2) = \sigma^2 = \mu \Big/ \Big[1 - \sum_{j=1}^{p} (\alpha_j + \delta_j)\Big]$$

(vgl. Hamilton 1994, S.666).

In der Abbildung 20.2 ist eine Realisation eines GARCH(1,1)-Prozesses der Länge T=600 wiedergegeben mit $\mu=1$, $\delta=0.6$ und $\alpha=0.3$. Eine Parameterschätzung mit EVIEWS liefert die Schätzwerte $\hat{\mu}=1.2(t=4.6), \hat{\delta}=0.58(t=11.3), \hat{\alpha}=0.31(t=5.6)$. Die geschätzte bedingte Standardabweichung zeigt den Verlauf in Abb. 20.3:

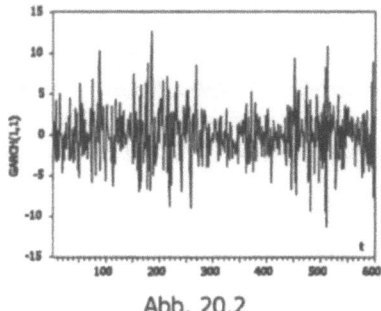
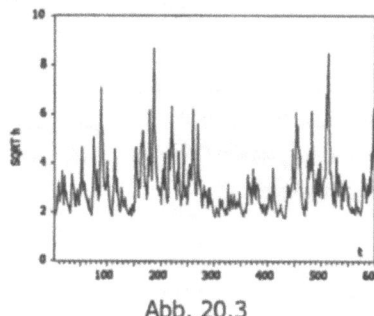

Abb. 20.2   Abb. 20.3

Wie diese Abbildung zeigt, wird die sich im Zeitablauf ändernde Volatilität des GARCH-Prozesses von der geschätzten bedingten Varianz recht gut modelliert.

XX.1.6. EGARCH-Modelle

Bei diesem Modelltyp, der wie bisher in der Form $\varepsilon_t=\sqrt{h_t}v_t$ notiert werden soll, sind keine Parameterrestriktionen erforderlich wie bei den bisher betrachteten Modellen, da nicht die bedingte Varianz, sondern der *Logarithmus* der bedingten Varianz modelliert wird:

$$\log(h_t) = \pi_0 + \sum_{j=1}^{\infty} \pi_j[|v_{t-j}| - E|v_{t-j}| + \gamma v_{t-j}]$$

Dieses auf Nelson 1991 zurückgehende Modell wird als *exponentielles GARCH* – kurz: als *EGARCH*-Modell – bezeichnet. Der interessante Parameter in diesem Ausdruck ist γ, da je nach seinem Vorzeichen positive und negative v_t eine unterschiedliche Auswirkung auf die bedingte Varianz h_t haben können. Ein *positives* v_{t-j} hat die selbe Auswirkung auf die bedingte Varianz wie ein (betragsmäßig) gleich großes *negatives* v_{t-j}, falls der Parameter $\gamma=0$ ist: sie wird größer, falls die (realisierte) Innovation $|v_{t-j}|>E|v_{t-j}|$ und $\pi_j>0$ ist, und kleiner, falls $|v_{t-j}|<E|v_{t-j}|$ und $\pi_j>0$ ist. Ein *negatives* γ erlaubt jedoch eine *asymmetrische* Behandlung positiver bzw. negativer (realisierter) v_{t-j}: ein positives v_{t-j} kann die bedingte Varianz reduzieren, während ein negatives diese erhöhen kann. "Good news" und "bad news" können somit einen asymmetrischen Effekt bezüglich der Volatilität nach sich ziehen, was bei der Analyse von Finance-Daten immer wieder beobachtet werden kann. Bei einem negativen γ wird von einem *leverage-Effekt* gesprochen.

Mit dem lag-Polynom $\pi(B): = \sum_{j=1}^{\infty} \pi_j B^j$ kann geschrieben werden:

$$\log(h_t) = \pi_0 + \pi(B)[|v_t| - E|v_t| + \gamma v_t]$$

Es liegt nahe, $\pi(B)$ wie bei den GARCH(r,m)-Prozessen zu parametrisieren, wodurch sich ergibt

$$\begin{aligned}
\log(h_t) = \mu &+ \delta_1\log(h_{t-1}) + \delta_2\log(h_{t-2}) + \ldots + \delta_r\log(h_{t-r}) \\
&+ \alpha_1[|v_{t-1}| - E|v_{t-1}| + \gamma v_{t-1}] \\
&+ \alpha_2[|v_{t-2}| - E|v_{t-2}| + \gamma v_{t-2}] \\
&\quad \vdots \\
&+ \alpha_m[|v_{t-m}| - E|v_{t-m}| + \gamma v_{t-m}]
\end{aligned}$$

(vgl. Hamilton 1994, S.668). Wird für v_t eine bestimmte Verteilung postuliert, können EGARCH-Modelle mit Hilfe der Maximum-Likelihood-Methode geschätzt werden. Nelson hat für diese die "verallgemeinerte Fehlerverteilung" ("generalized error distribution") vorgeschlagen mit Erwartungswert Null und Varianz Eins mit der Dichtefunktion

$$f(v_t) = \frac{v\exp[-(1/2)|v_t/\lambda|^v]}{\lambda \cdot 2^{[(v+1)/v]}\Gamma(1/v)}$$

wobei $\Gamma(\cdot)$ die Gammafunktion

$$\Gamma(m) = \int_0^\infty t^{m-1}e^{-t}dt \ , \ m > 0$$

bezeichnet mit den Eigenschaften

$$\Gamma(1/2) = \sqrt{\pi}$$

$$\Gamma(m+1/2) = 1\cdot 3\cdot 5\cdots(2m-1)\frac{\sqrt{\pi}}{2^m} \ , \ m = 1,2,3,\ldots$$

und

$$\lambda = \left[\frac{2^{(-2/v)}\Gamma(1/v)}{\Gamma(3/v)}\right]^{1/2}$$

ist. Für den Spezialfall $v=2$ erhält man $\lambda=1$ und $f(v_t)$ ist die Dichtefunktion einer N(0;1)-verteilten Zufallsvariablen. Für $v<2$ hat die Dichte $f(v_t)$ "fettere Flanken" als die Normalverteilung und für $v>2$ Flanken, die weniger "Masse" als die Normalverteilung aufweisen. Der Erwartungswert von $|v_t|$ ist

$$E|v_t| = \frac{\lambda \cdot 2^{1/v}\Gamma(2/v)}{\Gamma(1/v)}$$

und für den Fall der Normalverteilung ($v=2$) ist dieser

$$E|v_t| = \frac{2^{1/2}\Gamma(1)}{\Gamma(1/2)} = \sqrt{2/\pi}$$

da $\Gamma(1)=1$ ist.

Im EVIEWS 3 User Guide, 1997, S.403, wird das EGARCH(1,1)-Modell folgendermaßen notiert

$$\log(\sigma_t^2) = \omega + \beta\log(\sigma_{t-1}^2) + \alpha\left|\frac{\varepsilon_{t-1}}{\sigma_{t-1}}\right| + \gamma\frac{\varepsilon_{t-1}}{\sigma_{t-1}}$$

wobei $\sigma_t^2 \equiv h_t$, $\omega \equiv \mu$, $\beta \equiv \delta$ und $v_t = \varepsilon_t/\sigma_t$ ist. Da der ursprüngliche Nelson-Ansatz lautet

$$\log(\sigma_t^2) = \omega^* + \beta\log(\sigma_{t-1}^2) + \alpha\left(\left|\frac{\varepsilon_{t-1}}{\sigma_{t-1}}\right| - \sqrt{\frac{2}{\pi}}\right) + \gamma\frac{\varepsilon_{t-1}}{\sigma_{t-1}}$$

differieren beide Ansätze nur um den Faktor $-\alpha\sqrt{2/\pi}$ – vgl. EVIEWS 3 User Guide 1997, S.403 – d.h. es ist $\omega = \omega^* - \alpha\sqrt{2/\pi}$. Daraus und aus obigem Wert für $E|v_t|$ folgt, daß in EVIEWS für EGARCH-Modelle Normalverteilung für v_t unterstellt wird.

Die Abbildung 20.4 zeigt eine Realisation eines EGARCH(1,1)-Prozesses.

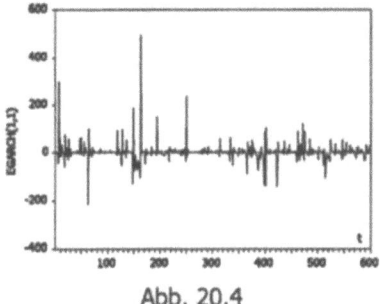

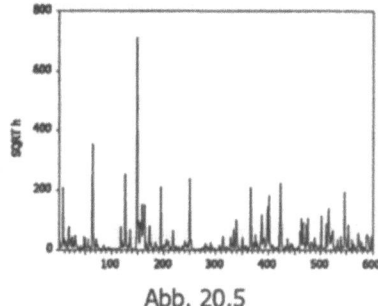

Abb. 20.4   Abb. 20.5

Mit EVIEWS erhält man die Schätzwerte:

$$\hat{\mu} = 0.96(t=18.1) \ , \ \hat{\delta} = 0.61(t=60.5)$$
$$\hat{\alpha} = 0.90(t=15.9) \ , \ \hat{\gamma} = -1.97(t=-31.3)$$

Da der Parameter γ negativ und signifikant von Null verschieden ist, liegt ein leverage-Effekt vor. Die geschätzte bedingte Standardabweichung für diese Reihe zeigt den Verlauf in Abb. 20.5. Ob ein asymmetrischer Prozeß vorliegt, kann auch mit Hilfe des Kreuzkorrelogramms zwischen ε_t^2 und ε_{t-h}, h=1,2,... beurteilt werden, da die Kreuzkorrelationen in diesem Fall *negativ* sind, was man wie folgt einsehen kann. Es genügt zu zeigen, daß für h=1,2,... der Erwartungswert $E(\varepsilon_t^2\varepsilon_{t-h})<0$ ist. Es ist

$$E(\varepsilon_t^2\varepsilon_{t-h}) = E\left[\exp\left\{ \pi_0+\sum_{j=1}^{\infty} \pi_j[|v_{t-j}|-E|v_{t-j}|+\gamma v_{t-j}] \right\} v_t^2 \cdot \right.$$
$$\left. \cdot \exp\left\{1/2(\pi_0+\sum_{j=1}^{\infty} \pi_j[|v_{t-h-j}|-E|v_{t-h-j}|+\gamma v_{t-h-j}]) \right\} v_t \right]$$

woraus folgt

$$E(\varepsilon_t^2\varepsilon_{t-h}) = E\left[v_t^2 v_{t-h}\exp\left\{\pi_0+\sum_{j=1}^{\infty} \pi_j[|v_{t-j}|-E|v_{t-j}|+\gamma v_{t-j}]\right\} \cdot \right.$$
$$\left. \cdot \exp\left\{1/2(\pi_0+\sum_{j=1}^{\infty} \pi_j[|v_{t-h-j}|-E|v_{t-h-j}|+\gamma v_{t-h-j}])\right\}\right]$$
$$= E\left[v_{t-h}\exp\left\{\pi_0+\sum_{j=1}^{\infty} \pi_j[|v_{t-j}|-E|v_{t-j}|+\gamma v_{t-j}]\right\} \cdot \right.$$
$$\left. \cdot \exp\left\{1/2(\pi_0+\sum_{j=1}^{\infty} \pi_j[|v_{t-h-j}|-E|v_{t-h-j}|+\gamma v_{t-h-j}])\right\}\right]$$

da v_t^2 und v_{t-j} stochastisch unabhängig sind und $E(v_t^2)=1$ ist. Dafür kann aber geschrieben werden

$$E(\varepsilon_t^2\varepsilon_{t-h}) = E\left[v_{t-h}\exp\left\{\pi_0+\pi_h[|v_{t-h}|-E|v_{t-h}|+\gamma v_{t-h}]\right\} \cdot \right.$$
$$\cdot\exp\left\{\pi_0+ \sum_{j\neq h, j\geq 1}^{\infty} \pi_j[|v_{t-j}|-E|v_{t-j}|+\gamma v_{t-j}]\right\} \cdot$$
$$\left. \cdot\exp\left\{1/2(\pi_0+\sum_{j=h}^{\infty} \pi_j[|v_{t-h-j}|-E|v_{t-h-j}|+\gamma v_{t-h-j}])\right\}\right]$$

oder einfacher $E(\varepsilon_t^2\varepsilon_{t-h}) = C\cdot E\left[v_{t-h}\exp\left\{\pi_0+\pi_h[|v_{t-h}|-E|v_{t-h}|+\gamma v_{t-h}]\right\}\right]$

mit der Konstanten

$$C:= E\left[\exp\left\{\pi_0+\sum_{j\neq h}^{\infty} \pi_j[|v_{t-j}|-E|v_{t-j}|+\gamma v_{t-j}]\right\} \cdot \right.$$
$$\left. \cdot\exp\left\{1/2(\pi_0+\sum_{j=1}^{\infty} \pi_j[|v_{t-h-j}|-E|v_{t-h-j}|+\gamma v_{t-h-j}])\right\}\right] > 0$$

Ist $\gamma=0$ und gehorcht v_t einer symmetrischen Verteilung, wie der generalized error distribution, dann ist $E(\varepsilon_t^2 \varepsilon_{t-h}) = 0$. Ist $\gamma>0$ und ist v_t wieder symmetrisch verteilt, dann ist $E(\varepsilon_t^2 \varepsilon_{t-h})>0$. Für $\gamma<0$ und symmetrisches v_t jedoch ist der Erwartungswert $E(\varepsilon_t^2 \varepsilon_{t-h})<0$, da die negativen v_{t-h} durch $\exp(\cdot)$ ein größeres "Gewicht" erhalten als die positiven v_{t-j}. Für die obige Reihe erhält man beispielsweise als geschätzte Kreuzkorrelationen für h=1,2,3,4... die Werte -0.2010, -0.0751,-0.0617,-0.0578,...

XX.1.7.   TARCH-Modell

Eine andere Möglichkeit zur asymmetrischen Behandlung von positiven und negativen Innovationen bietet das Threshold ARCH- (kurz: TARCH-)-Modell, das von Zakoian 1990 und Glosten/Jaganathan/Runkle 1994 entwickelt wurde. Für die bedingte Varianz gilt bei einem TARCH(1,1)-Modell

$$h_t = \mu + \delta h_{t-1} + \alpha \varepsilon_{t-1}^2 + \gamma \varepsilon_{t-1}^2 I_{t-1}$$

mit

$$I_{t-1} = \begin{cases} 1 \text{ für } \varepsilon_{t-1}<0 \\ 0 \text{ für } \varepsilon_{t-1}\geq 0 \end{cases}$$

"Good news" haben auf h_t einen Einfluß, der durch den Parameter α vermittelt wird, während "bad news" sich durch die Parameterkombination $\alpha+\gamma$ auswirken. Wie bei allen hier betrachteten Modellen kann natürlich auch hier für das ARCH- bzw. GARCH-Element des Prozesses eine höhere lag-Ordnung berücksichtigt werden. h_t ist nicht-negativ, falls $\delta\geq 0$, $\alpha\geq 0$ und $\alpha+\gamma\geq 0$ sind.

Für die folgende Realisation in Abb. 20.6 eines TARCH(1,1)-Prozesses wurden die Parameter $\mu=1$, $\delta=0.3$, $\alpha=0.3$ und $\gamma=0.3$ gewählt. Mit EVIEWS erhält man die Schätzwerte: $\hat{\mu}=1.03(t=4.8)$, $\hat{\delta}=0.31(t=3.4)$, $\hat{\alpha}=0.18(t=2.3)$, $\hat{\gamma}=0.39(t=3.1)$. Da sich γ als signifikant von Null erweist, liegt ein leverage-Effekt vor. Dieser hätte auch mit einem EGARCH-Modell nachgewiesen werden können, da sich mit diesem ebenfalls ein signifikanter (negativer) leverage-Parameter ergibt (-0.16, t=-3.0). Die geschätzte bedingte Standardabweichung zeigt den Verlauf in Abb. 20.7.

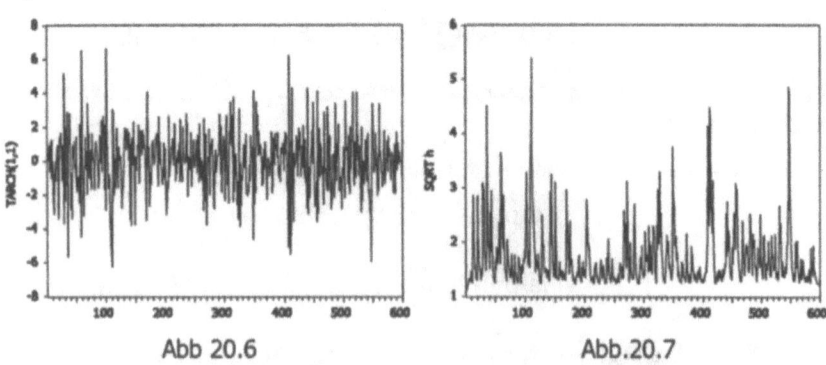

Abb 20.6   Abb.20.7

XX.1.8.   Prognosen mit heteroskedastischen Modellen

Im heteroskedastischen Regressionsmodell

$$Y_t = \mathbf{x}_t'\boldsymbol{\beta} + \varepsilon_t \text{ , } \varepsilon_t = \sqrt{h_t}v_t$$

läßt sich die abhängige Variable Y_t wie üblich prognostizieren, falls Prognosewerte für die Regressoren x'_t vorliegen. Enthält x'_t außer der Konstanten Eins nur verzögerte abhängige Variablen (etwa bis zum Zeitpunkt t-p), dann liegt ein *heteroskedastischer* AR(p)-Prozeß vor:

$$Y_t = \varphi_0 + \varphi_1 Y_{t-1} + \ldots + \varphi_p Y_{t-p} + \varepsilon_t \,,\, \varepsilon_t = \sqrt{h_t} v_t$$

Nimmt man wieder an, daß ε_t bedingt $N(0;h_t)$-verteilt ist, dann ist der bedingte Erwartungswert

$$Y_{t|t-1} = \varphi_0 + \varphi_1 Y_{t-1} + \ldots + \varphi_p Y_{t-p}$$

die *optimale 1-Schritt-Prognose* zum Zeitpunkt t-1 mit dem $(1-\alpha)100\%$ Prognoseintervall $Y_{t|t-1} \pm \lambda_{1-\alpha/2}\sqrt{h_t}$ wobei $\lambda_{1-\alpha/2}$ das $(1-\alpha/2)$-Quantil der Normalverteilung ist. Die Breite dieses Intervalls – $2\lambda_{1-\alpha/2}\sqrt{h_t}$ – ist offensichtlich nicht konstant, sondern verändert sich mit der bedingten Standardabweichung $\sqrt{h_t}$, während sie bei homoskedastischen Modellen zeitinvariant ist (vgl. Lütkepohl 1997, S.74). Die bedingte Varianz, die bei direkt beobachtbaren ARCH-bzw. GARCH-Prozessen allein von Interesse ist, da bei diesen Prozessen sowohl der bedingte als auch der unbedingte Erwartungswert konstant ist, kann aus der GARCH-Beziehung

$$h_t = \mu + \delta_1 h_{t-1} + \delta_2 h_{t-2} + \ldots + \delta_r h_{t-r} + \alpha_1 \varepsilon_{t-1}^2 + \alpha_2 \varepsilon_{t-2}^2 + \ldots + \alpha_m \varepsilon_{t-m}^2$$

prognostiziert werden (mit $\delta_1=\delta_2=\ldots=\delta_r=0$ für ARCH-Prozesse). Für Mehr-Schritt-Prognosen, d.h. für Prognosen zu den Zeitpunkten t+2,t+3,... sind dafür allerdings Prognosen von ε_{t+1}^2, $\varepsilon_{t+2}^2 \ldots$ erforderlich. Da ε_t^2 aber einem ARMA(p,r)-Prozeß folgt mit p= max(r,m) können diese Prognosen wie bei ARMA-Modellen erstellt werden. Beispielsweise erhält man für den oben dargestellten GARCH(1,1)-Prozeß den folgenden Verlauf für die prognostizierte bedingte Varianz für die Zeitpunkte t=601, 602,...,665:

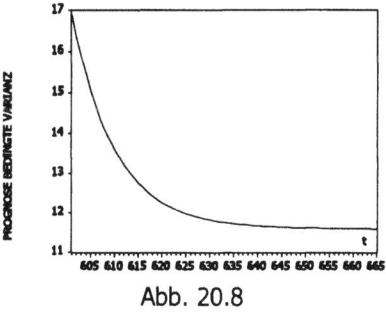

Abb. 20.8

Ausgehend von der bedingten Varianz 23.37 zum Zeitpunkt t=600 fallen die prognostizierten bedingten Varianzen monoton und erreichen den Wert 11.58312 in t=665, der praktisch genau der unbedingten Varianz

$$\hat{\sigma}^2 = 1.196894/(1-0.309794+0.586887)$$
$$= 11.584452$$

entspricht (die oben angegebenen Schätzwerte für die Parameter wurden auf 2 Stellen hinter dem Komma gerundet). Die hier zu beobachtende starke Persistenz der bedingten Varianz hängt damit zusammen, daß für den GARCH-Parameter δ ein relativ großer Wert gewählt wurde. Häufig ist eine rasche Konvergenz zur unbedingten Varianz zu beobachten, d.h. das Modell eignet sich nur für kurzfristige Prognosen.

XX.1.9. Beispiele

Die folgenden beiden Abbildungen zeigen den Kursverlauf und die zugehörigen Veränderungsraten (VR) des Papiers "IFCARGENTINA" (Wochenschlußkurse, Januar 1993 - August 1997, 243 Beobachtungswerte, Quelle: Datastream):

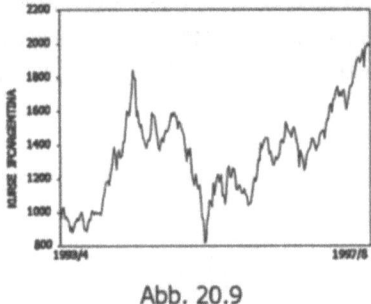

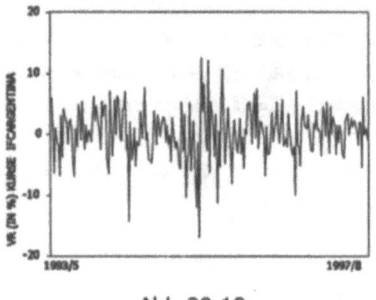

Abb. 20.9

Abb 20.10

Der Verlauf der Veränderungsraten in Abb. 20.10 läßt vermuten, daß ihre Volatilität im Zeitablauf wohl kaum konstant sein dürfte. Wie Korrelationstests eindeutig zeigen, sind diese Raten unkorreliert. Außerdem oszillieren sie um den Wert Null. Sie lassen sich deshalb *direkt* durch einen GARCH(1,1)-Prozeß modellieren, und zwar mit geschätzten Parametern $\hat{\mu}=0.93(1.3)$, $\hat{\alpha}=0.12(2.1)$ und $\hat{\delta}=0.82(10.7)$, d.h. es ist:

$$h_t = 0.93 + 0.12VR_{t-1}^2 + 0.82h_{t-1}$$

Aus den in Klammern angegebenen t-Werten läßt sich folgern, daß nur die Konstante in der Varianzgleichung nicht signifikant von Null verschieden ist. Sowohl die Autokorrelationen der quadrierten (standardisierten) Residuen als auch der ARCH-LM-Test zeigen eindeutig, daß diese Modellspezifikation die Heteroskedastizität vollständig erfaßt. Dieses Resultat bestätigt somit den optischen Eindruck bedingter Heteroskedastizität. Der signifikante ARCH-Parameter $\hat{\alpha}$ zeigt, daß die Varianz "heute" größer wird, wenn "gestern" ein "großer" Schock (d.h. eine große Veränderungsrate) auftrat – wobei diese Abhängigkeit allerdings nicht sehr ausgeprägt ist, da dieser Parameter relativ klein ist – während der relativ große GARCH-Parameter $\hat{\delta}$ darauf hindeutet, daß der "gestrige" Einfluß jedoch eine relativ große Persistenz aufweist. Ein leverage-Effekt dürfte nicht vorzuliegen, da die entsprechenden Parameter sowohl bei EGARCH- als auch bei TARCH-Modellen zwar das dafür richtige Vorzeichen aufweisen, jedoch sehr klein und nicht signifikant verschieden von Null sind. Die geschätzte bedingte Standardabweichung für den GARCH(1,1)-Prozeß zeigt den Verlauf in Abb. 20.11. Die Abbildung 20.12 zeigt die Veränderungsraten zusammen mit den aus diesem GARCH(1,1)-Modell resultierenden 1-Schritt-Prognoseintervallen für ein Konfidenzniveau von 95% sowie das entsprechende Intervall auf Basis der unbedingten Varianz:

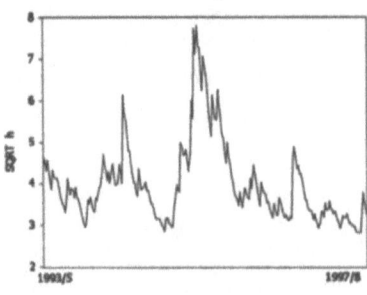

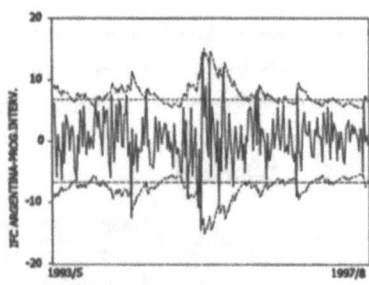

Abb. 20.11

Abb. 20.12

In den beiden nächsten Plots sind die Kursverläufe des Aktienindexes "ARGENTINA MERVAL" (1043 Tageswerte, Quelle: Datastream) sowie ihre Veränderungsraten dargestellt:

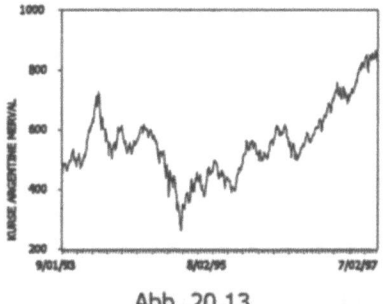
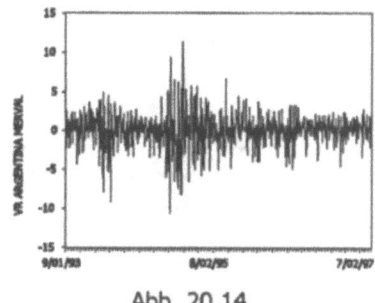

Abb. 20.13   Abb. 20.14

Die Veränderungsraten sind im Gegensatz zum vorherigen Beispiel korreliert. Sie lassen sich durch einen AR-Prozeß modellieren. Eine Überprüfung der quadrierten Residuen sowie der ARCH-LM-Test weisen eindeutig auf Heteroskedastizität hin, was ja auch unmittelbar der optische Eindruck der Veränderungsraten nahelegt. Die (bedingte) Heteroskedastizität läßt sich wiederum gut durch einen GARCH(1,1)-Prozeß erfassen. Man erhält:

$$VR = 0.11VR_{t-1} + \hat{\epsilon}_t$$
$$(2.9)$$

$$h_t = 6.96 \cdot 10^{-6} + 0.08\hat{\epsilon}^2_{t-1} + 0.91h_{t-1}$$
$$(2.3) \qquad (4.0) \qquad (38.9)$$

Die Kreuzkorrelationen zwischen $\hat{\epsilon}^2_t$ und $\hat{\epsilon}_{t-h}$ sind durchweg negativ und signifikant von Null verschieden, was auf einen (vermutlich aber nicht sehr ausgeprägten) leverage-Effekt hinweist, der sich in der Tat auch bei einem EGARCH(1,2)-Modell und ebenso bei einem TARCH(1,1)-Modell zeigt (Ein EGARCH(1,1)-Modell erfaßt die bedingte Heteroskedastizität nur ungenügend). Mit EVIEWS erhält man für einen EGARCH(1,2)

$$VR = 0.11VR_{t-1} + \hat{\epsilon}_t$$
$$(3.3)$$

$$\log(h_t) = -0.5 + 0.36h_{t-1} + 0.60h_{t-2} + 0.21\left|\frac{\hat{\epsilon}_{t-1}}{h_{t-1}}\right| - 0.11\frac{\hat{\epsilon}_{t-1}}{h_{t-1}}$$
$$(-4.0) \quad (1.9) \qquad (3.1) \qquad (3.7) \qquad (-2.5)$$

und für einen TARCH(1,1):

$$VR = 0.12VR_{t-1} + \hat{\epsilon}_t$$
$$(3.4)$$

$$h_t = 1.09 \cdot 10^{-5} + 0.89h_{t-1} + 0.03\hat{\epsilon}^2_{t-1} + 0.096\hat{\epsilon}_{t-1}I_{t-1}$$
$$(3.1) \qquad (36.5) \qquad (1.1) \qquad (2.5)$$

Beide Modelle sind insofern nicht ganz befriedigend, als beide nicht-signifikante Koeffizienten enthalten. Komplexere Ansätze bringen jedoch diesbezüglich keine besseren Resultate. Bei beiden Modellen verschwindet jedoch die obige Kreuzkorrelation, was ein Indiz dafür ist, daß beide in der Lage sind, die in der Reihe vorhandenen asymmetrischen Effekte zu entdecken.

Die geschätzten bedingten Standardabweichungen der drei Modelle zeigen folgende Verläufe:

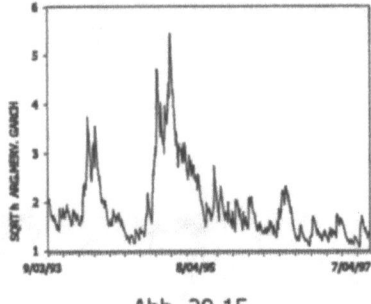

Abb. 20.15

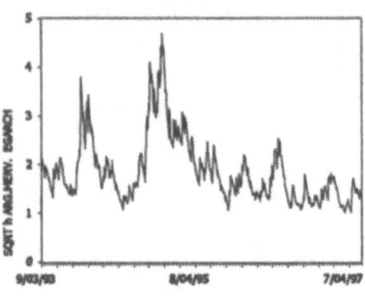

Abb. 20.16

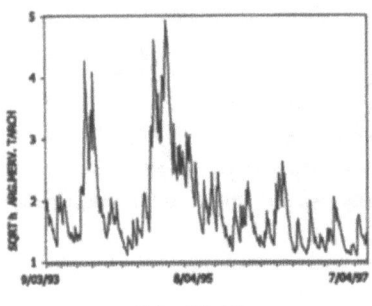

Abb. 20.17

Wie aus den Abbildungen ersichtlich ist, sind zwar Unterschiede im zeitlichen Verlauf dieser bedingten Standardabweichungen festzustellen. Allerdings sind die generellen Verlaufsformen jedoch relativ ähnlich.

XX.2. Bilineare Prozesse

Ein bilinearer ARMA-Prozeß (kurz: BARMA(p,q,r,s)-Prozeß) ist durch die nichtlineare Differenzengleichung

$$X_t = \alpha + \sum_{i=1}^{p} a_i X_{t-i} + \varepsilon_t + \sum_{n=1}^{q} c_n \varepsilon_{t-n} + \sum_{j=0}^{r} \sum_{k=1}^{s} b_{jk} X_{t-j} \varepsilon_{t-k}$$

definiert. Dabei werden die Störterme ε_t als unabhängig und identisch verteilt vorausgesetzt. Die sogenannte *Bilinearitätseigenschaft* dieses Prozesses bezieht sich auf das gemischte Produkt $\sum\sum b_{jk} X_{t-j} \varepsilon_{t-k}$. Bilineare Prozesse können als Spezialfälle von *Zustandsraummodellen* definiert werden, welche zur Approximation der sogenannten allgemeinen *Volterra-Entwicklung*

$$X_t = \beta + \sum_{j=0}^{\infty} b_j \varepsilon_{t-j} + \sum_{j=0}^{\infty} \sum_{k=0}^{\infty} b_{jk} \varepsilon_{t-k} \varepsilon_{t-j} + \dots$$

eines nicht-linearen Prozesses verwendet werden können, vgl. Priestley 1980. Für $b_{jk}=0$, $j,k \geq 1$ ist X_t ein linearer ARMA-Prozeß. Ist Y_t ein beliebiger ARCH-Prozeß, dann ist Y_t^2 ein bilinearer Prozeß. Da GARCH-Prozesse durch ARCH-Prozesse (evtl. hoher Ordnung) ersetzt werden können, sind somit auch GARCH-Prozesse prinzipiell durch bilineare Prozesse approximierbar.

Wichtige Klassen bilinearer Prozesse bilden die sogenannten subdiagonalen bzw. diagonalen Prozesse, für welche $b_{jk}=0$, $j<k$ bzw. $b_{jk}=0$, $j\neq k$ ist.

Eine Realisation des BARMA(1,0,1,1)-Prozesses $X_t=0.8X_{t-1}-0.7X_{t-1}\varepsilon_{t-1}+\varepsilon_t$ in nachstehender Abbildung zeigt, daß bei diesen Prozessen Werte auftreten können, die als *Ausreißer* zu betrachten sind und die durch Interaktionen bzw. der multiplikativen Verknüpfung von vergangenen Prozeßwerten und Störtermen erklärt werden können.

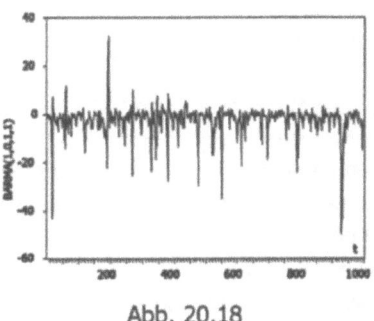

Abb. 20.18

Ausreißer wurden oben schon; bei den mit bilinearen Prozessen verwandten ARCH-Prozessen beobachtet. Da viele praktische Zeitreihen ausreißerbehaftet sind, scheint dies prinzipiell eine günstige Voraussetzung zu sein für eine Modellierung solcher Reihen mittels bilinearer Prozesse.

Bekanntlich gilt für eine beliebige Zufallsvariable X für welche das k-te Moment existiert: $P[|X|>c] = O(|c|^{-k})$ für $c\to\infty$. Mit anderen Worten, die Wahrscheinlichkeit, daß X betragsmäßig große Werte annimmt, ist eine Funktion von k und wird umso kleiner, je größer die Anzahl existierender höherer Momente ist. Aus der letzten Abbildung würde man im Hinblick auf die Ausreißer wohl folgern, daß der simulierte Prozeß keine Momente beliebig hoher Ordnung besitzt. Z.B. kann nachgewiesen werden, daß der Prozeß $X_t = (a+b\varepsilon_{t-1})X_{t-2} + \varepsilon_t$ mit Gaußschem Rauschen ε_t keine Momente beliebiger Ordnung besitzt (vgl. Tong 1995). Die Existenzbedingung z.B. für Momente der Ordnung zwei für diesen Prozeß lautet: $a^2 + b^2\sigma^2 < 1$. Wie noch darzulegen sein wird, können derartige Bedingungen jedoch zu erheblichen Schwierigkeiten bei der Schätzung von Parametern bilinearer Prozesse bzw. bei Inferenzaussagen führen.

Eng mit der Existenz höherer Momente ist die Stationarität eines bilinearen Prozesses verknüpft. Dazu ist es zweckmäßig, zuerst den allgemeinen subdiagonalen Prozeß

$$X_t = \alpha + \sum_{i=1}^{p} a_i X_{t-i} + \varepsilon_t + \sum_{n=1}^{q} c_n \varepsilon_{t-n} + \sum_{j=0}^{r}\sum_{k=1}^{s} b_{jk} X_{t-j-k}\varepsilon_{t-k}$$

in einen Markov-Prozeß umzuschreiben

$$\xi_t = A\xi_{t-1} + B\xi_{t-1}\varepsilon_t + c\varepsilon_t + d(\varepsilon_t^2 - \sigma^2)$$
$$X_t = \alpha + H'\xi_{t-1} + \varepsilon_t$$

mit dem $n=\max(p,q+r,r+s)$-dimensionalen Zustandsvektor ξ_t, dem n-dimensionalen Zeilenvektor H', der an der $(m+1)$. Stelle jeweils eine Eins und sonst lauter Nullen enthält, wobei $m=\max(p-u,r)$ und $u=\max(q,s)$ ist, sowie dn n×n-Matrizen:

$$A = \begin{pmatrix} U & 0 \\ J & V \end{pmatrix}, \quad B = \begin{pmatrix} 0 & 0 \\ C & 0 \end{pmatrix}$$

Dabei ist U eine m×(m+1)-Matrix mit $u_{i,i+1}=1$ und 0 sonst, V eine u×(u-1)-Matrix mit $v_{ii}=1$, $i\le u-1$ und 0 sonst und (vgl. Pham Dinh Tuan 1985)

$$J = \begin{pmatrix} 0 & 0 & . & 0 & a_1 \\ 0 & 0 & . & 0 & a_2 \\ . & . & . & . & . \\ a_n & a_{n-1} & . & a_{u+1} & a_u \end{pmatrix}, \quad C = \begin{pmatrix} b_{m1} & . & . & . & b_{01} \\ . & . & . & . & . \\ b_{mu} & . & . & . & b_{0u} \end{pmatrix}$$

sowie $\mathbf{c}'=(0,...,0,1,c_1+a_1,...,c_u+a_u)$, $\mathbf{d}'=(0,...,0,b_{10},...,b_{u0})$. Es wird dabei vorausgesetzt, daß $a_i=0$, $c_j=0$ und $b_{hk}=0$ ist für $i>p$, $j>q$, $h>r$, $k>s$. Wenn die Störterme ε_t unabhängig, identisch und symmetrisch verteilt sind mit positiver Dichte und endlichen vierten Momenten, dann ist die Bedingung $\rho(\mathbf{A}\otimes\mathbf{A}+\sigma^2\mathbf{B}\otimes\mathbf{B})<1$ hinreichend für (strenge) Stationarität und Ergodizität des obigen (subdiagonalen) bilinearen Prozesses. Dabei bedeuten $\otimes$ das Kronecker-Matrizen-Produkt und ρ der Betrag des größten Eigenwertes der in der Klammer stehenden Matrix (vgl. Tong 1995, S.134). Für das einfache Modell $X_t=(a+b\varepsilon_{t-1})X_{t-2}+\varepsilon_t$ reduziert sich diese allgemeine Bedingung auf $a^2+b^2\sigma^2<1$, welche – wie bereits oben angedeutet – auch hinreichend ist für die Existenz der zweiten Momente. Die analytische Bestimmung zweiter und höherer Momente nicht-linearer Prozesse ist in der Regel, wenn überhaupt, nur mit großem Aufwand möglich. Für subdiagonale bilineare Prozesse kann nachgewiesen werden, daß die Autokovarianzfunktion identisch ist mit derjenigen eines linearen ARMA(p,q')-Prozesses, mit $q'=\max(s,q)$, (vgl. Tong 1995, S.172). Deshalb lassen sich die (schwachen) Stationaritätsbedingungen bilinearer subdiagonaler Modelle auf die Stationaritätsbedingungen entsprechender ARMA(p,q')-Modelle zurückführen. Auf die Wiedergabe der komplizierten hinreichenden Stationaritätsbedingungen für den allgemeinen Fall bilinearer Prozesse sei jedoch hier verzichtet. Interessierte Leser seien z.B. auf Liu und Brockwell 1988 verwiesen.

Zur Schätzung der unbekannten Parameter eines bilinearen Prozesses bei unbekannter Verteilung der Störterme kann z.B. die Methode der kleinsten Quadrate herangezogen werden. Eine grundlegende Frage ist dabei allerdings, ob die Störterme des Prozesses aus einer endlichen Prozeßrealisation überhaupt bestimmt werden können, d.h. ob der Prozeß *invertierbar* ist. Ein Nachteil bilinearer Prozesse ist in der Schwierigkeit zu sehen, die Invertierbarkeit nachzuweisen, weshalb z.B. bei Tong 1995, S.330 zu lesen ist: "analytic conditions of invertibility... are usually impracticable except for the simplest situations". Allgemeine oder spezifische Bedingungen für Invertierbarkeit sind z.B. bei Granger und Andersen 1978, Quinn 1982 aufgeführt. In Pham Dinh Tuan 1987 wird bewiesen, daß die Bedingung $\mathbf{B}=\mathbf{dH}'$ zusammen mit der Bedingung $\lim_{t\to\infty}(1/2t)\ln(\rho[(\mathbf{K}_1\cdots\mathbf{K}_t)'(\mathbf{K}_1\cdots\mathbf{K}_t)])<0$ hinreichend ist für die Invertierbarkeit eines bilinearen Prozesses, wobei für die Matrizen $\mathbf{K}_i$ gilt: $\mathbf{K}_i=\mathbf{A}-\mathbf{cH}'-\mathbf{dH}'X_i$ und ρ wieder den Betrag des größten Eigenwertes des Matrizenproduktes $(\mathbf{K}_1\cdot...\cdot\mathbf{K}_t)$ bezeichne. Beispielsweise kann der Störterm ε_t für den Prozeß $X_t=\varepsilon_t+\alpha\varepsilon_{t-k}X_{t-j}$, $(j>k)$ genau dann als Funktion vergangener Prozeßrealisationen geschrieben werden, d.h. der Prozeß ist genau dann invertierbar, wenn $2\alpha^2\sigma^2<1$ gilt. Wegen der im allgemeinen erheblichen Schwierigkeiten eines analytischen Nachweises der Invertierbarkeit bilinearer Prozesse werden in der Praxis deshalb dazu oft Monte-Carlo Simulationen herangezogen (vgl. Guegan und Pham Dinh Tuan 1987 und Tong 1995, S. 330). Da für diagonale bilineare Prozesse stets $\mathbf{B}=\mathbf{dH}'$ gilt, folgt, daß für solche Prozesse die zweite der obigen Bedingungen hinreichend ist für Invertierbarkeit.

Ist ein bilinearer Prozeß stationär und invertierbar, so können die Störterme rekursiv aus den Beziehungen

$$\varepsilon_t(\hat{\theta}|\xi_0) = X_t - \alpha - \mathbf{H}'\xi_{t-1}(\xi_0)$$

$$\xi_t(\xi_0) = [\mathbf{A} + \mathbf{B}\varepsilon_t(\hat{\theta}|\xi_0)]\xi_{t-1}(\xi_0) + \mathbf{c}\varepsilon_t(\hat{\theta}|\xi_0) + \mathbf{d}(\varepsilon_t(\hat{\theta}|\xi_0)^2 - \sigma^2)$$

bestimmt werden. Die Invertierbarkeitsbedingung stellt sicher, daß $\varepsilon_t(\hat{\boldsymbol{\theta}}|\xi_0)$ für den wahren Parameterwert $\hat{\boldsymbol{\theta}}=\boldsymbol{\theta}$ unabhängig vom Startwert ξ_0 asymptotisch gegen die wahren Innovationen konvergiert. Ein Beweis für die starke Konsistenz des KQ-Schätzers $\hat{\boldsymbol{\theta}}$, der $\sum \varepsilon_t^2(\hat{\boldsymbol{\theta}}|\xi_0)$ minimiert, ist bei Pham Dinh Tuan und Lanh Tat Tran 1981 zu finden. Konsistenzbedingungen einfacherer Bauart für allgemeine bilineare Prozesse existieren bisher nicht.

Von Inferenz-Problemen bleibt aber auch die Klasse der diagonalen bilinearen Prozesse nicht verschont. Moeanaddin und Tong 1989 haben gezeigt, daß die Varianz von $\hat{b}_{ij}$ für abnehmende σ^2 wächst. Dies ist zum Beispiel für den einfachen Prozeß $X_t = aX_{t-1} + \varepsilon_t + b_{11}\varepsilon_{t-1}X_{t-1}$ leicht einsehbar, da für diesen $b_{11} = (1-a)E[X_t]/\sigma^2$ ist. Schwierigkeiten ergeben sich dann, wenn Informationskriterien wie AIC oder BIC zur Bestimmung der Modellordnung verwendet werden, da diese nur $\hat{\sigma}^2$ sowie die Anzahl der geschätzten Parameter, nicht jedoch ihre Varianz berücksichtigen. Außerdem ist der Nachweis der asymptotischen Normalverteilung der geschätzten Parameter bislang nicht erbracht worden, was vielleicht nicht erstaunlich ist, denn Simulationsstudien legen den Schluß nahe, daß für Datensätze von moderater Länge $(100 \leq N \leq 600)$ die Schätzer nicht normalverteilt sind (vgl. Sesay 1982). Für den subdiagonalen Prozeß $X_t = \varepsilon_t + \theta\varepsilon_t X_{t-1}$, $|\theta|<1$ mit normalverteilten Störtermen kann sogar gezeigt werden, daß die Fisher Informations-Matrix, welche für die Herleitung der Kovarianzen der geschätzten Parameter gebraucht wird, nicht definiert ist (vgl. Tong 1995, S.343).

Für geschätzte stationäre und invertierbare bilineare Prozesse existieren Spezifikationstests gegenüber anderen nicht-linearen bzw. linearen ARMA-Alternativen. Dazu sei auf Tong 1995, S.230, Luukkonen et.al. 1988 (zitiert bei Tong S.340), Gooijer 1992 und Li 1990 verwiesen.

Abgesehen von kleinen Modifikationen, die auf die gemischten Produkte von Störtermen und Prozeßrealisationen zurückzuführen sind, lassen sich Prognosefunktionen für stationäre und invertierbare bilineare Prozesse ableiten, die analog zu Prognosefunktionen von ARMA-Prozessen gestaltet sind. Für gemischte Produkte gelten dabei folgende Regeln:

- für t>s: $E[\varepsilon_t X_s|\mathbf{B}_0]=0$, t>0, wegen der Unabhängigkeit der Störterme
             $E[\varepsilon_t X_s|\mathbf{B}_0]=\varepsilon_t X_s$, t≤0, wegen der Invertierbarkeit
- für t=s : $E[\varepsilon_t X_t|\mathbf{B}_0]=\sigma^2$, t>0, wegen der Stationarität
             $E[\varepsilon_t X_t|\mathbf{B}_0]=\varepsilon_t X_t$, t≤0, wegen der Invertierbarkeit
- für t<s :   Schreibt man die Prozeßgleichung für X_s als Funktion von vergangenen Störtermen und Prozeßrealisationen $X_{s-1}, X_{s-2}...$ und löst sie iterativ auf bis zum Zeitpunkt t, dann können für die auftretenden gemischten Produkte die beiden eben genannten Regeln verwendet werden. Dabei steht $\mathbf{B}_0$ für vergangene Prozeßrealisationen und Störterme.

Betrachtet man beispielsweise den Prozeß $X_t = aX_{t-1} + b\varepsilon_{t-2}X_{t-1} + \varepsilon_t$, dann ergeben sich folgende Prognoseschritte

$$E[X_1|\mathbf{B}_0] = aX_0 + b\varepsilon_{-1}X_0$$
$$E[X_2|\mathbf{B}_0] = aE[X_1|\mathbf{B}_0] + b\varepsilon_0 E[X_1|\mathbf{B}_0]$$
$$E[X_3|\mathbf{B}_0] = aE[X_2|\mathbf{B}_0] + bE[\varepsilon_1 X_2|\mathbf{B}_0]$$

mit $E[\varepsilon_1 X_2 | \mathbf{B}_0] = E[\varepsilon_1(aX_1 + b\varepsilon_0 X_1 + \varepsilon_2) | \mathbf{B}_0] = a\sigma^2 + b\varepsilon_0 \sigma^2$ usw.

Die Ableitung der Prognosefunktion für bilineare Prozesse und die auffallenden Analogien zu Prognosefunktionen linearer Prozesse, sowie die Identität der Kovarianzstruktur subdiagonaler bilinearer Prozesse und (linearer) ARMA-Modelle legen die Vermutung nahe, daß bilineare Prozesse nicht in der Lage sind, allgemeine nicht-lineare Phänomene wie z.B. Grenzzyklen, Frequenz-Amplituden-Sprünge und Interdependenzen zu modellieren (zu diesen Begriffen siehe weiter unten). Brockett 1977 hat dies in der Tat für bilineare Systeme, wie sie in der Kontrolltheorie auftreten, bewiesen. Allerdings sind dort die Störterme deterministische beobachtbare Kontrollgrößen und nicht wie hier stochastische Größen. Man erzielt jedoch u.U. interessante Einsichten in die "Mechanik" eines nicht-linearen Prozesses, wenn man die Stochastik "ausschaltet", in dem man das Prozeßverhalten ohne Störterme untersucht. Man erhält dann das sogenannte *Skelett* eines Prozesses. Im Falle bilinearer Prozesse (also auch von ARCH-Prozessen) entspricht dieses Skelett dem Skelett linearer ARMA-Prozesse. Die Dynamik bilinearer Modelle, wie sie sich im Skelett niederschlägt, entspricht also derjenigen linearer Modelle. Bei linearen Modellen wird implizit unterstellt, daß die Prozeßvarianz vollständig auf die Störgrößen zurückgeführt werden kann, welche den Prozeß kontinuierlich um sein langfristiges Gleichgewicht $E[X_t]$ "antreiben". Als *echte* nicht-lineare Alternative zu bilinearen Prozessen bietet sich die weiter unten aufgeführte Klasse der *Schwellen-Prozesse* an.

Zieht man die offenkundigen Schwierigkeiten in Betracht, die sich bei Identifikation, Parameter-Schätzung und Inferenz bilinearer Prozesse und insbesondere bei der Nachprüfbarkeit der Invertierbarkeit ergeben, und wägt diese ab im Hinblick auf die theoretischen Vorzügen gegenüber linearen Prozessen, so kann leicht der Eindruck entstehen, daß diese zwar eine theoretische Bereicherung darstellen mögen, für praktische Anwendungen jedoch weiterhin in der Regel die einfacheren linearen Prozesse in Frage kommen dürften. Dies mag wohl auf allgemeine bilineare Modelle zutreffen. Da aber auch ARCH- und GARCH-Prozesse spezielle bilineare (bzw. approximativ bilineare) Prozesse darstellen und diese, wie im letzten Kapitel ausgeführt wurde, in Finance eine Rolle spielen, wäre dieser Eindruck allerdings voreilig.

XX.3. Random Coefficient Autoregressive Modelle

Ein *Random Coefficient Autoregressiver-Prozeß* (kurz: RCA-Prozeß) wird definiert durch die Gleichung

$$X_t = \sum_{i=1}^{k} [\beta_i + b_{it}]X_{t-i} + \varepsilon_t$$

Dabei sind ε_t identisch verteilte und unabhängige Zufallsvariablen und β_i die Prozeßparameter. b_{it} sind Elemente von Zufallsvektoren $\mathbf{b}_t = (b_{it})$ mit Erwartungswert Null und der Kovarianzmatrix $\mathbf{C}$, die unabhängig und identisch verteilt und außerdem unabhängig von den ε_t sind. Eine Analogie zu bilinearen Modellen ist nicht zu verkennen, jedoch sind die b_{it} immer unabhängig von den ε_t. RCA-Modelle werden z.B. verwendet, wenn unterstellt werden kann, daß die Prozeßparameter zufälligen Störungen ausgesetzt sind. Bilineare Prozesse können also zwischen linearen und RCA-Prozessen eingeordnet werden bzgl. der Störung bzw. der Abhängig-keit der Störung der Parameter des zugrundeliegenden linearen Modells von ver-gangen Prozeßrealisationen. RCA-Prozesse können nachstehend in folgender Weise auch in Markoff-Form dargestellt werden: $\xi_t = (\boldsymbol{\beta} + \mathbf{B}_t)\xi_{t-1} + \boldsymbol{\eta}_t$, wobei $\xi_t = (X_t, \ldots, X_{t-k})$ sowie $\boldsymbol{\eta}_t = (\varepsilon_t, 0, \ldots, 0)$ k-dimensionale Zufallsvektoren und $\mathbf{B}_t$ und $\boldsymbol{\beta}$ (k×k)-Matrizen sind, deren erste Zeilen mit den Vektoren $\mathbf{b}_t$ bzw. $(\beta_1, \ldots, \beta_k)$ bestückt sind, wobei für die untere (k-1)×k-Matrix $\mathbf{B}_t$ gilt: $b_{ij} = 1$ für $i+1 = j$ und Null sonst. Der Prozeß ist stationär, wenn $\rho(\boldsymbol{\beta} \otimes \boldsymbol{\beta} + E[\mathbf{B}_t \otimes \mathbf{B}_t]) < 1$ ist. Beispielsweise ist der Prozeß $X_t = (\beta + b_t)X_{t-1} + \varepsilon_t$ stationär, wenn $\beta^2 + \sigma_B^2 < 1$ ist. Eine spezielle Invertierbarkeits-bedingung erübrigt sich hier, da sie gleich lautet wie im linearen AR-Fall. Es läßt sich zeigen, daß der Parameter-Vektor $(\hat{\beta}_1, \ldots, \hat{\beta}_k)$, welcher die Residuen-KQ-Summe

$$\sum_t (X_t - \sum_{i=1}^{k} \hat{\beta}_i X_{t-i})^2$$

minimiert, konsistent und asymptotisch normalverteilt ist, falls die vierten Momente des Prozesses existieren. Es kann auch gezeigt werden, daß stark konsistente Schätzer für die Varianzmatrix $\mathbf{C}$ sowie für σ^2 existieren. Diese Schätzer sind asymp-totisch normalverteilt, wenn der Prozeß endliche achte Momente besitzt (vgl. Nicholls und Quinn 1982, Tjostheim 1986). Wegen der Unabhängigkeit ist der Auf-bau einer Prognosefunktion für einen RCA-Prozeß identisch mit dem Aufbau einer Prognosefunktion für einen entsprechenden linearen AR-Prozeß. Wie für bilineare Modelle ist unmittelbar ersichtlich, daß das Skelett von stationären RCA-Modellen mit dem Skelett linearer AR-Modelle identisch ist, so daß auch mit RCA-Prozessen keine typisch nicht-linearen Phänomene adäquat modelliert werden können.

XX.4. TARMA-Modelle

Threshold-ARMA-Prozesse – kurz: TARMA $(l, d, r_1, \ldots, r_{l-1}, p_1, \ldots, p_l, q_1, \ldots, q_l)$ - Prozesse sind wie folgt definiert

$$X_t = a_{0i} + \sum_{j=1}^{p_i} a_{ji} X_{t-j} + \sum_{k=1}^{q_i} b_{ki} \sigma_i \varepsilon_{t-k} + \sigma_i \varepsilon_t \ , \ X_{t-d} \in \mathbb{R}^i, \ \mathbb{R}^i := (r_{i-1}, r_i), \ \bigcup_{i=1}^{l} \mathbb{R}^i = \mathbb{R}$$

mit $r_0 = -\infty$, wobei l die Anzahl der Regime, r_j die Schwellen des Prozesses bezeich-nen und die σ_i die möglicherweise unterschiedlichen Varianzen der Störterme in den verschiedenen Regimen zum Ausdruck bringen. Dabei sind ε_t unabhängige und identisch verteilte Zufallsvariablen und $\mathbb{R}^i$ halb-offene disjunkte Intervalle. Die Grenzen der Intervalle sowie die Verzögerung d werden als *Schwellenparameter* be-zeichnet. X_t kann als stückweise lineare Approximation eines nicht-linearen Pro-zesses interpretiert werden, dessen Parameter von der Variablen X_{t-d} abhängen. Die Bedingung $X_{t-d} \in \mathbb{R}^i$ wird auch als *Aktivierung des i-ten Regimes* bzw. Bereichs oder einfach als *i-tes Regime* bzw. Bereich bezeichnet. Im folgenden wird nun das einfache TAR(2,1,0,1,1)-Modell

$$X_t = \begin{cases} a_{01} + a_{11} X_{t-1} + \varepsilon_t \ , \ X_{t-1} \leq 0 \\ a_{02} + a_{12} X_{t-1} + \varepsilon_t \ , \ X_{t-1} > 0 \end{cases}$$

betrachtet. Eine Realisation des Prozesses

$$X_t = \begin{cases} 1 + 0.8X_{t-1} + \varepsilon_t \ , \ X_{t-1} \leq 0 \\ -1 - 0.6X_{t-1} + \varepsilon_t \ , \ X_{t-1} > 0 \end{cases}$$

ist in folgender Abbildung dargestellt:

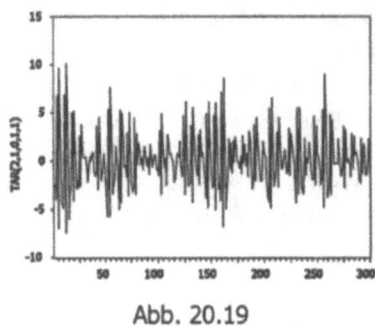

Abb. 20.19

Im Unterschied zu linearen oder bilinearen Prozessen können einfache TAR-Modelle nicht-triviale langfristige Gleichgewichte erzeugen, die unabhängig von den Störtermen einen Teil der Varianz des Prozesses erklären. Nicht-triviale Gleichgewichte werden auch als *Grenzzyklen* bezeichnet und entsprechen stationären Lösungen von Skeletten bzw. Skelett-Gleichungen. Der ursprüngliche Begriff *SETARMA*- bzw. Self-Exciting-Threshold-ARMA-Prozesse wurde von Tong 1983 eingeführt, um die dem Prozeß *inhärente Erregungsfähigkeit* anzudeuten, die darauf zurückzuführen ist, daß ein ungestörter Prozeß aus einem ursprünglichen Ruhezustand gegen einen langfristigen Grenzzyklus konvergieren kann. Angesichts der Existenz und Fülle von Schwellen-Modellen mit trivialen Gleichgewichten scheint jedoch das Prädikat "Self-Exciting" ungeeignet bzw. zu restriktiv, um diese Modell-Klasse zu beschreiben. (Unter einem "trivialen" Gleichgewicht sei verstanden, daß der Prozeß gegen seinen Erwartungswert, also gegen eine Konstante, konvergiert).

Um spätere Interpretationen plausibler zu machen, können Grenzzyklen auch als *Signale* datenerzeugender Prozesse bezeichnet werden (vgl. Wildi 1997, S.93). Skelette von TARMA-Prozessen können triviale, periodische oder aperiodische bzw. chaotische Signale aus bestehenden Datensätzen extrahieren. Beliebig genaue Approximationen allgemeiner Grenzzyklen liefern Skelette von CTARMA-Prozessen (dazu vgl. weiter unten).

Notwendige und hinreichende Stationaritätsbedingungen für den oben angeführten Prozeß $X_t = a_{0i} + a_{1i} X_{t-1} + \varepsilon_t$, $X_{t-1} \in \mathbb{R}^l$ (dort für l=2) wurden von Chan et al. 1985 angegeben. Diese lauten:

1. $a_{11} < 1, \ a_{1l} < 1, \ a_{11}a_{1l} < 1$
2. $a_{11} = 1, \ a_{1l} < 1, \ a_{01} > 0$
3. $a_{11} < 1, \ a_{1l} = 1, \ a_{0l} < 0$
4. $a_{11} = 1, \ a_{1l} = 1, \ a_{01} > 0 > a_{0l}$
5. $a_{11}a_{1l} = 1, a_{11} < 1, \ a_{0l} + a_{1l}a_{0l} > 0$

Wenn der Prozeß nur l=2 verschiedene Regime besitzt, bedeutet z.B. die 4. Bedingung, daß der Prozeß stationär ist, obwohl der Einfluß vergangener Prozeßrealisationen asymptotisch nicht verschwindet. Aus Bedingung 1 folgt, daß gewisse Regime bzw. gewisse bedingt lineare Modelle instabil sein dürfen, was z.B. der Fall ist für $a_{11} = -2$ und $a_{1l} = 0.4$ mit $a_{11}a_{1l} = -0.8$. Insbesondere sind keine speziellen Annahmen bezüglich der Regime 2,...,l-1 notwendig, falls das Zusammenspiel der beiden extremen Regime stabil ist. Allgemeine Stationaritätsbedingungen für beliebige TARMA-Prozesse existieren nicht. Stationarität kann z.B. nachgewiesen werden, wenn alle Teilmodelle eines TARMA-Prozesses stabil sind. In Anwendungen wird Stationarität oft durch Prozeß-Simulation mit geeignetem weißen Rauschen nachgewiesen. Stationäre Verteilungen und Momente stationärer TARMA-Prozesse liegen nicht in geschlossener Form vor, so daß sie mit numerischen Integrations-methoden oder mit Hilfe von gewöhnlichen Momentenschätzern bestimmt werden müssen. Im Gegensatz zu linearen Modellen ist z.B. ein TARMA-Prozeß mit normal-verteilten Innovationen selbst nicht normalverteilt, da die bedingten Erwartungen nicht-linear sind. Für numerische Verfahren zur Auswertung von stationären Ver-teilungen sei auf Tong 1995, S. 151 ff. und Pemberton 1985 verwiesen. Im Unter-schied zu bilinearen Prozessen kann für stationäre TARMA-Prozesse bewiesen werden, daß Momente beliebiger Ordnung existieren, falls diese auch für die In-novationen existieren, vgl. Chan und Tong 1985. Die Parameterschätzung von (d,r,a_{ij}), $i,j=1,2$ des obigen Prozesses erfolgt über eine Minimierung der Summe

$$\sum\nolimits_{x_{t-\hat{d}} \le \hat{r}} \hat{\varepsilon}_t^2(\hat{\theta}) + \sum\nolimits_{x_{t-\hat{d}} > \hat{r}} \hat{\varepsilon}_t^2(\hat{\theta})$$

wobei die Schätzung zuerst über die Verzögerung d und dann über den Schwellen-parameter r erfolgt, d.h. für jeden zulässigen Wert von d werden AR- und Schwellenparameter r so bestimmt, daß die Summe der quadrierten bedingten Residuen minimal ist. Ein neuer und effizienter Algorithmus zur Berechnung der Parameter ist bei Wildi 1997 zu finden, wo auch gezeigt wird, daß Vergleiche mit entsprechenden Verfahren von Tong 1995 oder Tsay 1989 hinsichtlich z.B. Konsi-stenz oder Konvergenzgeschwindigkeit zu Gunsten des neuen Algorithmus aus-fallen: die vorgeschlagene Trennung von Schwellenparameter- und AR- bzw. MA-Parameterschätzungen erlaubt eine rasche Berechnung einer konsistenten Lösung. Chan 1993 hat die Konsistenzeigenschaft sowie eine Reihe anderer asymptotischer Resultate für bedingte Kleinst-Quadrate-Schätzer hergeleitet:

1. $T(\hat{r}_T - r)$ konvergiert gegen eine L^1-integrierbare Zufallsvariable.
2. $\sqrt{T} \, ((\hat{a}_{01}, ..., \hat{a}_{p_1 1}, \hat{a}_{02}, ..., \hat{a}_{p_2 2}) - (a_{01}, ..., a_{p_1 1}, a_{02}, ..., a_{p_2 2}))$ ist $N(\mathbf{0}, \Sigma)$-verteilt, wobei Σ die Kovarianzmatrix der geschätzten AR-Parameter ist, wenn r bekannt ist.
3. $\sqrt{T} \, ((\hat{a}_{01}, ..., \hat{a}_{p_1 1}, \hat{a}_{02}, ..., \hat{a}_{p_2 2}) - (a_{01}, ..., a_{p_1 1}, a_{02}, ..., a_{p_2 2}))$ und $T(\hat{r}_T - r)$ sind asympto-tisch stochastisch unabhängig.

Da der mögliche Wertebereich der Verzögerung $\hat{d}$ als endlich vorausgesetzt wird, ist der entsprechende Schätzer konsistent. Obige Resultate zeigen außerdem die 1/T-Konvergenz des Schwellenparameters $\hat{r}_T$ gegen den wahren Parameter, sowie die Unabhängigkeit der AR-Parameter von $\hat{r}_T$. Das 2. Resultat kann z.B. als Ausgangs-punkt für einen Test der Nullhypothese eines linearen Prozesses gegenüber der Alternativhypothese eines nicht-linearen TARMA-Prozesses verwendet werden. Weitere Tests sind z.B. das sogenannte Gauß-Prozeß-Verfahren (Tong 1995) oder der CUSUM-Test von Petrucelli 1987. Als Diagnose-Instrumente bewähren sich all-gemeine Verfahren wie Autokorrelationstests der Residuen, Normalplots, usw. Ein TARMA-spezifischer Diagnosetest, die sogenannte *f-Unkorreliertheit*, wurde von Wildi vorgeschlagen, vgl. Wildi 1997. Bei diesem Test wird davon ausgegangen, daß die ersten beiden Momente des Prozesses identisch sein sollten mit den beiden ersten Momenten eines künstlich erzeugten Prozesses, dessen Parameter identisch sind mit den geschätzten Parametern und dessen Innovationen jedoch stochastisch unabhängig sind. Für lineare Modelle ist das Verfahren identisch mit einem gewöhn-lichen Autokorrelationstest der Residuen, so daß die f-Unkorreliertheit als verallgemeinerte Unkorreliertheits-Bedingung interpretiert werden kann. Ein weiterer Test wird in Wildi 1997b vorgeschlagen. Für einen TAR-Prozeß mit unabhängigen Innovationen ε_t sollte nämlich gelten:

$$E[\varepsilon_t | X_{t-d} \leq r, \ldots, X_{t-d-k} \leq r] = 0, \quad E[\varepsilon_t^2 | X_{t-d} \leq r, \ldots, X_{t-d-k} \leq r] = \sigma^2$$

Werden die theoretischen Erwartungswerte durch Schätzwerte ersetzt, können entsprechende Hypothesentests durchgeführt werden. Da gezeigt werden kann (vgl. Wildi 1997), daß die beiden erwähnten Momentbedingungen notwendig und hinreichend sind für Konsistenz des bedingten Kleinst-Quadrate-Schätzers, scheint ein entsprechender Test auch sinnvoll zu sein. Für Erweiterungen auf verallgemeinerte TARMA-Modelle sei auf Wildi 1997b verwiesen.

Unerwähnt blieb bis jetzt die Bestimmung der Modellordnung, d.h. der Parameter p_i und q_i. Diese können mit einem der üblichen Informationskriterien wie z.B. AIC oder BIC bestimmt werden, die jedoch hier als gewogene Mittel der Kriterien der einzelnen Prozeß-Regime berechnet werden müssen. Z.B. ergibt sich für AIC das Kriterium

$$AIC_M = \sum_{i=1}^{I} (T_i/T) \, AIC_i$$

wobei T_i die Anzahl Beobachtungswerte des i-ten Regimes ist.

Im Unterschied zu bilinearen und RCA-Modellen ist die Ableitung einer optimalen Prognosefunktion für TARMA bzw. CTARMA-Modelle im allgemeinen wesentlich aufwendiger. Für $d \geq h$, wobei h den Prognosehorizont bezeichne, kann die Prognosefunktion analog zur Prognosefunktion linearer Prozesse aufgestellt werden, indem bereits erstellte Prognosen zum iterativen Aufbau weiterer Prognosen in die Prozeß-Gleichung des entsprechenden Regimes eingesetzt werden. Wenn jedoch der Wert der regimebestimmenden Variablen X_{t+h-d} prognostiziert werden muß ($d < h$), dann gibt es keine geschlossene Darstellung für die bedingte Erwartung von X_{t+h}. Rekursive Algorithmen, die normalverteilte Innovationen unterstellen, wurden von Moeanaddin et al. 1989 und Gooijer/De Bruin 1996 vorgeschlagen. Eine analytische Untersuchung solcher Verfahren zeigt aber, daß bereits für kurze Prognosehorizonte ein beträchtlicher bias auftritt, vor allem für asymmetrische TAR-Modelle (d.h. $a_{11} \approx -a_{12}$ in obigem einfachen TAR-Modell). Beispielsweise erreicht dieser für das obige Modell mit standard-normalverteilten Innovationen und $h=3$ bereits den Wert 0.8 (nach Berechnungen von Wildi). Es sei außerdem dahingestellt, ob die Postulierung normalverteilter Innovationen für reale Zeitreihen überhaupt sinnvoll ist. Auch einer numerischen Integration der bedingten Erwartung haftet das Defizit an, daß die wahre Verteilung der Innovationen in der Praxis unbekannt ist. Ist sie jedoch bekannt, wie z.B. in Simulationsstudien, dann liefert das mit einem gewissen numerischen Aufwand verbundene Integrationsverfahren optimale Prognosewerte. Für eine detaillierte Darstellung sei z.B. auf Tong 1995, Kapitel 6 verwiesen. Anstelle numerischer Integration kann die bedingte Erwartung auch mittels Monte-Carlo Methoden berechnet werden, indem zufällig Residuen aus entsprechenden Bereichen im rekursiven Aufbau einer Prognose eingesetzt werden und die somit erhaltenen *Prognoserealisationen* der bedingten Erwartung gemittelt werden. Der Vorteil dieses Verfahrens ist, daß keine Verteilungsannahmen für die Innovationen notwendig sind. Als nachteilig kann sich erweisen, daß u.U. nur eine begrenzte Anzahl von Residuen verfügbar ist. Eine Beschreibung sowie ein Konsistenznachweis der so ermittelten Prognoseschätzer finden sich bei Wildi 1997. Erfahrungen mit realen Zeitreihen zeigen, daß der bias solcher Schätzer im allgemeinen kleiner ist als der bias von Monte Carlo-Schätzern mit z.B. normalverteilten Innovationen, weil die Verteilung der Residuen i.a. mehr Extrem-Werte aufweist als bei der Normalverteilung zu erwarten sind. Monte Carlo-Schätzer mit normalverteilten Innovationen berücksichtigen zu wenig Regime-Übergänge oder solche, die gar nicht möglich sind. Eine Verallgemeinerung auf Prognosen zweiter und höherer Momente sowie auf TARMA-Modelle ist in Wildi 1997 beschrieben. Ein wesentlicher Unterschied zu Prognosen mit linearen Modellen liegt darin, daß die bedingten Varianzen von TARMA-Prognosen wie bei ARCH-Prozessen im allgemeinen einen nicht-monotonen Verlauf aufweisen können. Dies hängt einerseits damit zusammen, daß bedingte Erwartungen aus dem Zusammenspiel verschiedener Bereiche bzw. Submodelle entstehen, welche ihrerseits Innovationen mit unterschiedlichen Varianzen aufweisen können, andererseits werden Prognosewerte, die "nahe" bei Zeitpunkten mit Regimewechseln liegen, tendenziell höhere Varianzen aufweisen als solche, die fest in einem vorgegebenen Regime verankert sind, da die zusätzliche Unsicherheit eines Regimewechsels besteht. Eine Würdigung der Prognoseeigenschaften einfacher TAR-Modelle scheint erst im Zusammenhang mit komplexeren Schwellen-Modellen, den CTAR-Modellen, sinnvoll zu sein. An dieser Stelle seien kurz noch die sogenannten STARMA-(Smooth-TARMA)-Prozesse erwähnt, welche sich von den vorherigen darin unterscheiden, daß die Übergangsfunktion zwischen verschiedenen Regimen stetig verläuft:

$$X_t = a_{01} + \sum_{j=1}^{p} a_{j1} X_{t-j} + \sum_{k=1}^{q} b_{k1} \varepsilon_{t-k} + \Phi\left(\frac{X_{t-d}-r}{\delta}\right)\left(a_{02} + \sum_{j=1}^{p} a_{j2} X_{t-j} + \sum_{k=1}^{q} b_{k2} \varepsilon_{t-k}\right) + \varepsilon_t$$

Dabei ist Φ eine stetige reelle Funktion, die ihr Argument auf das Einheitsintervall [0,1] abbildet und die zwei mal differenzierbar sein sollte, wie z.B. die Verteilungsfunktion der Normalverteilung. Der Steilheitsparameter δ zusammen mit der funktionalen Form von Φ steuern den Übergang zwischen verschiedenen Regimen. In Tong 1995, S.183 wird die Konvergenz der Verteilungen von STARMA- zu TARMA-Prozessen nachgewiesen, wenn δ gegen Null konvergiert. Die zweimalige Differenzierbarkeit von Φ wird deswegen gefordert, weil sie sich bei einer Schätzung von δ mit Hilfe eines Newton-Raphson Algorithmus als notwendig erweist. Konsistenznachweis sowie Nachweis der asymptotischen Normalverteilung des bedingten KQ-Schätzers wird in Tong 1995, S. 299 ff. erbracht. Der zusätzliche Freiheitsgrad durch Einführung einer Übergangsfunktion kann dann von Nutzen sein, wenn der wahre Übergang zwischen verschiedenen Regimen langsam erfolgt, so daß differenziertere Parameterschätzungen möglich sind.

XX.5. CTARMA-Modelle

CTARMA- oder *Composed-Threshold-ARMA-Prozesse* wurden von Wildi 1997 eingeführt und sind folgendermaßen definiert:

$$X_t = \sum_{j=1}^{p_{im}} a_{jim} X_{t-j} + \sum_{k=1}^{q_{im}} b_{kim} \varepsilon_{t-j} + \varepsilon_t, \quad X_{t-d} \in \mathbb{R}^i, X_{t-d_i} \in \mathbb{R}^{im}, \quad i=1,\dots,l, m=1,\dots,h(i)$$

$$\mathbb{R}^i = (r_{i-1}, r_i), \quad \mathbb{R}^{im} := (r_{i,m-1}, r_{im})$$

Der grundlegende Unterschied zu TARMA-Prozessen ist der, daß *Unter-* oder auch *Nebenschwellen* von einer *Ober-* oder auch *Hauptschwelle* abhängig sein können. *Oberbereiche* bestimmen dann Verzögerungen, Schwellenparameter sowie AR-und MA-Parameter von *Unterbereichen*. Selbstverständlich kann die Klasse dieser Prozesse auf mehrere Schwellen-Hierarchiestufen verallgemeinert werden. Solche Prozesse können als stückweise lineare Approximation eines allgemeinen nicht-linearen Prozeß interpretiert werden, dessen Parameter nicht ausschließlich von der Variablen X_{t-d} abhängen, wie dies für TARMA-Modelle zutrifft, sondern die eine allgemeine funktionale Beziehung zwischen den Parametern und den Prozeßrealisationen zulassen, insbesondere Interdependenzen zwischen verschiedenen Bereichen. Ein TARMA-Prozeß ist ein Spezialfall eines CTARMA-Prozesses für welchen $d_i = d$ und $\mathbb{R}^{im} = \mathbb{R}^i$ für alle i,m. In Abb. 20.20 ist eine Realisation eines CTAR-Prozesses wiedergegeben mit *einer* Oberschwelle, für die zwei Bereiche definiert sind mit jeweils *einer* zugehörigen Unterschwelle. Die Abbildung verdeutlicht, daß nebst ARCH-, GARCH- oder bilinearen Ansätzen, generell auch Schwellenmodelle geeignet sein dürften, Effekte zu erfassen, die durch unterschiedliche zeitliche Volatilitäten entstehen können. Die Stationarität eines CTARMA-Prozesses läßt sich analog zu TARMA-Prozessen feststellen, insbesondere ist ein CTARMA-Prozeß stationär, wenn z.B. alle Bereiche aus stationären Teilmodellen bestehen. Im Vergleich zu TARMA-Prozessen ergeben sich jedoch schätztheoretische Schwierigkeiten, weil nun Schwellen interagieren. Unter anderem ist es im allgemeinen unmöglich, die Beobachtungswerte durch eine Permutation der Zeitachse $t \to i(t)$ so umzuordnen, daß sowohl $X_{i(t-d)}$ als auch $X_{i(t-d_i)}$ monoton wachsen. Für monoton verlaufende $X_{i(t-\hat{d})}$ bzw. mögliche Kandidaten $\hat{r}$ für den Hauptschwellen-Wert r oszilliert dann die Nebenschwelle $X_{i(t-\hat{d}_i)}$ dauernd zwischen verschiedenen Unterbereichen, was z.B. die Schätzung der Oberschwelle erschwert. Eine iterative Lösung dieses Problems zusammen mit einem Konsistenznachweis des gefundenen Schätzers ist bei Wildi 1997 zu finden. Für Selektion, Diagnose und Prognose wird auf entsprechende Verfahren für TARMA-Prozesse verwiesen, da diese sich problemlos auf CTARMA-Modelle verallgemeinern lassen.

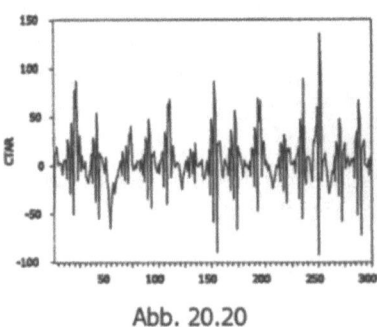

Abb. 20.20

An Hand zweier Beispiele soll nun kurz demonstriert werden, wie CTARMA-Modelle Dynamiken datenerzeugender Prozesse modellieren können. Im ersten Beispiel wird die Entwicklung einer Population betrachtet (Blow-Fly-Data). Schwellenmodelle eignen sich besonders gut für die Modellierung solcher Prozesse, weil sogenannte Rückkopplungseffekte, die durch Schwellen simuliert werden können, mehr oder weniger reguläre und im allgemeinen asymmetrische Zyklen erzeugen. Im zweiten Beispiel wird eine um ihren Trend bereinigte Wechselkursreihe untersucht. Eine Parameterschätzung erfolgte automatisch unter Verwendung des AICC, einer leicht abgeänderten und konsistenten Version des AIC-Kriteriums. Andere Beispiele mit entsprechenden Vergleichen verschiedener Ansätze finden sich bei Wildi 1997.

Die logarithmierten Reihenwerte der *Blow-Fly-Data* (vgl. Tong 1983) sind in der nächsten Abbildung wiedergegeben:

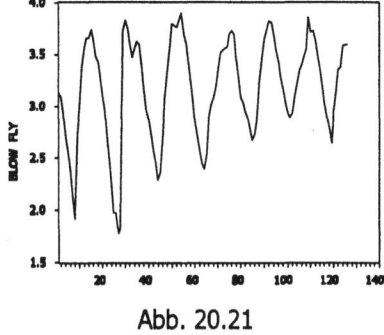

Die geschätzten AR-, TAR-und CTAR-Modelle sind:

$$X_t = 0.55 + 1.25X_{t-1} - 0.42X_{t-2} + \varepsilon_t \;,$$
$$\text{mit } \sigma^2 = 0.051 \;, \; T = 108$$

$$X_t = \begin{cases} 0.24 + 1.68X_{t-1} - 0.76X_{t-2} + \varepsilon_{t,1}, \\ \qquad\qquad X_{t-17} \le 3.39 \\ 2.06 + 0.43X_{t-1} + \varepsilon_{t,2}, \\ \qquad\qquad X_{t-17} > 3.39 \end{cases}$$

Abb. 20.21   mit $\sigma_1^2 = 0.008$, $\sigma_2^2 = 0.04$, $T_1 = 56$, $T_2 = 37$ und

$$X_t = \begin{cases} -0.51 + 1.20X_{t-1} + \varepsilon_{t,1} \;, & X_{t-17} \le 3.18, \; X_{t-6} \le 3.29 \\ 3.68 + \varepsilon_{t,2} \;, & X_{t-17} \le 3.18, \; X_{t-6} > 3.29 \\ -0.01 + 1.41X_{t-1} - 0.43X_{t-2} + \varepsilon_{t,3} \;, & X_{t-17} > 3.18, \; X_{t-5} \le 2.35 \\ 0.58 + 1.26X_{t-1} - 0.42X_{t-2} + \varepsilon_{t,4} \;, & X_{t-17} > 3.18, \; X_{t-5} > 2.35 \end{cases}$$

mit $\sigma_1^2 = 0.009$, $\sigma_2^2 = 0.014$, $\sigma_3^2 = 0.004$, $\sigma_4^2 = 0.008$ sowie $T_1 = 7$, $T_2 = 7$, $T_3 = 40$, $T_4 = 39$. Obwohl die ersten beiden Bereiche des CTAR-Modells sehr kurz sind, zeigt sich, daß diese Schätzungen sinnvoll sind. Zuerst sollen aber die Ex-ante Prognosen (Abb. 20.22) sowie die Skelette der einzelnen Modelle betrachtet werden:

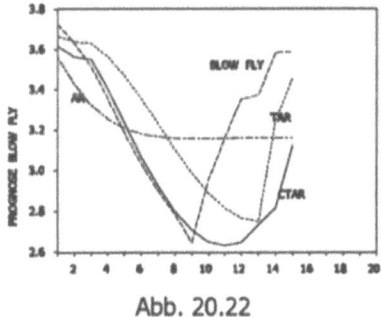

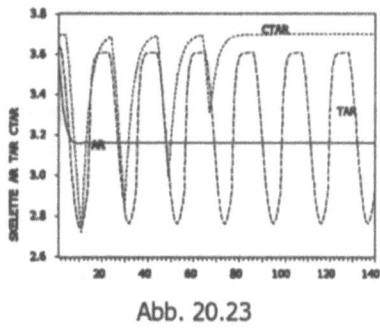

Abb. 20.22   Abb. 20.23

An den Skeletten (Abb. 20.23) ist deutlich erkennbar, warum das CTAR-Modell in der Prognose besser abschneidet als die anderen Modelle. Ein Vergleich mit den obigen Beobachtungswerten zeigt eine gute Übereinstimmung von extrahiertem Signal und Daten. Der möglicherweise nicht-stationäre Verlauf der Reihe in den lokalen Minima ("Senken"), die im Zeitablauf ständig größer werden, "täuscht" die stationären AR- und TAR-Modelle, da sie dazu neigen, den Prognose-Wendepunkt (beim 9. Prognosewert) im Vergleich zum CTAR-Modell verspätetet anzuzeigen. Somit erfaßt dieses Modell die Dynamik der Reihe besser als die anderen betrachteten Modelle. Eine Verzögerung von d=17 Tagen entspricht der Brutzeit der Jungtiere bzw. des in den Daten zu beobachtenden Zykluses. Die Schwelle bei 2.35 signalisiert einen "shift" in der Reihe: Einerseits ist diese Schwelle kompatibel mit dem

Sachverhalt, daß Beobachtungswerte für t<60 im unteren Schwellenbereich und für t>60 im oberen Schwellenbereich liegen. Hinzu kommt, daß sich die geschätzten Parameter für diese beiden Bereiche nur in Bezug auf den Mittelwert der Reihe signifikant unterscheiden, was ebenfalls die Hypothese eines shifts als plausibel erscheinen läßt. Der erste Bereich modelliert einen raschen Anstieg, der zeitlich unmittelbar auf eine Senke folgt und somit den Populationszuwachs berücksichtigt, der aus dem Schlupf der Jungtiere resultiert. Der zweite Bereich modelliert die Spitzen als weißes Rauschen.

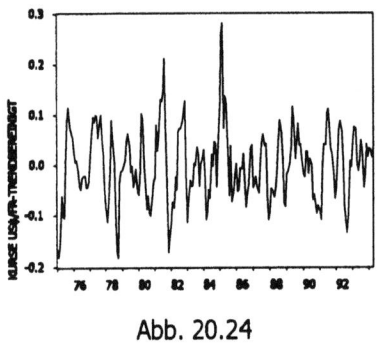

Abb. 20.24

Dem nächsten Beispiel liegen die Wechselkurse US$/sFr zugrunde. Die trendbereinigten Wechselkurse (Monatsdurchschnittswerte) zwischen dem US$ und dem Schweizer Franken zeigen für den Zeitraum Januar 1975 - Mai 1994 den Verlauf (233 Werte) in Abb. 20.24. Das für einen Stützbereich von 210 Werten geschätzte AR- bzw. CTAR-Modell lautet

$$X_t = 0.00 + 0.89X_{t-1} - 0.39X_{t-2} + 0.20X_{t-3} - 0.14X_{t-4} - 0.09X_{t-5} + \varepsilon_t$$

bzw.:

$$X_t = \begin{cases} 0.023 + 1.10X_{t-1} + \varepsilon_{t,1}, & X_{t-24} \leq -0.003, X_{t-9} \leq -0.05 \\ -0.05 - 0.3\ X_{t-1} + 0.54X_{t-2} + \varepsilon_{t,2}, & X_{t-24} \leq -0.003, X_{t-9} > -0.05 \\ -0.01 + 0.88X_{t-1} - 0.31X_{t-2} - 0.24X_{t-3} + \varepsilon_{t,3}, & X_{t-24} > -0.003, X_{t-24} \leq 0.01 \\ 0.005 + 0.78X_{t-1} - 0.33X_{t-2} + 0.24X_{t-3} - 0.2X_{t-4} + \varepsilon_{t,4}, & X_{t-24} > -0.003, X_{t-24} > 0.01 \end{cases}$$

Bei den im folgenden wiedergegebenen Prognosesimulationen handelt es sich um "rollende" Prognosen (mit einem Prognosehorizont von 14), d.h. ausgehend von einem Stützbereich mit 210 Werten werden im Abstand von 4 Monaten jeweils neue Parameterschätzungen und Prognosen erstellt (auf monatliche Abstände muß aus Platzgründen verzichtet werden). Rollende Prognosen sind praktisch interessant, wenn eine Reihe fortlaufend aktualisiert wird (vgl. Abb. 20.25 - 20.27).

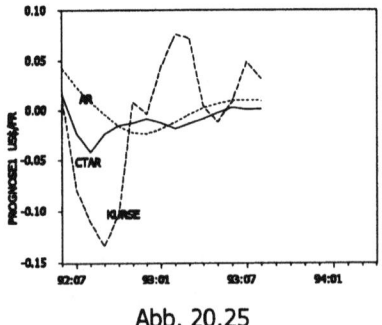

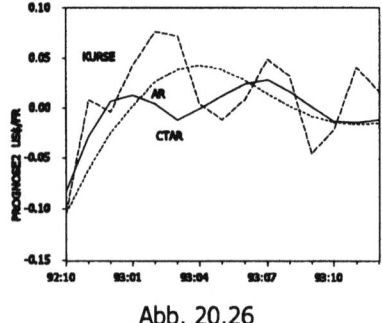

Abb. 20.25   Abb. 20.26

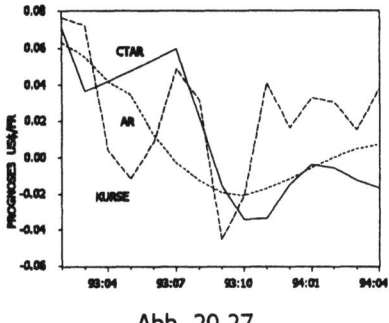

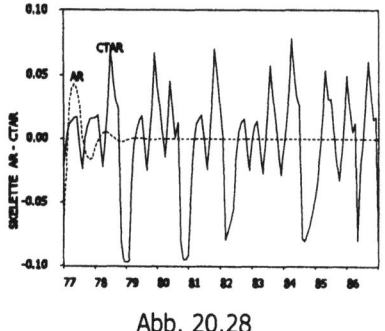

Abb. 20.27   Abb. 20.28

Wie Abb.20.28 zeigt, besitzt das CTAR-Modell einen nicht-trivialen aperiodischen Grenzzyklus, der außerdem sensitiv ist gegenüber den Anfangsbedingungen. Mit anderen Worten, in diesem Fall liegt ein sich relativ unregelmäßig entwickelndes Skelett vor, welches aufgrund finanzmarkttheoretischer Überlegungen die einzig sinnvolle Alternative zu trivialen Skeletten sein dürfte, da quasi-periodische Skelette von den Marktteilnehmern antizipiert werden dürften. Deshalb erscheint eine Bestimmung von Wendepunkten und damit verbunden eine Abschätzung von Gewinn- bzw. Verlustmöglichkeiten durch die Marktteilnehmer nur schwer möglich zu sein.

XXI. Literatur

Abraham B., Ledolter J.: Statistical Methods for Forecasting, New York 1983

Achieser N.I.: Vorlesungen über Approximationstheorie, Berlin 1967

Agiakloglou Ch., Newbold P.: Empirical Evidence on Dickey-Fuller-Type Tests, in: Journal of Time Series Analysis 13, S.471-483, 1992

Ahn S.K., Reinsel G.C.: Estimation for Partially Nonstationary Multivariate Autoregressive Models, in: Journal of the American Statistical Association 85, 1990, S.813-823

Ahtola J.A., Tiao G.C.: Distribution of Least Squares Estimators of Autoregressive Parameters for a Process with Complex Roots on the Unit Circle, in: Journal of Time Series Analysis 8, 1987, S.1-14

Akaike H.: On the Likelihood of a Time Series Model, in: The Statistician, 27, 1978, S.217-235

Akaike H.: Stochastic Theory of Minimal Realizations, in: IEEE Trans.Autom.Control, AC-19, 1987, S.667-674

Akaike H.: Seasonal Adjustment by a Bayesian Modelling, in: Journal of Time Series Analysis 1, 1980

Anderson O.D.: Time Series Analysis and Forecasting, The Box-Jenkins Approach, London 1976

Aoki M.: State Space Modeling of Time Series, Springer-Verlag Heidelberg-Berlin-New York, 1987

Banerjee A., Dolado J., Galbraith J.W., Hendry D.F.: Co-Integration Error-Correction and the Econometric Analysis of Non-Stationary Data, Oxford University Press 1994

BarOn R.R.V.: Analysis of Seasonality and Trends in Statistical Series, Vol. 1: Methodology, Causes and Effects of Seasonality, Technical Publication No. 39, Israel Central Bureau of Statistics, Jerusalem 1973

Bary N.U.: A Treatise on Trigonometric Series, Vol. I., New York 1964
Beguin J.M., Gourieroux C., Montfort A.: Identification of a Mixed Autoregressive Moving Average Process: The Corner Method, in: Anderson O.D. (Ed.): Time Series, Amsterdam 1980

Bell W.R.: A Computer Program for Detecting Outliers in Time Series, in: Amercian Stat. Ass., Proc. of the Business Econ. Stat. Section, Toronto 1983

Bell W.R.: Signal Extraction for Nonstationary Time Series, in: The Annals of Statistics Vol. 2, 1984, S. 646-664

Bell W.R., Hillmer S.C.: Issues Involved with the Seasonal Adjustment of Economic Time Series, in: Journal of Business and Economic Statistics 2, 1984

Beveridge S., Nelson C.R.: A New Approach to Decomposition of Economic Time Series into Permanent and Transitory Components with Particular Attention to Measurement of the"Business Cycle", in: Journal of Monetary Economics 7, 1998, S.151-174.

Bierens H.J., Guo S.: Testing Stationarity Against the Unit Root Hypothesis, in: Econometric Reviews 12 (1), 1993, S.1-32

Blough St.R.: The Relationship between Power and Level for Generic Unit Root Tests in Finite Samples, in: Journal of Applied Econometrics Vol.7, 1992, S.295-308

Bollerslev T., Chou R.Y., Kroner K.F.: ARCH Modelling in Finance: A Review of the Theory and Empirical Evidence, in: Journal of Econometrics 52, 1992, S.5-59

Box G.E.P., Jenkins G.M.: Time Series Analysis, Forecasting and Control, San Francisco 1976

Box G.E.P., Pierce D.A.: Distribution of Residual Autocorrelation in Autoregressive Integrated Moving Average Time Series Models, in: Journal of the American Statistical Association 65, 1970, S.1509-1526

Box G.P.: Tiao G.C.: Modeling Multiple Time Series with Applications, in: Journal of the American Stat. Ass., Vol. 76, 1981, S.802-816

Breitung J.: A Model Based Seasonal Adjustment Method Using the Beveridge-Nelson Decomposition, in: Allg. Statistisches Archiv 78, 1994, S.365-385

Brockett R.W.: Convergence of Volterra Series on Infinite Intervals and Bilinear Approximations, in: Nonlinear Systems and Applications (ed. V. Lakshmikathan), 39-46, Academic Press, New York 1977
Bühler St.: Bestimmungsfaktoren der schweizerischen Mineralölpreise, Eine zeitreihenanalytische Untersuchung unter Verwendung von Tagesdaten, St.Gallen 1995 (working paper)

Cadzow J.A.: Discrete-Time Systems, Englewood Cliffs NJ. 1973

Campbell J.Y., Perron P.: Pitfalls and Opportunities: What Macroeconomists should know about Unit Roots, in: NBER Macroeconomic Annual (Hrsg. Blanchard O.J., Fischer St.), 1991

Chan K.S., Tong H.: On the Use of the Deterministic Lyapunov Function for the Ergodicity of Stochastic Difference Equations. Adv. Appl. Prob. 17, 1985, S.666-678

Chan K.H., Hayya J.C., Ord J.K.: A Note on Trend Removal Methods: The Case of Polynomial Regression Versus Variate Differencing, in: Econometrica Vol.45 No.3, 1977

Chan K.S.: Consistency and Limiting Distribution of the Least Squares Estimator of a SETAR Model, Annals of Statistics Vol. 21, 1993, S.520-533

Chang I., Tiao G.C.: Estimation of Time Series Parameters in the Presence of Outliers, in: Technical Report No.8, Statistics Research Center, Graduate School of Business, University of Chicago 1983

Charemza.W.W., Deadman D.F.: New Directions in Econometric Practice – General to Specific Modelling, Cointegration and Vector Autoregression, Edward Elgar, 1992, reprint 1993

Choi B.S.: ARMA Model Identification, Springer-Verlag, New York 1992

Christiano L.J., Eichenbaum M.: Unit Roots in Real GNP: Do we know and do we care?, in: Unit Roots, Investment Measures and other Essays (Hrsg. Meltzer A.H.), Amsterdam 1990, S.7-62

Cleveland W.S., Analysis and Forecasting of Seasonal Time Series, Ph.D. Dissertation, Dept. of Statistics, University of Wisconsin, 1972

Cleveland W.S., Tiao G.C.: Decomposition of Seasonal Time Series: A Model of the Census X-11 Program, in: Journal of the American Stat. Ass. 71, 1976

Cleveland W.S., Dunn D.M., Terpenning I.J.: SABL: A Resistant Seasonal Adjustment Procedure with Graphical Methods for Interpretation and Diagnosis, in: Zellner A. (Hrsg.): Seasonal Analysis of Economic Time Series, Proc. of the Conference on the Seasonal Adjustment of Economic Time Series, Dept. of Commerce, Bureau of the Census, Washington 1976

Cleveland W.S., Devlin S.J., Terpenning I.J.: The SABL Seasonal and Calendar Adjustment Package, Bell Laboratories, Murray Hill N.J., 1982
Cochrane J.H.: Comment on Campbell J.Y., Perron P.: Pitfalls and Opportunities: What Macroeconomists should know about Unit Roots, in: NBER Macroeconomic Annual 1991 (Hrsg. Blanchard O.J., Fischer St.), S.201-210

Cochrane J.H.: A Critique of the Application of Unit Root Tests, in: Journal of Economic Dynamics and Control 15, 1991, S.275-284

Cochrane D., Orcutt G.H.: Application of Least Squares Regression to Relationships Containing Autocorrelated Error Terms, in: Journal of the American Statistical Association 44, 1947, S.32-61

Creutz G.: Möglichkeiten und Probleme der Beurteilung von Saisonbereinigungsverfahren, Frankfurt 1979

Dagum E.B.: Modelling, Forecasting and Seasonally Adjusting Economic Time Series with the X-11 ARIMA Method, in: American Statistician 27, 1978

Dagum E.B.: The Effects of Asymmetric Filters on Seasonal Factor Revisions, in: Journal of the American Stat. Ass. 77, 1982

Dagum E.B., Laniel N.: Revisions of Trend-Cycle Estimators of Moving Average Seasonal Adjustment Methods, in: Journal of Business & Economic Statistics 5, 1987, S.177-189

Danckwerts R.F., Goldrian G., Schäfer H., Schüler H.: Die Saisonbereinigung nach dem ASA II-Verfahren, in: Mitteilungen des Rheinisch-Westfälischen Instituts für Wirtschaftsforschung Jg. 21, Essen 1970

DeJong D.N., Nankervis J.C., Savin N.E., Whiteman Ch.H.: The Power Problem of Unit Root Tests in Time Series with Autoregressive Errors, in: Journal of Econometrics 53, 1992, S.323-343

Diebold F.X., Nerlove M.: Unit roots in Economic Time Series: A Selective Survey, in: Advances in Econometrics Vol.8, 1990, S.3-69

Dickey D.: Likelihood Ratio Statistics for Autoregressive Time Series with a Unit Root, in: Econometrica 49, 1981, S.1057-1072

Dickey D.A., Hasza D.P., Fuller W.A.: Testing for Unit Roots in Seasonal Time Series, in: Journal of the American Statistical Association 79, 1984, S.355-367

Dickey D.A., Pantula S.: Determining the Order of Differencing in Autoregressive Processes, in: Journal of Business and Economic Statistics 15, 1987, S.455-461

Dub W.: Zur Klassifikation der Fenster in der Spektralanalyse, in: Göppl H., Opitz O.: Quantitative Methoden der Unternehmensplanung, Königstein/Taunus 1980

Durbin J., Murphy M.: Seasonal Adjustment based on a Mixed Additive-Multiplicative Model, in: Journal of the Royal Stat. Soc., Ser. A, S.138, 1975

Enders W.: Applied Econometric Time Series, New York, John Wiley 1995

Engle R.F., Granger C.W.J.: Co-Integration and Error Correction: Representation, Estimation and Testing, in: Econometrica 55, 1987, S.251-276

Engle R.F., Yoo B.S.: Forecasting and Testing in Co-Integrated Systems, in: Journal of Econometrics 35, 1987, S.143-159

Engle R.F.: Autoregressive Conditional Heteroscedasticity with Estimates of the Variance of United Kingdom Inflation, in: Econometrica 50, 1982, S.987-1007

Engle R., Lilien D., Russel R.: Estimating Time Varying Risk Premia in the Term Structure: The ARCH-M-Model, in: Econometrica 55, 1987, S.391-407

Evans G.B.A., Savin N.E.: The Calculation of the Limiting Distribution of the Least Squares Estimator of the Parameter in a Random Walk Model, in: Annals of Statistics 9, 1981, S.1114-1118

Evans G.B.A., Savin N.E.: Testing for Unit Roots 1, in: Econometrica 49, S.753-779, 1981

Evans G.B.A., Savin N.E.: Testing for Unit Roots 2, in: Econometrica 52, 1241-1269, 1984

Eviews User Guide, Version 3.0, Quantitative Micro Software, Irvine 1997, California

Fahrmeir L., Kaufmann H.L., Ost F.: Stochastische Prozesse - Eine Einführung in Theorie und Anwendungen, München und Wien 1981

Falkner H.D.: The Measurement of Seasonal Variations, in: Journal of the American Stat. Ass. 19, 1924

Fildes R.: A Critique of Recent Papers on "Trends, Random Walks, and Break Points in Macroeconomic Time Series, in: International Journal of Forecasting 9, 1993, S.281-283

Findley D.F., Monsell B.C., Bell W.R., Otto M.C., Chen B.Ch.: New Capabilities and New Methods of the X-12-ARIMA Seasonal-Adjustment Program, in: Journal of Business & Economic Statistics, April 1998, Vol.16, No.2

Flaskämper P.: Allgemeine Statistik, Teil I., 2. Auflage, Hamburg 1979

Förster W.: Zur Historie der Saisonbereinigung und der Komponentenzerlegung bei ökonomischen Zeitreihen, in: Edel K., Schäffer K.-A., Stier W. (Hrsg.): Analyse saisonaler Zeitreihen, Physika-Verlag, Heidelberg 1997, S.3-21

Franses Ph. H.: Testing for seasonal unit roots in monthly data, Econometric Institute Report # 9032/A, Erasmus University Rotterdam 1990

Franses Ph. H.: Seasonality, non-stationarity and the forecasting of monthly time series, in: International Journal of Forecasting 7, 1991, S.199-208

Freeman H.: Discrete Time Series, An Introduction to the Theorie, New York 1965

Fuller W.A.: Introduction to Statistical Time Series, New York 1976

Garcia-Ferrer A., Del Hoyo J.: On Trend Extractions Models: Interpretation, Empirical Evidence and Forecasting Performance, in: Journal of Forecasting Vol.11, 1992. In derselben Ausgabe die Kommentare von Young P.C., Harvey A.C. sowie die Replik von Garcia-Ferrer/Del Hoyo

Gardner E.S.Jr.: Exponential Smoothing: The State of the Art, in: Journal of Forecasting Nr. 4, 1985, S.1-38

Geweke J., Meese R., Dent W.: Comparing Alternative Tests of Causality in Temporal Systems: Analytical Results and Experimental Evidence, in: Journal of Econometrics 21, 1983, S.161-194

Glosten L.R., Jaganathan R., Runkle D.: Relationship between the Expected Value and the Volatility of the Nominal Excess Return on Stocks, in: Journal of Finance 1994

Goldrian G.: Zum Problem der Vorläufigkeit saisonbereinigter Reihen, in: Wirtschaftskonjunktur 2, 1972

Goldrian G.: Eine neue Version des ASA II-Verfahren zur Saisonbereinigung von wirtschaftlichen Zeitreihen, in: Wirtschaftskonjunktur 4, 1973

Goldrian G.: Comment - How to suppress a lead, in: Empirical Economics 20, 1995, S. 177-181

Goldrian G., B. Lehne: Ein Vergleich der direkten Schätzung der Konjunkturentwicklung mit einem Verfahren zur Erkennung von Wendepunkten, Diskussionsbeitrag Nr. 36, ifo Institut, München 1997

Goldrian G.: Zur Verdeutlichung der aktuellen Aussage einer wirtschaftlichen Zeitreihe, Diskussionsbeitrag Nr. 58, ifo Institut, München 1998

Goldrian G.: B. Lehne, Anmerkungen zur Leistungsfähigkeit einfacherer Saisonbereinigungs-verfahren, Allgemeines Statistisches Archiv 82, S.178-182, 1998

Goldrian G., B. Lehne: Erkennung eines sich anbahnenden Wendepunktes in der konjunkturellen Bewegung einer Zeitreihe, Jahrbücher für Nationalökonie und Statistik, Band 217/3, 1998

Goldrian G., B. Lehne: Zur Approximation der Trend-Zyklus-Komponente am aktuellen Rand einer Zeitreihe, in: Jahrbücher für Nationalökonomie und Statistik, Band 3+4, 1999

Gonzalo J.: Comparison of Five Alternative Methods of Estimating Long-Run Equilibrium Relationsships, Discussion Paper, Universitiy of California at San Diego 1990

Gooijer et al: Methods for Determining the Order of an ARMA-Process: a Survey, Int. Stat. Rev. 53, 1992, S.301-329

Gooijer J.G., De Bruin P.: On Forecasting SETAR-Processes, submitted for Publication 1996

Granger C.W.J.: Seasonality: Causation, Interpretation and Implications, in: Zellner A. (Hrsg.): Seasonal Analysis of Economic Time Series, Proc. of the Conference on the Seasonal Adjustment of Economic Time Series, Dept. of Commerce, Bureau of the Census, Washington 1978

Granger C.W.J.: Developments in the Study of Cointegrated Economic Variables, in: Oxford Bulletin of Economics and Statistics 48, 1986, S.213-228

Granger C.W.J., Andersen A.P.: An Introduction to Bilinear Time Series Models, Vandenhoek und Ruprecht, Göttingen 1978

Granger C.W.J., Newbold P.: Forecating Economic Time Series, New York 1977

Granger C.W.J., Newbold P.: Spurious Regression in Econometrics, in: Journal of Econometrics 2, 1974, S.111-120

Grether D.M., Nerlove M.: Some Properties of "Optimal" Seasonal Adjustment, in: Econometrica 38, 1970, S.682-704

Guegan D., Pham Dinh Tuan: Minimalité et Inversibilité des Modèles bilinéaires à Temps discret, C.R. Acad. Sci. Paris 304, 1987, S.159-162

Guilkey D.K., Schmidt P.: Extended Tabulations for Dickey-Fuller Tests, in: Economic Letters 31, 1989, S.355-357

Haldrup N.: Semiparametric Tests for Double Unit Roots, in: Journal of Business & Economic Statistics, Vol. 12, No.1, January 1994

Hall A.: Testing for a Unit Root in the Presence of Moving Average Errors, in: Biometrika 79, 1989, S.49-56

Hall L.W.: Seasonal Variations as a Relative of Secular Trend, in: Journal of the American Stat. Ass. 19, 1924

Hamilton J.D.: Time Series Analysis, Princeton University Press 1994

Hannan E.J., Quinn B.G.: The Determinaiton of the Order of an Autogression, in: Journal of the Royal Stat. Soc. B 41, 1979, S.190-195

Hannan E.J., Terell R., Tuckwell N.: The Seasonal Adjustment of Economic Time Series, in: International Economic Review 11, 1970

Harrison P.J.: Exponential Smoothing and Short-Term Sales Forecasting, Management Science 13, 1967, S.821-842

Harvey A.C., Todd P.H.J.: Forecasting Economic Time Series with Structural and Box-Jenkins Models: A Case Study, in: Journal of Business & Economic Statistics, Vol.1, No.4, October 1983, sowie die Kommentare von Ansley C.F., Findley D.F. und Newbold P. und die Replik von Harvey/Todd

Harvey A.C.: Forecasting, Structural Time Series Models and the Kalman Filter, Cambridge 1998

Harvey A.C.: The Econometric Analysis of Time Series, Philip Allan London 1990

Harvey A.C.: Forecasting, Structural Time Series Models and the Kalman Filter, Cambridge University Press 1990

Hassler U.: Einheitswurzeltest - Ein Überblick, in: Allgemeines Statistisches Archiv 78, 1994, S.207-228

Haug A.A.: Critical Values for the $\hat{Z}_\alpha$-Phillips-Ouliaris Test for Cointegration, in: Oxford Bulletin of Economics and Statistics 54, 1992, S.473-480

Havenner A., Swamy P.: A Random Coefficient Approach to Seasonal Adjustment of Economic Time Series, Special Studies Paper No. 124, Federal Reserve Board, Washington 1978

Hebbel H.: Verallgemeinertes Berlin Verfahren VBV, in: Edel K., Schäffer K.A., Stier W. (Hrsg.): Analyse saisonaler Zeitreihen, Physika-Verlag 1996, S.83-93

Heiler S.: Theoretische Grundlagen des "Berliner Verfahrens", in Wetzel W. (Hrsg.): Neuere Entwicklungen auf dem Gebiet der Zeitreihenanalyse, Göttingen 1970

Hendry D.F.: Econometric Modeling with Cointegrated Variables: An Overview, in: Oxford Bulletin of Economics and Statistics 48, 1986, S.201-212

Herrmann O., Schuessler H.W.: Design of Nonrecursive Digital Filters with Minimum Phase, Electr. Lett., Vol. 6, No. 11, 1970

Heyes J.F., Wei W.S.: The Partial Lag Autocorrelation Function, Temple University, Technical Report 32, Temple University Philadelphia PA. 1985

Hylleberg S., Engle R.F., Granger C.W.J., Yoo B.S.: Seasonal Integration and Cointegration, in: Journal of Econometrics 44, 1990, S.215-238

International Journal of Forecasting, Special Issue: Forecasting and Seasonality, Vol.13, Number 3, September 1997

Johansen S.: Statistical Analysis of Cointegration Vectors, in: Journal of Economic Dynamics and Control 12, 1988, S.231-254

Johansen S.: Estimation and Hypothesis Testing of Cointegration Vectors in Gaussian Vector Autoregressive Models, in: Econometrica 59, 1991, S.1551-1580

Johansen S., Juselius K.: Maximum Likelihood Estimation and Inference on Cointegration – with Application to the Demand for Money, in: Oxford Bulletin of Economics and Statistics 52, 1990, S.208

Kaiser J.F.: Digital Filters, in: System Analysis by Digital Computer (Hrsg. Kuo F.F., Kaiser J.F.), New York 1966

Kendall M., Stuart A.: The Advanced Theory of Statistics, Vol. 3, London 1975

Kenny P.B., Durbin J.: Local Trend Estimation and Seasonal Adjustment of Economic and Social Time Series, in: Journal of the Royal Statistical Society Ser. A 145, 1982, S.1-41

Kirchgässner G.: Nationale und internationale Bestimmungsfaktoren der schweizerischen Mineralölpreise: eine Anwendung der Kointegrationsanalyse, in: Schweizerische Zeitschrift für Volkswirtschaft und Statistik 3, 1994, S.575-598

Kirchgässner G., Weber R.: Rotterdamer Preise und Steuern als hauptsächliche Bestimmungsfaktoren der deutschen Mineralölpreise: eine empirische Untersuchung für die Bundesrepublik Deutschland von 1980 bis 1990, in: Zeitschrift für Wirtschafts- und Sozialwissenschaften 114, 1994, S.379-404

Kirchgässner G.: Einige neuere statistische Verfahren zur Erfassung kausaler Beziehungen zwischen Zeitreihen, Darstellung und Kritik, Vandenhoeck und Rupprecht, Göttingen 1981

Kitagawa G, Gersch W.: A Smoothness Prior-State-Space Modeling of Time Series with Trend and Seasonality, in: Journal of the American Stat. Ass. 79, 1984

Knopp K.: Theorie und Anwendung der unendlichen Reihen, Berlin 1964

Kohlmüller G.: Analyse von Zeitreihen mit Kalenderunregelmässigkeiten, Bergisch Gladbach, Köln 1987

Koopmans L.H.: The Spectral Analysis of Time Series, Academic Press, New York and London 1974

Kwiatkowski D., Phillips P.C., Schmidt P., Shin Y.: Testing the Null Hypothesis of Stationarity against the Alternative of a Unit Root – How sure are we that Economic Time Series have a Unit Root?, in: Journal of Econometrics 54, 1992, S.159-178

Lanczos C.: Discourse an Fourier Series, London 1966

Li W.K.: A Simple One Degree of Freedom test for Non-Linear Time Series Model Discrimination, Working Paper, Dept. of Statistics, University of Hong Kong 1990

Liu J., Brockwell P.J.: On the general Bilinear Times Series Models, J. Appl. Prob. 25, 1988, S.553-564

Liu L.M., Hanssens D.M.: Identification of Transfer Function Models via Least Squares, Technical Report No.68, BMDP Statistical Software, Department of Biomathematics, UCLA Los Angeles, o.J.

Liu L.M., Hanssens D.M.: Identification of Multiple-Input Transfer Function Models, in: Communications of Statistical Theoretical Methods Vol.11, 1982

Ljung G.M., Box G.E.P.: On a Measure of Lack of Fit in Time Series Models, Biometrika 65, 297-303, 1978

Loève M., Probability Theory, Van Nostrand, Princeton 1963

Lovell M.C.: Seasonal Adjustment of Economic Time Series and Multiple Regression Analysis, in: Journal of the American Stat. Ass. 58, 1963

Lütkepohl H.: Introduction to Multiple Time Series Analysis, Springer-Verlag, Heidelberg Berlin New York 1991

Lütkepohl H.: Statistische Modellierung von Volatilitäten, in: Allgemeines Statistisches Archiv 81, 1997, S.62-84

Luukkonen et al: Testing Linearity in Univariate Time Series Models, Scand. J. Stat. 15, 1988, S.161-175

Macauley F.R.: The Smoothing of Time Series, National Bureau of Economic Research, Cambridge MA, 1930

MacKinnon J.G.: Critical Values for Cointegration Tests, in: Engle R.F.,Granger C.W.J.: Long-run Economic Relationships, Oxford University Press 1981, S.267-276

Maravall A: The Use of ARIMA Models in Unobserved Components Estimation: an Application to Spanish Monetary Control, in: Barnett W., Berndt E., White H. (eds.): Dynamic Econometric Modeling, Cambridge University Press 1998

Maravall A.: Unobserved Components in Economic Time Series, EUI Working Paper ECO No.93/94, European University Institute, Florenz 1993

Maravall A., B. Feldmann, Sehr gute Erfahrungen mit SEATS - Eine Antwort an Stier, Allg. Statistisches Archiv 81, S. 193-206

Maravall A., Gomez V.: Program SEATS "Signal Extraction in Arima Time Series"- Instructions for the User, EUI Working Paper ECO No.94/28, European University Institute, Florenz 1994

Maravall A., Pierce D.A.: A Prototypical Seasonal Adjustment Model, in: Modelling Seasonality (ed. by S. Hylleberg), Advanced Texts in Econometrics, Oxford University Press 1992

McCleary R., Hay R.A.jr.: Applied Time Series Analysis for th eSocial Science, Sage Publ. Beverly Hills and London 1980

Meissner B.: Gleitende Durchschnitte und Transferfunktionen, in: Das "Berliner Verfahren", Ein Beitrag zur Zeitreihenanalyse, DIW-Beiträge zur Strukturforschung, Heft 7, 1969

Maravall A., Feldmann B: Sehr gute Erfahrungen mit SEATS - Eine Antwort an Stier, in: Allg. Statistisches Archiv 81, 1997, S.194-206

Metz R.: Stochastische Trends und langfristige Wachstumsschwankungen, Habilitationsschrift, Universität St.Gallen 1995

Meyer N.: Die Bedeutung der glatten Komponente für die aktuelle Konjunkturanalyse, in: Edel K., Schäffer K.A., Stier W. (Hrsg.): Analyse saisonaler Zeitreihen, Physika-Verlag 1996, S.101-108

Mills T.C.: Time Series Techniques for Economists, University Press, Cambridge 1990

Miron J.A.: Comment on Campbell J.Y., Perron P.: Pitfalls and Opportunities: What Macroeconomists should know about Unit Roots, in: NBER Macroeconomic Annual 1991 (Hrsg.Blanchard O.J., Fischer St.), S.211-217

Moeanaddin R., Tong H.: Numerical Evaluation of Distributions in Non-Linear Autoregression, J. Time Series Analysis 10, 1989

Moeanaddin R., Tong H.: Is a Bilinear Model an Illusion? Tech. Rep., Dept. of statistics, University of Kent 1989

Mohr W.: Neue Identifikationsstrategien für uni- und multivariate Zeitreihen, Habilitationsschrift Universität Kiel 1984

Muth J.F.: Optimal Poperties of Exponetially Weighted Forecasts, Journal of the American Statistical Association 55, 1960, S.299-306

Nagel G.: Numerical Solution to a Time Series Problem, USP Mathematisierung der Einzelwissenschaften: Optimierung, Universität Bielefeld 1980

Nelson Ch.R., Kang H.: Pitfalls in the Use of Time as an Explanatory Variable in Regression, in: Journal of Business & Economic Statistics Vol.2, No.1, 1984

Nelson C.R., Plosser C.I.: Trends and Random Walks in Macroeconomic Time Series: Some Evidence and Implications, in: Journal of Monetary Economics 10, 1982, S.139-162

Nelson D.B.: Conditional Heteroskedasticity in Asset Returns: A New Approach, in: Econometrica 59, 1991, S.347-370

Nelson D.B., Cao Ch.Q.: Inequality Constraints in the Univariate GARCH Model, in: Journal of Business and Economic Statistics 10, S.229-235, 1992

Newbold P., Agiakloglou Ch.: Looking for Evolving Growth Rates and Cycles in British Industrial Production 1700-1913, in: Journal of Royal Stat.Soc.A, 154, Part 2, 1991, S.341-347

Newbold P., Agiakloglou Ch., Miller J.: Adventures with ARIMA-Software, in: Int. Journal of Forecasting Vol. 10 (4), 1994, S.573 ff.

Newbold P., Granger C.W.J.: Forecasting Economic Time Series, Academic Press, New York 1977

Newey N.K., West K.D.: A Simple Positive Definite Heteroskedasticity and Autocorrelation Consistent Covariance Matrix, in: Econometrica 55, 1987, S.703-708

Nicholls D.F., Quinn B.G.: RCA-Models: An Introduction, Lecture Notes in Statistics Vol. 11, Springer-Verlag, Heidelberg Berlin New York 1982

Nullau B.: Darstellung des Verfahrens, in: Das "Berliner Verfahren". Ein Beitrag zur Zeitreihenanalyse, DIW-Beiträge zur Strukturforschung, Heft 7, 1969

Nullau B.: Probleme bei praktischen Anwendungen des "Berliner Verfahrens", in: Wetzel W. (Hrsg.), Neuere Entwicklungen auf dem Gebiet der Zeitreihenanalyse, Göttingen 1970

Nourney M., Söll H.: Analyse von Zeitreihen nach dem Berliner Verfahren, Version 3, in: Schäffer K.A. (Hrsg.): Beiträge zur Zeitreihenanalyse, Göttingen 1976

Nourney M.: Umstellung der Zeitreihenanalyse in: Wirtschaft und Statistik 11, 1983

O'Gorman, T.W.: On the Design of Seasonal Adjustment Methods using Linear Programming Techniques, in: Journal of the American Stat. Ass. 77, 1982

Oppenheim A.V., Schaefer R.W.: Digital Signal Processing, Englewood Cliffs N.J., 1975

Ormsby J.F.A.: Design of Numerical Filters with Applications to Missile Data Processing, in: Journal of the Association of Computing Machinery, Vol. 8, New York 1961

Osborn D.R., Chui A.P., Smith J.P., Birchenhall C.R.: Seasonality and the Order of Integration for Consumption, in: Oxford Bulletin of Economics and Statistics 50, 1988, S.361-377

Osterwald-Lenum M.: A Note with Quantiles of the Asymptotic Distribution of the Maximum Likelihood Cointegration Rank Test Statistics, in: Oxford Bulletin of Economics and Statistics 54, 1992, S.462

Ouliaris S., Park J.Y., Phillips P.C.B.: Testing for a Unit Root on the Presence of a Maintained Trend, in: Advances in Econometrics and Modelling (Hrsg. Baldev Raj), Dordrecht/Boston/London 1989

Pantula S.G., Hall A.: Testing for Unit Roots in Autoregressive Moving Average Models, in: Journal of Econometrics 48, 1991, S.325-353

Pemberton J.: Contribution to the Theory of Non-Linear Time Series Models, PhD Thesis 1985, University of Manchester

Pankratz A.: Forecasting with Univaratie Box-Jenkins Models: Concepts and Cases, New York 1983

Paparoditis E.: Vektorautokorrelationen stochastischer Prozesse und die Spezifikation von ARMA-Modell, Springer-Verlagm Heidelberg Berlin New York 1990

Parks T.W., McClellan J.H.: Chebyshev Approximation for Nonrecursive Digital Filters with Lineare Phase, in: IEEE Trans. Circuit Theory, Vol. CT-19, March 1972

Pauly R.: Zerlegung und Analyse ökonomischer Zeitreihen, in: Statistische Hefte 66, 1982

Pauly R.: Estimation and Model Selection of Nonstationary Time Series with Trend, Season and Trading Day Components, Beiträge des Instituts für Empirische Wirtschaftsforschung Nr. 6, Fachbereich Wirtschaftswissenschaft, Universtität Osnabrück 1987

Pauly R.: Saisonbereinigung und aktuelle Konjunkturdiagnose, in: Allg. Stat. Archiv 71, 1987, S.134-152

Pauly R., Schlicht E.: The Decomposition of Economic Time Series: A Deterministic and Stochastic Approach, Beiträge des Fachbereichs Wirtschaftswissenschaften der Universität Osnabrück 1982

Pauly R., Schlicht E.: Zerlegung ökonomischer Zeitreihen: Ein deterministischer und stochastischer Ansatz, in: Allg. Stat. Archiv 68, 1984, S.161-175

Perron P.: The Great Crash, the Ole Price Shock an the Unit Root Hypothesis, in: Econometrica 57, 1989, S.1361-1401

Perron P.: Trends and Random Walks in Macroeconomic Time Series-Further Evidence from a New Approach, in: Journal of Economic Dynamics and Control 12, 1988, S.333-346

Petrucelli J.D.: On Tests for SETAR-Type Non-Linearity in Time Series, Tech. Rep. 1987, Worcester Polytechnic Institute MA.

Pham Dinh Tuan: Bilinear Markovian Representation and Bilinear Models, Stochastic processes Appl. 20, 1985, S.295-306

Pham Dinh Tuan und Lanh Tat Tran: On First-Order Bilinear Time Series Models, J. Appl. Probab 18, 1981, S.617-627

Phillips P.C.B.: Understanding Spurious Regression in Econometrics, in: Journal of Econometrics 33, 1986, S.311-340

Phillips P.C.B.: Time Series Regression with a Unit Root, in: Econometrica 55, 1987, S.277-301

Phillips P.C.B.: Optimal Inference in Cointegrated Systems, in: Econometrica 59, 1991, S.283-306

Phillips P.C.B., Durlauf S.N.: Multiple Time Series Regression with Integrated Processes, in: Review of Economic Studies 53, 1986, S.473-495

Phillips P.C.B., Ouliaris S.: Asymptotic Properties of Residual Based Tests for Cointegration, in: Econometrica 58, 1990, S.165-193

Phillips P.C.B., Perron P.: Testing for a Unit Root in Time Series Regression, in: Biometrika 75, 1988, S.335-346

Pierce D.A.: A Survey of Recent Development in Seasonal Adjustment, in: American Statistician 34 (No. 3), 1980

Plosser I.C.: Short-Term Forecasting and Seasonal Adjustment, in: Journal of the American Stat. Ass. 74, 1974

Priestley M.B.: State-Dependent Models: A General Approach to Non-Linear Time Series Analysis, Journal of Time Series Analysis Vol 1 No.1, 1980

Quinn B.G.: A Note on the existence odd Strictly Stationary Solutions to Bilinear Equations, J. Time Series Analysis 3, 1982, S.249-252

Quinn E.J.: The Determination of the Order of an Autoregression, in: Journal of the Royal Statistical Society B 41, 1979, S.190-195

Rabiner L.R., Gold B.: Theory and Application of Digital Signal Processing, Englewood Cliffs N.J. 1975

Rudebusch G.H.: Trends and Random Walks in Macroeconomic Time Series: A Re-Examination, in: International Economic Review Vol.33 No.3, August 1992

Rüdel Th.: Kointegration und Fehlerkorrekturmodelle, Physica-Verlag Heidelberg 1989

Said S.E.: Unit-roots Test for Time Series Data with a linear Time Trend, in: Journal of Econometrics 47, 1991, S.285-303

Said S.E., Dickey D.A.: Testing for Unit Roots in Autoregressive-Moving-Average Models of Unknown Order, in: Biometrika 71, 1984, S.599-607

Said S.E., Dickey D.A.: Hypothesis Testing in ARIMA(p,1,q) Models, in: Journal of the American Statistical Association Vol.80 No.390, June 1985, Theory and Methods

Sauer R., Szabo I.: Mathematische Hilfsmittel des Ingenieurs, Teil I., Springer-Verlag, Heidelberg Berlin New York 1967

Schäffer K.A.: Beurteilung einiger herkömmlicher Methoden zur Analyse von ökonomischen Zeitreihen, in: W. Wetzel (Hrsg.), Neuere Entwicklungen auf dem Gebiet der Zeitreihenanalyse, Göttingen 1970

Schäffer K.A.: Vergleich der Effizienz von Verfahren zur Saisonbereinigung, in: K.A. Schäffer (Hrsg.): Beiträge zur Zeitreihenanalyse, Sonderheft 9 zum Allg. Stat. Archiv 1976, S.81-104

Schäffer K.A.: Probleme bei der Analyse der Arbeitslosenreihe, in: Reyher L., Kühl J. (Hrsg.): Resonanzen – Festeschrift für Dieter Mertens, Nürnberg 1988, S.385-400

Schäffer K.A.: Bewertung der Treffergenauigkeit von Diagnosemethoden, in: Edel K., Schäffer K.A., Stier W. (Hrsg.): Analyse saisonaler Zeitreihen, Physika-Verlag 1996, S.149-154

Schäffer K.A.: Diagnose der aktuellen Entwicklungsrichtung, in: Edel K., Schäffer K.A., Stier W. (Hrsg.): Analyse saisonaler Zeitreihen, Physika-Verlag 1996, S.113-116

Schips B.: Anmerkungen zur Bedeutung der glatten Komponente für die aktuelle Konjunkturanalyse, in: Edel K., Schäffer K.A., Stier W. (Hrsg.): Analyse saisonaler Zeitreihen, Physika-Verlag 1996, S.109-111

Schips B., Stier W.: Zum Problem der Saisonbereinigung ökonomischer Zeitreihen, in: Metrika 21, 1974

Schlicht E: A Seasonal Adjustment Principle and a Seasonal Adjustment Method derived from this Method, in: Journal of the American Stat. Ass. 76, 1981

Schlicht E.: Seasonal Adjustment in a Stochastic Model, in: Statistische Hefte 25, 1984

Schlittgen R., Streitberg B.: Zeitreihenanalyse, 5. Auflage, München 1994

Schmidt P., Phillips P.C.B.: LM Tests for a Unit Root in the Presence of Deterministic Trends, in: Oxford Bulletin of Economics and Statistics 54 No. 3, 1992

Schmidt R.: Konstruktion von Digitalfiltern und ihre Verwendung bei der Analyse ökonomischer Zeitreihen, Bochum 1984

Schneider W.: Der Kalmanfilter als Instrument zu Diagnose und Schätzung variabler Parameterstrukturen in ökonometrischen Modellen, Physika-Verlag, Heidelberg 1986

Schulte H.: Statistisch-methodische Untersuchungen zum Problem langer Wellen, Königstein/Taunus 1981

Schwarz G.: Estimating the Dimensions of a Model, in: Annual Statistics 6, 1978, S.461-464

Schwert G.W.: Tests for Unit Roots: A Monte Carlo Investigation, in: Journal of Business and Economic Statistics 7, 1989, S.147-59

Sesay S.A.O.: Sampling Properties of Estimates of the Parameters of the Bilinear Model BL(1,0,1,1), Unpublished MSc Dissertation 1982, UMIST

Shibata R.: Various Selection Techniques in Time Series Analysis, in: Handbook of Statistics, Vol.5, S.179-187, ed. Hannan E.J., Krishnaiah P.R.,Rao M.M., 1985

Shiskin J., Plewes T.J.: Seasonal Adjustment of the U.S. Unemployment Rate, Statistician 27, 1978

Shiskin J., Young A.H., Musgrave J.C.: The X-11 Variant of the Census Method II Seasonal Adjustment Program, Technical Paper No. 15, Bureau of the Census, U.S. Dept. of Commerce, Washington 1967

Stier W.: Grundprobleme der Saisonbereinigung ökonomischer Zeitreihen, in: Jahrbücher für Nationalökonomie und Statistik Bd. 192, Heft 3-4, 1977

Stier W.: Über ein Klasse von einfachen FIR-Tiefpaß-Selektionsfiltern, in: Allg. Stat. Archiv 2/78, 1978, S.161-180

Stier W.: Konstruktion und Einsatz von Digitalfiltern zur Analyse und Prognose ökonomischer Zeitreihen, Westdeutscher Verlag, Opladen 1978

Stier W.: Verfahren zur Analyse saisonaler Schwankungen in ökonomischen Zeitreihen, Springer-Verlag Heidelberg Berlin New York 1980

Stier W.: Saisonschwankungen, in: Handwörterbuch der Wirtschaftswissenschaften, Stuttgart 1981

Stier W.: Saisonbereinigungsverfahren - Ein Überblick, in: OR-Spektrum 1985

Stier W.: Evaluation of the Decomposition Procedure "Berliner Verfahren 4", in: Methods of Operations Research 50, Meisenheim 1985, S.411-419

Stier W.: Saisonbereinigung als Filter-Design-Problem, ifo Studien 3, 1996, S.303-335

Stier W.: Methodologische Überlegungen zur Güte und zum Vergleich von Saisonbereinigungs-verfahren, in: Edel K., Schäffer K.A., Stier W. (Hrsg.): Analyse saisonaler Zeitreihen, Physika-Verlag 1996, S.155-159

Stier W., Edel K.: Eigenschaften von Saisonbereinigungsverfahren im Frequenzbereich, in: Edel K., Schäffer K.A., Stier W. (Hrsg.): Analyse saisonaler Zeitreihen, Physika-Verlag 1996, S.207-222

Stier W.: Zur kanonischen Zerlegung von Zeitreihen-Bemerkungen zum Verfahren SEATS, in: Allg. Statistisches Archiv 80, 1996, S.313-331

Stier W.: Nochmals zu SEATS- Eine Duplik auf Maravall/Feldmann, in: Allg. Statistisches Archiv 82, 1998, S.183-197

Stock J.H.: Asymptotic Properties of Least Squares Estimators of Cointegrating Vectors, in: Econometrica 55, 1987, S.113-144

Stock J.H.: Unit Roots in Real GNP: Do we know and do we care? A Comment, in: Unit Roots, Investment Measures and other Essays (Ed.Meltzer A.H.), Amsterdam 1990, S.63-82

Stock J.H., Watson M.W.: Testing for Common Trends, in: Journal of the American Statistical Association 83, 1988, S.1097-1107

Tiao G.C.: Autoregressive moving average models, intervention problems and outlier detection in time series, in: Hannan E.J., Krishnaiah P.R., Rao M.M. (Ed.), Handbook of Statistics, Vol. 5, 1985

Tong H.: Threshold Models in Non-Linear Time Series Analysis, Lecture notes in statistics No. 21, Springer-Verlag Heidelberg Berlin New York 1983

Tong H.: Non Linear Times Series: a Dynamical System Approach, Oxford Statistical Science Series 1995

Tjostheim: Estimation in Nonlinear Times Series Models I: Stationary Series, Stochastic Processes Appl. 21, 1986, S.251-273

Tsay R.S.: Outliers, Level Shifts and Variance Changes in Time Series, in: Journal of Forecasting Vol.7, 1988, S.1-20

Tsay R.S.: Testing and Modeling TAR Processes, American Statistical Association 1989

Wald A.: Berechnung und Ausschaltung von Saisonschwankungen, Wien 1936

Wallis K.F.: Seasonal Adjustment and Revision of Current Data: Linear Filters for the X-11 Method, in: Journal of the Royal Stat. Soc. 1982

Wei W.S.: Time Series Analysis, Univariate and Multivariate Methods, Redwood City 1990

Whittacker E.T.: On a new Method of Graduation, in: Proc. Edinb. Math. Soc. 41, 1923

Wiener N.: Extrapolation, Interpolation and Smoothing of Stationary Time Series 1949

Wildi M.: Schätzung, Diagnose und Prognose nicht-linearer SETAR-Modelle, Physica Verlag Heidelberg 1997

Wildi M.: Estimation of AR- and MA-Parameters of SETARMA-processes through state space representation, 1997, submitted for Publication

Wilson G.: Factorization of the Covariance Generating Function on a pure Moving Average Process, SIAM J.Num.Anal. 6, 1969, S.1-7

Wold H.: A Study in the Analysis of Stationary Time Series, Uppsala 1938

Zakoian: Threshold Heteroskedastic Model, INSEE Paris 1990

Zellner A. (Hrsg.): Seasonal Analysis of Economic Time Series, Proc. of the Conference on the Seasonal Adjustment of Economic Time Series, Dept. of Commerce, Bureau of the Census, Washington 1976

Zivot E., Andrews D.W.K.: Further Evidence on the Great Crash, the Oil Price Shock, and the Unit-Root Hypothesis, in: Journal of Business & Economic Statistics Vol.10 No.3, July 1992, S.251-270

XXII. Index

δ-Funktion 186
λ-max-Test 335

Abschneidefrequenz 251
AIC-Kriterium (Akaikes Information Criterion) 109, 116
Airline-Modell 59
Amplitudenfunktion 241
Anpassungsgüte (fit) 109
arbeitstägliche Bereinigung 199
ARCH-M-Modell 352
ARCH-Modell 350
ARCH-Test 353
ARIMA-Prozeß 56, 57
ARIMA-Prozeß, multivariat 65
ARIMA-Prozeß, nicht-saisonal 56
ARIMA-Prozeß, saisonal 57
ARIMA-Prozeß, vektoriell 65
ARMA-Prozeß 55
ARMA-Prozeß, vektoriell 65
ARMAX-Modelle 139
ASA-II-Verfahren 209
Auflösungsvermögen 185
Augmented Dickey-Fuller-Test 296, 299
Ausreißer 30, 121
Ausreißer, additiv 125
Ausreißer, innovativ 126
Ausreißer-Analyse 121
Autokovarianzfunktion 51
Automatische Identifikationsprozeduren 111
Autoregressive Conditional Heteroscedasticity 349
Autoregressive-Integrated-Moving-Average-Prozeß 57
autoregressiver Prozeß 1.Ordnung 44
autoregressiver Prozeß 2.Ordnung 47
autoregressiver Prozeß p-ter Ordnung 51

backcasting 98
backward-shift 44
Bandbreite eines Filters 259
Bandpaß 254, 270
Bandpaßfilter 242
Bandstoppfilter 242, 271, 274
Bartlett-Fenster 184, 255
Basic Structural Model 164
Beobachtungsgleichung 167
Berliner Verfahren 205
Berliner Verfahren, verallgemeinertes 208
Beveridge-Nelson-Zerlegung 217
BIC-Kriterium (Bayesian Information Criterion) 109
Bilinearer Prozeß 362
Bilinearitätseigenschaft 362
Blackmann-Fenster 255
bootstrapping 100
BOX-COX-Transformation 7, 21, 60
Brownscher Bewegungsprozeß 287

Census X-11 197
Census X-11 SABL 203
Census X-11-ARIMA 202
Census X-12-ARIMA 202
Cholesky-Zerlegung 79

common filter 154
Common trend 320
Composed-Threshold-ARMA-Prozeß 371
Corner(Ecken)-Methode 109
CTARMA-Prozeß 368, 371
cut-off-frequency 251

Daten-Fenster 277
Dekomposition einer Matrix 78
Delphi-Methode 23
Diagnose von ARIMA-Modellen 117
Diagnose von Transferfunktionen-Modellen 146
Dickey-Fuller-Test 290
Dickey/Hasza/Fuller-Test 305
Differenzen-Filter 19, 249
Differenzenbildung 57
Differenzenfilter, saisonal 21
differenzenstationärer Prozeß 281
Diskrete Fourier-Transformation 275
Drift-Konstante 47
Durchschnitt, einfacher gleitender 235
Durchschnitt, gleitend, symmetrisch 247
Durchschnitt, gleitender 245, 248

echelon(Staffel)-Form 72
Econometric-Identification 71
EGARCH-Modelle 355
Ein-Schritt-Prognose 2
Einheitsalternierende 262
Einheitssprung 261
Einheitswurzel 46, 281
Elementarereignis 37
Ensemble-Mittel 89
Equiripple Approximation 256
error-correction form 318
Erwartungswert 37
Erwartungswert, bedingter 349
Erwartungswertfunktion 41
ex-post-Prognosefehler 26
Exponential-Smoothing 23
Exponential-Smoothing nach Holt 27
Exponential-Smoothing nach Winters 28
Exponential-Smoothing, doppelt 27
Exponential-Smoothing, dreifach 32
Exponential-Smoothing, einfach 24
Exponential-Smoothing-Prognose 2, 24

f-Unkorreliertheit 369
Faltungsfrequenz 242
feedback 68
Fehler-Korrektur-Darstellung 324
Fehler-Korrektur-Form 27, 318
Fehlermaße 31
Fenster-Funktion 251
Filter 19
Filter, digital 235
Filter, nicht-rekursiv 240
Filter, nullphasig 246
Filter, rekursiv 240
Filter-Design 240
Filter-leakage 254
Filtern im Frequenzbereich 275
Filtertheorie 19
finale Form 71
FIR (Finite-Impulse-Response) 240

FIR-Fenster-Filter 250
FIR-Fenster-Filter, modifiziert 254
FIR-Filter 208, 245
FIR-Filter nullphasig 246
FIR-Filter, optimaler 256
Fourier-Transformierte 180
Frequenz-Amplituden--Interdependenzen 366
Frequenz-Amplituden-Sprünge 366
Frequenz-Antwortfunktion 241
Frequenzbereich 179

Gammafunktion 356
GARCH-Modelle 353
Gauß-Prozeß 43, 96
Gaußscher white-noise Prozeß 43
Generalized Autoregressive Conditional Heteroscedasticity-Prozeß ... 354
Generalized Error Distribution 356
Gibbssches Phänomen 252, 276
Glatte Komponente 9
Glättungsparameter 24
Glättungsverfahren, robustes 204
Gleitender-Durchschnitts-Prozeß 52
Granger-Kausalität 83
Granger-Kausalität, instantane 84
Grenzzyklen 366, 368
Gruppenlaufzeit 244

half-power-point 259
Hamming-Fenster 255
Hannan-Quinn-Kriterium 109
Hanning-Fenster 255
Hauptschwellen 372
Henderson-Filter 199, 203
Heteroskedastizität 294, 349
Hochfrequenzbereinigung 222
Hochpaßfilter 20, 242

Identifikation 46
Identifikation stochastischer Prozesse 105
Identifikation univariater ARMA- und ARIMA-Prozesse 105
Identifikation vektorieller ARMA- und ARIMA-Prozesse 113
Identifikation von Transferfunktionen-Modellen 144
Identifikationsproblem 71
IIR-(Infinite-Impulse-Response)-Filter 240
IIR-Filter-Design 266
Impuls-Antwortfunktion 139
Impuls-Antwortfunktion bei korrelierten Innovationen 79
Impuls-Antwortfunktion bei unkorrelierten Innovationen 77
Impulsantwortfunktionen, geschätzt 100
Impulsfunktion, diskrete 235
Instrumentalvariablenansatz 301
Integrationsrang 317
integrierter Prozeß 50, 57
Interventionsanalyse 121
Inverse Fourier-Transformation 275
Invertierbarkeit 69
Invertierbarkeitsbedingung 54
Irreguläre Komponente 9

Kaiser-Fenster 255
Kalman-Filter 169
Kalman-Gain-Matrix 170
kanonisch 209, 211
kanonische MA-Darstellung 70
Kerbenfilter 271

Kerbenfilter, multipler 207
Kohärenzfunktion 227
Kointegration 281, 315
Kointegrationsmatrix 316
Kointegrationsrangtest 336
Kointegrationstests 324
Kointegrationsvektor 315
komplexe Zufallsvariablen 38
komplexer stochastischer Prozeß 41
Komponentenmodell, additiv 11, 14
Komponentenmodell, multiplikativ 9
Konfidenz-Korridor 134
Konfidenzintervall für Punkt-Prognosen 133
Konstruktion von IIR-Filtern 258
Kontrollvariable 148
Konvergenz im quadratischen Mittel 38
Korrelation 39
Korrelation, kanonische 109, 329
Korrelation, saisonal 58
Korrelationsfunktion 41
Korrelationsmatrixfunktion 75
Kovarianz 39
Kovarianz-ergodisch 89
Kovarianz-stationärer Prozeß 42
Kovarianzfunktion 41
Kovarianzmatrixfunktion 66
Kreuzkorrelationsfunktion 65
Kreuzkorrelogramm 357
Kreuzkovarianzfunktion 65, 66
Kreuzkovarianzmatrixfunktion 66
Kronecker-Produkt 74

l-Schritt-Prognosen 131
lag-Fenster 184
lag-Matrizen-Polynom 70
Lag-Polynom 51
Langfristprognose 4
leading indicator 140
leakage 185
Leverage-Effekt 355
Levinson-Durbin-Rekursion 107
Likelihood-Quotienten-Tests 333
Likelihoodfunktion, bedingte 94
Likelihoodfunktion, exakte 94
local level 161
local linear trend 162

m-Schritt-Prognose 24
Macht des ADF-Tests 299
Machtfunktion 300
Matrix-Lag-Polynom 67, 69
Maximum-Likelihood-Schätzverfahren 93
Mittelwert-Ergodizität 89
Mittelwertfunktion 41
Modell-Diagnose 111, 117
Momente 38
Momente, zentrale 38
Moving-Average-Darstellung 317
Moving-Average-Prozeß 52
Multiplikator, dynamisch 283

n-dimensionale Verteilungsfunktion 41
Nebenschwellen 372
noise 6
Nyquist-Frequenz 241

Oberschwellen 372
optimale Prognosefunktion 131
Ormsby-Filter 255
Orthogonalitätsbedingung 226

Parameterraum 40
Parameterraum, diskret 40
Parameterraum, kontinuierlich 40
Parameterredundanz 118
Parameterschätzungen bei ARCH-Modellen 352
Parameterschätzungen bei ARMA-Prozessen 91
Parameterschätzungen bei Transferfunktionen-Modellen 145
Parameterschätzungen bei vektoriellen Prozessen 99
parsimony 55, 118
partielle Autokorrelationsfunktion 106
partielle autoregressive Matrizen 114
partieller Korrelationskoeffizient 106
PARZEN-Fenster 184, 255
Paßbänder 242
perfekte Randstabilität 17
Periodogramm 184
Phasenfunktion 241
Phillips-Perron-Test 294
Portmanteau-Statistik 117
Powerspektrum 180
Prädiktionsgleichungen 170
Prädiktionsschritte 170
prediction equation 170
prediction error decomposition 172
prewhitening 143
Prognose mit Transferfunktionen-Modellen 147
Prognosefehler, mittlerer absoluter 31
Prognosefehler, mittlerer quadratischer 31
Prognosefunktion, lineare 131
Prognosehorizont 23, 131
Prognosemodelle, kurz-/mittel-/langfristige 23
Prognosemodelle, qualitativ/quantitativ 23
Prognosen mit heteroskedastischen Modellen 358
Prognosen mit univariaten ARMA- und ARIMA-Modellen 131
Prognosen mit vektoriellen ARMA- und ARIMA-Prozessen 136
Prognosevarianz 133
Prognoseverfahren, heuristische 23
Prognosezeitraum 23
Pseudo-Innovationen 210
Pseudo-Spektrum 210
Psi-Gewichte 44
Puls, additiv 125
Puls, innovativ 126
Punkt-Prognosen 133

quadratisch integrierbar 38
quasi-Maximum-Likelihood-Schätzer 96
Querschnittsdaten 1

Randausgleichsproblem 16
Random Coefficient Autoregressiver-Prozeß 366
random-walk 46
randstabil 258
Randstabilität 17
Randverteilung 39
Ratio-to-Moving-Average-Methode 197
Rauschen 6, 7, 9
Rauschen, vektoriell 66
Rauschen, weiß, strenges (striktes) 43
Rauschen, weißes 43

Reaktionsgeschwindigkeit eines Filters 262
reduzierte Form 164
Remez-Algorithmus 257
Residualgröße 9
Residuenvektor 118
Rückkopplung 68
Rückwärtsverschiebungs-Operator 44

SABL 203
Saison 7
Saison, äußere Definition 196
Saison, innere Definition 196
saisonale Bewegung 4
saisonale Frequenzen 163
Saisonalität, stochastische 304
Saisonbereinigung 11
Saisonbereinigungsverfahren 195
Saisonindexziffer 14
Saisonindizes 13
Saisonkomponente 5, 8, 28
Saisonveränderungszahlen 13
Schätzen univariater Prozesse 87
Schätzer, superkonsistent 287
Schätzung eines Spektrums 183
Schätzung von Integrationsvektoren 324
Scheinregression 342
Schwarz-Kriterium 109
Schwellenparameter 367
SEATS 209
Selektionsfilter 251
Self-Exciting-Threshold-ARMA-Prozeß 368
Sensitivitätsanalyse 78
Serienschaltung 239
SETARMA-Prozeß 368
side-lobes 252
signal-to-noise ratio 6
Signifikanzniveauverzerrung 299, 300
Skelett eines Prozesses 366
sliding spans 203
Sparsamkeitsprinzip 55
Spektralanalyse 179
Spektraldichte 180
Spektralschätzer, direkt 185
Spektralschätzer, indirekt 185
Spektren stationärer Prozesse 180
Spektrum 180
Spencer-15-Punkte-Formel 248
Spencer-21-Punkte-Formel 248
Spur-Test 334
Spurious Regression 342
STARMA-Prozeß 371
Startwert 24
state space model 167
Stationaritätsbedingung 44
Stetigkeitskriterium nach Kolmogorov 289
Stichprobenkorrelationsmatrix 113
Stichprobenkreuzkorrelationsmatrix 113
stochastischer Prozeß 1, 40
stochastischer Prozeß, schwach stationär 42
stochastischer Prozeß, stationärer 42
stochastischer Prozeß, streng stationär 42
stochastischer Prozeß, vektoriell 65
stochastischer Trend 47
Stoppbänder 242
strukturelle Komponentenmodelle 47, 161

Superkonsistenz 326
System 235
System, kausal 236
System, nicht-antizipatorisch 236
System, nullstetig 236
System, rekursiv 80
System-Transferfunktion 238
Systemgleichung 167
Szenarien 23

TARCH-Prozeß 358
TARMA-Prozeß 367, 371
Threshold-ARMA-Prozeß 367
Tiefpaßfilter 242
time series econometrics 281
Time-Series-Identification 71
Totzeit 140
Transferfunktion 139
Transferfunktionen (ARMAX)–Modelle 139
Transferfunktionen-Modelle mit einer Input-Variablen 139
Transferfunktionen-Modelle mit mehreren Input-Variablen 153
Transversalfilter 240
Trend 2, 5, 7
Trend, deterministisch 282
Trend, negativ 3
Trend, positiv 3
Trend, stochastisch 8, 281, 282
Trendbereinigung 249, 284
Trendbruch 311
Trendelimination 19
Trendextrapolation 3
Trendkomponente 8, 28
Trendstationärer Prozeß 281
Treppenfunktion 37
trianguläre Faktorisierung 79
truncation point 184
TS-Identifikation 105
Tschebycheff-Approximation 257

Überdifferenzierung 111
Übergangsband 254, 277
Übergangsgleichung 167
Übergangsmatrix (transition matrix) 162
unit-root 46, 281
Unit-root-Test 286
Unit-root-Tests mit Autokorrelation 294
Unit-root-Tests ohne Autokorrelation 291
Unterschwellen 372

VAR(p)-Prozeß 72
Varianz 37
Varianz, bedingte 349
Varianz-Kovarianzmatrix 39
Varianz-Zerlegung eines VAR-Prozesses 82
Varianzfunktion 41
VARMA(p,q)-Prozeß 70
vec-Operator 74
Vektorautokorrelation 109
vektorielle ARIMA-Modelle 72
vektorieller (n-dimensionaler) ARMA(p,q)-Prozeß 70
vektorieller (n-dimensionaler) autoregressiver Prozeß 67
vektorieller (n-dimensionaler) Moving-Average-Prozeß 68
Verallgemeinerte Fehlerverteilung 356
Verteilungsfunktion 37
Verteilungsfunktion, n-dimensional 39

Verzögerung 140
Volterra-Entwicklung 362
Vorweißen 143

Wahrscheinlichkeitsdichte 37
Wahrscheinlichkeitsraum 37
Wahrscheinlichkeitsverteilung 37
Wendepunkte 30
white noise 43
Wiener-Prozeß 288
Wiener-Prozeß, exponentiell 288
Wiener-Prozeß, geometrisch 288
Wold-Kausalität 80

Yule-Walker-Gleichungen 51, 75, 92, 107
Yule-Walker-Schätzer 92

z-Transformation 236
Zeitreihe 1
Zeitreihenanalyse, deskriptiv 1
Zeitreihenmodell, nicht-linear 349
Zeitreihenmodell, univariat 65
Zerlegung 209
Zielsetzungen bei Saisonbereinigungsverfahren 225
Zufallsvariable 37, 38
Zufallsvariable, unabhängige 39, 40
Zufallsvektor 39
Zustandsraummodelle 167
zyklische Komponente 8

L. Fahrmeir, R. Künstler, I. Pigeot, G. Tutz

Statistik

Der Weg zur Datenanalyse

Das Buch bietet eine integrierte Darstellung der deskriptiven Statistik, moderner Methoden der explorativen Datenanalyse und der induktiven Statistik, einschließlich der Regressions- und Varianzanalyse.

3., verb. Aufl. 2001. XIII, 592 S. 165 Abb., 34 Tab. Brosch. DM 59,-; sFr 52,-ISBN 3-540-67826-3

L. Fahrmeir, R. Künstler, I. Pigeot, G. Tutz, A. Caputo, S. Lang

Arbeitsbuch Statistik

2. verb. Aufl. 2001. VIII, 270 S. 65 Abb., 68 Tab. Brosch. DM 29,90; sFr 27,- ISBN 3-540-41500-9

H. Toutenburg

Deskriptive Statistik

Eine Einführung mit SPSS für Windows mit Übungsaufgaben und Lösungen

Mit Beiträgen von A. Fieger, C. Kastner

Der Autor beschreibt hier anhand praxisnaher Beispiele die Ideen und Methoden des modernen Datenmanagements. Der Leser kann mittels der vielen Übungsaufgaben sein Wissen vertiefen, wobei die Musterlösungen ihm zeigen, wie eine Übung gelöst werden könnte. SPSS, die Statistik-Software, kommt in diesem Buch zum Einsatz.

3., neubearb. u. erw. Aufl. 2000. X, 285 S. 146 Abb., 34 Tab. Brosch. DM 39,90; sFr 36,- ISBN 3-540-67169-2

H. Toutenburg

Induktive Statistik

Eine Einführung mit SPSS für Windows

Das Buch präsentiert eine anwenderorientierte Darstellung der Verfahren der induktiven Statistik und Datenanalyse. Der Text gliedert sich in drei Komplexe: Wahrscheinlichkeitstheorie, Induktive Statistik und Modellierung von Ursache-Wirkungsbeziehungen.

2., neubearb. u. erw. Aufl. 2000. XVI, 394 S. 88 Abb., 52 Tab. Brosch. DM 45,-; sFr 40,50 ISBN 3-540-66434-3

W. Assenmacher

Deskriptive Statistik

Die zahlreichen statistischen Möglichkeiten zur Quantifizierung empirischer Phänomene werden problemorientiert dargestellt, wobei ihre Entwicklung schrittweise erfolgt, so daß Notwendigkeit und Nutzen der Vorgehensweise deutlich hervortreten.

2., verb. Aufl. 1998. XV, 254 S. 44 Abb., 40 Tab. Brosch. DM 38,-; sFr 34,50 ISBN 3-540-64777-5

W. Assenmacher

Induktive Statistik

Die Methoden der Induktiven Statistik gewinnen immer mehr an Bedeutung. Das vorliegende Buch will die dafür notwendigen Kenntnisse vermitteln. Alle Kapitel sind so konzipiert, dass die schrittweise Darstellung des Stoffes durch zahlreiche Beispiele aus unterschiedlichen Bereichen und viele Graphiken ergänzt wird.

2000. XII, 296 S. 56 Abb., 11 Tab. Brosch. DM 39,90; sFr 36,- ISBN 3-540-67145-5

Springer · Kundenservice
Haberstr. 7 · 69126 Heidelberg
Tel.: (0 62 21) 345 - 217/-218
Fax: (0 62 21) 345 - 229
e-mail: orders@springer.de

Preisänderungen und Irrtümer vorbehalten.
d&p · BA 41700/SF/1

 Springer

L. von Auer

Ökonometrie

Eine Einführung

Unterstützt durch zahlreiche grafische Illustrationen, ausführliche verbale Erläuterungen und begleitende numerische Beispiele werden sowohl die ökonometrischen Grundlagen als auch anspruchsvollere Themenbereiche - wie beispielsweise das Fehlerkorrekturmodell - in gut verständlicher Art und Weise aufbereitet.

1999. XX, 411 S. 63 Abb., 32 Tab. Brosch.
DM 55,-; sFr 48,50
ISBN 3-540-65937-4

B.H. Baltagi

Econometrics

This textbook teaches some of the basic econometric methods and the underlying assumptions behind them. It also includes a simple and concise treatment of more advanced topics in time-series, limited dependent variables and panel data models, as well as specification testing, Gauss-Newton regressions and regression diagnostics. Some of the strengths of this book lie in presenting difficult material in a simple, yet rigorous manner.

2nd, rev. ed. 1999. XIV, 398 pp. 33 figs., 19 tabs.
Softcover * DM 69,-; sFr 61,-
ISBN 3-540-65417-8

*Suggested retail price

E. Noelle-Neumann, T. Petersen

Alle, nicht jeder

Einführung in die Methoden der Demoskopie

Die erstmals 1963 veröffentlichte „Einführung in die Methoden der Demoskopie" hat sich im Laufe der Jahre zu einem Standardwerk entwickelt, das in viele Sprachen übersetzt ist und hier in einer völlig überarbeiteten, aktualisierten und erweiterten Neuausgabe wieder vorgelegt wird.

3. Aufl. 2000. V, 656 S. 82 Abb. Brosch.
DM 45,-; sFr 40,50
ISBN 3-540-67498-5

K. Backhaus, B. Erichson, W. Plinke, R. Weiber

Multivariate Analysemethoden

Eine anwendungsorientierte Einführung

Dieses Lehrbuch behandelt die wichtigsten multivariaten Analysemethoden. Dies sind Regressionsanalyse, Varianzanalyse, Diskriminanzanalyse, Kreuztabellierung und Kontingenzanalyse, Faktorenanalyse, Clusteranalyse, Kausalanalyse (LISREL), Multidimensionale Skalierung und Conjoint-Analyse. Neu hinzugekommen ist das Verfahren der Logit Regression.
Weiterhin bieten die Autoren einen Service für Anwender und Dozenten.

9., überarb. u. erw. Aufl. 2000. LIV, 661 S. 217 Abb., 230 Tab. Brosch. DM 65,-; sFr 57,50
ISBN 3-540-67146-3

Springer · Kundenservice
Haberstr. 7 · 69126 Heidelberg
Tel.: (0 62 21) 345 - 217/-218
Fax: (0 62 21) 345 - 229
e-mail: orders@springer.de

Preisänderungen und Irrtümer vorbehalten.
d&p · BA 41700/SF/2

 Springer

MIX
Papier aus verantwortungsvollen Quellen
Paper from responsible sources
FSC® C105338

If you have any concerns about our products,
you can contact us on
ProductSafety@springernature.com

In case Publisher is established outside the EU,
the EU authorized representative is:
**Springer Nature Customer Service Center GmbH
Europaplatz 3, 69115 Heidelberg, Germany**

Printed by Libri Plureos GmbH
in Hamburg, Germany